聚焦徽州村落

韩孟臻　李　早　张建龙
张　彤　许　蓁　褚冬竹　编
罗卿平　王　佐　程启明

2014年8＋1联合毕业设计作品

中国建筑工业出版社

图书在版编目（CIP）数据

聚焦徽州村落——2014年8+1联合毕业设计作品 / 韩孟臻等编．北京：中国建筑工业出版社，2015.3
ISBN 978-7-112-17868-1

Ⅰ.①聚… Ⅱ.①韩… Ⅲ.①建筑设计－作品集－中国－现代 Ⅳ.①TU206

中国版本图书馆CIP数据核字（2015）第042433号

责任编辑：陈　桦　杨　琪
责任校对：张　颖　关　健

聚焦徽州村落
——2014年8+1联合毕业设计作品
韩孟臻　李　早　张建龙
张　彤　许　蓁　褚冬竹　编
罗卿平　王　佐　程启明

*

中国建筑工业出版社出版、发行（北京西郊百万庄）
各地新华书店、建筑书店经销
北京嘉泰利德公司制版
北京缤索印刷有限公司印刷

*

开本：880×1230毫米　1/16　印张：18¾　字数：405千字
2015年3月第一版　2015年3月第一次印刷
定价：**128.00**元
ISBN 978-7-112-17868-1
（27073）

建筑学本科2014年8+1联合毕业设计作品编委会

鸣谢：天华建筑设计有限公司

2014年8+1联合毕业设计全家福

目 录

作品

教学总结

2014年8+1联合毕业设计任务指导书

建构——黟县际村村落改造与建筑设计

Tectonic：Village Reconstruct and Architectural Design of Jicun in Yixian

一、选题意义

传统古村落的保护与改造是我国城市、社会发展中的一项持续性的重要工作，也是一项复杂的、有相当大难度的研究课题。传统古村落普遍面临着保护与发展的矛盾，在实践中，往往存在改造更新中破坏历史记忆，或者历史保护阻碍区域更新发展的弊端。如何处理历史保护与更新发展的矛盾？如何处理新老建筑的关系？如何延续历史文脉、保持村镇特色，同时又提升用地价值、复兴区域活力？对这些问题的思考和探讨具有重要的现实意义和理论价值。

二、选题背景

安徽省南部的古徽州地区曾经孕育了灿烂的徽州文化。黟县原为古徽州府辖区，虽经时代变迁，仍然较完整地保留着大量的历史古村落，被联合国教科文组织列入世界文化遗产名录的黟县宏村则是其中的精品。宏村始建于南宋绍熙年间（公元1190~1194年），原为汪姓聚居之地，绵延至今已有900余年。全村现保存完好的明清古民居有140余幢，古朴典雅，意趣横生，被誉为“中国画里的乡村”。

设计课题的基地位于安徽省黟县的际村，总建设用地约76000余平方米（见图1）。该基地东临宏村大道（黟太公路在宏村镇区的过境部分）以及西溪，与宏村相对，西邻正在建设与开发中的，集居住商业娱乐为一体的“水墨宏村”项目。际村原本也是一座古村落，但由于未得到妥善保护，原有历史建筑大多损毁，现存建筑多为村民自建的新建筑。虽然整体村落街巷保持着一定的原有肌理，但建筑风貌与宏村存在较大差异。期冀通过设计研究，针对该地段的特殊问题提出具有针对性的设计策略，改善原有区域风貌与环境品质，有效保护与活用历史建筑，协调与宏村保护区的整体关系，传承并发扬传统文化。

建设用地共分为A、B两个地块，可任选其中一个地块进行改造与设计。具体建筑设计内容既可以根据调研自行确定，也可以设定为“国际聚落文化研究中心”， 即集研究、展示、弘扬优秀传统聚落文化为一体的综合文化类建筑。设计过程中，首先需要进行场地调研，选择拟设计的地块以及确定具体设计选题，之后对所选地块进行总体改造性规划，并最终完成建筑设计内容。建筑设计部分在各地块中的具体选址以及相关功能设置配比由学生自行设定。

三、教学目标与要点

1.改造规划层面：学习传统村落更新理论与方法，历史建筑保护与更新利用的关系，理解城市形态与建筑类型的关系，探讨新建筑与传统街区肌理的过渡与衔接手法，思考建设项目中新与旧的关系、保护与发展的关系；理解社区更新与活力复兴的关系；探讨文化类建筑和与社区生活的融合。

2.建筑设计层面：掌握综合文化建筑类型设计的基本原理与规律，探讨文化建筑性格的表达及其设计语言与手法。掌握在众多周边历史建筑与文化环境的制约下、在特殊地段进行建筑设计创新的方法，加深理解建筑与区域、历史、社会、文化、环境的关联性，掌握建筑尺度与体量的控制方法。

3.设计方法层面：学习并掌握从历史建筑中提取传统建筑元素以及运用数字建构手段进行辅助建筑设计的方法。可以采用分析与学习传统建筑的建构逻辑，并把它融入新建筑的创作之中的方法。也可以运用数字技术对传统建筑的建构逻辑进行重新演绎，并探讨其在设计创作运用的方法。

四、设计阶段与内容

1.预研究：包括文献研究和现场研究。文献研究专题由各校教师根据各自教学思路自行设定。现场研究在合肥开题时九校混编小组进行（现场调研任务书与指导书另提供）。

2.规划设计：A、B两地块设计总体范围约76000余m^2。该阶段以各校毕业设计小组为单位进行，每组3人为宜，合作提出改造规划设计方案，并制定出设计导则，确定建筑设计的选址、规模与具体内容。

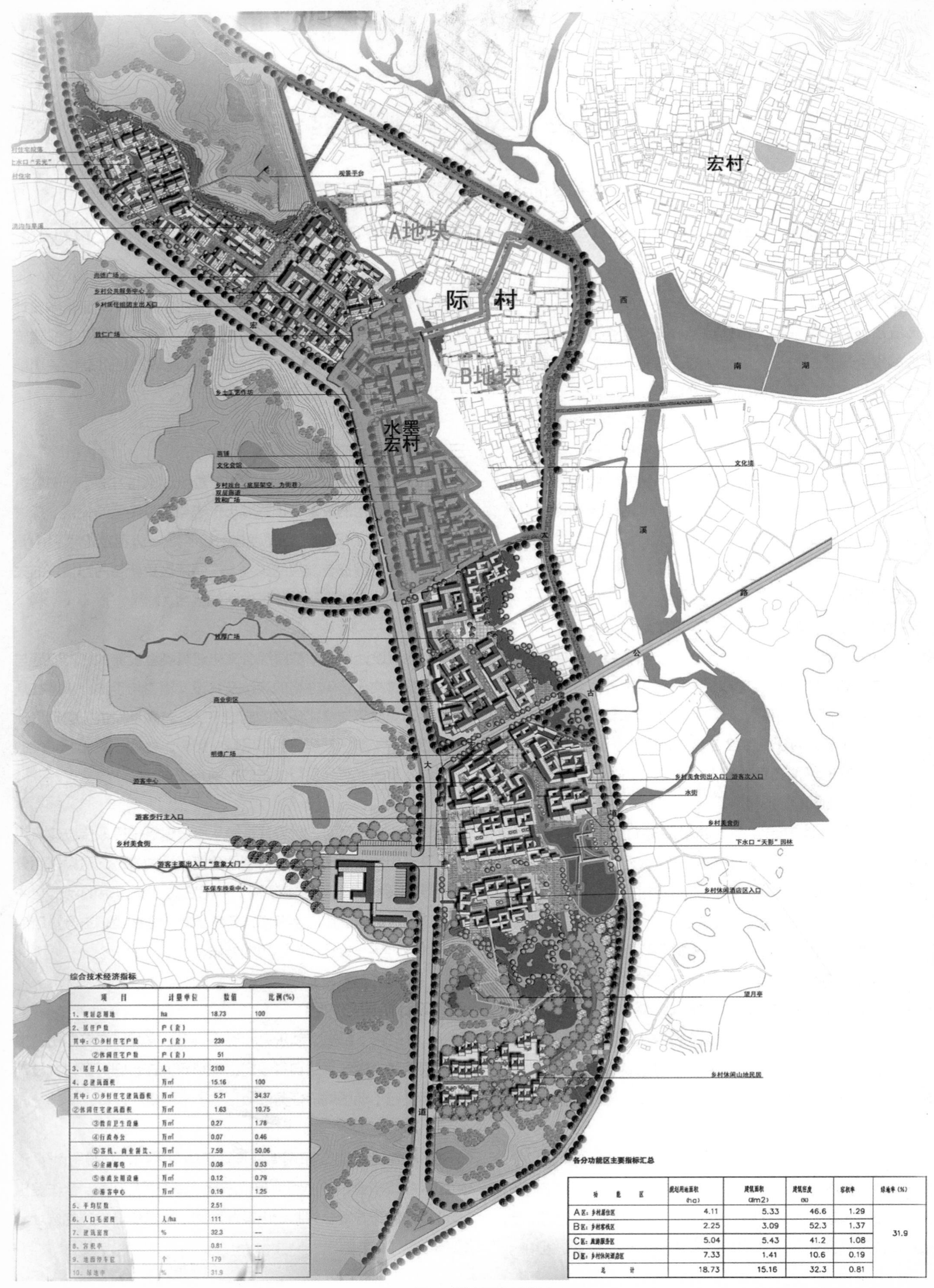

综合技术经济指标

项　目	计量单位	数值	比例(%)
1、规划总用地	ha	18.73	100
2、居住户数	户（套）		
其中：①乡村住宅户数	户（套）	239	
②休闲住宅户数	户（套）	51	
3、居住人数	人	2100	
4、总建筑面积	万m²	15.16	100
其中：①乡村住宅建筑面积	万m²	5.21	34.37
②休闲住宅建筑面积	万m²	1.63	10.75
③教育卫生设施	万m²	0.27	1.78
④行政办公	万m²	0.07	0.46
⑤客栈、商业餐饮、	万m²	7.59	50.06
④金融邮电	万m²	0.08	0.53
⑤市政公用设施	万m²	0.12	0.79
⑥游客中心	万m²	0.19	1.25
5、平均层数		2.51	
6、人口毛密度	人/ha	111	—
7、建筑密度	%	32.3	—
8、容积率		0.81	—
9、地面停车位	个	179	—
10、绿地率	%	31.9	—

各分功能区主要指标汇总

功　能　区	规划用地面积(ha)	建筑面积(万m2)	建筑密度(%)	容积率	绿地率(%)
A区：乡村居住区	4.11	5.33	46.6	1.29	31.9
B区：乡村客栈区	2.25	3.09	52.3	1.37	
C区：旅游服务区	5.04	5.43	41.2	1.08	
D区：乡村休闲酒店区	7.33	1.41	10.6	0.19	
总　计	18.73	15.16	32.3	0.81	

图1　基地区位示意图

3.建筑设计：以各小组保护性规划设计方案和设计导则为依据，小组成员每人选择建筑设计内容中的部分建筑进行深化设计。每人设计规模以建筑面积5000m²为宜。

五、设计成果要求

1.设计图纸：

规划设计部分：A1，每小组合作完成2～4张。图纸内容自定，可包含区位分析图、用地现状图、总平面图、鸟瞰图、街景透视图、设计结构分析图、改造措施分析图、用地功能分析图、体量高度分析图、交通流线分析图、开放空间系统分析图、景观绿化系统分析以及设计导则列表、设计说明等。

建筑设计部分：A1，每人完成4～6张。此部分应包含总平面图、各层平面图、主要立面图、主要剖面图、屋顶层剖面图、墙身大样剖面图、透视表现图以及各种分析图、设计说明等。

设计方法部分：传统建构方法在设计中的应用或是运用数字建构手段进行辅助建筑设计过程的展示与分析图等。

2.实物模型：

保护性规划设计部分：1：1000

单体建筑设计部分：1：200

3.设计文本

（根据各校要求排版制作）

4.展览及出版页面排版文件

六、时间安排

时间阶段与节点	工作内容	备注
2013.12.20～2014.01.20	文献及图纸研究	各自学校
寒假		
02.26～03.02	开题及现场研究	宏村·合肥
03.03～04.11	设计生成与发展	各自学校
04.12～04.13	中期汇报与交流	清华大学
04.14～06.12	深化完善制作	各自学校
06.13～06.15	最终答辩与交流	合肥工业大学

主办院校：

清华大学、合肥工业大学。

参与院校：

同济大学、东南大学、天津大学、重庆大学、浙江大学、中央美术学院、北京建筑大学。

TSINGHUA
UNIVERSITY

清华大学

指导教师

韩孟臻
Han Mengzhen

许懋彦
Xu Maoyan

卢向东
Lu Xiangdong

1

设计题目：三村三街

黟县际村村落改造与建筑设计

张思瑶　张凝忆　孟祥昊

2

设计题目：徽村新客

黟县际村村落改造与建筑设计

刘梦实　赵非齐　敖然

3

设计题目：际村人家

黟县际村村落改造与建筑设计

蔡澄　顾湾湾　孙梦诗

4

设计题目：场所激活

黟县际村村落改造与建筑设计

陈嬖君　陈宇璇　高若飞

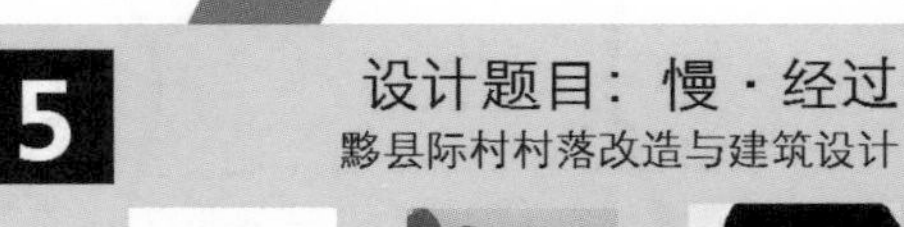

5

设计题目：慢·经过

黟县际村村落改造与建筑设计

林喆　邰惠芳　陈世奇

6

设计题目：连·节

黟县际村村落改造与建筑设计

金柔辰　朴林虎　宗沛进　李鑫

7

设计题目：我的一个村庄

黟县际村村落改造与建筑设计

卜倩　李昂扬　金命载

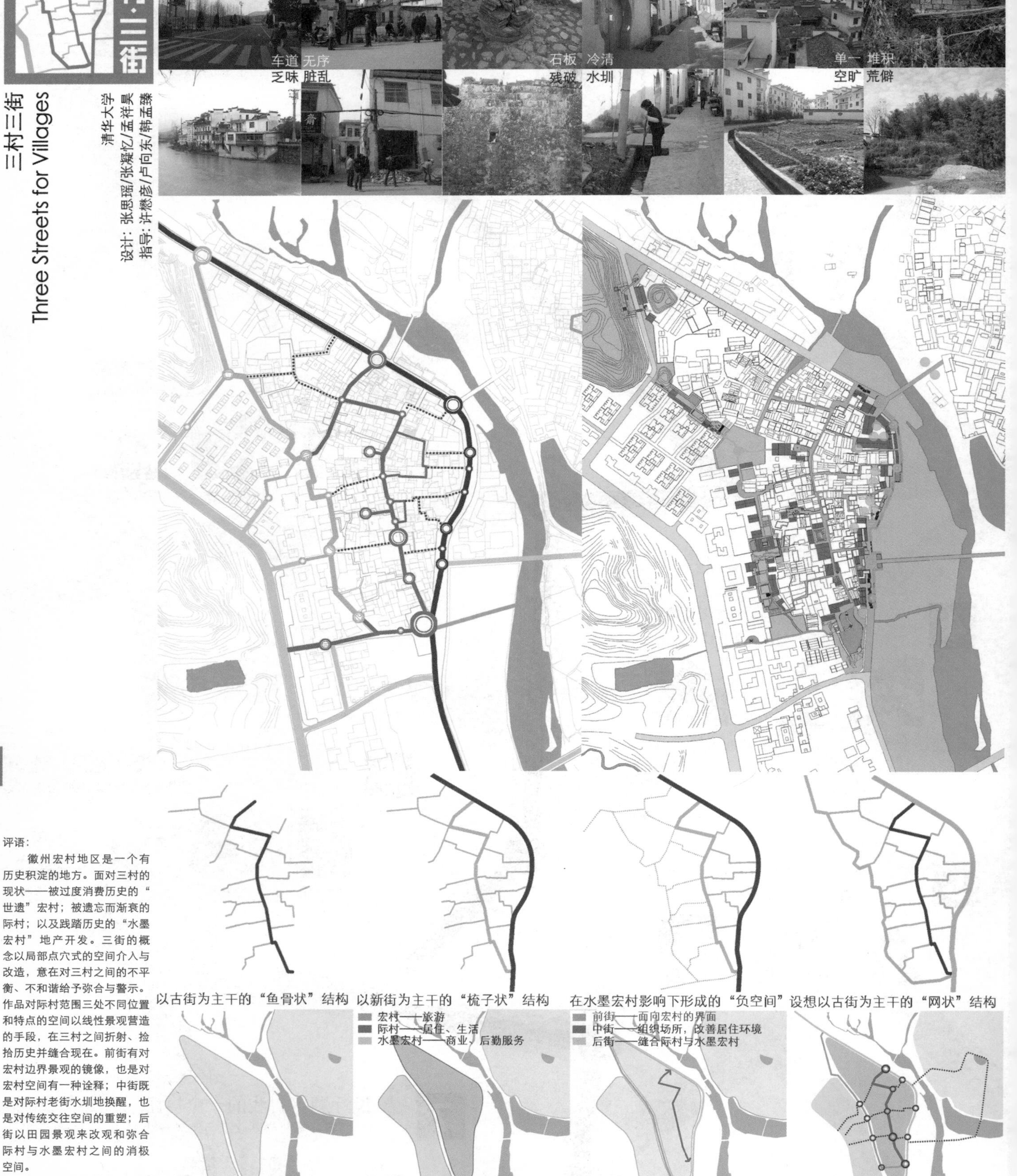

三村三街
Three Streets for Villages

清华大学

设计：张思瑶/张凝忆/孟祥昊

指导：许懋彦/卢向东/韩孟臻

评语：

徽州宏村地区是一个有历史积淀的地方。面对三村的现状——被过度消费历史的“世遗”宏村；被遗忘而渐衰的际村；以及践踏历史的“水墨宏村”地产开发。三街的概念以局部点穴式的空间介入与改造，意在对三村之间的不平衡、不和谐给予弥合与警示。作品对际村范围三处不同位置和特点的空间以线性景观营造的手段，在三村之间折射、捡拾历史并缝合现在。前街有对宏村边界景观的镜像，也是对宏村空间有一种诠释；中街既是对际村老街水圳地换醒，也是对传统交往空间的重塑；后街以田园景观来改观和弥合际村与水墨宏村之间的消极空间。

作品构思立意尚佳，但具体景观设计的系统性及深化程度尚有待提高。

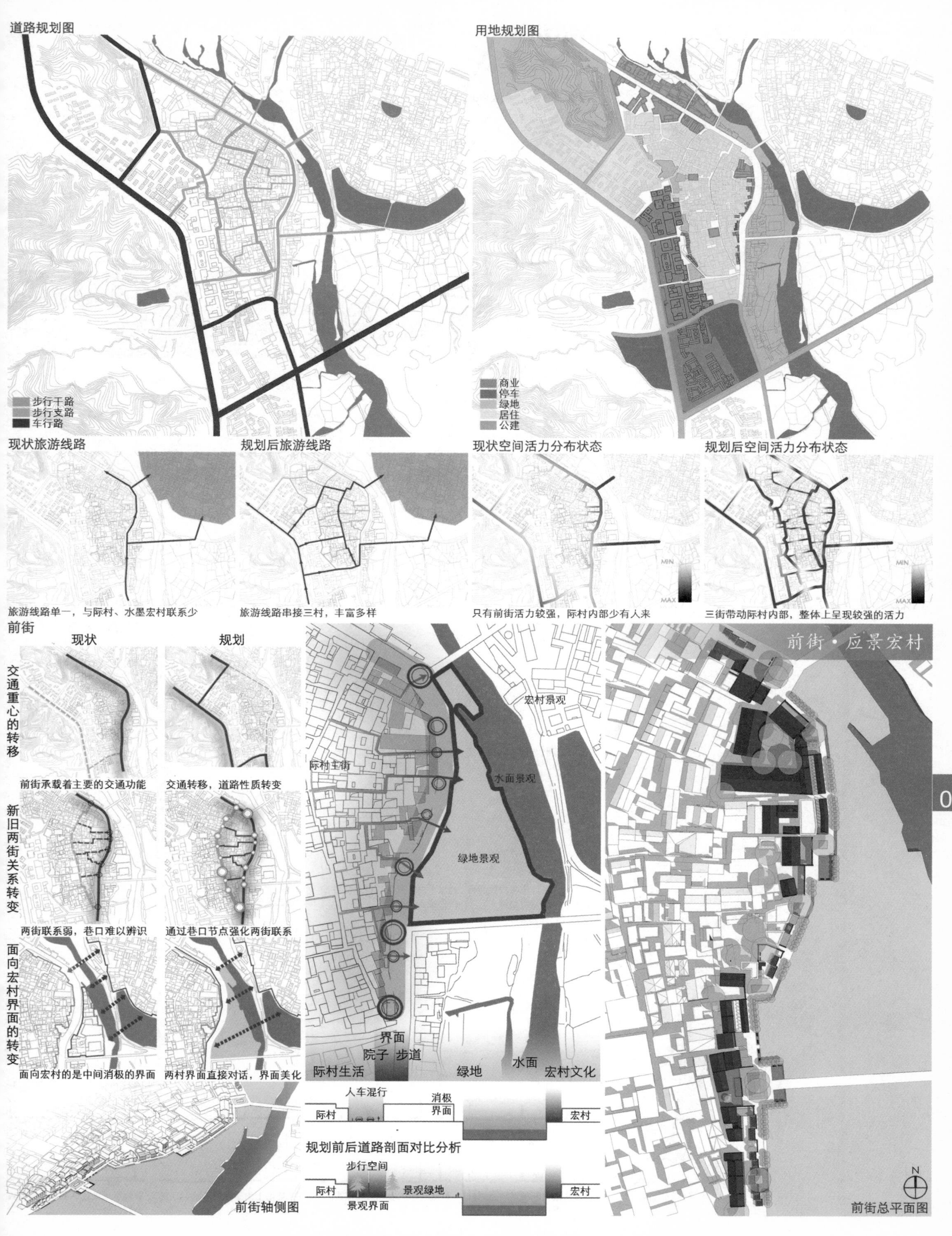

道路规划图
步行干路
步行支路
车行路
用地规划图
商业
停车
绿地
居住
公建
现状旅游线路
旅游线路单一，与际村、水墨宏村联系少
规划后旅游线路
旅游线路串接三村，丰富多样
现状空间活力分布状态
只有前街活力较强，际村内部少有人来
规划后空间活力分布状态
三街带动际村内部，整体上呈现较强的活力
MIN
MAX
前街
现状
规划
交通重心的转移
前街承载着主要的交通功能
交通转移，道路性质转变
新旧两街关系转变
两街联系弱，巷口难以辨识
通过巷口节点强化两街联系
面向宏村界面的转变
面向宏村的是中间消极的界面
两村界面直接对话，界面美化
宏村景观
际村主街
水面景观
绿地景观
界面
院子
步道
际村生活
绿地
水面
宏村文化
人车混行
消极界面
际村
宏村
规划前后道路剖面对比分析
步行空间
景观绿地
景观界面
前街轴侧图
前街·应景宏村
N
前街总平面图

中街·活水古街

总平面图

问题与对策

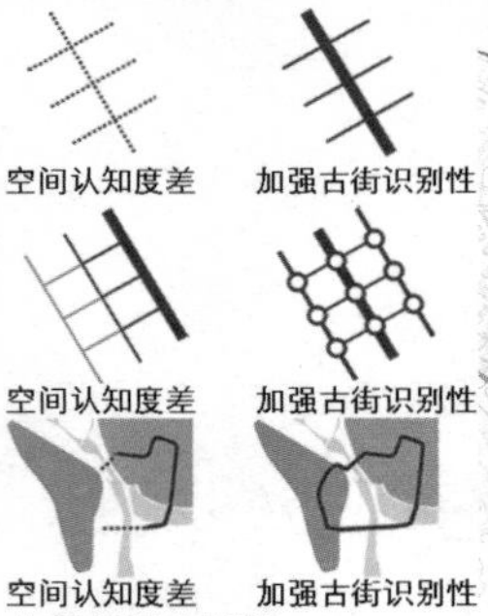

空间认知度差　加强古街识别性

空间认知度差　加强古街识别性

空间认知度差　加强古街识别性

宏村水系

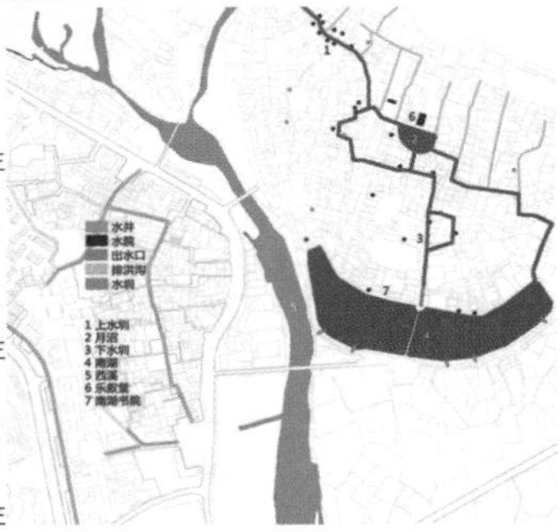

际村水系

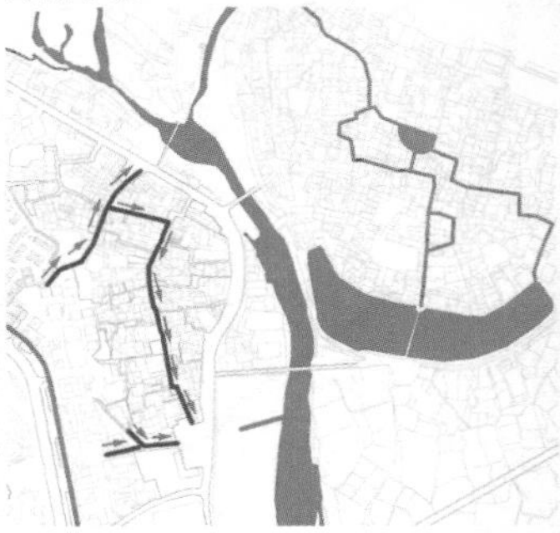

古徽州理水系统

水口 …… 水圳 …… 水塘 …… 水井 …… 水院 …… 天井

活水古街生成过程

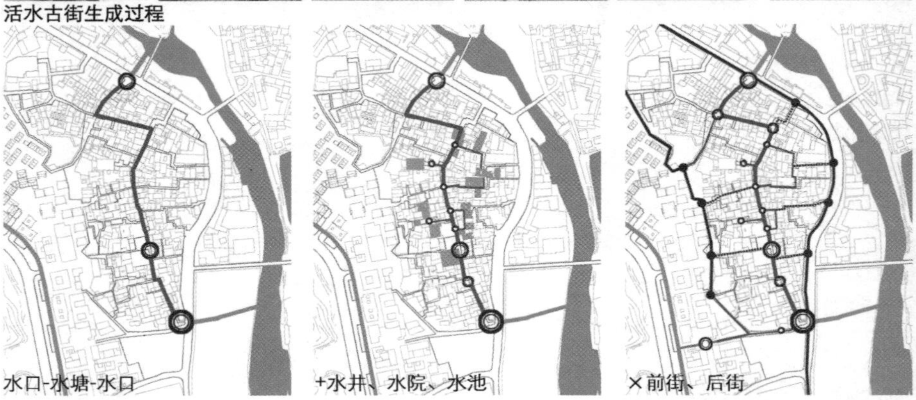

水口-水塘-水口

+水井、水院、水池

×前街、后街

后街·乡野步道

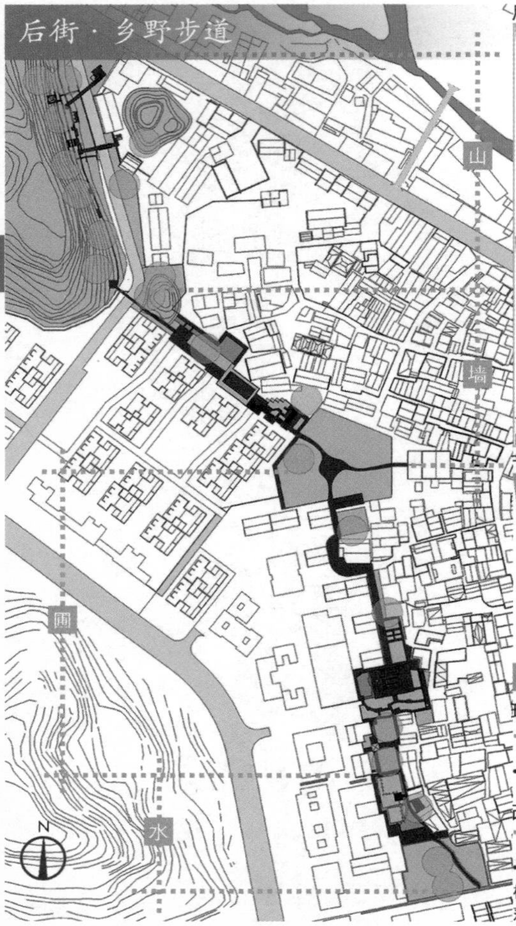

山　墙　圃　水

后街现状问题及应对

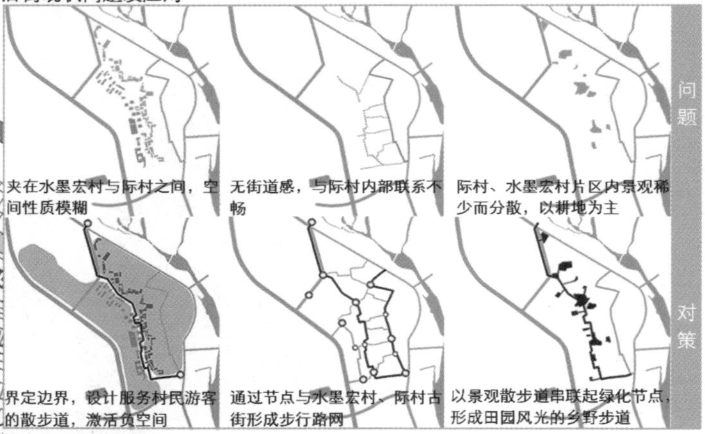

问题

夹在水墨宏村与际村之间，空间性质模糊

无街道感，与际村内部联系不畅

际村、水墨宏村片区内景观稀少而分散，以耕地为主

对策

界定边界，设计服务村民游客的散步道，激活负空间

通过节点与水墨宏村、际村古街形成步行路网

以景观散步道串联起绿化节点，形成田园风光的乡野步道

后街规划构思

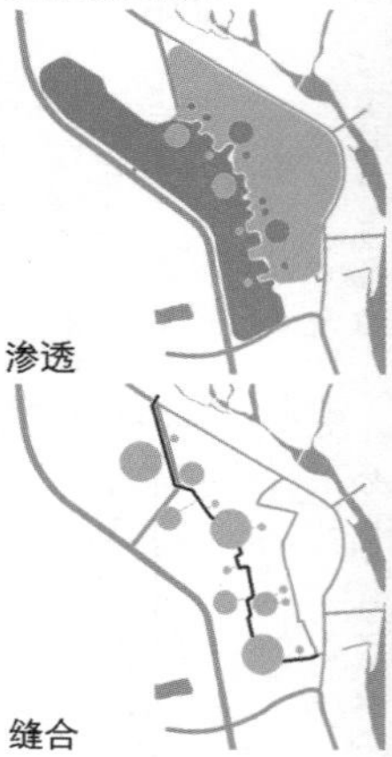

渗透

缝合

节点与景观要素

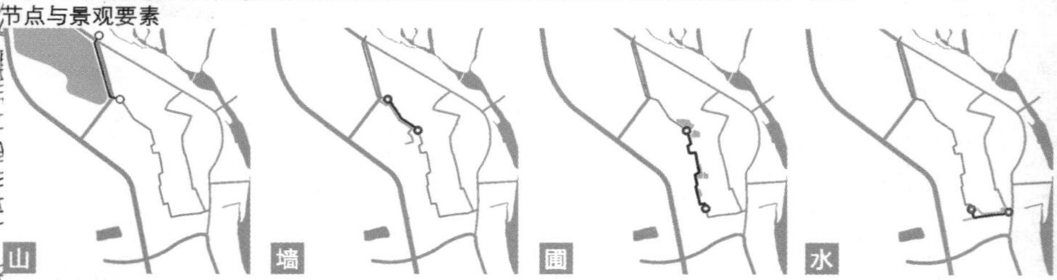

山　墙　圃　水

现状道路断面

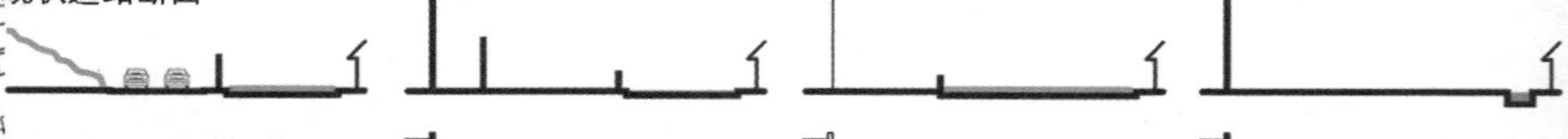

改建道路设想

横向散步道打断机动车道对村落的入侵感

打散实体围墙，形成视线、交通上的联系

在苗圃上增设休息台阶，欣赏农家生活

结合水系设置休闲水榭，与古街村口呼应

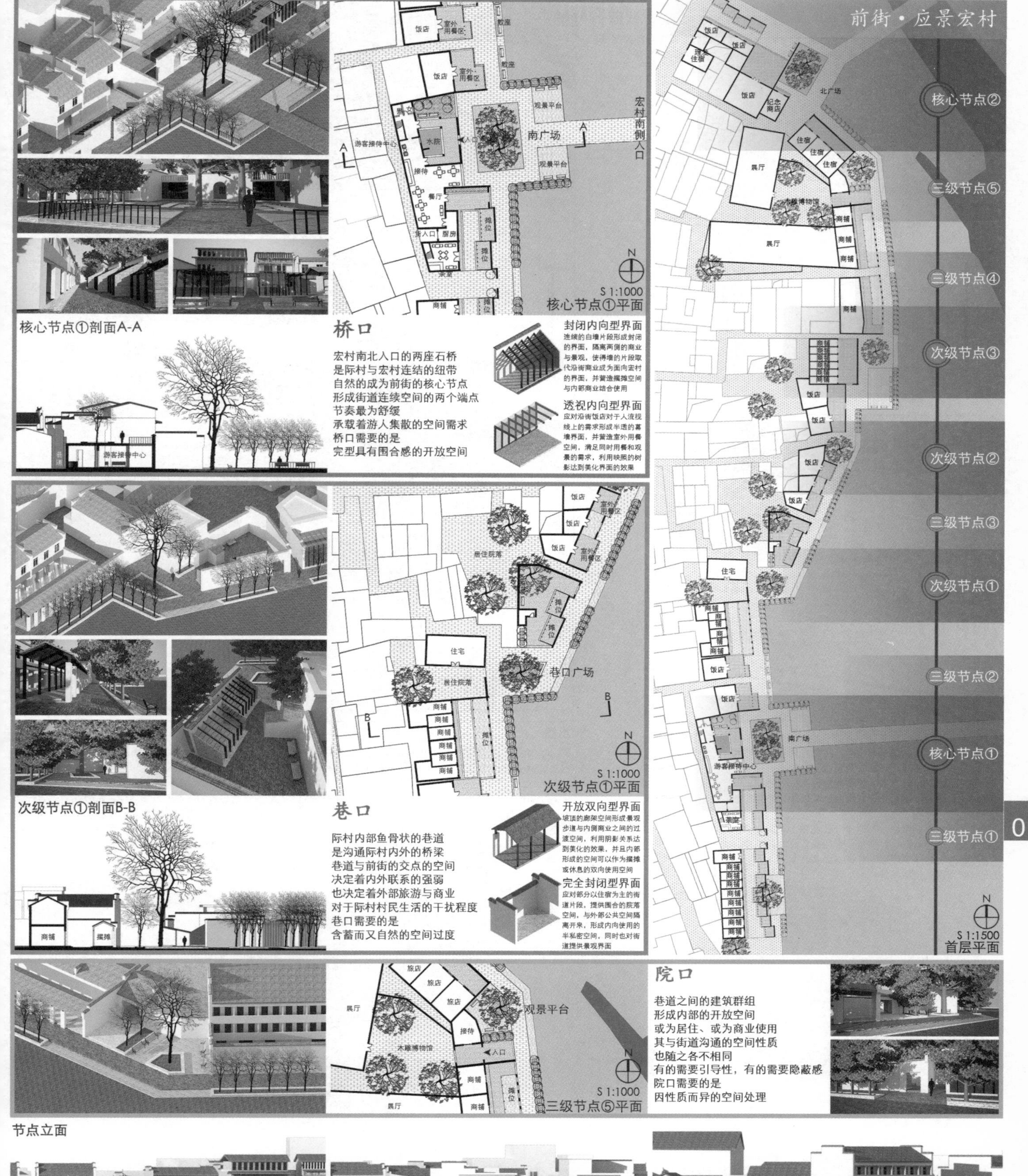
前街·应景宏村
核心节点②
三级节点⑤
三级节点④
次级节点③
次级节点②
三级节点③
次级节点①
三级节点②
核心节点①
三级节点①
S 1:1500
首层平面
核心节点①剖面A-A
游客接待中心
S 1:1000
核心节点①平面
南广场
观景平台
宏村南侧入口
桥口
宏村南北入口的两座石桥
是际村与宏村连结的纽带
自然的成为前街的核心节点
形成街道连续空间的两个端点
节奏最为舒缓
承载着游人集散的空间需求
桥口需要的是
完型具有围合感的开放空间
封闭内向型界面
连续的白墙片段形成封闭的界面，隔离两侧的商业与景观，使得墙的片段取代沿街商业成为面向宏村的界面，并营造摆摊空间与内部商业结合使用
透视内向型界面
应对沿街饭店对于人流视线上的需求形成半透的幕墙界面，并营造室外用餐空间，满足同时用餐和观景的需求，利用映照的树影达到美化界面的效果
次级节点①剖面B-B
S 1:1000
次级节点①平面
巷口广场
巷口
际村内部鱼骨状的巷道
是沟通际村内外的桥梁
巷道与前街的交点的空间
决定着内外联系的强弱
也决定着外部旅游与商业
对于际村村民生活的干扰程度
巷口需要的是
含蓄而又自然的空间过度
开放双向型界面
坡顶的廊架空间形成景观步道与内侧商业之间的过渡空间，利用阴影关系达到美化的效果，并且内部形成的空间可以作为摆摊或休息的双向使用空间
完全封闭型界面
应对部分以住宿为主的街道片段，提供围合的院落空间，与外部公共空间隔离开来，形成内向使用的半私密空间，同时也对街道提供景观界面
观景平台
S 1:1000
三级节点⑤平面
院口
巷道之间的建筑群组
形成内部的开放空间
或为居住、或为商业使用
其与街道沟通的空间性质
也随之各不相同
有的需要引导性，有的需要隐蔽感
院口需要的是
因性质而异的空间处理
节点立面

前街立面

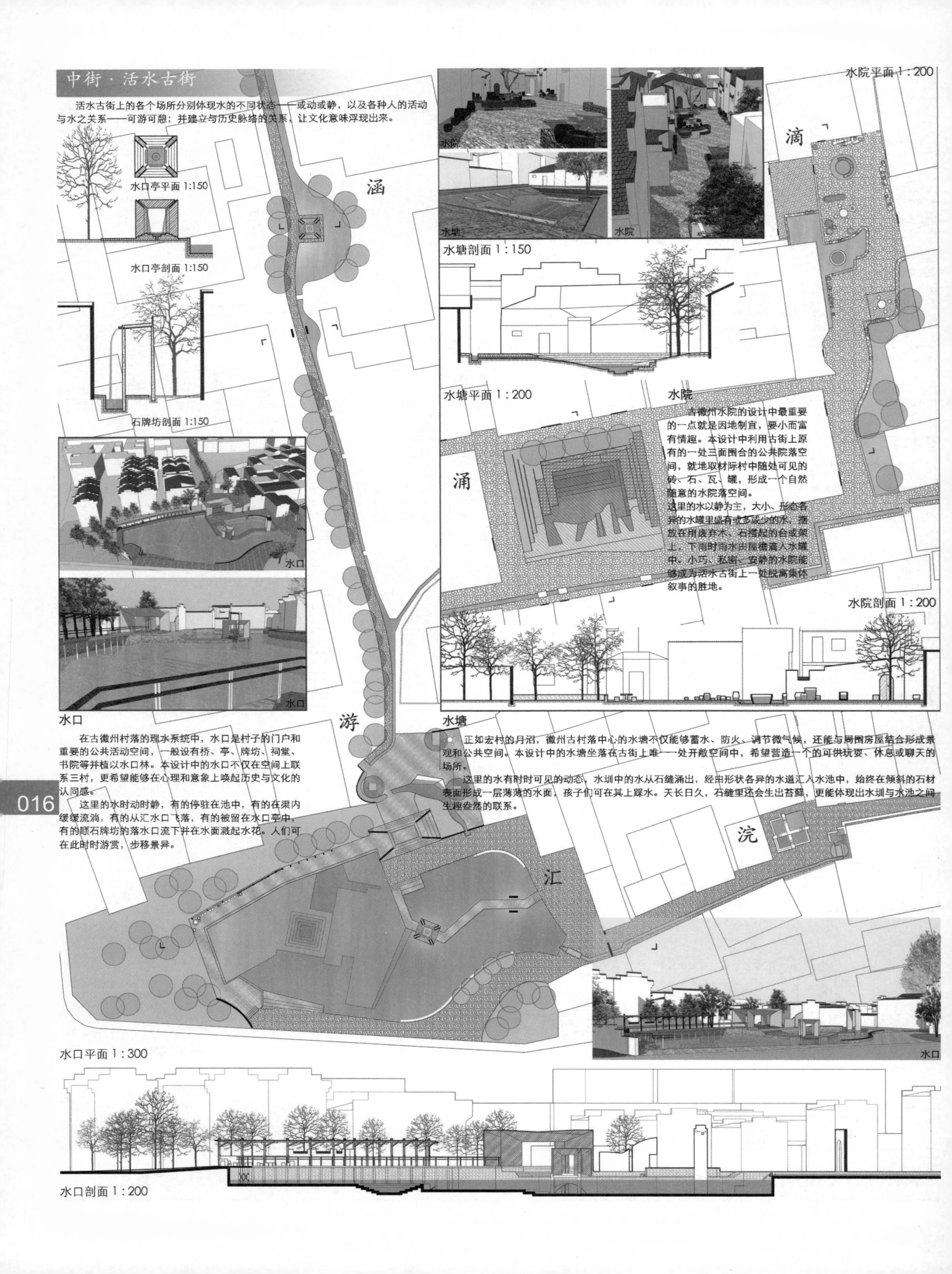
中街 · 活水古街
活水古街上的各个场所分别体现水的不同状态——或动或静，以及各种人的活动与水之关系——可游可憩；并建立与历史脉络的关系，让文化意味浮现出来。
水口亭平面 1:150
水口亭剖面 1:150
石牌坊剖面 1:150
水院
水塘
水院
水院平面 1：200
水塘剖面 1：150
水塘平面 1：200
涵
滴
涌
游
汇
浣
水院
古徽州水院的设计中最重要的一点就是因地制宜，要小而富有情趣。本设计中利用古街上原有的一处三面围合的公共院落空间，就地取材际村中随处可见的砖、石、瓦、罐，形成一个自然随意的水院落空间。
这里的水以静为主，大小、形态各异的水罐里盛有或多或少的水，摆放在用废弃木、石搭起的台或架上，下雨时雨水由屋檐滴入水罐中。小巧、私密、安静的水院能够成为活水古街上一处脱离集体叙事的胜地。
水院剖面 1：200
水口
水口
水口
在古徽州村落的理水系统中，水口是村子的门户和重要的公共活动空间，一般设有桥、亭、牌坊、祠堂、书院等并植以水口林。本设计中的水口不仅在空间上联系三村，更希望能够在心理和意象上唤起历史与文化的认同感。
这里的水时动时静，有的停驻在池中，有的在渠内缓缓流淌，有的从汇水口飞落，有的被留在水口亭中，有的顺石牌坊的落水口流下并在水面溅起水花。人们可在此时时游赏，步移景异。
水塘
正如宏村的月沼，徽州古村落中心的水塘不仅能够蓄水、防火、调节微气候，还能与周围房屋结合形成景观和公共空间。本设计中的水塘坐落在古街上唯一一处开敞空间中，希望营造一个的可供玩耍、休息或聊天的场所。
这里的水有时时可见的动态，水圳中的水从石缝涌出，经由形状各异的水道汇入水池中，始终在倾斜的石材表面形成一层薄薄的水面，孩子们可在其上踩水。天长日久，石缝里还会生出苔藓，更能体现出水圳与水池之间生趣盎然的联系。
水口
水口平面 1：300
水口剖面 1：200

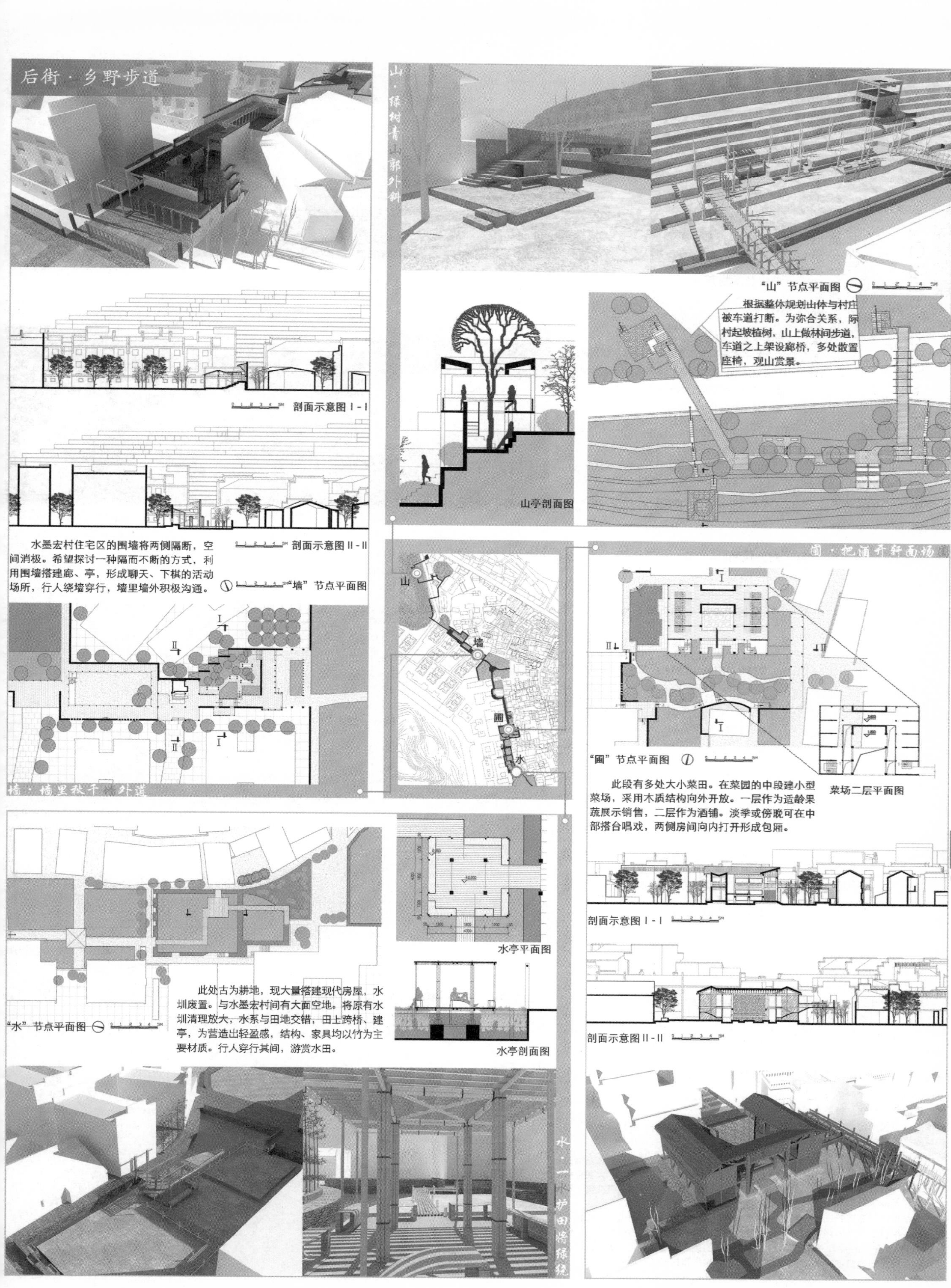
后街 · 乡野步道
山 · 绿树青山郭外斜
"山"节点平面图
根据整体规划山体与村庄被车道打断。为弥合关系，际村起坡植树，山上做林间步道，车道之上架设廊桥，多处散置座椅，观山赏景。
山亭剖面图
剖面示意图Ⅰ-Ⅰ
剖面示意图Ⅱ-Ⅱ
水墨宏村住宅区的围墙将两侧隔断，空间消极。希望探讨一种隔而不断的方式，利用围墙搭建廊、亭，形成聊天、下棋的活动场所，行人绕墙穿行，墙里墙外积极沟通。
"墙"节点平面图
墙 · 墙里秋千墙外道
山
墙
圃
水
圃 · 把酒开轩面场圃
"圃"节点平面图
菜场二层平面图
此段有多处大小菜田。在菜园的中段建小型菜场，采用木质结构向外开放。一层作为适龄果蔬展示销售，二层作为酒铺。淡季或傍晚可在中部搭台唱戏，两侧房间向内打开形成包厢。
剖面示意图Ⅰ-Ⅰ
剖面示意图Ⅱ-Ⅱ
水亭平面图
此处古为耕地，现大量搭建现代房屋，水圳废置。与水墨宏村间有大面空地。将原有水圳清理放大，水系与田地交错，田上跨桥、建亭，为营造出轻盈感，结构、家具均以竹为主要材质。行人穿行其间，游赏水田。
"水"节点平面图
水亭剖面图
水 · 一水护田将绿绕

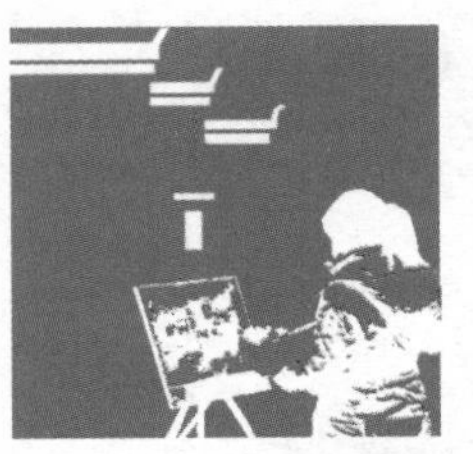

徽村新客
New Visitors to Hui Cun

清华大学
设计: 刘梦宎/赵非齐/敖煞
指导: 许懋彦/卢向东/韩孟臻

学生艺术村落

际村位于安徽省黄山市黟县，为宏村镇下辖十三个村落之一。全村人口约1400人。际村东侧与世界文化遗产宏村隔河相望。

学生团体产业：

每年都有大量的艺术专业的学生到宏村进行写生活动。当因为宏村本身的容纳能力和消费水平较高的原因，绝大多数学生都居住在与宏村相邻的际村内。

劳动力构成

20% 农业	50% 旅游业	30% 外出打工
28.6% 农业	71.4% 旅游业	

对策策略

际村已经形成了一定规模的学生团体的服务产业，但现状在时间和空间上的使用都过于集中，导致整体利用不足。希望利用现有基础形成服务和联系徽州地区写生活动的学生基地。

① 完善针对学生的服务产业

A.整合更大范围资源

除宏村外还有西递、南屏等村落供学生写生实习。但是各个村落之间没有明确联系，只能依靠黟县的公交车作为中转点，互相沟通。

规划后宏村成为这一地区一个集中的学生服务基地，提供自行车等方式供学生在各个景点间活动，提供联合地区内其他村落共同的文化艺术活动，形成学生的一个交流聚会空间。

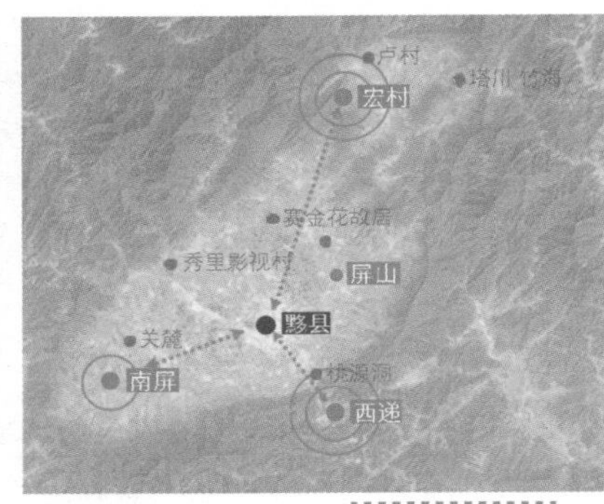

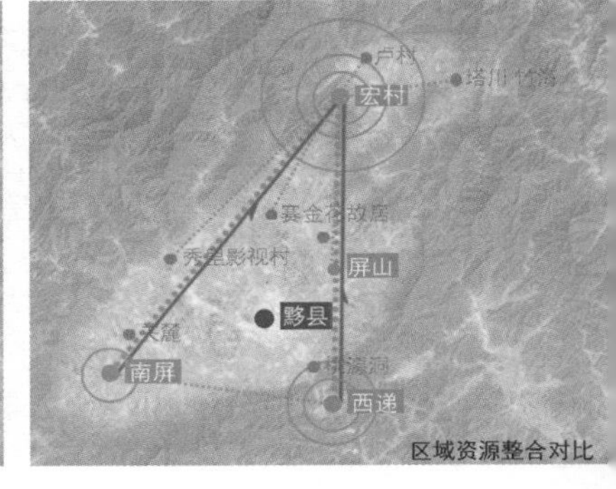

区域资源整合对比

B.扩大服务对象群体

原宏村的产业主要面向绘画写生的人群，没有充分利用宏村、际村本身和周边的资源。

希望引入更多类型的学生团体：徽州古民居研究——建筑学生；影视拍摄基地景点——表演学生；徽州三雕艺术——雕塑学生。

绘画写生学生 + 建筑艺术学生 + 戏剧表演学生 + 雕刻艺术学生

服务对象对比

服务对象增大人数对比

C.完善服务提供类型

原本主要集中在餐饮和住宿，没有真正满足艺术类学生在这里的真正空间和服务需求。

因此，引入更多的公共性、交流性的空间来满足需求——沙龙、图书馆、展厅等；以及各专业特色功能空间，手工作坊、画室等。

学习　交流　餐饮　展示　住宿　创作

学习　交流　餐饮　展示　住宿　创作

服务内容对比

②激活际村内部空间

原本际村的住宿和餐饮服务集中在东侧道路的沿街区域，很少进入际村内部。大多数村民的日常生活和学生的活动基本没有交集，村落内部的价值得不到应有的利用。

在规划中将服务于学生的产业引入际村内部，激活际村内部的核心、有价值的区域。给村民带来更多的生活物质和文化上的提升，同时带来了更多学生和村民的互动和交流。

际村内部空间服务业对比

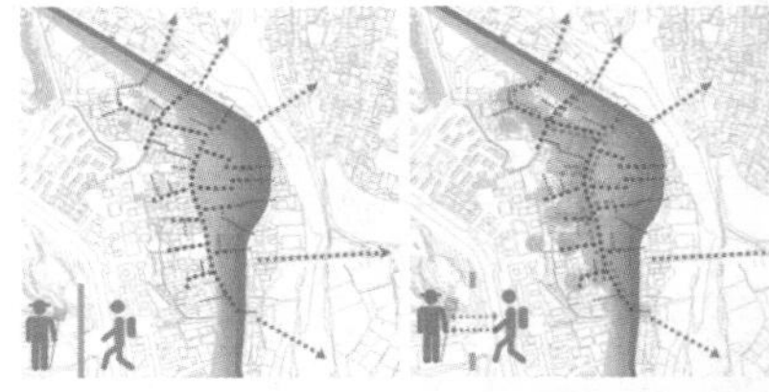

村民与学生之间交流

评语：

徽州聚落的画意盛景，引得各地大量的艺术学生每年候鸟般驻足于宏村等“世遗”村落周边。作品以此现象为切入点，将际村的有机更新以拓展艺术学生在驻地交流空间，以及对地方传统工艺和戏剧的认知、体验和实践的空间营造为前提，同时思考使这些特色空间如何更好地为际村村民的邻里交往、特色经营创造条件；也使来宏村的游客有更广域的旅游目的地。在际村的这些特色空间中营建村民、学生和游客三者之间提携与共融。这不失为是对际村更新并获得新生机的一个较好的策略。作品的三个节点组群设计均在传统空间、传统技艺的挖掘上做了较深入的关注，其建筑设计的操作也较完整。作品对主题的贯彻是比较成功的。

村落鸟瞰图

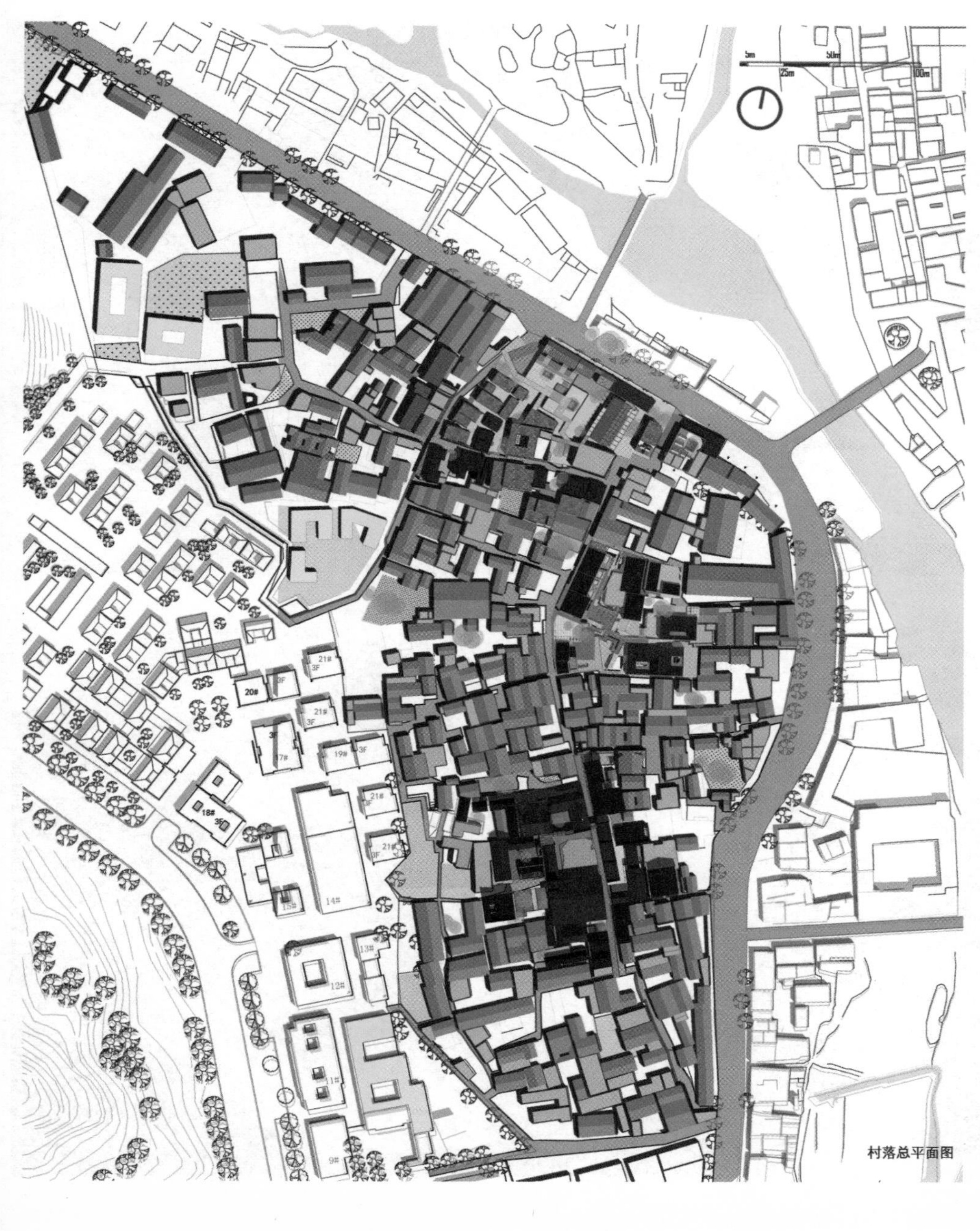

村落总平面图

创意集市

际村的现状中学生和村民之间缺少交流与互动，现存的商业模式过于死板而没有自发性。因此希望能够在这里建成一个自由集市，买卖的双方可以使学生亦可以是村民。集市自古以来就是一个充分承载人际交往与信息交流功能的场所。人与人的互动通过物质的交流而被促进。使得学生和游客可以更好地融入到当地的村民生活中，进一步利于本地非物质文化遗产的保留与传承。

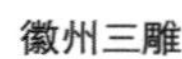

徽州三雕

徽派建筑和徽州三雕是徽州文化的重要组成部分部分。三雕历史悠久，技艺精湛，世代相传，是国家级的非物质文化遗产。徽派建筑则是徽州风俗文化的精华，结构严谨，雕镂精湛。在际村通过吸引建筑与雕塑类学生进入学习与交流，以此更好地传承与发展徽州传统文化。

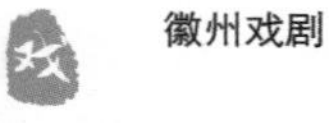

徽州戏剧

徽州戏剧是流行于徽州地区、婺源一带的一种重要地方戏曲，徽州人尚来善歌舞，无论男女老少，每当农闲季节，都以聊戏看戏品戏自乐，2006年成为国家非物质文化遗产。通过对徽戏的演出以及当地徽戏爱好者和戏剧表演学生的交流，来完成对徽戏非物质文化遗产的保护和传承，同时让更多的人感受到徽州文化的魅力。

创意集市区

北入口地段北侧多为服务于村民的设施与功能，南侧则更多面向学生和游客群体。因此希望在这个地段使三个人流交汇互动，承载更多的生活性。因此以一个功能可变的集市为场地功能的核心，既服务生活，又促进交流。

三雕工坊区

地段位于三雕博物馆西侧，同时地段内有保存良好的皖南古民居。通过民居改造和新建工坊来吸引雕刻与建筑类的学生进入，从而形成徽派工艺学习与交流的基地。新旧工艺的创造和展示也将成为际村对外开放的标志性景观。

村落戏台区

地段位于村落南公共广场南侧，场地内有改作茶厂的奚家祠堂和保存良好的皖南古民居。奚家祠堂改造为戏台和室内剧场，皖南民居周配合戏剧学生基地改建为戏剧交流中心，而配合原有广场，这里会成为村落公共活动的中心。

创意集市区

刘梦实　清华大学建筑学院

设计说明

地段位于老街最北段，面向三种人群—村民、学生以及宏村的游客。地段内建筑多为民居，及一些基础服务性功能——裁缝店、理发店、菜场等。规划上希望融入更多公共服务性的空间。

地段会成为老街的入口，形成入口广场和标志性空间。

一层平面图

青年旅社｜沙龙｜餐饮｜展览｜图书馆｜村民自宅

(1) 村民居住
(2) 餐饮
(3) 厨房
(4) 集市
(5) 青年旅社
(6) 茶室
(7) 沙龙
(8) 展览
(9) 仓库
(10) 接待查询
(11) 临街商业
(12) 书店

功能定位

希望在功能上使村民和学生两种群体能够产生交集，共同使用空间。因此希望能够满足：①空间使用上的相似性②使用时间上的相似性③行为活动上的兼容性。——公共空间与村民活动，希望能够在这里建成一个集合集市空间与展览空间；沙龙交流与村民活动，村民与学生互动使用的公共空间，配合以图书馆等功能。

不同时段场地的功能定位

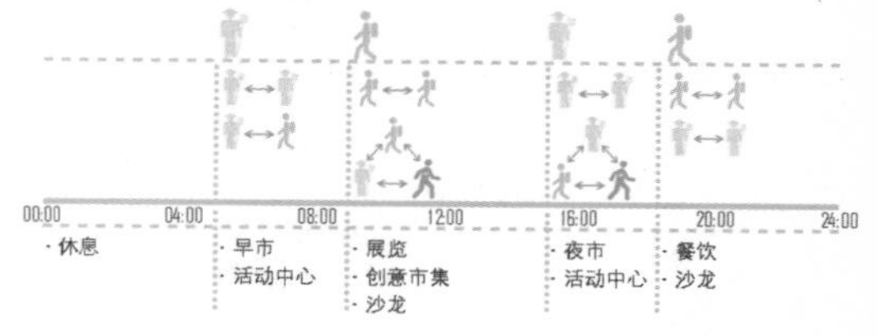

二层平面图

(1) 村民居住
(2) 餐饮
(3) 厨房
(4) 集市
(5) 青年旅社
(6) 茶室
(7) 沙龙
(8) 展览
(9) 阅览室

概念生成

生活在这里的村民和学生；经过这里的游客

村民空间功能：

居住　自营商店

交集区域空间功能：

集市　餐饮　茶室　休息　休闲

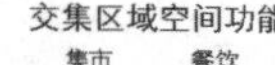

剖面图 A-A

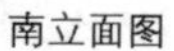
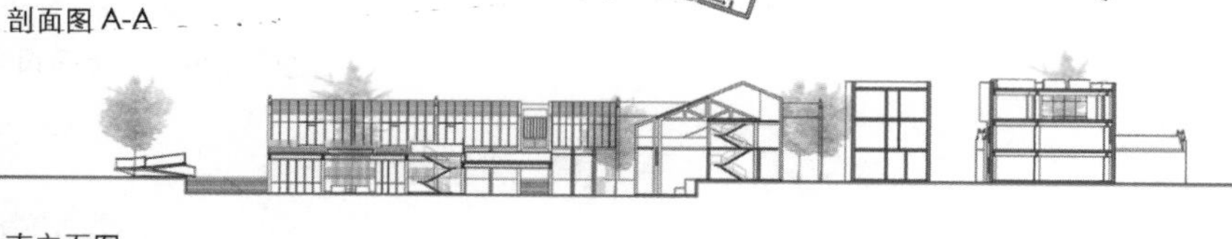

南立面图

总平面图

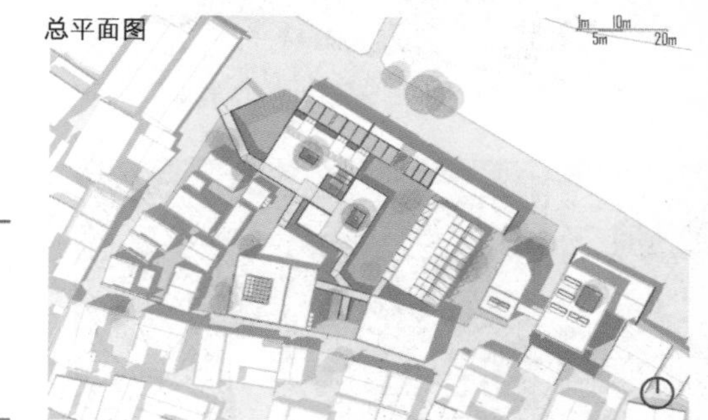

三雕工坊　三雕博物馆西侧地段

赵非齐　清华大学建筑学院

设计说明

设计选择了三雕博物馆西南侧地段作为学生艺术村落的工坊展示区。拆除了地段内保留状况较差及大部分平屋顶建筑之后形成了一个比较内向的街巷空间，并加建了建筑与雕刻的实习工坊。

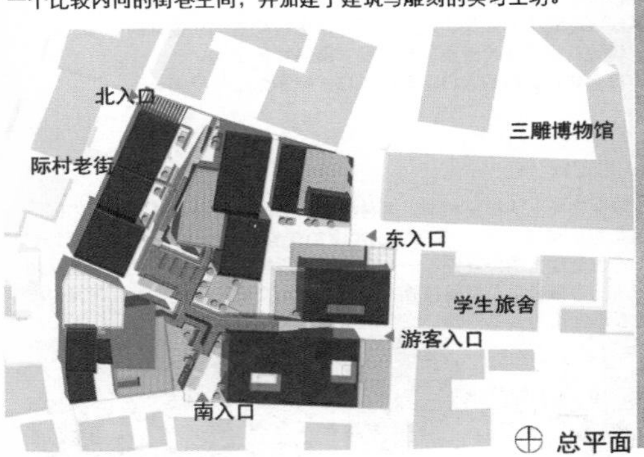

总平面

方案设计了村民、学生、游客三者对建筑场地的使用。地段内保留民居的二层维持原有居住功能，同时服务于底层的沙龙；学生主要活动在一层及二层连廊；游客则主要通过二层的连廊进行参观交流。

概念生成

方案策划了村民、学生、游客三者在地段中的行为方式

建筑工坊

雕刻工坊

1 沙龙
2 厨房
3 庭院
4 餐厅
5 工具贮藏室
6 雕刻工坊
7 小会议间
8 学生旅舍
9 客房
10 室外沙龙
11 休息广场
12 会客间
13 室内展场
14 建筑工坊
15 室外庭院
16 办公室
17 会议室
18 徽派技艺研究中心
19 自行车停放处
20 自行车租赁处
21 室外下沉展场
22 工艺商店
23 入口天井
24 徽派建筑展览馆

一层平面

东立面

西立面

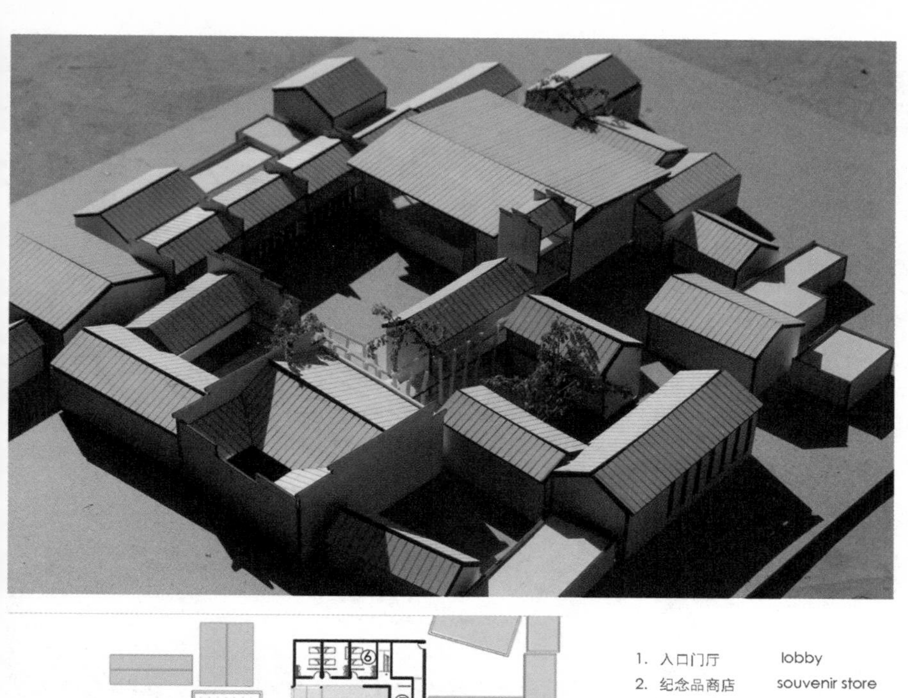

村落戏台区域地段

敖然　清华大学建筑学院

设计说明

地段位于老街最南侧，场地内有现用作茶厂的奚家祠堂和保留完好皖南民居。这里主要面向村民和学生，以奚家祠堂的改建为戏台为主题。地段内建筑多为民居，设计希望联系徽戏主题融入更多公共服务性、主题相关的商业性的空间。

地段会因为戏台和公共广场成为村落的公共活动中心，形成整个设计规划的重要空间节点。

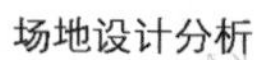

场地设计分析

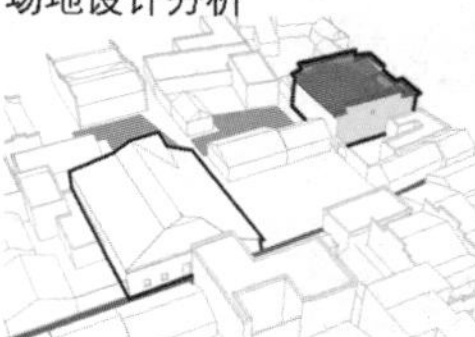

场地内废弃祠堂和完好徽派民居

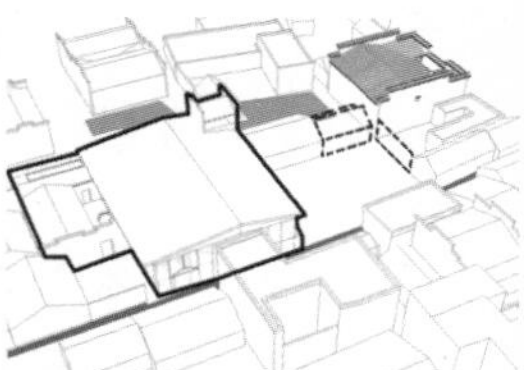

祠堂改建剧场，向外展示民居建筑

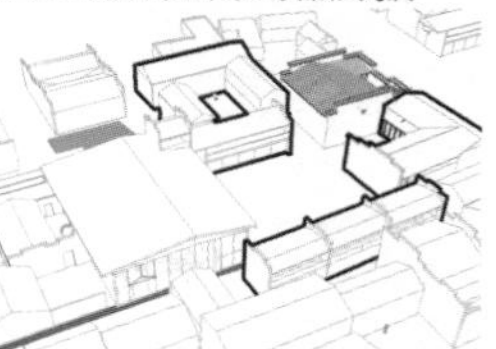

营造公共空间，并赋予相关功能

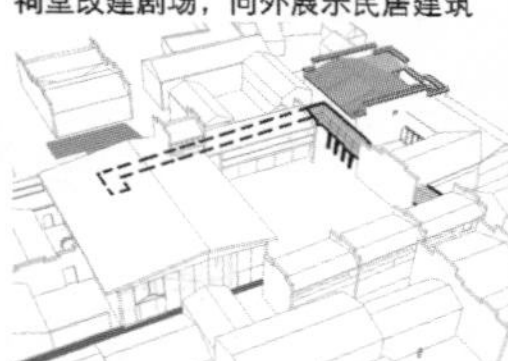

用连廊把各功能串联，丰富空间层次

1. 人口门厅　lobby
2. 纪念品商店　souvenir store
3. 讲座教室　classroom
4. 村民活动中心　activity room
5. 化妆室　dressing room
6. 戏曲学生宿舍　students' dorm
7. 餐厅　cafeteria
8. 戏曲交流排练室　rehearsal room
9. 戏曲服饰展览厅　exhibition hall
10. 茶馆　caff

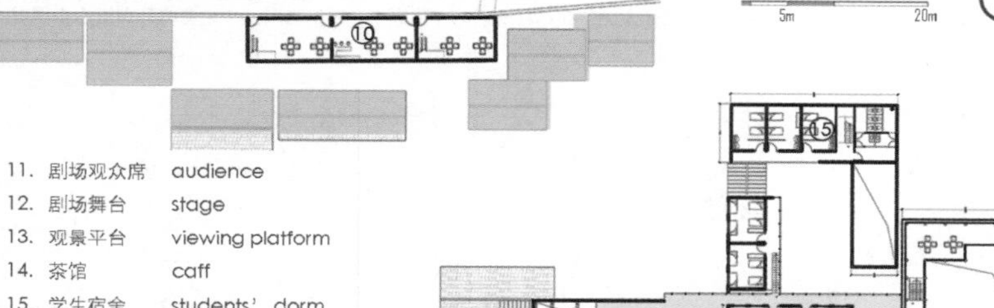

11. 剧场观众席　audience
12. 剧场舞台　stage
13. 观景平台　viewing platform
14. 茶馆　caff
15. 学生宿舍　students' dorm
16. 排练休息　rest room
17. 二层连廊　corridor

建筑设计分析

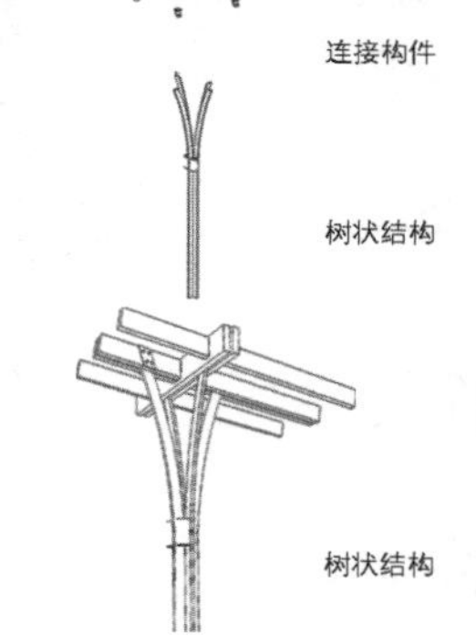

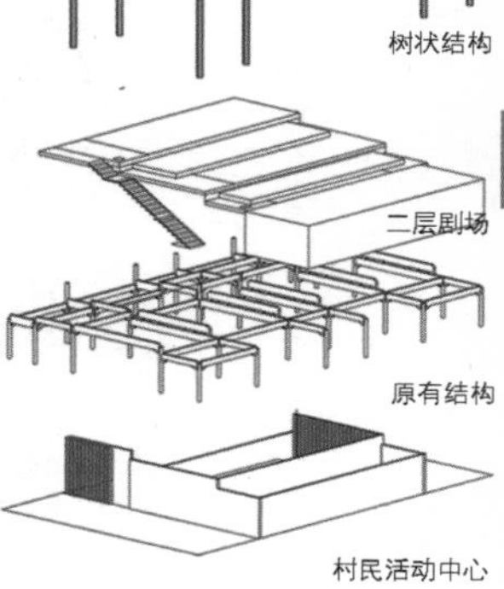

室内观演　　室外观演

际村人家 Village Life Show

清华大学
设计：蔡澄/顾湾/孙梦诗
指导：许懋彦/卢向东/韩孟臻

1. 际村生态展示规划

1.1 际村印象

对于际村的印象，我们所看到不是小桥流水的动人景色，也不是雕花繁复的精美建筑。这里最打动我们的，是里面真实存在的村民生活。

1.2 设计策略：生态展示
——以居民为主体的村落发展模式

以某一特定的环境下的"活态"文化为展示内容，将村民生活环境与当地文化予以实时地展示，让来游客能"原汁原味地"感受和理解特定生态环境下的特殊的文化景观。

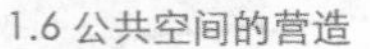

1.5 设计手段：重新梳理植入开放空间

- 强化际村村落性格；
- 优化村民日常活动空间；
- 提拱游客观光参与平台；
- 增强村落的展示性、互动性。

1.3 展示载体——公共空间

居民：为其创造更好的开放性公共场所及产业经营模式，以帮助其延续以往的生活方式。
游客：在村落的观光、产业互动中，学习了解际村村民的生活方式。

1.4 徽州村落公共空间分析

空间举例	空间功能	空间中的活动类型	空间环境特征
井台、小卖部等	生活服务	必要性活动	位于村落中心，适当的停坐设施
巷道交叉口、天井等	过往交通	必要性活动	均匀分布的节点，空间具有适当尺度
茶馆、廊桥、村落入口广场等	休闲	自发性活动	自然环境优美之处，良好尺度，空间分割利于小群交流
宗祠、戏台等	礼仪	社会性活动	营造精神中心

1.6 公共空间的营造

- 保持村中现有民宅基本不变
- 以古商道为主要流线，梳理公共建筑以及公共性空间

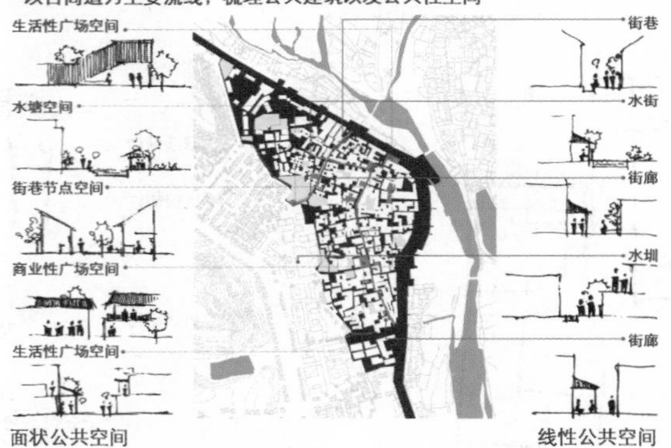

1.7 两种人的互动交流

不同的业态状况下，游客与村民的互动方式不同。根据游客参与程度不同、参与时长不同，将区域区分成不同的互动等级。
根据村民与游客不同行走方式，规划出适用于村民与游客不同的流线。

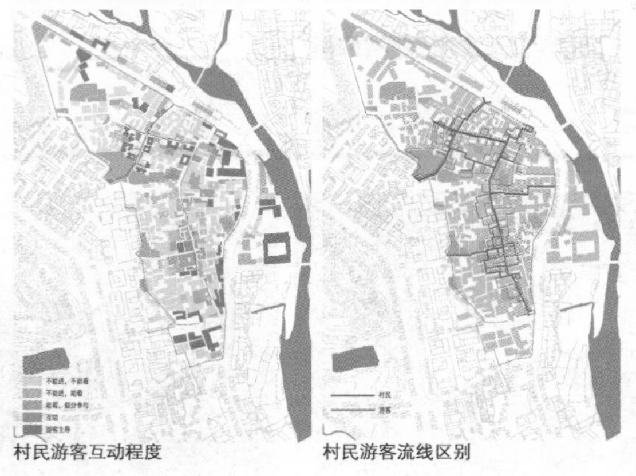

1.8 展示主题规划

在村落的业态分布及公共空间现状基础之上，我们梳理出了六大生态展示主题以及一些其他的小的展示主题。在这样的规划布局之下，我们将对三个重要的节点进一步地建筑设计。

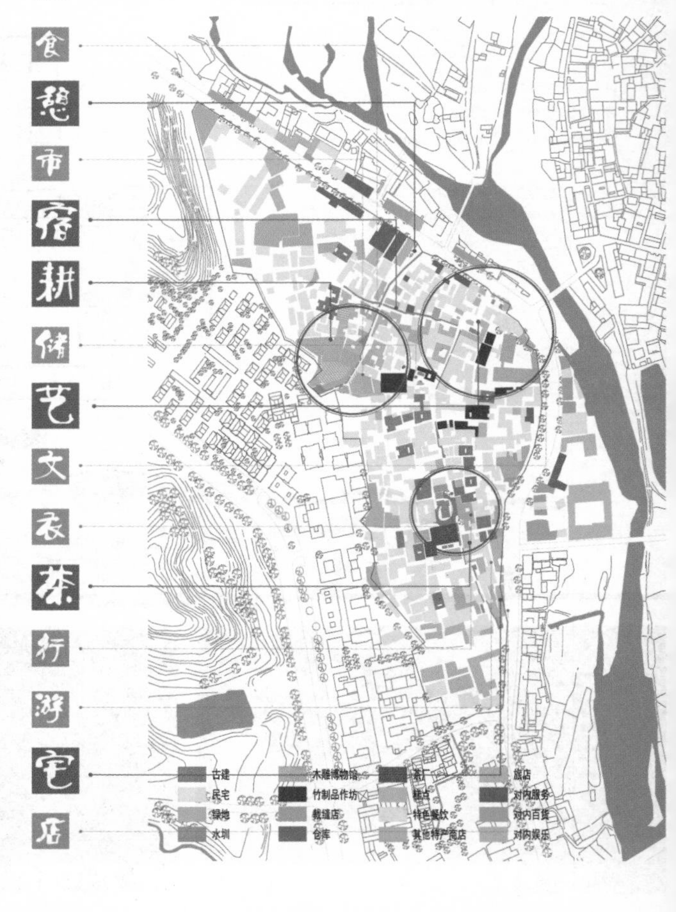

评语：

方案借鉴"生态展示"理念，以村民的真实生活状态，以及与游客、实习学生之间的交互行为作为研究对象，试图通过建筑设计手段为"此时此地"的鲜活生活提供舞台。3位同学基于对际村现状的调研，分别以茶的生产与消费、农产品市集、传统手工艺展示为主题，选取相应地段，提出各自的建筑设计方案。在设计推演过程中，"生态展示"理念扮演了决定性的价值判断角色。最终提案表现出超越了纯形式的社会学思考，而这也正是本次联合毕业设计课题设置所期待的结果。

2 生态展示节点 · 村落市集空间

我选取的地段中存在大片村民自家田地，位于水墨宏村与际村边界。这是村落中唯一一片具有开散性的外部空间。作为生态展示的节点，这个空间向游人展示村民耕作场景。

选取村落北侧一条联结省道与水墨宏村的内部小巷作为设计节点。道路连接宏村，际村，水墨宏村居民的生活，小巷内公共空间成为展示居民生活的舞台。沿小巷布置公共外部空间形成“市集空间”，村民可以在此摆摊卖菜，或向旅客售卖纪念品。夜间可以作为村民休闲活动空间。

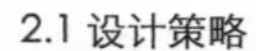

2.1 设计策略

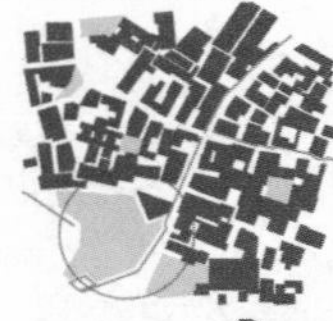

展示节点 1：
村民自家田地，位于水墨宏村与际村边界。村落中唯一一片具有开散性的外部空间。

设计概念：
通过沿小巷布置公共外部空间形成“市集空间”，村民可以在此摆摊卖菜，或向旅客售卖纪念品。

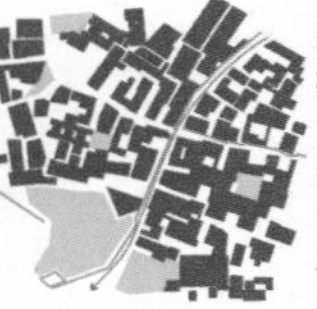

展示节点 2：
村落北侧一条联结省道与水墨宏村的内部小巷。小巷内公共空间成为展示居民生活的生动舞台。

将“市集空间”拆分为外部空间，灰空间与室内空间的空间序列，适合村民的各种售卖活动和休闲活动。

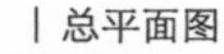

总平面图

2.2 建筑组团设计

游人人行流线示意

游人进入建筑入口示意

居民人行流线示意

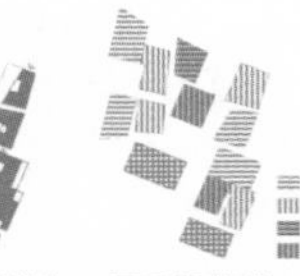

地段内居民进入建筑入口示意

居民经营类型分布设计

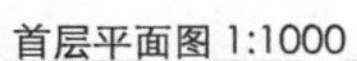

首层平面图 1:1000

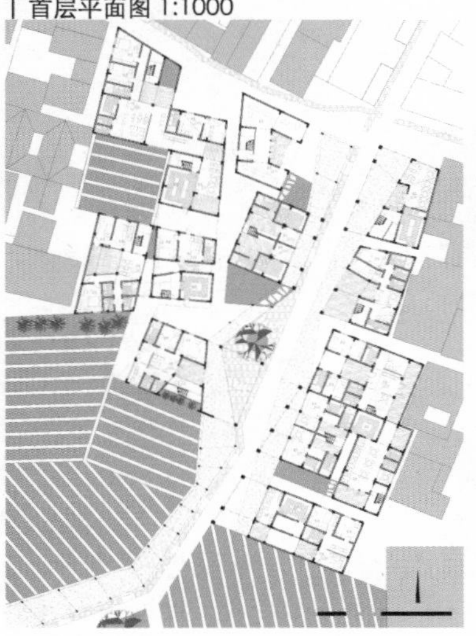

2.3 9 号人家细节设计

钢筋混凝土框架结构示意

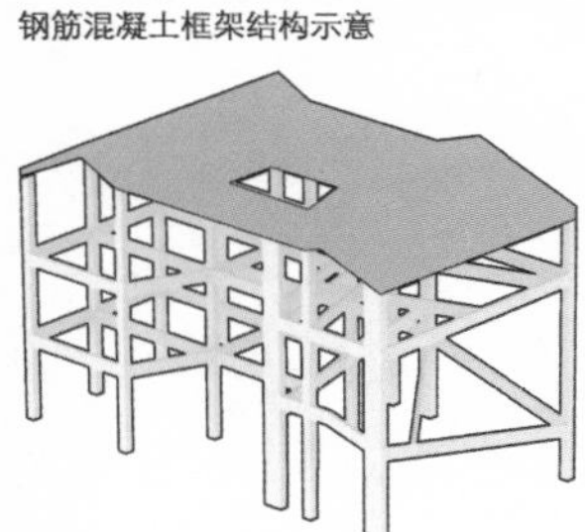

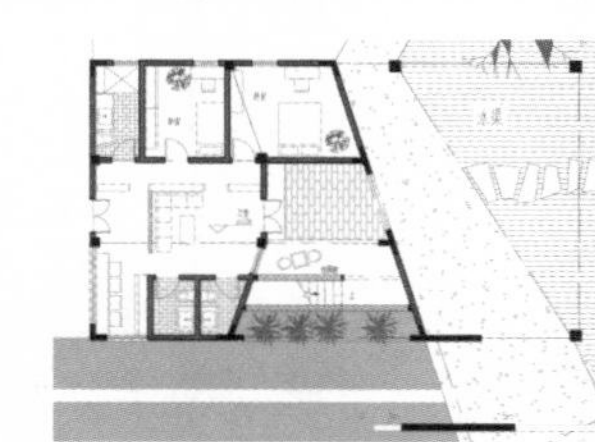

9 号人家首层放大平面图 1:500

9 号人家二层放大平面图 1:500

9 号人家三层放大平面图 1:500

2.4 市集廊道细节设计

居民游客活动时间分析

屋顶瓦片
檩条
防水层
木框架结构
石板地面

廊道结构示意

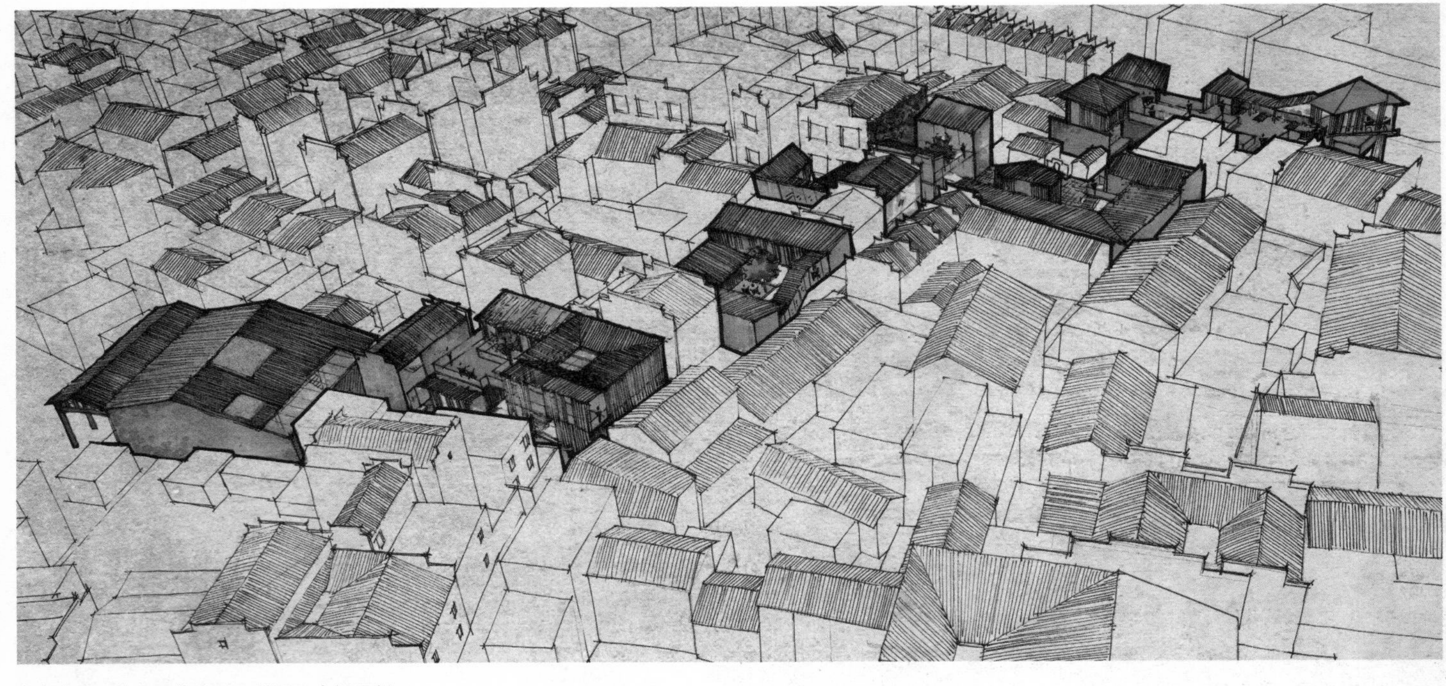

3 生态展示节点 · 传统手工艺展示空间及村口

该片区的生态展示主题为传统手工艺（主要包括竹雕、木雕、特色糕点制作）及村民的日常生活状态。

这五个节点为际村植入了村民活动的公共空间，与封闭狭长的街巷空间有机地结合，形成开合有序、富有韵律的村落内部空间，增加了街道的趣味性。村民可以进行丰富的日常生活活动。

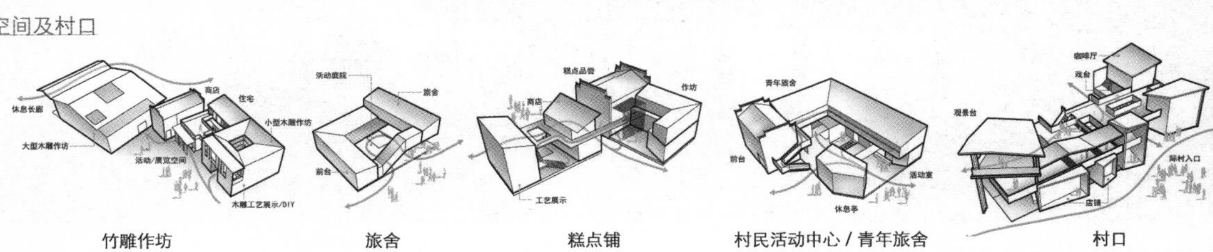

规划片区范围

片区现状

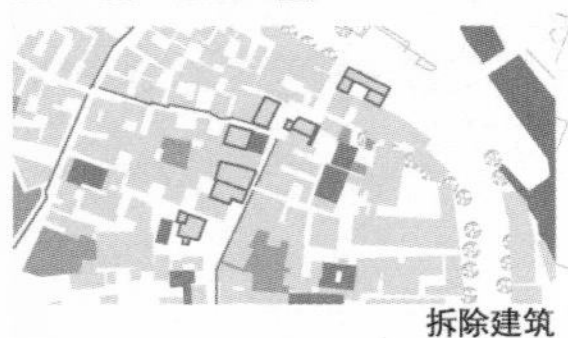

拆除建筑

改造建筑

节点一 村口
村民生活：休息、聊天、打牌、小孩嬉戏、唱歌、看戏、销售特色产品
游客活动：购物、观景、咖啡厅休息

节点二 村民活动中心 + 青年旅舍
村民生活：休息、聊天、打牌、洗衣、阅读、书法、打球、喝茶
游客活动：居住

节点三 糕点铺
村民生活：制作糕点、手工艺展示、供应早餐、销售特色产品
游客活动：购买糕点、参观作坊、咖啡厅休息

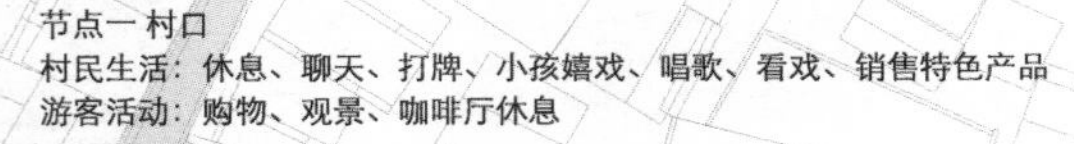

节点四 旅舍
村民生活：休息、聊天
游客活动：居住

1. 休息石阶
2. 戏台
3. 休息亭
4. 店铺
5. 糕点作坊
6. 储藏
7. 糕点店
8. 糕点工艺展示
9. 服务区
10. 活动室
11. 旅舍
12. 庭院
13. 接待区
14. 住宅
15. 小型竹雕品作坊
16. 游客 DIY 区
17. 商店
18. 大型竹雕品作坊
19. 休息长廊
20. 活动 / 展览空间

节点五 竹雕作坊
村民生活：竹雕制作、工艺流程展示、销售特色产品、展览、休息、聊天、居住
游客活动：购买竹雕、参观作坊、工艺 DIY、休息

村口

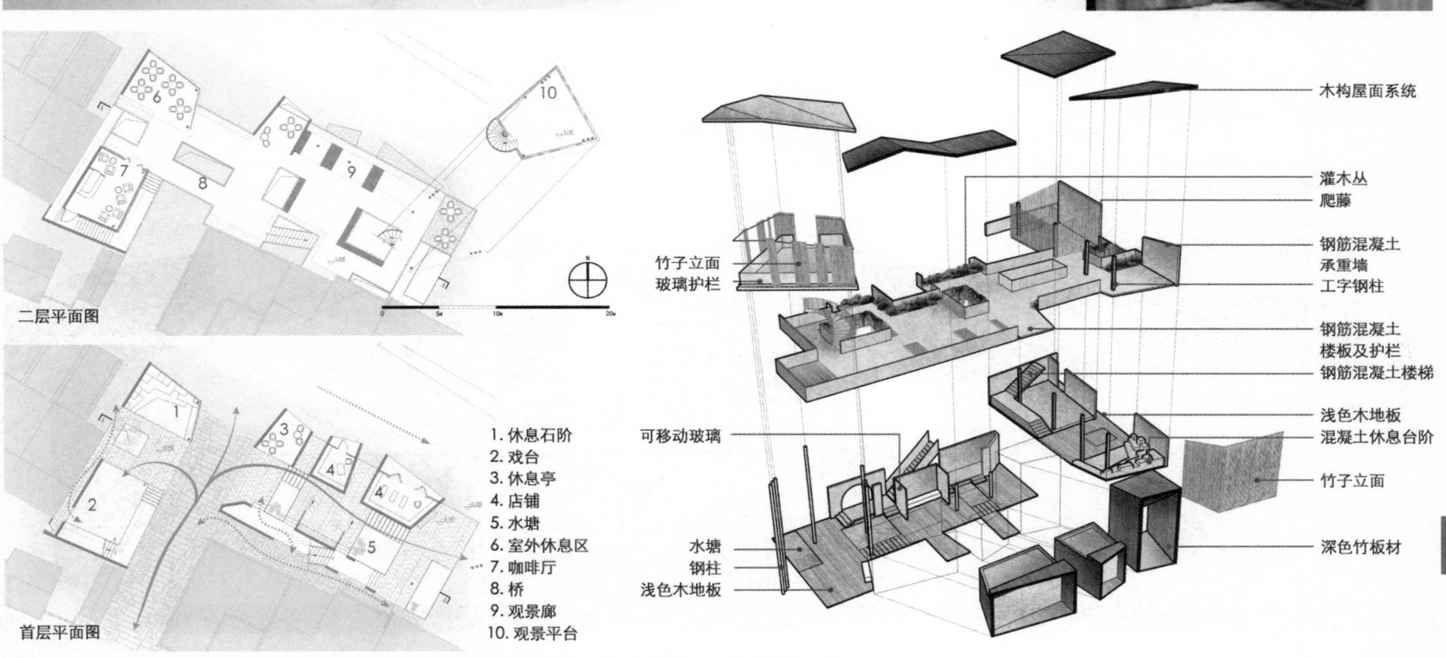
二层平面图
首层平面图
1. 休息石阶
2. 戏台
3. 休息亭
4. 店铺
5. 水塘
6. 室外休息区
7. 咖啡厅
8. 桥
9. 观景廊
10. 观景平台
木构屋面系统
灌木丛
爬藤
竹子立面
玻璃护栏
钢筋混凝土
承重墙
工字钢柱
钢筋混凝土
楼板及护栏
钢筋混凝土楼梯
浅色木地板
可移动玻璃
混凝土休息台阶
竹子立面
水塘
钢柱
浅色木地板
深色竹板材

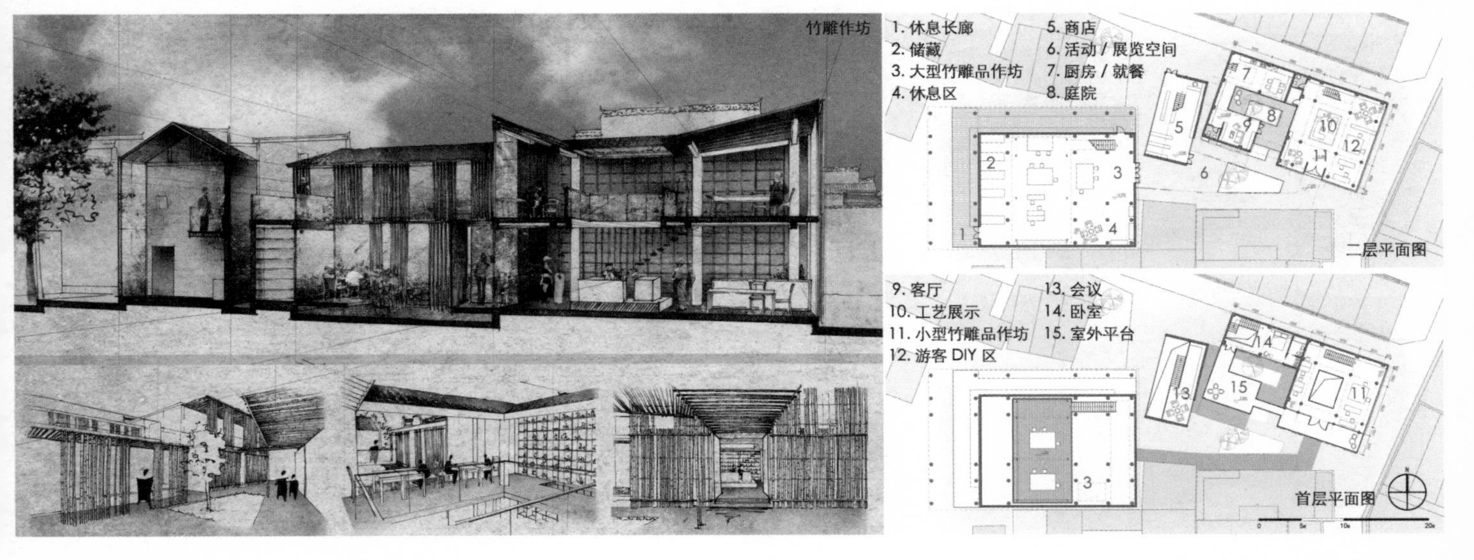
竹雕作坊
1. 休息长廊
2. 储藏
3. 大型竹雕品作坊
4. 休息区
5. 商店
6. 活动 / 展览空间
7. 厨房 / 就餐
8. 庭院
二层平面图
9. 客厅
10. 工艺展示
11. 小型竹雕品作坊
12. 游客 DIY 区
13. 会议
14. 卧室
15. 室外平台
首层平面图

4 生态展示节点 · 茶文化区

片区在古商道靠近中部的位置。现状存在一个旧祠堂，祠堂边有被杂物堆放的广场空间。

规划过程中，希望把广场空间梳理出来，成为整个村落最大的公共空间，作为村民的活动中心，也作为游客最大的休闲观光中心。

设计过程中，考虑村民与游客两种人在片区内的互动交流。对于村民来说，在改善他们现在生活公共空间的质量、保护他们日常生活不被打扰的前提下，尽可能的提供更多与游客互动交流的机会。对游客来讲，希望可以提供给他们更多样的村民活动展示场所以及和村民交流的可能性。

空间作为一个平台，提供给人们交流活动的可能性。空间也作为一种舞台，展示了人们每日的生活。

4.1 建筑布局分析

1. 地段现状
位于古商道旁，周围古建最主要的是一个旧祠堂，现用作茶厂。茶厂北侧为一废弃广场。广场北侧为裁缝店。

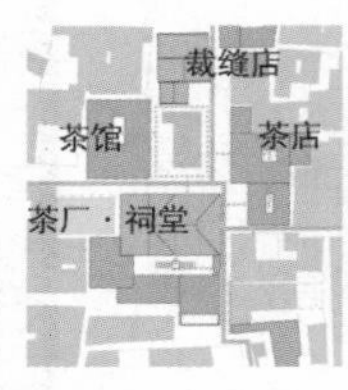

2. 肌理梳理
围绕茶厂旁空地进行梳理。保留祠堂与裁缝店不动。梳理出院落空间，与中心广场相呼应，使流线多层次化。

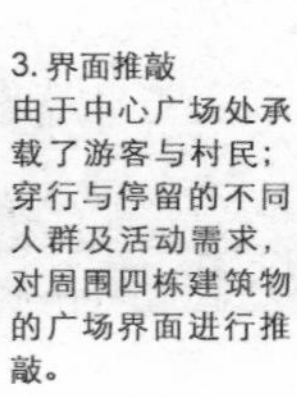

3. 界面推敲
由于中心广场处承载了游客与村民；穿行与停留的不同人群及活动需求，对周围四栋建筑物的广场界面进行推敲。

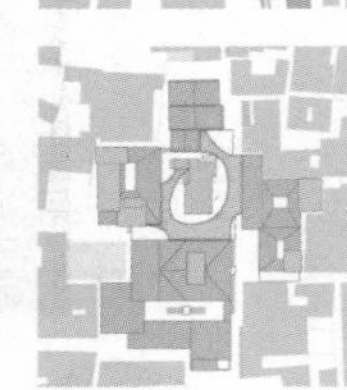

4. 场所塑造
为了加强中心广场场所感，加盖了一个竹制廊道。因而廊道与广场空间一起，成为了村民与游客公共活动的中心空间。

| 图例

1. 茶厂入口
2. 茶工艺流程
   - 2-1. 凋萎
   - 2-2. 揉捻
   - 2-3. 发酵
   - 2-4. 烘干
   - 2-5. 筛分
   - 2-6. 拣剔
   - 2-7. 补火
   - 2-8. 宫堆
   - 2-9. 包装
3. 茶叶售卖
4. 茶座
5. 茶馆
6. 收银
7. 后勤
8. 储藏
9. 商场入口
10. 商铺
11. 民宿入口
12. 厨房餐厅
13. 客房
14. 大厅
15. 服装商店（现状）
16. 裁缝铺（现状）
17. 民宿（现状）
18. 洗衣平台
19. 养鱼池塘
20. 亲水平台
21. 水圳与水池
22. 天井

| 经济技术指标

设计区域面积：3583m²
建筑首层面积：1593.m²
总建筑面积：2819.4m²
茶厂及附属面积：814.3m²
茶馆面积：448.7m²
商店面积：1220.8m²
民宿面积：187.6m²
灰空间投影面积：295.9m²

| 首层平面图 1:1000

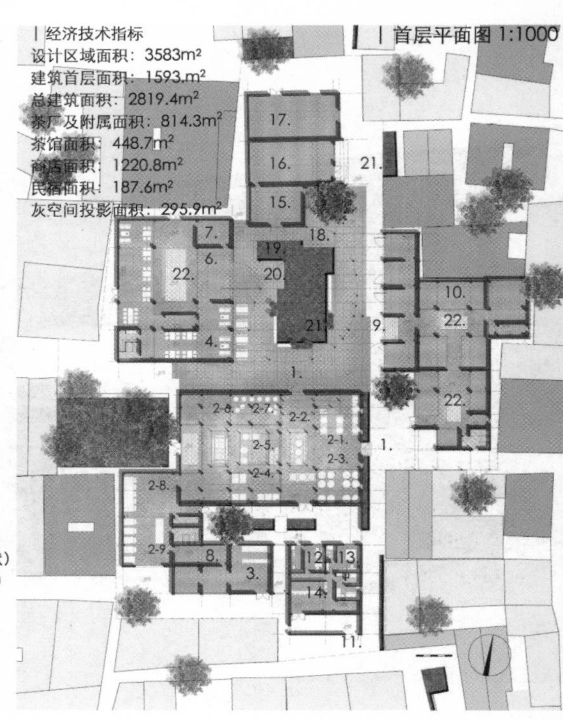

4.2 廊子 · 生活展示广场

茶馆楼座　通向水墨宏村　茶馆　室外茶座　休闲座椅　亲水平台　裁缝店　中央水池　古商道　晾晒空间　室外交易空间　茶叶商店

| 廊子 · 互动展示场所

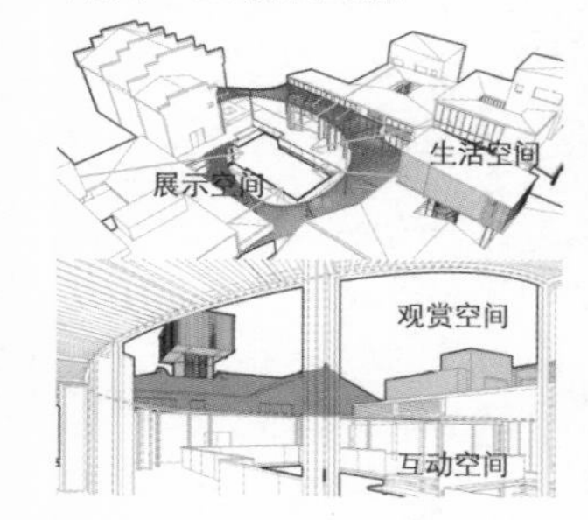

| 廊子 · 互动展示场所

茶厂是整个村落的中心广场。廊子限定广场空间。对于来往的村民而言，廊子提供了更多坐下交流的可能性。对于廊子上方的茶厂、住宅、商店空间，廊子也提供了一个晾晒物品的场所。对于游客而言，廊子是与村民交流互动的平台。

另一方面，曲线形的廊子也作为互动展示的景框。自上而下的视角，廊子框住了生活广场。自下而上地，廊子上方空间展示村民与游客不同的生活。

| 廊子 · 构造节点 · 1：30

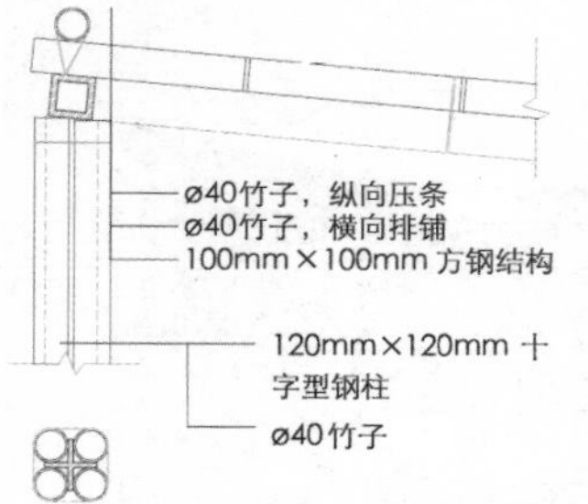

| 廊子 · 结构示意

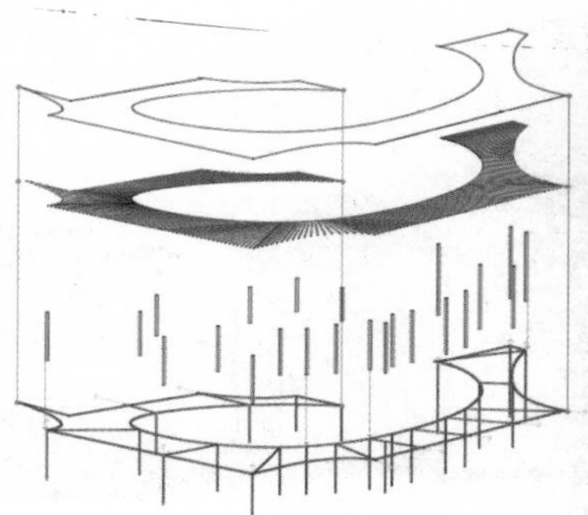

- 顶部竹子压条
廊子檐口压一圈
- 竹子铺面
以椭圆心为中心，径向铺设竹子
- 竹子包十字钢柱使钢柱具有竹子的外观效果
- 钢架结构
老建筑靠外墙一侧增加一排结构柱；新建筑钢梁直接与新梁柱相结合。

| 广场周边建筑立面 1:800

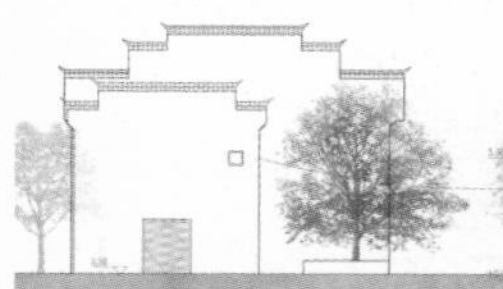

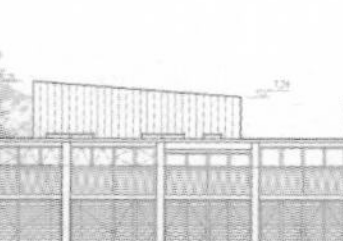

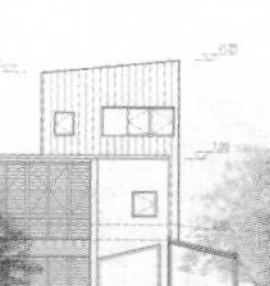

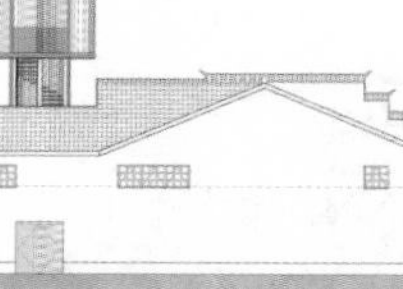

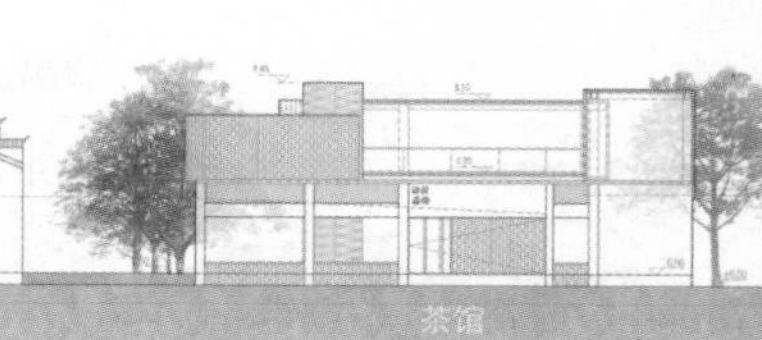

4.3 茶厂·观光

| 茶厂结构层次

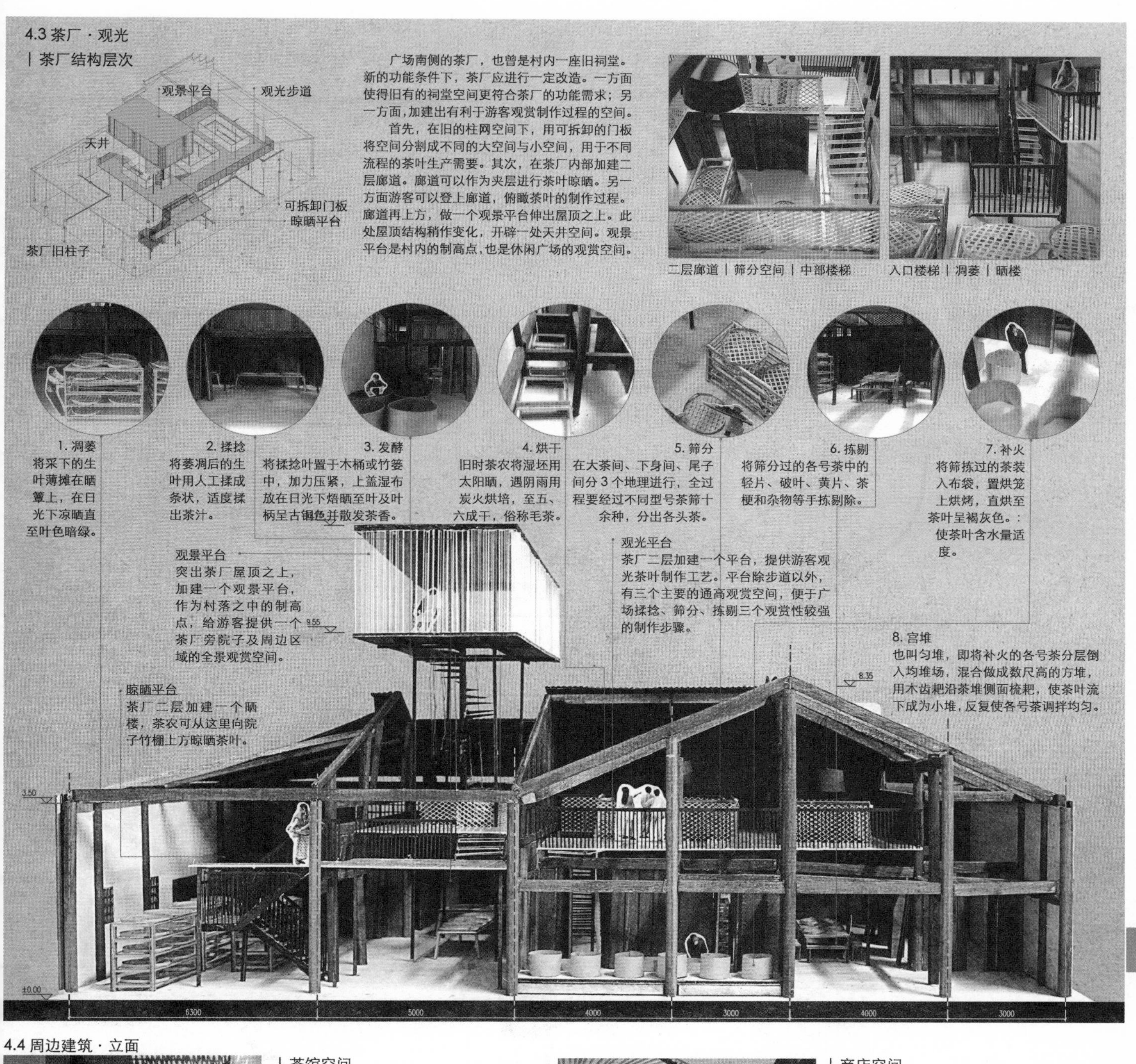

广场南侧的茶厂，也曾是村内一座旧祠堂。新的功能条件下，茶厂应进行一定改造。一方面使得旧有的祠堂空间更符合茶厂的功能需求；另一方面，加建出有利于游客观赏制作过程的空间。

首先，在旧的柱网空间下，用可拆卸的门板将空间分割成不同的大空间与小空间，用于不同流程的茶叶生产需要。其次，在茶厂内部加建二层廊道。廊道可以作为夹层进行茶叶晾晒。另一方面游客可以登上廊道，俯瞰茶叶的制作过程。廊道再上方，做一个观景平台伸出屋顶之上。此处屋顶结构稍作变化，开辟一处天井空间。观景平台是村内的制高点，也是休闲广场的观赏空间。

4.4 周边建筑·立面

| 茶馆空间

广场西侧的茶馆，是提供给游人的休闲场所。

茶馆首层采用大面积玻璃窗，使游客可以观看到广场上村民、以及村民游客交流的生活场景。在窗户的外侧，也就是广场上，也放置室外座椅。这些座椅提供给村民一个休息空间，也与室内的游客茶座形成互动空间。游客在室内喝茶吃饭，村民在廊下聊天休憩，虽处不同空间，但仍可相视相望，互动交流。

| 商店空间

广场东侧的商店，是居民日常进行交易的场所。

商店门面采用横排柱子做的折叠门与转门。一方面，开启的门结合道路空间，可以创造出门口一定的摊贩空间。另一方面，横排的柱子视觉上具有半透性，使得人的视线不至于被完全遮挡。

与商店门面相呼应，廊道下方的柱子之间也增加一些可以随意开关的折叠门。这些门可以成为道路与广场自由的分隔物，也提供一个悬挂货品的背板。

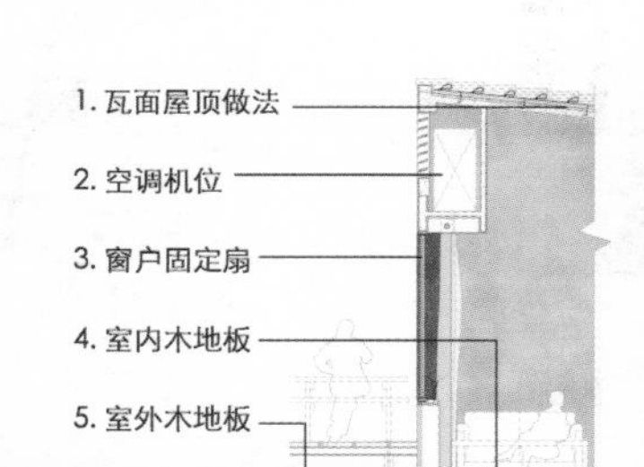

茶馆立面剖面 1:150

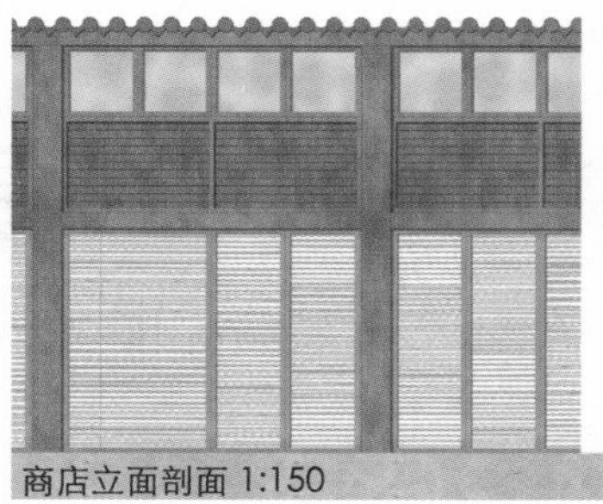

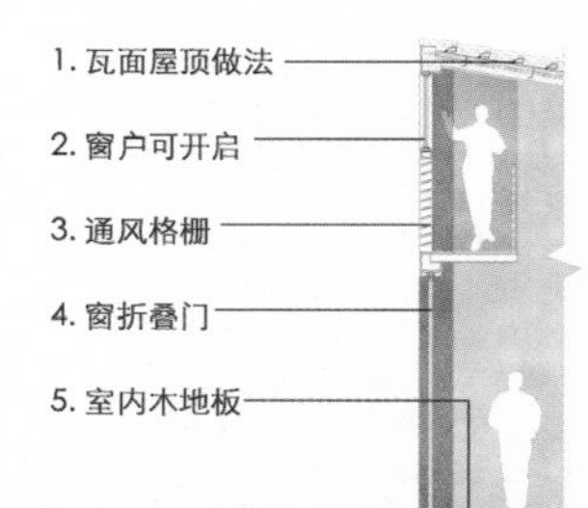

商店立面剖面 1:150

场所激活 Active the Place

清华大学

设计：陈斐君/陈宇璇/高若飞

指导：许懋彦/卢向东/韩孟臻

际村建筑风格及其分布

最具有价值的传统建筑被隐藏在村落内部，难以被游客发现。而从外部上看，际村就像其他的农村一样毫无特色，缺乏吸引力。

传统建筑
基本保持传统风格
保留传统山墙
局部使用传统元素
毫无传统风格
平房

保持传统风格

保留传统山墙

局部使用传统元素

毫无传统风格

道路交通空间

①宏村与际村间道路 通往县城
②通往水墨宏村道路
③连接水墨宏村与宏村
主要道路
次要道路
支路

次要道路典型截面

沿街内凹　一般　一侧菜地

支路典型截面

过街楼　过窄的街道　沿街院子

沿街菜地　沿街商铺　一侧平房

际村内部街道过于狭窄，街道尺度给人感觉过于压抑，开敞空间为仅有的几片菜地。这样的街道使得进入际村的外来游客没有方向感。而吸引人的古建都分布在际村的支路上，这些古建对于外来的人来说，非常难以到达。

古建构型

南茶厂　北茶厂　四合院　对称四合院　三合院

古建院落亲疏关系

院落开放性分析

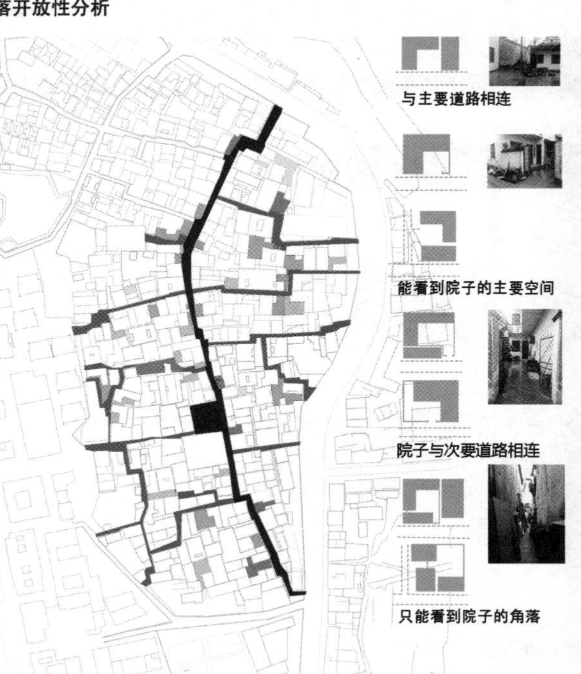

与主要道路相连

能看到院子的主要空间

院子与次要道路相连

只能看到院子的角落

评语：

方案聚焦际村现存传统民居的保护与利用。对于外人而言，散布的若干徽州民居凝聚着美学与文化价值，也是连接起历史与未来的物质实体；对于村民而言，传统民居不再适应当下生活模式，成了一种负担。3位同学分别选取面向宏村的村口区域、奚家祠堂中心区域、传统民居集中的带形区域展开研究，提出不同的设计策略。其共性在于通过以点（带）出发激活村落活力的技术路线；在具体问题解决中的新建、改建、加建等不同的操作，则体现出多元、灵活的选择。

规划思路：以老建筑为出发点，以点、线、面的推进将际村由内至外地激活。

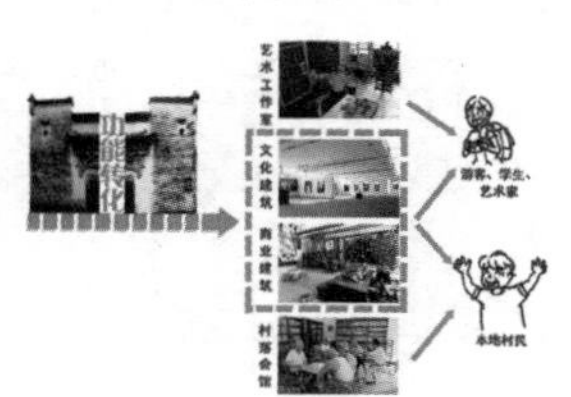

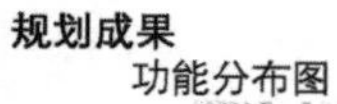

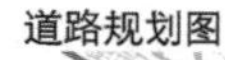

规划成果

功能分布图

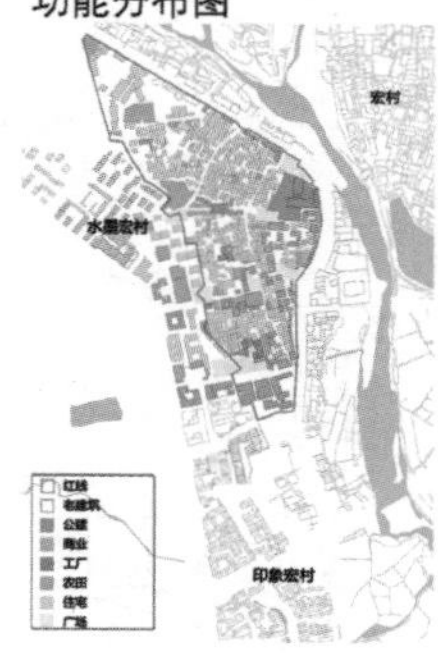

道路规划图

使用人群活动范围

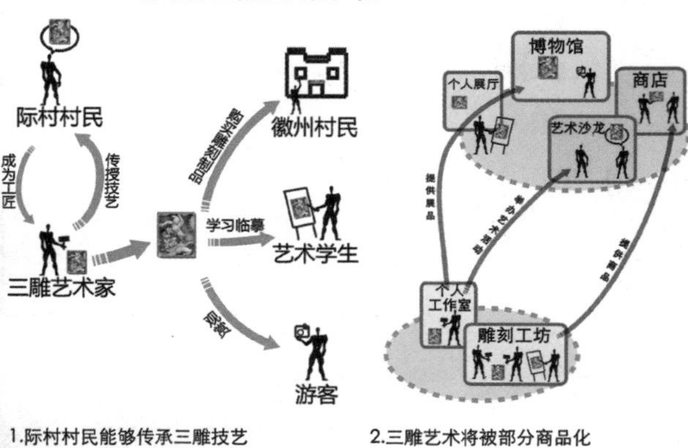

· 启用部分农田和空地，增加村民活动广场；
· 增加特色旅游产业；
· 部分老建筑改为公建。

· 际村古驿道维持原样；
· 老建筑之间连成新道路；
· 连通水墨宏村与际村。

· 村民与游客有一定的共享空间；
· 际村的村民活动中心移到村内部；
· 游客活动范围由宏村像际村蔓延。

长期自主加建住宅的后果，使得际村呈现无序杂乱的建筑秩序；然而这是无序之中蕴含着秩序，杂乱之下展现了特色的空间感。挖掘传统徽派村落的空间结构，激活际村新村口，是这个设计的主要思路。

功能定位：将徽州三雕文化发展成新的产业模式，为际村添加附加文化产值。

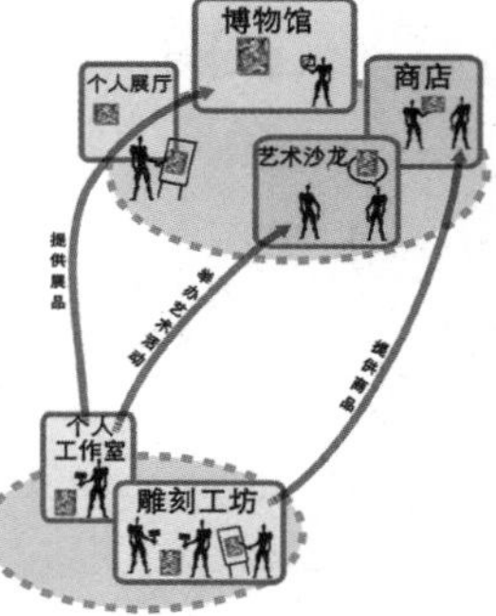

1.际村村民能够传承三雕技艺

2.三雕艺术将被部分商品化

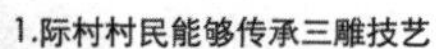

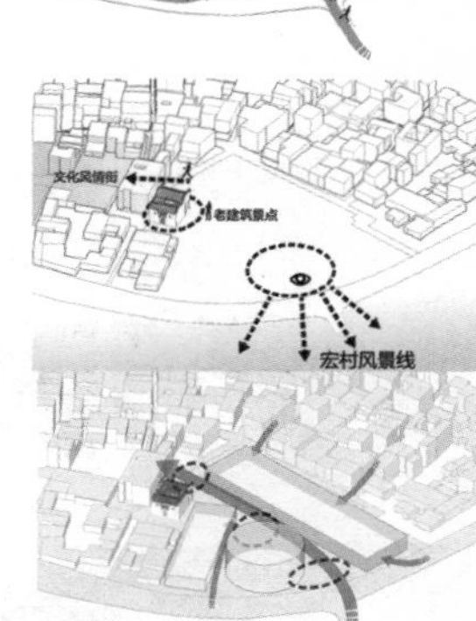

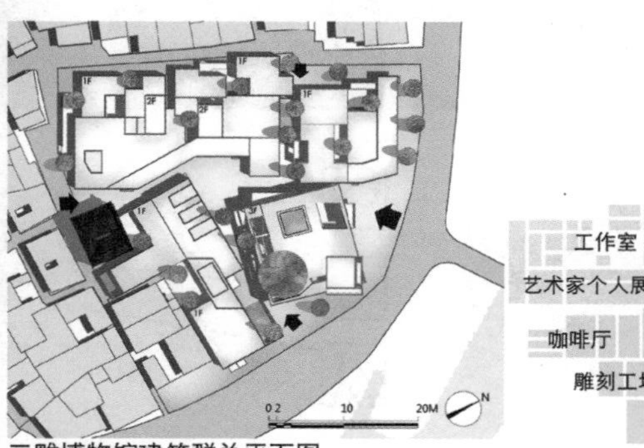

三雕博物馆建筑群总平面图

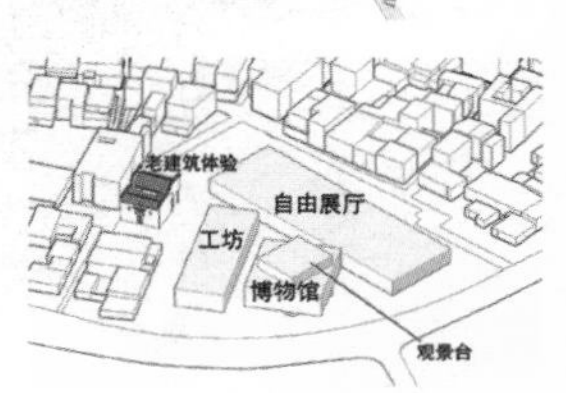

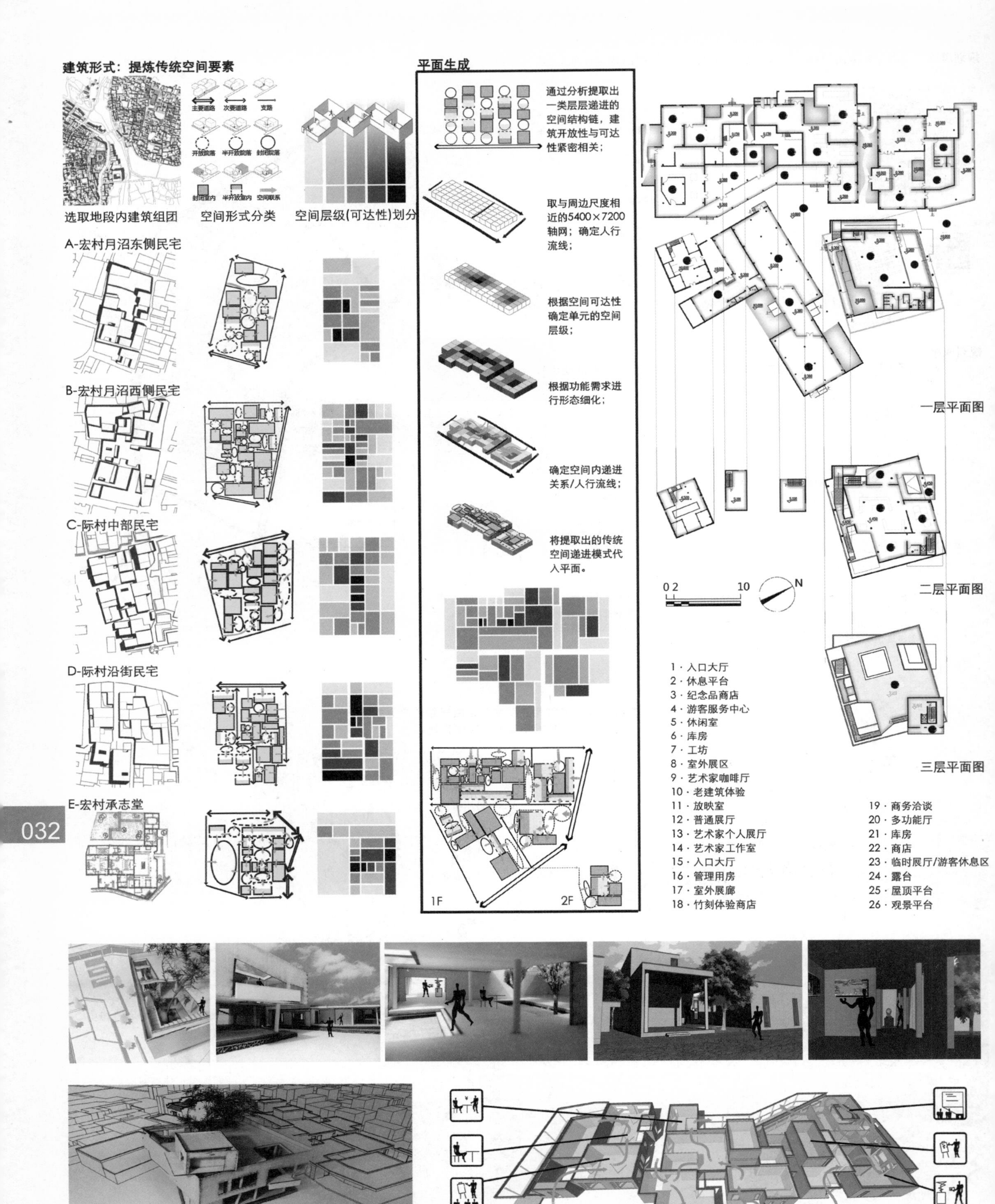

博物馆鸟瞰图

艺术家个人展厅流线图

传统建筑激活

线性古建串联

十三天井——商业文化「街」

地段分析

周边建筑：
北向：新三雕文化博物馆
西向：新社区中心
其他：原有居民住宅

交通：
地段位于新规划的面向游客开放的街道上。有东西向支路从主干道到达地段。

古建：
共有古建9幢，为该地段提供丰富的传统文化资源。

徽州古民居空间结构

空间结构构成元素

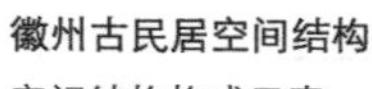

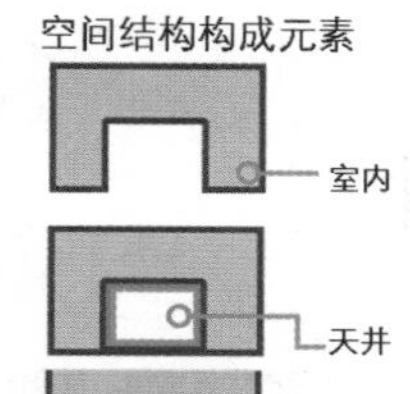

空间结构构成元素叠加——承志堂为例

承志堂平面

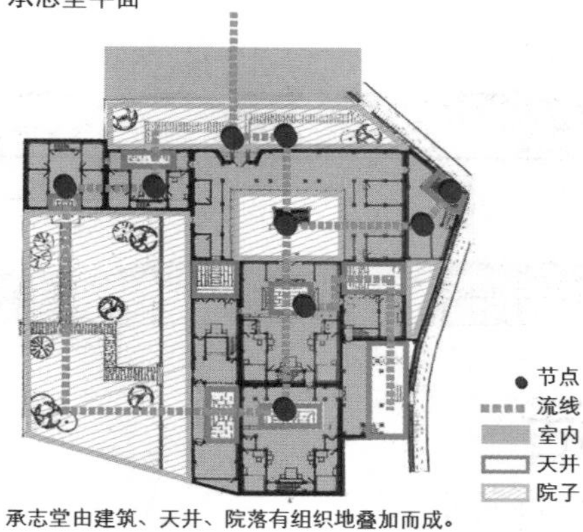

承志堂由建筑、天井、院落有组织地叠加而成。

承志堂空间结构

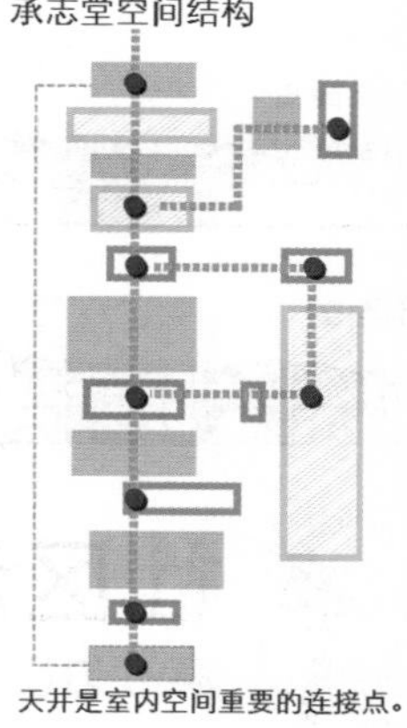

天井是室内空间重要的连接点。

古建串联

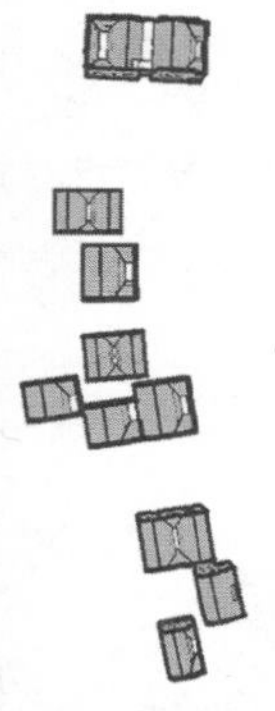

地段原有古建

提取地段内原有的古建。

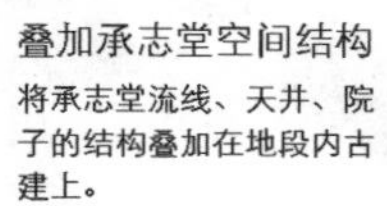

叠加承志堂空间结构

将承志堂流线、天井、院子的结构叠加在地段内古建上。

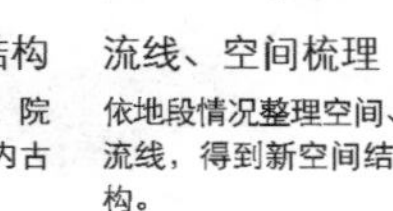

流线、空间梳理

依地段情况整理空间、流线，得到新空间结构。

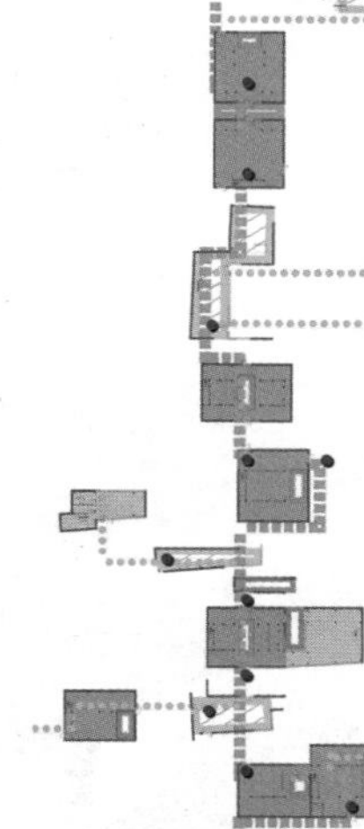

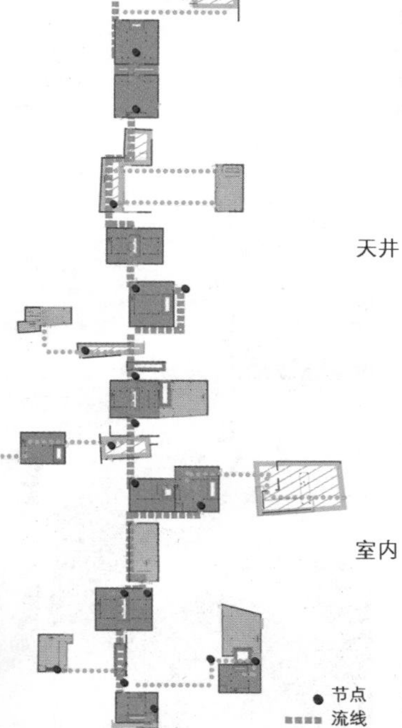

新老建筑连接

新老建筑之间相互联系又易于辨识。

院子

院子是从公共空间（道路）到达私密空间（建筑）的第一个层级。

天井

天井是建筑当中的灰空间，是建筑当中相对公共的部分，是建筑中不同功能部分的联系。

室内

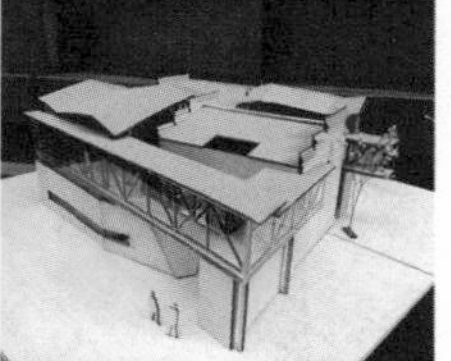

由院子—天井—室内空间逐级串联起来的空间形成一个完整的建筑。

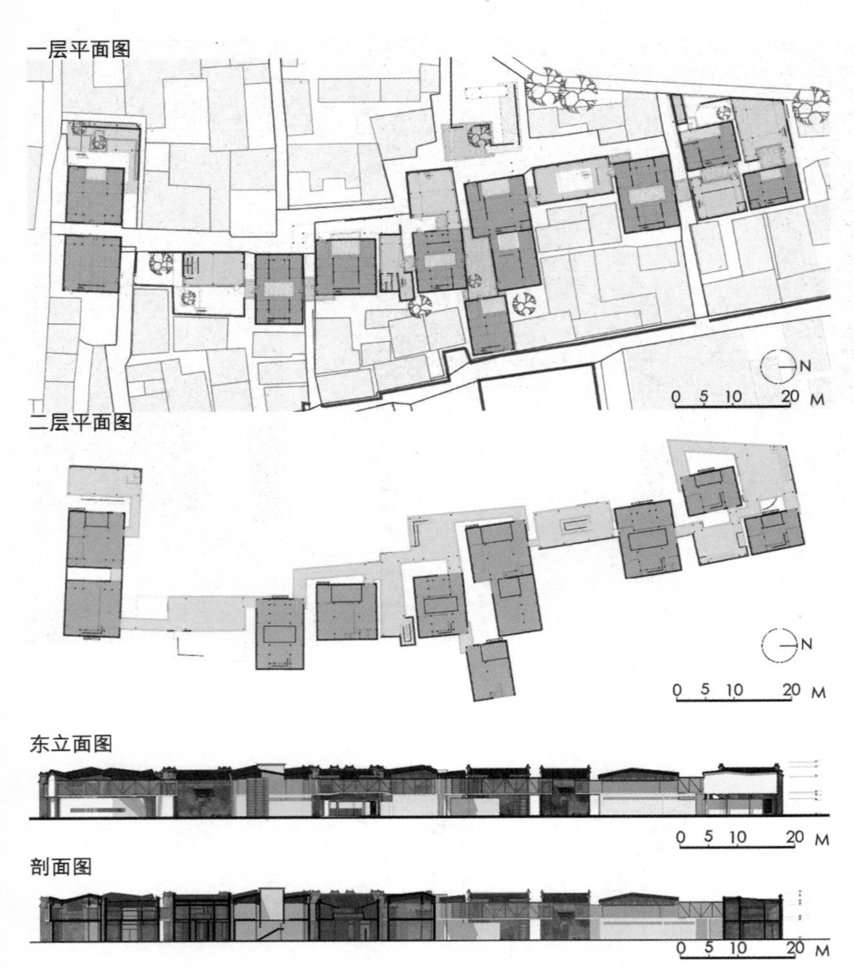

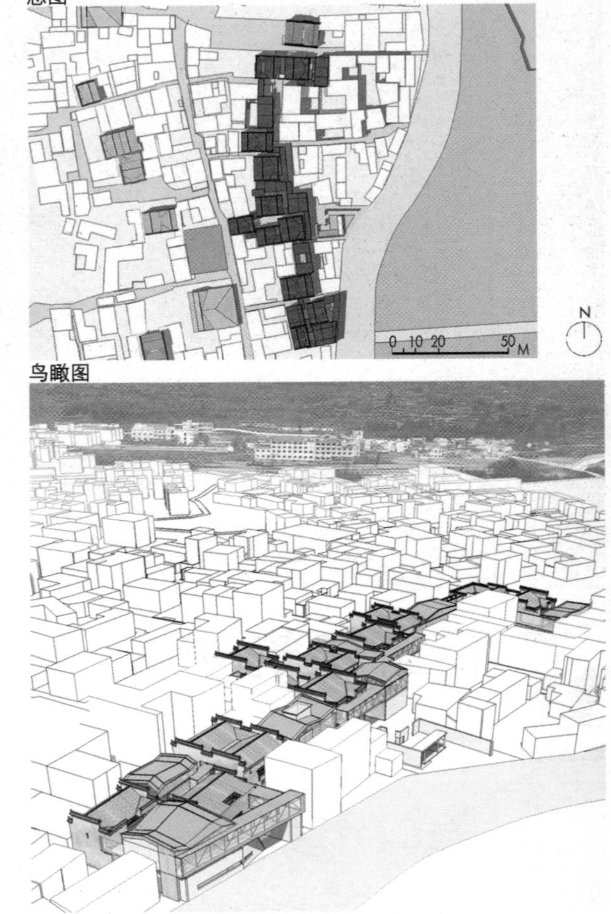

社区激活

通过匀质空间进行向心连接

地段3　——际村社区中心设计

设计说明：

街道狭窄雷同，公共活动空间缺乏，古建破败且远离主要道路等都是我们在调研中发现的际村存在的问题。为了解决这些问题，我希望通过一个匀质化的活动空间对场地上存在的三座老房子进行联系，使得人们在穿行的过程中感受到一种与其他街道截然不同的开敞感，能够不由地被吸引到老房子里。

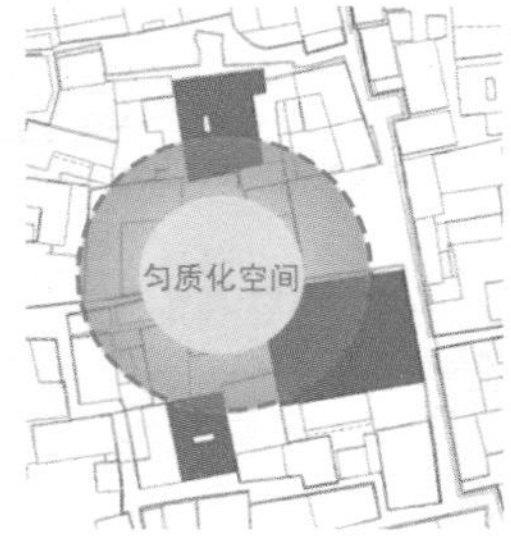

匀质化的空间，就是没有明确等级划分的，结构比较均匀的空间。它具有开敞活跃，视线可达性好的特点。

为了形成这个匀质空间，我将徽州传统建筑空间进行解构与重组，将原有的等级和封闭性消除，保留空间的尺度感。

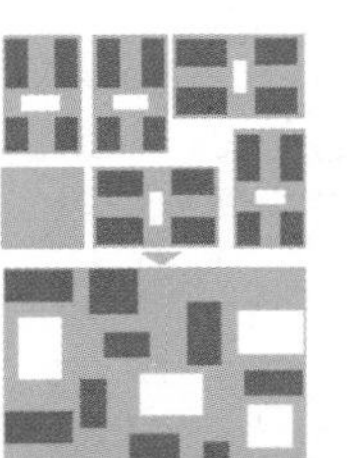

将古建周边的零散建筑拆除

将东西流线引导到地段2

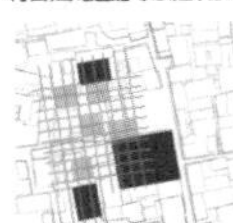

提取古建轴网，形成水院

通过加建完善古建功能

新老立面的对比

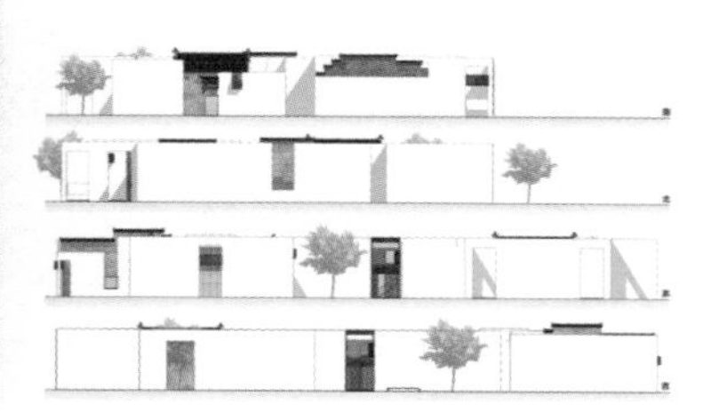

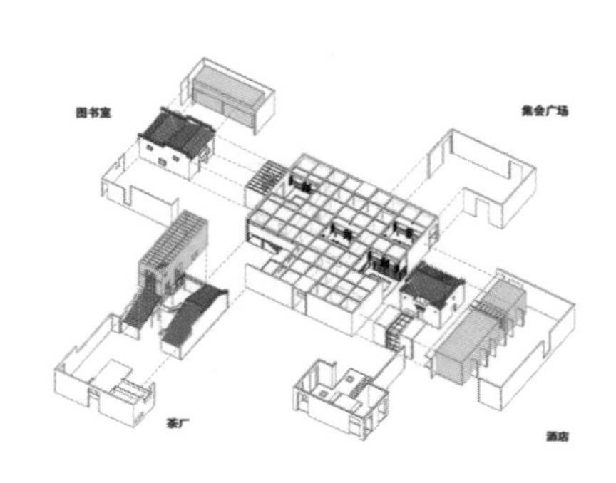

二层平面图

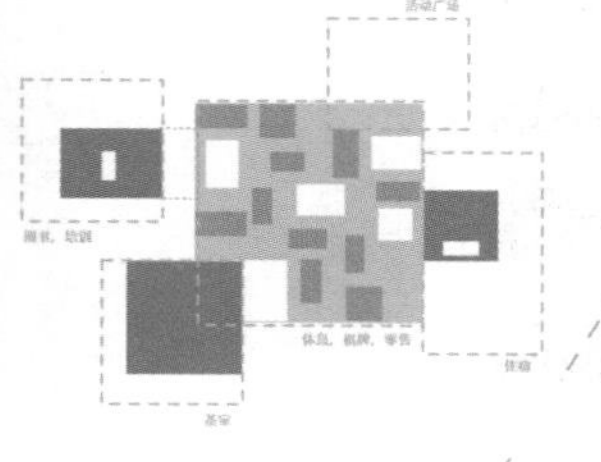

一层平面图

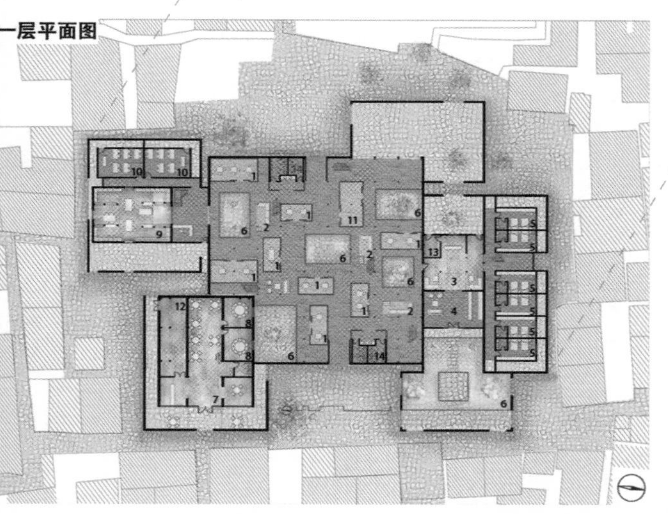

1.棋牌室，游乐室
2.休息区
3.酒店大堂
4.大堂吧
5.客房
6.水院
7.茶室
8.茶室包间
9.图书室
10.培训教室
11.小卖部
12.茶厂后勤
13.酒店后勤
14.厕所
15.画廊
16.活动室（书画室儿童活动室等）

慢·经过 SLOW.PASS

清华大学
设计：林喆/邰惠芳/陈世奇
指导：许懋彦/卢向东/韩孟臻

区域印象

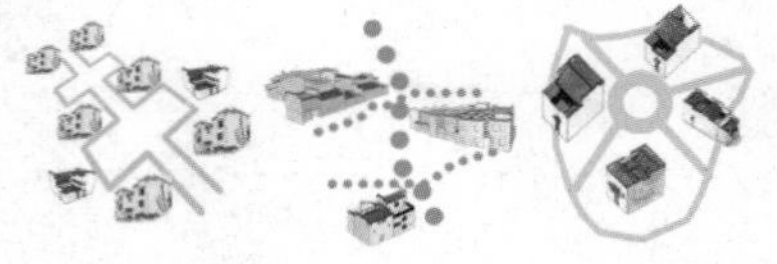

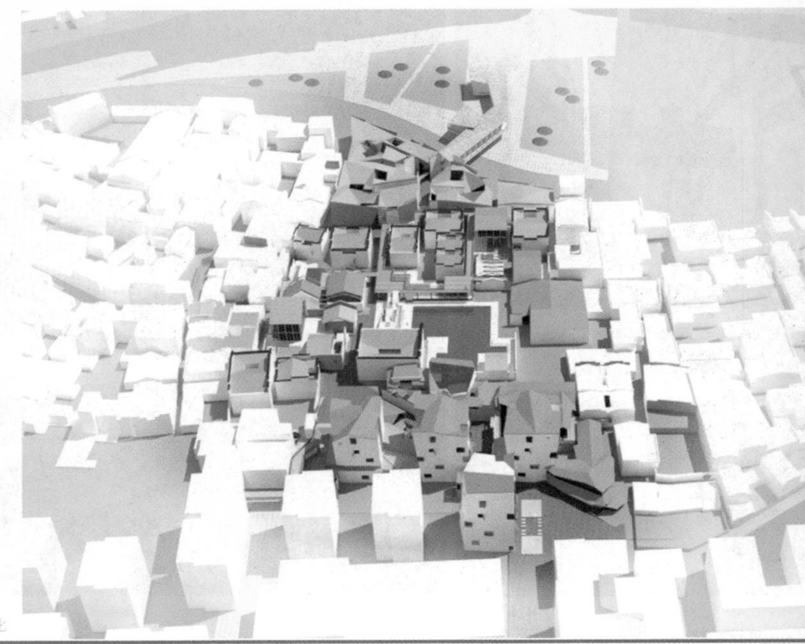

际村的发展一直和交通息息相关

穿越路径选择

沿着村内原有横向道路

水墨宏村结构与西入口选择

宏村结构与东入口选择

路径的选择

穿过老建筑密集区

概念提出

经过

际村

宏村

新需求创造新经过，新经过带动新发展

服务于宏村旅游的水墨宏村一期工程已经完成并且开业。对于游客来说，过来参观宏村是必选项目。对于在水墨宏村消费的游客来说，夹在水墨宏村和宏村之间的际村成为了必经之路。也就是说，未来大量游客将经过际村到达宏村。这种需求将带动横穿际村的道路发展，并将带动际村的持续发展。我们大胆提出“经过”的概念，开辟一天示范性经过路径，充分发挥际村本身自生长的活力，调动村民自我积极参与到新的发展中

一日游

两、三日游　入住水墨宏村

际村服务人群：多日游、慢旅行

我们希望沿着游客经过际村的路径，提供和现有水墨宏村和宏村功能互补的服务，以此丰富游客的体验，加强宏村旅游的整体实力，带动际村发展。于是有了“慢”的概念。

慢

水墨宏村　服务　宏村

互利　互补

际村

吸引更多多日游游客

丰富宏村游线

且行且体验

宏村　际村

am 6:00　12:00　18:00pm

时间互补——形成早晚两个活跃点

宏村	际村
游人如织、强势	村民游客共享
匆匆而过	进来坐坐
瞧一瞧	动动手

功能互补——“慢镇文化”、体验

评语：

慢，体现时间意味；经过，体现人的空间体验。

这二者放在一起，加上际村的建筑，其实是一个很具有现代主义建筑理念的说法：Space，Time and Architecture。

设计的着眼点是很开阔的：首先抓住了整个旅游区域，尤其是宏村、际村、水墨宏村等新旧几个村落的关系，通过其中路网的梳理，重新架构村落之间的关系。当然，最终的落笔处是在际村的几条主要道路的重新定义和梳理。在建筑设计层面，大胆而又不失小心，一方面借用了传统建筑的一些重要的元素，另一方面又大胆地运用现代的手法处理。这些新的建筑能够和谐地镶嵌在际村之中。使得这个设计体现了建筑的时代性特征。这或许是地域建筑文化的一种新的解读。

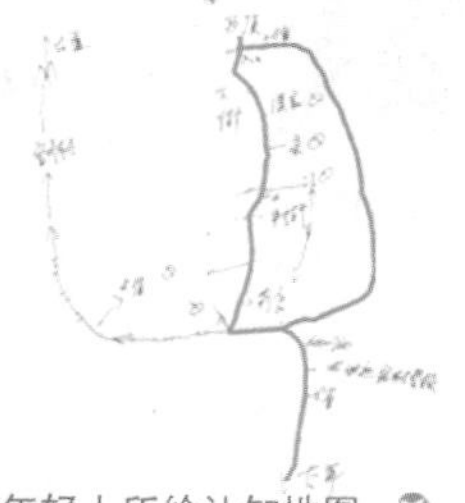

年轻人所绘认知地图

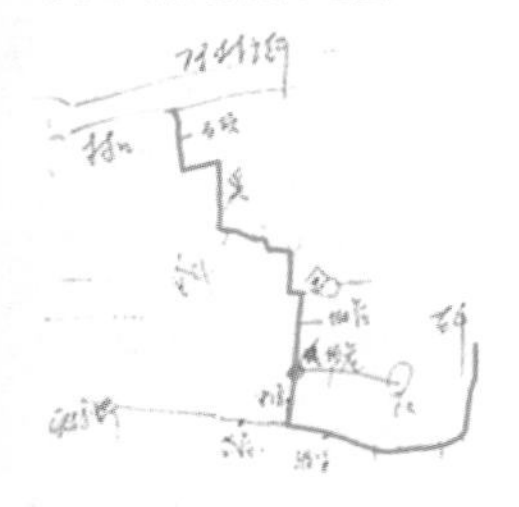

老者所绘认知地图

从两位村民绘制的认知地图可以发现，他们都对于南北向古街印象深刻。不同的是，年轻人绘制的地图比老者绘制的多了一条外围省道，从中可以看到际村交通的变迁以及交通对于际村的重要性。

路径空间序列

由心理地图和现状地图存在对应关系，可以看出街道放大点以及转折点给人较为深刻的印象，成为空间节点。

延伸的室外空间节点

次要室外空间节点分析

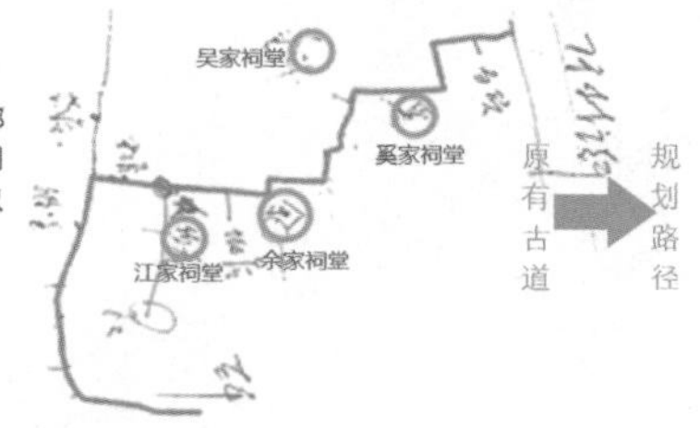

水系分析

在路径一侧加入次要室外空间节点，作为路径空间的补充,形成“慢”的效果，各处空间各具特色。

路径连接水墨宏村和宏村，并在地路径上利用室外公共空间的收放营造“起承转合”的序列。游客既可从路径单纯经过，又可停留。

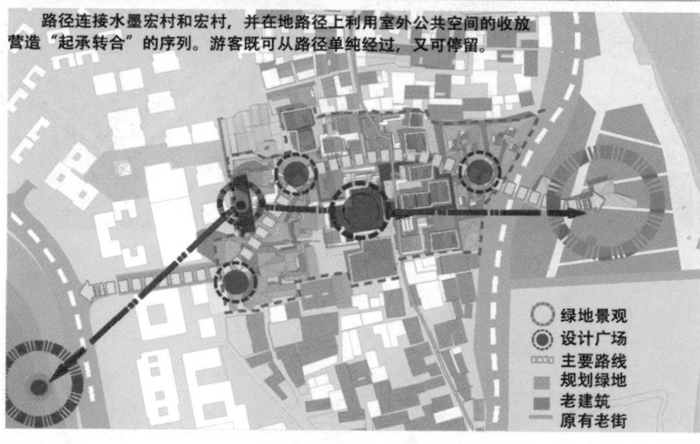

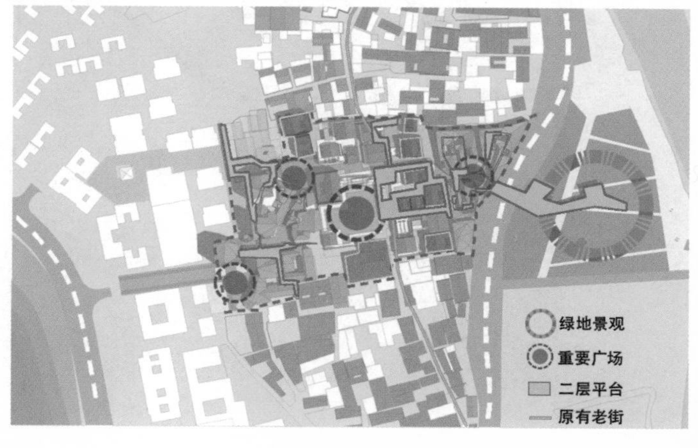

地段特点：

调研发现水墨宏村与际村边界凌乱而消极
边界恰是各种人群来往交复之处
水墨宏村的现代建筑与际村民居在形式上又明显矛盾
如何为这两种建筑形式提供一个过渡？
如何让这两部分居民的“边界”消融？
游客将在这条穿过边界之路上获得怎样的体验？

设计策略：

学习现代小区的一种成熟模式——高层+配楼
缓冲高层的直接冲击、
底层配楼接地气、提供公共服务
保护村落的活文化——回迁、共享
居民回迁，与水墨宏村比邻而居。共享老年文化宫、少年文化宫等公共设施。
游客深入体验——DIY、共享合适设施
通过文化宫的展示平台深入了解当地生活文化。
参与当地志愿者安排的DIY体验

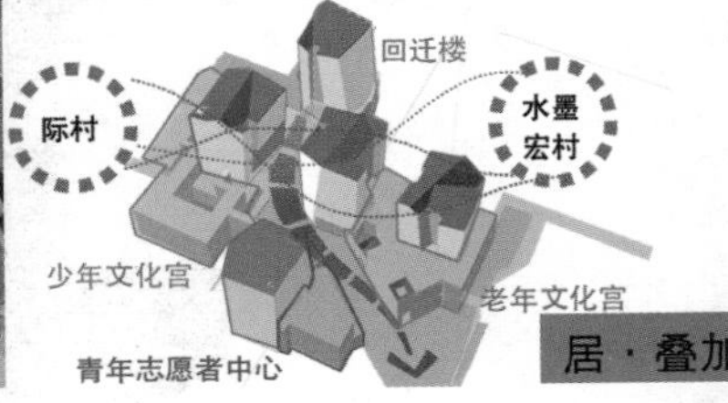

居·叠加

赏·铺展

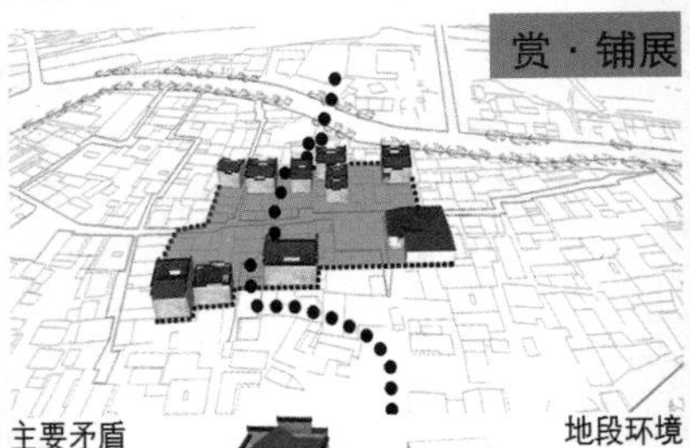

主要矛盾
基地的主要矛盾是新老建筑之间关系

地段环境
地处慢·经过路径的中心段

确定新老建筑关系
以老建筑为主
新建筑退让老建筑
建筑形式有其延续性

天井的延续
以传统民居的核心要素天井出发，结合游客需求形成开放的空间

封闭	半封闭半开放	开放
天井	院子	园子

地段特点
地段位于宏村同西侧地段之间，承担连接二者、将宏村游客引入际村的作用。运用“景观桥”作为解决方案，将际村同东侧的广场相连接。再由广场连接宏村。

宏村出入口 宏村
际村 宏村出入口

游·聚合

借鉴传统徽州建筑元素

天井和坡屋顶
用天井串起多个建筑单体，组织游客动线。并运用坡屋顶保持天井的空间特点。

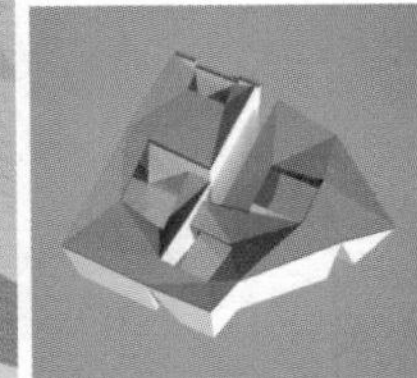

马头墙
在外墙重点部位，例如出入口，加入马头墙元素，起到突出和标识的作用。

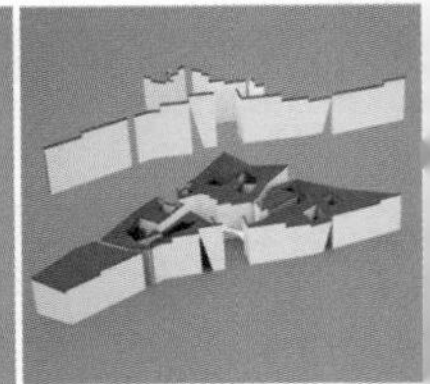

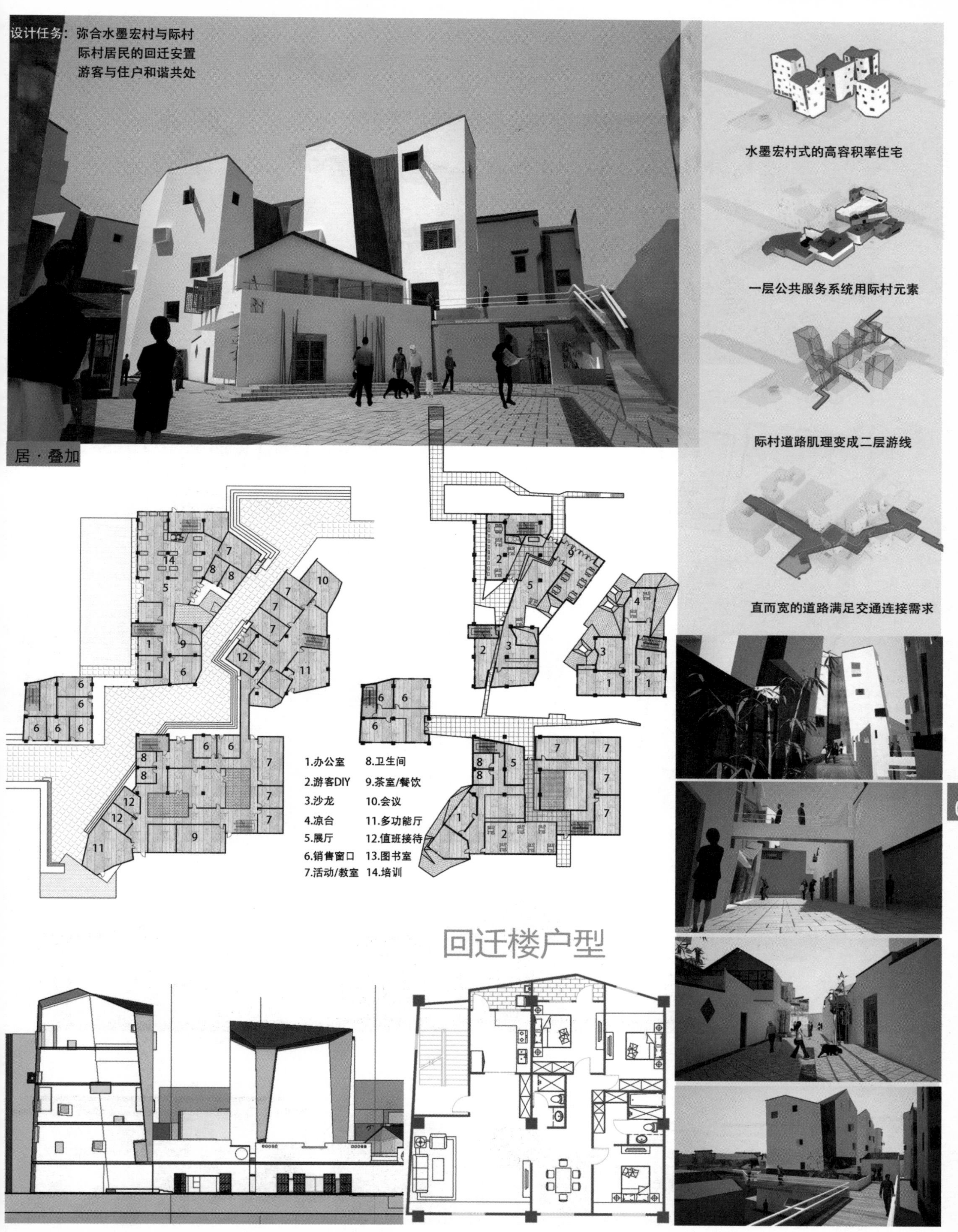
设计任务：弥合水墨宏村与际村
际村居民的回迁安置
游客与住户和谐共处
居 · 叠加
水墨宏村式的高容积率住宅
一层公共服务系统用际村元素
际村道路肌理变成二层游线
直而宽的道路满足交通连接需求
1.办公室
2.游客DIY
3.沙龙
4.凉台
5.展厅
6.销售窗口
7.活动/教室
8.卫生间
9.茶室/餐饮
10.会议
11.多功能厅
12.值班接待
13.图书室
14.培训
回迁楼户型

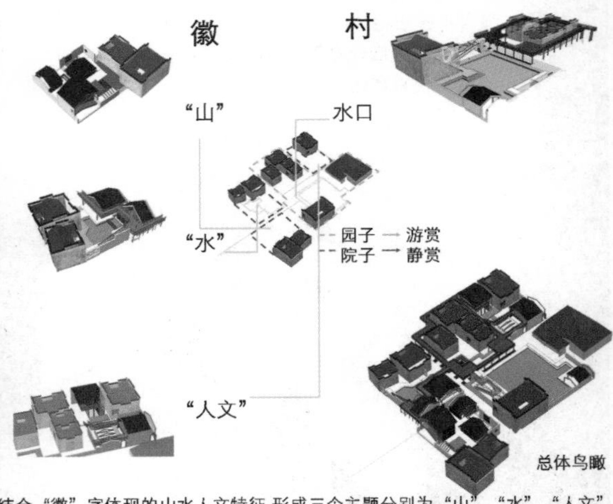

结合“徽”字体现的山水人文特征,形成三个主题分别为“山”“水”“人文”的院子，以茶文化为依托，打造茶文化院，供游客静赏际村美景;结合村落公共空间的特点在中间形成水口园子，同时供游客游赏。

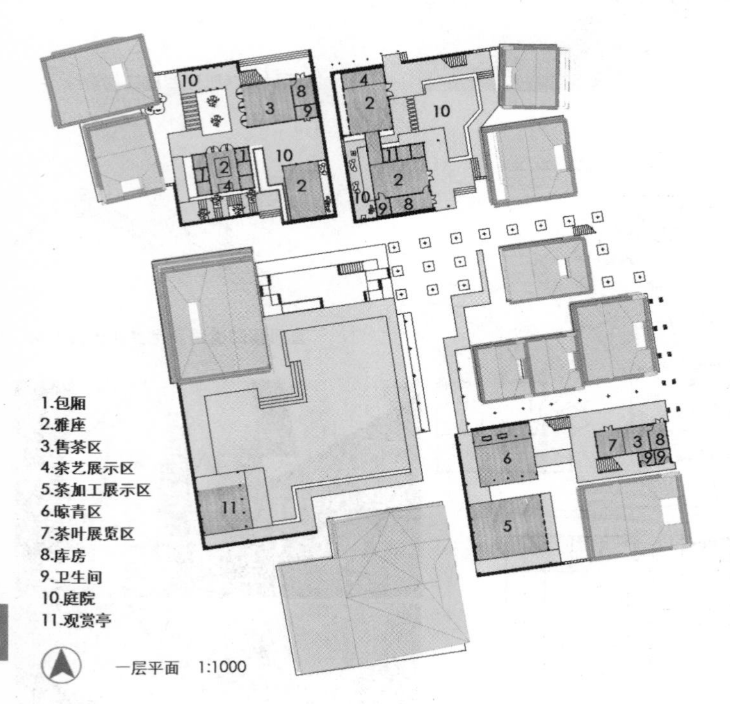

一层平面 1:1000

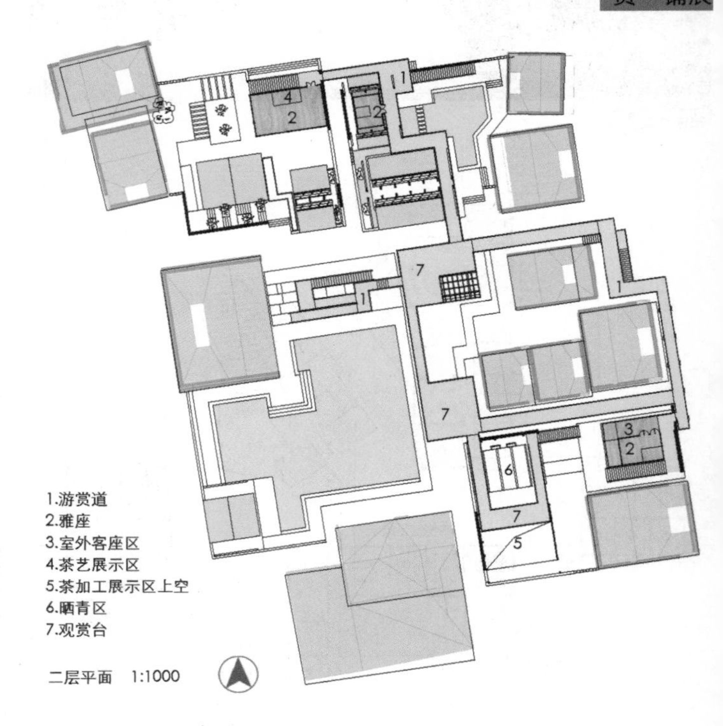

二层平面 1:1000

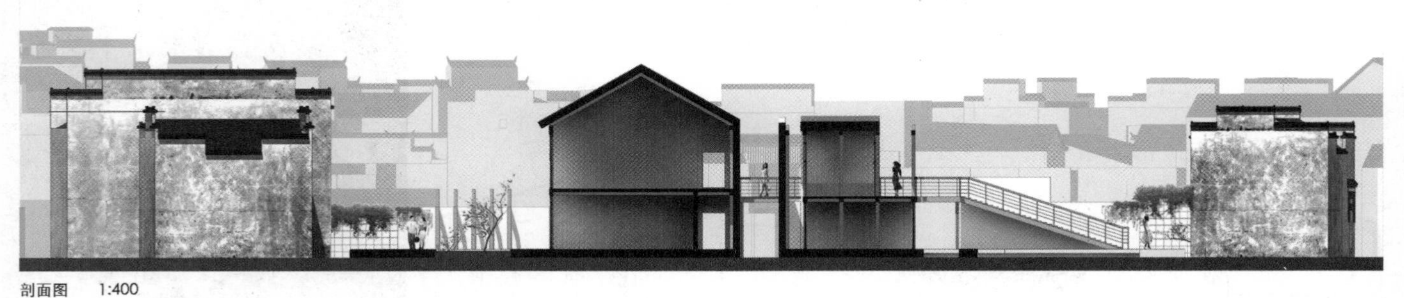

剖面图 1:400

北立面图 1:400

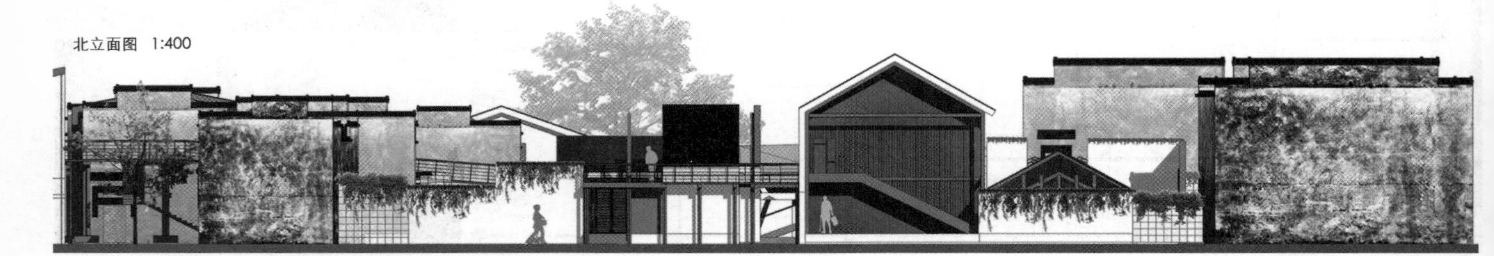

游·聚合

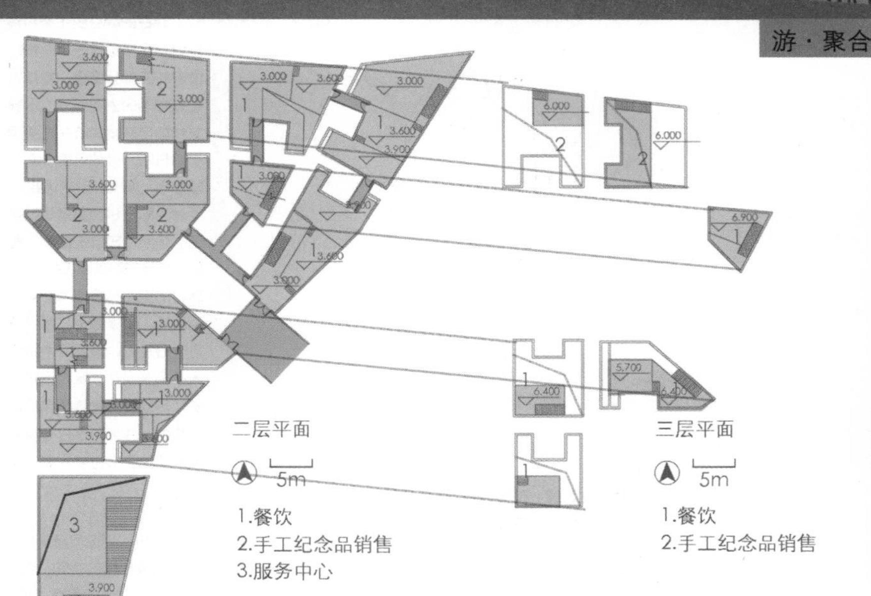

东立面

主街南立面

连•节

清华大学
设计：金柔辰/朴林虎/宗沛进/李蠡
指导老师：许懋彦/卢向东/韩孟臻

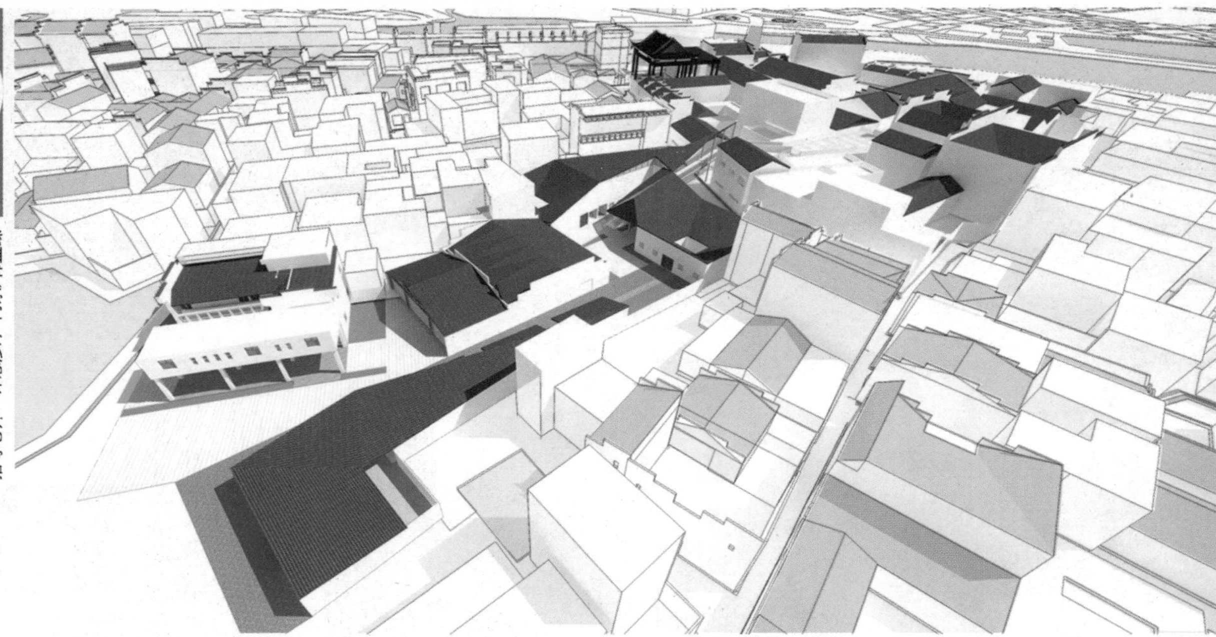

际村简介

际村历史不亚于宏村，有着900多年历史。际村的老街是官道所在，经济发达。

现在的际村由主要村落驻地、水墨宏村一二期和印象宏村三部分组成。村落驻地是村落的主要部分；水墨宏村项目开发的所在地原属于际村的开垦地范围，新开发住宅、商业、酒店等业态，同时为际村村民提供休闲娱乐的场所；印象宏村作为宏村的接待和停车场正在开发。际村的旅游高峰期为节假日及暑期，淡季为十二月至三月十日左右。大部分中青年人不满于现状，认为相对于宏村其地域文化特色保护得不到位，并表示平日健身锻炼等需要去宏村或水墨

宏村
际村
水墨
宏村

道路与重要建筑现

茶室

本地茶业繁盛，茶室可以是当地居民茶余饭后聊天的地方，也可以是游客歇脚品茗的空间。

书院

对于当地居民而言，这是一个教书授课，学习新知识的地方。对于外来者而言，这是一个聆听际村老故事、宣传儒商文化的地方。

戏台

为村民创造节日庆祝，看戏热闹的空间。也为游人了解黄梅戏，观看民俗表演创造空间。

木雕工艺体验馆

一些老手工艺匠人手艺的传承，可开门收徒。也为游客学习木雕技艺，感受木雕制作过程而设立空间。

建筑功能现状

商业
旅店
民居
公共建筑
仓库

评语：

在“水墨宏村”地产项目开发建设、过境道路改道的契机之下，将有大流量的游客和实习学生在去往宏村的途中经过际村。村落规划方案试图通过改造际村古街上的若干区域，满足外来游客的部分需求，进而复兴古街的活力。小组成员在每个自选地段，分析现有资源现状，通过拆改、新建，发展出不同业态、各具特色的建筑设计方案。

规划设计说明

着重对于古商业街的人流及节点进行分析后，根据附近的重要建筑确定规划范围，最终选定古商业街沿街两侧与重要厂房周围作为规划范围。并且再次根据重要的节点及建筑确定每个区域的主题与功能，再以节点和功能分区进行每个区域的规划。

地块1与地块2为相隔古街的面对面关系，并且连接着东西向，比较具有代表性。两个人会在充分考虑到对于彼此的态度的前提下，对沿街立面进行改造，而后进行厂房改造、商业区拆建、戏台新建等设计。

北入口戏台——台前开放空间
改造引入建筑——旧工厂改造展览空间
志愿者之家——旅馆间休憩空间
原有展览建筑与新旧建筑改造展览建筑
改造引导建筑——改造原有开放空间
改造旧茶厂——改造原有开放空间
改造建筑形成停顿
改造南入口引导

古街道分区

地块1
地块2
地块3
地块4
商业区
工艺文化区
茶文化区
儒商文化区

用地规划

商业建筑
公共建筑
绿地
民居

茶室、咖啡厅
餐厅
纪念品商店
居民住区
志愿者之家
戏台
DIY小店
摄影作品展厅
综合服务站
体验式厂房
空地、绿地
仓库

工艺文化街建筑功能布局图

保留建筑
改造建筑
欲拆除建筑

小巷
次级巷道
主干道（古街）

总平面图

古街两侧建筑保留

道路规划图

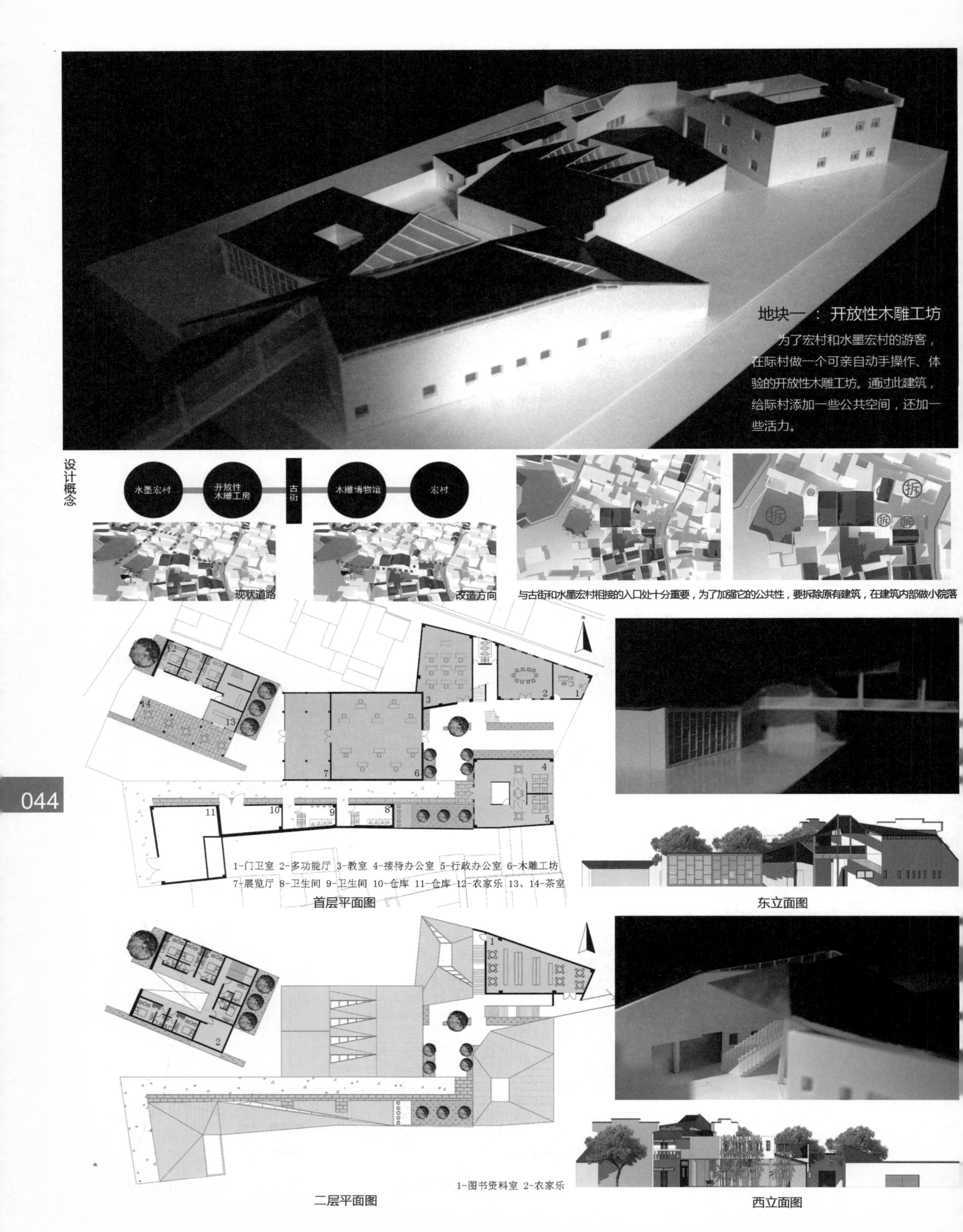
地块一 ：开放性木雕工坊
为了宏村和水墨宏村的游客，在际村做一个可亲自动手操作、体验的开放性木雕工坊。通过此建筑，给际村添加一些公共空间，还加一些活力。
设计概念
水墨宏村
开放性木雕工房
古街
木雕博物馆
宏村
现状道路
改造方向
与古街和水墨宏村相接的入口处十分重要，为了加强它的公共性，要拆除原有建筑，在建筑内部做小院落
1-门卫室 2-多功能厅 3-教室 4-接待办公室 5-行政办公室 6-木雕工坊
7-展览厅 8-卫生间 9-卫生间 10-仓库 11-仓库 12-农家乐 13、14-茶室
首层平面图
东立面图
1-图书资料室 2-农家乐
二层平面图
西立面图

地块二--古街出入口及过渡区设计

作为古商业街的最北端出入口，商业区的立面及建筑的排布都要能够将从宏村出来的游客吸引到际村的古商业街里。戏台是居民的主要活动空间，在原本并无多少公共空间的古街，设立一个戏台，将对整个街道居民的生活带来很大的改变。南端的木雕艺术过渡区是连接东西两侧的木雕博物馆以及木雕工坊的重要空间。在这个过渡区里如何带动更多的旅游消费，带动木雕工艺的发展也是该设计的一个重点。

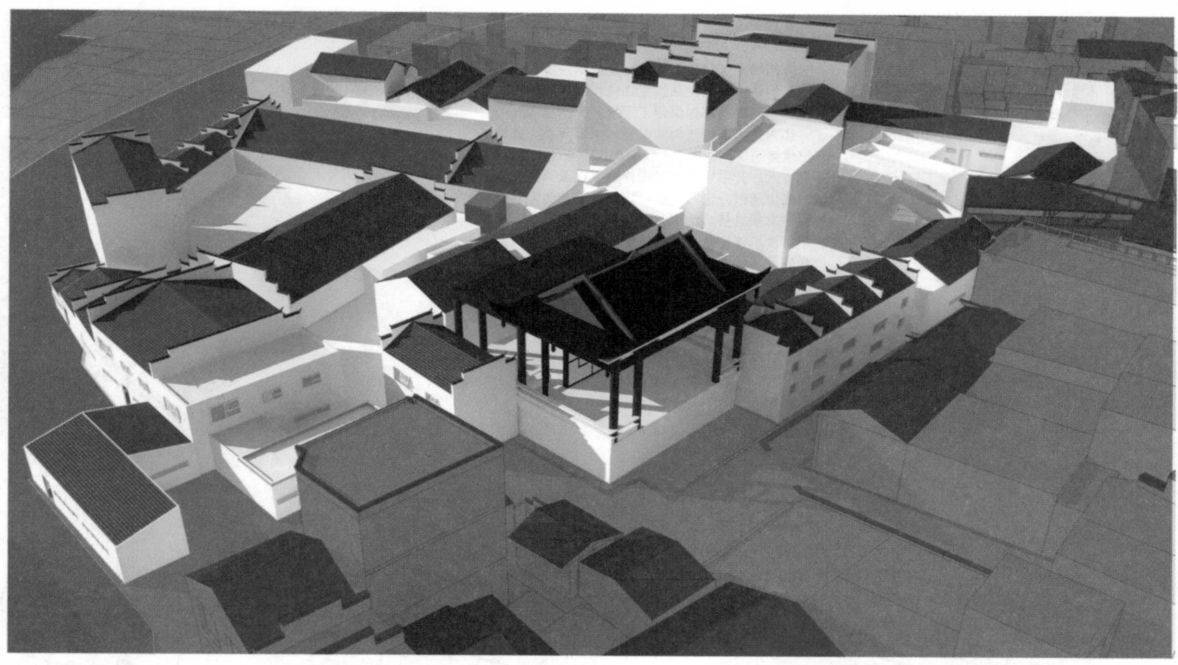

设计分析

从宏村桥的出口视野分析，对于北侧商业区建筑进行退让，使古商业街入口更具吸引力。

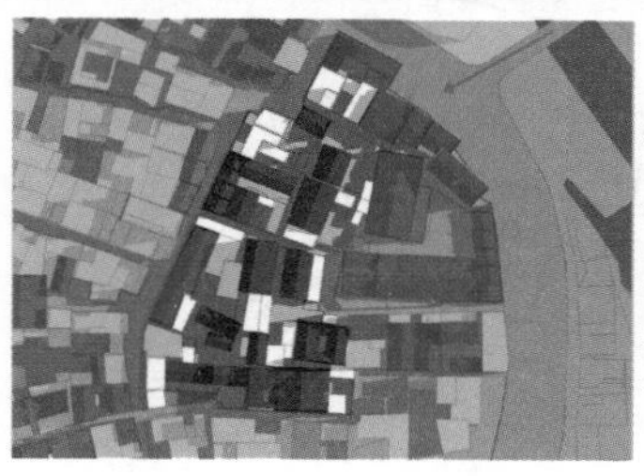

对于两个朝向的主要立面进行着重设计，将原建筑比较混乱的立面进行整合，使古商业街更具活力。

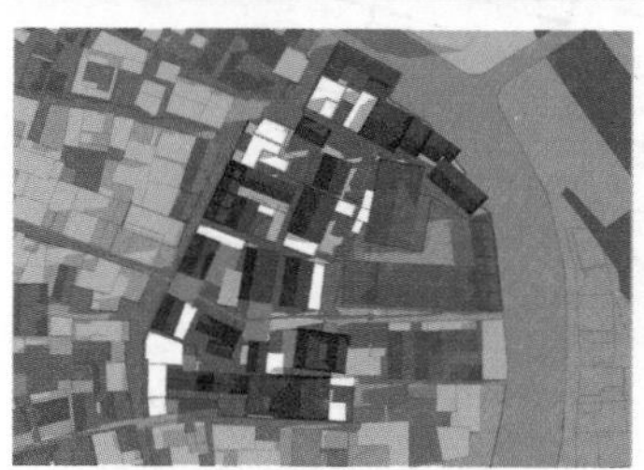

将过渡区主要通道上的建筑拆除，打通东西向连接，并为场地内小院的完整性拆除较小且没有实际功能的建筑。

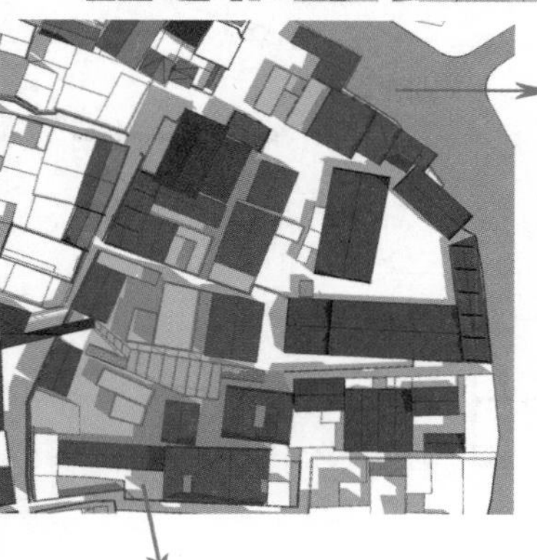

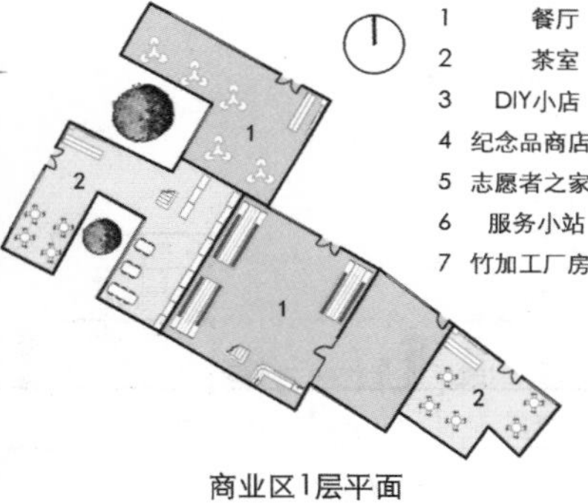

1 餐厅
2 茶室
3 DIY小店
4 纪念品商店
5 志愿者之家
6 服务小站
7 竹加工厂房

商业区1层平面

戏台

商业区北立面

地段被从被到南分为北侧商业区、戏台、南侧过渡区等3个部分进行设计。北侧商业区是整个古街的出入口位置，且面向宏村，位置比较重要，对其进行了重建和立面整合。中间戏台部分结合居民区，让居民的生活更加丰富，也创造了居民之间交流的空间。南侧过渡区作为连接东侧木雕博物馆与西侧木雕工坊的枢纽，在原建筑位置几乎不变的前提下对过渡空间进行了设计，以DIY小店和纪念品商店为主的建筑功能外还布置了餐厅、志愿者之家等必要建筑。

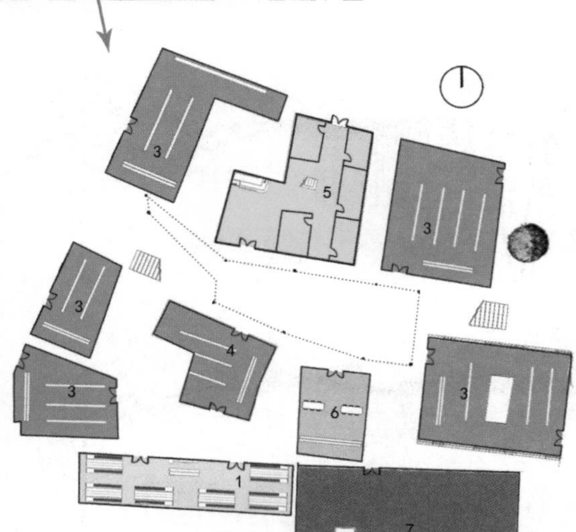

过渡区1层平面

过渡区

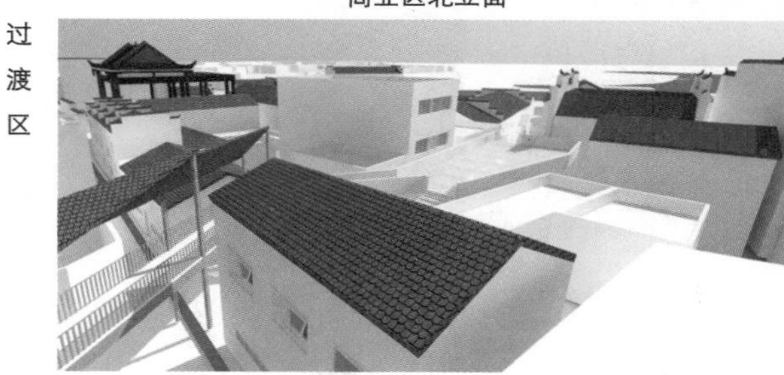

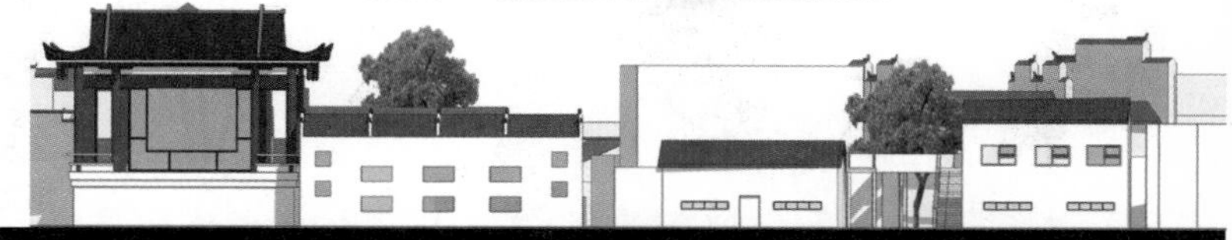

戏台及过渡区东立面

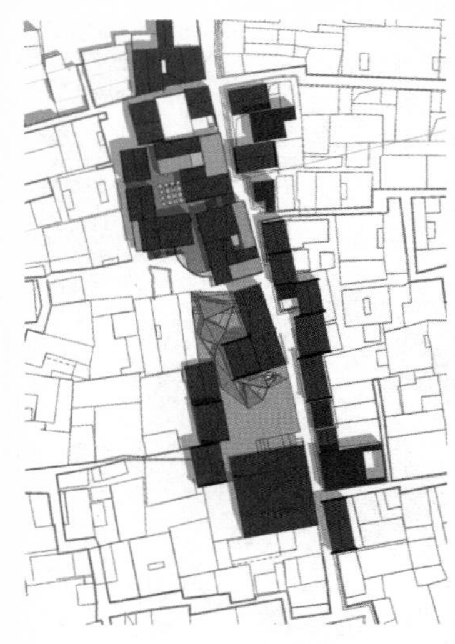

中部节点设计——茶文化会馆

徽州的茶文化历史悠久，诞生了许多大家耳熟能详的茶中名品，品茶文化也作为重要的传统文化在宏村以及际村保留了下来。

作为复兴古商业街的重要的中部节点，此处区位优势明显，地段上不仅有保留下来的旧茶厂，还有一大片开敞空间可以用作晒茶以及茶文化表演，相信通过一定的规划，该区域将成为带动宏村旅游发展的核心地带。

本次单体建筑设计选择的地段位置位于古茶厂和晒茶场的北边，地段西侧有一条保存完好，风景独特的古街，右侧有许多一层可开发的民居，南侧紧邻晒茶场，因此设计了一条半室外的茶座空间供游人纳凉歇脚。

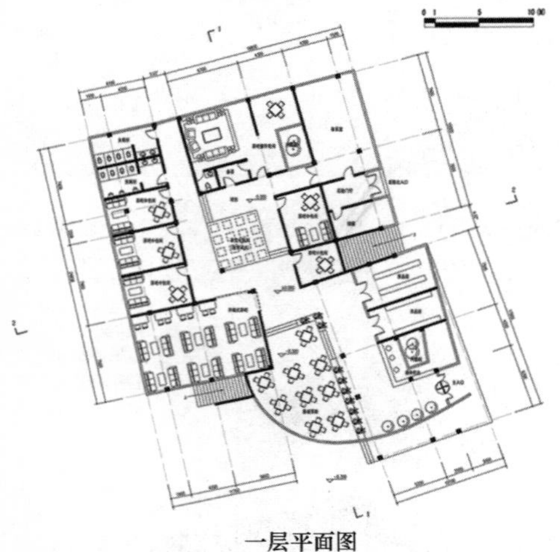

一层平面图

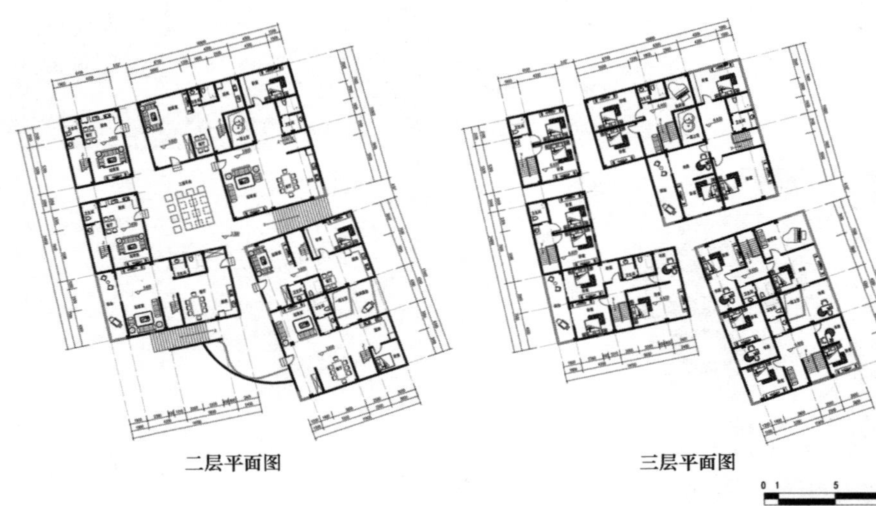

二层平面图　三层平面图

形体生成分析

本设计核心的出发点是尽可能减少对当地居民生活的影响，因此考虑将茶室建在一层，而将地段上原有的7户民居重新设计改建到2、3层，因而在形体设计上考虑了与原有民居相匹配的面积比例，同时借鉴了徽派建筑中四水归堂等体型特点。

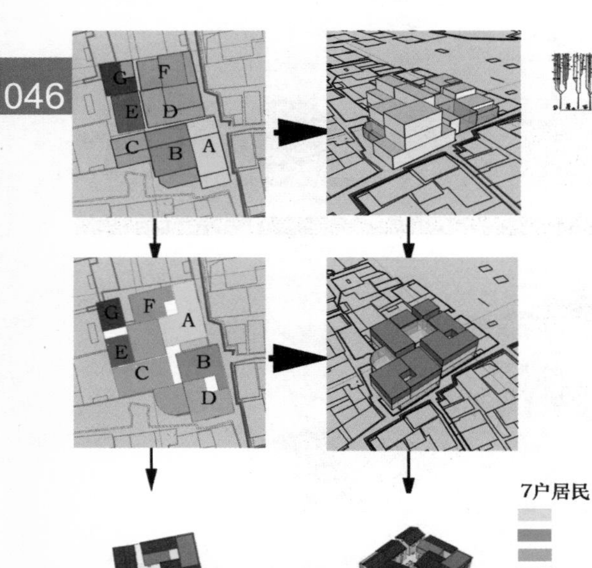

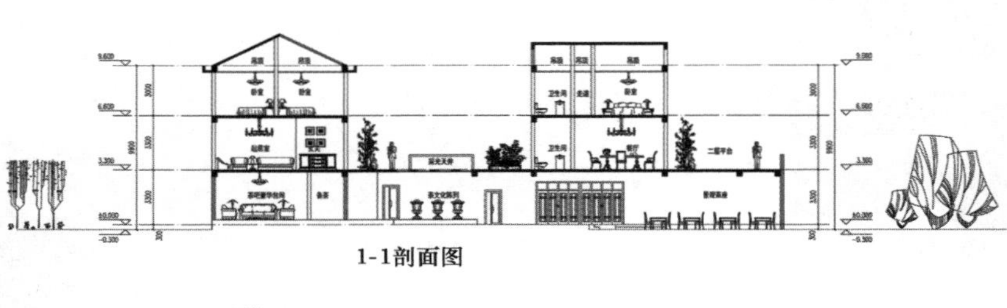

1-1剖面图

南立面图

东立面图

节点位置示意图

南段节点设计——书院主题文化建筑

南段节点选在南段北端，在打通水墨宏村和宏村南面道路的同时，以仿古书院的建筑形象成为南段宣传“徽商”文化的中心，是集展览、讲会、交流、研究和文献收藏为一体的文化建筑。

在建筑中，主要考虑了三个设计主题：

一，书院形制。设计中心空间采用以南湖书院为原型的仿古书院的形式，选用了大门——讲堂——祭堂的串联式两进墙院形制，主轴明确、高度统一、保证可达性。

二，园林式院落。书院北侧采用底层架空围廊与建筑结合形成廊园的形式，南侧引进水圳与环围建筑形成多片水院，体现“山水园林”的院落主题。

三，选用了入口双进、落层水院、厅堂接廊、四面山墙、下室上廊相接、下堂上亭接室外平台连走廊、前厅上阁楼设架街外廊等特别的建筑形式，体现徽州传统的建筑特色。

节点俯视效果图

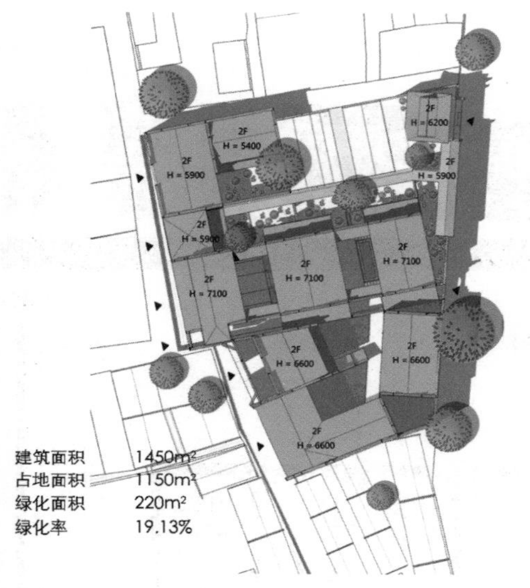

总平面图 1：800

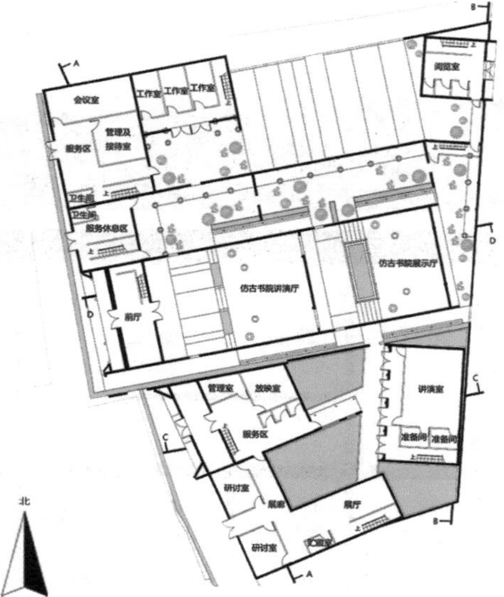

一层平面图 1：600

二层平面图 1：600

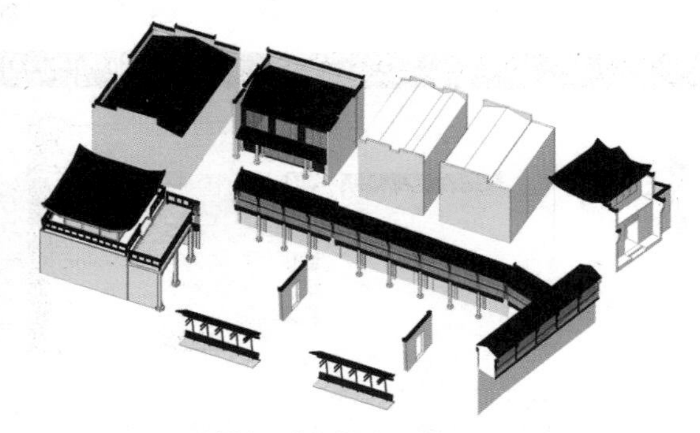

北侧廊园空间构成示意图

西立面图 1：500

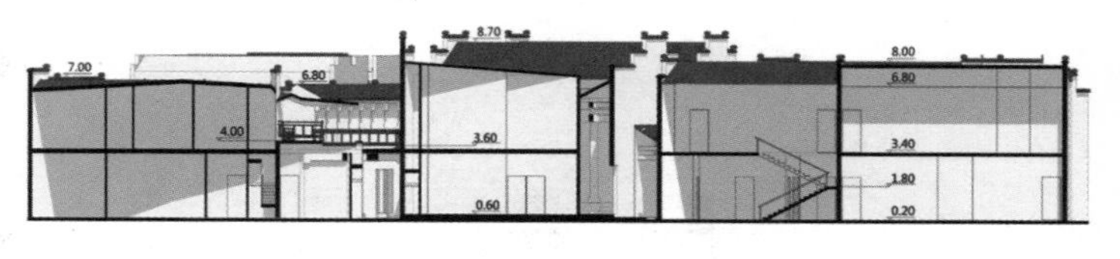

A-A剖面图 1：500

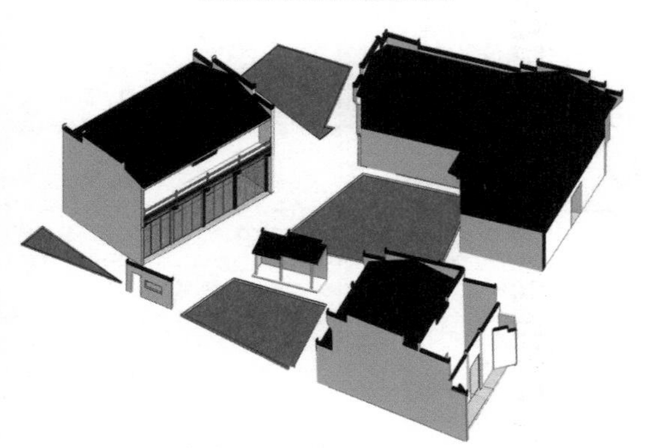

南侧水院空间构成示意图

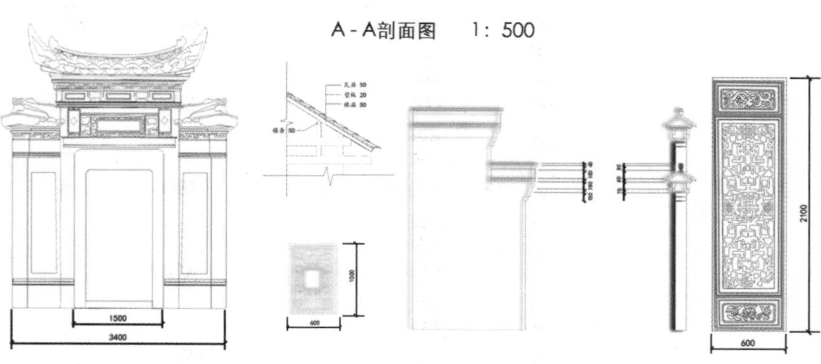

部分细部构造大样图

我的一个村庄
A Village About I and Me

清华大学
设计：卜倩/李昂扬/金命载
指导：卢向东/许懋彦/韩孟臻

概念转译 Concept Translation

村民的需求 Villagers' Demand ？
分裂的际村 A Divided Jicun
游客的欲求 Tourists' Expectation ？
居民的际村 Jicun for Villager
游客的际村 Jicun for Tourists

wǒ
我

水墨宏村和印象宏村的项目开发在某种意义上促使也将迫使际村的定位发生变革，际村在空间体系中成了游客穿行于水墨宏村、印象宏村与古老宏村的重要体验界面。应对定位变革，际村必将分裂成为"居民的际村"和"游客的际村"，分别满足居民实际生活"需求"和游客文化消费下的"欲求"。际村的发展已不是只有村民参与的自发行为，而是在旅游开发背景下受"他者的欲望"影响支配的结果。套用拉康的哲学理论，我们将"居民的际村"赋予"真我"的概念，而"游客的际村"赋予"伪我"的概念进一步开展设计，探讨如何将"真我""伪我"分离以及如何对两者的交界进行融合与缝合。

辅助手段 Tool

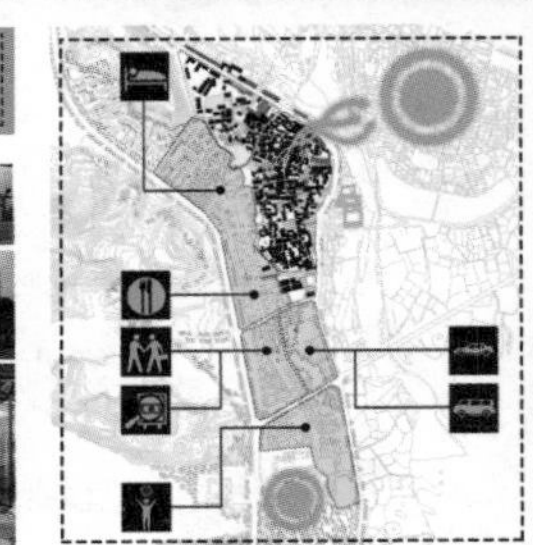

由于游客介入，"真我"与得以表现，游客如何对村落造成冲击和影响？游客对于村落中哪些段落的道路穿梭和频率最高？村落在游客的影响下形成怎样的空间关系？借助于参数化设计手段利用GRASSHOPPER进行编程对这些问题进行判断，采用函数算法对于游客行为进行模拟。

W Width　P Primary　V View
F Function　A Access　I Identify

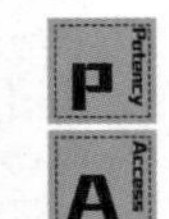

道路拓扑结构 Topology Structure

参数化算法 Parametric Algorithm

分流算法

加权求和

针对每一个道路节点，根据道路宽度、道路通畅度、街道风貌和随机干扰得到游客面临节点时对于道路的选择系数K，规定向出口方向的选择为KI，无出口路径则规定向右为KI。得到各个节点的选择系数K后即可以对于每一个单独入口游客进行模拟计算。编写一次函数对进行各个路段经过的游客数目进行统计。

根据选择系数和分组方程得到五组数据，分别是经由A\B\C\D\E五个入口进入际村后21个道路段落的游客人数。在求和阶段，根据对于五个入口功能需求、入口可达性、入口标识度三个因素的评估产生加权系数，每组数据经过加权求和得到最终的模拟结果，反映出不同情况下际村中各段道路的游客流量，进而得到游客对于居民的冲击。

通过不同结果的分析，结合远景规划以及设计意图对于个别道路宽度和人口的标识度进行调整，得到较为理想的道路体系。

评语：

"我"是这个设计的概念切入点。这个"我"源于哲学概念启发的意义，将一个延续至今古代村落的现代价值进行分析，进而将村民和游客两类人群对于际村的需要分离，在这两个"我"的眼中，际村的真伪价值相互转换。基于这种思考，将村落的建筑设计再一次回归到对人的思考。这是该设计最具价值的地方。

设计者针对两种不同的对象，在建筑的形式、空间、功能等层面进行了理性的处理和思考，希望让二者各得其所。整体上体现了二者的矛盾与融合。

由于设计概念过于强大，处理手段反而难以得到充分体现，这或许是该设计的一个遗憾。尽管如此，仍不失为一个值得一看的好方案。

模拟结果　Result of Stimulation

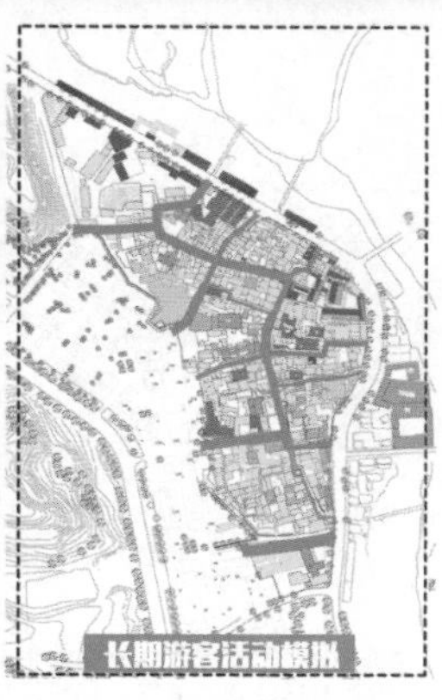

居住在际村附近，入口选择较为随机，船型路线较长，流量分布较为平均。较多分布在古官道及与宏村入口接近且通达性较好的道路上。

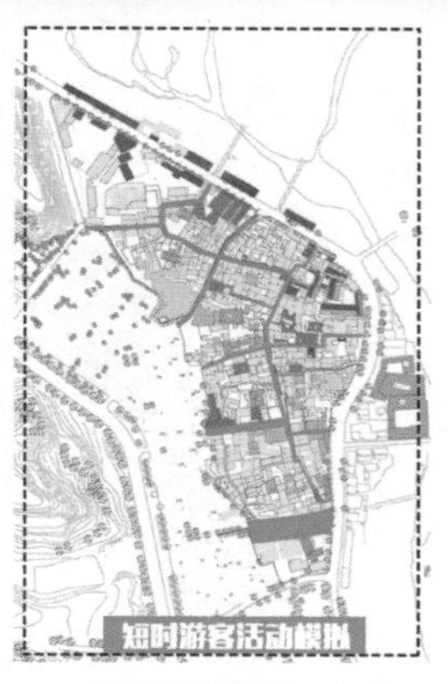

不在周边长时逗留。通过218国道乘车到达宏村，因此受下车地点影响较大，靠近停车场的道路流量较大，其余部分分布较为匀质。

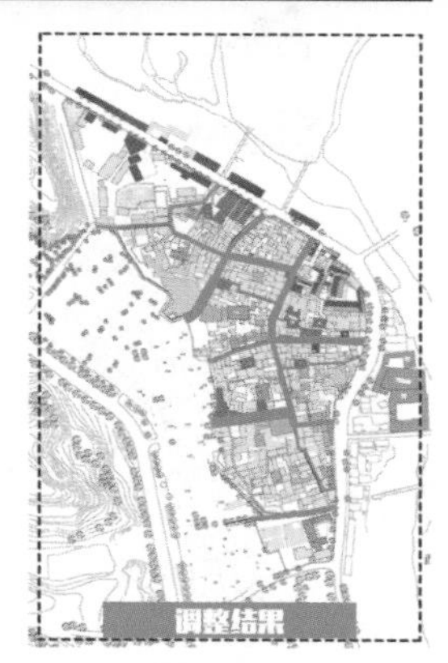

以能够便捷到达宏村为最终目标，调节入口及道路段参数得到了流量分布偏好较清晰的结果。靠近宏村入口路段流量较大，并向南北依次递减。

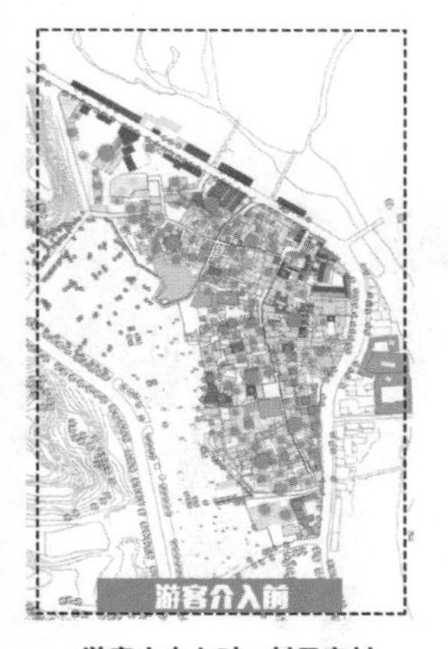

游客未介入时，村民在村落中的活动以其居所为中心，随机且匀质的分布。

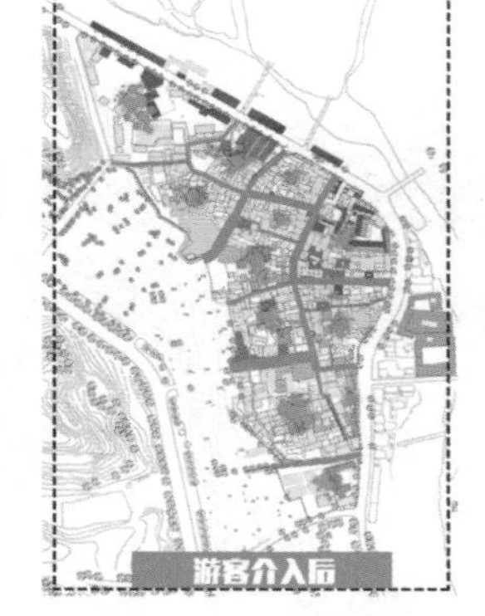

游客介入时，未避免干扰生活，村民的活动被沿路网压缩，游客流量越大的路段对村民的影响越大。

规划成果　Site Plan

"点"空间——"真我"区域
District for Villagers

"线"空间——"融合"区域
District for Both

"面"空间——"伪我"区域
District for Tourists

村落主要对外出入口
Accesses for Entering $ Exiting the Vilalge

建筑策划　Blueprint for the Area

体块生成　Production Processing of Block

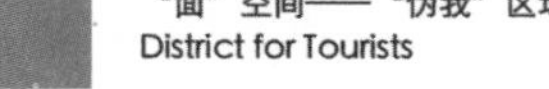

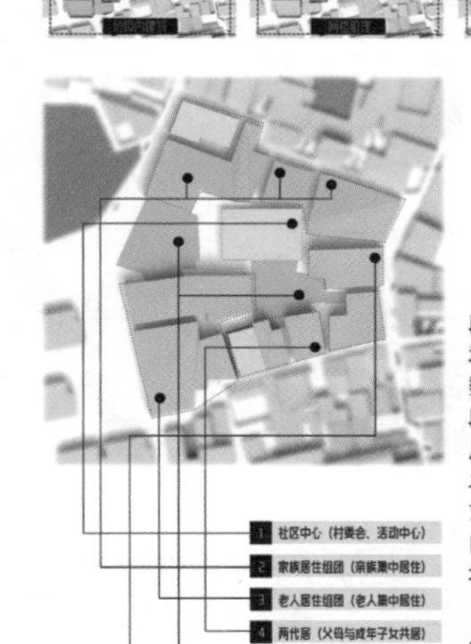

通过对原有地段肌理梳理得出地段网格，用参数化工具模拟地段使用者（际村居民）由内向外发散式的活动模式，并由其活动曲线拟合得出地块划分。

将策划功能填入适当地块，得到多种功能的居住组团。

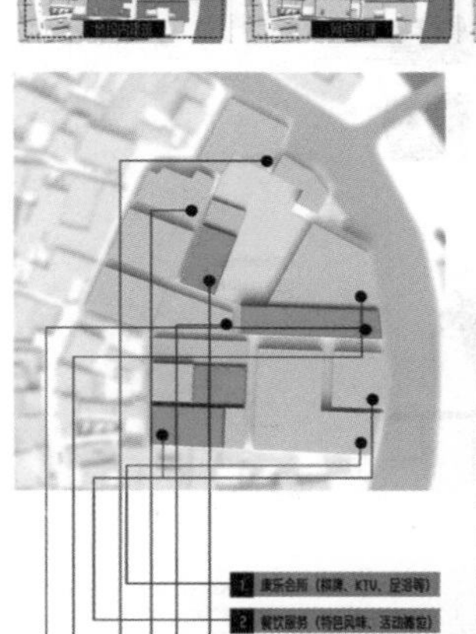

通过对原有地段肌理梳理得出地段网格，参数化方法分析原有古建筑以及其他重要影响因素对于穿行行为的影响，得到地段内部道路结构并生成建筑体量。

根据"伪我"区域对于功能的实际需求安排功能。充分利用原有的老建筑院落提供感官体验。

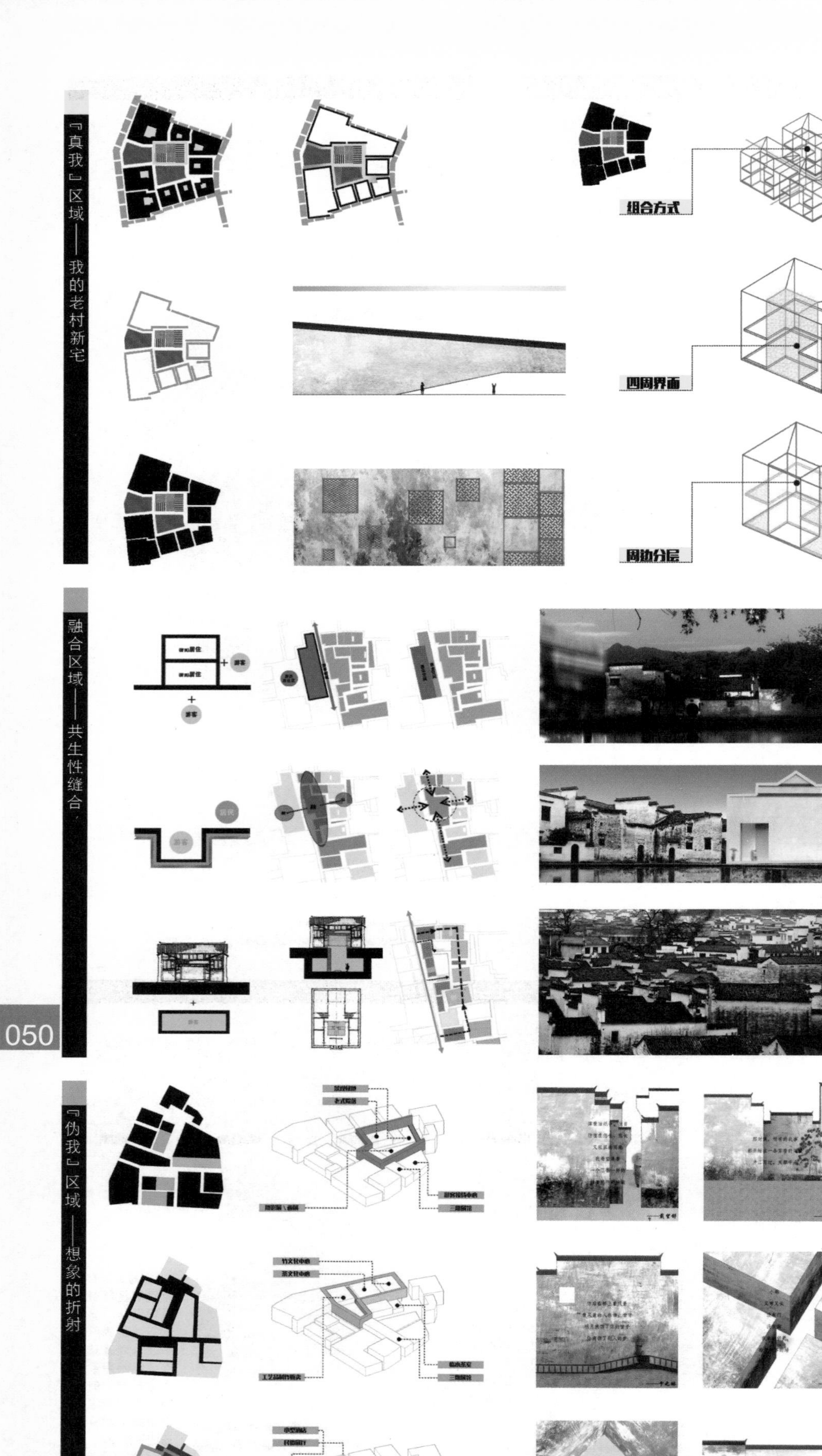

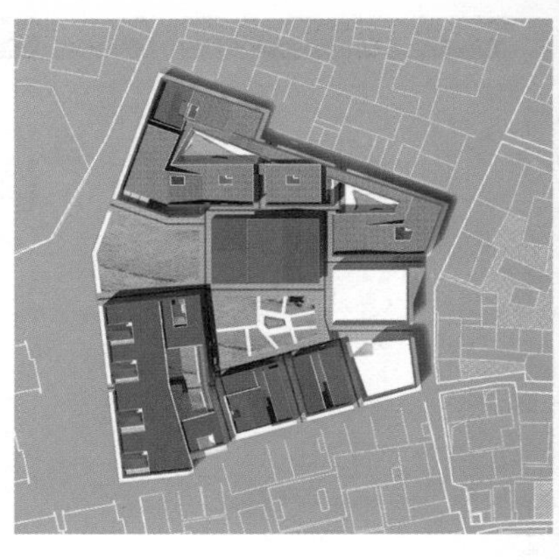

"真我"片区主要应对际村村民需求，在新的生活方式下为传统村落提供新的居住模式解答。在村民与游客的矛盾解决中此片区采取了内外分离的方法，采用徽派建筑元素的外墙系统既保证了原有村落风貌，又保证了内部村民生活不受干扰。

地段内部分为三个功能组团——老人组团、家族组团和两代居组团，组团内部则借鉴传统民居中的天井元素，针对不同组团的使用者特点进行不同形式的改造，在尊重村民传统生活方式的同时提升居住品质。

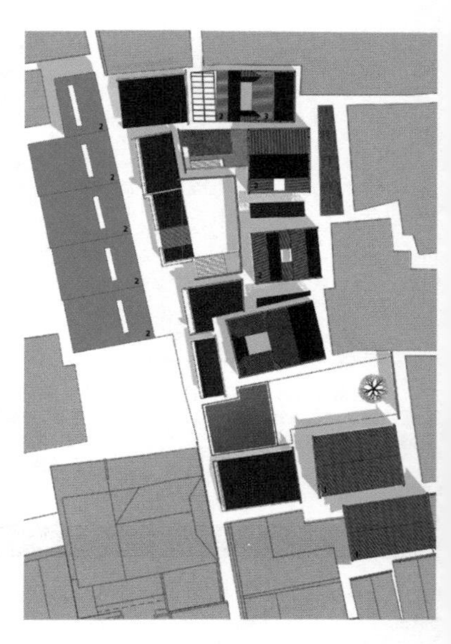

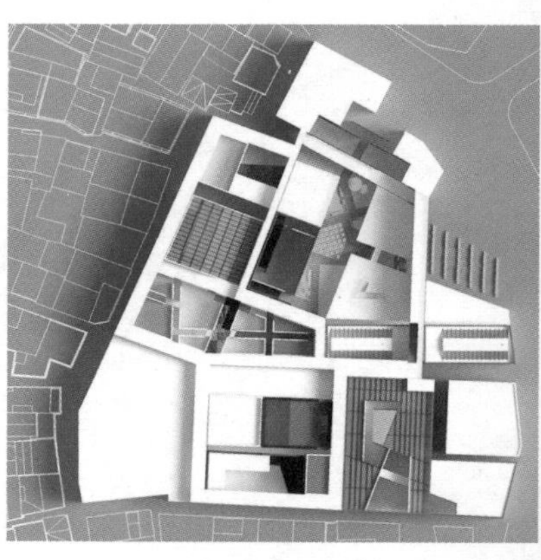

"伪我"片区应对商业开发满足游客文化消费的心理欲求，采用"正"与"反"图底互换的设计策略。将原有街巷空间之中的传统文化意象转至负形的建筑单体之中，将原有街巷空间填充为展廊空间。

展廊由三个环形构成，分别以"观景致""睹风物"和"体人情"为主题控制整个地块设计的功能安排以及空间设计。建筑单体设计中讨论"想象的折射"，将引发人们对于徽派传统建筑想象的诗歌转化为空间意向进行移植。

"真我"区域——我的老村新宅 Area for Residents

形态生成 Generation

建筑平面 Plan

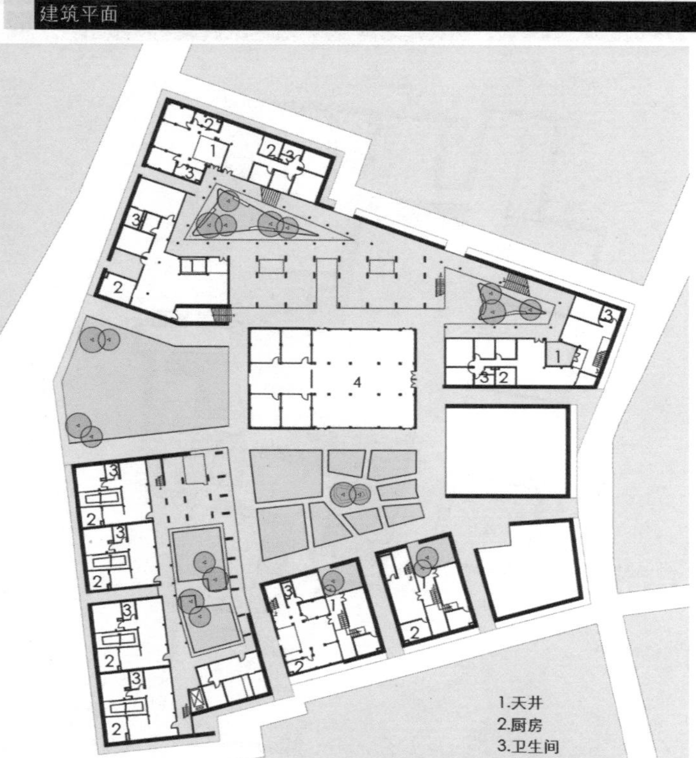

一层平面 F1

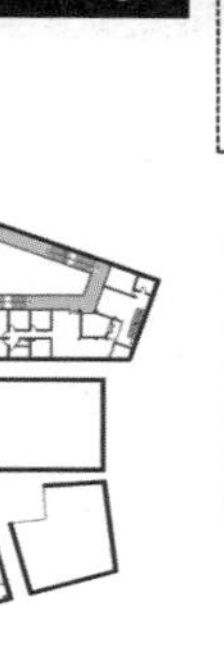

二层平面 F2

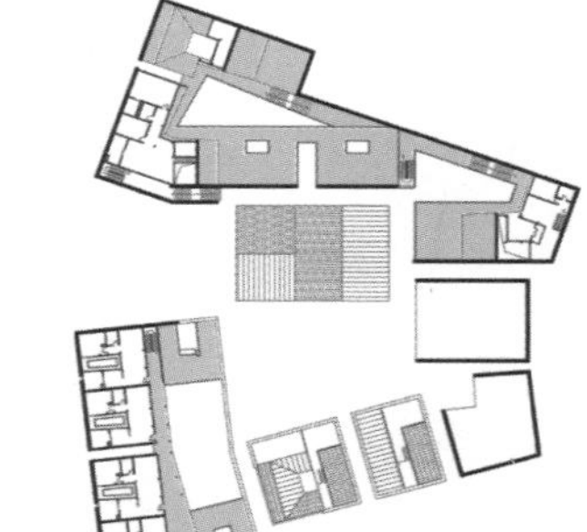

三层平面 F3

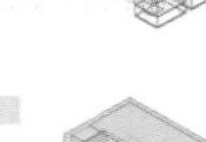

向向式布局
增加安全感
排解孤独感

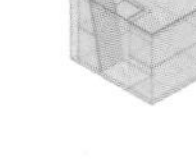

插入斜墙
阻隔视线
增加采光

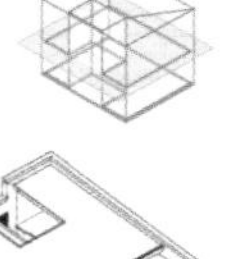

每层一户
增加容积率
增加社交活动

老人对于传统生活方式较习惯，户外活动多是农活或散步，大部分日常活动仍发生在家庭内部。子女外出打工的留守老人往往较易感到孤独。

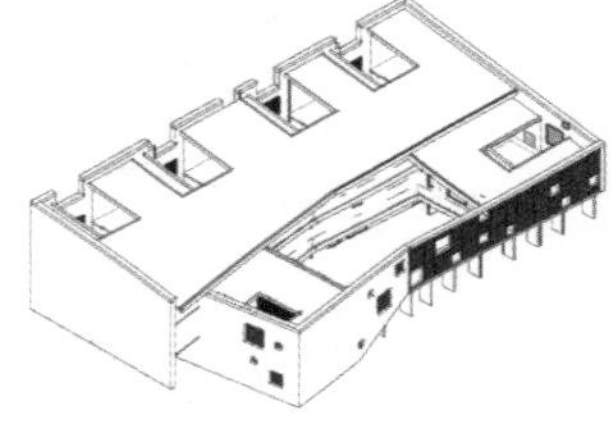

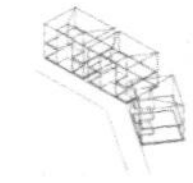

串联式布局
增加交流

虚化界面
阻隔视线
增加交流
增加采光

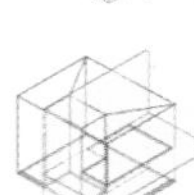
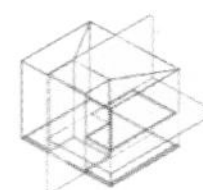

跃层分户
体现血缘关系
增加家庭交流

传统大家族关系密切层级复杂，他们需要各式各样的交流空间、共同的精神中心以及能够体现血缘与亲疏关系的住宅组团布局。

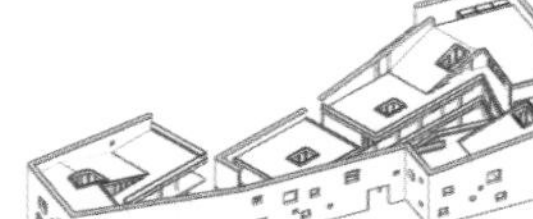
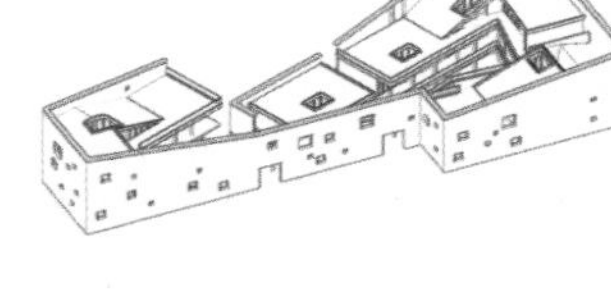

错层分户
阻隔视线
丰富空间关系

在老人与成年子女共同居住的两代居组团内，保证两个家庭各自的隐私的同时又使彼此便利的交流是最重要的目的。

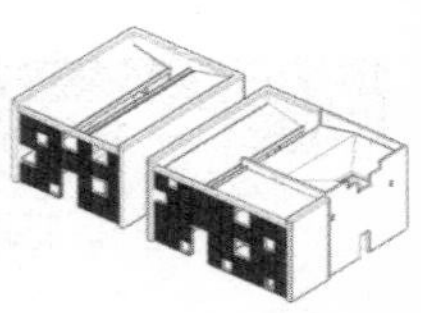

家族组团

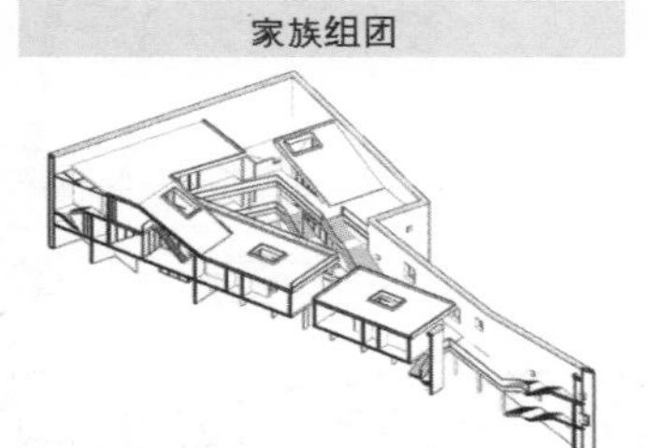

老人组团

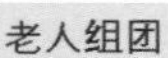
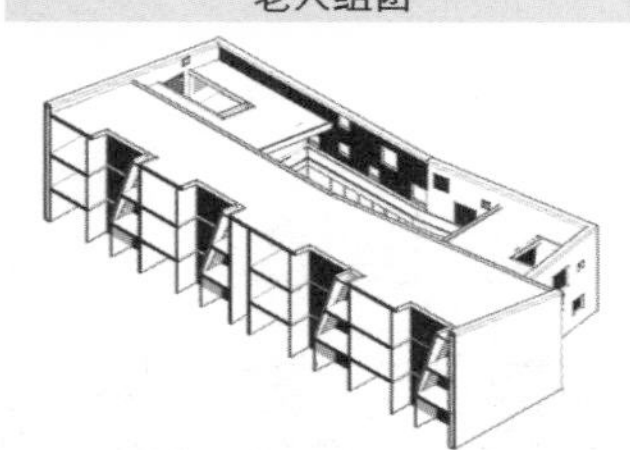

两代居组团

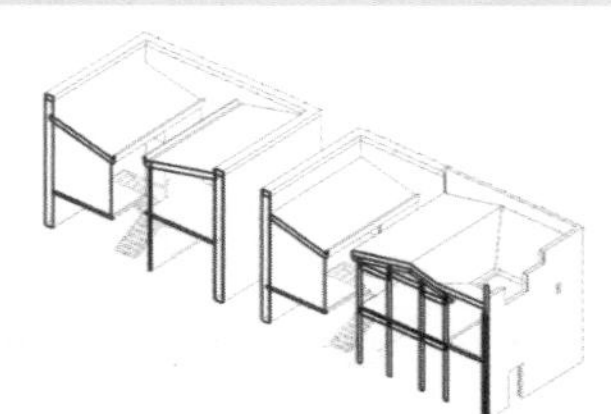

"融合"区域——共生性缝合 Area for Both Residents & Tourists

整体设计概念 Generation

游客 居民 1

居民 2 游客

居民 3 游客

建筑平面 Plan

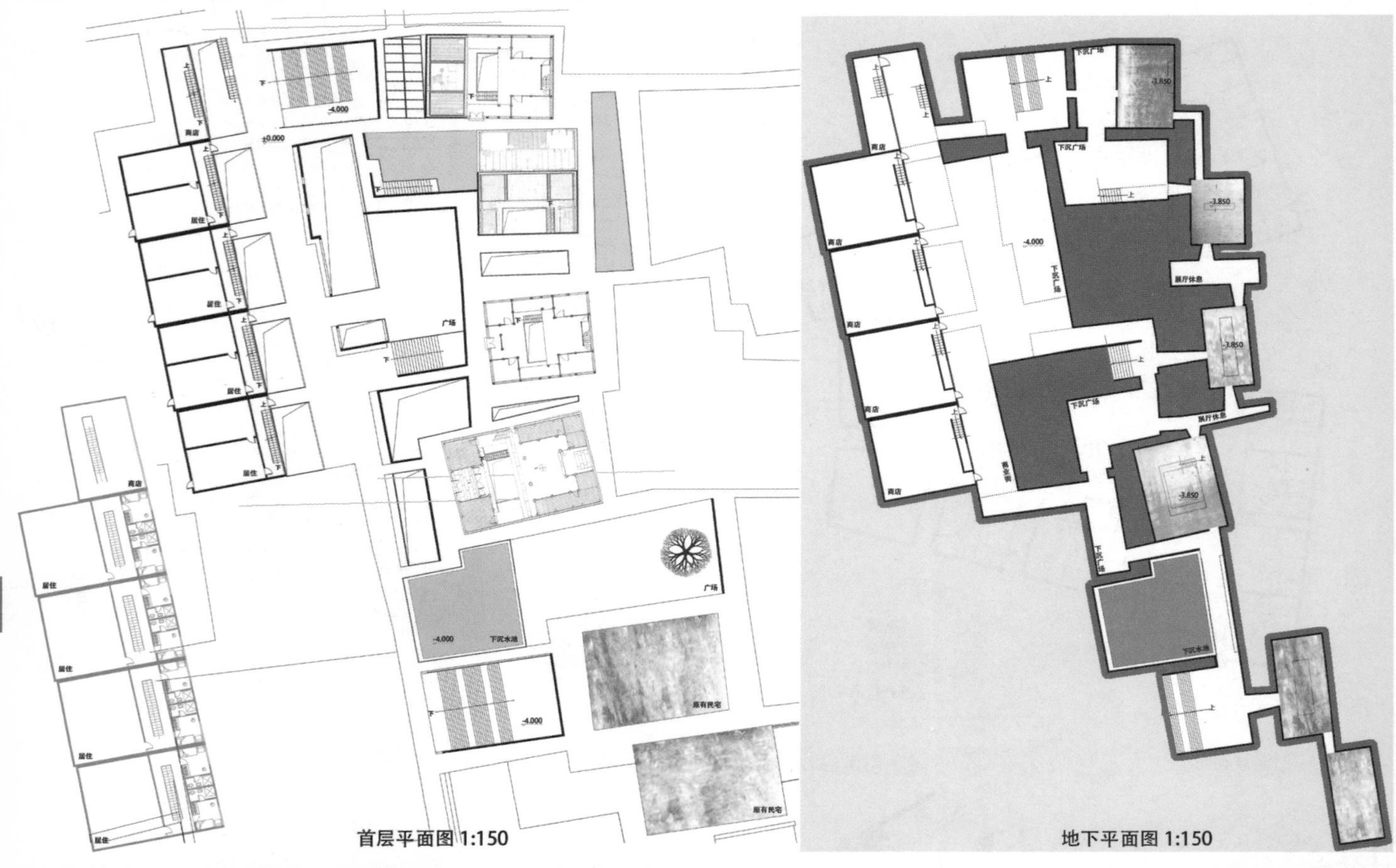

首层平面图 1:150

地下平面图 1:150

居民居住

广场交流

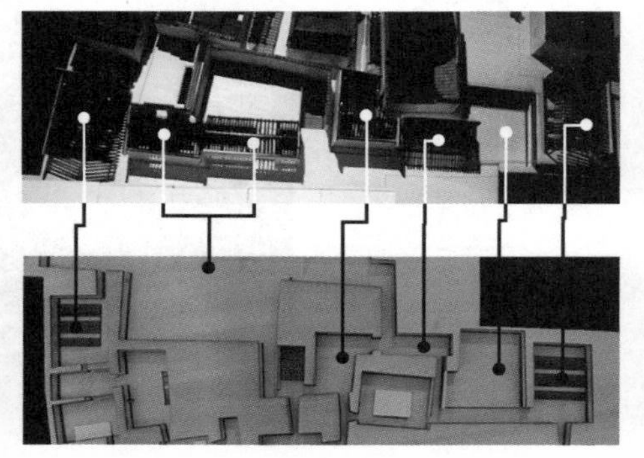

民宅体验

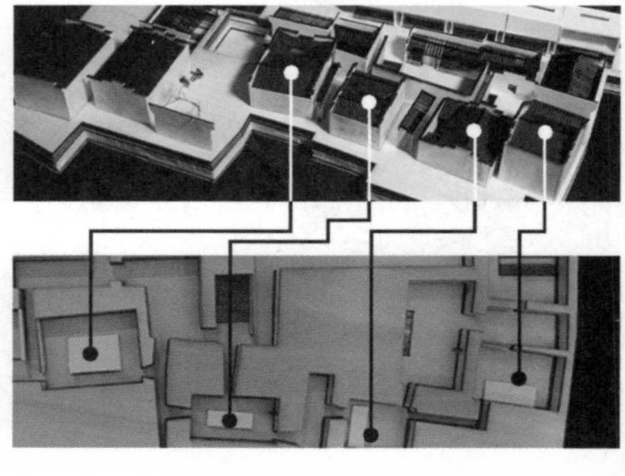

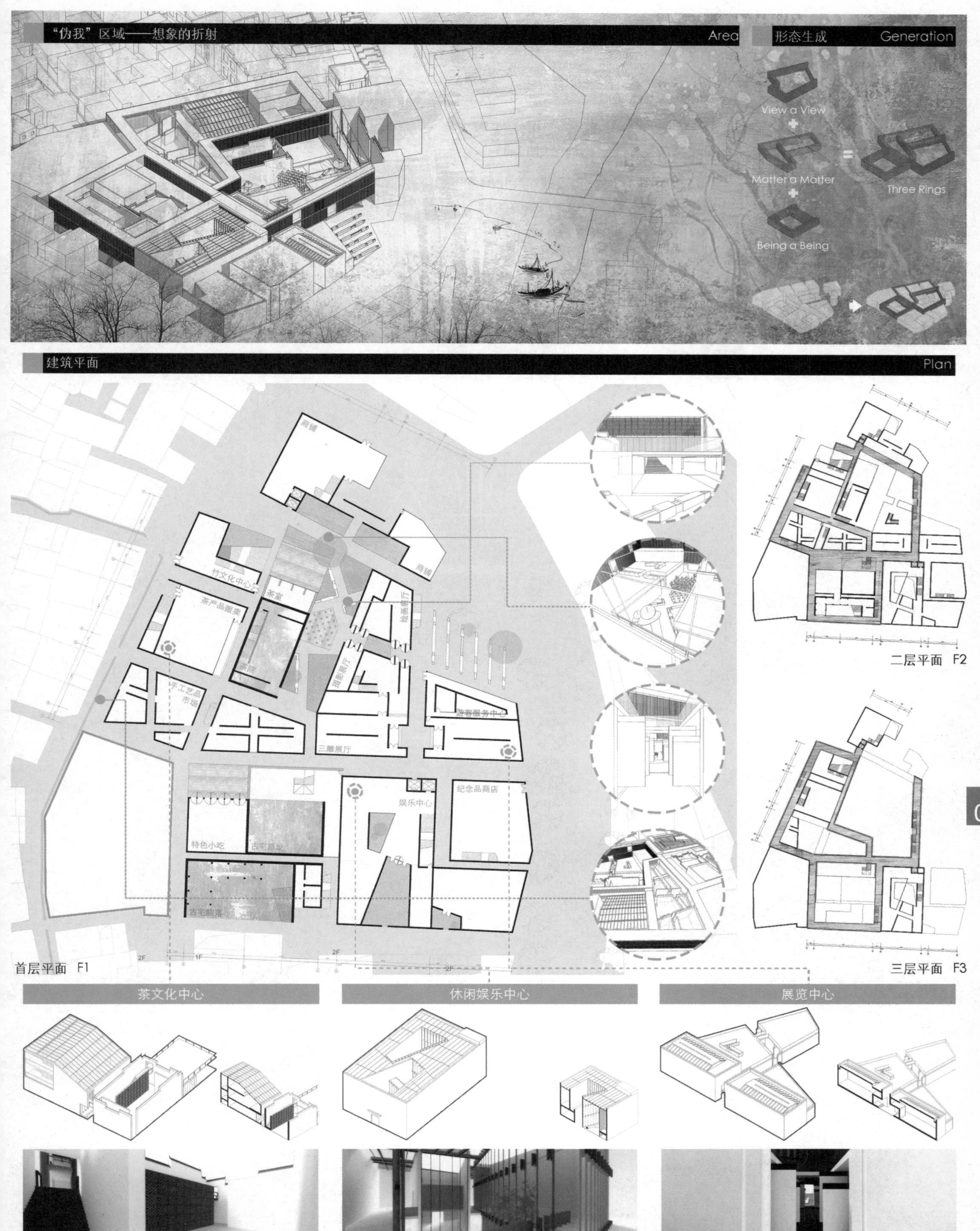

“伪我”区域——想象的折射
Area
形态生成
Generation
View a View
Matter a Matter
Being a Being
Three Rings
建筑平面
Plan
商铺
商铺
竹文化中心
茶室
茶产品贩卖
茶院
手工艺品市场
绘画展厅
摄影展厅
三雕展厅
游客服务中心
纪念品商店
娱乐中心
特色小吃
古宅院落
古宅院落
首层平面 F1
二层平面 F2
三层平面 F3
茶文化中心
休闲娱乐中心
展览中心

HEFEI UNIVERSITY OF TECHNOLOGY

合肥工业大学

指导教师

李 早
Li Zao

苏剑鸣
Su Jianming

刘 阳
Liu Yang

任舒雅
Ren Shuya

1

设计题目：田·际

黟县际村村落改造与建筑设计

王达仁　张丹　孙霞

2

设计题目：重织肌理

黟县际村村落改造与建筑设计

侯绍凯

马聃

汪灏

3

设计题目：节点·激活

黟县际村村落改造与建筑设计

邓惠丽

杨三瑶

汪宇宸

4

设计题目：进化与遗传

黟县际村村落改造与建筑设计

陈宇轩

许婧靖

周艺晶

5

设计题目：开放·复活

黟县际村村落改造与建筑设计

赵亚敏　杨永杰　车志远

6

设计题目：复兴商脉

黟县际村村落改造与建筑设计

胡志超

王有鹏

赵见秀

田·际

A Village with field

合肥工业大学

设计：王达仁/张丹/孙霞

指导:李早/刘阳/苏剑鸣/任舒雅

1-初识际村PREVIEW JI VILLAGE安徽

1.1基地区位

黄山市　黟县　际村

1.2印象际村

1.3际村现状

道路　历史建筑　水系　绿地

2-再读际村 READ JI VILLAGE

2.1行为活动

娱乐　餐饮　酒店　购物　游览　展览

0 1 2 3 4 5 6 7 8 9 10 11 12 13 14 15 16 17 18 19 20 21 22 23

2.2周边业态

水墨宏村客流量　宏村客流量　际村客流量

6:00 8:00 10:00 12:00 14:00 16:00 18:00 20:00 22:00

餐饮和住宿为主的商业类型还有少量网吧

水墨宏村

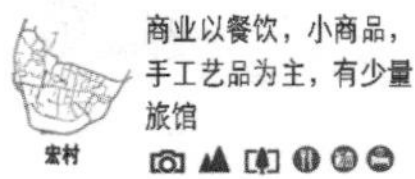
商业以餐饮，小商品，手工艺品为主，有少量旅馆

宏村

商业类型以餐饮住宿为主，有少量酒吧，等娱乐设施，村内有市场粮站医院银行等公共设施

际村

评语：

面对世界文化遗产宏村与新兴旅游度假基地水墨宏村的“夹击”，没落的古村落际村将如何在夹缝中重获新生——引入体验式农业增强村落鲜明特色是该方案的切入点。设计者深入分析村落古今兴衰的原因及村民游客需求，发现引入体验式农业既能延续村落过去以农业为主的历史现状，又能最大程度满足当代游客对田园原始生活的向往，同时还能激发村民对际村的场所记忆。方案新建及改造了三组建筑，即游客体验中心、沿河景观与茶室，宗族活动中心，分别满足游客与居民的不同需求。同时通过带状体验农业区以及线性体验式商业街缝合现状，力图恢复际村的魅力，使得宏村、水墨宏村、际村三者各具特色又和谐相生。

2.3道路空间句法分析
际村全局整合度
际村全局整合度
宏村际村全局整合度
际村全局整合度
际村全局整合度
宏村际村全局整合度
2.4现状问题
1人的活动行为
村内留守较多老人和儿童，缺乏就业机会，原有土地被占用
2周边业态情况
商业形式单一，承担宏村旅游业的辅助配套功能，缺乏自身特色。
3际村空间秩序
村内空间秩序混乱，道路不通畅，似乎成为了宏村与水墨宏村之间的阻隔。
3深读际村
3.1外部条件
商业经济形态
过去
现在
历史建筑遗存
过去
现在
农业生态现状
过去
现在
3.2内在因素
居民需求
良好的环境及更多的公共空间
商业带来的就业和收入的增长
游客需求
传统的古村及美丽的田园风光
舒适的配套和多元化旅游体验
4概念生成
场所记忆激活
区域经济发展
恢复田园风貌
农耕休闲度假
体验式
experience
农业
体验式
农业体验式古村落
公建分布
水系分布
路网分布
绿地分布
体验街
梯田
游客体验中心
茶文化体验
水墨宏村一期
宗族活动中心
田园景观
沿河景观
未来218省道
水墨宏村二期
总平面1：1200
果脯制作
桑酒酿造
特色茶饮
糕点作坊
早餐店
理发店
特色小吃
客栈
粮油售卖
菜市场
毛豆腐作坊
茶干作坊
曲艺楼
民宿客栈
特色茶饮
民俗文化展
桂花糕作坊
菜籽油制作
茶艺博物馆
大舞台
茶艺展示
茶叶售卖
茶叶烘焙

5方法策略
stitches
stitches
stitches
置入
缝合
渗透
体验
造纸坊
臭鳜鱼
水边休憩
自行车竞赛
采茶
豆制品作坊
染布坊
糕点作坊
梯田
水果采摘
茶干制作
桂花酒
黄山烧饼
毛豆腐
蔬菜采摘
野营
游客体验中心
宗族活动中心
茶艺展示馆

模型效果

设计切入点：

1.际村缺乏活力，周边业态单一。

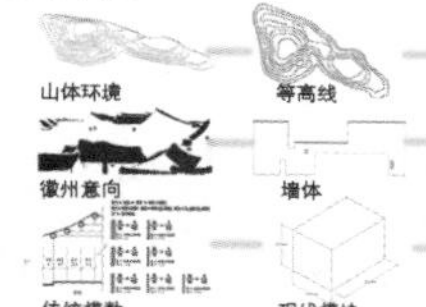

2.村落肌理被破坏。

回应策略：游客体验中心为际村居民提供就业岗位，而且与传统手工艺、厨艺等非物质文化遗产相关，起到传承与保护的作用。

新的体验方式也给游客们提供了更多的选择。通过不同的体验可以更加贴近当地居民生活，感受传统地域文化。增加对游客的吸引力。

设计手法：

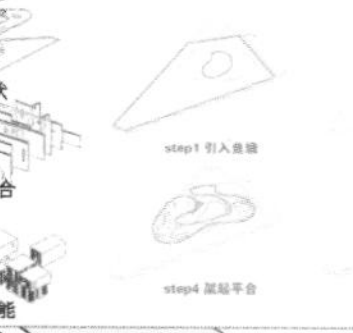

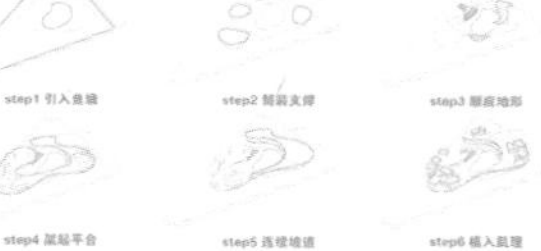

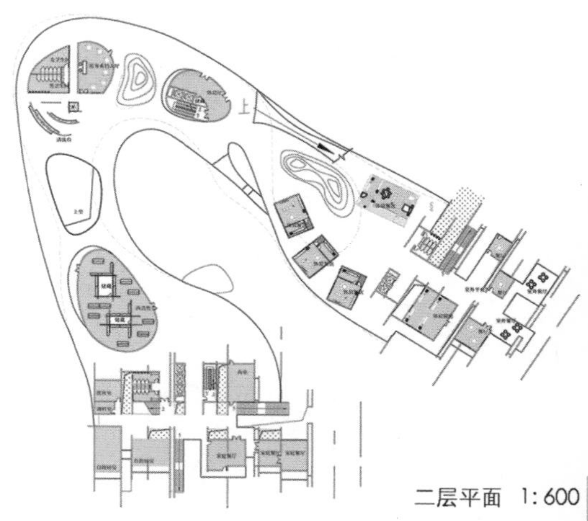

二层平面 1:600

一层平面 1:600

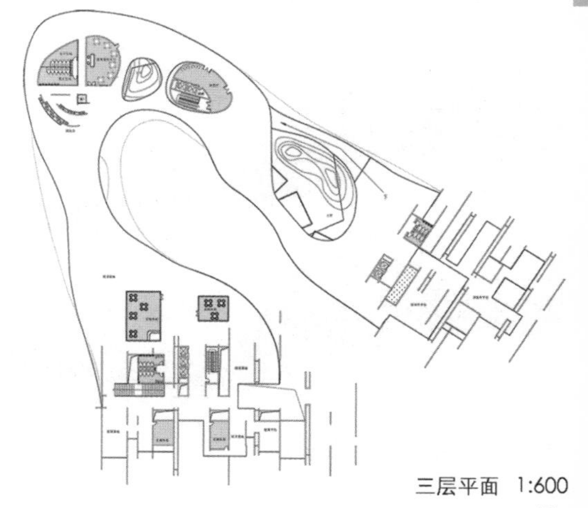

三层平面 1:600

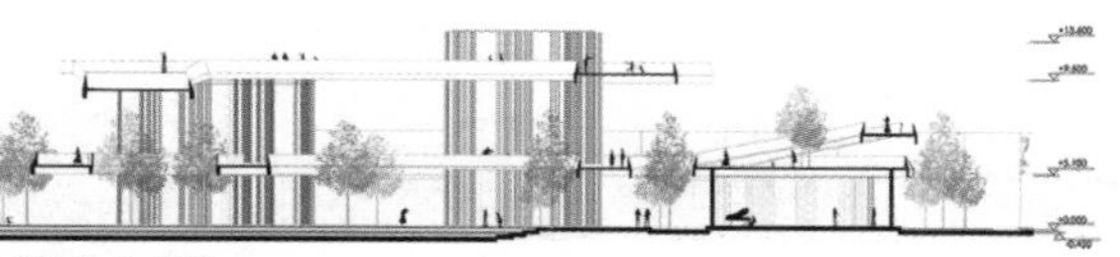

A-A 剖面 1:600

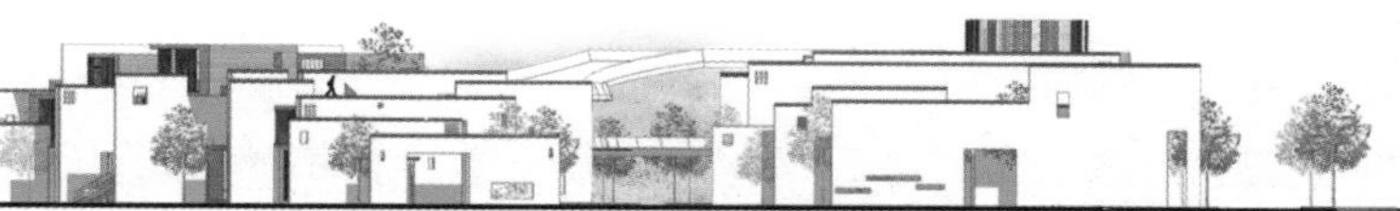

东立面 1:600

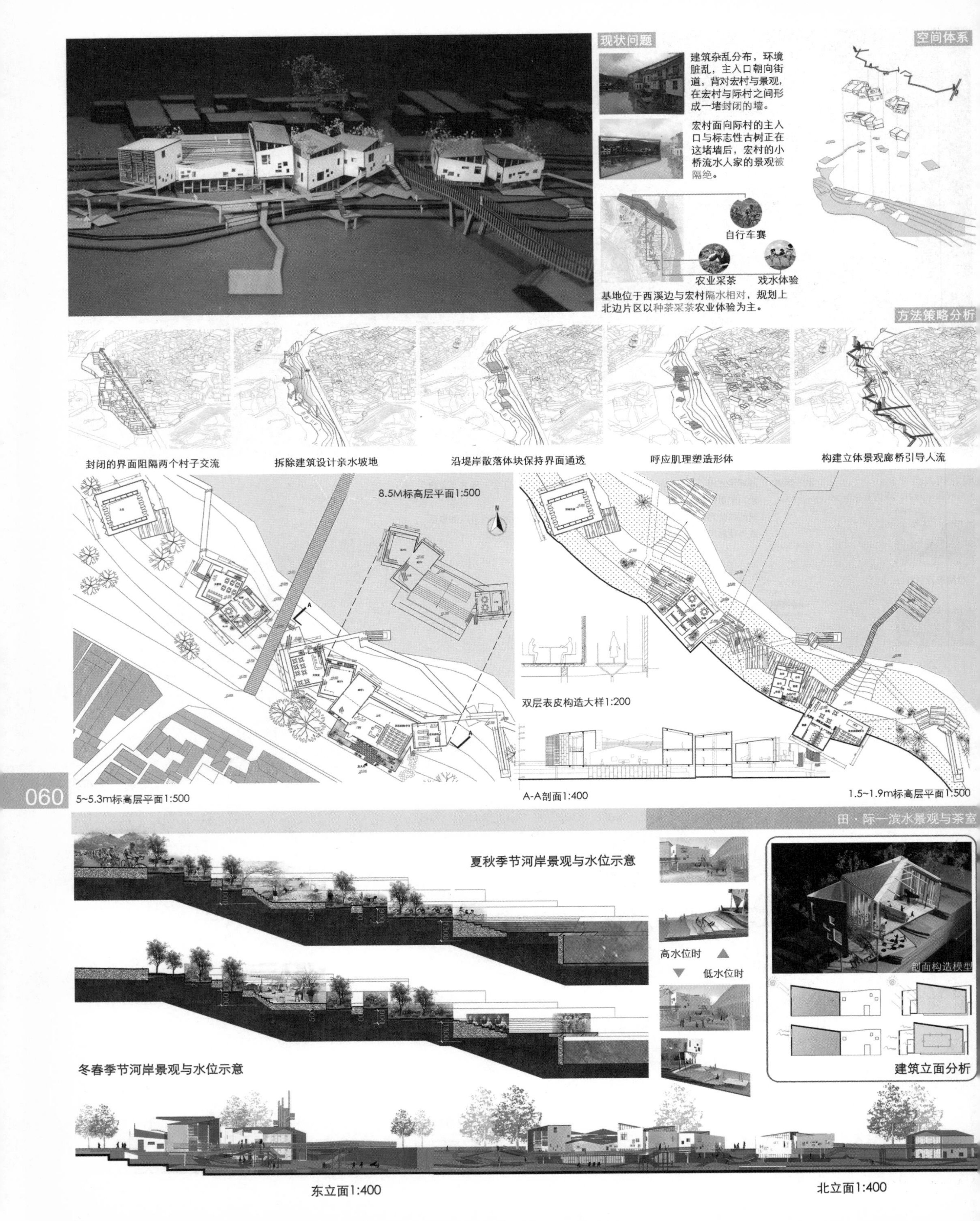
现状问题
建筑杂乱分布，环境脏乱，主入口朝向街道，背对宏村与景观，在宏村与际村之间形成一堵封闭的墙。
宏村面向际村的主入口与标志性古树正在这堵墙后，宏村的小桥流水人家的景观被隔绝。
自行车赛
农业采茶
戏水体验
基地位于西溪边与宏村隔水相对，规划上北边片区以种茶采茶农业体验为主。
空间体系
方法策略分析
封闭的界面阻隔两个村子交流
拆除建筑设计亲水坡地
沿堤岸散落体块保持界面通透
呼应肌理塑造形体
构建立体景观廊桥引导人流
8.5M标高层平面1:500
双层表皮构造大样1:200
5~5.3m标高层平面1:500
A-A剖面1:400
1.5~1.9m标高层平面1:500
田 · 际一滨水景观与茶室
夏秋季节河岸景观与水位示意
冬春季节河岸景观与水位示意
高水位时
低水位时
剖面构造模型
建筑立面分析
东立面1:400
北立面1:400

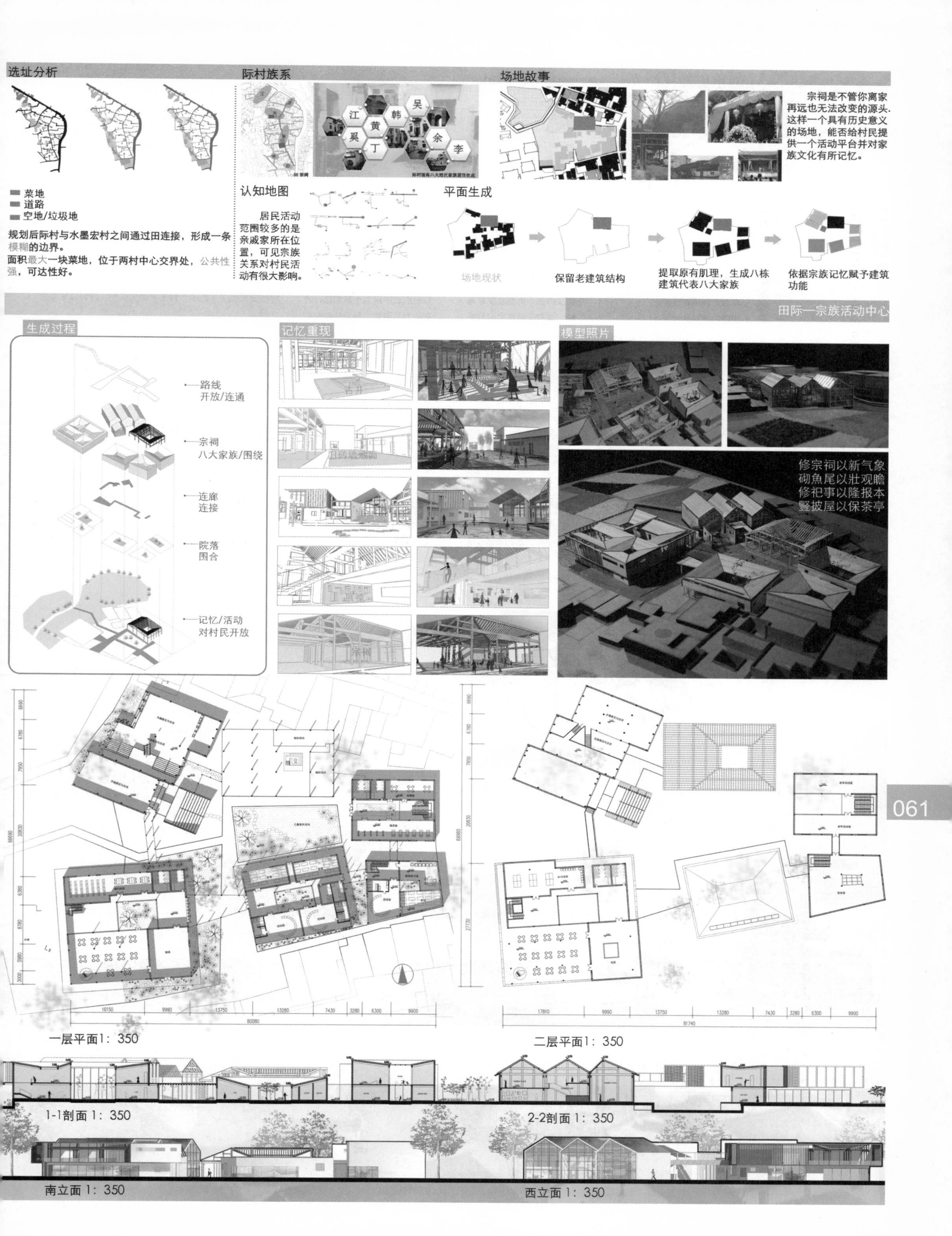

选址分析
菜地
道路
空地/垃圾地
规划后际村与水墨宏村之间通过田连接，形成一条模糊的边界。
面积最大一块菜地，位于两村中心交界处，公共性强，可达性好。
际村族系
江
韩
吴
黄
奚
丁
余
李
认知地图
居民活动范围较多的是亲戚家所在位置，可见宗族关系对村民活动有很大影响。
场地故事
宗祠是不管你离家再远也无法改变的源头。这样一个具有历史意义的场地，能否给村民提供一个活动平台并对家族文化有所记忆。
平面生成
场地现状
保留老建筑结构
提取原有肌理，生成八栋建筑代表八大家族
依据宗族记忆赋予建筑功能
田际—宗族活动中心
生成过程
路线
开放/连通
宗祠
八大家族/围绕
连廊
连接
院落
围合
记忆/活动
对村民开放
记忆重现
模型照片
修宗祠以新气象
砌魚尾以壮观瞻
修祀事以隆报本
暨披屋以保茶亭
一层平面1：350
二层平面1：350
1-1剖面 1：350
2-2剖面 1：350
南立面 1：350
西立面 1：350

「村落更新代谢 //

Village Metabolism and Texture Reformation

重织肌理」

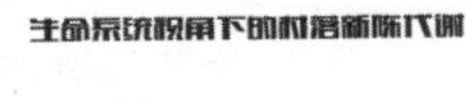

重织肌理 Texture Reformation

合肥工业大学

设计：侯绍凯/马聃/汪灏

指导：李早/苏剑鸣/刘阳/任舒雅

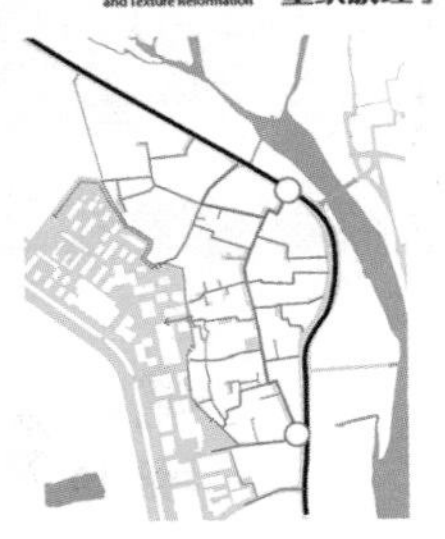

结构现状

东西方向通达性差，组团内部通达性差

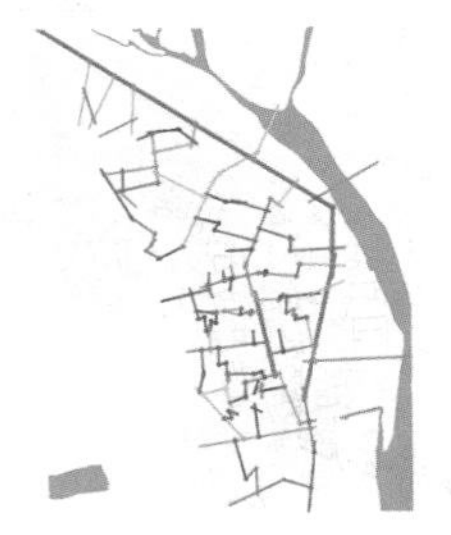

道路局部整合度

外街及内部下街整合度最高区域，具有公共性空间趋势

混乱肌理

原有肌理中因为不良加建行为形成混乱肌理，导致空间变形

关系失衡

际村宏村的关系处于一种不平衡的关系，际村总是服务宏村

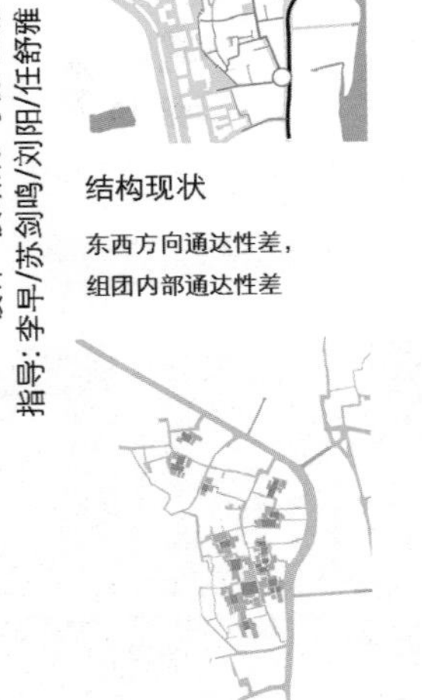

古建窘境

村民对古建筑保护重视程度不够，使老建筑在夹缝中生存

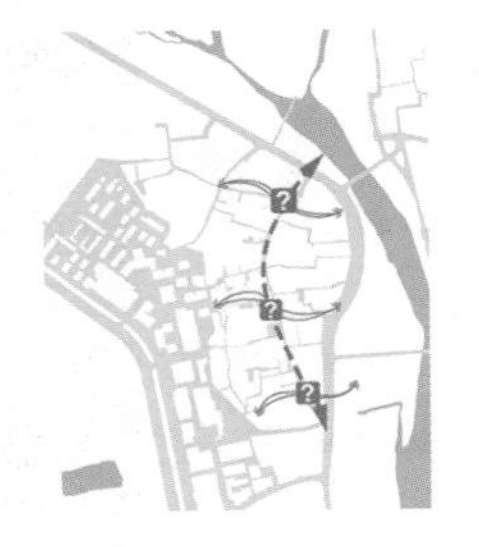

节点缺失

际村内部缺少可识别的驻足节点，使村内结构单调乏味

农田零散

际村内退耕建房使得大片农田消失，只留零散菜地

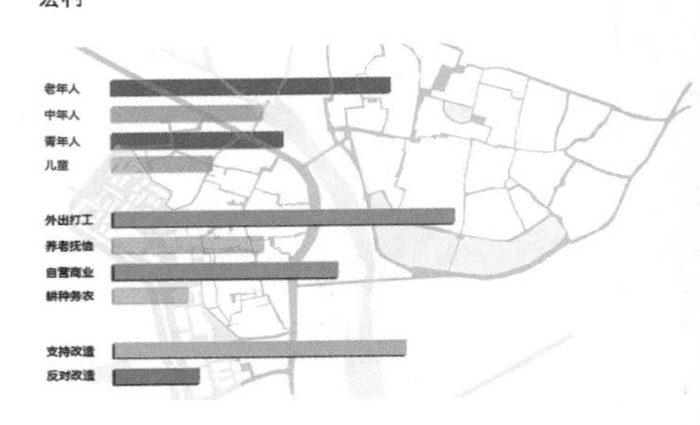

人口结构

由于农业的消退和旅游业的兴起，村内大部分青壮年外出打工，村中老人居多。基于现状，改造规划得到广泛支持

传统村落演变进程可以视为生命系统视角下的新陈代谢行为，这一行为

对比村落肌理演变

西递

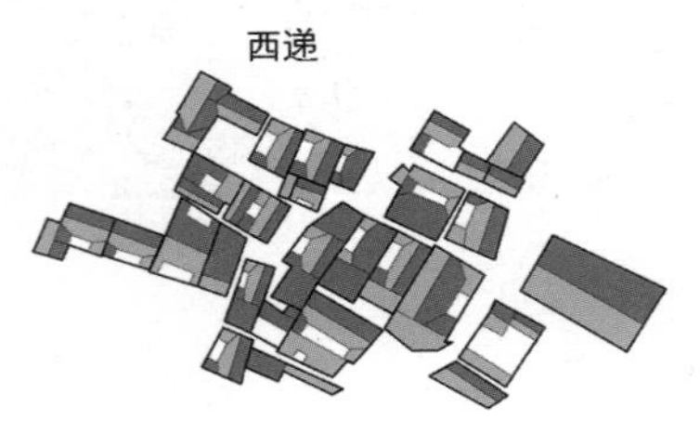

际村

对比西递的三合院及部分四合院，际村建筑的形式更混乱，尺度不一，互相之间没有明显规律和联系。

西递

际村

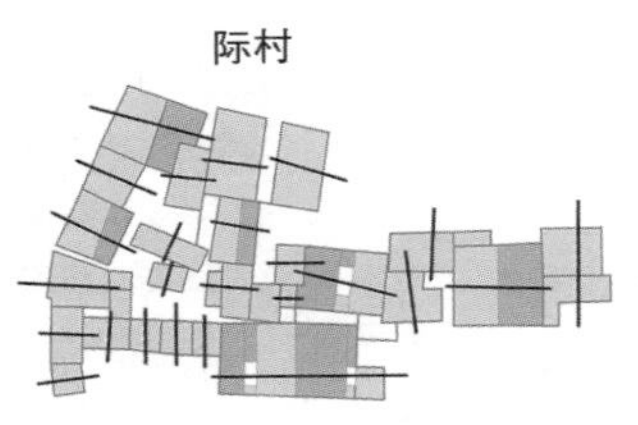

通过分析建筑的轴线关系可以清楚发现西递的建筑大体沿互相垂直的两个方向展开，建筑之间联系紧密，而际村则更为杂乱，并在不同方向的建筑之间形成不规则的消极室外空间。

评语：

传统村落中住居的加建改建是村民在参与建筑建造过程中自发发生的行为。但是无序的加建改建行为却破坏了村落的肌理，使得际村内房屋处于一种混乱的新陈代谢状态中。该方案通过计算机模拟生成的手法，为际村房屋更新制定新法则，让村民充分参与到肌理更新过程中来，以一种“自下而上”的方式重塑际村风貌。进而，方案选取村内“首、中、尾”三个节点处分别加建改建了博物馆、村落中心以及立体农场三座建筑作为村民更新房屋的范例，有效加强了整座村落的结构与联系。

良性的生死演变过程是产生积极肌理的重要条件，所以在接下来的设计中，我们将重点放在创造有序的生死机制。

AHP+DELPHI评价确定建筑是否死亡

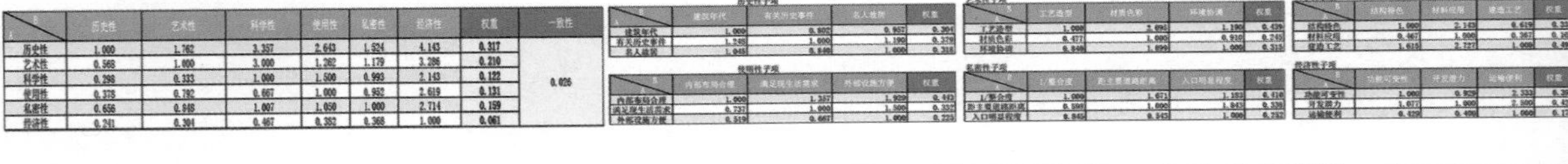

A \ B	历史性	艺术性	科学性	使用性	私密性	经济性	权重	一致性
历史性	1.000	1.762	3.357	2.643	1.524	4.143	0.317	0.026
艺术性	0.568	1.000	3.000	1.262	1.179	3.286	0.210	
科学性	0.298	0.333	1.000	1.500	0.993	2.143	0.122	
使用性	0.378	0.792	0.667	1.000	0.952	2.619	0.131	
私密性	0.656	0.848	1.007	1.050	1.000	2.714	0.159	
经济性	0.241	0.304	0.467	0.382	0.368	1.000	0.061	

历史性子项

A \ B	建筑年代	有关历史事件	名人故居	权重
建筑年代	1.000	0.802	0.957	0.304
有关历史事件	1.246	1.000	1.190	0.379
名人故居	1.045	0.840	1.000	0.318

艺术性子项

A \ B	工艺造型	材质色彩	环境协调	权重
工艺造型	1.000	2.096	1.190	0.439
材质色彩	0.477	1.000	0.910	0.245
环境协调	0.840	1.099	1.000	0.315

科学性子项

A \ B	结构特色	材料应用	建造工艺	权重
结构特色	1.000	2.143	0.619	[illegible]
材料应用	0.467	1.000	0.367	[illegible]
建造工艺	1.615	2.727	1.000	[illegible]

使用性子项

A \ B	内部布局合理	满足现代生活需求	外部设施方便	权重
内部布局合理	1.000	1.357	1.929	0.443
满足现代生活需求	0.737	1.000	1.500	0.332
外部设施方便	0.519	0.667	1.000	0.225

私密性子项

A \ B	1/整合度	距主要道路距离	入口明显程度	权重
1/整合度	1.000	1.671	1.183	0.416
距主要道路距离	0.599	1.000	1.843	0.336
入口明显程度	0.845	0.545	1.000	0.252

经济性子项

A \ B	功能可变性	开发潜力	运输便利	权重
功能可变性	1.000	0.929	2.333	[illegible]
开发潜力	1.077	1.000	2.500	[illegible]
运输便利	0.429	0.400	1.000	[illegible]

历史性　艺术性　科学性　实用性　私密性　经济性　权重均值

低分建筑死亡之后，地块重新利用

徽州村落肌理数据规律

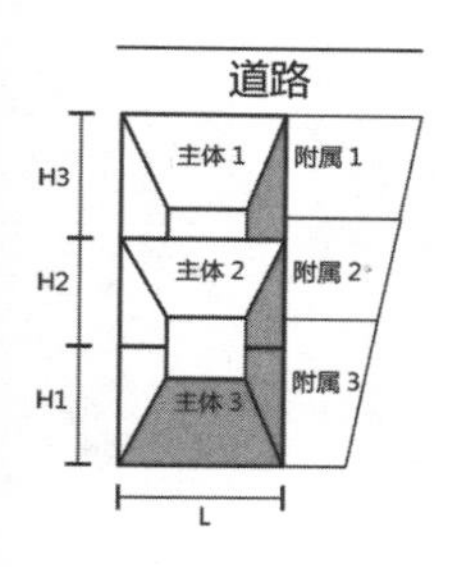

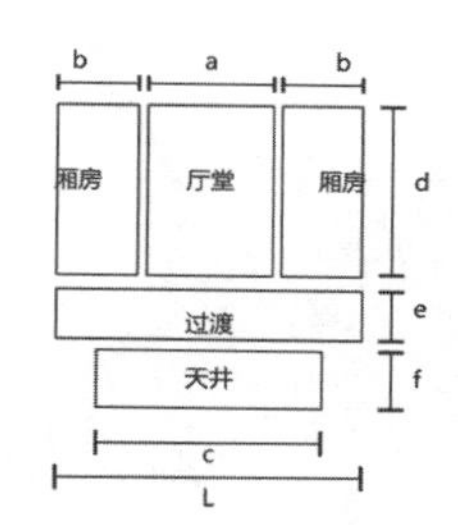

测绘尺寸回归统计范围

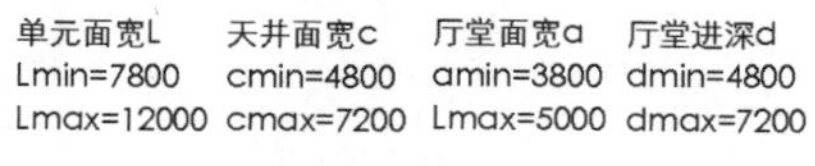

单元面宽L	天井面宽c	厅堂面宽a	厅堂进深d
Lmin=7800	cmin=4800	amin=3800	dmin=4800
Lmax=12000	cmax=7200	Lmax=5000	dmax=7200

单元进深H	天井进深f	厢房面宽b	过渡进深e
Hmin=5100	fmin=900	Hmin=5100	e=400-600
Hmax=9600	fmax=2700	Hmax=9600	e=1200-1400

奖惩机制介入

如：恢复传统风貌则拥有在一层开设对外店铺以及展示柜的权利，而现代建筑民居则需要把二层的部分以及屋顶空间的使用权让给公众，成为公共空间的一部分。

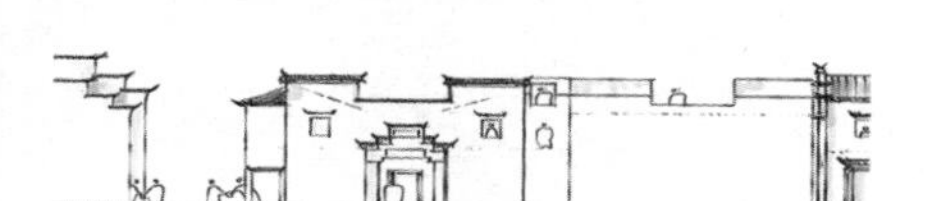

巷道　传统形式　现代形式　传统形式

下层加建对外　上层开放公用

徽州村落肌理生成机制

附属　主体

例举案例

根据宅基地定向

宅基地正交化

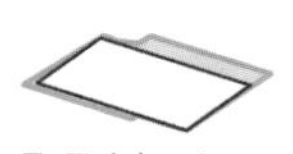

取最大矩形

根据统计尺寸划分

赋予单元轴向

单元轴向

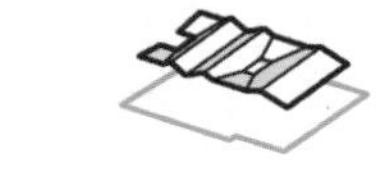

生成坡顶

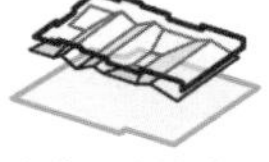

生成马头墙轮廓

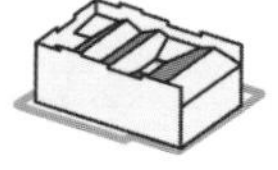

生成墙体

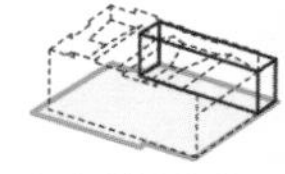

加入附属部分

传统形态组团

单元轴向

生成体量

形成立面轮廓

形体操作

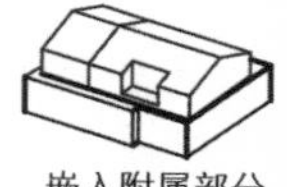

嵌入附属部分

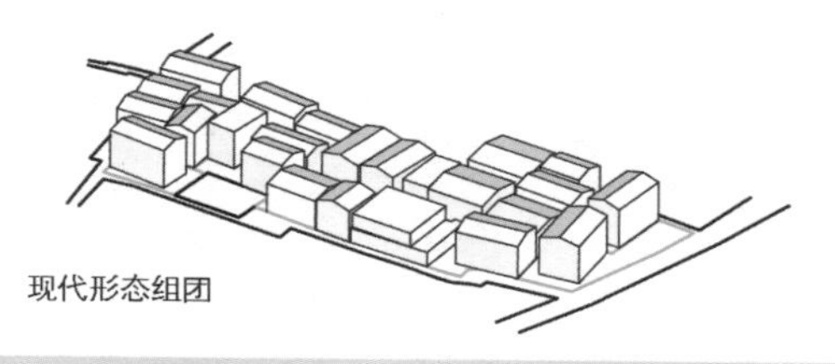

现代形态组团

旧有问题

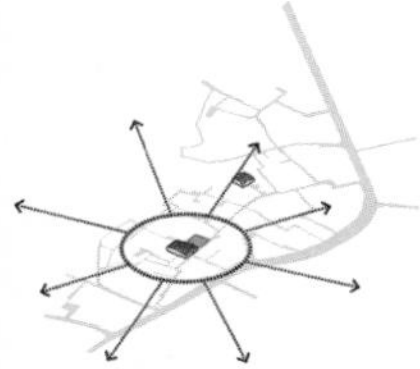

[激活中枢]
拾起失落的宗族文化，增强归属感，创造公共空间，激活村落中枢。

[边界断裂]
与水墨宏村之间消极地被割裂。

[肌理混乱]
场地内部肌理与其他建筑以及道路结构格格不入。

[通达性差]
西部封闭性强，导致水墨宏村与宏村联系极弱，是堵塞的尽头。

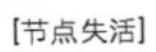

[节点失活]
节点多被所存放杂物占用，失去作为社交和室外活动的空间作用。

[端部狭小]
入口道路端部狭窄、曲折、可识别性差，使得道路长生封闭消极的空间体验。

[就业不足]
耕地的缺失，封闭的闭塞性导致际村的经济来源单调并对宏村依赖性过强。

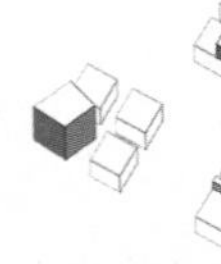

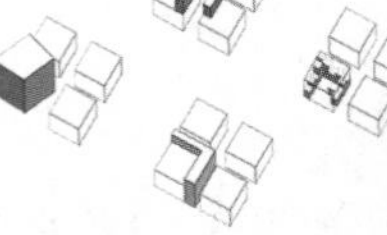

[消极加改建]
在主题建筑体量中，消极的住家改建行为严重影响空间。

0 10 20 50

总平面图

更新概述

[结构优化]

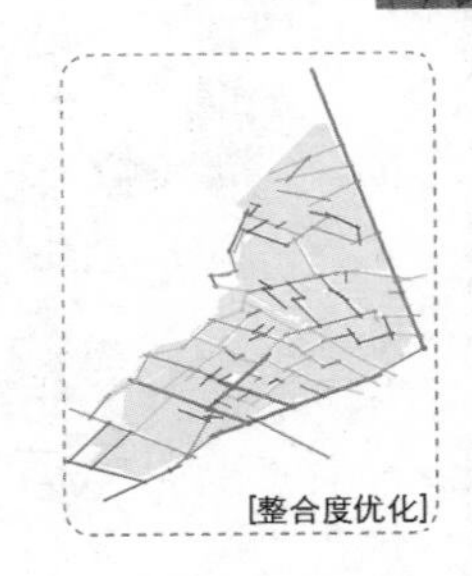

[整合度优化]

[分区优化]

[水圳优化]

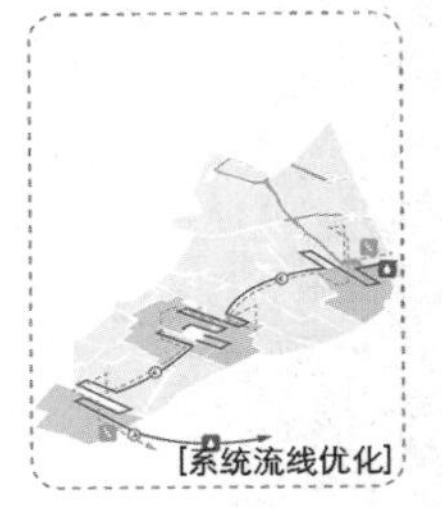

[系统流线优化]

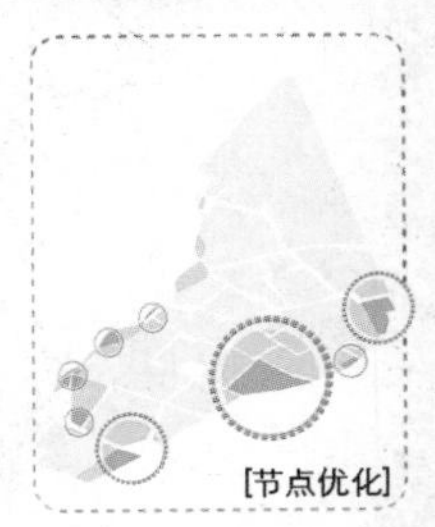

[节点优化]

[建筑变动]

[还原农耕]

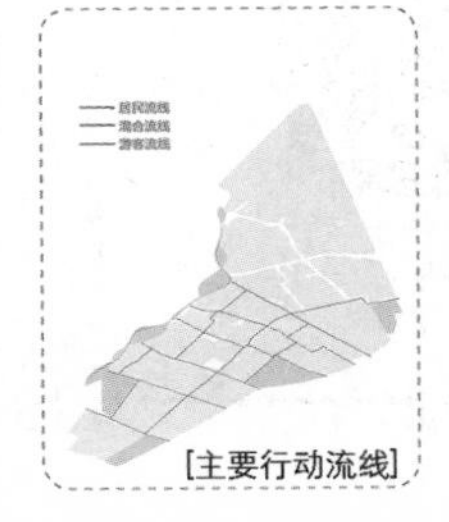

[主要行动流线]

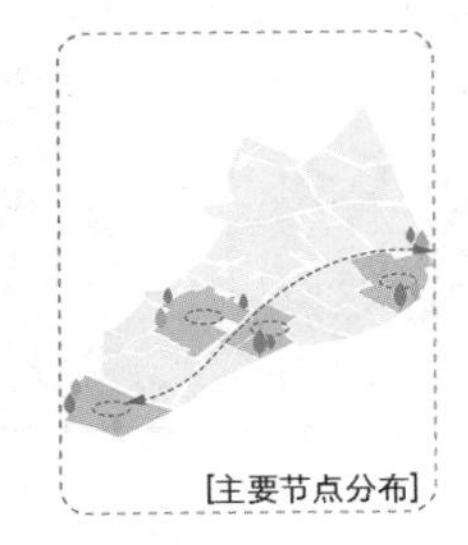

[主要节点分布]

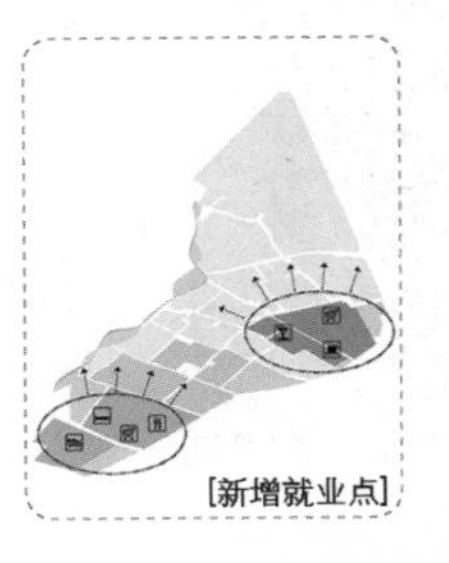

[新增就业点]

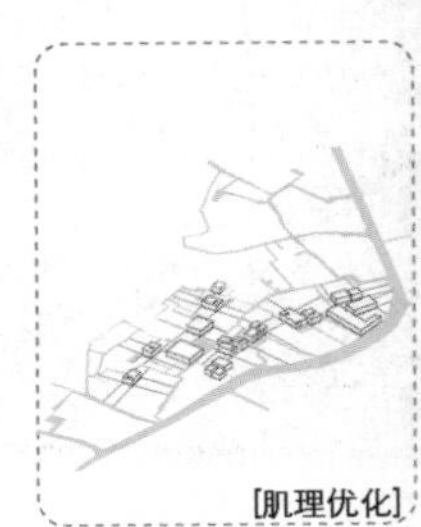

[肌理优化]

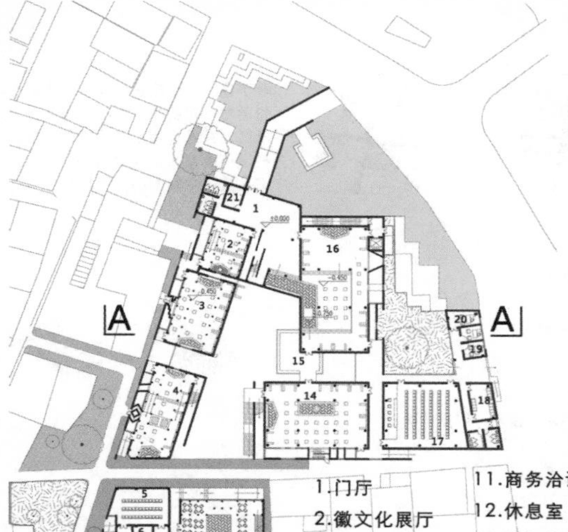

一层平面 1:500

1.门厅
2.徽文化展厅
3.油菜业展厅
4.竹文化展厅
5.多功能影剧院
6.放映室
7.工坊门厅
8.储藏室
9.服务室
10.培训工坊
11.商务洽谈
12.休息室
13.休闲餐饮
14.茶文化展厅
15.茶亭
16.木雕展厅
17.多功能厅
18.接待室
19.办公室
20.消防控制室
21.门卫室

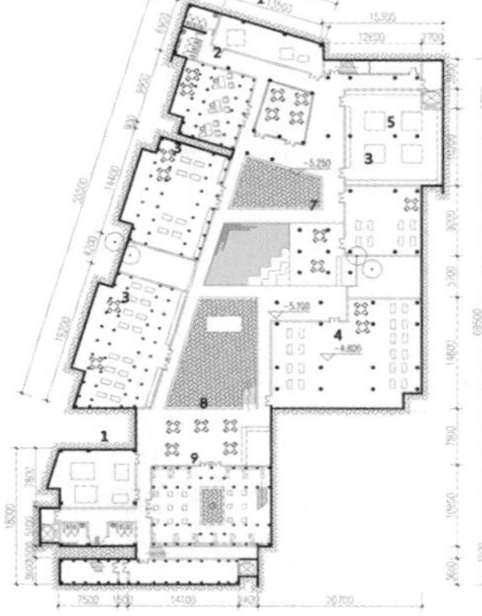

地下一层平面 1:500

1.设备间
2.办公室
3.工作室
4.研究工坊
5.库房
6.餐厅
7.茶吧
8.咖啡吧
9.临时展厅

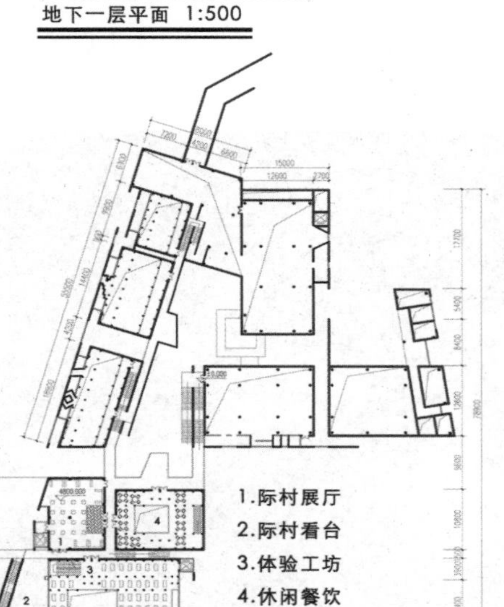

二层平面 1:500

1.际村展厅
2.际村看台
3.体验工坊
4.休闲餐饮
5.休息室

连接 · 传承

概念生成

传统博物馆 + 徽州村落 = 微缩村落

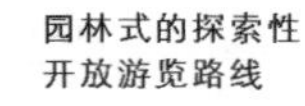

园林式的探索性开放游览路线

线性参观路线

结合并整理成形体

以院落为中心的散点式布局

基地选择在际村与宏村的交口处，既要形成入口的标识性，又需与宏村呼应。

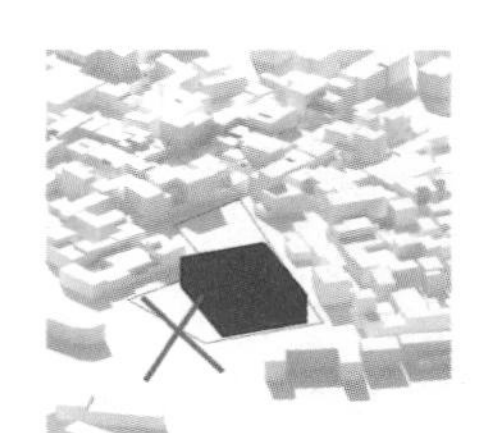

为与肌理呼应，舍弃大体量形体。

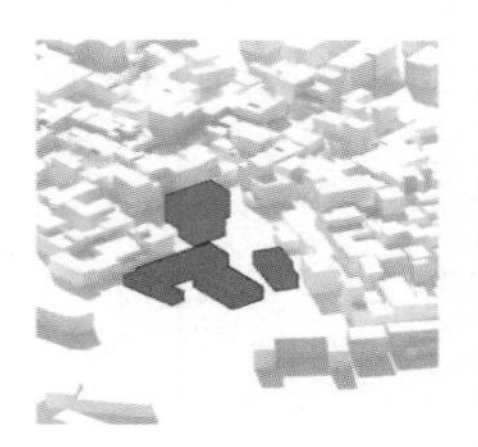

场地内现存有一个私人博物馆，并存在多个有特色的传统建筑。

利用几个加建形体将原有建筑进行连接，并形成指向宗祠的梯形体量。

将建筑打开，利用园林借景的手法将周围街区景观引入建筑，并设置天井。

借景形成的互动机制对建筑周边的改建进行引导，形成与宏村呼应的传统形式。

增加地下空间，并把功能大致分为展厅，研究工作室，培训工坊，配套辅助及部分交叉共享区域。

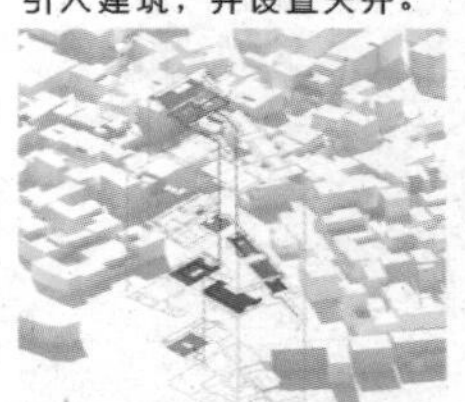

游客通过可选择游览路线在不同的交叉共享区域偶遇研究者或村民，并触特定行为活动。

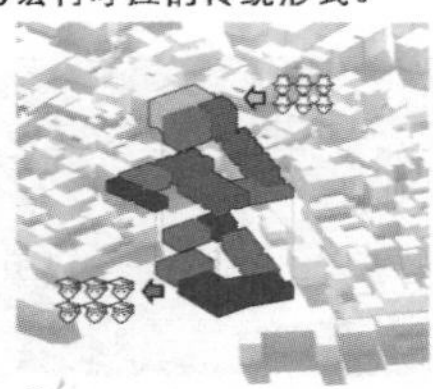

村民通过适当培训，帮助研究者（其中包括建筑研究者）完成研究的同时，培训一批村民精英领导发展。

西立面 1:500

北立面 1:500

A-A剖面1:500

历史 · 切片

季节性人口迁移使村落人口构成随旅游淡旺季的交替而发生变化，本设计意图在村落宗祠周边打造一块以团聚生活场景为核心的生活景象，一方面提高村民享受天伦之乐的机会，一方面也让有心的游客体验到古村的生活。
另宗祠被还原为村落家族、工作集会处，另在二层加设历史切片式的村落历史展示厅。

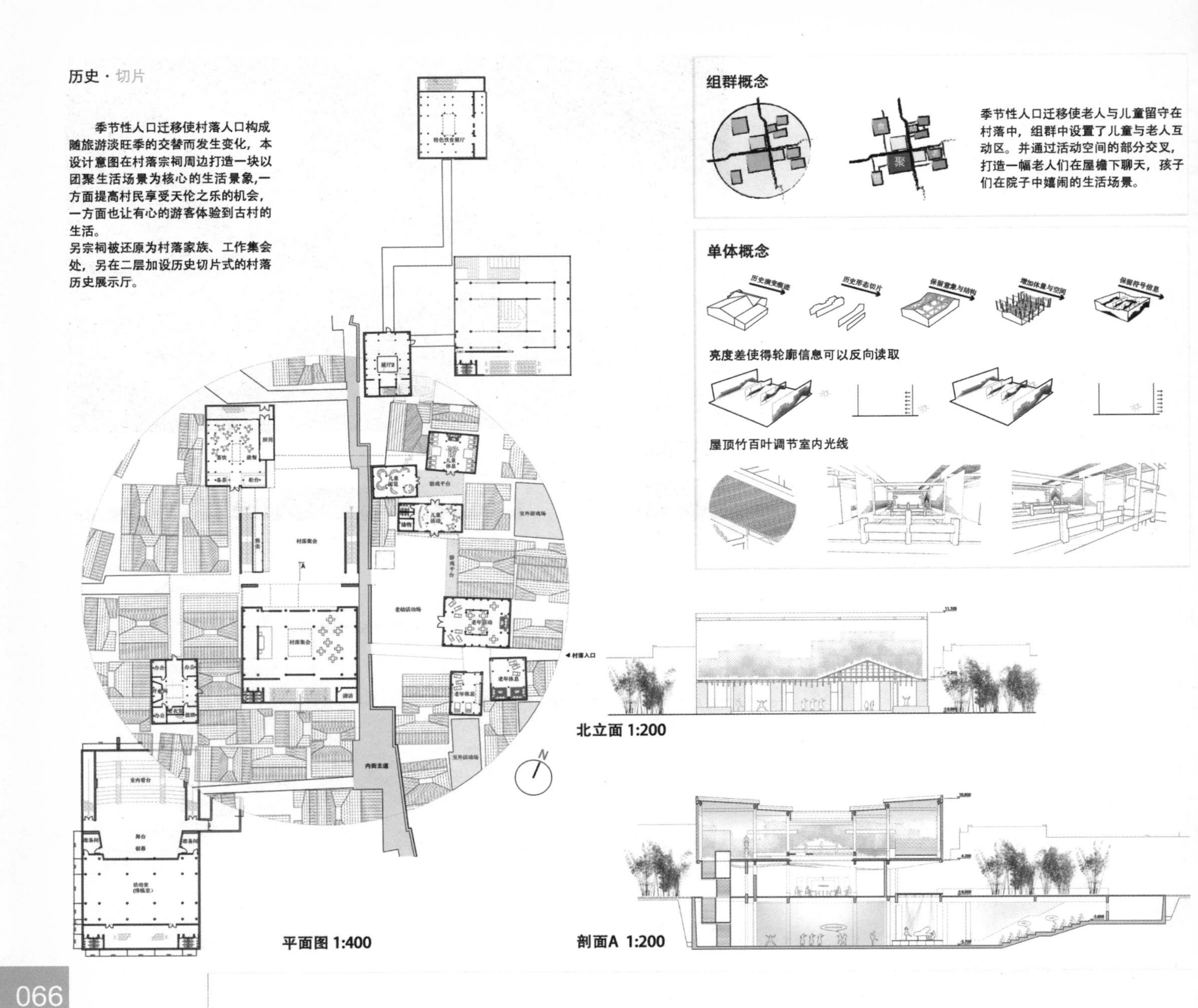

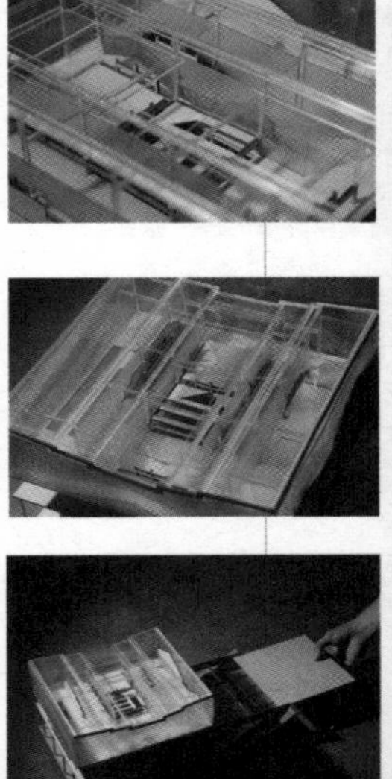

概念生成

大量的农田被征做房屋建设用地，于是村民就慢慢地摒弃了农耕的生活方式，但是还是有很多村民依然喜爱种植，就在村内见缝插针的寻地种菜。基于这种现象，从传统生活方式入手结合自加建主题生成垂直农场的单体设计。

际村旧有的院落形态主要有以上七种，基本上都是院落半环绕房屋的形式。将院落的形式展开在立体农场当中，还原际村旧有的生活方式，同时立体农场能够有效地留住当地的居民发展当地经济，并为游客提供一种体验似的农场采摘。

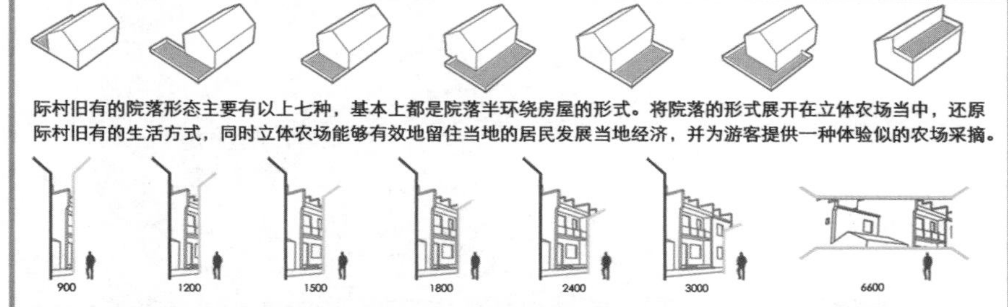

徽州村落的显著特征之一就是丰富多变的巷道空间，将这种空间体验融入到立体农场的设计当中，再现村落真实感.

平面生成

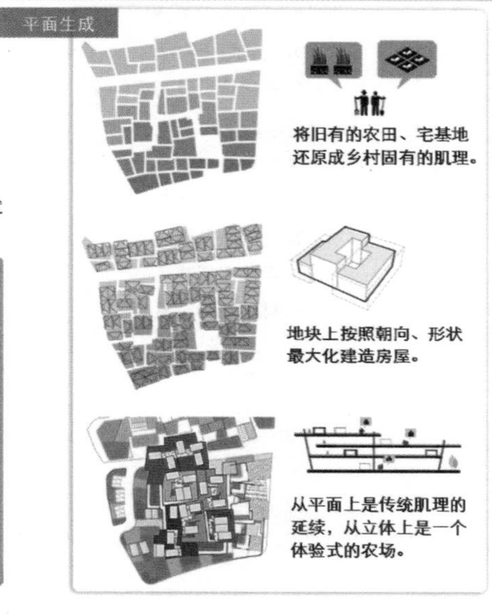

将旧有的农田、宅基地还原成乡村固有的肌理。

地块上按照朝向、形状最大化建造房屋。

从平面上是传统肌理的延续，从立体上是一个体验式的农场。

平面示意

首层平面图 1:400

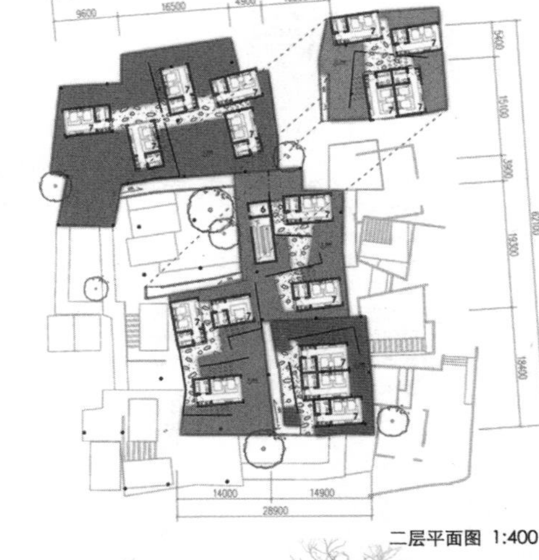

二层平面图 1:400

1 材料室
2 厕所
3 接待厅
4 办公室
5 保卫处
6 配制间
7 标准间
8 贮藏间
9 停车位

立、剖面示意

东立面 1:400

剖面1-1 1:400

节点•激活

合肥工业大学
设计：邓慧丽/杨三瑶/汪宇宸
指导：苏剑鸣/李早/刘阳/任舒雅

一、际村现状：SWOT分析

S
1 丰富的文化历史背景
2 生活场景真实
3 交通便捷方便到达

W
1 卫生状况差
2 内部道路拥堵
3 人口组成单一
4 社区缺乏活力
5 标志物与结点边界模糊
6 没有公共空间

O
1 宏村旅游资源
2 每年3月国际山地车赛
3 交通必经地
4 自然景观资源

T
1 处于新建开发区与宏村之间
2 远景规划中被作为宏村的战略后方
3 开发强度大导致生活物资减少

二、提出问题：

主要是社区缺乏活力，表现在以下几方面：

1. 人口构成单一
2. 缺乏公共空间
3. 环境质量差
4. 行为活动单调
5. 边界过于封闭
6. 古建筑没有利用价值

三、改造目标

激活整个际村，表现在：

1. 家庭结构体系的完整
2. 经济效益增加
3. 环境得到改善
4. 村民活动丰富

五、激活的手法

采用植入节点的方式激活，这种手法的优点是：

1.保留大部分的居住建筑，节点的方式对基地本身的干扰性最小。

2.可辐射的范围广。

3.每个节点可根据周边环境的情况设置相适应的功能，以此来服务周边。

4.首先通过节点激活小范围的村落，随着时间的推移，节点的辐射范围会扩散，最终点成线，线成面，达到激活整个村落的目标。

点成线　　线成面

四、改造策略的探讨

传统改造手法

传统村落 → 有价值的建筑 → 村落特色 + → 拆除旧建筑 → (基础设施) 改造后村落

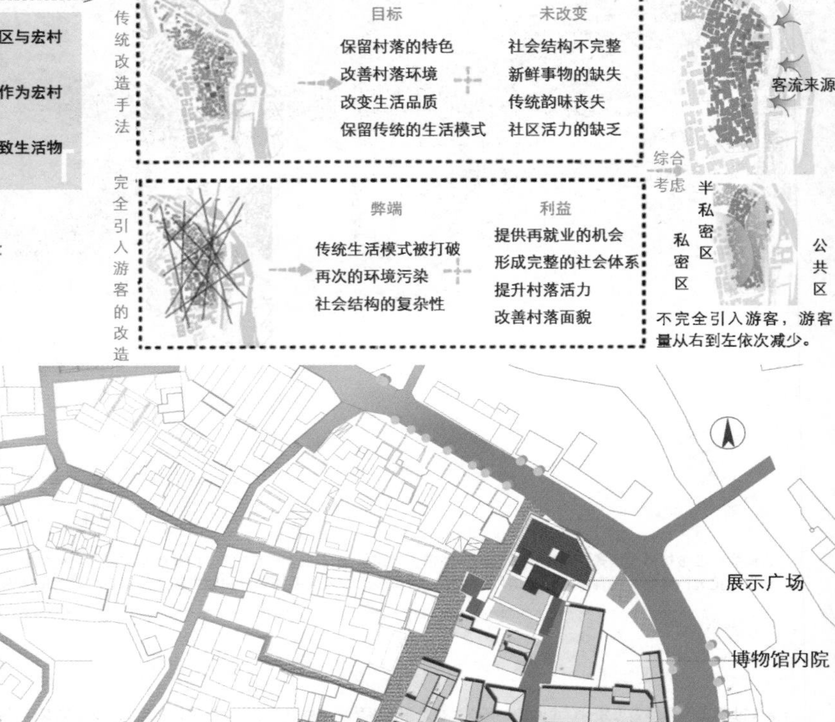

不完全引入游客，游客量从右到左依次减少。

健身娱乐　创意工坊　文化广场　村民自用田地　住宅+商店　休闲茶座　餐饮体验　特色商业　广场

总平面图

评语：

紧邻世界文化遗产宏村的际村长期承担了为宏村服务的职能，在环境、居住、人口、经济发展等方面存在着诸多问题。该方案针对村落现状进行调研，根据际村原有村落空间形态特征、功能属性特征，规划出由生活、休闲、体验等不同类型节点所构成的空间节点体系，并通过休闲旅游、文化体验、特色商业、社区生活服务等一系列的空间节点设计，将游客引入际村内部以促进游客与村民互动，创造出游客和村民共享的交流空间。通过这种方式提升村落的活力，最终达到“激活”际村的目的。

第1步：建筑初步拆留情况分析——提供可选择节点

第2步：概念节点可能性的选择

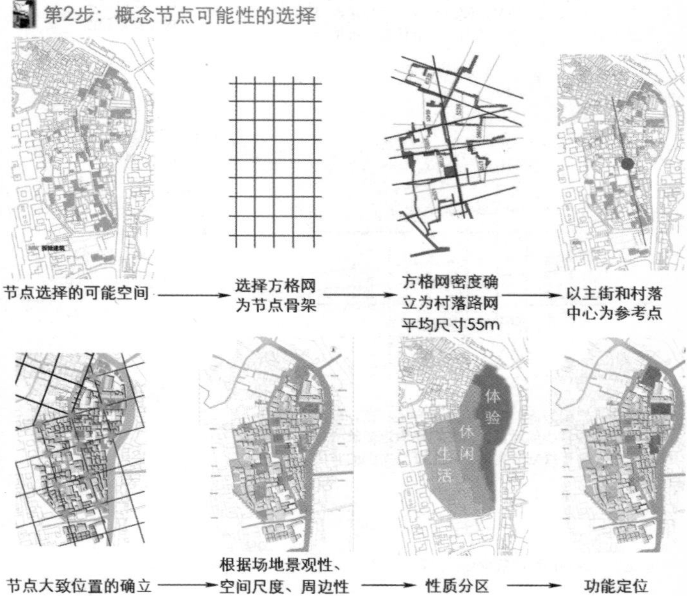

节点功能

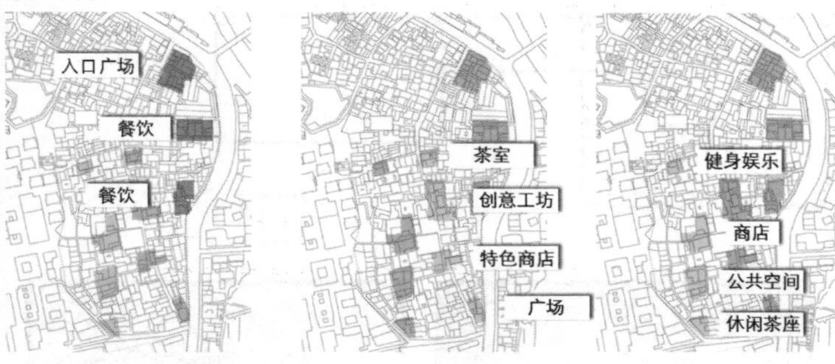

三个片区功能效益及改造方向

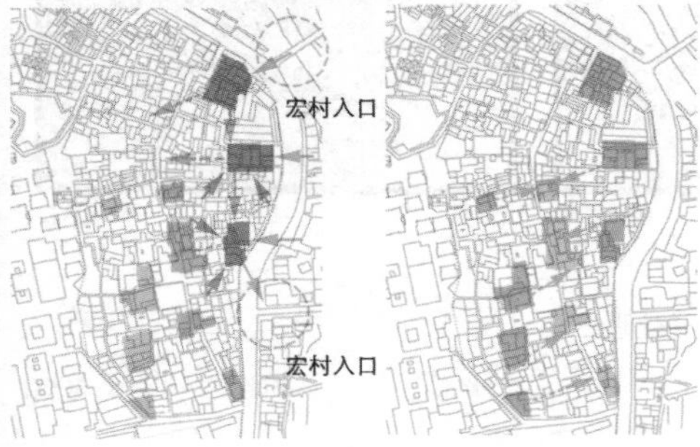

与宏村的两个入口组成一个体验环线，将游客引入村落增加收益并对内有所渗透。

增加村民与游客的交流，将当地文化氛围进行提升。

提供公共空间及日常服务，吸引周边居民到周边进行活动，增加活力。

节点连接　　**改造后居民生存状态**

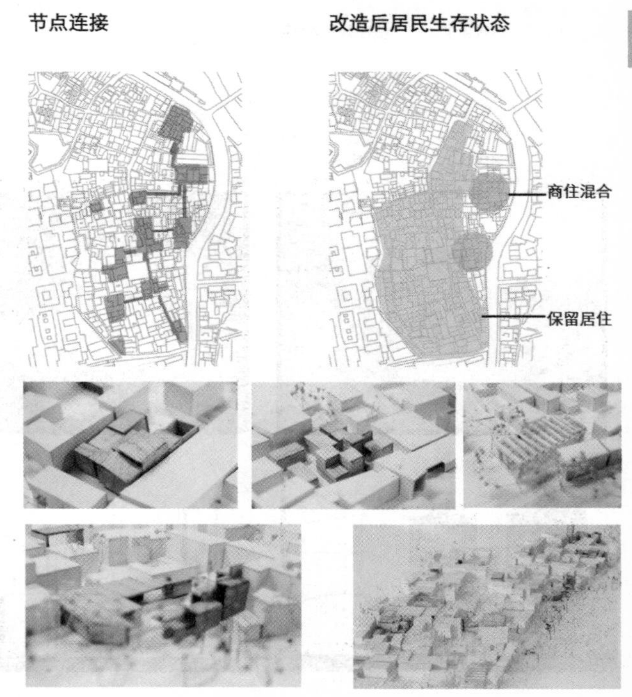

功能定位

方案希望将体验与餐饮相结合，打造具有徽州文化特色的餐饮体验馆。

改造思路

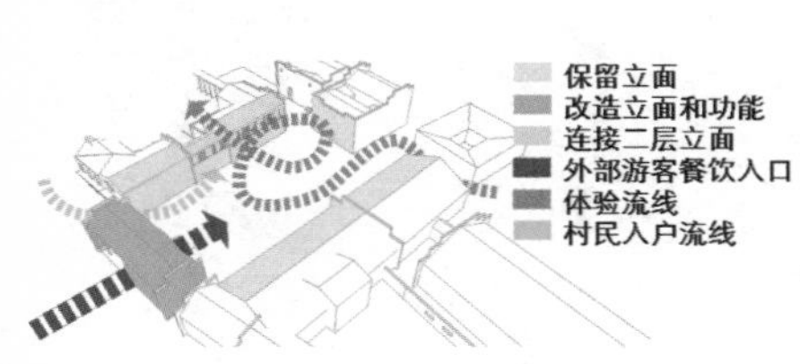

保留古建筑与博物馆的外墙形成侧边的道路；改造与外街相接的商铺，打开一半外墙形成缺口以便使外部的游客更便捷地进入该节点；改造侧面的居住商铺，保留其一层的居住功能，将二层与新建建筑相连，形成餐饮空间的延续，导向下一个节点；方案希望在内部形成一种限定使游客在体验中能够从一层进入并在二层结束，成为一二层体验流线的结合点。

两种流线

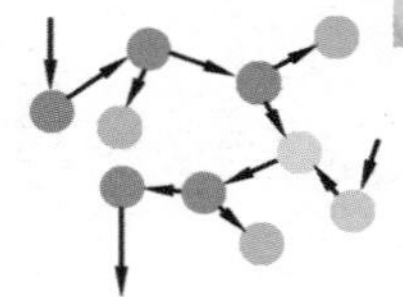

对于体验流线，方案希望营造体验后厨，即厨艺及茶艺展示，的连续空间氛围，感受徽州饮食文化，并在围绕展示区设置用餐空间分支以便停留；对外流线则不经后厨，设置对外用餐专区，与体验流线某后厨衔接。

肌理关系

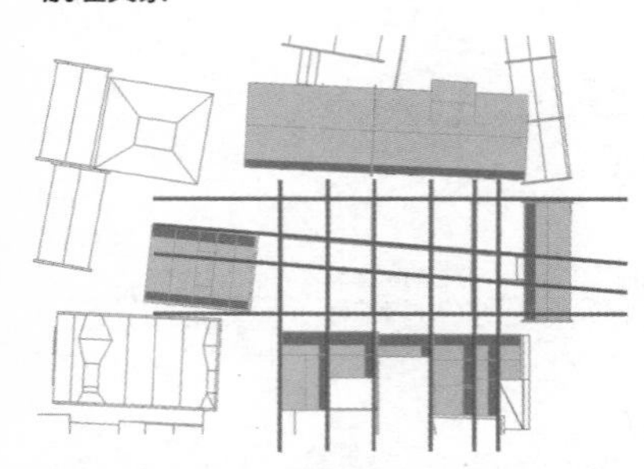

方案希望在尺度方面与周边的建筑产生和谐，因而将建筑分割成较小的尺度；方案利用周边建筑的外墙延长线和平行线划分建筑，以保证与周围的对位关系。

建筑形态

风格定位为既与周围建筑融合，又有所突出。

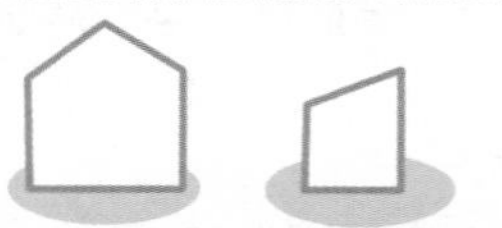

传统建筑　提取斜单坡屋顶

组成群组　连接

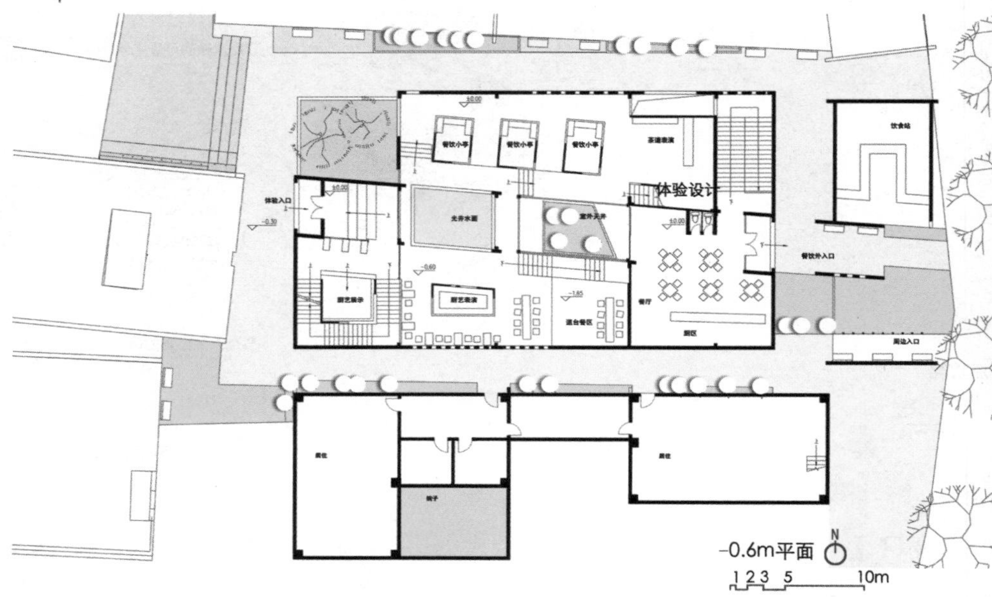

体验入口

冥想光井

厨艺环梯

幻境入口

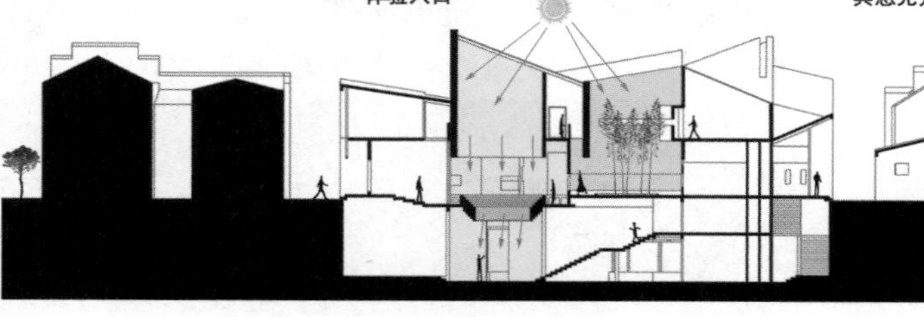

形式处理

原型

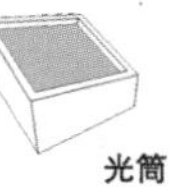

光筒

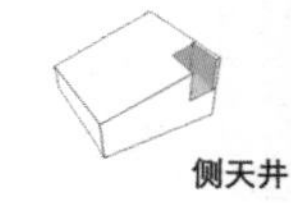

侧天井

屋顶平台　侧平台　通透空间

餐饮体验馆 Catering-experience Restaurant

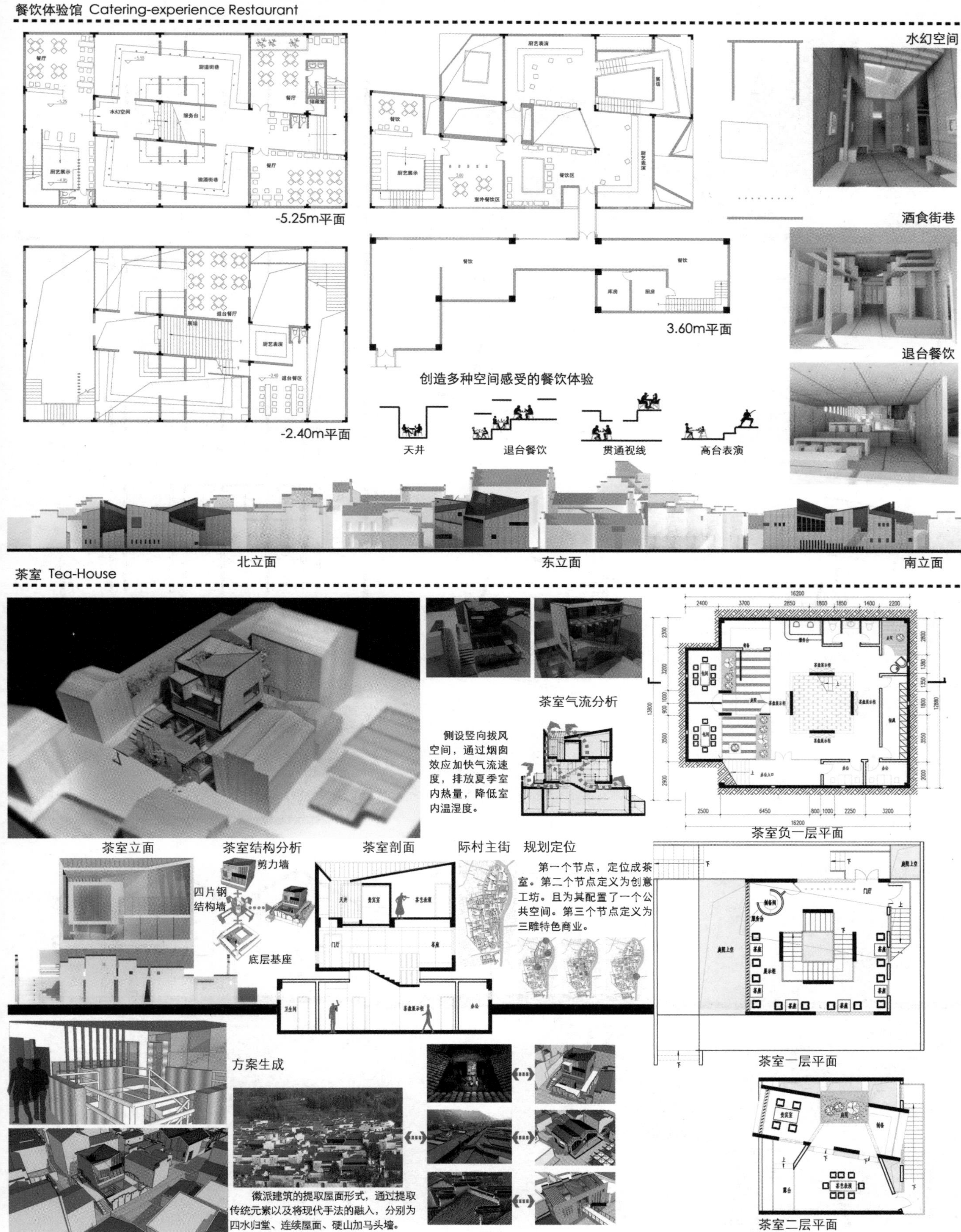

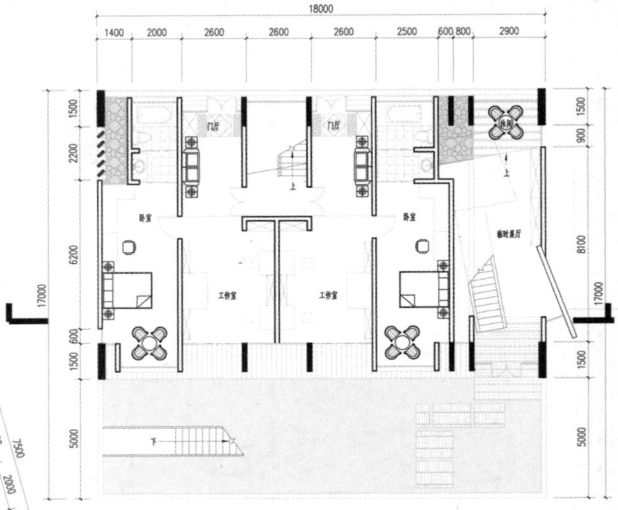

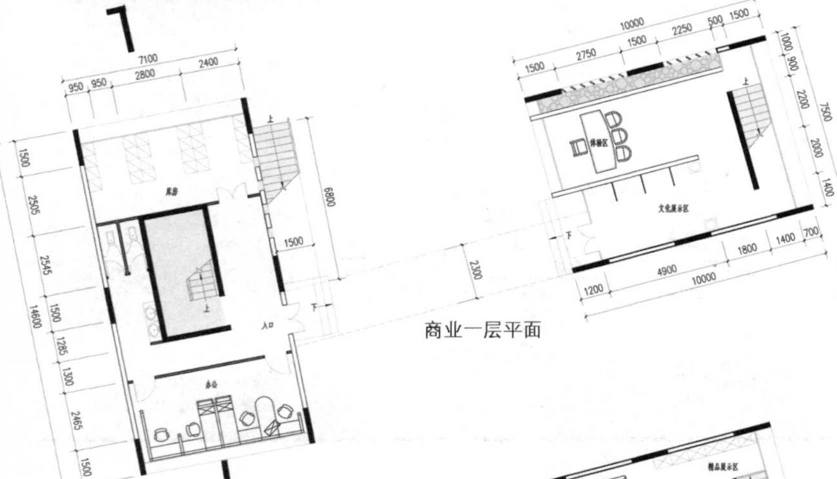

商业一层平面

创意工坊一层平面

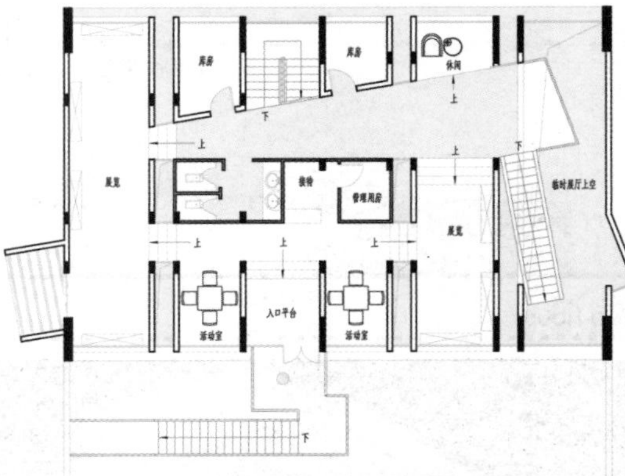

创意工坊二层平面

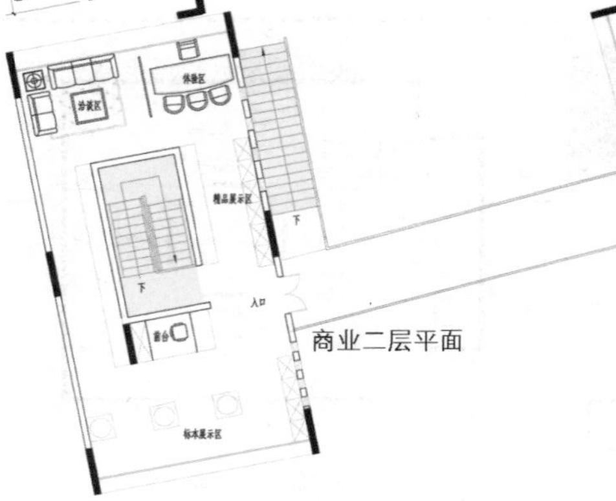

坡屋面节点

商业二层平面

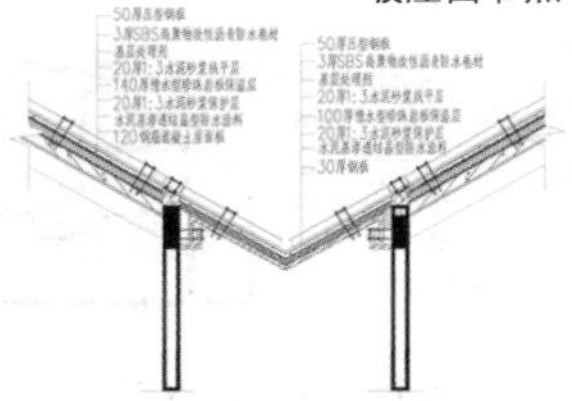

创意工坊立面

商业立面

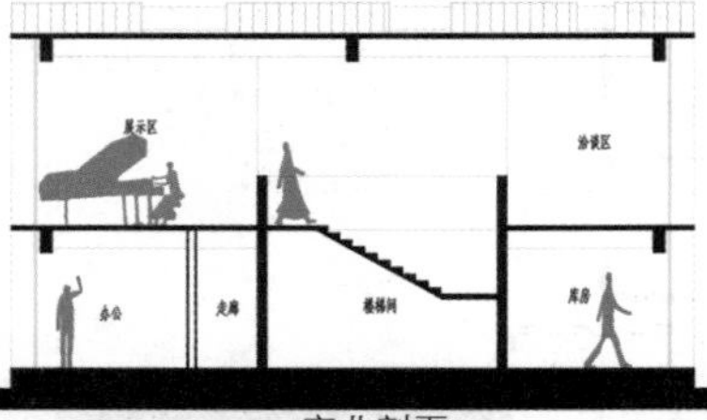

商业剖面

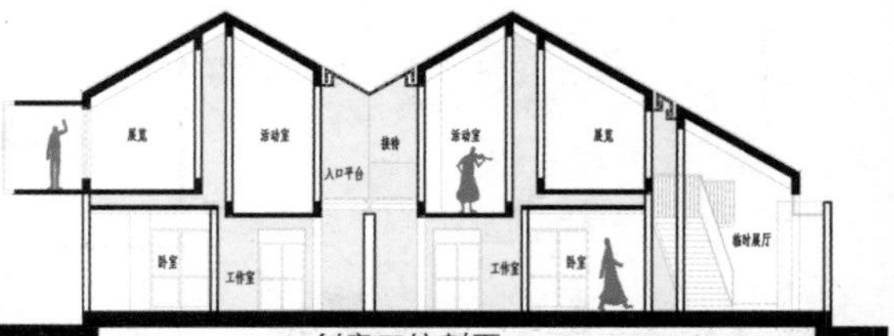

创意工坊剖面

创意工坊结构分析

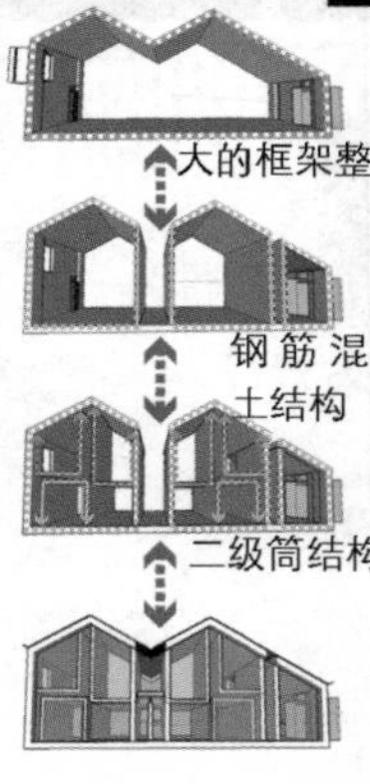

大的框架整体

钢筋混凝土结构

二级筒结构

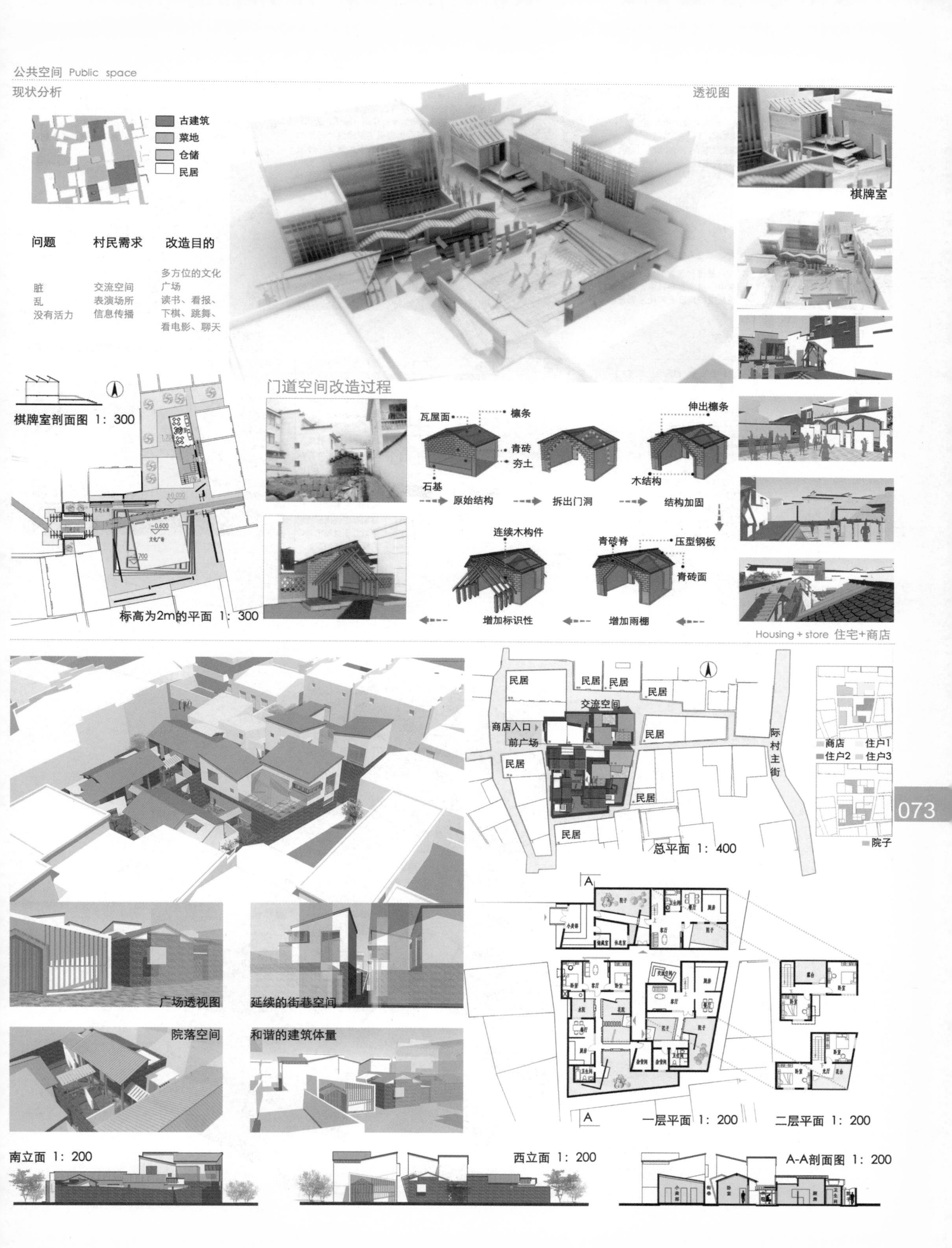

现状分析
古建筑
菜地
仓储
民居
问题
村民需求
改造目的
脏
乱
没有活力
交流空间
表演场所
信息传播
多方位的文化广场
读书、看报、下棋、跳舞、看电影、聊天
透视图
棋牌室
棋牌室剖面图 1：300
标高为2m的平面 1：300
门道空间改造过程
瓦屋面
檩条
青砖
夯土
石基
原始结构
拆出门洞
伸出檩条
木结构
结构加固
连续木构件
青砖脊
压型钢板
青砖面
增加标识性
增加雨棚
Housing + store 住宅+商店
民居
交流空间
商店入口
前广场
际村主街
商店
住户1
住户2
住户3
院子
总平面 1：400
广场透视图
延续的街巷空间
院落空间
和谐的建筑体量
一层平面 1：200
二层平面 1：200
南立面 1：200
西立面 1：200
A-A剖面图 1：200

进化与遗传 Evolution and Genetics

合肥工业大学
设计：陈宇轩/许婧靖/周艺晶
指导：苏剑鸣/李早/刘阳/任舒雅

有关基地

基地位于安徽省皖南黟县宏村的正西面，与其之隔一条宏村大道。自然村落以基地为中心，向外发散形的布局。

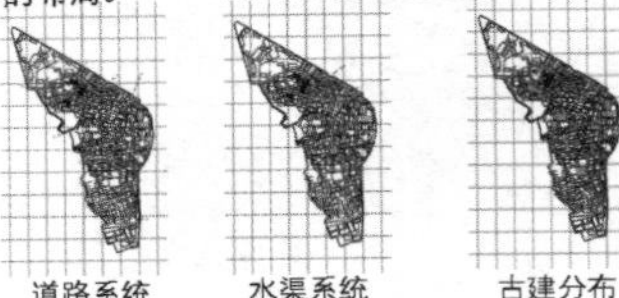

道路系统　水渠系统　古建分布

基地村落内的道路呈鱼骨型排列，主要一条中心道路贯穿其中，其余支路不管在长度上还是空间尺度上都比主街低一个等级。

基地界面

基地与周围地块形成了两条重要的界面。东面的一条处于基地与著名旅游景点宏村之间，这条界面上拥有大量的商业建筑（旅馆、饭店、娱乐场所等），所以也吸引了周围绝大多数的游人。作为一条双车道，每天有大量的车流流经此地，成为一条现代化商道。

而基地西面与“水墨宏村”项目自然地形成了一条隐形界面，相对破败和混乱，无人管理。

际村与宏村的对比

宏村始建于南宋绍熙年间，原为汪姓聚居之地，绵延至今已有900余年。全村现保存完好的明清古民居有140余幢，古朴典雅，意趣横生，被誉为“中国画里的乡村”。际村坐落在宏村镇政府所在地，与世界文化遗产地宏村仅一河之隔。

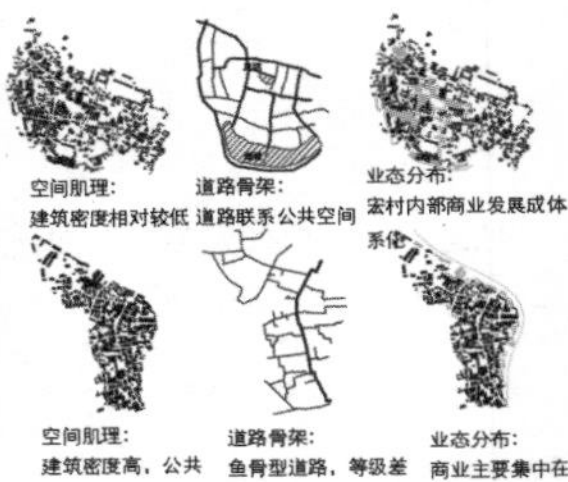

问题发现

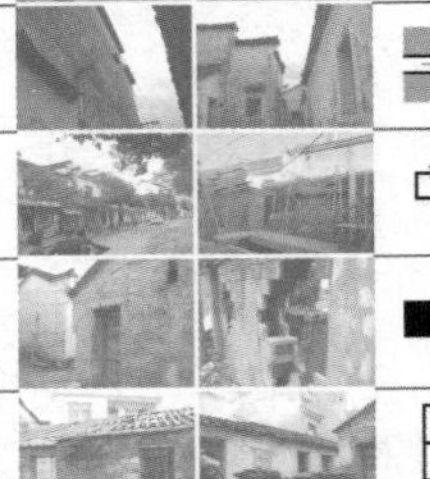
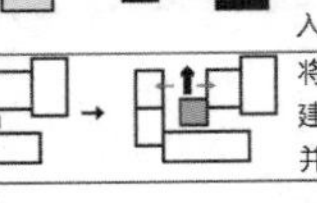
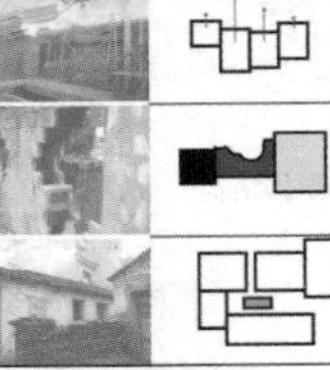
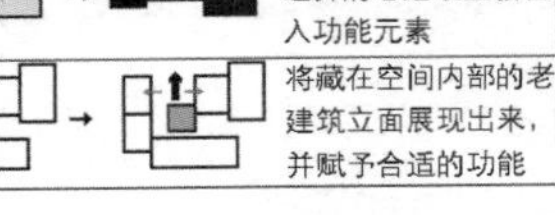

问题	描述	策略
问题1	邻里关系：村民无一定数量的高品质交流场所	提供村民更多的公共空间，激发村民更多活动
问题2	游客印象：际村旅游吸引力低，空间无强引导性	增加际村空间丰富性，降低游客在道路中的行走速度
问题3	空间界面：靠近宏村大道界面品质差，村内街道界面无识别性	统一际村对外界面，使临街建筑对外影响力保持在相同范围中
问题4	建筑品质：现有建筑单体风格杂乱、元素多样、少数结构已破损、荒废遗弃	修缮破损的建筑，将遗弃的老建筑重新植入功能元素
问题5	消极空间：际村现存大量低活力消极空间，急需发掘改善	将藏在空间内部的老建筑立面展现出来，并赋予合适的功能

建筑品质分析

按照建筑品质的高低，我们将基地内的建筑从品质高到品质差分为了五类。

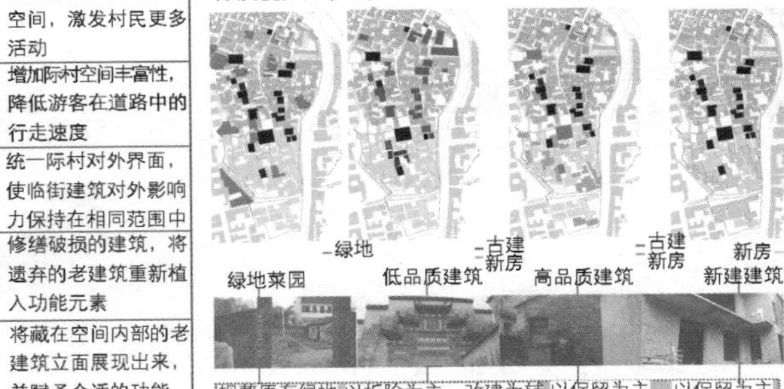

评语：

传统古村落的发展历程如同一个鲜活的生命体，外界新鲜事物的介入既会给村落带来机遇，也会给村落的生长过程带来挑战。如何在这一生长过程中满足居民与游客的不同需求，是该种类型村落中所面临的共同课题。该方案通过引入进化与遗传的概念，建立了一套建筑品质评判标准和规划设计法则，针对不同性质的区域分别提出拆迁、修缮或改造的设计策略，最终达到重塑际村的村落空间与生活结构的目标。在满足居民和游客各自不同行为空间需求的同时，为两者的交流提供了更多的可能性。

概念引入

在生物学中，生命体通过变异和遗传，将优良基因传播给后代，同时也通过DNA的重组，变异出新的细胞，探索生命体的新特征。

我们模拟这一过程，异质进入本体时，本体会有如下反应：与异质结合生成新物质，吸引异质到特定区域以保证剩余物质不受干扰，本体不与异质发生任何反应。我们将外来游客比作异质。游客最先从开放程度高的区域进入际村村落，完成对村庄的一定程度上的文化传播。处于最开放的区域，犹如本体的第一种反应，接纳这些外来游客并在功能上迎合他们，从而发生变异；而处于半开放的区域，犹如本体的第二种反应，既保持自身特性，又可吸引外来的游客，却不让其进一步进入村落的内部，以此保障村民的日常生活不被外来游客所打扰。而村落最不开放区域，则不与游客发生反应，保持最原始的肌理和生活方式，并遗传下去。

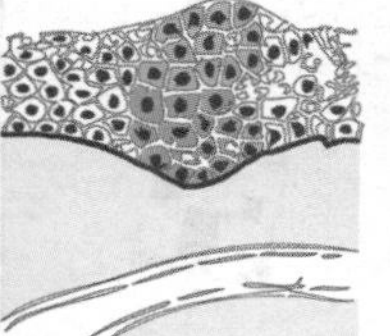
1.细胞变异

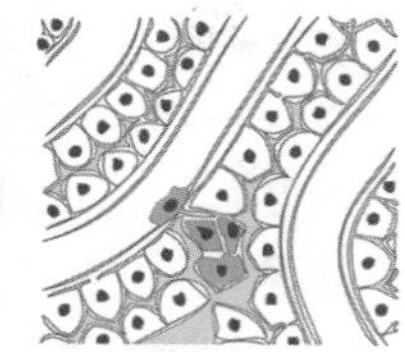
2.细胞壁破裂

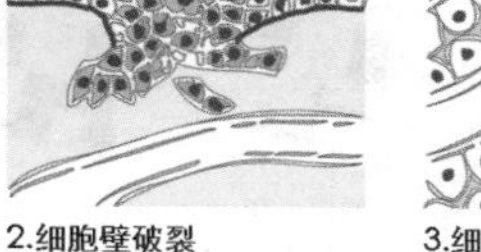

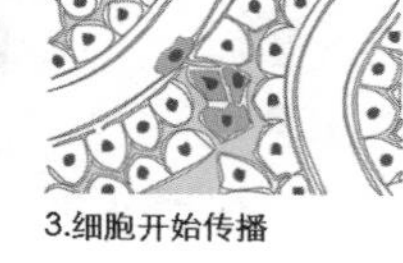
3.细胞开始传播

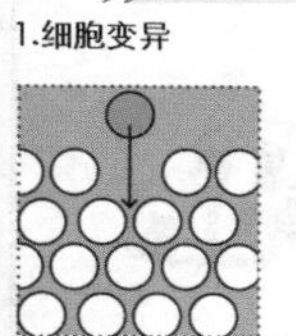
异质进入本体

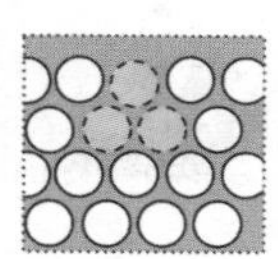
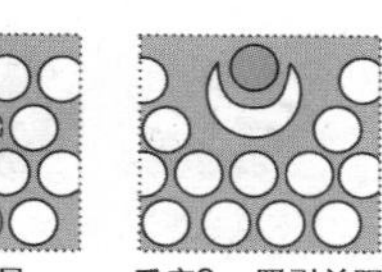
反应1：变异

反应2：吸引并阻隔

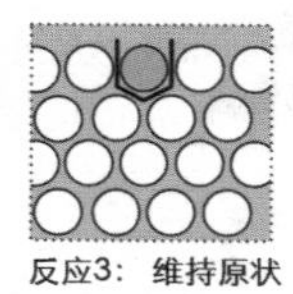
反应3：维持原状

操作步骤

步骤1：线性空间的确定

际村自古就有一条重要商道贯穿村内，而在村的东部又新兴起了一条现代化商道。以此确定规划的限定要素。

步骤2：界面的确定

际村与东部宏村、西部水墨宏村交界处各形成一道交界面。以此确定规划范围和规划等级。

步骤3：开放、封闭空间的引入

根据界面和街道的要素确定，我们引入开放、半开放和封闭空间，以划分基地不同的开放程度。

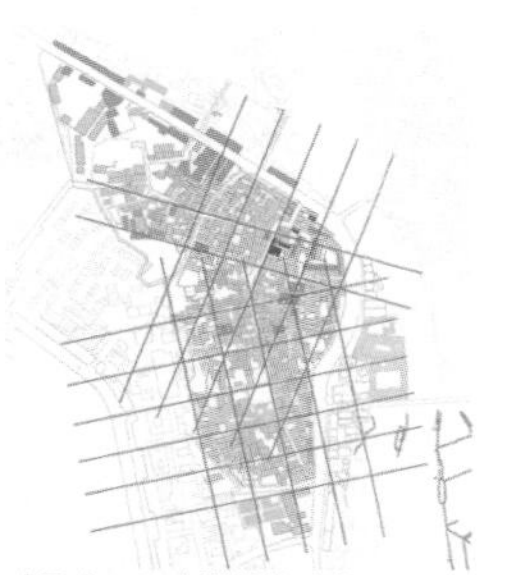
步骤4：尺度模数的确定

在平均际村街道口之间的距离后，我们确定以30m为模数单位，细化基地的用地范围，以确定其开放程度。

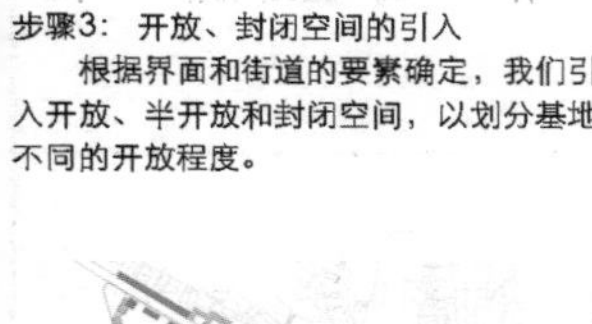

步骤5：组团的划分确定

基于网格的划分，我们尽量按照道路将基地平均划分，以方便下一步的程度确定。

步骤6：组团性质的确定

按照开放程度的多少，对每一块单元地块进行程度确定，大体分为三种属性地块。

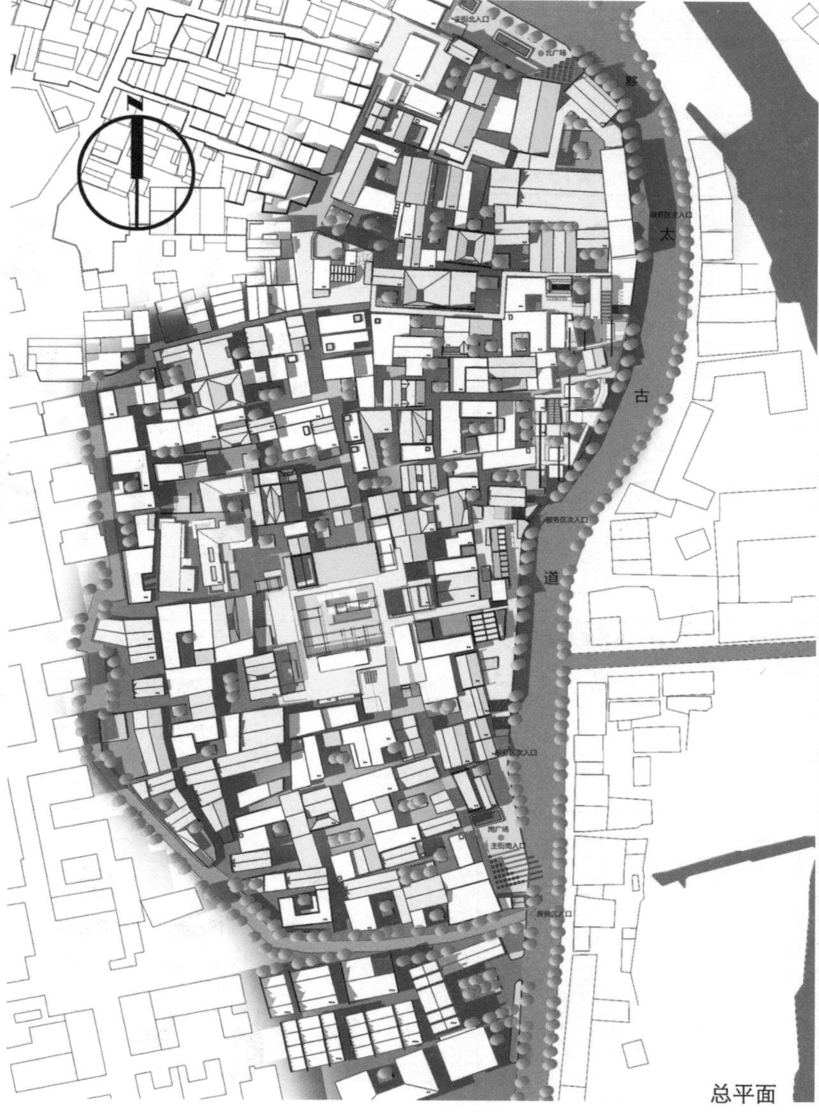

总平面

改造手法示意

将建筑按照品质高低分类，优先考虑品质差的建筑作为拆除对象，以确保空间的舒适性。

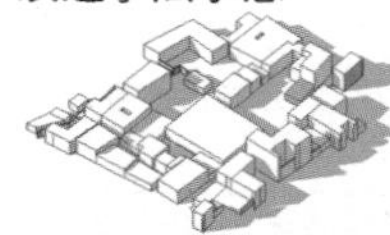
拆除过后形成轮廓清晰地广场或者公共空地，以将街道上的游人吸引进来，同时尽量将古建筑的立面打开，迎接广场。

将品质稍差的古建筑改造，考虑用矮墙等手法，既保留建筑对街道肌理的限制，同时考虑将其作为室内公共场所或者公建等。

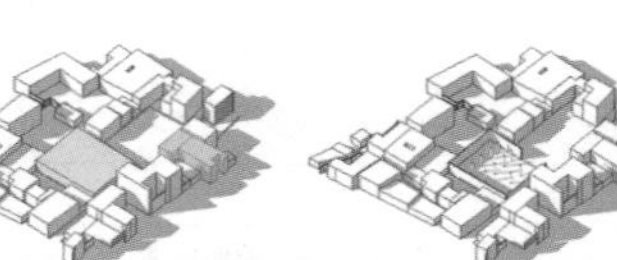
为了确保空间的规整性，在肌理上本因出现街道狭窄空间处，而由于实际情况没有建筑限制的地方，适量加建建筑物，以围合街道感受。

软件分析

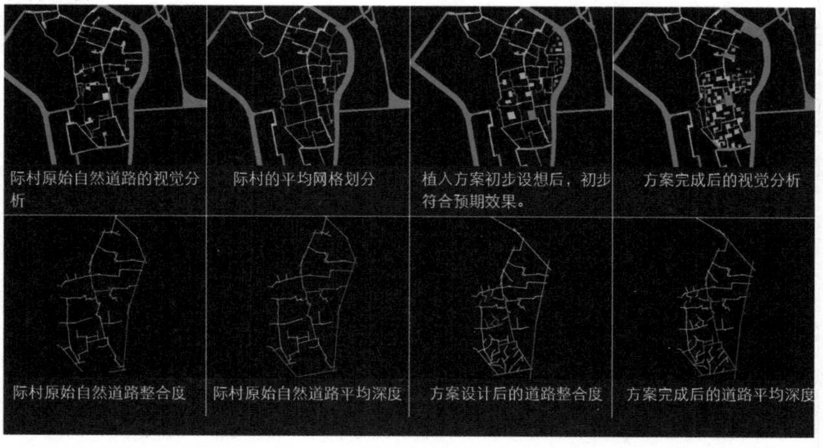

遗传区

宏观	中观	
①功能：当地居民的居住区域	庭院	通过加建建筑或拆除部分建筑的方式，调整庭院D/H值根据际村其他现有庭院的尺寸统计结果做参考决定，尺度适宜
②区域空间性质：内向性		
③规划设计目标：提升居住品质，增加公共法空间，满足当地人的需求（基于调研中的问题得出）	边界	通过加建建筑或拆除部分建筑的方式，使其边界规整

微观：建筑品质			变动顺序	操作原则
传统建筑	品质好		5	强制保留
	品质差		4	改造为主
非传统建筑	新建筑		3	改造为主
	旧建筑	品质好	2	改造为主
		品质差	1	拆除为主

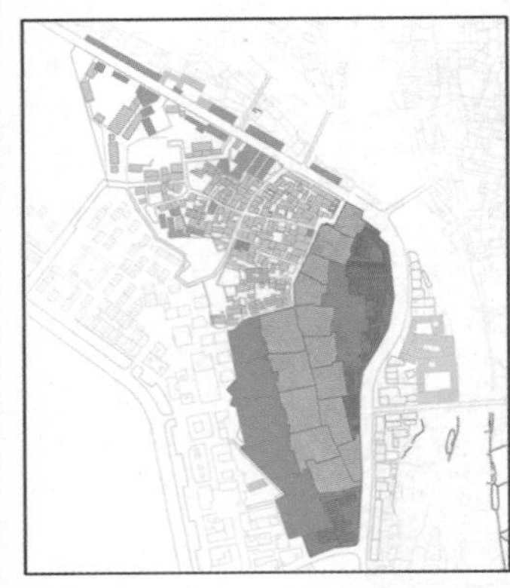

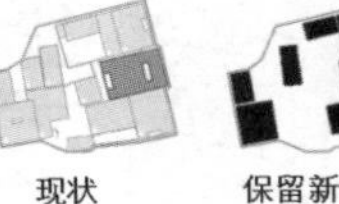
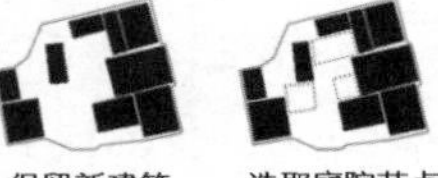
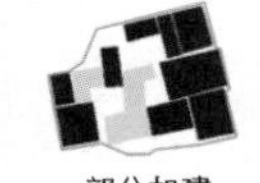

现状　保留新建筑　选取庭院节点　部分加建　植入菜园用地　图底进化

现状　保留新建筑　选取庭院节点　部分加建　植入菜园用地　图底进化

现状　保留新建筑　选取庭院节点　部分加建　图底进化

遗传+变异区

宏观	中观		
①功能：居住服务复合	边界	通过加建建筑或拆除部分建筑的方式，使其边界规整	
②区域空间性质：外向性与内向性兼有	干道	①连接度较好，深度值比较低	局部变异，进一步增强可识别性，成为空间体验的节点
		②连接度较差，深度值比较高	通过路网的规划，提升其连接度，减小深度值
③规划设计目标：重塑主街，激发公共空间的活力	支路	①连接度低	适宜提升连接度，减小深度值
		②连接度一般	保持不变

微观：建筑品质			变动顺序	操作原则
传统建筑	品质好		5	强制保留
	品质差		4	改造为主
非传统建筑	新建筑		3	改造为主
	旧建筑	品质好	2	改造为主
		品质差	1	拆除为主

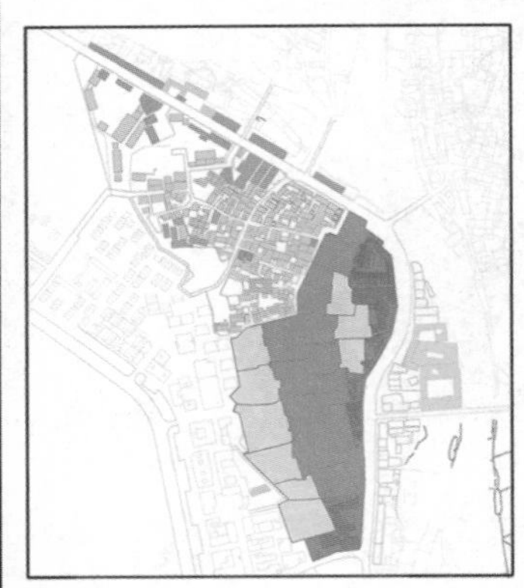

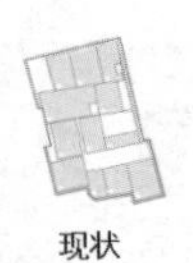

现状　保留建筑　面向主街选取开放节点　塑造外向空间　部分加建　图底进化

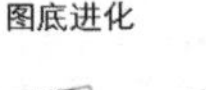

现状　保留建筑　保留墙体　新建和加顶　二层庭院位置　植入绿化　图底进化

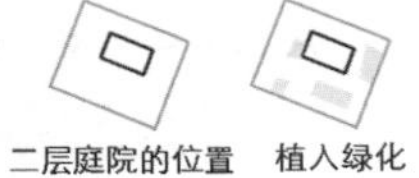

现状　保留墙体　加顶　二层庭院的位置　植入绿化　图底进化

变异区

宏观	中观	
①功能：纯粹的服务业	沿街的商业带	店铺进深调整到8～12m
②区域空间性质：较强的外向性		店铺面宽：4m
③规划设计目标：满足不同层次游客的需求，如快餐式消费和休闲式消费的需求	庭院组合式的服务区	D/H=1（H是由片区内大部分的层数决定）
		保持适宜的庭院疏密度

微观：建筑品质			变动顺序	操作原则
传统建筑	品质好		5	保留为主
	品质差		4	改造为主
非传统建筑	新建筑		3	改造为主
	旧建筑	品质好	2	拆除为主
		品质差	1	拆除为主

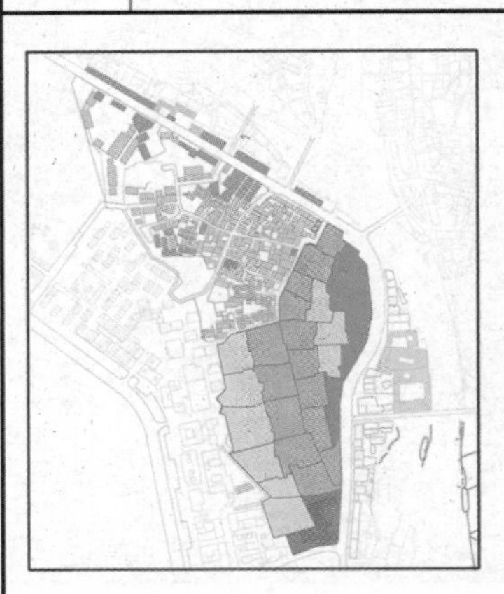

现状　保留建筑　部分加建　植入绿化　图底进化

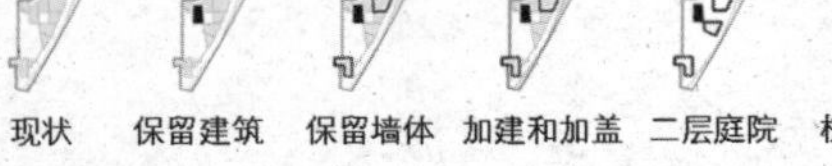

现状　保留建筑　保留墙体　加建和加盖　二层庭院　植入绿化　图底进化

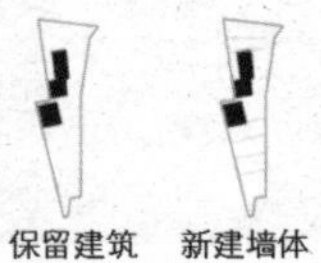

现状　保留建筑　新建墙体　加顶　植入绿化　图底进化

● 际村商业活动中心设计

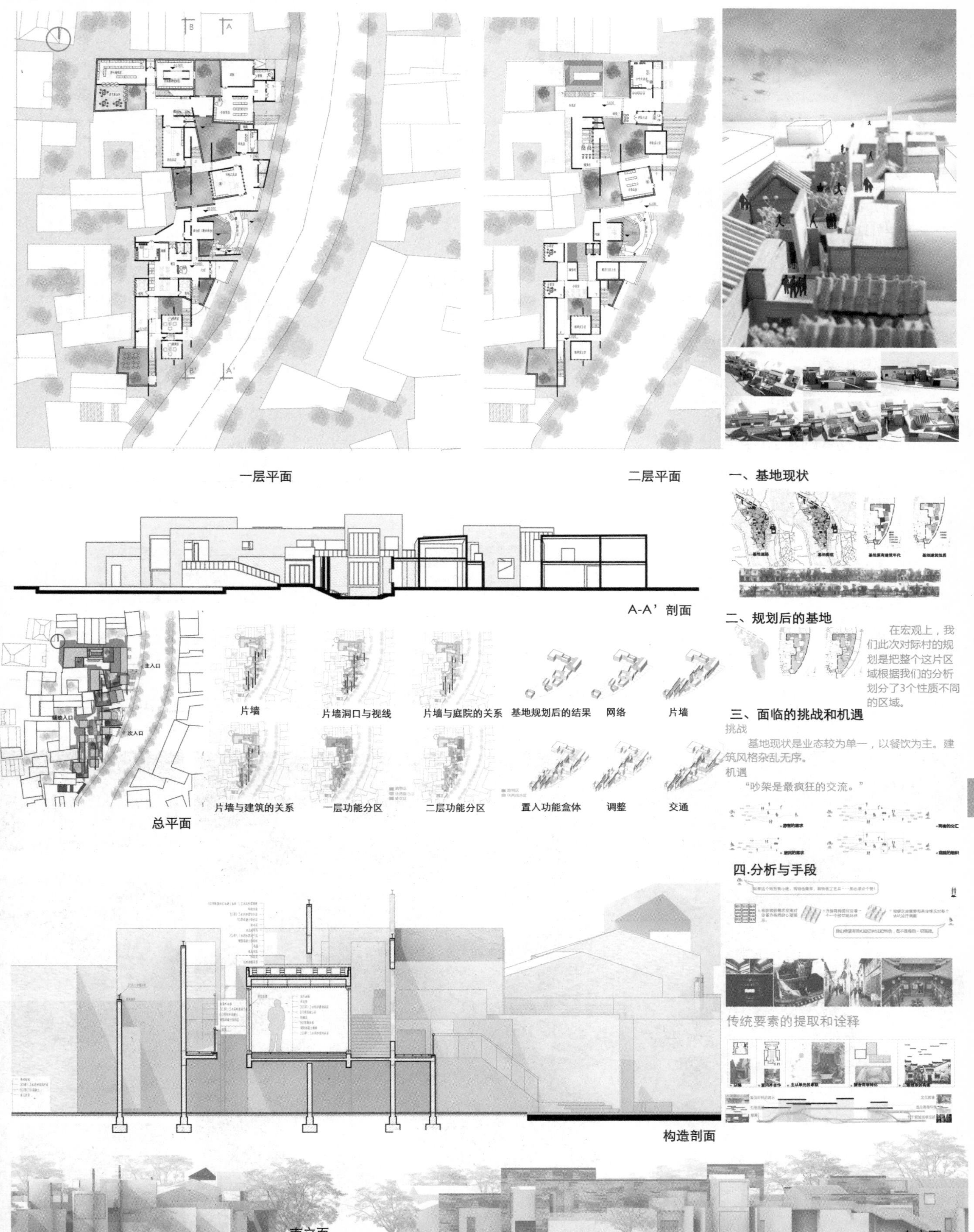

一层平面
二层平面
一、基地现状
A-A'剖面
二、规划后的基地
在宏观上，我们此次对际村的规划是把整个这片区域根据我们的分析划分了3个性质不同的区域。
三、面临的挑战和机遇
挑战
基地现状是业态较为单一，以餐饮为主。建筑风格杂乱无序。
机遇
“吵架是最疯狂的交流。”
主入口
辅助入口
次入口
总平面
片墙
片墙洞口与视线
片墙与庭院的关系
基地规划后的结果
网络
片墙
片墙与建筑的关系
一层功能分区
二层功能分区
置入功能盒体
调整
交通
四.分析与手段
传统要素的提取和诠释
构造剖面
南立面
东立面

一、"图底反转"的生成过程

片区原有肌理

拆除品质较差的建筑

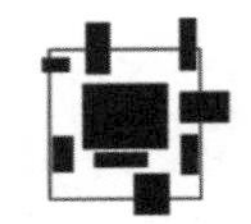

保留建筑

加入底板

图底反转

游客使用的庭院

村民使用的庭院

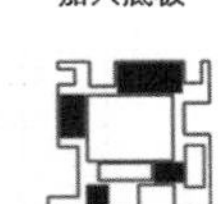

连接地下一层的硫散楼梯间

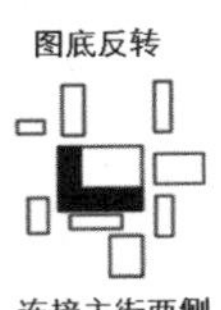

"底"的功能性空间

连接主街两侧民居的交通体系

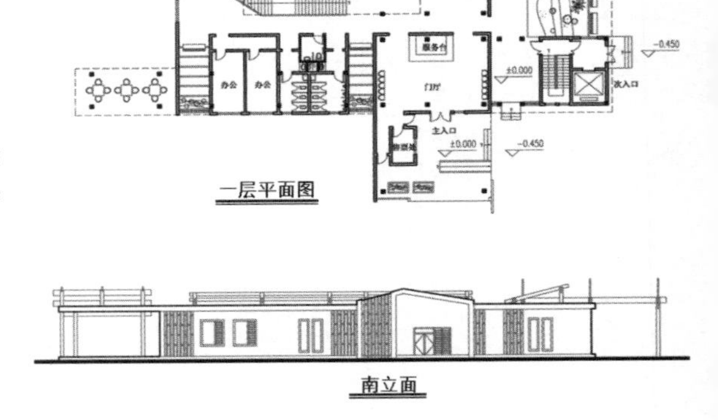

一层平面图

二、关于结构的推敲过程

徽州群体建筑结构示意图

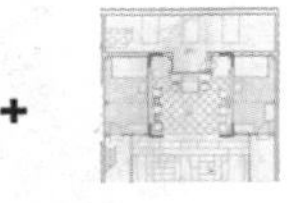

徽州厅堂空间示意图

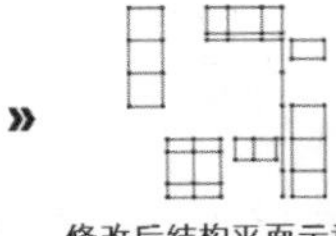

修改后结构平面示意图

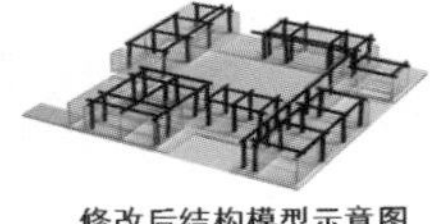

修改后结构模型示意图

多次修改后的结构构想：1、建筑单体的结构互不关联，连接体部分设置单独结构，并不借用单体建筑内部的结构部分；2、对徽州民居结构的思考与应用：借鉴徽州民居中最为经典厅堂空间，在部分大空间内部采用中间大两边小的柱网布局，通过结构对空间进行划分。

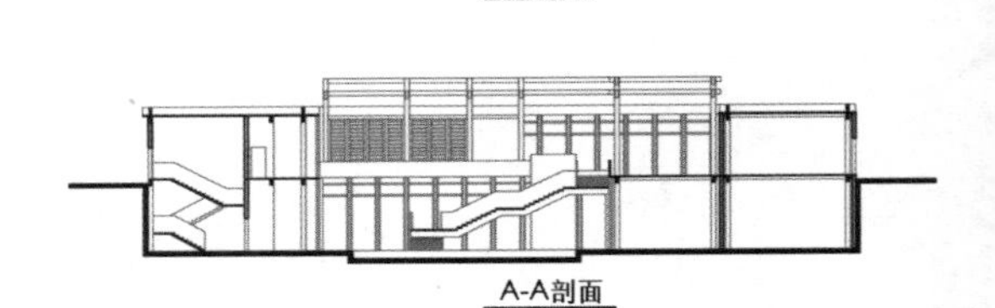

南立面

北立面

A-A剖面

三、设计深入过程中遇到的问题与解决策略

问题：记忆断裂——新建筑建成后如何保留对基地老房子的记忆，让记忆得以延续？

策略：以物质为载体的记忆缝合。

【评判标准】

1.拆除：建筑品质较差，在"图底反转"过程中选择完全拆除，变成室外空间或庭院空间。

2.改造：建筑局部结构或构架具有一定的时代特征，在"图底反转"过程中选择保留一部分结构骨架进行改造。

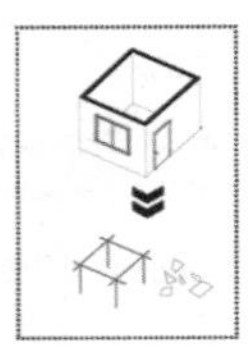

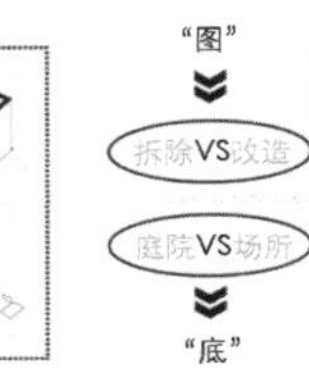

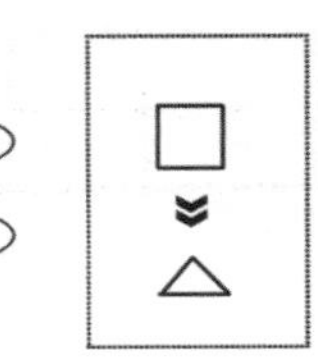

【设计标准】

1.保留形式、置换功能

建筑形式具有艺术价值，但其使用价值已逐渐弱化，可加以改造，置换功能。

2.保留功能、置换形式

一些具有历史传承价值的活动——如鬼节祭祀，却没有合适的活动场所，在新建筑中设计此类活动的场所。

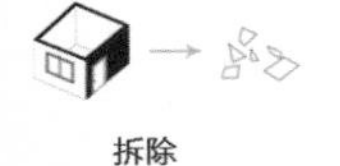

拆除

改造

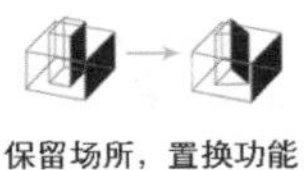

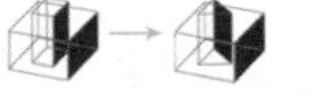

保留场所，置换功能

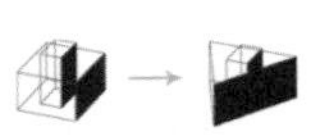

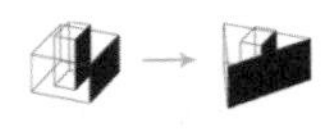

保留功能，置换场所

● 际村社区服务中心设计

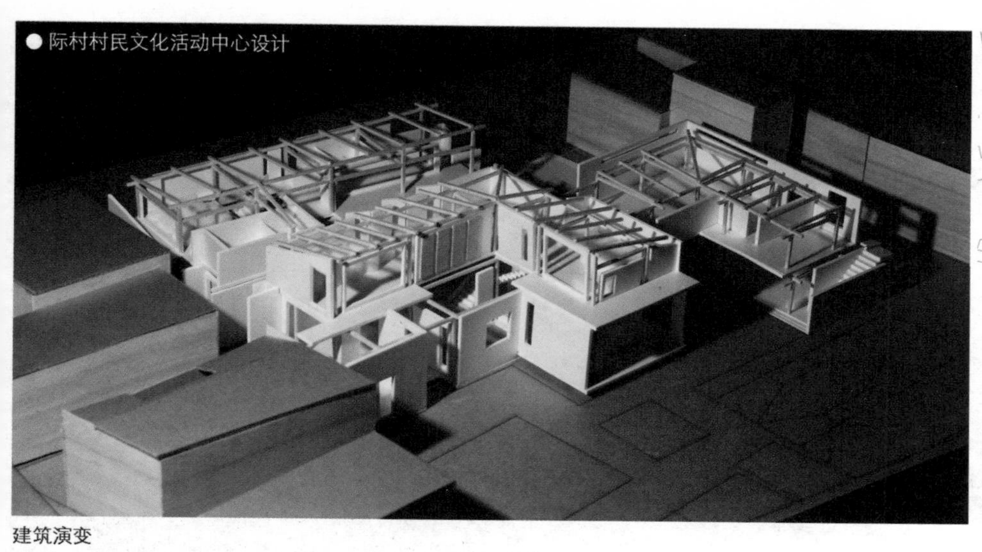

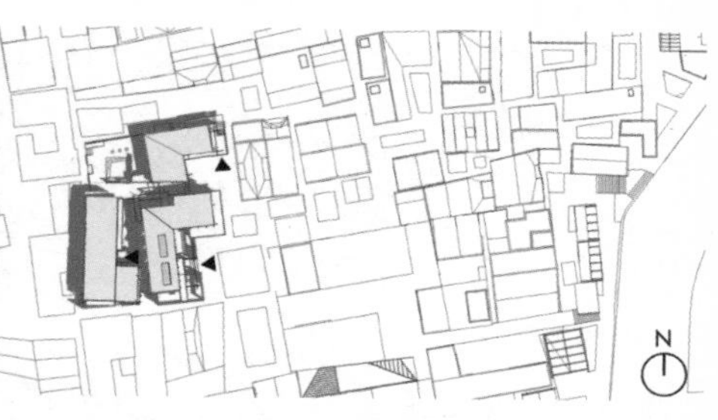

单体设计基地选择在际村西面靠近水墨宏村位置。此区域在我们的规划设计上被定性为“遗传区”，即这一区域的肌理和生活方式最大限度保留与原有基地一致，并提高居民的生活品质。根据调研发现，基地周围存在房屋密集、光线较暗、居民缺少交流空间等问题。故考虑设置庭院空间分散在基地内。

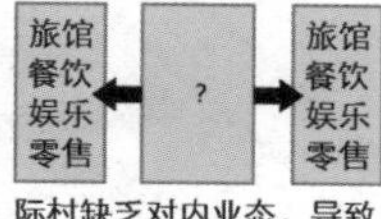

际村缺乏对内业态，导致人员外流

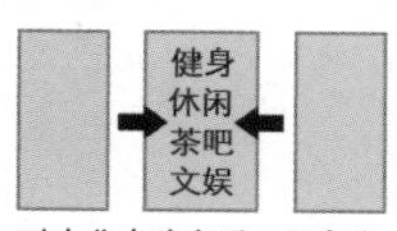

对内业态确定后，原有人员不再外流

建筑演变

确定被保留原有建筑范围。

确定预留庭院公共空间，以满足采光和居民交流使用。

将基地西北角原有建筑位置留为空地，以缓解周围空间压力。

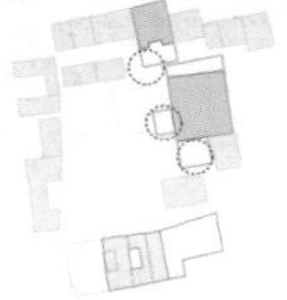

周围古建筑会产生一定辐射力，确定相应空间以规划参观场地。

参观场地会吸引大量村民，考虑将人群的视线和流线纳入设计。

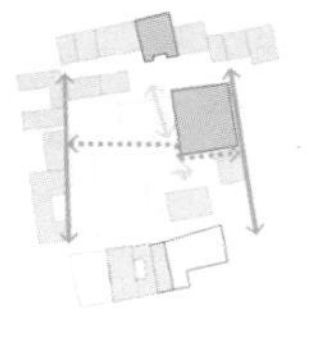

基地南部和北部为居民区，南北穿梭人流需要东西向通道以方便交通。

规划后的建筑周边道路流线情况。

设计整合之后的新的基地周边建筑肌理。

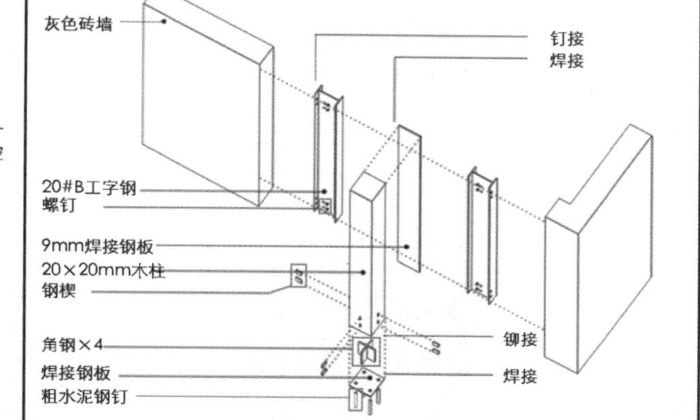

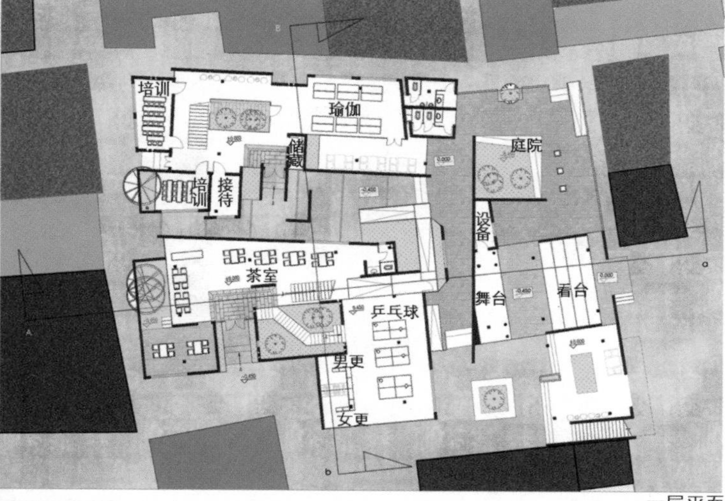

一层平面

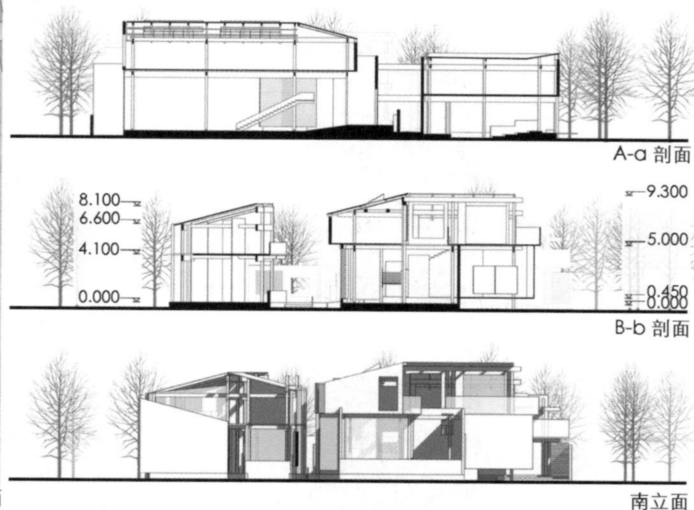

A-a 剖面

B-b 剖面

南立面

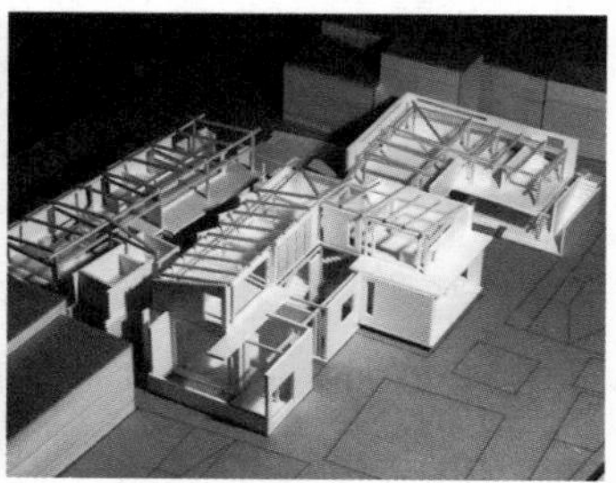

开放·复活

合肥工业大学
设计:赵亚敏/杨永杰/车志远
指导:刘阳/李早/苏剑鸣/任舒雅

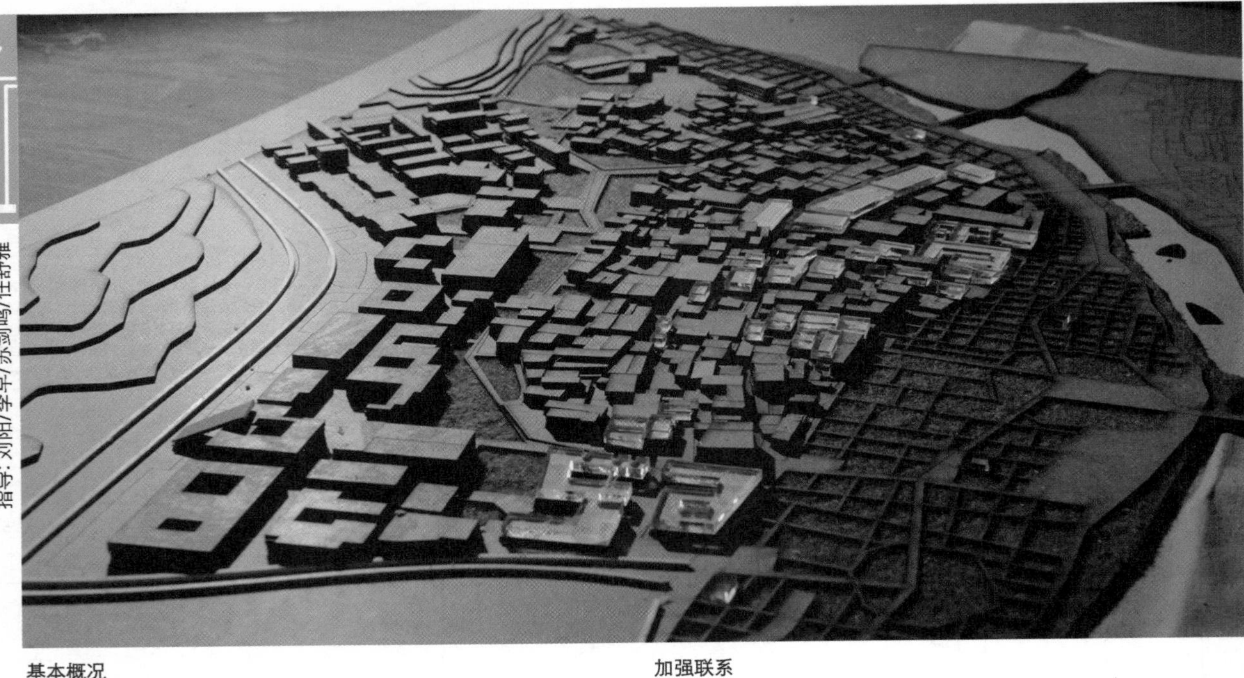

基本概况

本次设计选址为黟县际村。际村为徽州古村落。其历史严格来说要比世界文化遗产宏村历史要早。但宏村旅游业近些年大力开发，使得宏村无论从经济收入还是失去了保持古色古香村落的魅力成为了宏村的"大后方"。面对现代化进程以及过度的旅游业开发，际村在渐渐走向消失。消失的是古色古香的徽州气息，消失的是徽州居民的生活方式。

际村该何去何从?

不同的发展模式

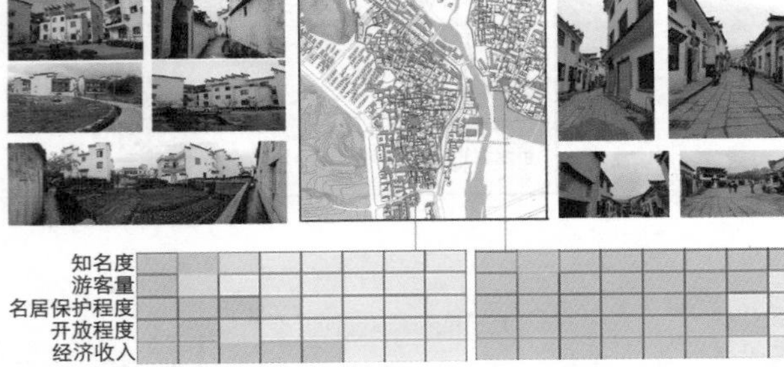

加强联系

通过横向加强际村与周边的联系
将际村的开放程度进一步提高

通过某种设计手法
将宏村与际村打通
让际村向外开放

封闭现状

村落边界杂乱

现状

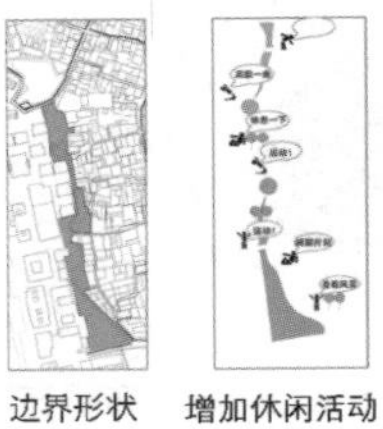
剖面对比

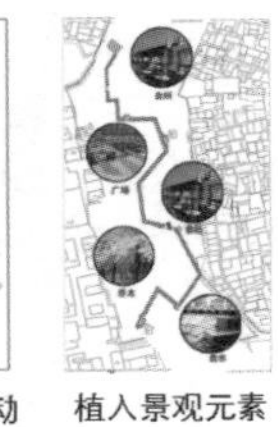
边界形状

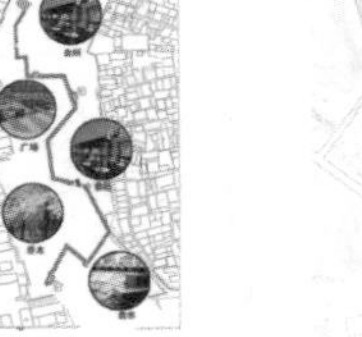
增加休闲活动

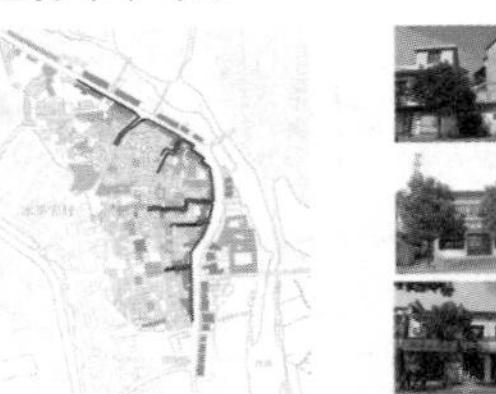
植入景观元素

商业分布不均匀

老建筑分布

现状

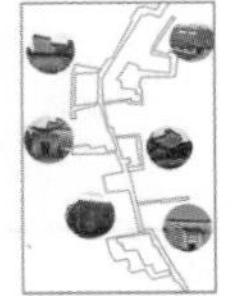
古建分布

古建筑的可达性

与道路关系

需求

功能

菜地私有化

评语:

际村位于世界文化遗产地宏村和商业开发项目水墨宏村之间，位置敏感。该方案关注际村类传统村落的发展，以开放、复活为切入点，从区域位置、村落结构、道路关系、空间界面、乡村景观、建筑单体等方面探索，寻求传统古村落适应时代发展、延续历史文脉、复兴区域活力的可能性。

结构关系

■ 基地选址

■ 周边关系

■ 道路结构

■ 现有停车场地

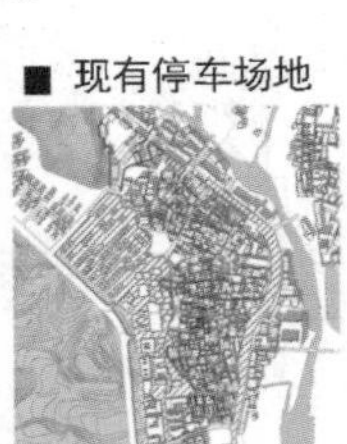

■ 特色建筑分布

古建
名宅
绿地
水圳
木雕博物馆
竹制品作坊

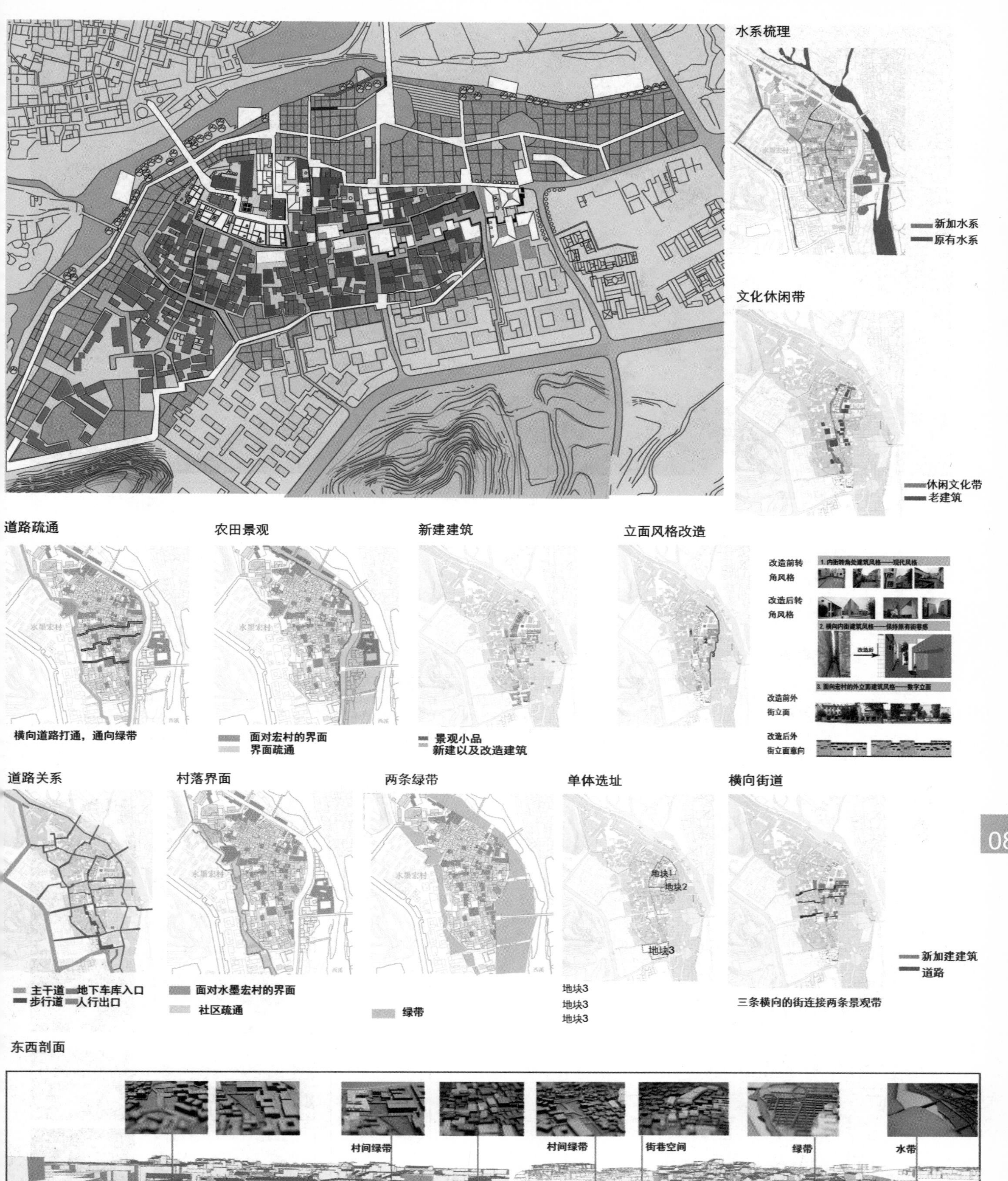
水系梳理
新加水系
原有水系
文化休闲带
休闲文化带
老建筑
道路疏通
横向道路打通，通向绿带
农田景观
面对宏村的界面
界面疏通
新建建筑
景观小品
新建以及改造建筑
立面风格改造
改造前转角风格
改造后转角风格
1. 内街转角处建筑风格——现代风格
2. 横向内街建筑风格——保持原有街巷感
3. 面向宏村的外立面建筑风格——数字立面
改造前外街立面
改造后外街立面意向
道路关系
主干道
地下车库入口
步行道
人行出口
村落界面
面对水墨宏村的界面
社区疏通
两条绿带
绿带
单体选址
地块1
地块2
地块3
横向街道
新加建建筑
道路
三条横向的街连接两条景观带
东西剖面
村间绿带
村间绿带
街巷空间
绿带
水带
地下停车库

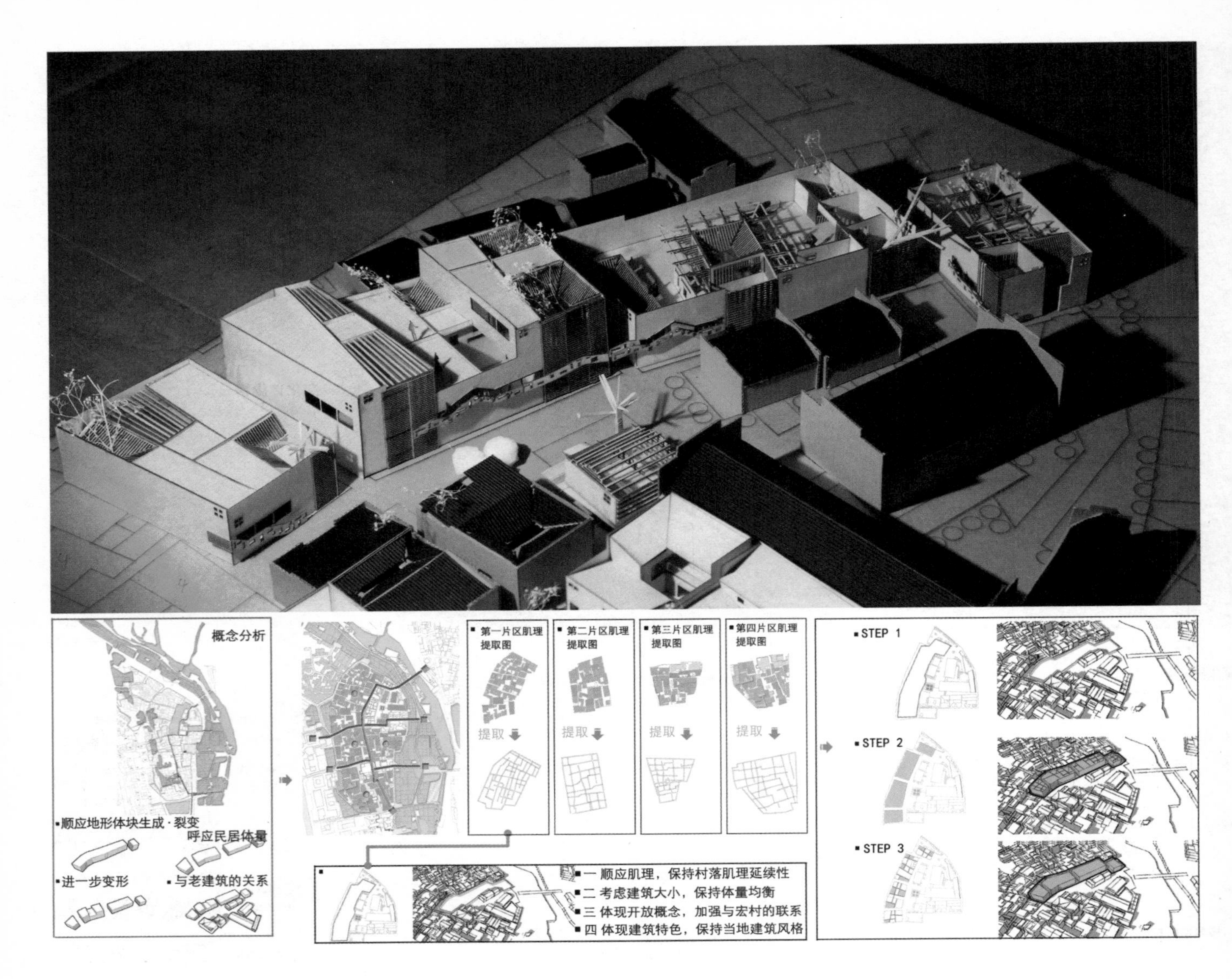
概念分析
第一片区肌理提取图
第二片区肌理提取图
第三片区肌理提取图
第四片区肌理提取图
提取
STEP 1
STEP 2
STEP 3
顺应地形体块生成·裂变
呼应民居体量
进一步变形
与老建筑的关系
一 顺应肌理，保持村落肌理延续性
二 考虑建筑大小，保持体量均衡
三 体现开放概念，加强与宏村的联系
四 体现建筑特色，保持当地建筑风格

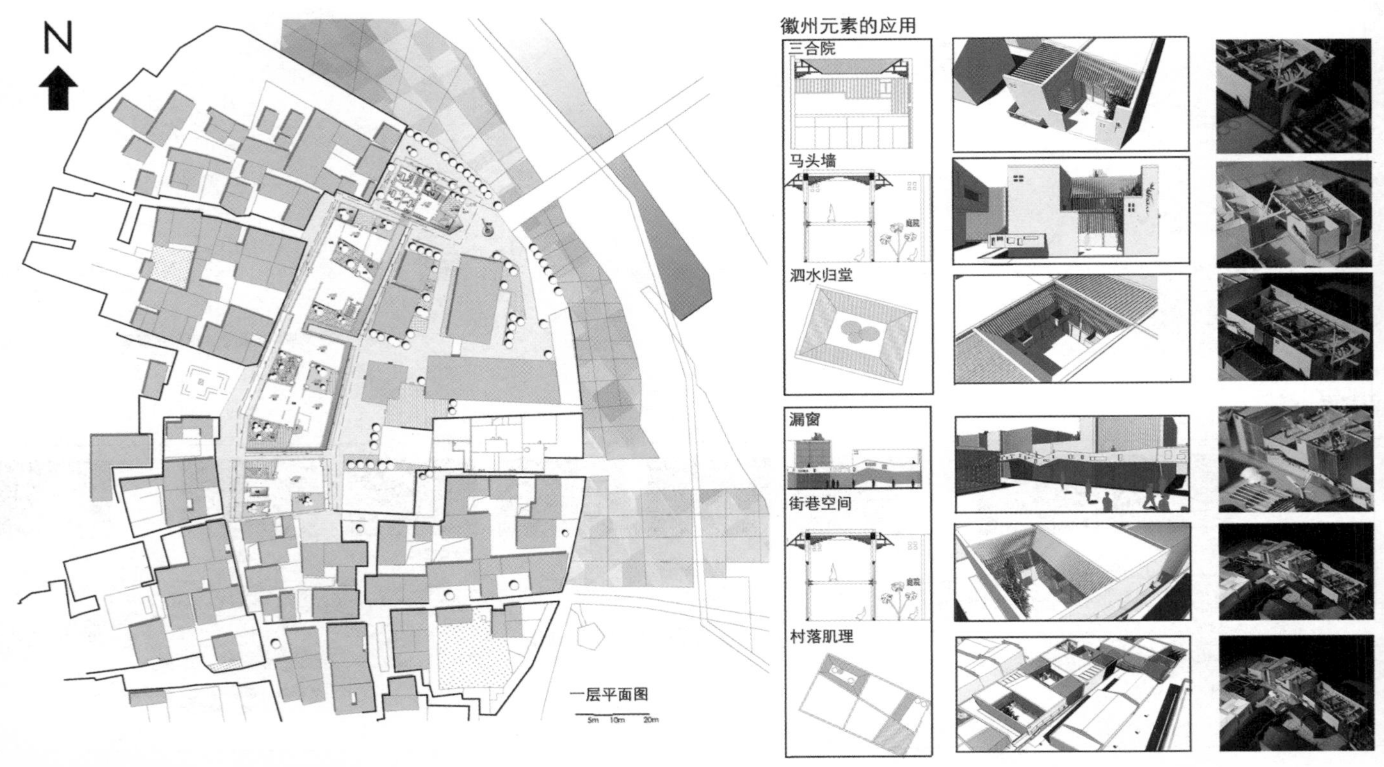
N
一层平面图
徽州元素的应用
三合院
马头墙
泗水归堂
漏窗
街巷空间
村落肌理

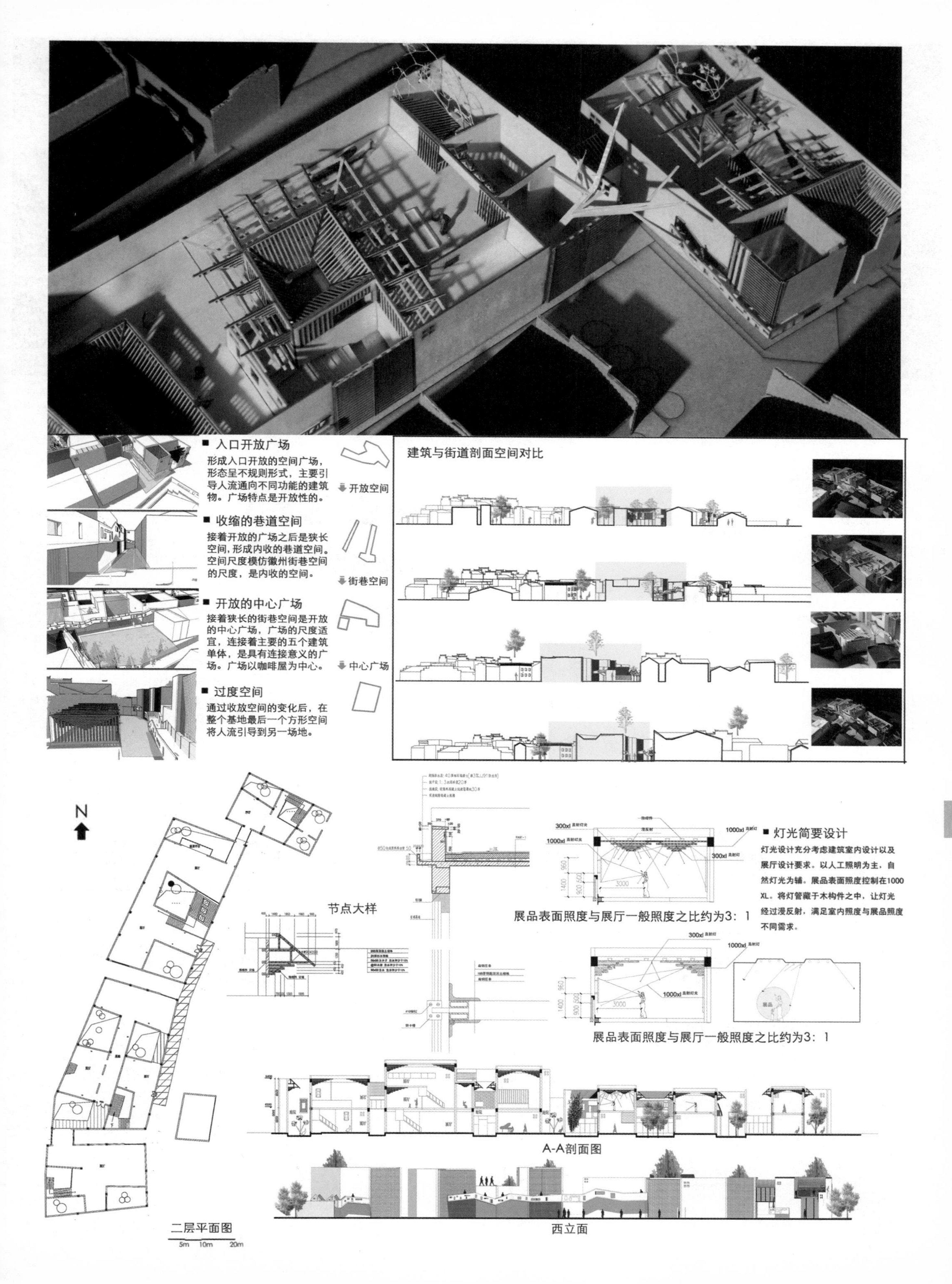
■ 入口开放广场
形成入口开放的空间广场，形态呈不规则形式，主要引导人流通向不同功能的建筑物。广场特点是开放性的。
开放空间
■ 收缩的巷道空间
接着开放的广场之后是狭长空间，形成内收的巷道空间。空间尺度模仿徽州街巷空间的尺度，是内收的空间。
街巷空间
■ 开放的中心广场
接着狭长的街巷空间是开放的中心广场，广场的尺度适宜，连接着主要的五个建筑单体，是具有连接意义的广场。广场以咖啡屋为中心。
中心广场
■ 过度空间
通过收放空间的变化后，在整个基地最后一个方形空间将人流引导到另一场地。
建筑与街道剖面空间对比
N
节点大样
300xl
1000xl
1000xl
300xl
3000
展品表面照度与展厅一般照度之比约为3：1
■ 灯光简要设计
灯光设计充分考虑建筑室内设计以及展厅设计要求。以人工照明为主，自然灯光为辅。展品表面照度控制在1000XL。将灯管藏于木构件之中，让灯光经过漫反射，满足室内照度与展品照度不同需求。
300xl
1000xl
1000xl
3000
展品表面照度与展厅一般照度之比约为3：1
A-A剖面图
西立面
二层平面图
5m 10m 20m

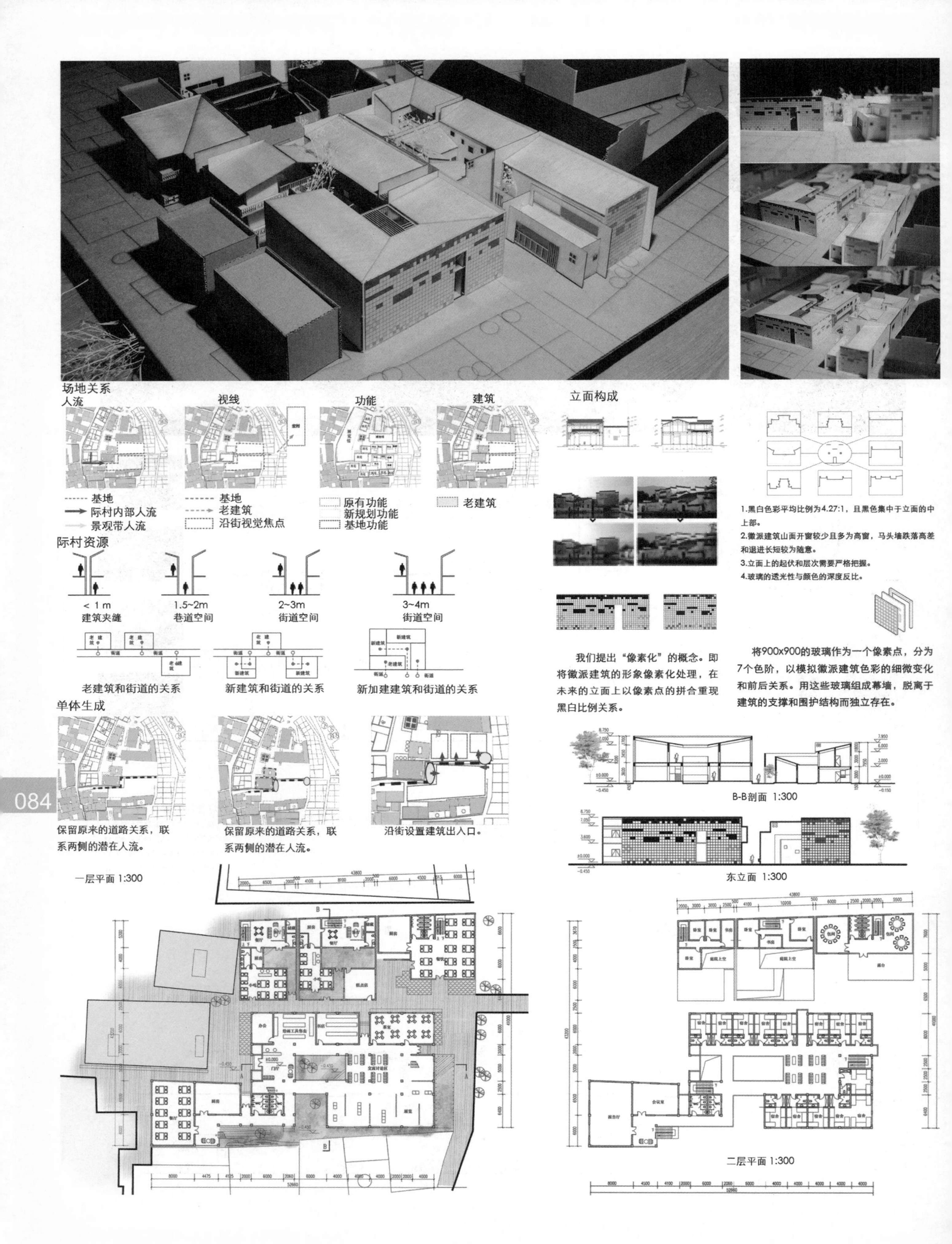

场地关系
人流
视线
功能
建筑
基地
际村内部人流
景观带人流
老建筑
沿街视觉焦点
原有功能
新规划功能
基地功能
际村资源
< 1 m
建筑夹缝
1.5~2m
巷道空间
2~3m
街道空间
3~4m
街道空间
老建筑和街道的关系
新建筑和街道的关系
新加建建筑和街道的关系
单体生成
保留原来的道路关系，联系两侧的潜在人流。
保留原来的道路关系，联系两侧的潜在人流。
沿街设置建筑出入口。
立面构成
1.黑白色彩平均比例为4.27:1，且黑色集中于立面的中上部。
2.徽派建筑山面开窗较少且多为高窗，马头墙跌落高差和退进长短较为随意。
3.立面上的起伏和层次需要严格把握。
4.玻璃的透光性与颜色的深度反比。
我们提出“像素化”的概念。即将徽派建筑的形象像素化处理，在未来的立面上以像素点的拼合重现黑白比例关系。
将900x900的玻璃作为一个像素点，分为7个色阶，以模拟徽派建筑色彩的细微变化和前后关系。用这些玻璃组成幕墙，脱离于建筑的支撑和围护结构而独立存在。
B-B剖面 1:300
东立面 1:300
一层平面 1:300
二层平面 1:300

游客接待中心——

三合院的开放式衍变

基地分析

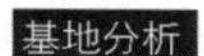

概念引入

三合院式徽州民居中最常见的细胞单元。

封闭的空间姿态

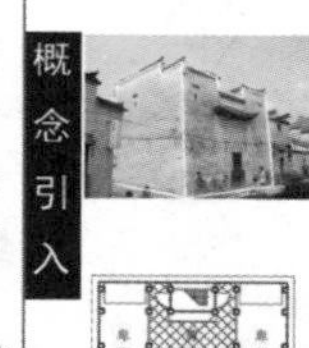

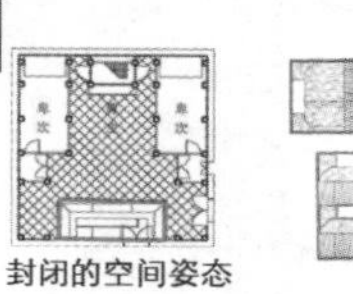

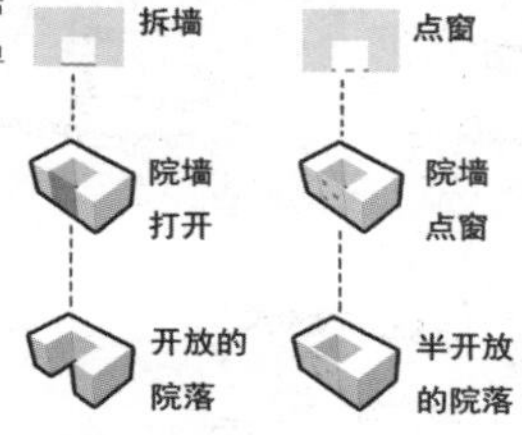

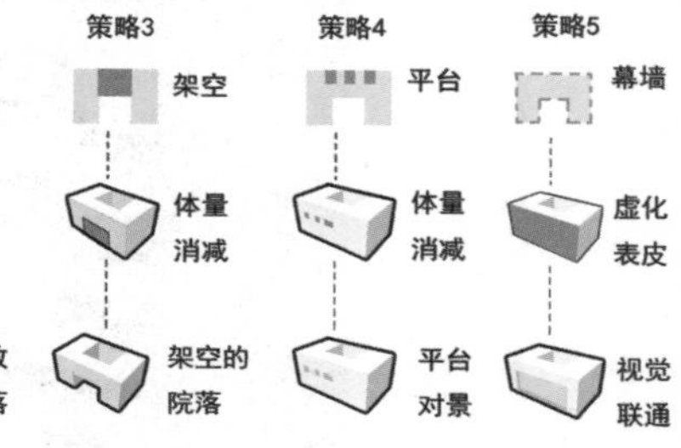

体块生成

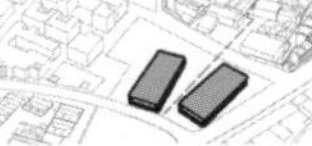

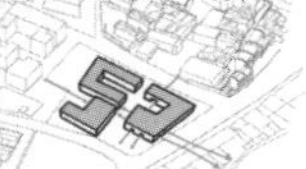

基地位于际村的最南端，形成入村口部关系

建筑体量形成入口街的关系

形成三合院，呼应传统村落肌理关系

底层打通，形成开放场所

连廊连接体块，功能上形成联系

体量局部调整，完善功能

成果展示

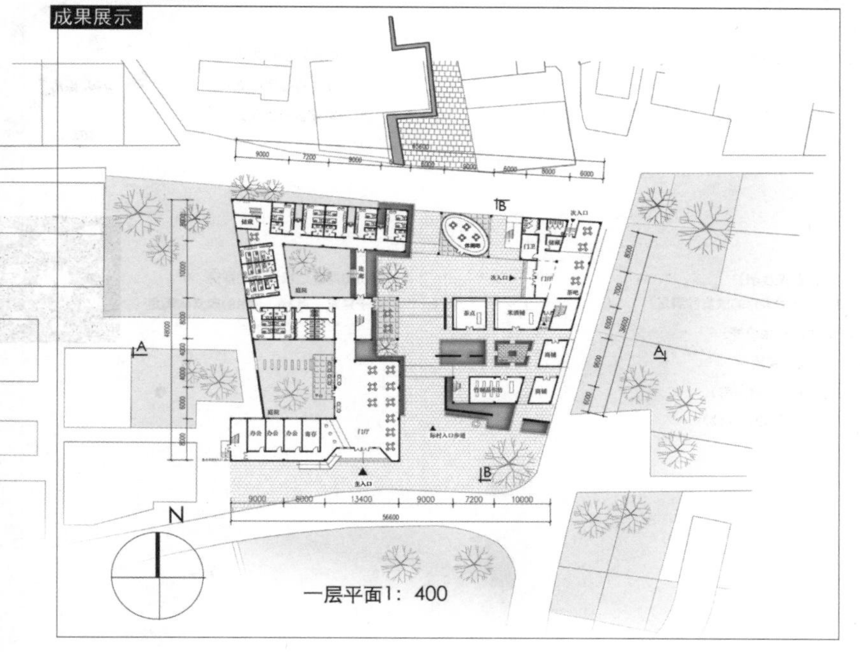

一层平面1：400

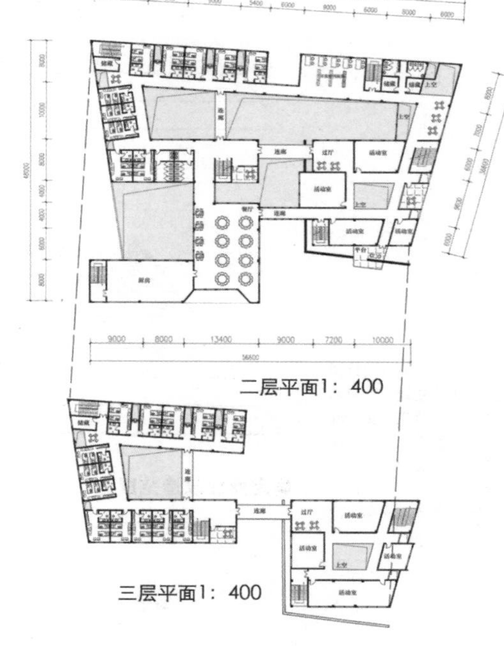

二层平面1：400

三层平面1：400

A-A剖面1：400

B-B剖面 1：400

南立面1：400

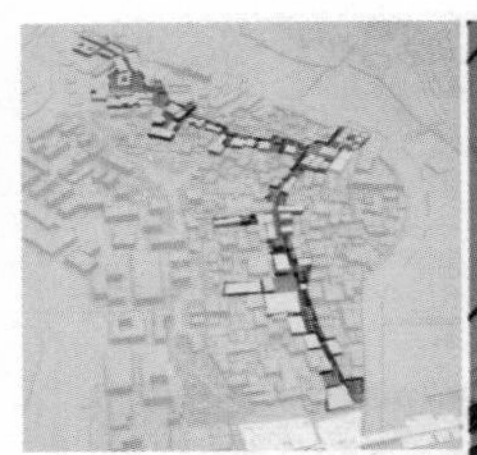

复兴商脉
The Revival of Business

合肥工业大学
设计：胡志超/王有鹏/赵见秀
指导：刘阳/李早/苏剑鸣/任舒雅

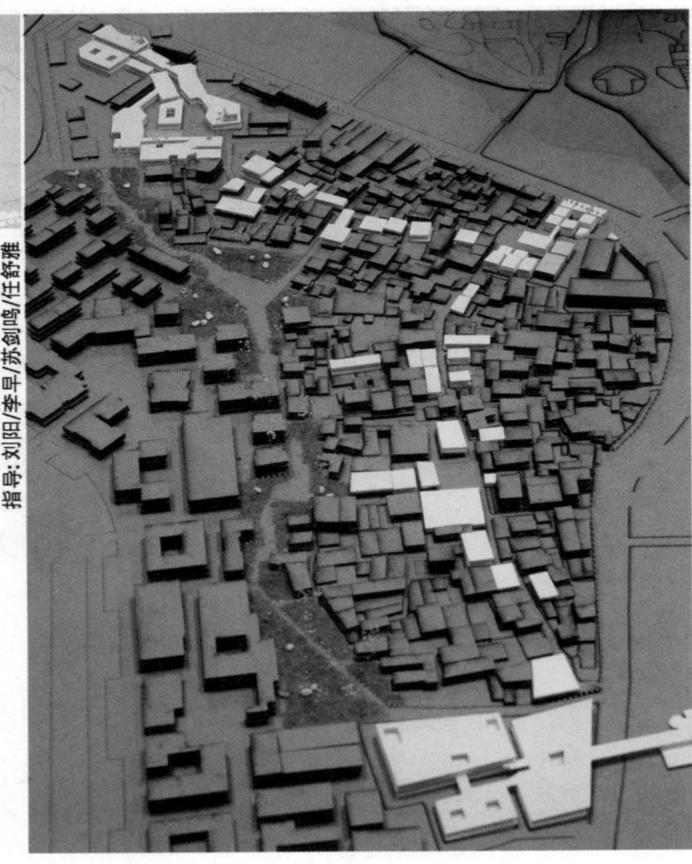

基地概况

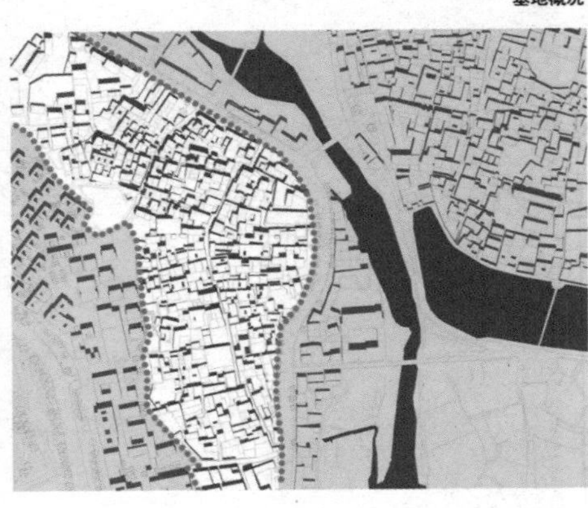

际村是宏村镇辖下的十三个村落之一。全村面积13.2平方公里，总人口1380人，与世界文化遗产隔河相对。为宏村旅游景点的大后方，为宏村游客服务。

际村内部节点现状总览

因为际村长期以来有其无法磨灭的价值，而这是居民长期努力的结果，对其改造必须以原始居民利益为重点。

村民

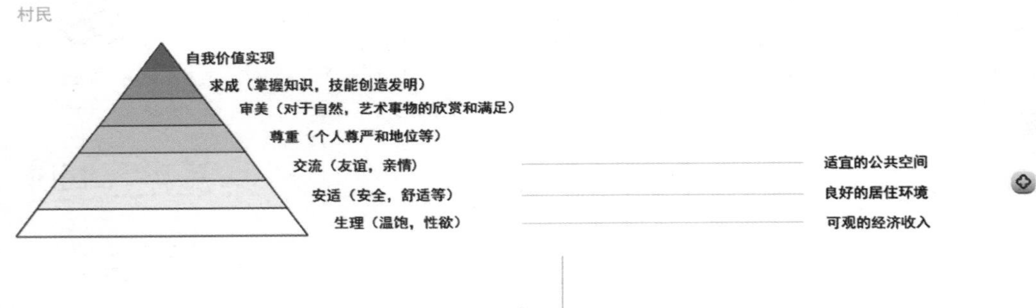

游客

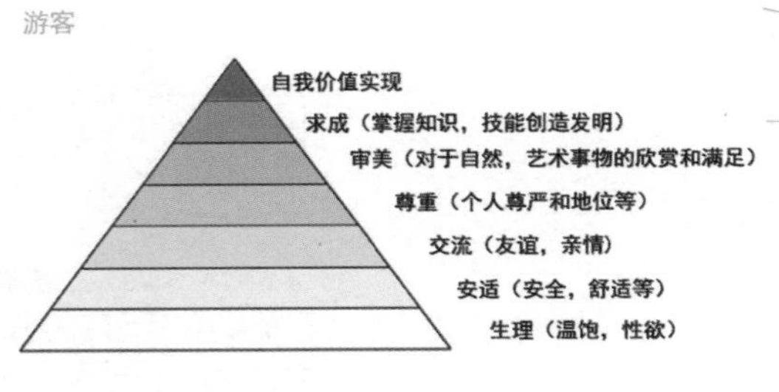

对历史遗迹追根溯源的探究
对于建筑，自然，艺术的欣赏和满足

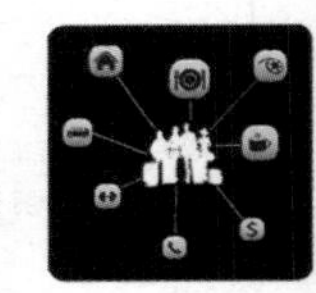

评语：

该方案针对村落现状进行调研，以复兴商脉为主题，引商人村，通过对际村古驿道的更新改造，建立休闲、旅游、文化、商业、服务等场所，构筑完善的商脉体系，将游客引入际村内部，促进游客与居民的和谐互动与交流，提升村落的活力。

确定商业改造范围

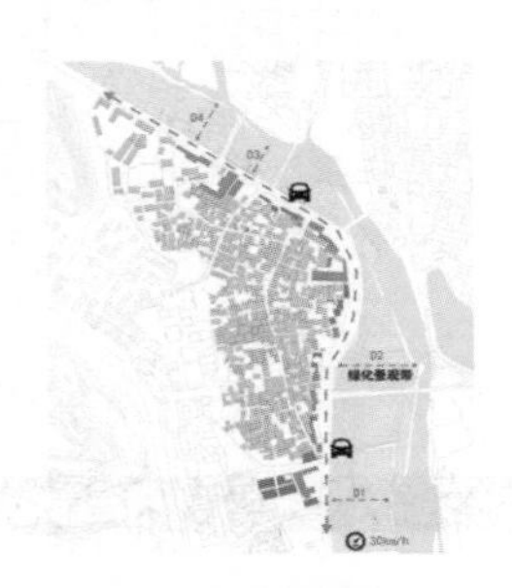

排除改造范围

历史古商道

+

与宏村人流交汇

=

确定改造范围

对际村公共空间现状的考察

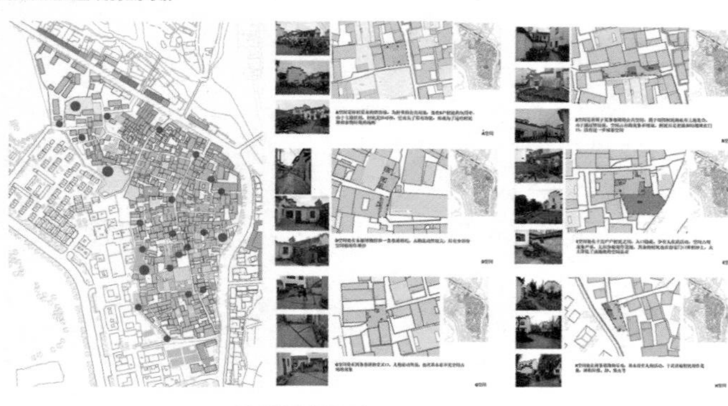

道路体系使用情况分析及整改

对公共空间的设计原则

- 1.阴角空间 和 被几户人家围合成的剩余空间 质量较差 。
- 2.入口不明确，或被遮掩的空间 不容易被合理使用 。
- 3. 道路尽端的空间，活力低下，极易堆放杂物垃圾 。
- 4.位于道路交汇口附近的公共空间易形成积极的空间 。
- 5.位于生活区域边缘的空地利用价值低，不易吸引人的活动 。

对街道空间的设计原则

- （1）街道高宽比：1/2~2为宜。
- （2）不要出现宽度小于1的街道，空间品质差 。
- （3）传统设计中的面积为100㎡ 以下的公共空间要尽量避免 。
- （4）跨巷道建筑无货构筑物可适当，创造了适宜的灰空间。
- （5）在街道启程转合的空间节点通过设计使其不被占用，成为有效的交往空间。

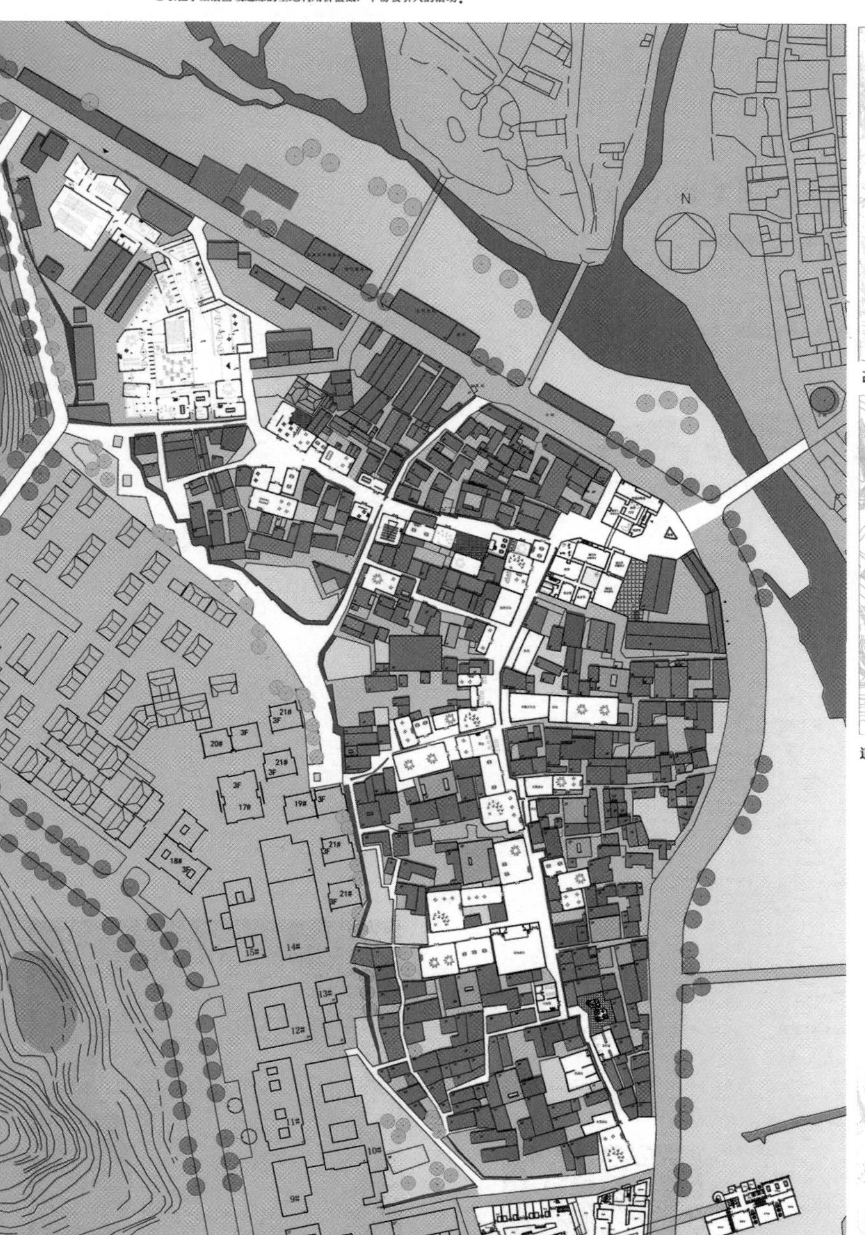

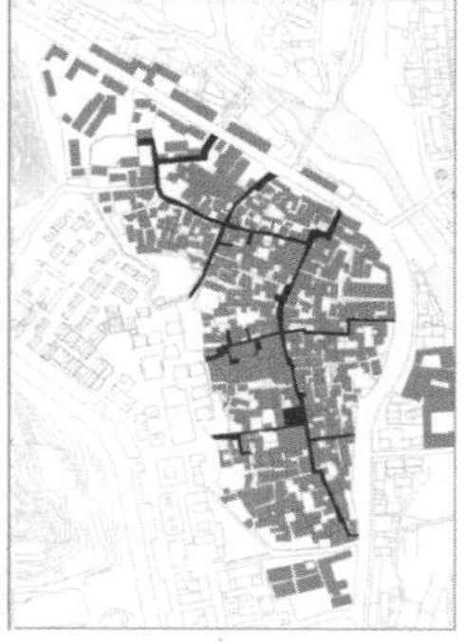

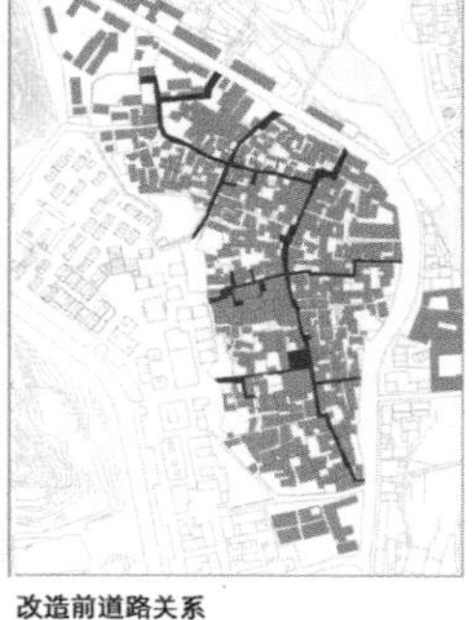

改造前道路关系

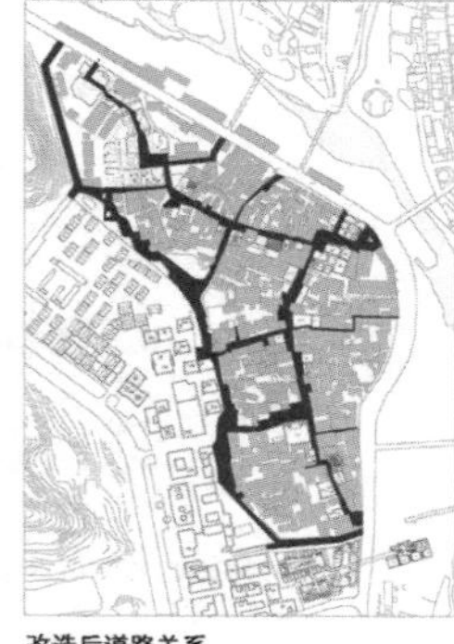

改造后道路关系

道路交点

单体地块

业态分布

茶文化

布衣主题商业

特色小吃

手工体验

创意纪念品

我们的苦楚

有时候，我们并不一定要和同专业的交流，也不一定是专业内深奥的问题，"三人行，必有我师"让我们看到了无界交流可能。

传统学术交流模式

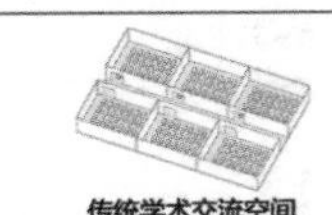

传统学术交流空间　传统交流　现在交流　限制了人群过于专一化、学术化，缺乏行业间交流。

信息时代人与人的交往

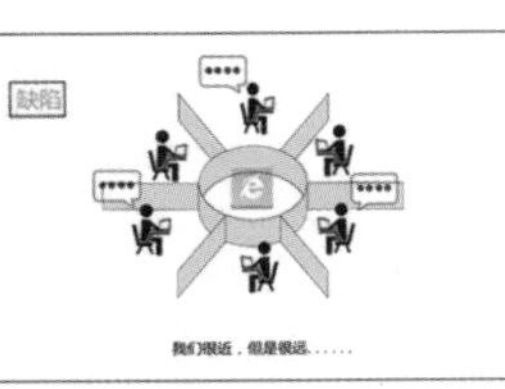

我们怎样才能将网络社交模式运用于建筑设计

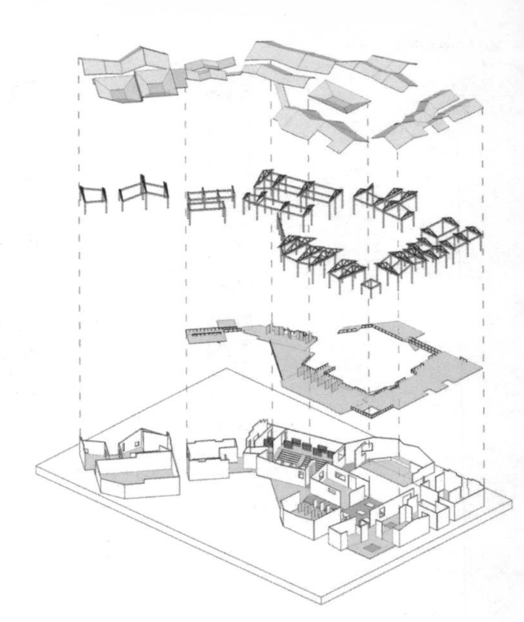

轴测剖解图

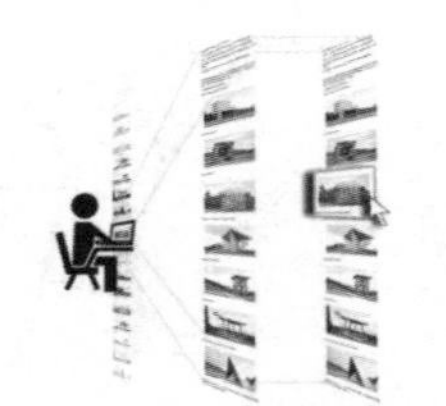

社交网络的刷，其实就是看信息的更迭

人类古老的社会行为,大街上的观望，也是阅读信息，寻求交流。

活动是引人入胜的因素——扬 盖尔

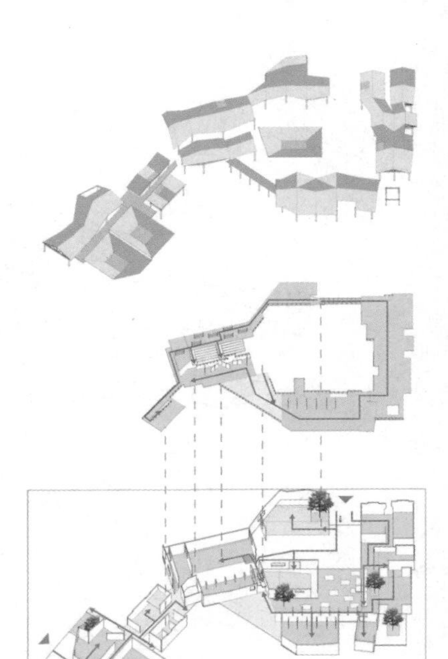

流线分析

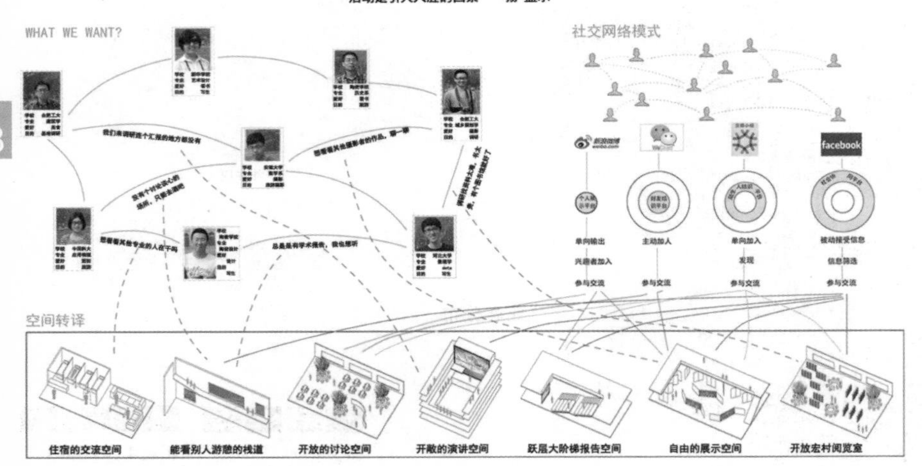

徽派建筑单体原型

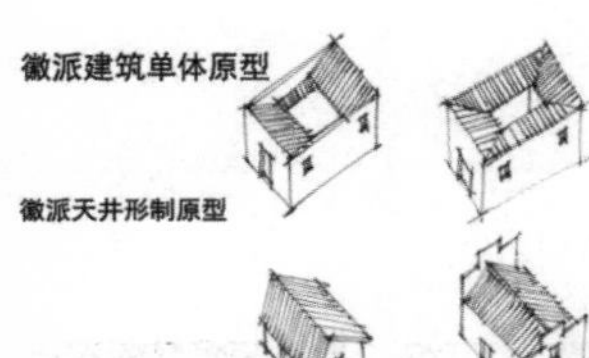

徽派天井形制原型

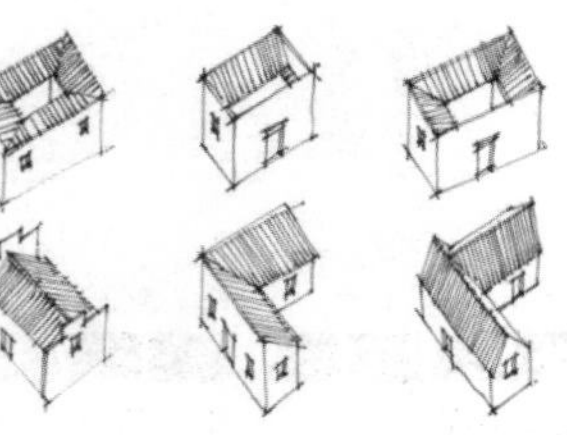

徽派屋顶形制原型

肌理的意向

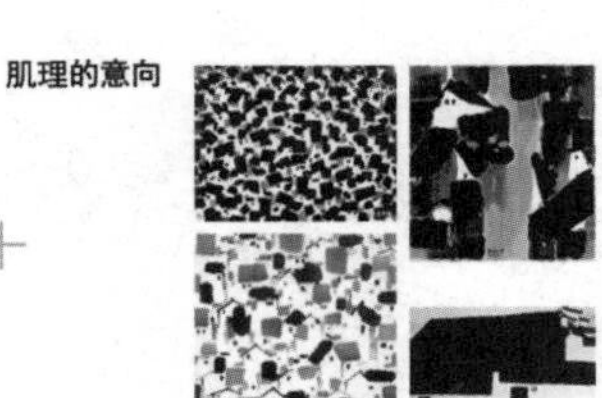

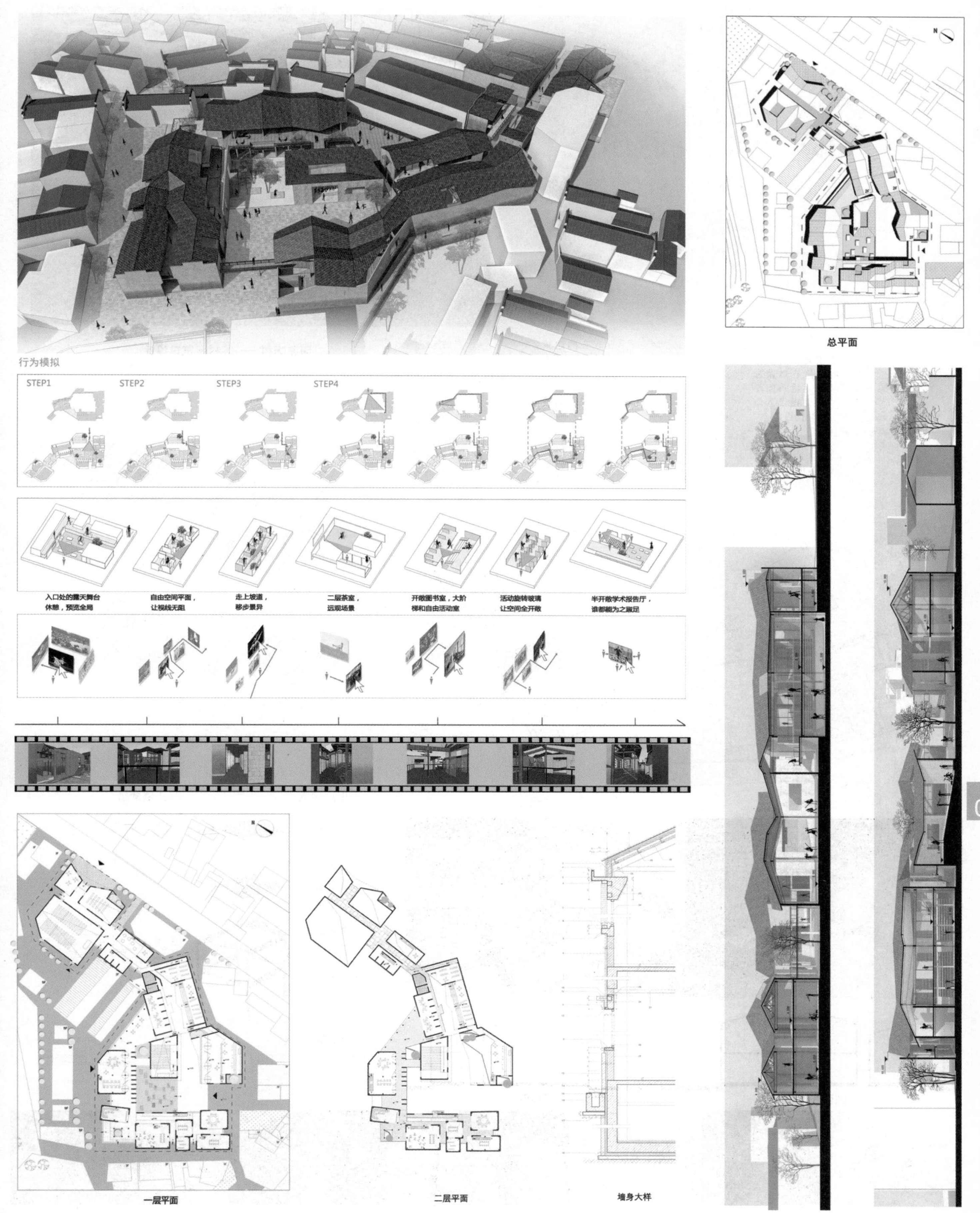
总平面
行为模拟
STEP1
STEP2
STEP3
STEP4
入口处的露天舞台
休憩，预览全局
自由空间平面，
让视线无阻
走上坡道，
移步景异
二层茶室，
远观场景
开敞图书室，大阶
梯和自由活动室
活动旋转玻璃
让空间全开敞
半开敞学术报告厅，
谁都能为之嚴足
一层平面
二层平面
墙身大样

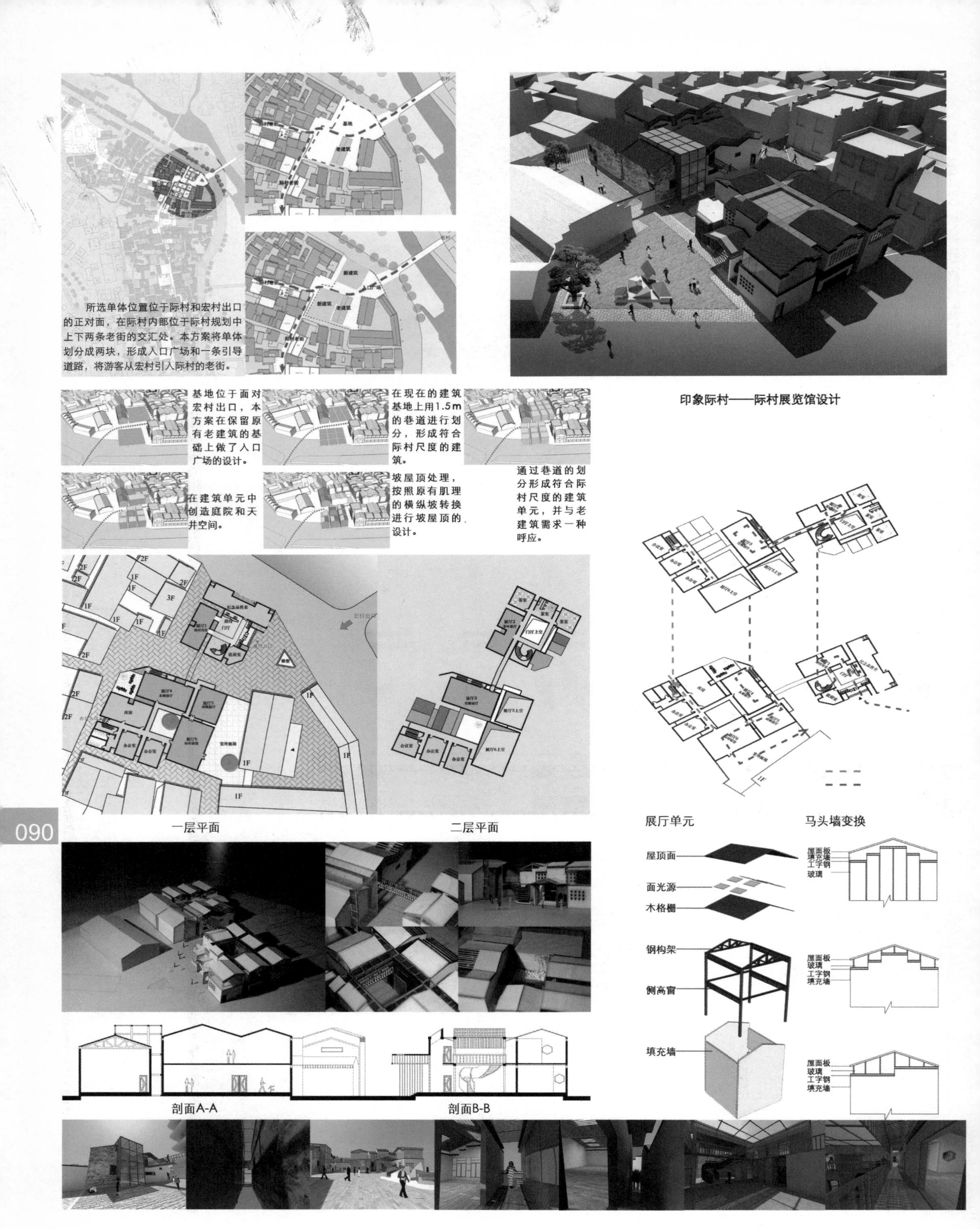
所选单体位置位于际村和宏村出口的正对面，在际村内部位于际村规划中上下两条老街的交汇处。本方案将单体划分成两块，形成入口广场和一条引导道路，将游客从宏村引入际村的老街。
基地位于面对宏村出口，本方案在保留原有老建筑的基础上做了入口广场的设计。
在现在的建筑基地上用1.5m的巷道进行划分，形成符合际村尺度的建筑。
在建筑单元中创造庭院和天井空间。
坡屋顶处理，按照原有肌理的横纵坡转换进行坡屋顶的设计。
通过巷道的划分形成符合际村尺度的建筑单元，并与老建筑需求一种呼应。
印象际村——际村展览馆设计
一层平面
二层平面
090
展厅单元
马头墙变换
屋顶面
面光源
木格栅
钢构架
侧高窗
填充墙
屋面板
填充墙
工字钢
玻璃
屋面板
玻璃
工字钢
填充墙
屋面板
玻璃
工字钢
填充墙
剖面A-A
剖面B-B

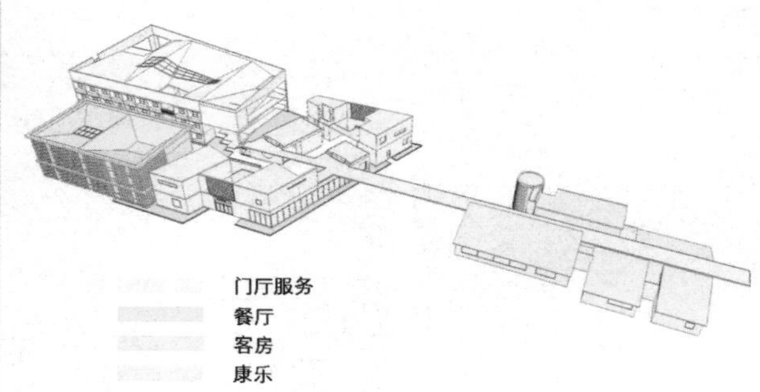

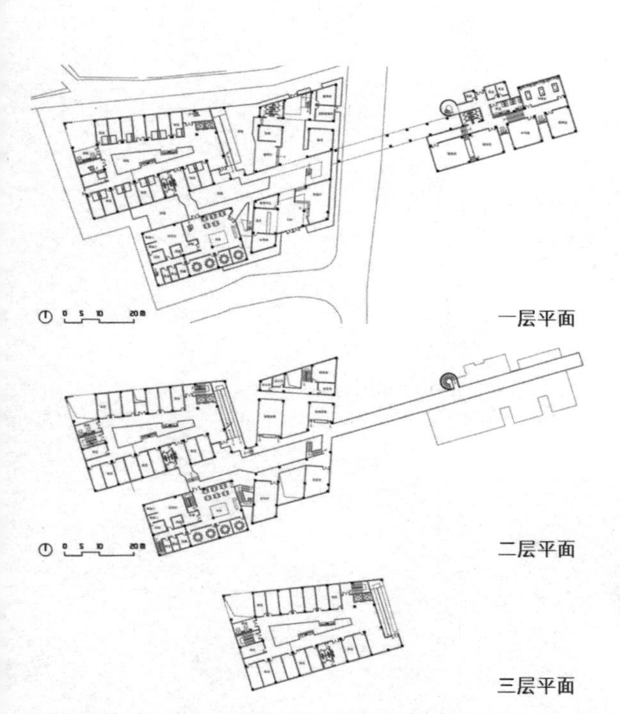

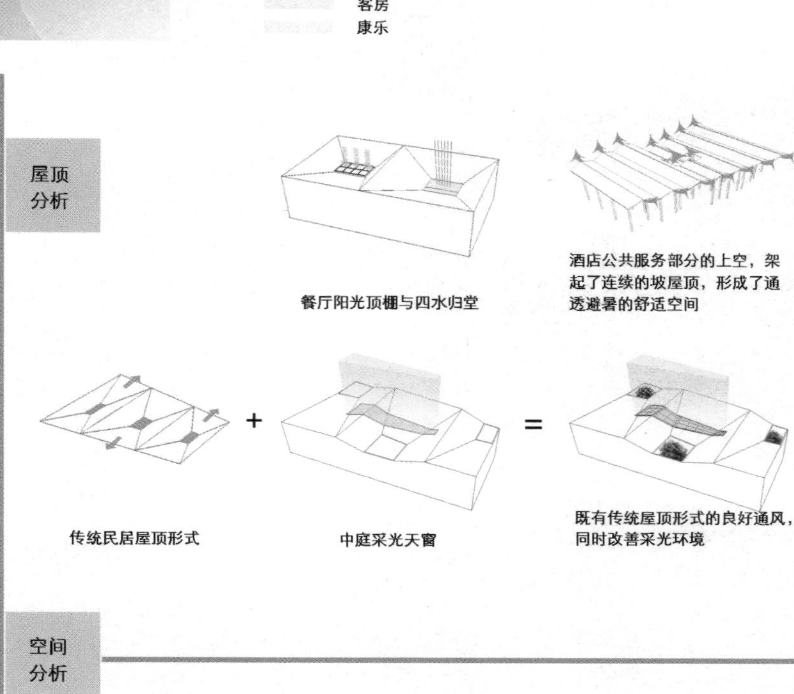

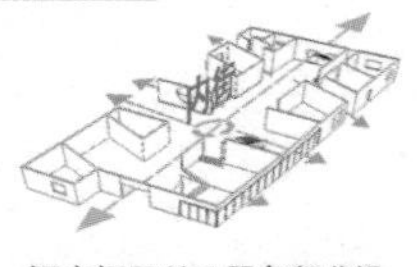

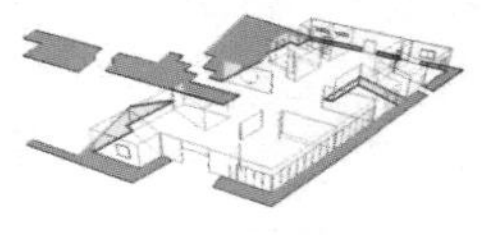

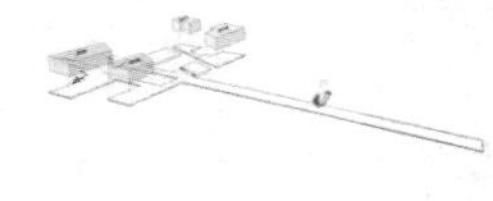

酒店门厅以及服务部分设计思路为“内街”其内部空间向外连通，并且形体打开许多缺口，加强与外界的相互渗透。

方案引入徽州传民居中的水系，并且渗透进入室内，营造了丰富的环境，给住客以多样的空间体验。

二层的连廊一方面将功能块相连接，另一方面形成宽敞的室外环境，并向东延伸，成为观景连廊。

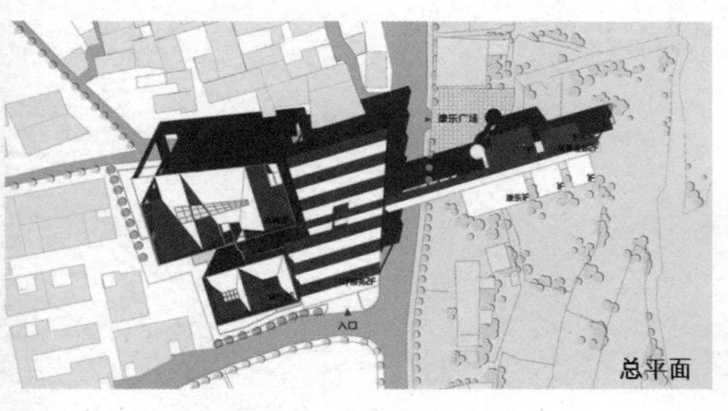

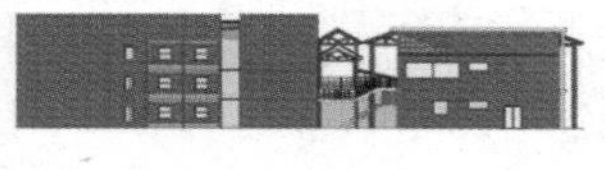

西立面

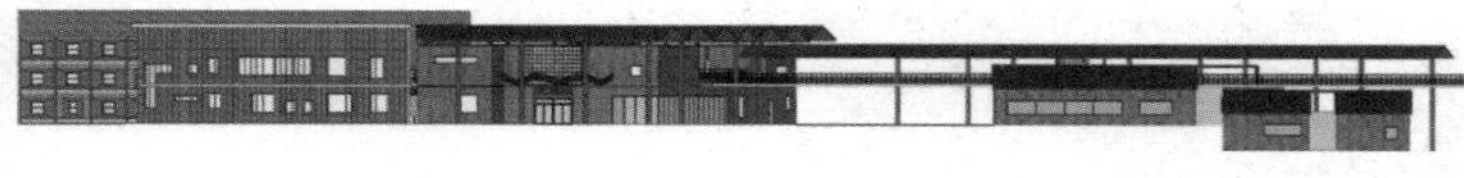

南立面

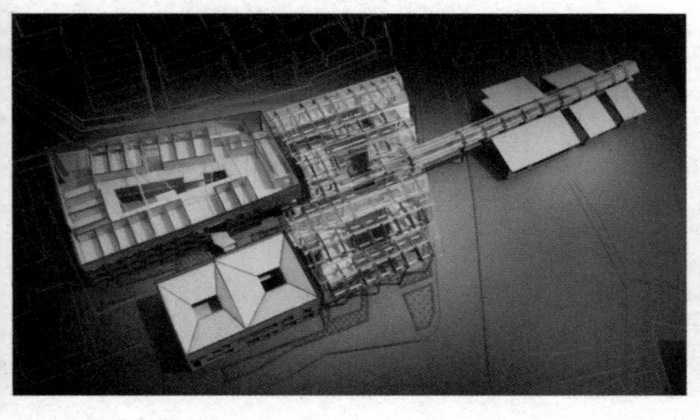

T O N G J I
UNIVERSITY

同济大学

指 导 教 师

张 建 龙
Zhang Jianlong

李 翔 宁
Li Xiangning

王 方 戟
Wang Fangji

孙 澄 宇
Sun Chengyu

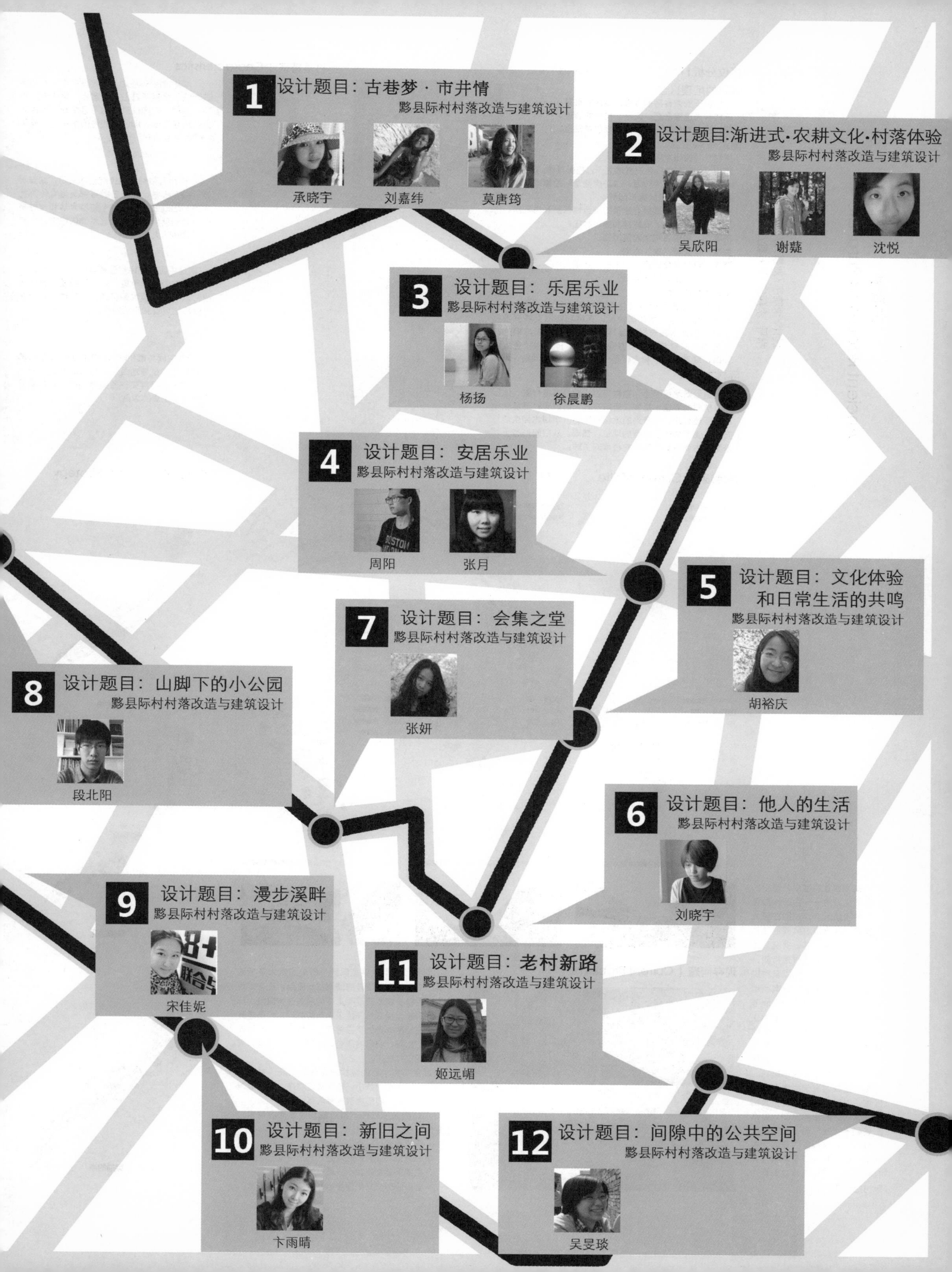

1
设计题目：古巷梦 · 市井情
黟县际村村落改造与建筑设计
承晓宇
刘嘉纬
莫唐筠
2
设计题目:渐进式·农耕文化·村落体验
黟县际村村落改造与建筑设计
吴欣阳
谢龑
沈悦
3
设计题目：乐居乐业
黟县际村村落改造与建筑设计
杨扬
徐晨鹏
4
设计题目：安居乐业
黟县际村村落改造与建筑设计
周阳
张月
5
设计题目：文化体验和日常生活的共鸣
黟县际村村落改造与建筑设计
胡裕庆
7
设计题目：会集之堂
黟县际村村落改造与建筑设计
张妍
8
设计题目：山脚下的小公园
黟县际村村落改造与建筑设计
段北阳
6
设计题目：他人的生活
黟县际村村落改造与建筑设计
刘晓宇
9
设计题目：漫步溪畔
黟县际村村落改造与建筑设计
宋佳妮
11
设计题目：老村新路
黟县际村村落改造与建筑设计
姬远嵋
10
设计题目：新旧之间
黟县际村村落改造与建筑设计
卞雨晴
12
设计题目：间隙中的公共空间
黟县际村村落改造与建筑设计
吴旻琰

古巷梦·市井情
Ancient Road and Rural Life

同济大学
设计：承晓宇/刘嘉纬/莫唐筠
指导：李翔宁/王方戟/孙澄宇

区位分析 | The Location Analysis

际村的地理区位

际村位于安徽省南部古徽州地区的黟县。
际村曾为连接合肥、太平、杭州的通道。
际村是杂姓村落，原有祠堂现仅存三座。

周边景点资源

卢村："徽州木雕第一楼"
塔川：中国三大秋色观赏地之一，摄影界热门目的地。
木坑竹海：皖南大竹海，《卧虎藏龙》拍摄地。
赛金花故居/归园：徽州园林。
秀里影视村：对徽州老建筑的创造性保护和再利用。
屏山：历史悠久、安静祥和的小村庄。
南屏："中国古祠堂建筑博物馆"。
关麓："关麓八家"古宅。
西递：世界文化遗产，"古民居建筑宝库"。
黄山："黄山归来不看岳"。

夹缝中的际村

际村位东侧紧邻世界文化遗产村落宏村，一直以来是宏村旅游的支撑和牺牲品，西侧和南侧又新开发了地产项目水墨宏村和胤祥宏村，际村在新与旧的夹缝中寻求自我的发展方向。如何保持际村特色的同时，联系新地产和宏村是一个十分重要的问题。

际村古商道

古商道沿着水圳而建，穿村而过，曾为连接合肥、太平、杭州的要道也是乡公所所在地。后因宏村开发旅游，修建公路，古商道的地位被削弱，水圳也因生活方式改变而失去了原有的地位，然而，从空间形态上来看，古商道仍然是际村村落的主轴。

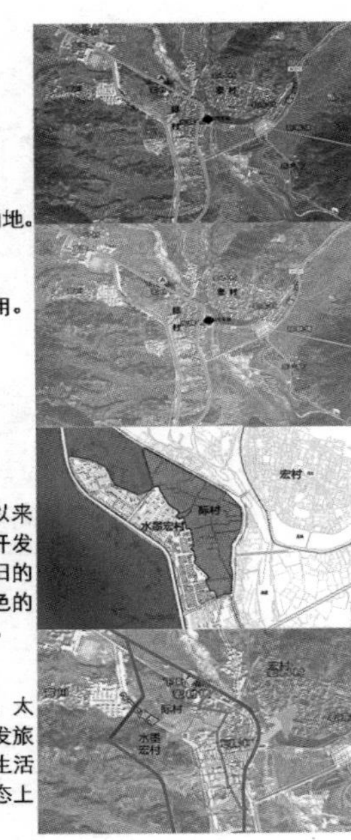

村落特征 | Characteristics

水 Water

际村的整体坡地走势是由西南向东北逐渐降低。水系引自山上的溪水，最终流入西溪。际村村内建设最好的一条水圳与际村的古商道相重合，即便是线性的水系，也成了村子的核心所在。

画 Art

徽州有着灿烂的传统艺术文明，新安画派、徽派板画、徽州三雕等都是当地传统艺术的杰出成就，而在当今旅游大热和宏村写生基地的背景下，当代艺术和传统技艺会碰撞出怎样的火花？

院 Courtyard

院是中国传统民居最基本的人居单元，际村以合院为基本单位，形成了村落的整体风貌，未来的院落也必将成为际村村民和游客体验传统风貌和生活的重要部分。

巷 Alley

街巷空间与徽州村落特有的封闭感形成鲜明的对比，是与建筑互动形成的开放空间，它是村民们日常交往的重要场所，也是感受古村民俗生活的源泉。

基地现状 | Current of Site

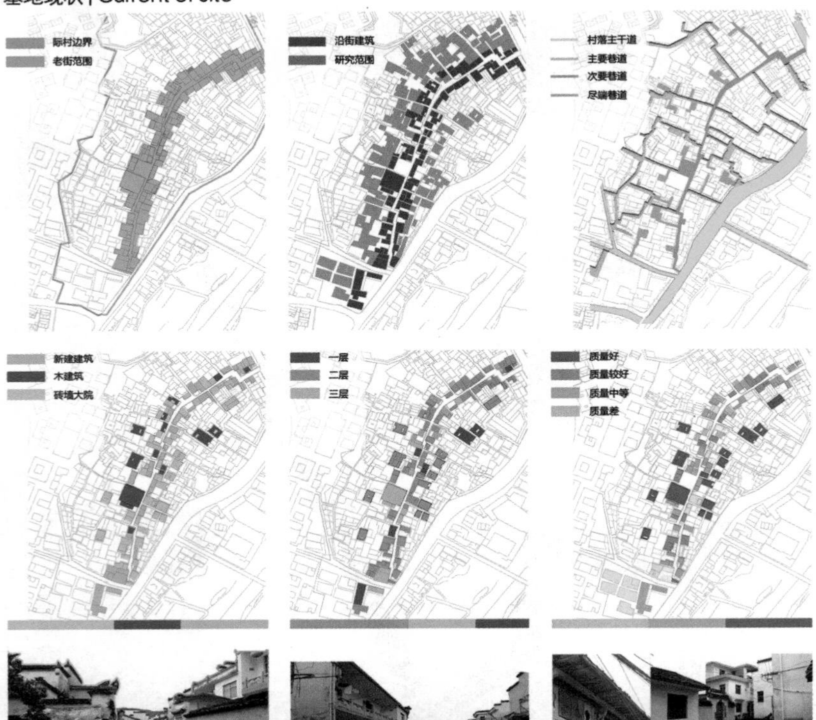

空间策略 | Spatial Strategy

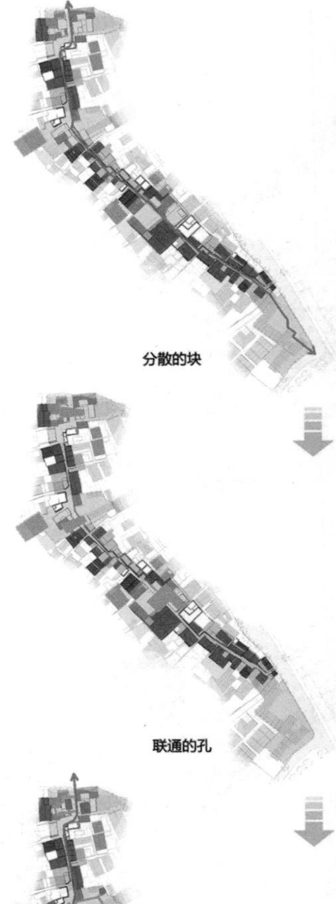

评语：

规划抓住村落中最重要的历史文化因素——古街作为复兴村落的切入点，试图在最大限度保持村落传统风貌的基础上，通过梳理村落公共空间体系的方式，来彰显村落特质，同时处理好村民之间以及村民与游客之间的关系。方案一选择以三个老祠堂为主要空间节点，来塑造一个生动的沿街生活场所，并且能够把这一大的概念一直贯彻到人体尺度，以"展示窗"同时作为街边休憩设施，增加空间的小趣味。方案二选择对应宏村主入口的区域，以际村原有的村头大树塑造际村新的精神空间。方案三着眼于"院"和"墙"两个极具徽州村落特征的要素，在方案中组织其若干个院落，并且将院落与原有老墙成为感知际村的景观小品。

现存问题 | Current Problems

际村没有受到妥善保护，历史建筑大多被破坏拆除或者作为半废弃的储藏空间使用；现存建筑多为村民自发建造的混凝土结构居住性质建筑。际村街巷仍较大程度地保持了原有的肌理，但是建筑风貌上已经基本丧失了古村落的形象。际村曾为连接合肥、太平、杭州的通道。际村是杂姓村落，原有祠堂现仅存三座。

以主街为中心的际村呈鱼骨状布局，其中小巷纵横穿行，空间狭小；建筑缺乏秩序。沿街建筑多为砖墙立面，内部建筑多有院落。

主街的无序已经不再适应现代生活的需求，主要体现在：

1 建筑质量差，存在安全隐患。
2 公共空间没有良好规划，大部分荒废。
3 主要街道空间狭小，原有水圳荒废。
4 老街的历史文化逐步被新建现代民居侵蚀。

规划定位 | Rural Planning

主路径
村民主路径
节点
沿街建筑

以点连线 [Points & Line]
沿主街选取四个节点，置入新功能和公共空间，并改造和置换沿街民居。

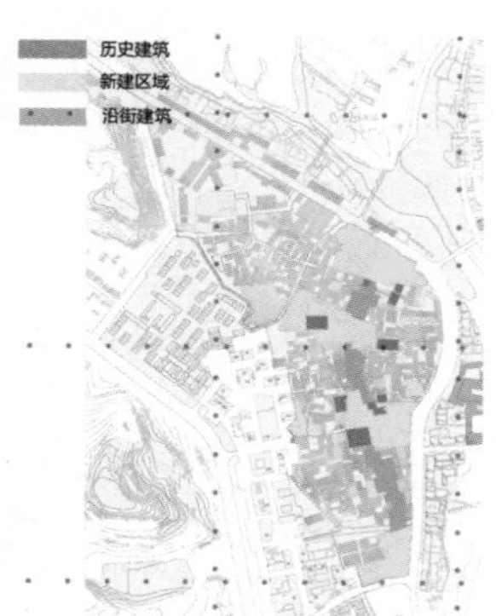

历史延续 [History & Continuation]
选取仅存的三座祠堂和较好的民居进行保护和改造，强调村落底蕴与文化。

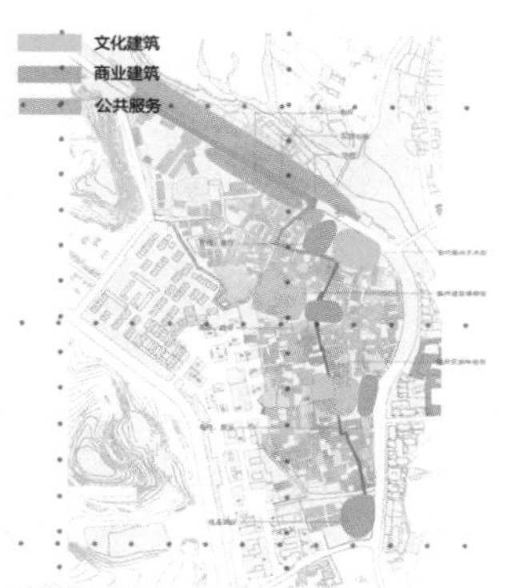

功能配置 [Function]
节点以文化建筑与商业建筑配合的方式布置。保证每个节点中文化与商业平衡。

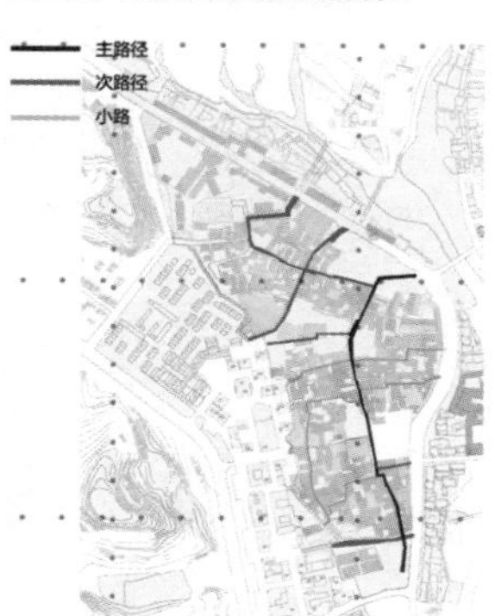

主次交通 [Paths]
梳理际村的交通网格，强化鱼骨状结构，重视主街，并疏通主街与水墨宏村和宏村之间的路径。

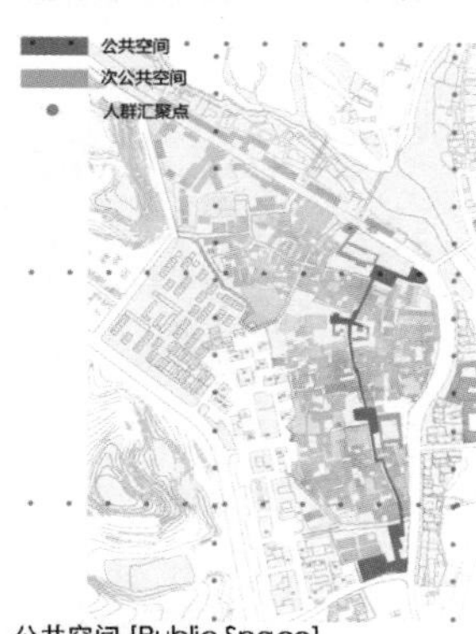

公共空间 [Public Space]
沿主街增加开放的易到达的公共活动空间，丰富际村的公共活动，增加交往机会，同时强调主路的核心地位。

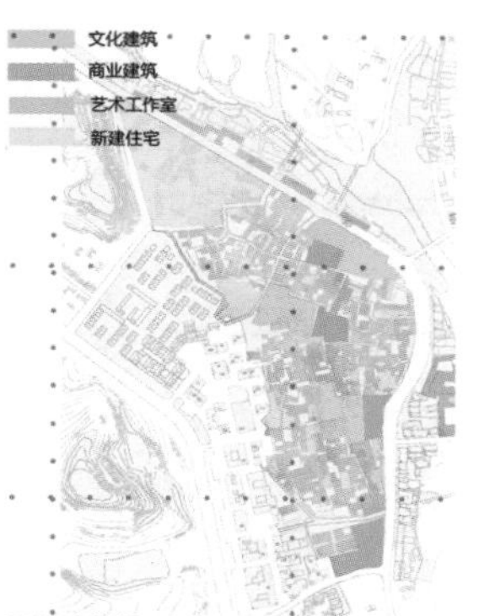

旺季功能[Busy Season]
旺季主要满足游客需求，文化建筑对外开放，学校作为写生等工作室，沿街建筑作为客栈。淡季则变为社区服务功能。

希望通过规划，恢复原有老街的活力，为村民创造丰富的活动空间，并与游客共享。以新建筑的置入和老建筑的改造置换的方式，延续际村的文化传统与记忆。同时淡旺季的不同功能侧重功能的转化，使得主街在一年四季都能保持活力。

窗子的风景 —— 村落街道生活展示馆 | Windowscape

总体技术经济指标

基地可建范围：5210m2
建筑占地面积：3170m2
总体建筑面积：5590m2
建筑密度：60.84%
总容积率：1.073

历史建筑改造区域		
编号	层数	建筑面积(㎡)
A1	1	476
A2	2	534.4
A3	1	364.3
A4	2	288.1
A5	2	187.7
A6	2	114.1
A7	2,3	184.7
A8	1,2	211.4
A9	1,2	136
A10	1	49.3
A11	2,3	189.6
合计		2735.6

新建区域		
编号	层数	建筑面积(㎡)
B1	2	247.8
B2	2	328.4
B3	2	407.25
B4	2	402.92
B5	2	427.8
B6	1	58.1
B7	2	193.1
B8	2	252.9
B9	2	344.7
B10	1	190.5
合计		2853.45

总平面图 1:5000

东立面图 1:1000

西立面图 1:1000

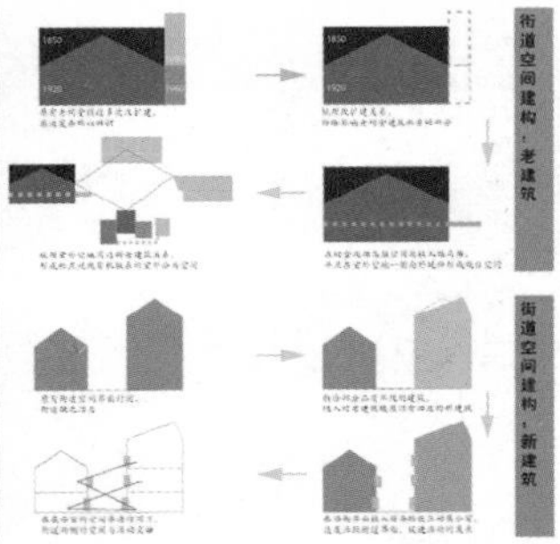

街道空间建构：老建筑

街道空间建构：新建筑

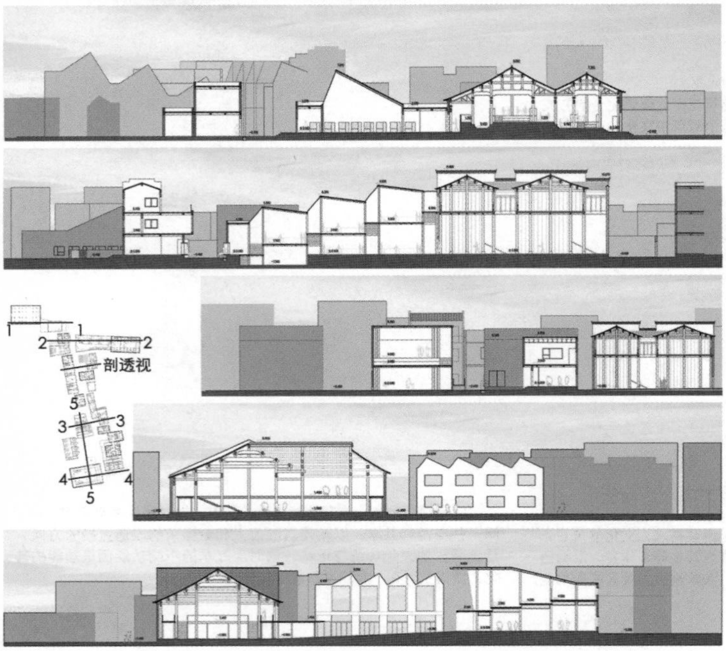

1850

1920

剖透视

1 1

2 2

3 3

4 4

5 5

N

一层平面图

N

二层平面图

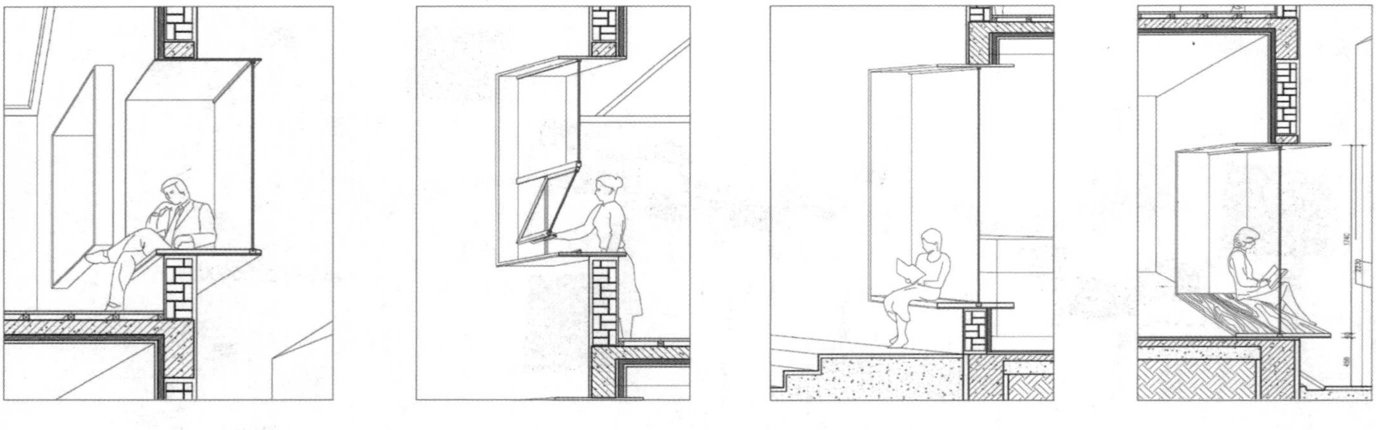

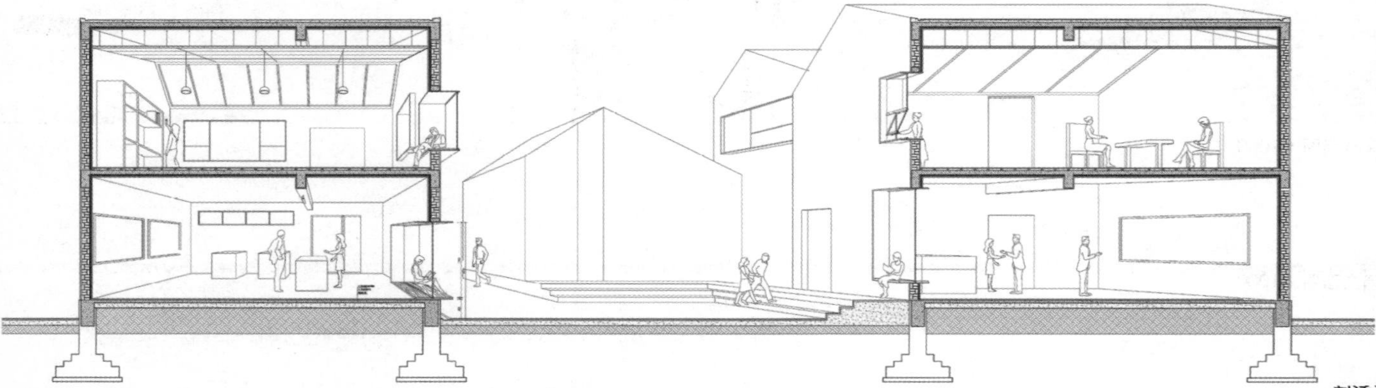

剖透视图

当代徽州艺术中心设计

本设计包含展览体验、学习研究和商业三种主要功能。建筑外部环境的回应主要体现在打通从宏村通往主街的路径，用三个广场对路径加以强调，同时改变际村内部开放空间私有化的局面。建筑单体通过中间天窗，两侧内坡屋顶建构出与传统村落中狭窄街巷相似的光环境体验。总而言之，本设计尝试在际村对外的重要位置，保持传统体验并建构新的秩序，以适应际村生活的改变。

占地面积：3900m²
总建筑面积：4300m²
建筑密度：70.1%
容积率：1.102

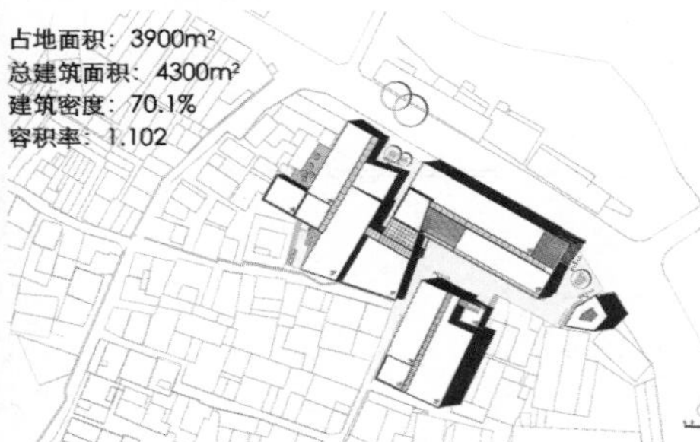

总平面图

模型鸟瞰图

北端头节点

直面宏村

景观要素：西溪、宏村、古树、水圳

建筑要素：欧美洋行旧址、民居

建筑功能：文化、商业、公共服务、居住

选址分析

一层平面图

建筑完成形态

01/形态组合　02/形态组合　02/形态组合

01/疏通路径　02/应对宏村　03/呼应古树　04/开放广场

建筑原始体量

生成分析

三层平面图

二层平面图

模型照片

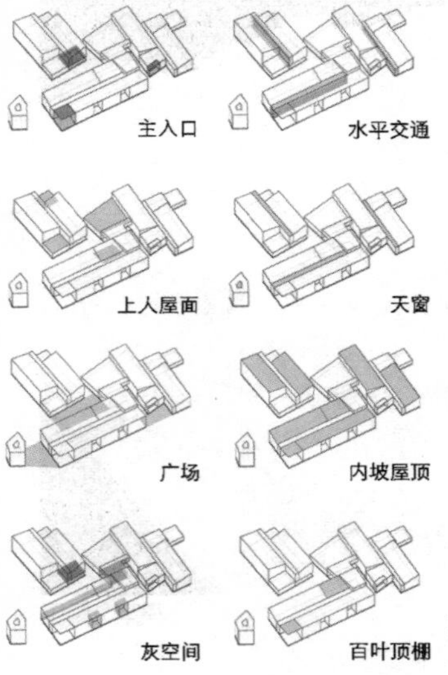

主入口
水平交通
上人屋面
天窗
广场
内坡屋顶
灰空间
百叶顶棚

建筑形体要素

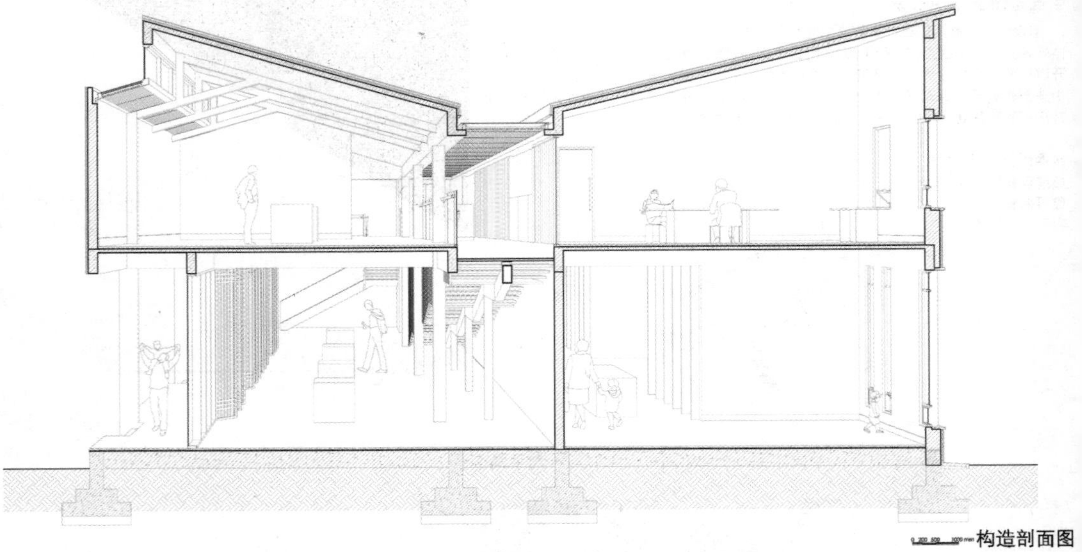

构造剖面图

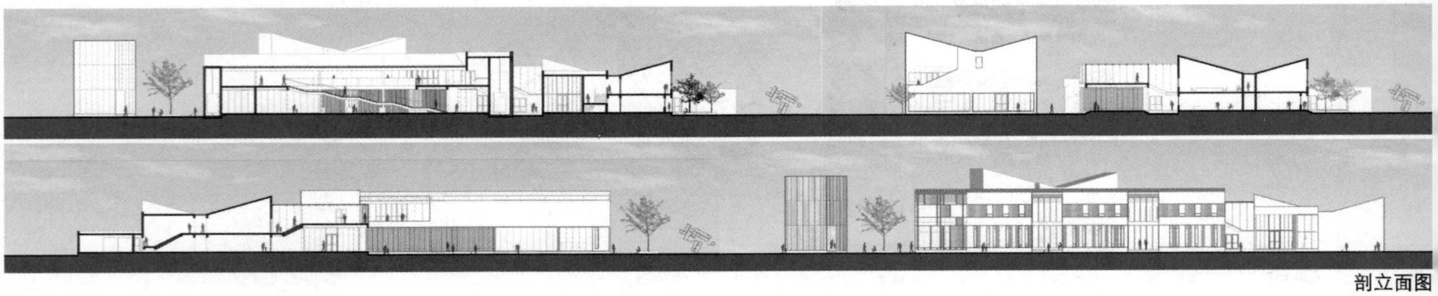

剖立面图

织墙引院

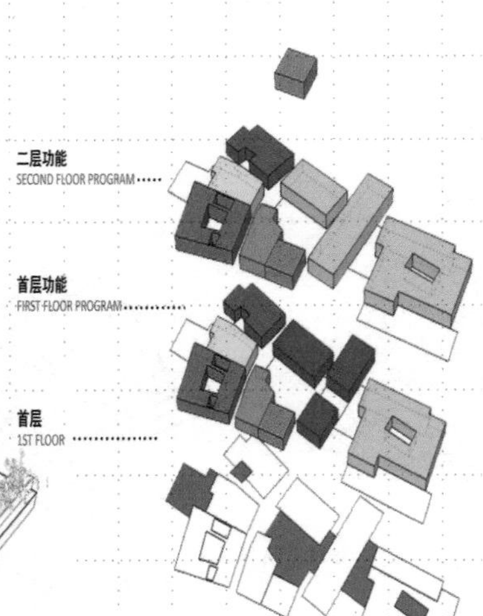

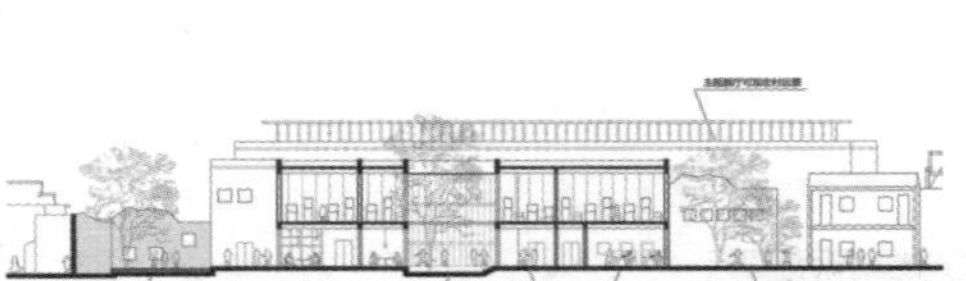

二层功能
SECOND FLOOR PROGRAM
首层功能
FIRST FLOOR PROGRAM
首层
1ST FLOOR

2014.4. FINAL DESIGN

2014.4. FINAL DESIGN

B-B剖面图 1:300

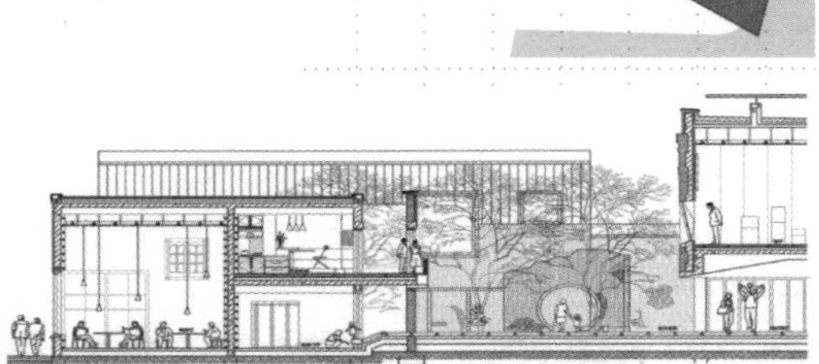

局部剖面 1:150

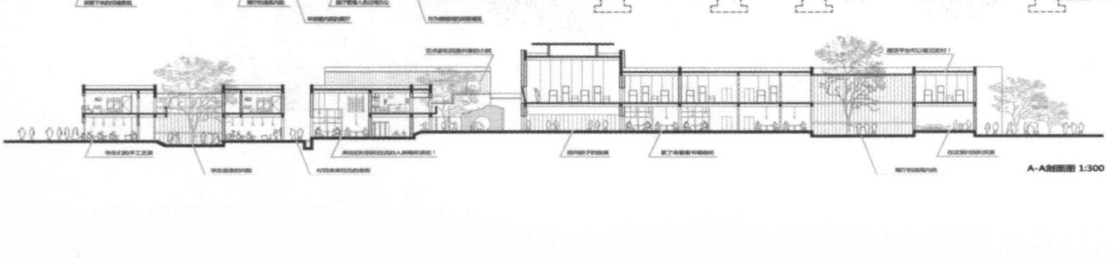

A-A剖面图 1:300

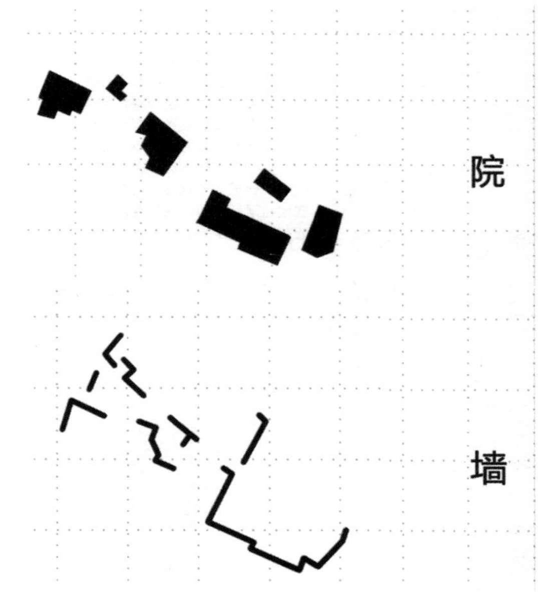

院落梳理与功能组织:

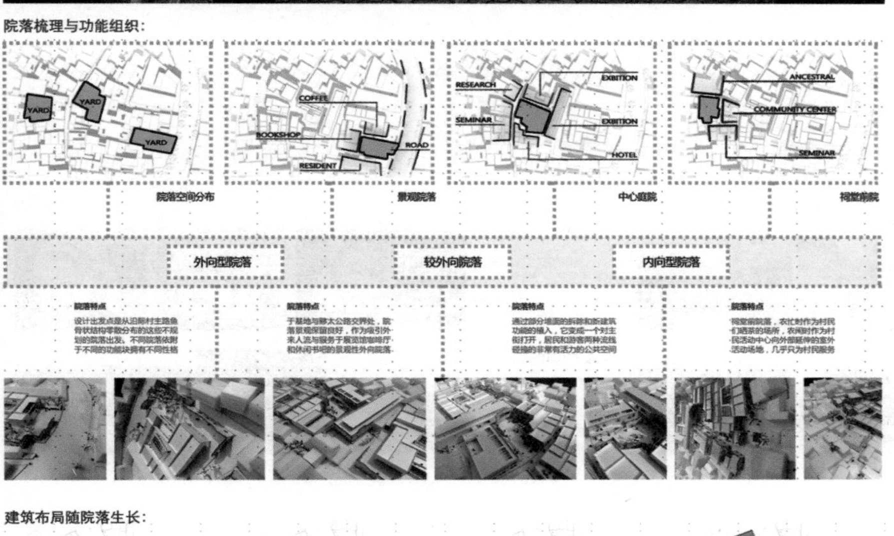

建筑布局随院落生长:

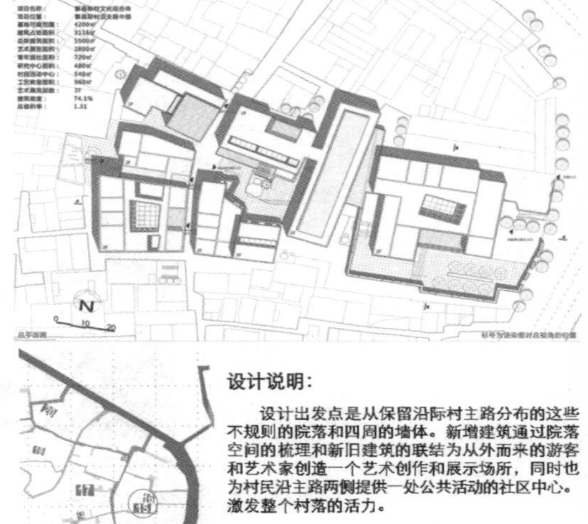

设计说明:

设计出发点是从保留沿际村主路分布的这些不规则的院落和四周的墙体。新增建筑通过院落空间的梳理和新旧建筑的联结为从外面来的游客和艺术家创造一个艺术创作和展示场所，同时也为村民沿主路两侧提供一处公共活动的社区中心。激发整个村落的活力。

院落旧墙面调研与评估:

保留墙的位置与材质:

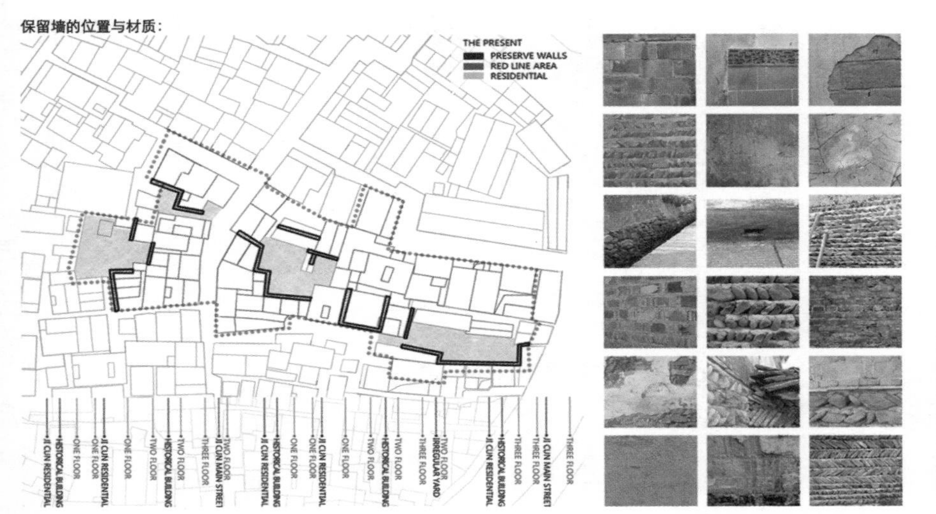

保留墙的三种建构模式:

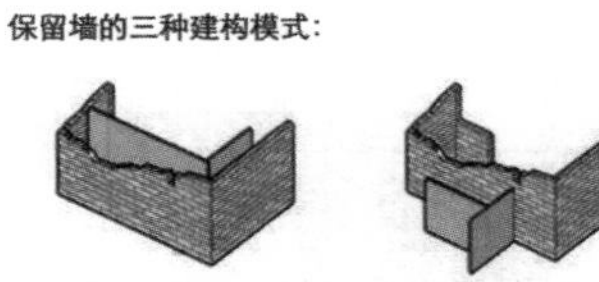

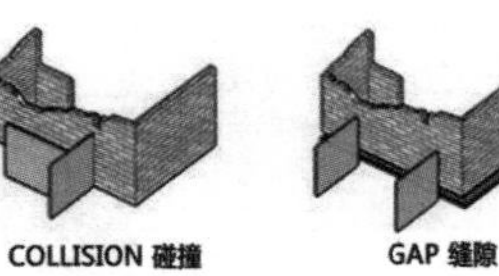

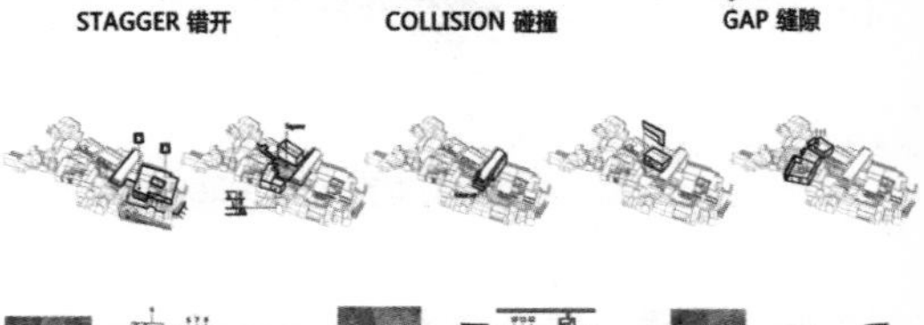

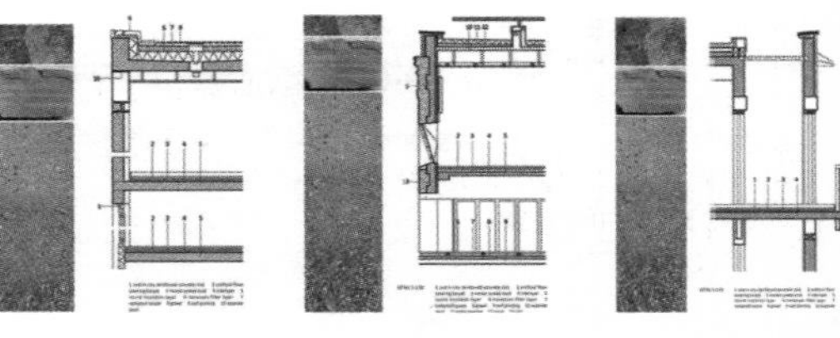

渐进式•农耕文化•村落体验
Gradual Experience of Agarian Culture in Village

同济大学
设计：吴欣阳/谢蘖/沈悦
指导：李翔宁

区位分析 I The Location Analysis

基地位于中国安徽省黄山市黟县际村，总建设用地约76000m²。基地东临宏村大道及西溪，与宏村相对，西临集居住商业娱乐一体的"水墨宏村"。际村原本也是一座古村落，但由于未得妥善保护，原有历史建筑大多损毁，现存较多为村民自建新建筑。因此整体风貌与宏村有较大差异。

安徽省　　黄山市　　黟县

基地周边规划 I Surrounding Plan of the Site

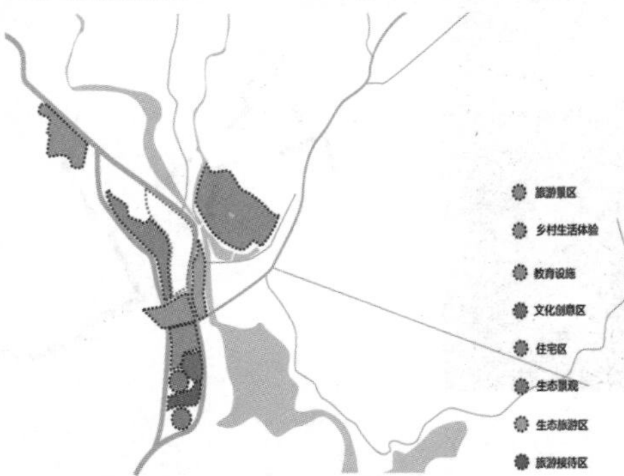

基地周边现有规划是将际村作为宏村旅游的大前方，将宏村旅游的停车场设置在际村南端，并配以游客住宅区、生态景观区、乡村生活体验区及旅游接待区。而村落的教育设施集中布置在际村北端。并将际村东面具有观赏宏村良好景观的场地作为景观绿地。

基地内现状问题 I Current Problems in the Site

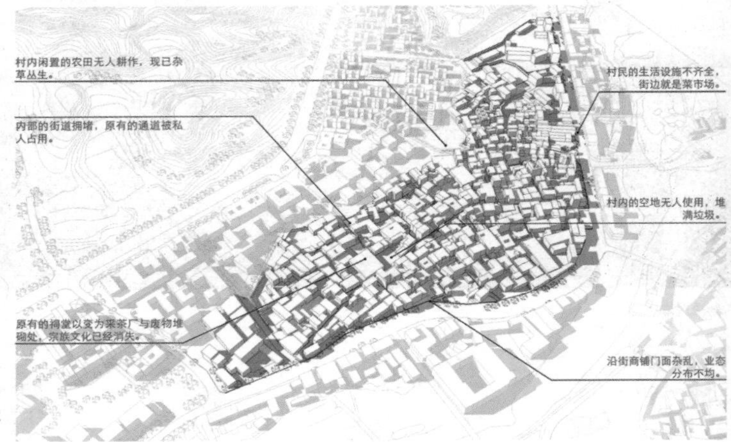

地域特色与挑战 I Regional Characteristics and Challenges

文化 I Culture

基地内文化匮乏，建筑物、宗族文化破坏都较严重，基地仅存20余栋徽派建筑。但与宏村相比，村民的传统生活模式保留的较为完整。

人口 I Population

基地内部的人口组成以留守儿童、中年妇女、老人为主，年轻人大都外出打工。际村主街上的饭店、旅馆、商铺多为外来人口经营。

产业 I Industry

际村内部有制茶工厂，主要在茶叶采收季节使用，产出茶叶多在宏村以及周边旅游景点销售。村内有许多手工艺人，但际村的手工艺品却没有销路。

生态 I Ecology

际村的周边有成片的茶山以及广阔的农田，现在都为际村村民进行耕作种植。这些丰富的生态资源可以作为将来际村实施产业更新的基础。

概念生成 I Concept Generation

际村与宏村的关系？ I Relation between Two Villages

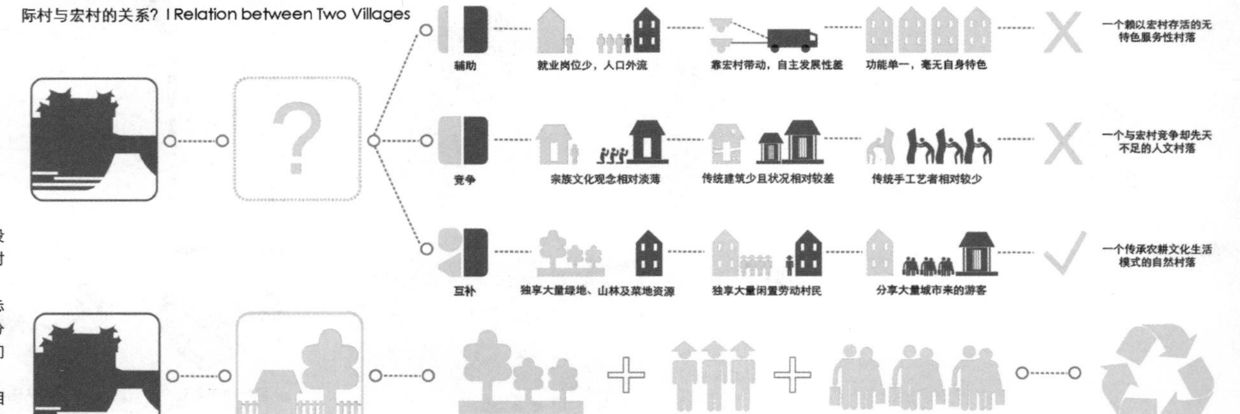

主街立面 I the Elevation of the Main Street

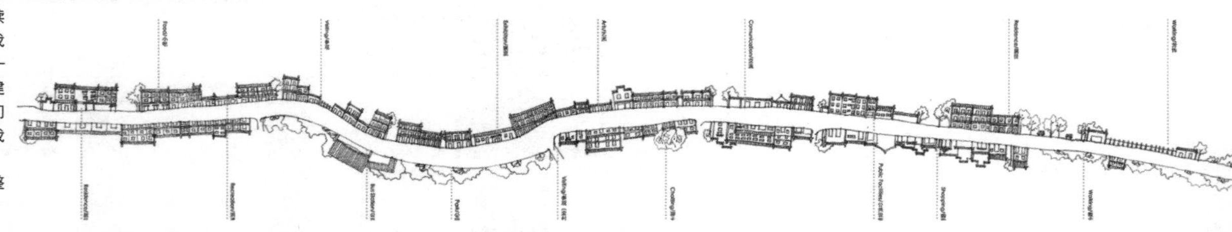

设计感想：

通过这次8+1联合毕业设计，我们有幸第一次接触到村落的改造规划以及建筑设计。一开始，可能有些好奇及忐忑，不过通过对基地的调研分析及不断合作探讨之后，我们达成了一致对于际村的定位：即是以与宏村人文景观旅游相互补的农耕文化村落自然风貌体验的开发模式。通过利用际村本身的潜在价值：自然资源、本地村民及城市游客的三者循环关系，形成一种可持续的发展模式。并且确定了在我们规划路径上的重要节点——与宏村主入口相对的地块上建立农耕文化体验中心，即我们个人的建筑基地选址。通过我们三个人不同的视角及设计，来呈现我们各自心中代表整个际村面貌的这座公共建筑。

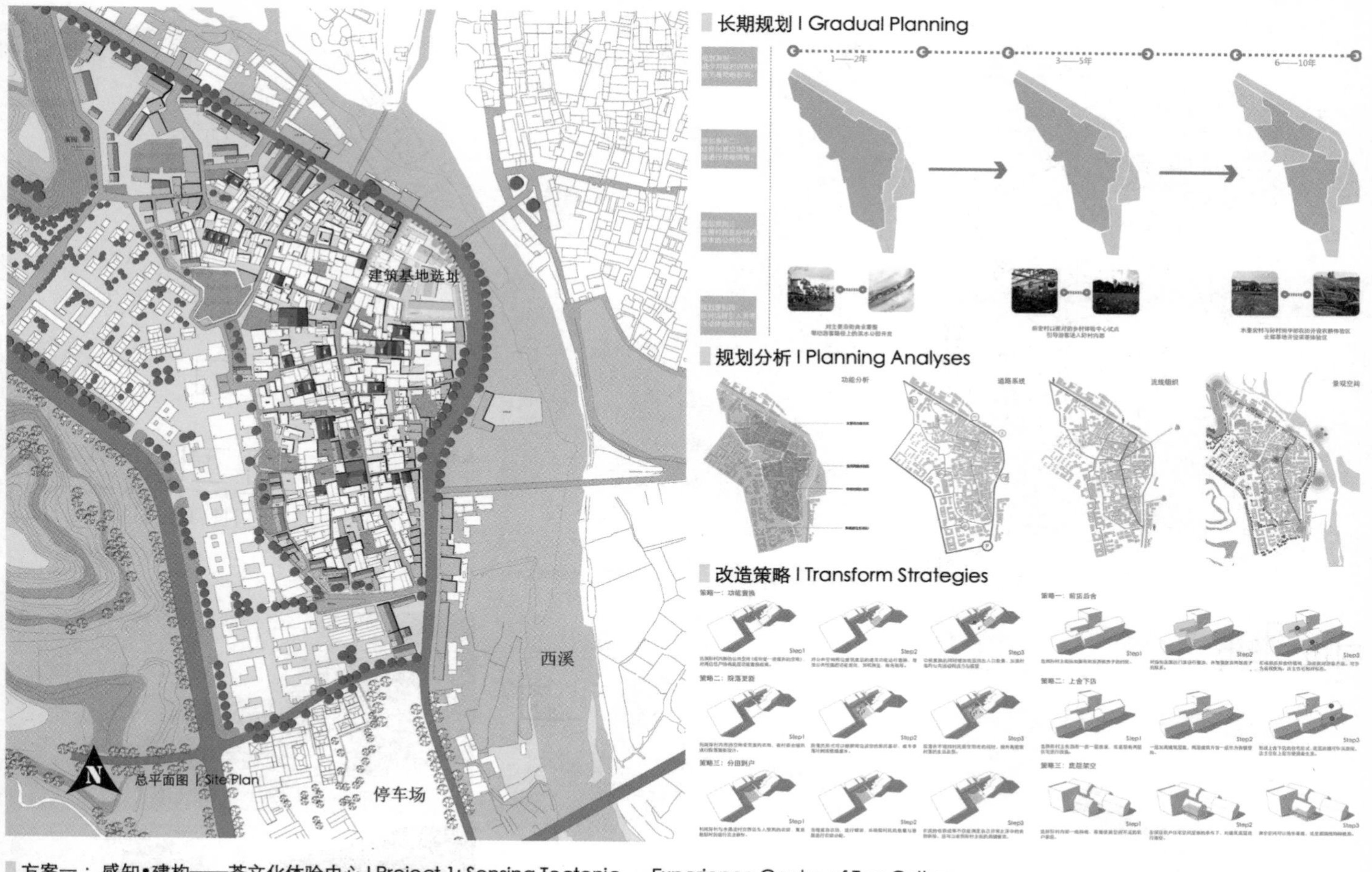

方案一：感知•建构——茶文化体验中心 I Project 1: Sensing Tectonic-----Experience Centre of Tea Culture

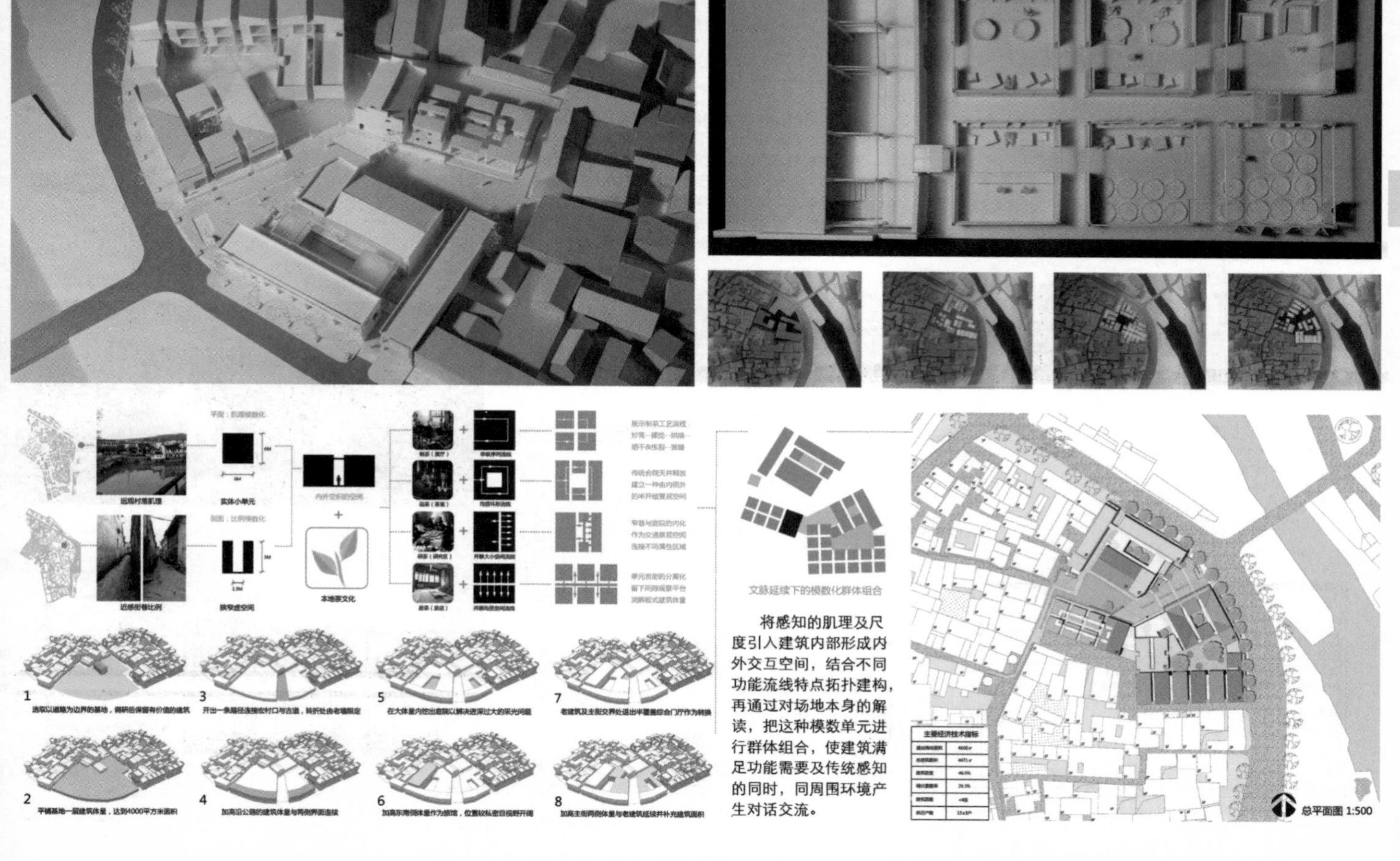

将感知的肌理及尺度引入建筑内部形成内外交互空间，结合不同功能流线特点拓扑建构，再通过对场地本身的解读，把这种模数单元进行群体组合，使建筑满足功能需要及传统感知的同时，同周围环境产生对话交流。

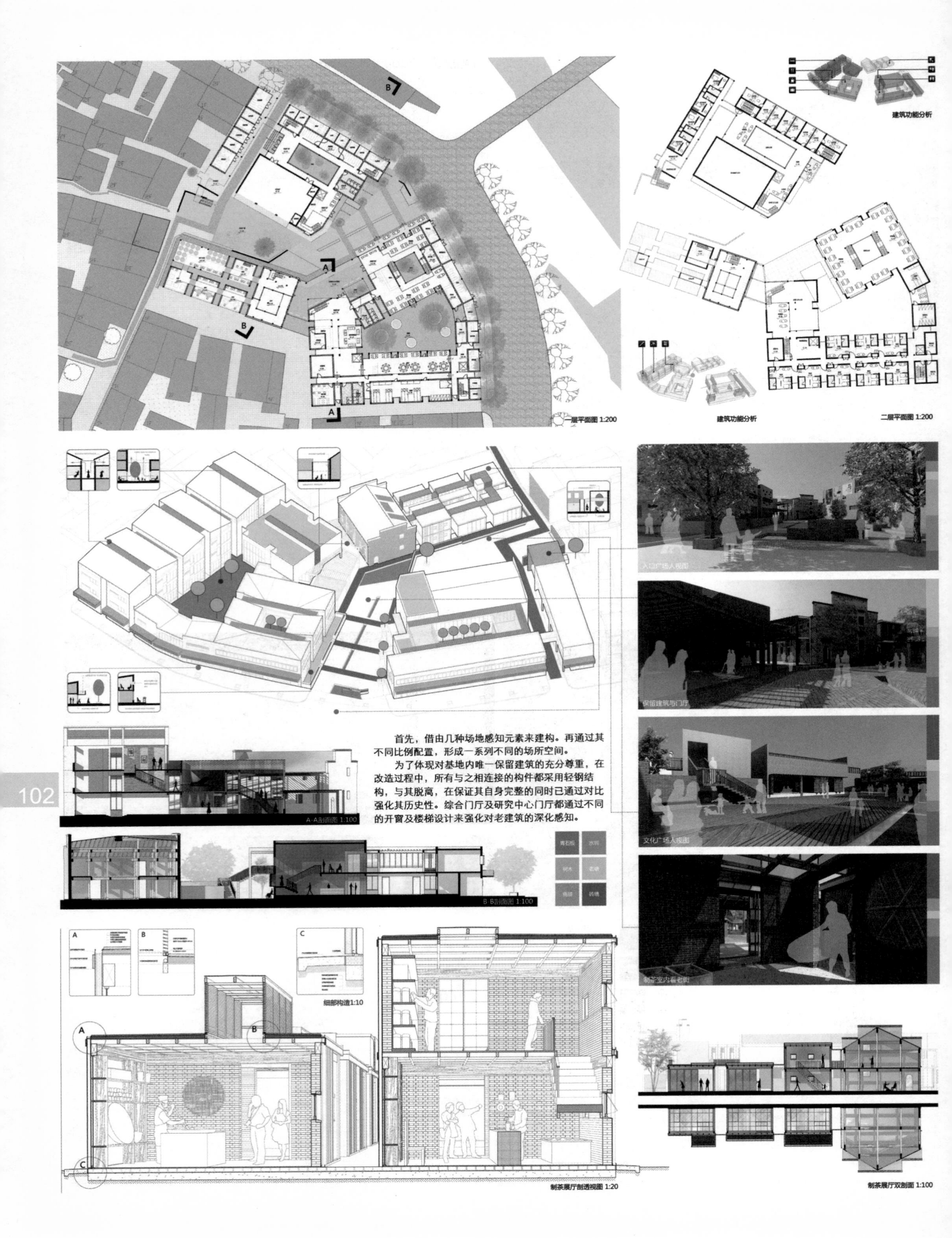

首先，借由几种场地感知元素来建构。再通过其不同比例配置，形成一系列不同的场所空间。

为了体现对基地内唯一保留建筑的充分尊重，在改造过程中，所有与之相连接的构件都采用轻钢结构，与其脱离，在保证其自身完整的同时已通过对比强化其历史性。综合门厅及研究中心门厅都通过不同的开窗及楼梯设计来强化对老建筑的深化感知。

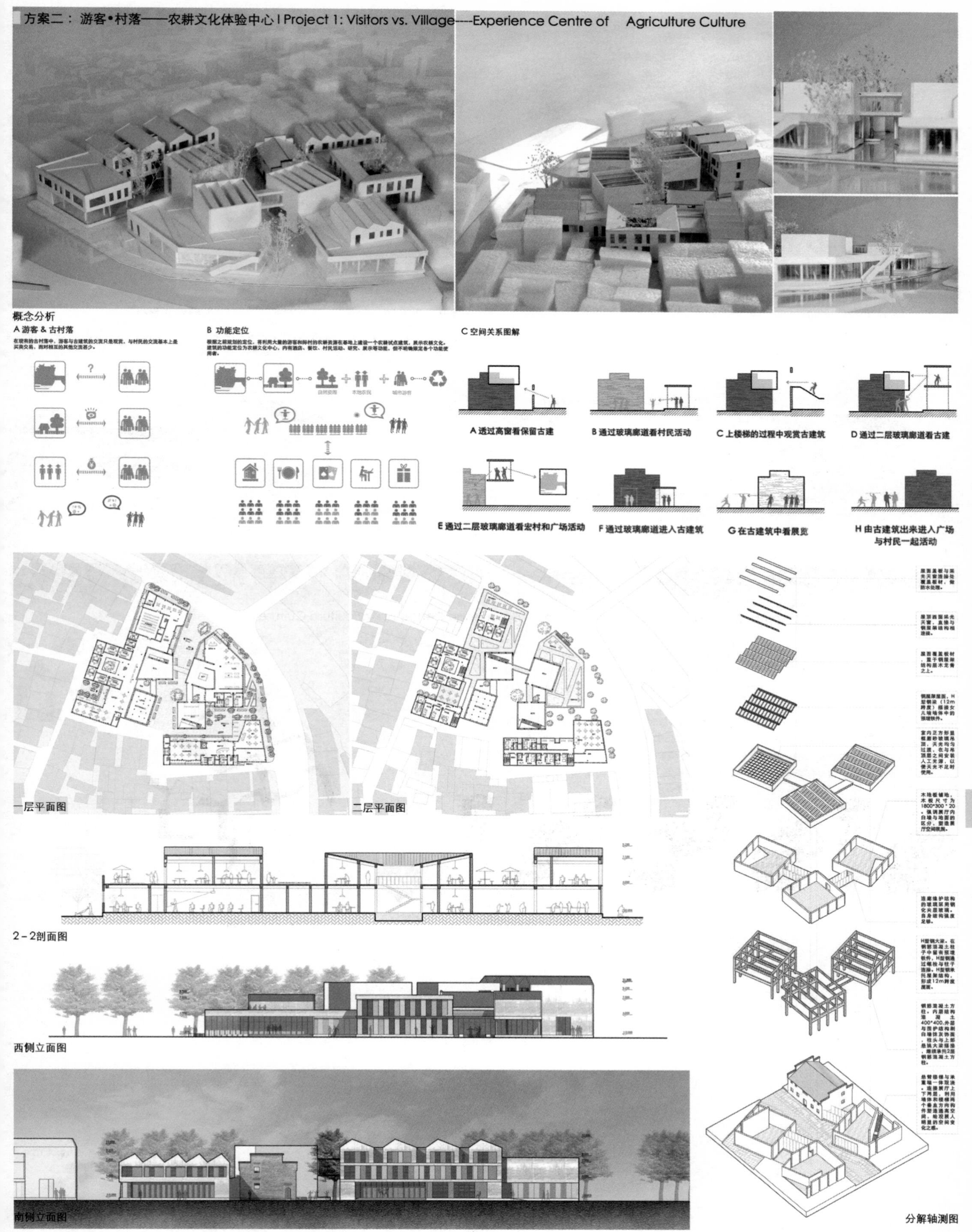
方案二： 游客•村落——农耕文化体验中心 I Project 1: Visitors vs. Village----Experience Centre of Agriculture Culture
概念分析
A 游客 & 古村落
在现有的古村落中，游客与古建筑的交流只是观赏，与村民的交流基本上是买卖交易，而对相互的其他交流甚少。
B 功能定位
根据之前规划的定位，将利用大量的游客和辟村的农耕资源在基地上建设一个农耕试点建筑，展示农耕文化。建筑的功能定位为农耕文化中心，内有酒店、餐饮、村民活动、研究、展示等功能，但不明确限定各个功能使用者。
自然资源
本地农民
城市游客
C 空间关系图解
A 透过高窗看保留古建
B 通过玻璃廊道看村民活动
C 上楼梯的过程中观赏古建筑
D 通过二层玻璃廊道看古建
E 通过二层玻璃廊道看宏村和广场活动
F 通过玻璃廊道进入古建筑
G 在古建筑中看展览
H 由古建筑出来进入广场与村民一起活动
一层平面图
二层平面图
2－2剖面图
西侧立面图
南侧立面图
屋面盖板与采光天窗连接处覆盖板材，做防水处理。
屋顶西面采光天窗，直接与钢屋架结构相连接。
屋面覆盖板材，置于钢屋架结构层木龙骨之上。
钢屋架屋面，H型钢梁（12m跨度）搭接女儿墙墙体中的预埋铁件。
室内正方形鉴框磨砂玻璃吊顶，天光均匀过渡，在与吊顶层之间安装人工光源，以便天光不足时使用。
木地板铺地，木板尺寸为1800*300*20。强调展厅内白墙与地面的区分，塑造展厅空间氛围。
连廊维护结构的玻璃采用钢化夹层玻璃，自身结构强度足够。
H型钢大梁，在钢筋混凝土柱子中留有预埋铁件，H型钢通过螺栓与柱子连接，H型钢承托屋架结构，形成12m跨度屋面。
钢筋混凝土方柱，内层结构混凝土400*400，外层与围护结构刷白墙抹灰饰面，柱头与上部悬挑大梁搭接，继续承托2层钢筋混凝土方柱。
悬臂楼梯与承重墙一体现浇，连接展厅上下两层，利用墙体和楼梯两个垂直方向构件塑造通高空间，给观展人明显的空间变化之感。
分解轴测图

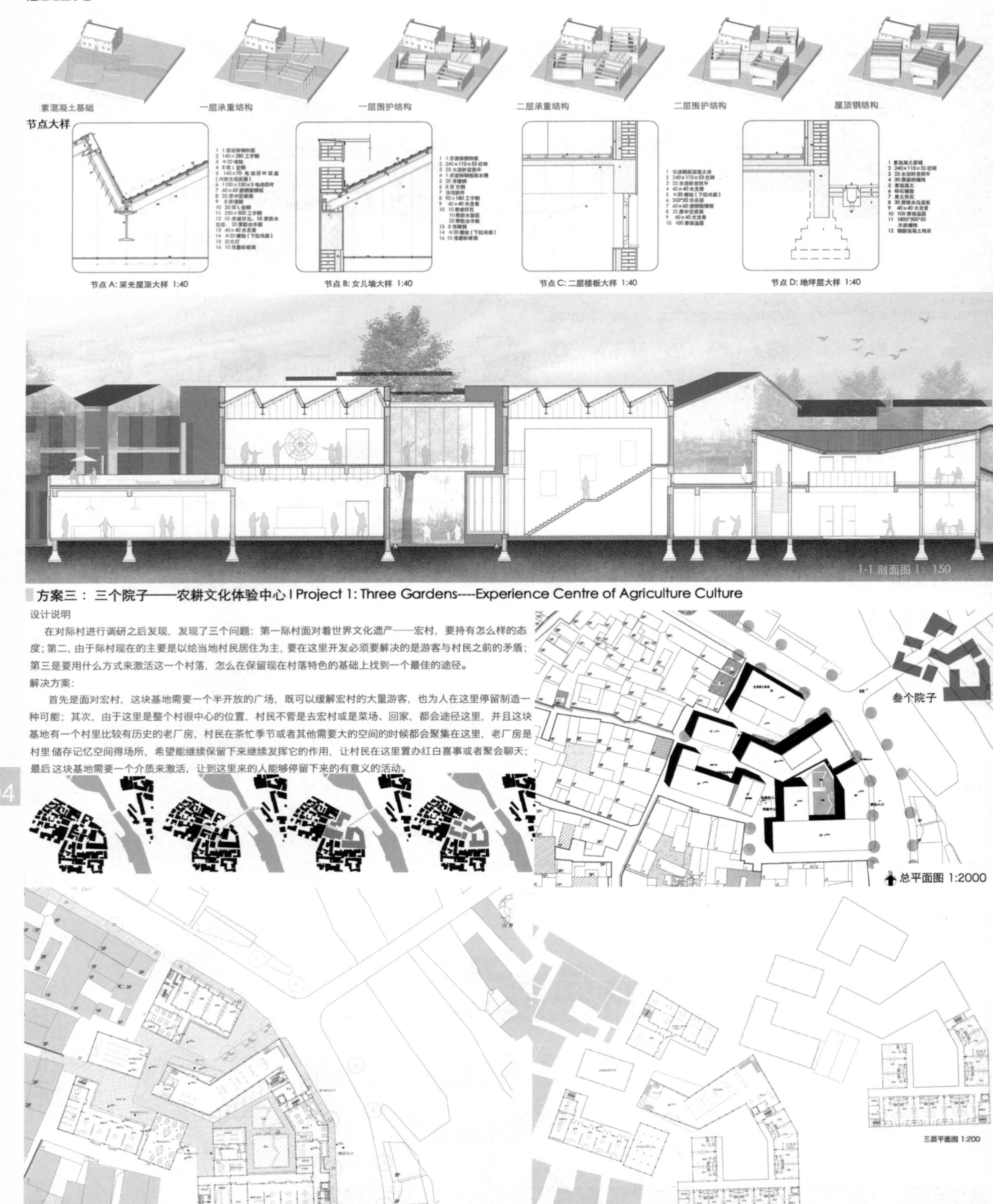

方案三：三个院子——农耕文化体验中心 I Project 1: Three Gardens----Experience Centre of Agriculture Culture

设计说明

在对际村进行调研之后发现，发现了三个问题：第一际村面对着世界文化遗产——宏村，要持有怎么样的态度；第二、由于际村现在的主要是以给当地村民居住为主，要在这里开发必须要解决的是游客与村民之前的矛盾；第三是要用什么方式来激活这一个村落，怎么在保留现在村落特色的基础上找到一个最佳的途径。

解决方案：

首先是面对宏村，这块基地需要一个半开放的广场，既可以缓解宏村的大量游客，也为人在这里停留制造一种可能；其次，由于这里是整个村很中心的位置，村民不管是去宏村或是菜场、回家，都会途径这里，并且这块基地有一个村里比较有历史的老厂房，村民在茶忙季节或者其他需要大的空间的时候都会聚集在这里，老厂房是村里储存记忆空间得场所，希望能继续保留下来继续发挥它的作用，让村民在这里置办红白喜事或者聚会聊天；最后这块基地需要一个介质来激活，让到这里来的人能够停留下来的有意义的活动。

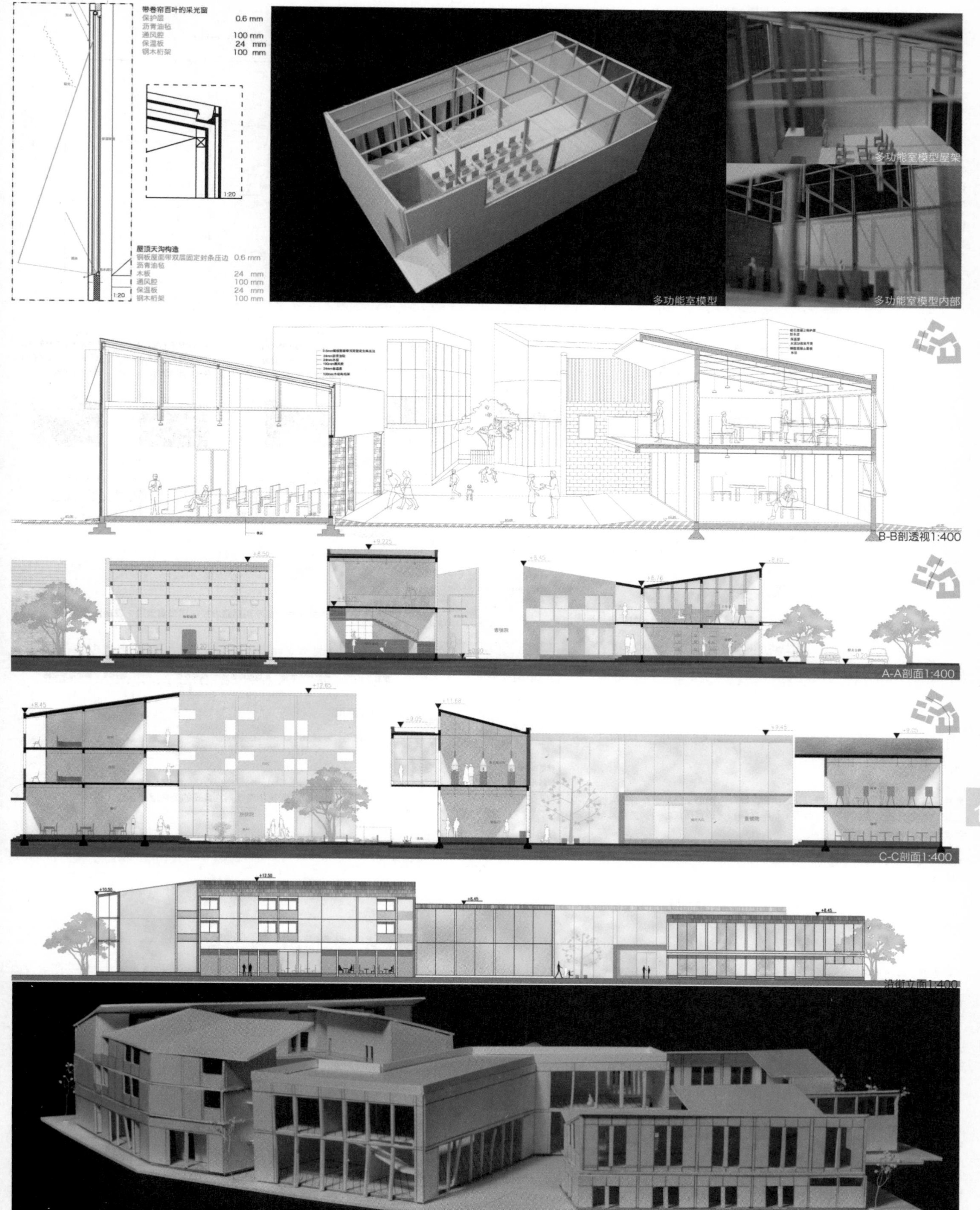

带卷帘百叶的采光窗
保护层 0.6 mm
沥青油毡
通风腔 100 mm
保温板 24 mm
钢木桁架 100 mm
1:20
屋顶天沟构造
铜板屋面带双层固定封条压边 0.6 mm
沥青油毡
木板 24 mm
通风腔 100 mm
保温板 24 mm
钢木桁架 100 mm
1:20
多功能室模型
多功能室模型屋架
多功能室模型内部
B-B剖透视1:400
+8.50
+9.225
+8.45
+8.60
A-A剖面1:400
+8.45
+12.85
+11.68
+9.45
C-C剖面1:400
+10.50
+12.50
+8.45
+8.45
沿街立面1:400
入口广场

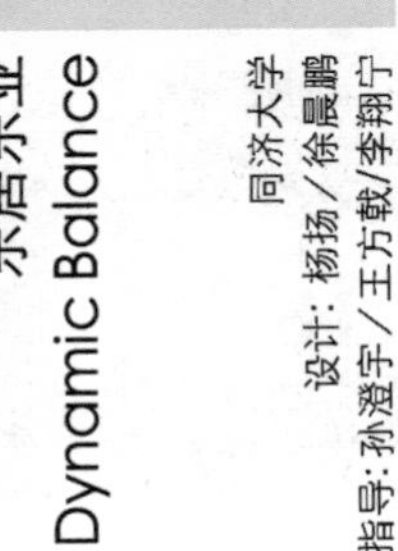

乐居乐业 Dynamic Balance

同济大学
设计：杨扬／徐晨鹏
指导：孙澄宇／王方戟／李翔宁

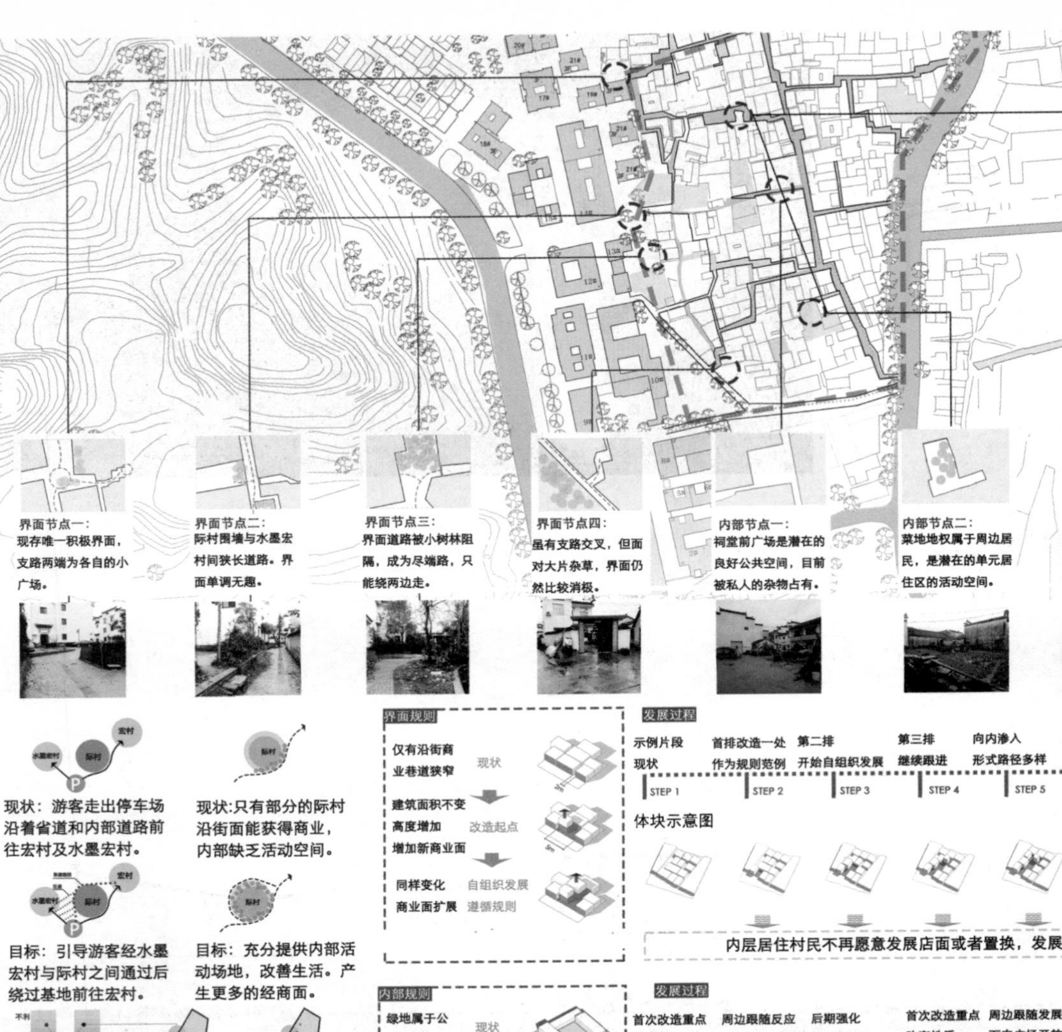

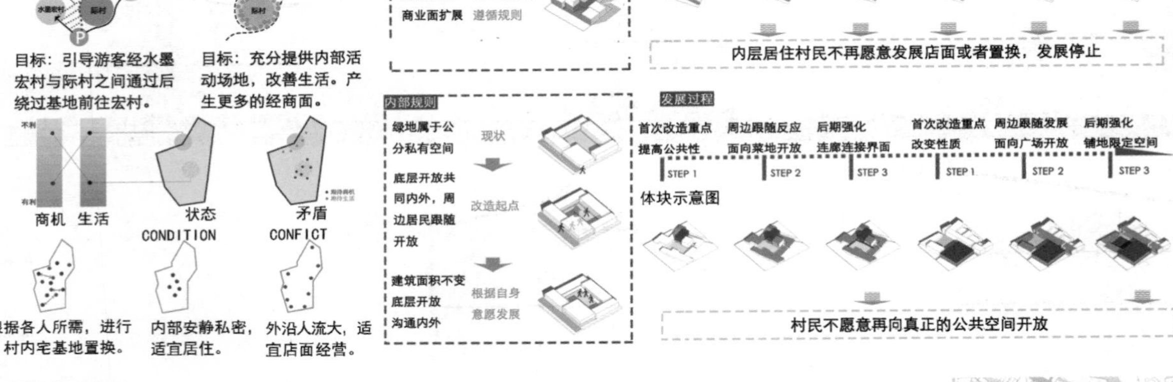

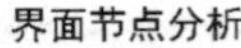

评语：

杨扬同学的设计，以南村头正对规划中停车场的区域为选址，在兼顾内部居民流线与外部游客流线的同时，用一个集市，及其内外两个界面不同的业态定位来塑造了一个活跃的、充满互动的场所。以此她回应了规划层面提出的开辟际村与水墨宏村之间的新通道。同时，在看似矛盾的较实的皖南粉墙与需要开口的商业界面的需求之间，她以一种新尝试努力取得平衡，其中也体现了她对于皖南建筑意向的一种认识。徐晨鹏同学的设计，以村落中的空间与精神中心——祠堂为焦点，在梳理了当代祠堂，即社区活动中心，的功能定位后，为际村内部的居民提供了一个集生活、休闲、管理、娱乐、仪式为一体的建筑体，回应了他在规划层面提出的以村落内部菜地为核心的公共空间更新策略。虽然建筑在体量上显得与周边存在巨大差异，正是这种差异凸显出双中心的独特地位，才是他对于村落特有建筑类型——祠堂的回应。

界面节点分析

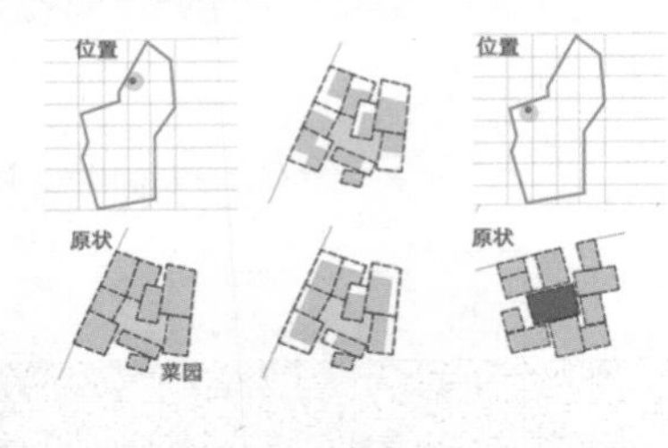

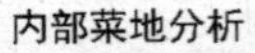

内部菜地分析

村民缺乏公共活动的空间，只能在路上交谈。

因为与各家宅基地有关，菜地的归属权被明确分隔。

土地紧张使得菜地被包围，除了种植没有别的功能。

民居围合菜地，有开门的潜质，立面却很封闭。

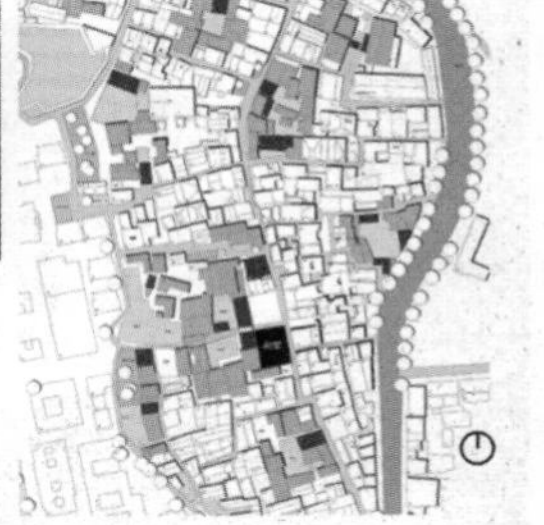

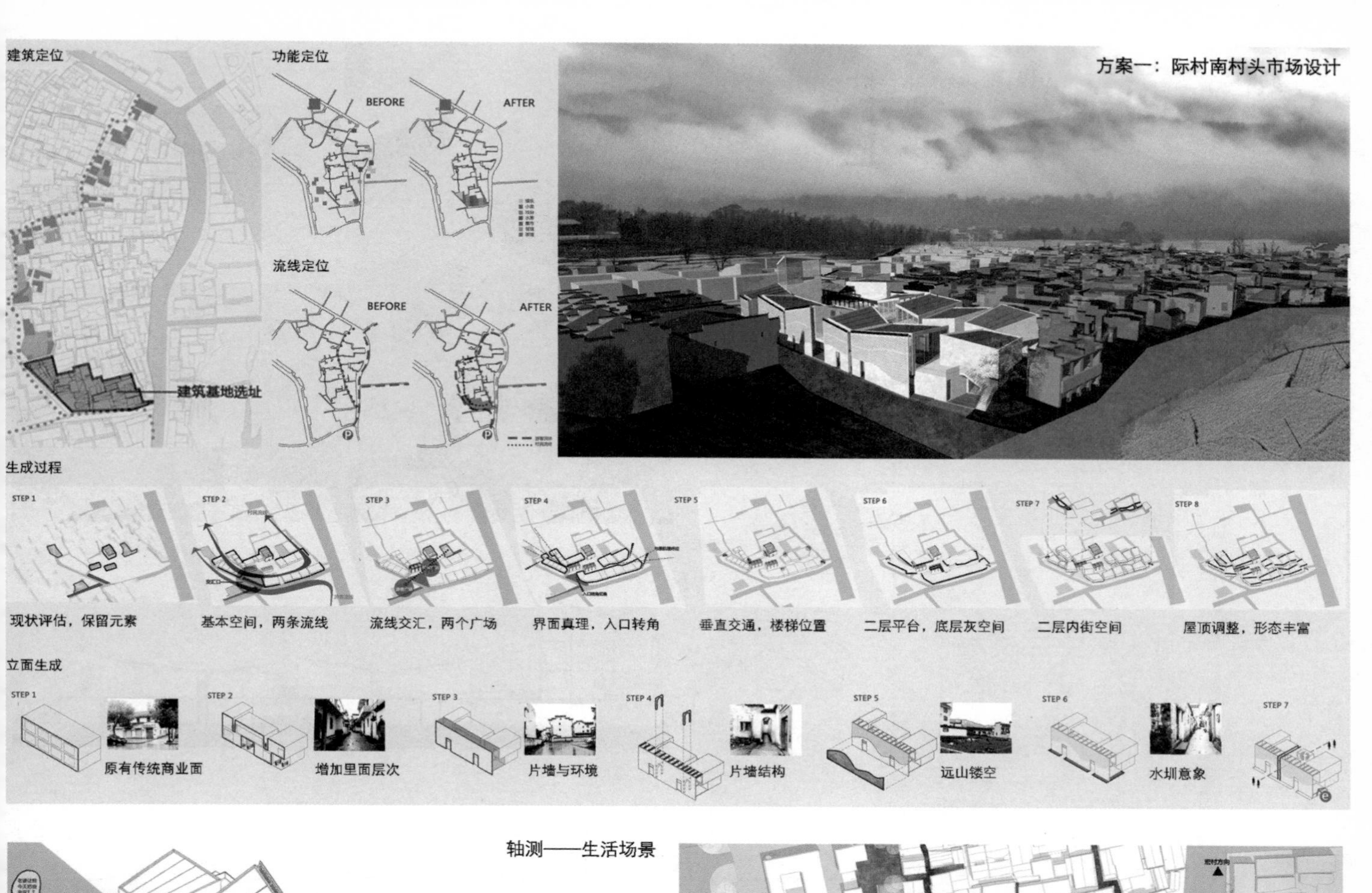

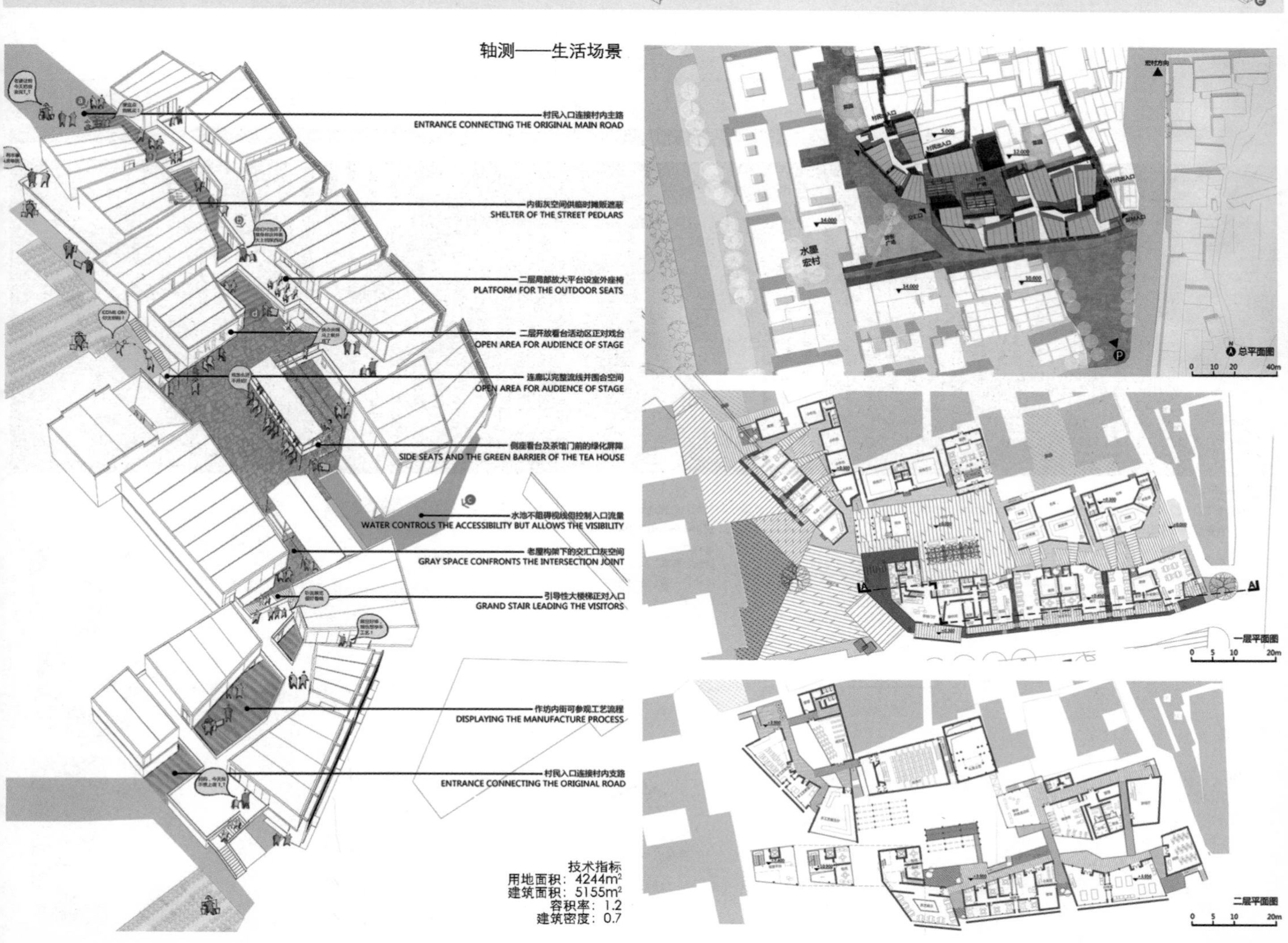

技术指标
用地面积：4244m²
建筑面积：5155m²
容积率：1.2
建筑密度：0.7

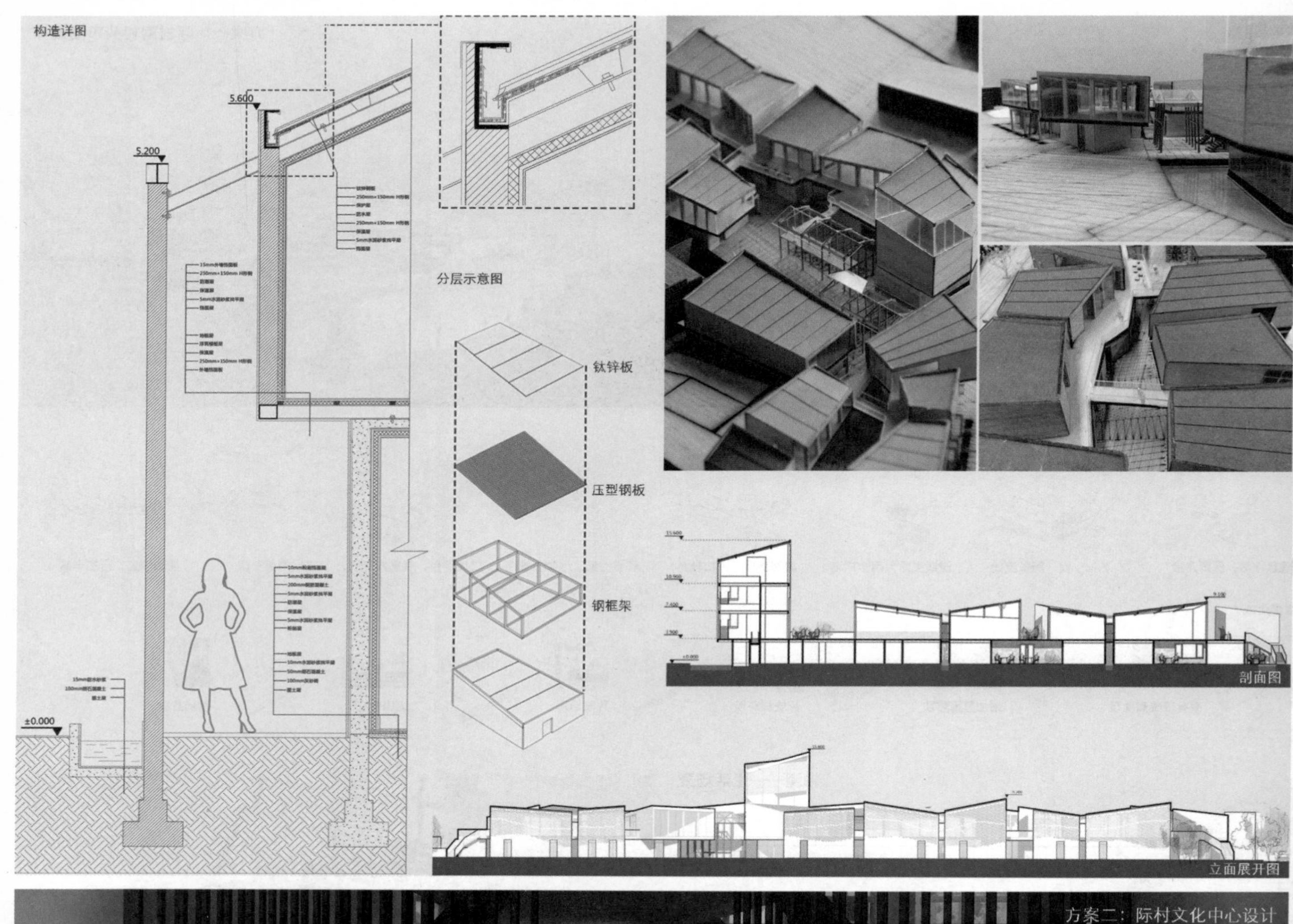
构造详图
5.600
5.200
±0.000
分层示意图
钛锌板
压型钢板
钢框架
剖面图
立面展开图

方案二：际村文化中心设计

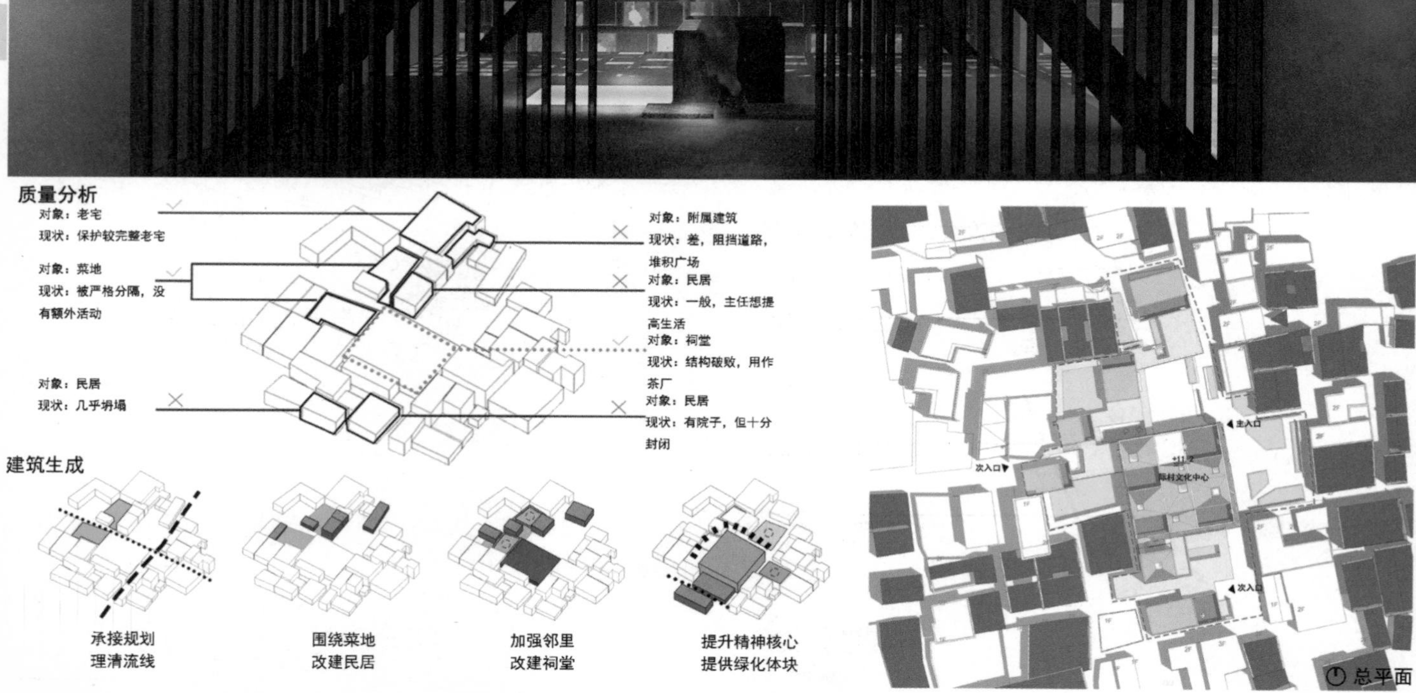
质量分析
对象：老宅
现状：保护较完整老宅
对象：菜地
现状：被严格分隔，没有额外活动
对象：民居
现状：几乎坍塌
对象：附属建筑
现状：差，阻挡道路，堆积广场
对象：民居
现状：一般，主任想提高生活
对象：祠堂
现状：结构破败，用作茶厂
对象：民居
现状：有院子，但十分封闭
建筑生成
承接规划
理清流线
围绕菜地
改建民居
加强邻里
改建祠堂
提升精神核心
提供绿化体块
主入口
次入口
次入口
际村文化中心
总平面

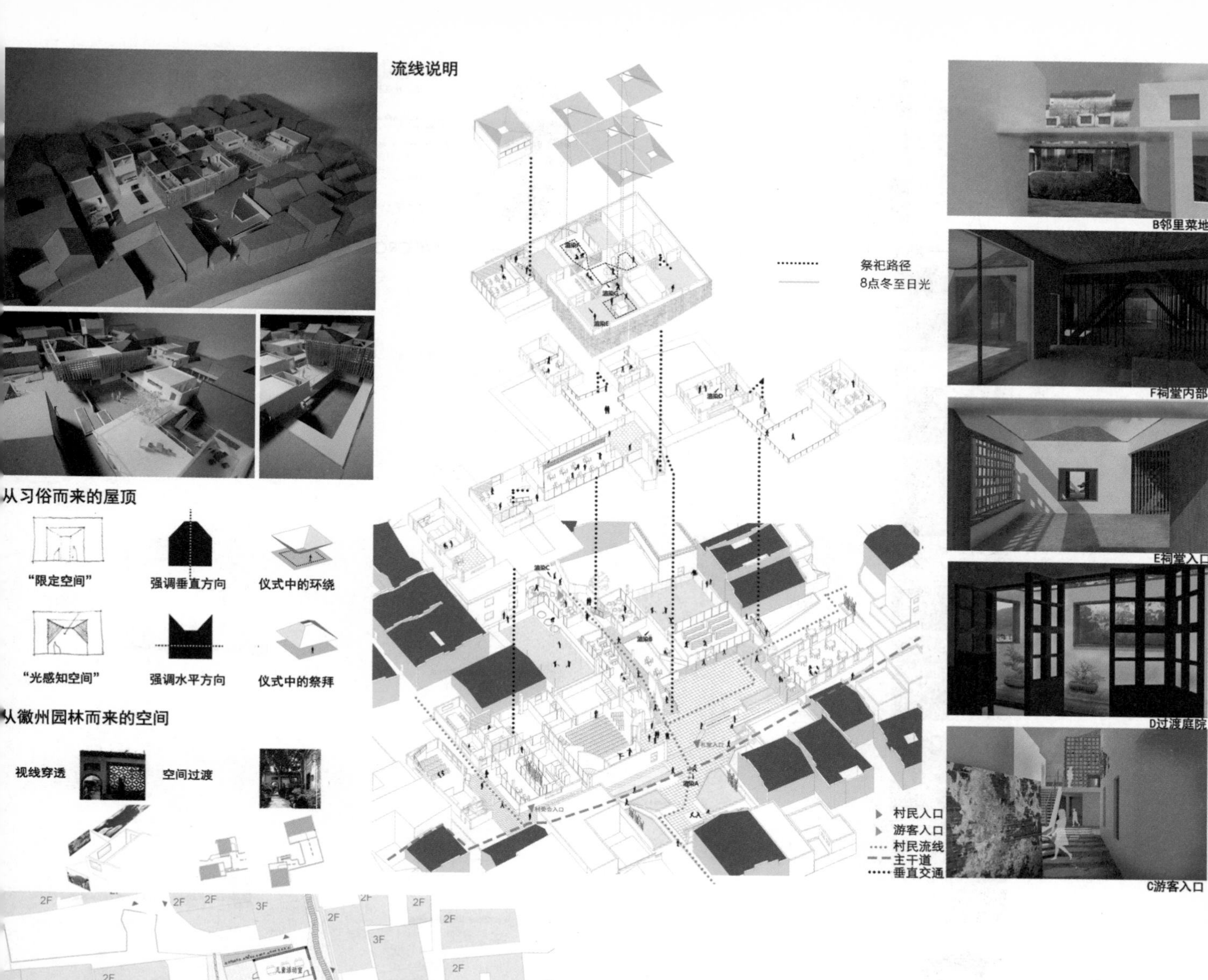

B邻里菜地
F祠堂内部
E祠堂入口
D过渡庭院
C游客入口

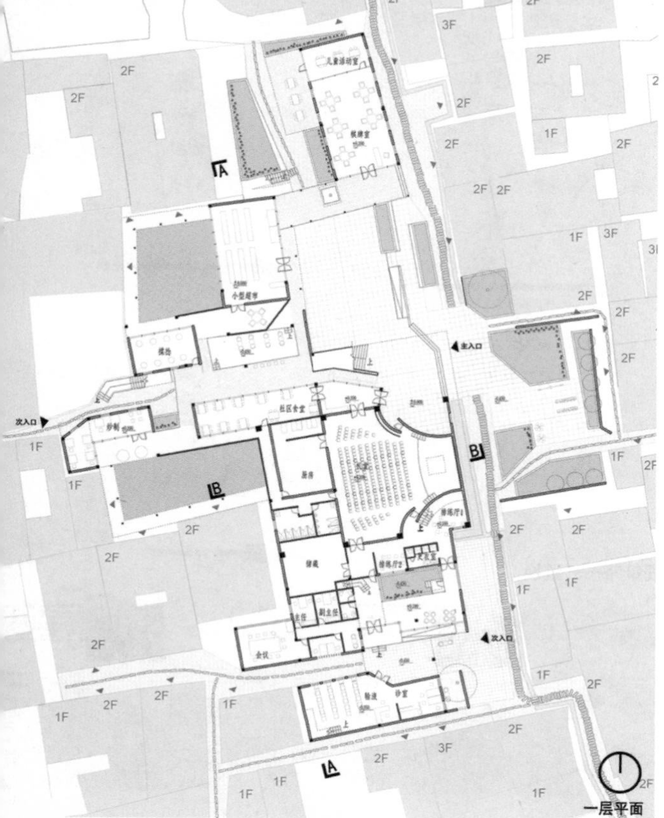
一层平面

二层平面

三层平面

四层平面

五层平面

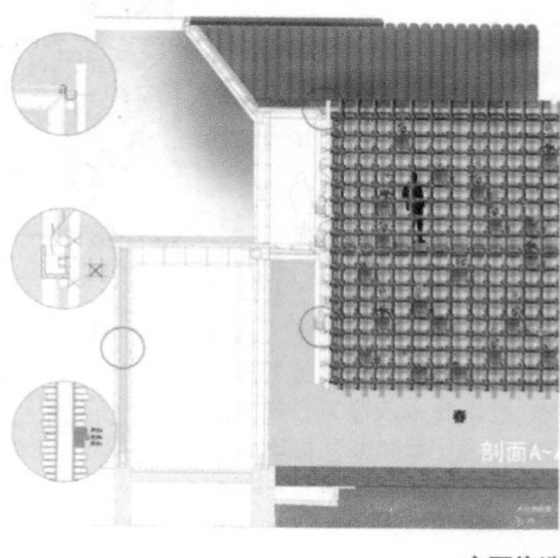
立面构造

安居乐业
To live and prosper

同济大学
设计：周阳/张月
指导:孙澄宇/王方戟/李翔宁

现状调研——“业”

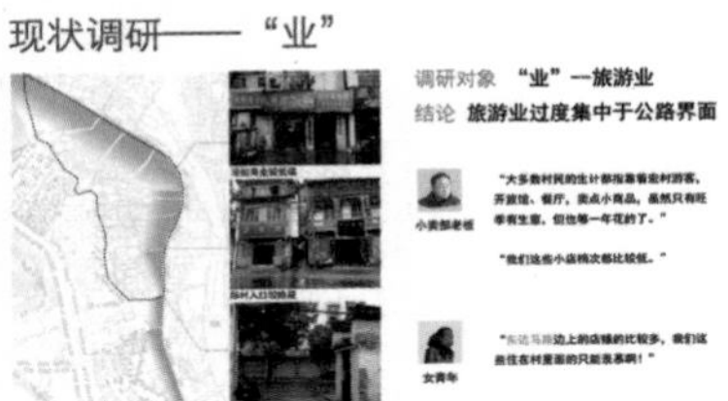

调研对象 “业”—旅游业
结论 旅游业过度集中于公路界面

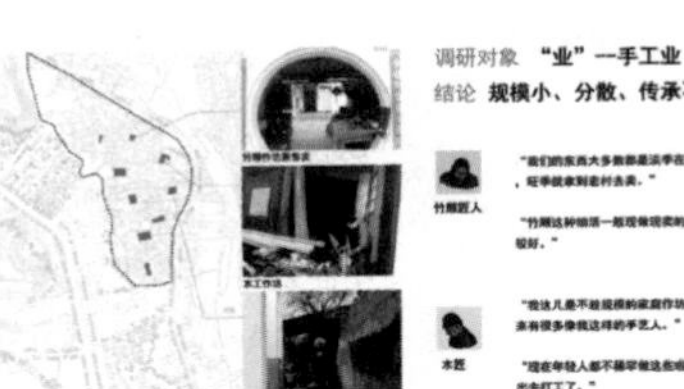

调研对象 “业”—手工业
结论 规模小、分散、传承不力

现状调研——“居”

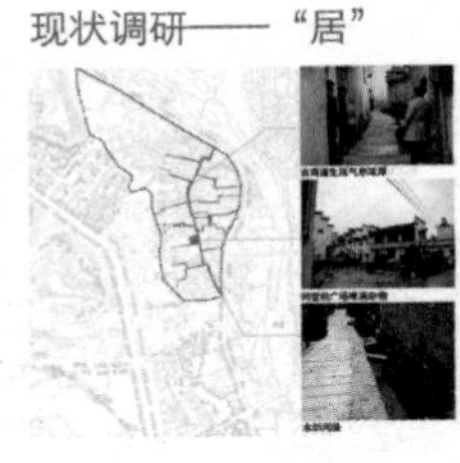

调研对象 “居”—居住空间
结论 传统村落空间有生活气息，但村内公共空间正在衰落

改造前——流线“分离”的现状

改造目的——流线“交汇”

概念引入——ACTIVE CROSS

ACTIVE—活力
交流与交易激发社区活力。

CROSS—交汇
村民的日常生活流线与游客流线纵横交错，作为交流与交易的前提。

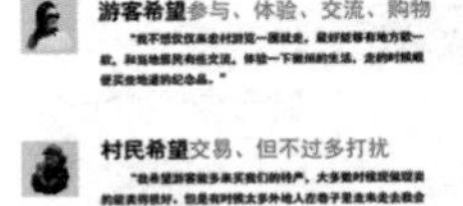

游客希望参与、体验、交流、购物

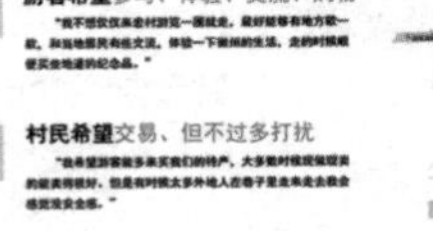

村民希望交易、但不过多打扰

CROSS的两种模式

TYPE 1 水平交错

TYPE 2 立体交错

改造策略——“业”

改造策略——“居”

微观策略——转移

微观策略——置换

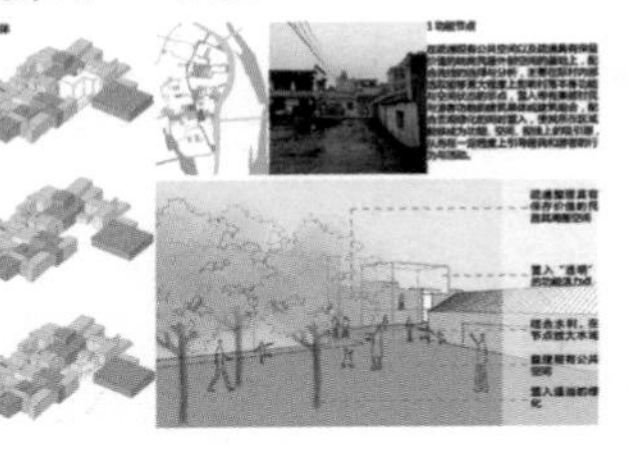

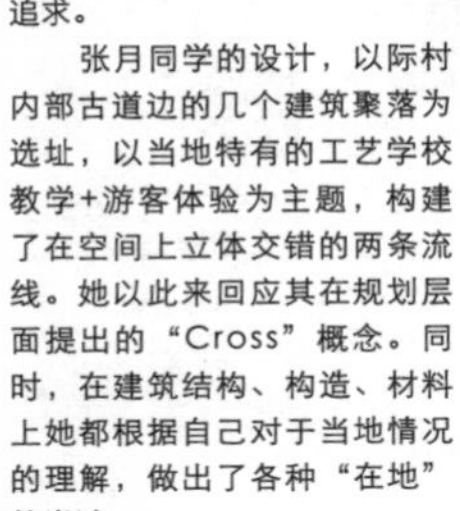

评语：

周阳同学的设计，以际村内部古道边的几个建筑聚落为选址，以功能复合的社区活动中心为主题，构建了在空间上立体交错的两条流线。他以此来回应其在规划层面提出的“Cross”概念。同时，在建筑结构上，他采用了较为特殊的剪力框形式，由其独特的追求。

张月同学的设计，以际村内部古道边的几个建筑聚落为选址，以当地特有的工艺学校教学+游客体验为主题，构建了在空间上立体交错的两条流线。她以此来回应其在规划层面提出的“Cross”概念。同时，在建筑结构、构造、材料上她都根据自己对于当地情况的理解，做出了各种“在地”的尝试。

周阳同学部分：编织——际村新活动中心设计

流线交汇处处理

承接规划，在原际村祠堂位置游客、村民流线发生交汇，将游客流线抬升，使得两者立体交汇，减少冲撞，丰富道路体验。

编织概念引入

徽州生产竹子，希望建筑以竹编方式讲村民、游客生活进行编织，行程有机整体。

建筑设计说明

选取老祠堂及周围进行设计，希望还原这里公共行与记忆。承接规划在两条路径对交点处重新置入复合道路节点，分别满足游客村民对不同需求。保留原油老街街道生活，立体编织流线，通过袋装的围合形成大小不同的庭院过渡实体功能空间。在材料与构造上抽象编织徽州传统空间元素与建构元素。

过程模型

鸟瞰模型照片

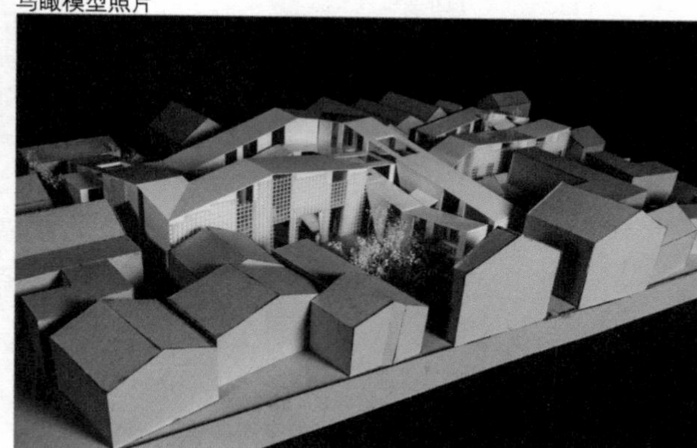

生成过程

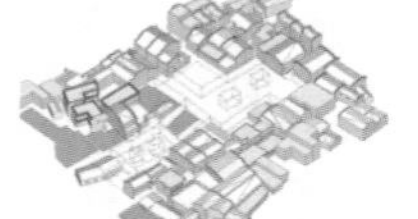

1基地流线分析，确定选择置入节点位置与基地范围。

2整理场地，确定大致体量关系，将空间分为红色功能实体量与绿色虚体量。

3引入传统徽州天井庭院。

4结合流线划分体量
红色为功能空间，蓝色为无确定功能空间，抽象庭院。

5引入屋顶意向
根据基地放置横向功能空间。

6继续引入纵向以流线功能为主没有确切功能的空间。

7深化方案，整理体量关系简化复杂形体，强调立体交汇关系。

总平面图

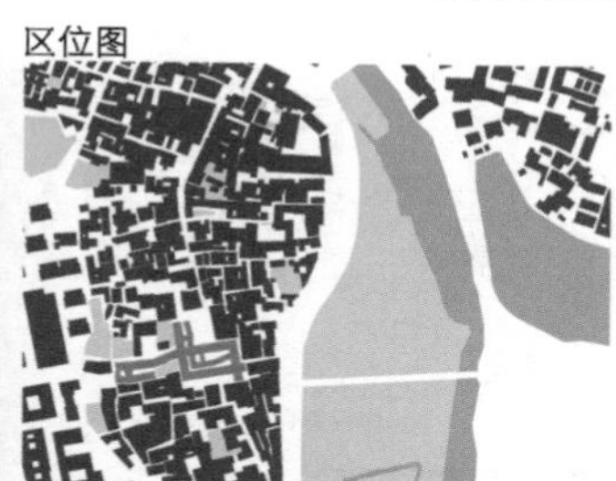

区位图

功能与流线分析

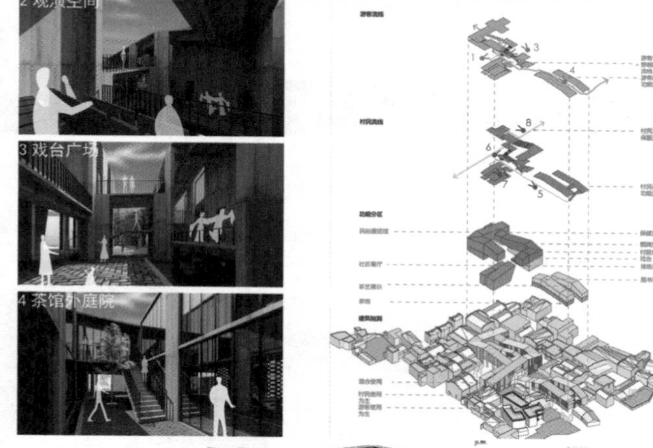

一层平面图

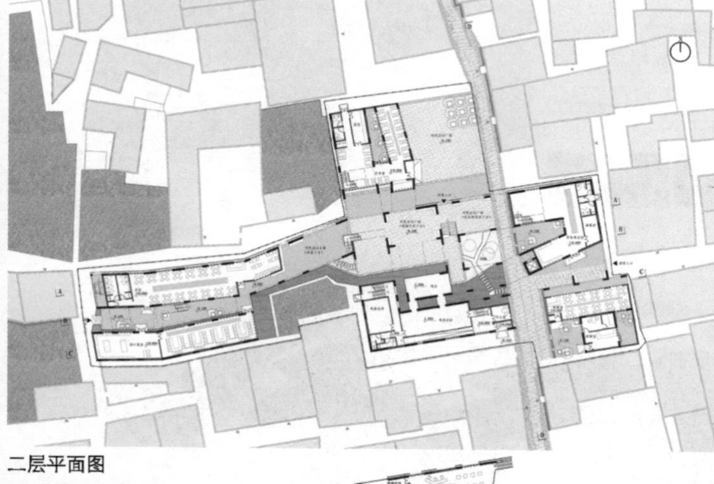

二层平面图

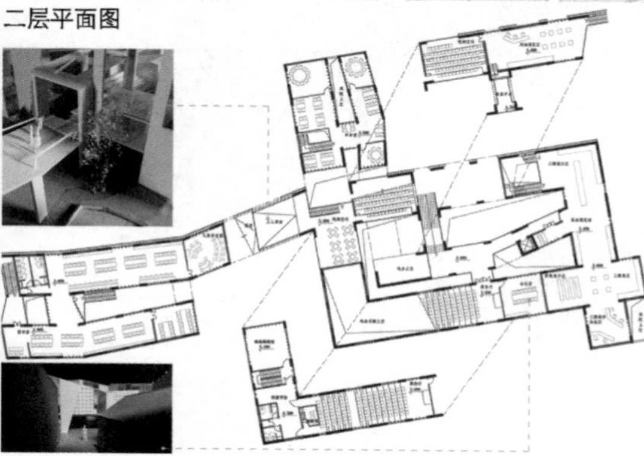

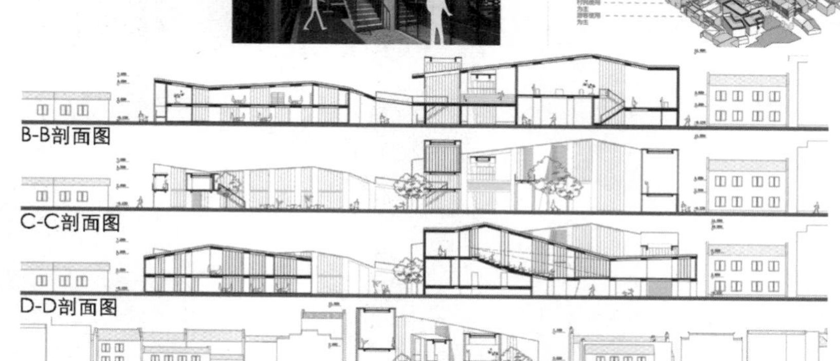

B-B剖面图

C-C剖面图

D-D剖面图

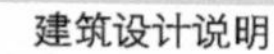

村民流线体验
5 东西向道路
6 村民广场
7 社区餐厅
结构轴测与分析
相交处做
编织处理
自然围合
休憩场所
连廊自由搭接
在两侧剪力框
形态自由
墙身构造
双侧拉伸
减小跨度
丰富垂直
视线关系
单侧拉伸
减小跨度
引导视线
根据功能
灵活布置
楼板
相邻结构
单体形成
结构组
结构组之
间可省略
次梁
便于营造
通高空间
张月同学建筑部分——黟县际村开放式手工艺学校设计
建筑功能设定
建筑选址
现有建筑物去留策略
总平面图
现有路网与环境改造策略
建筑单体生成图解
——“三合院”的重构
徽州传统民居
三合院多进组合，沿
中心街道形成鱼骨状
结构。
适应公共建筑功能的
新建筑
建筑整体抬升，密度减
小；围绕新增加的开放
空间组织新的三合院。
经济技术指标
基地面积：2804.75㎡
建筑面积：4080.43㎡
教学：709.69㎡
作坊：541.79㎡
展览：577.42㎡
销售：272.05㎡
办公：166.36㎡
食堂：256.34㎡
餐饮：651.72㎡
住宿：458.28㎡
建筑层数：地上1~3层
建筑密度：67.32%
容积率：1.455
原建筑面积：3189.48㎡
拆建比：1.279
拆迁户数：20

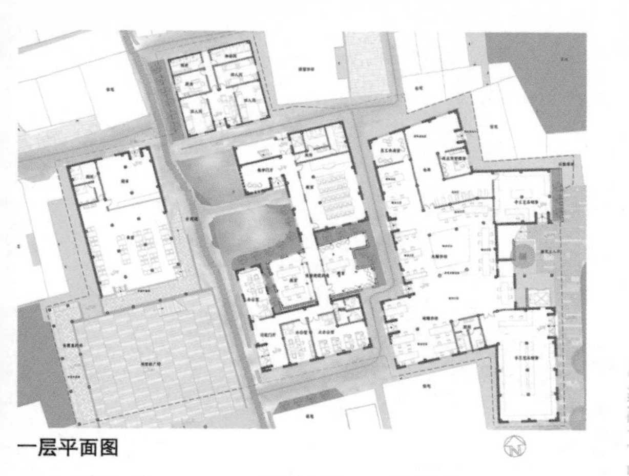

一层平面图

二层平面图

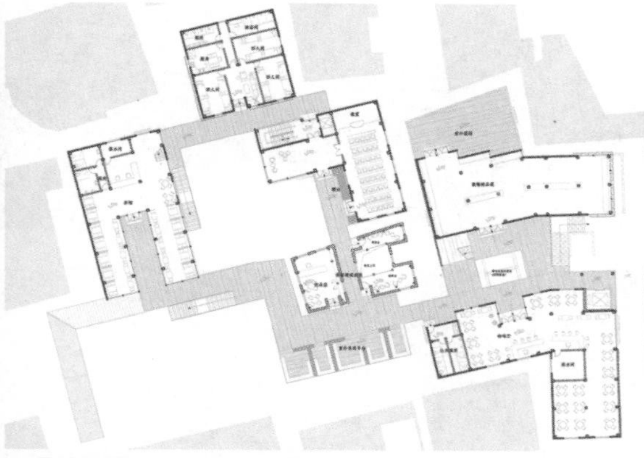

三层平面图

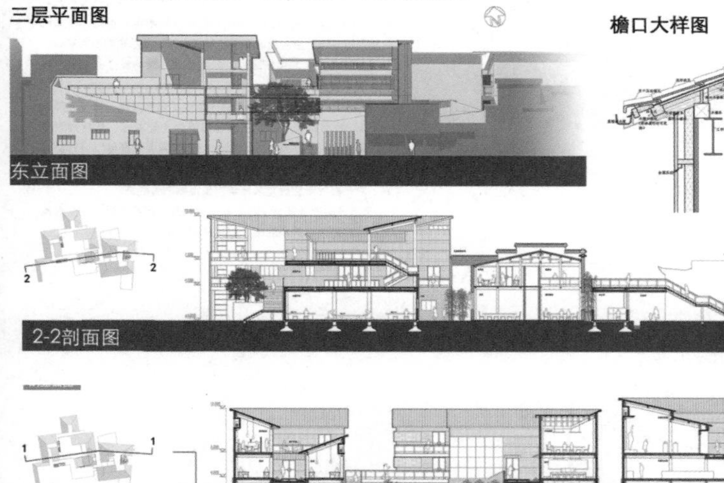

东立面图

2-2剖面图

1-1剖面图

建筑群落生成图解

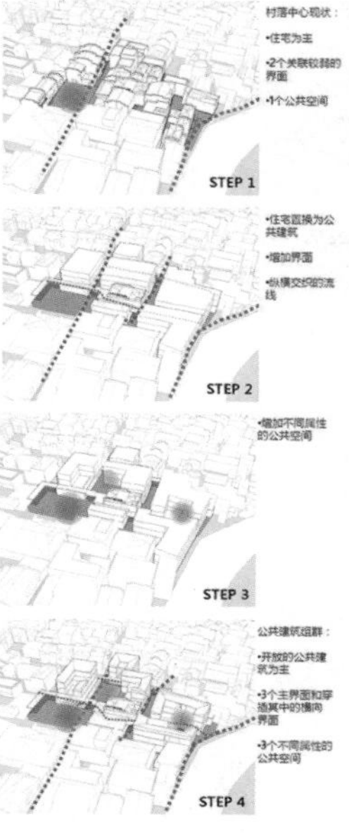

功能与流线分析

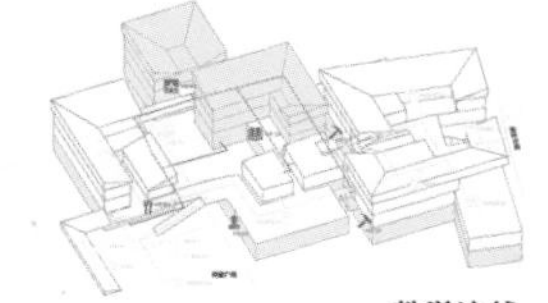

教学流线

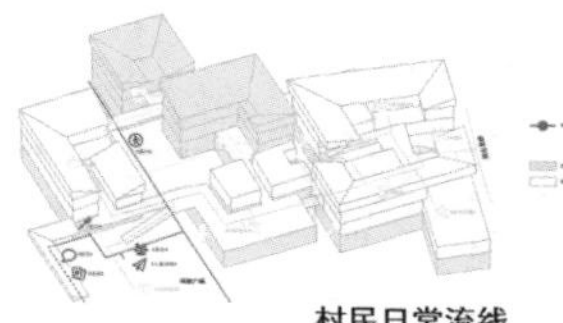

村民日常流线

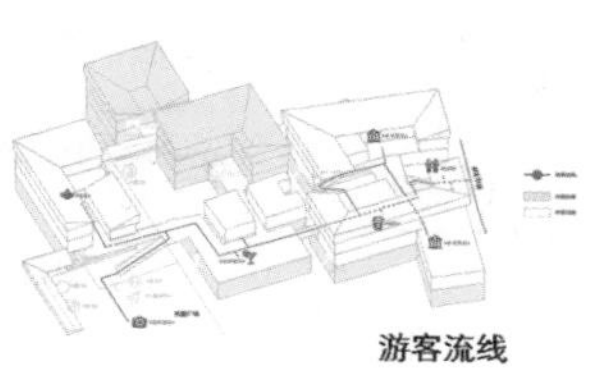

游客流线

檐口大样图

墙身大样图

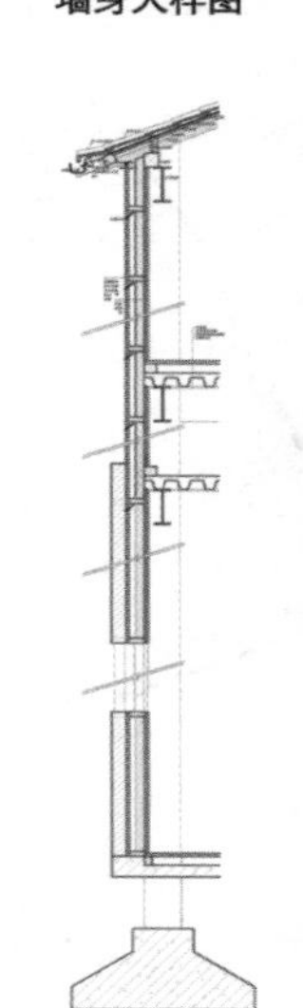

水院

东部游览入口

祠堂前广场

二层游憩平台

新与旧的结构逻辑

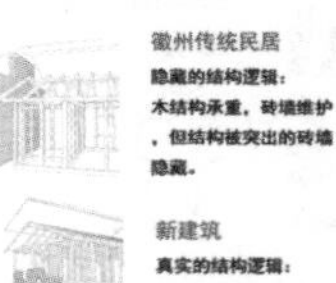

徽州传统民居

隐藏的结构逻辑：

木结构承重，砖墙维护，但结构被突出的砖墙隐藏。

新建筑

真实的结构逻辑：

钢木结构承重，砖墙维护，砖墙与屋顶脱开，显示真实的结构逻辑。

文化体验和日常生活的共鸣——徽茶文化体验馆设计

Resonance Between Cultural Experience and Daily Life

同济大学
设计：胡裕庆
指导：孙澄宇/王方戟/李翔宁

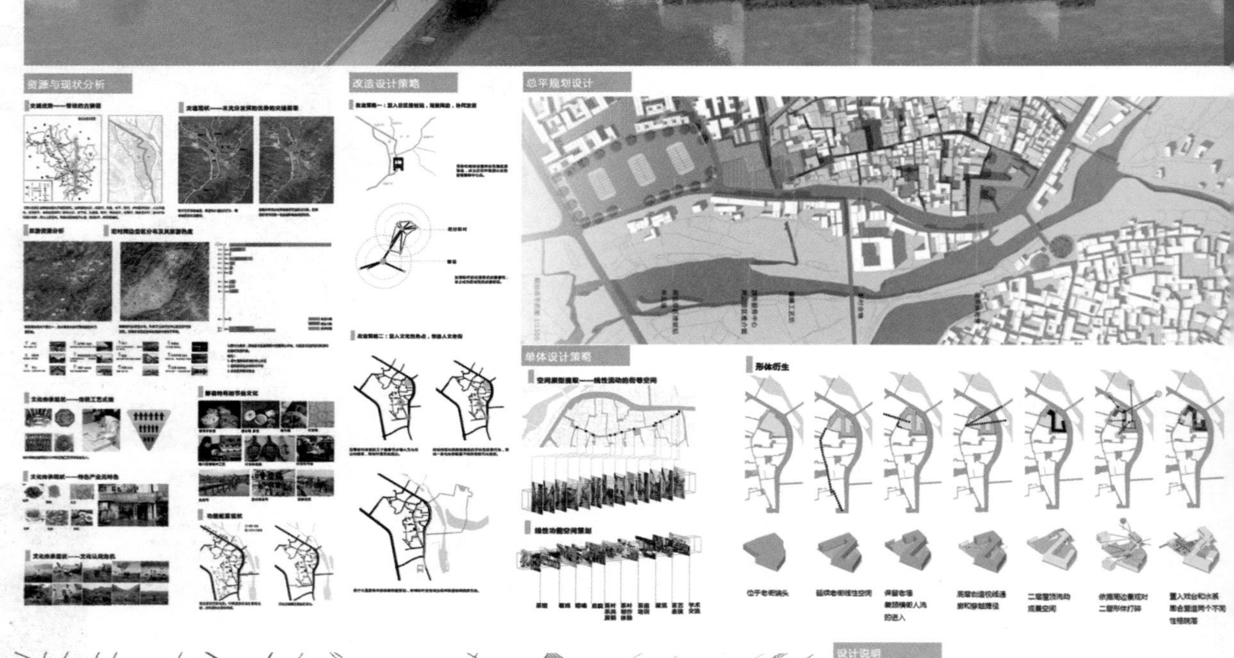

评语：

胡裕庆同学的设计，以际村正对宏村入口的古道端部为选址，以体验徽州文化，特别是茶文化的一系列功能性空间为主题，构建了一个"S"形的线形建筑。该建筑在入口处能够比较自然地围合成两个定位不同的广场，同时为宏村与古道入口间提供了直接的视觉通廊，这旨在促进两个村落在旅游路径上的整合。这也回应了她在规划层面提出的将两者整合，突出际村文化体验功能的设想。

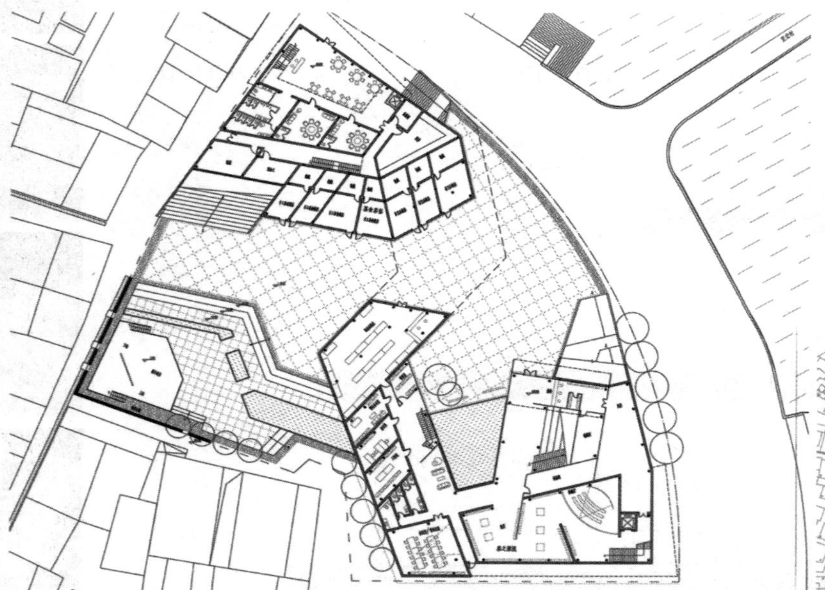

一层平面图1:200

设计说明

关注到际村的交通区位优势和日趋严重的徽文化传承和认同危机的现象，规划以文化体验重振际村老街的想法。以文化体验为核，通过置入景区接驳站聚集人气，以际村老街为载体，在关键节点置入文化性建筑，以期带动后续自发性的文化性经营行为，塑造人文老街。

根据场地的穿越需求，提供一条除了直接穿越的捷径之外的一条S形游览路线，以徽茶文化体验为主要内容，构建同时服务于游客和村民的活动空间场所，使这两类人群可以进行良好的沟通互动，对于游客提供一种更加生动的地域性文化民俗体验，对于村民创造重塑文化认同和传承的可能性。

当游客游走在屋顶平台上时，辗转停行间所观所感是交融着的宏村的影像，徽州的山水和际村的生活。

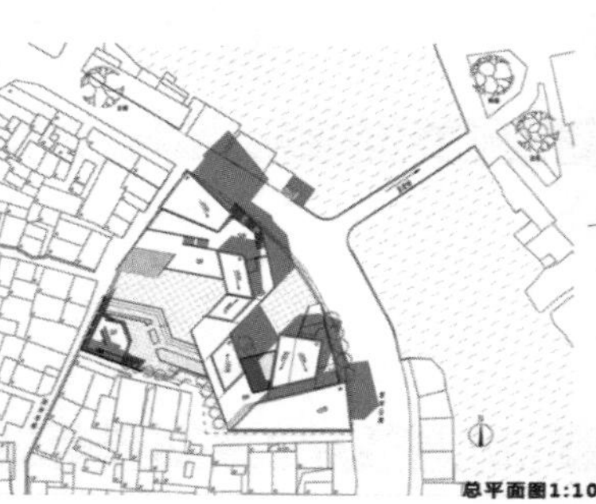

总平面图1:1000

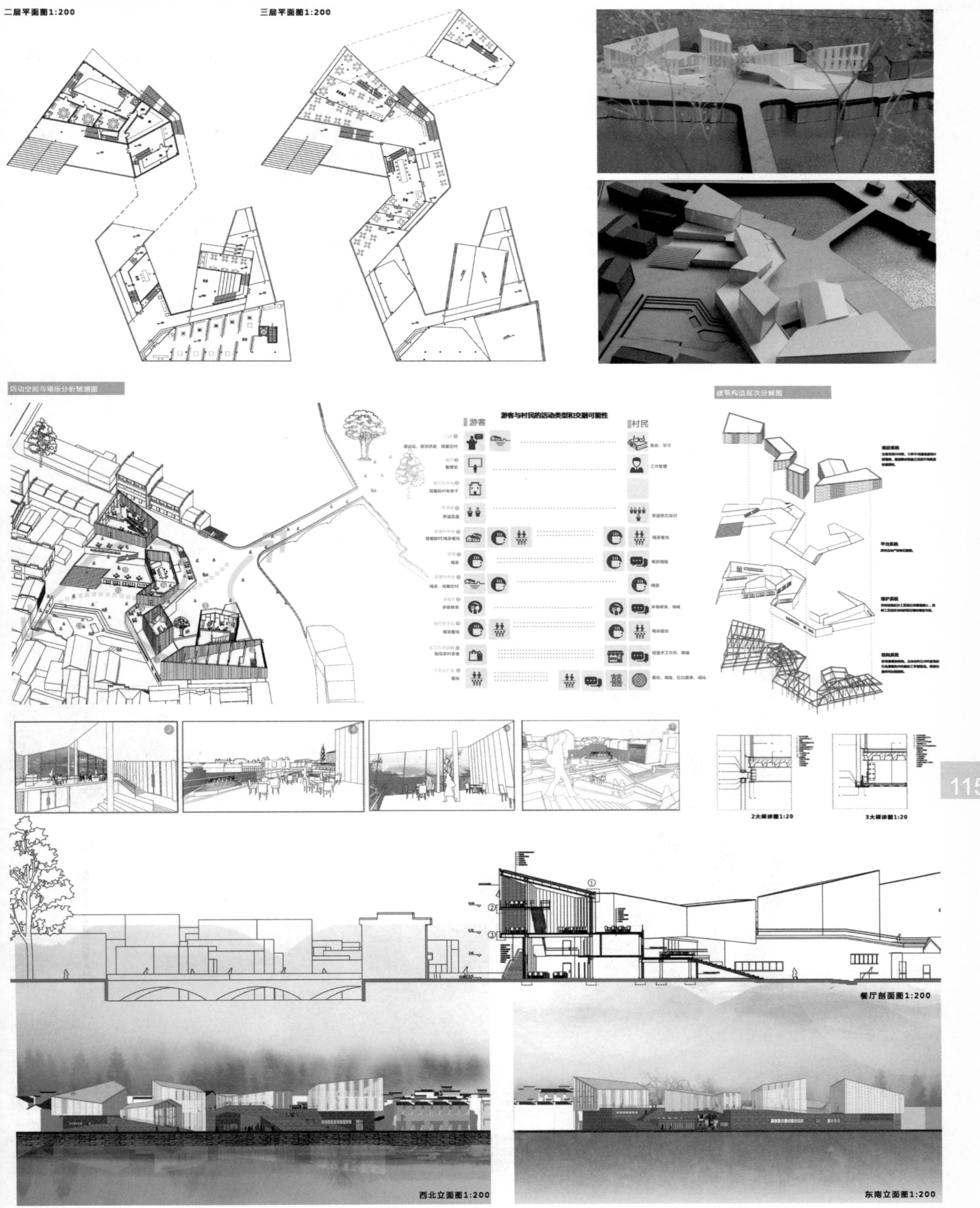
二层平面图1:200
三层平面图1:200
活动空间与场所分析轴测图
游客与村民的活动类型和交融可能性
游客
村民
建筑构造层次分解图
2大样详图1:20
3大样详图1:20
餐厅剖面图1:200
西北立面图1:200
东南立面图1:200

他人的生活
Life Before His Eyes

同济大学
设计：刘晓宇
指导：孙澄宇 / 王方戟 / 李翔宁

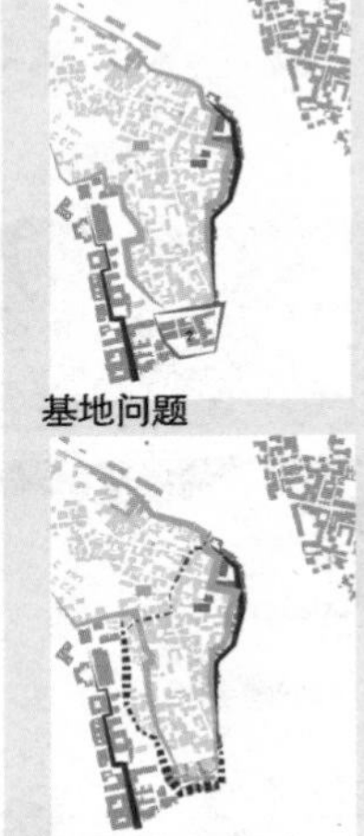

基地问题

调研发现基地最大问题是商业界面在红线区域断层，居民生活被宏村路和水墨宏村夹击。

改造策略

改造策略为在红线区域将界面补齐，并且明确居民生活边界。将居民和游客的生活分开。

游客环线

规划的两个大型停车场建成后，会有大量游客从此涌出。在这个点将临近水墨宏村一条质量不好的民居改造成家庭旅馆，缓解商业对居民生活的影响，并开发穿越际村的路径，形成游客环路。

居民庭院

将菜地空间改造为中心庭院，给居民提供内部活动空间，并将这种空间作为示范空间，形成类似空间。最终将居民活动从主街吸引到庭院内部，在对于宏村的旅游开发强度越来越大的前提下，居民的正常活动也可以被保证。

改造平面

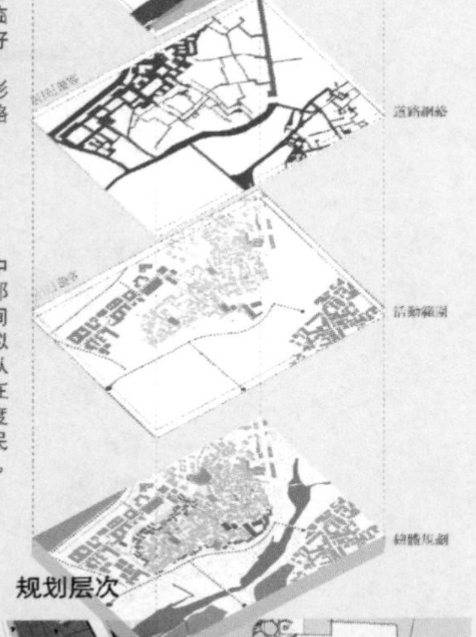

规划层次

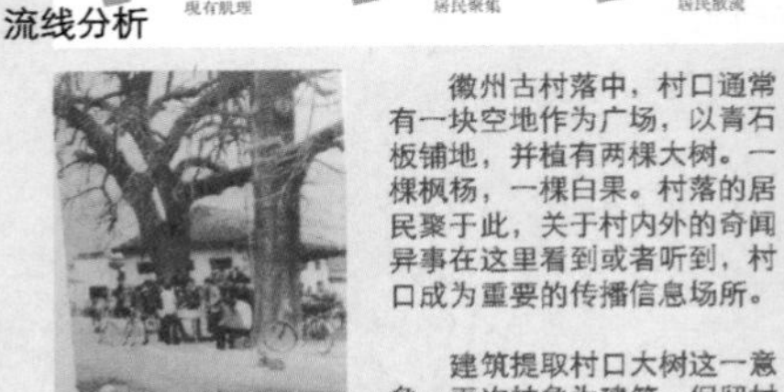

流线分析

意向分析

徽州古村落中，村口通常有一块空地作为广场，以青石板铺地，并植有两棵大树。一棵枫杨，一棵白果。村落的居民聚于此，关于村内外的奇闻异事在这里看到或者听到，村口成为重要的传播信息场所。

建筑提取村口大树这一意象，再次抽象为建筑，保留村口场所意义。

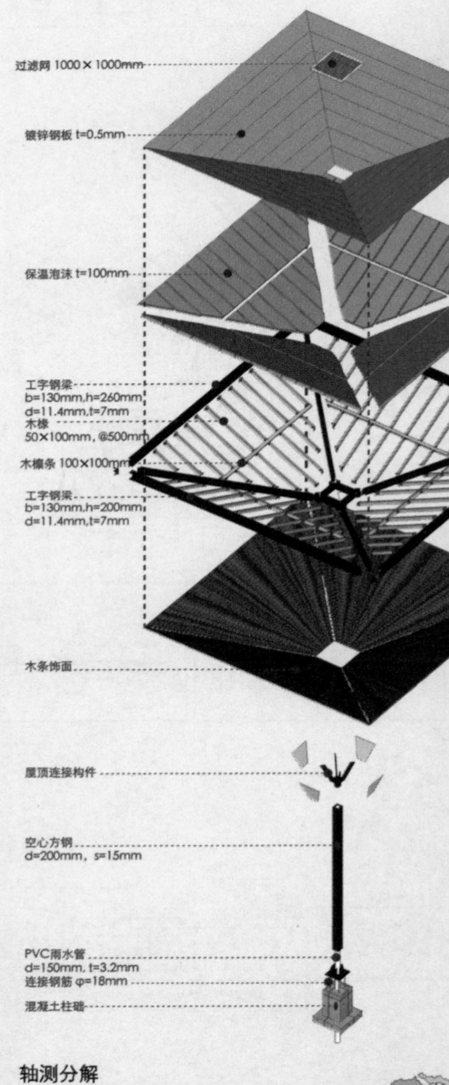

轴测分析

总平面

南立面

评语：

刘晓宇同学的设计，在际村的南村口，针对村民生活与游客到来的相互干扰问题，提出了居民公共活动场地+游客信息中心的建筑定位。以“树”形意向，构建了这一场所。虽然建筑推演较为直接，但却直接明了地反映了她对于皖南村民生活的理解，也反映了她对于际村调研的理解。

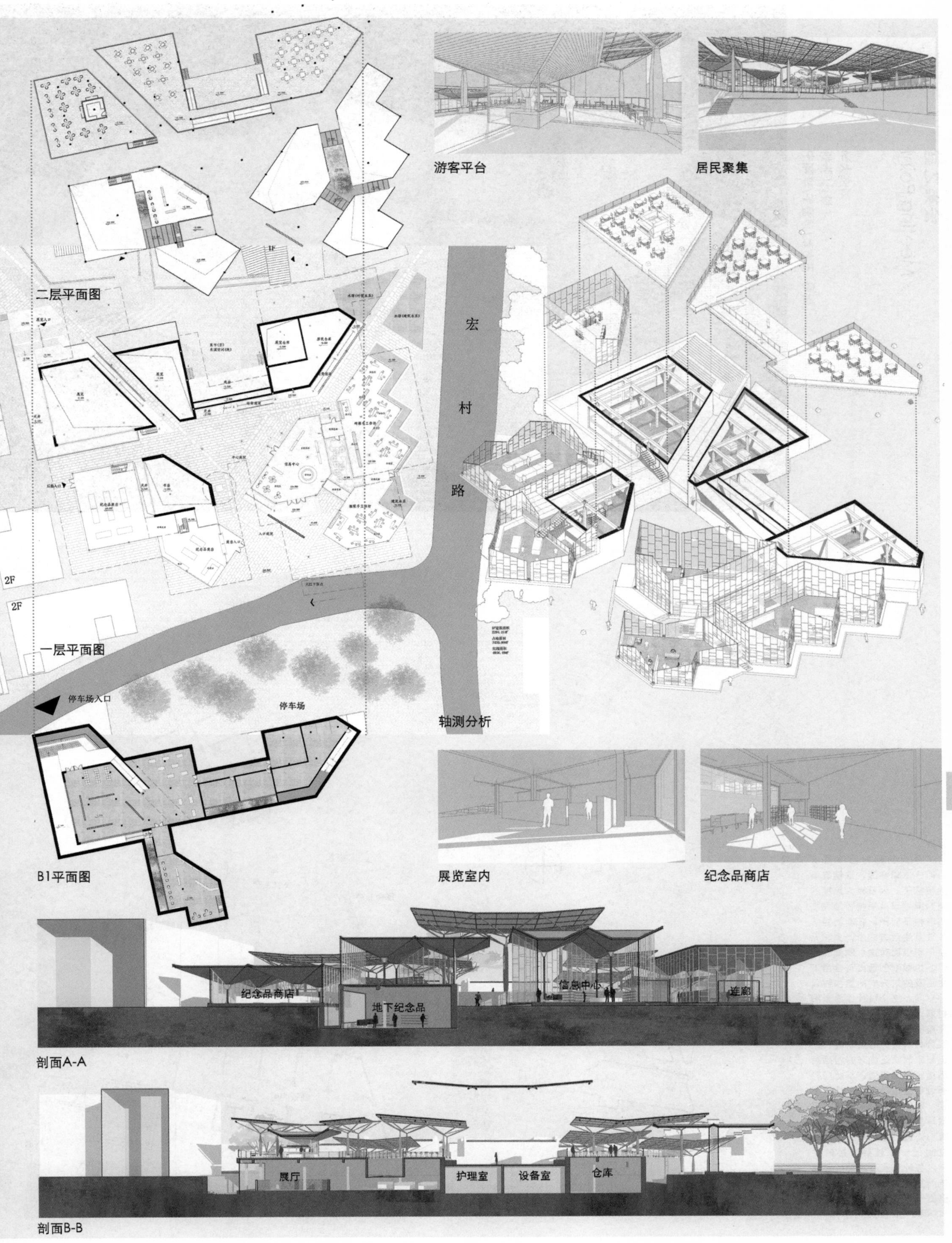
游客平台
居民聚集
二层平面图
宏
村
路
一层平面图
停车场入口
停车场
轴测分析
B1平面图
展览室内
纪念品商店
纪念品商店
地下纪念品
信息中心
连廊
剖面A-A
展厅
护理室
设备室
仓库
剖面B-B

会集之堂
Meeting Point

同济大学
设计：张妍
指导：王方戟/孙澄宇/李翔宁

建筑模型 1:100

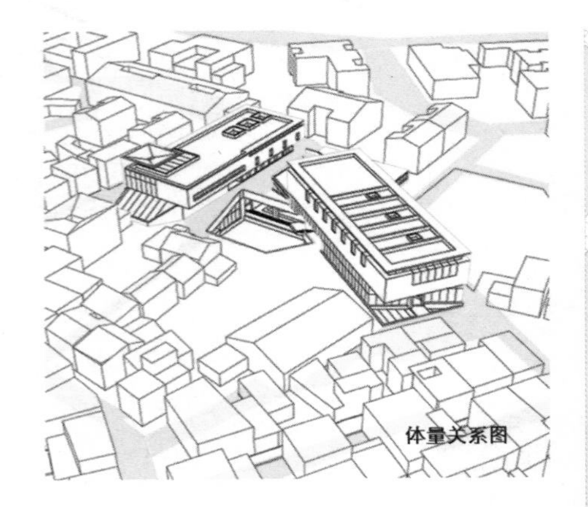

体量关系图

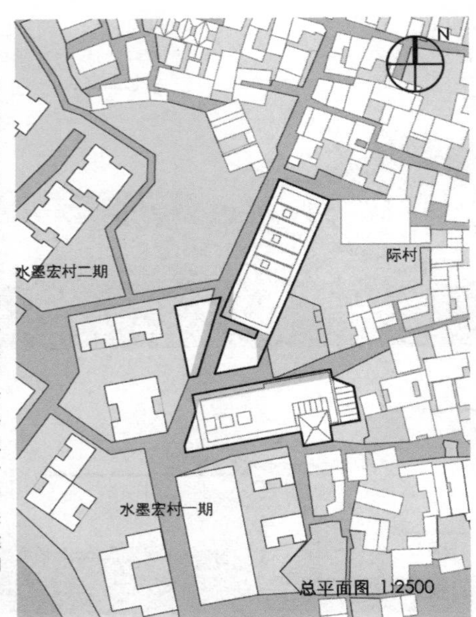

总平面图 1:2500

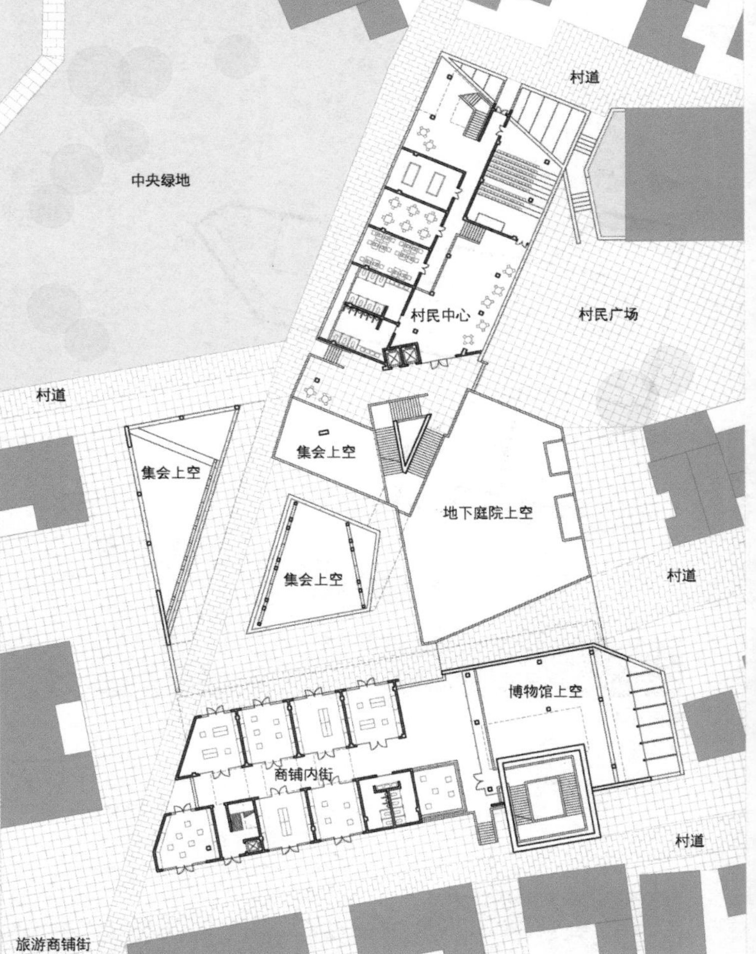

一层平面图 1:800

评语：

今天的际村已不是农耕时代水圳穿流，炊烟袅袅的模样了。大量更大尺度的新商业建筑几乎将苟延残喘的老村子包围。在新的经济模式及生活方式中，乡愁无益于积极面对这个剧变的时代，也很难创造出符合当下生活及建筑方式的新乡村公共空间。这个设计作为新旧村落之间一个大尺度、形态完整的新村民活动中心，代表公共利益，与资本时代建造起来的缺乏细节的粗陋商品建筑取得抗衡。与此同时通过专业技巧，将场地上路径、功能、人流、标高、视觉等关系在建筑的底层逐个吸纳处置。建筑其他层面的空间进一步延展底层的关系。各种人流及其视线在建筑周围形成交织和渗透，创造出一个以当代方式根植乡村环境的新村民社区建筑。

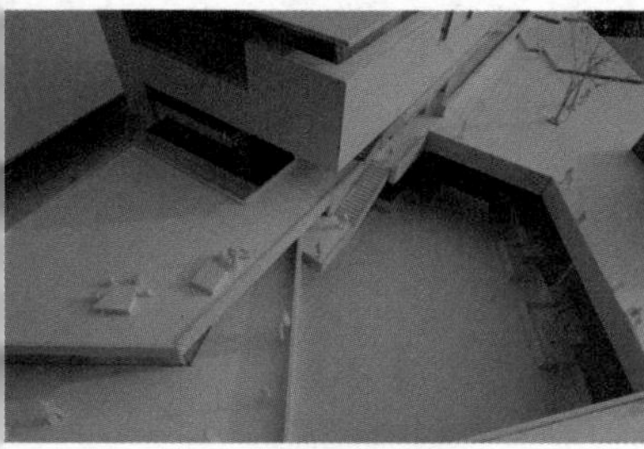

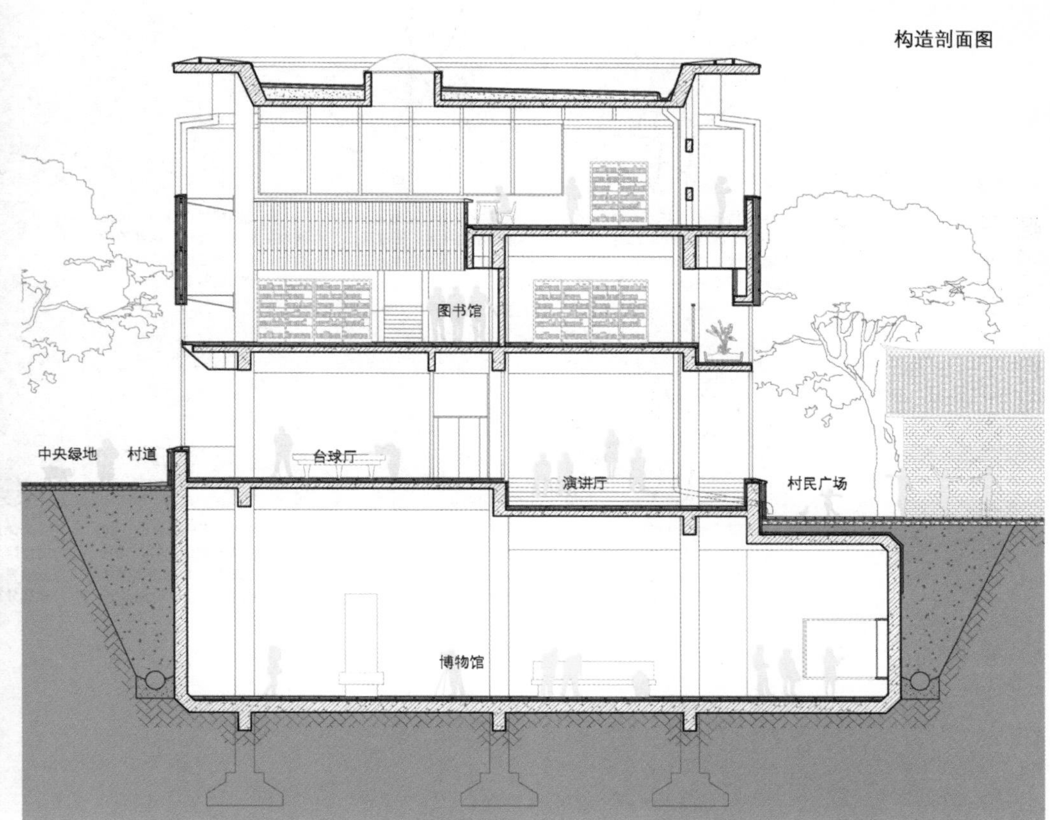
构造剖面图
图书馆
中央绿地
村道
台球厅
演讲厅
村民广场
博物馆

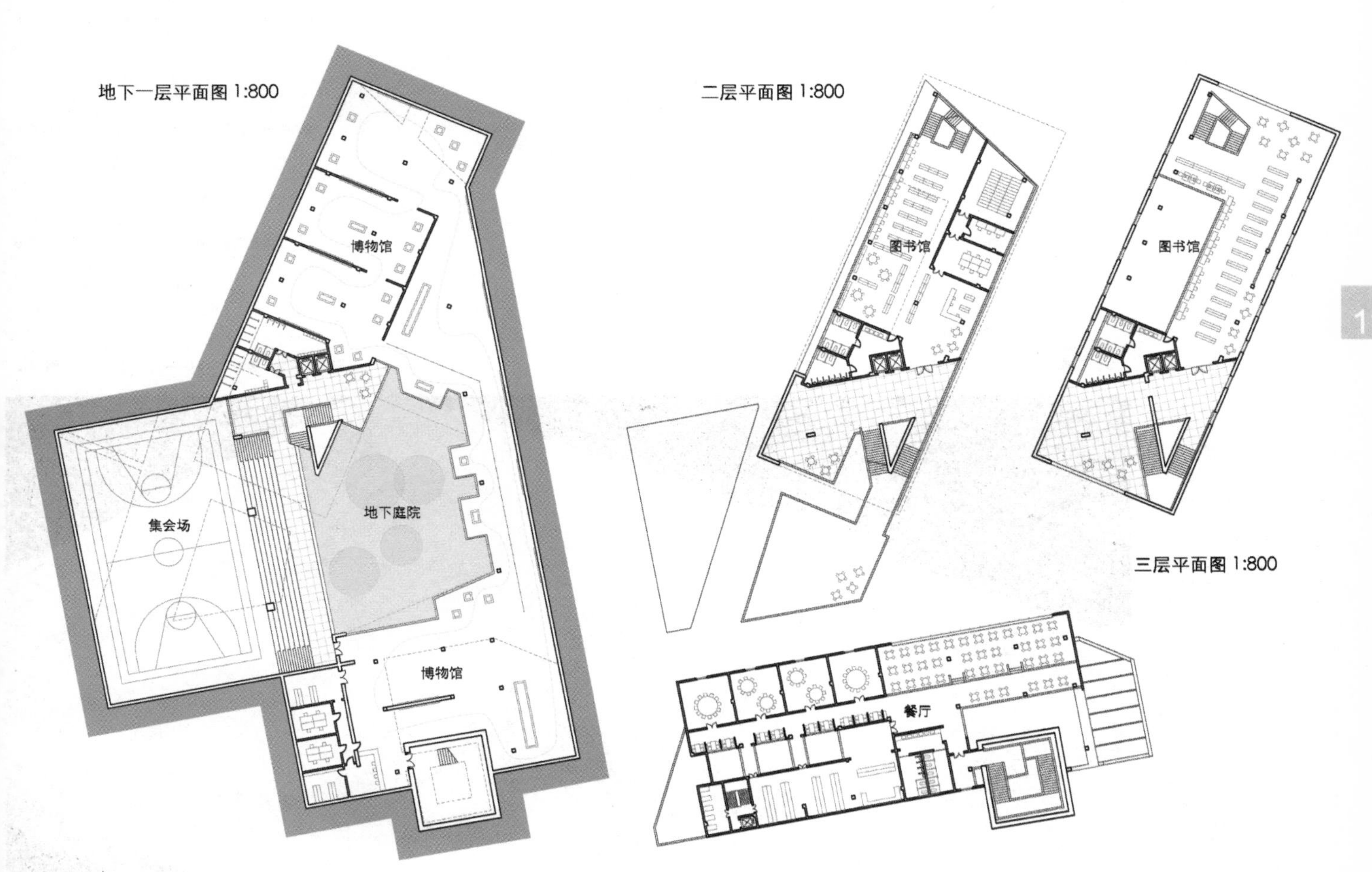
地下一层平面图 1:800
博物馆
集会场
地下庭院
博物馆
二层平面图 1:800
图书馆
图书馆
三层平面图 1:800
餐厅

山脚下的小公园
A park at the foot of the hill

同济大学
设计：段北阳
指导：王方戟

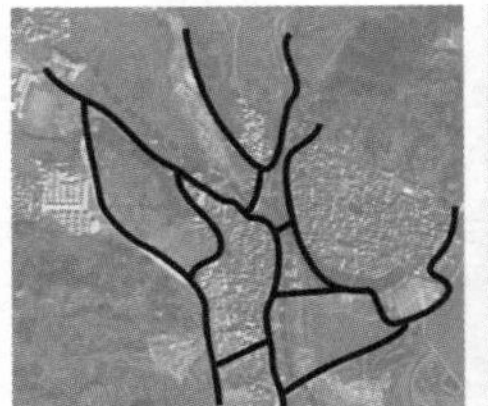

宏村-际村区域在较大范围内由四个村落组成，村落与村落直接被山或河流阻隔，通过桥梁或道路连接。

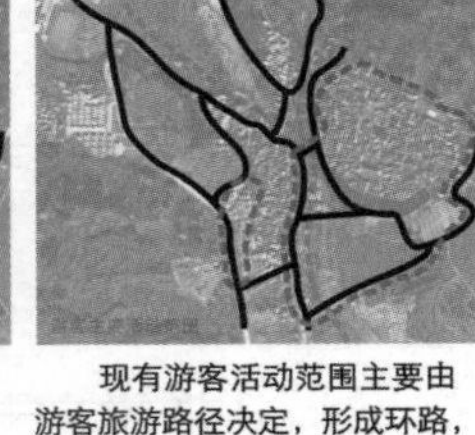

现有游客活动范围主要由游客旅游路径决定，形成环路，范围内的沿路区域商业开发程度较高。

通过保留村内建筑价值品质较高的特色建筑、拆建改建部分建筑，通过建筑广场组织空间、业态调整吸引客流。

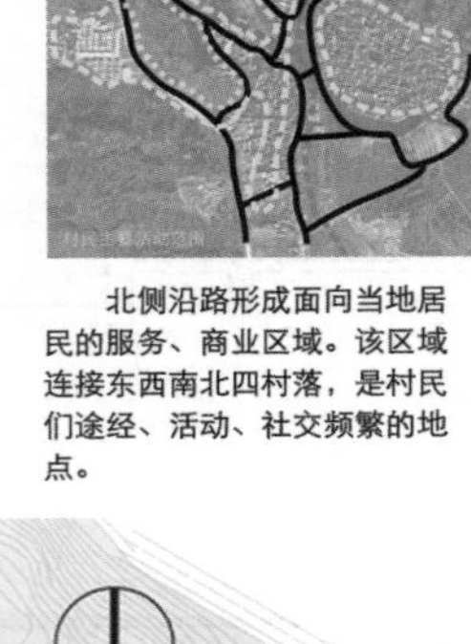

北侧沿路形成面向当地居民的服务、商业区域。该区域连接东西南北四村落，是村民们途经、活动、社交频繁的地点。

选取沿路背山的三角地块进行设计，地块处四村落的地理中心，将成为村落居民日常活动的交汇点。

通过增添面向游客的功能，使得地块功能复合多样，依托山景吸引由南向北的游客流线使得区域更添活力，价值提升。

总体城市设计简图：红色为规划区域内保留建筑，蓝色为新建或改建建筑。灰色部分为规划外区域保留建筑。

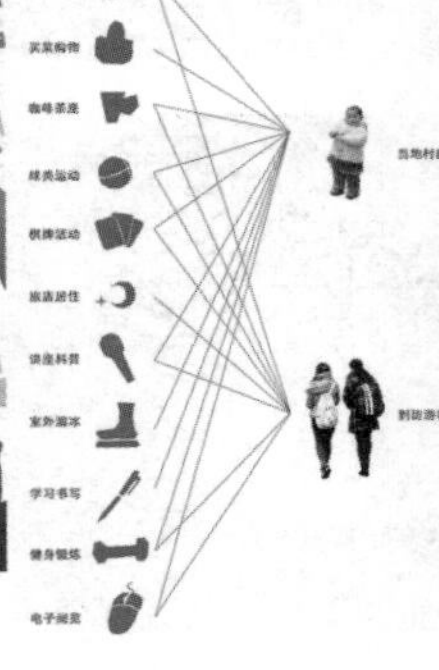

场地功能分析

总平面图

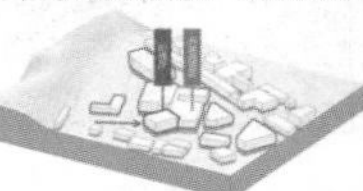

报告厅位于场地中部，吸引聚集人气。

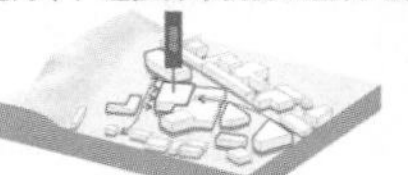

报告厅依场地高差向下，连接开架阅览区室内地面。

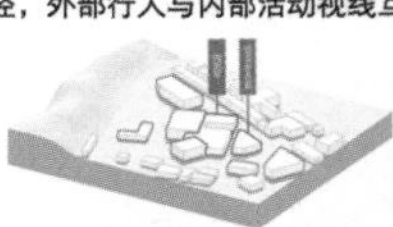

提供两侧进馆路径，外部行人与内部活动视线互动。

主阅览室与后勤区域分开，提供场地便捷穿越。

其余建筑依山势散布，利用景观，形成文娱公园意向。

评语：

际村北头有一片具有一定规模的三角形空地，其上没有什么建筑。空地一边临县道，一边临着一座具景色优美的丘陵，一边临村。本设计利用这块地的特征，与现状这个区域中较多的公共服务设施进行结合，在这里设置了一个供村民使用的室内体育活动设施，及小型图书馆，并将周围设计成体育公园。设计将场地原有的大高差进行化解和利用，在建筑内及周围形成了很多细腻的空间。同时，设计充分考虑到村民在这个公园中自由穿行的多条路径，让村民能够真正地享受到在开敞公共空间中漫步的舒适感。设计者自由地运用了平面上的几何形态秩序，对建筑内部及空间进行了较深的研究及设计。

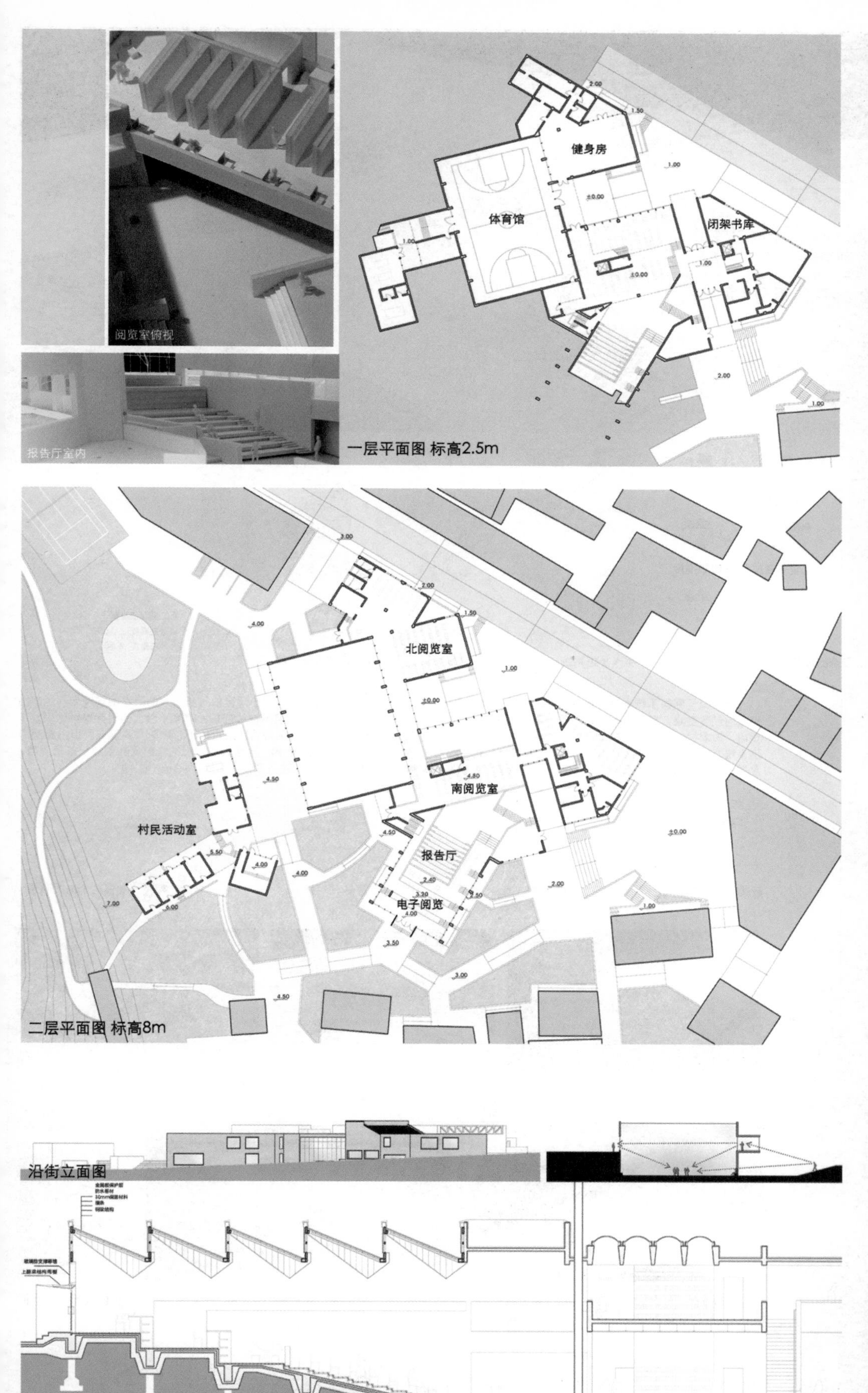
阅览室俯视
报告厅室内
健身房
体育馆
闭架书库
±0.00
一层平面图 标高2.5m
北阅览室
南阅览室
村民活动室
报告厅
电子阅览
二层平面图 标高8m
沿街立面图
报告厅剖面图

小广场
沿街立面
篮球馆

体育馆视线穿越
阅览室室内（无家具状态）

漫步溪畔——际村滨水村民社区中心及旅游设施设计
Waterfront Wandering

同济大学
设计：宋佳妮
指导：王方戟/孙澄宇/李翔宁

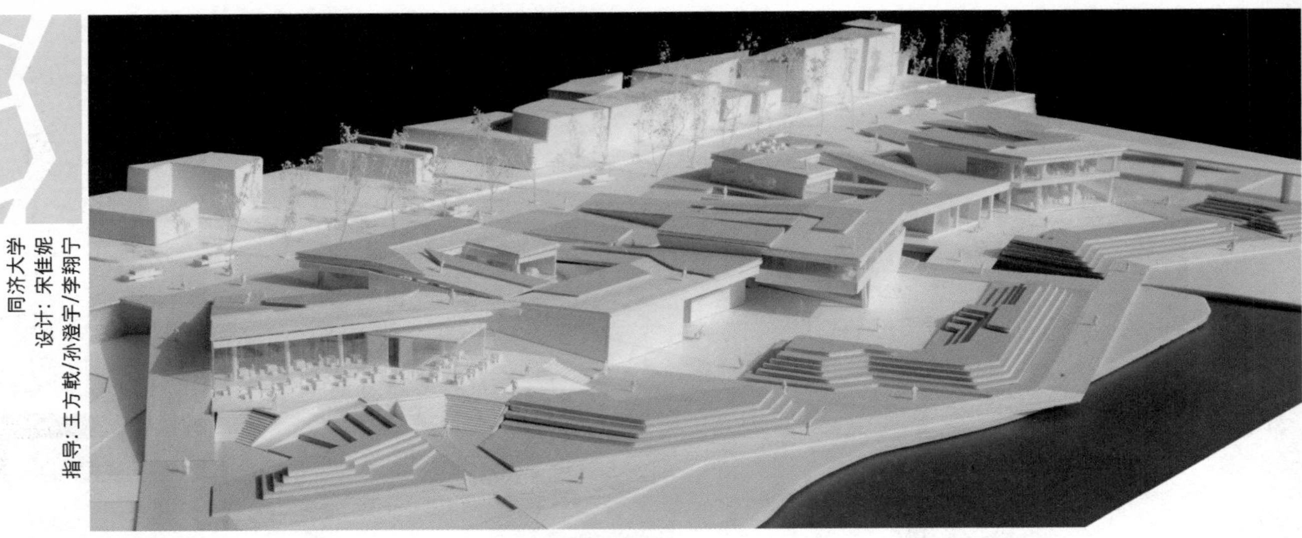

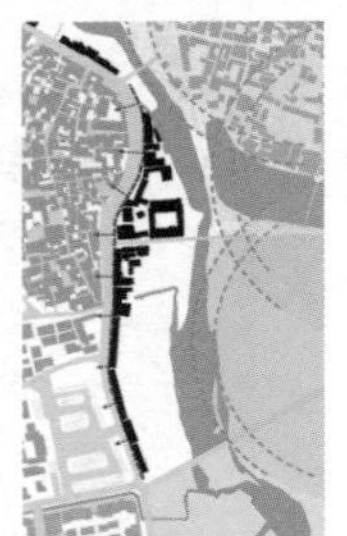
改善省道封闭，流线混杂的现状

拆除消极商业界面

利用高差 压低建筑高度

打开街道视野

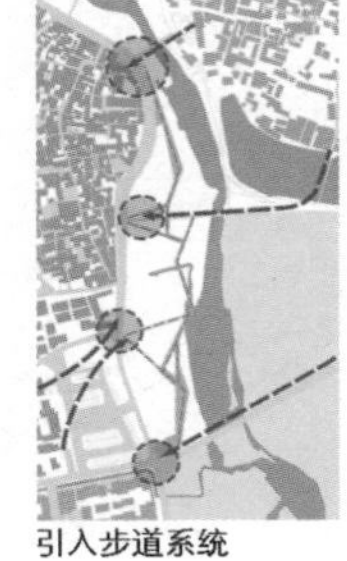
引入步道系统

参照村落尺度 插入建筑

连续观景平台

设计说明：

选址位于际村东侧省道与西溪景观带之间，针对现状中封闭的街道体验进行改造，在小尺度的村落与大的尺度的景观之间创造出平缓的过渡空间，打开省道的视野。利用省道和沿岸之间4.5m的高差压低建筑高度，屋顶形成连续的观景平台，为村民提供休闲娱乐设施，为宏村的游客提供展览、餐饮等服务。为了缓解省道的压力，对游客和居民的活动流线进行梳理，建筑在西溪高度引入新的步道系统，从人流量最密集处引导到-4.5m处空间。同时，针对涨水期的防汛，将防洪水闸、挡水人造景观结合形成临溪的一条景观带。为了加强两个高度的联系，通过不同等级的坡道、楼梯使游客和居民灵活的在街道、建筑和景观之间穿梭、活动。

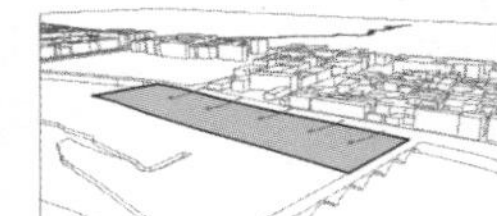
拓展街道活动空间

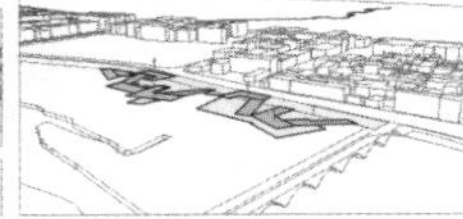
翻折平面
连续屋顶 回应小尺度街道

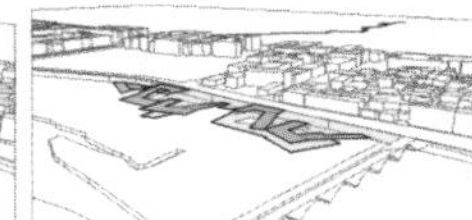
天井—采光

坡道，楼梯—加强两个高度联系

水闸位置 涨水期水位

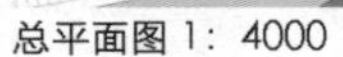
总平面图 1：4000

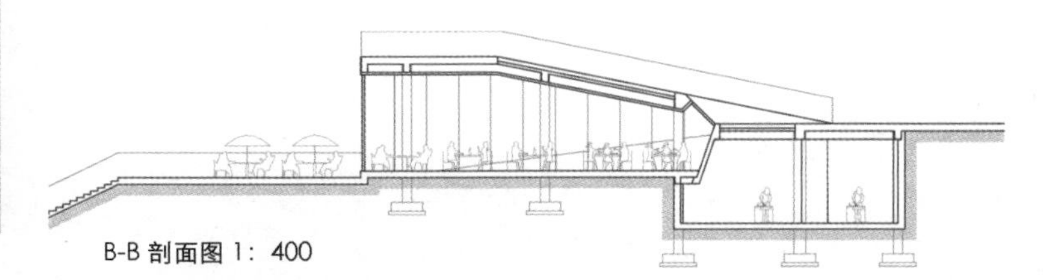
B-B 剖面图 1：400

评语：

这个设计抱有宏观的村落环境意识，直截了当地将基地选在敏感的正待更新的滨水区。它对粗放的既有规划方案提出了质疑，对村落环境的新发展提出了新思路。其具体方案起源于一系列弯折坡道的地景式形式，让它们既能与村落尺度相适应，又能建立起村落之间，以及开敞公共空间与大地景观之间的视觉关联。随着尺度关系、功能、人流混合、动线、立面形态、空间、结构、构造、观景效果、防洪等诸多要求的磨练，这个简单的弯折形式被赋予了很多无法言语的细节。这些细节将建筑锚固在场地上。设计过程中无数的磨合和推敲凝结成平面图上的寥寥几笔了，让这个设计超越了作为起点的爽酷形态，变得难以一眼洞穿。

省道高度平面图
西溪高度平面图
A-A剖面详图 1 2 5 10 20m
东立面图 1：1000

新旧之间 Between the New and the Old

同济大学
设计：卞雨晴
指导：王方戟/孙澄宇/李翔宁

际村
水墨宏村
际村

总平面 1：:2000

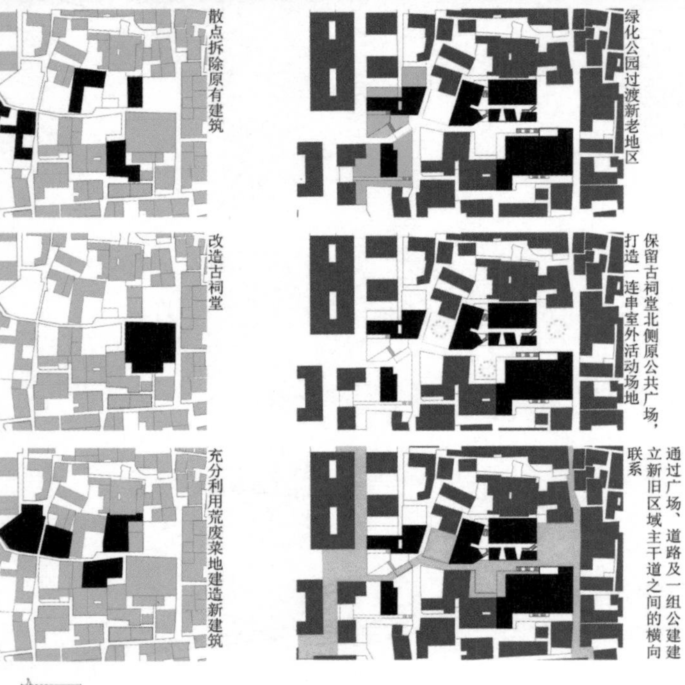

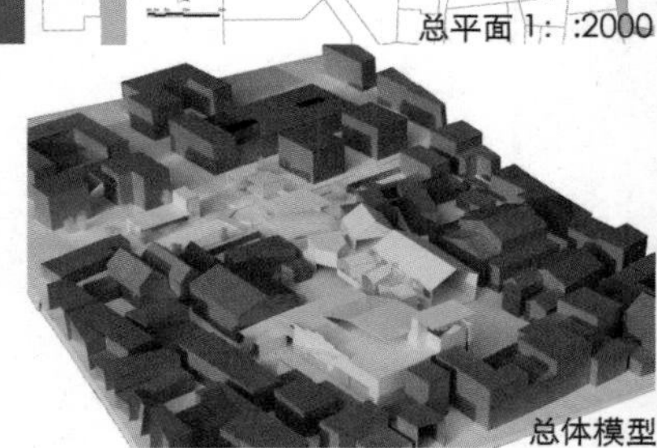

总体模型

设计说明：

建筑选址于际村古祠堂区域，功能为村民活动中心，试图在场地中建立起旧的村落与新的社区之间的公共联系，成为泛际村大范围内新老居民共同使用交往的公共空间，同时增加建筑密度以满足更多功能需求并提升空间品质，振兴这个衰落的传统公共中心。

建筑位于村落内部，希望尽可能少拆除原有住房，充分使用现状中被荒废的菜地等作为建筑基地，利用际村原本存留的小广场塑造串联的小场地序列，并借用保留的古建立面帮助围合烘托氛围。

建筑设计有丰富屋顶活动平台，提高村民中心公共性。设计由大至小从三个层面体现新旧之间：一是新旧区域之间的公共联系。二是新旧建筑之间的互动关系，三是古祠堂改建图书馆新旧结构与空间的相互作用。

评语：

新建造及生活方式使际村原来繁华的中心公共区域变得衰落。新的公共设施都被建造在传统村域的外围。借助这次可能的环境提升规划机会，这个设计将公共设施引进村子的传统中心，同时将这个公共空间向西延伸到村子西面新开发的大量居住和商业建筑群中。这个设计在振兴老的村域环境中心的同时，将目前背对背的新旧村域连接起来。设计中有吸纳了老祠堂木构构件的村民图书馆空间，以及人们可以自由进出的新村民礼堂。这些都是当代的大型公共空间。但同时设计中也有相对较小的村民活动。茶室等空间。设计自如地将大小空间及体量按实际场地关系进行搭配，不仅在建筑内部创造出舒适的空间氛围，也在新建筑与周围民宅之间创造出体量关系恰当、尺度合宜的公共空间，是一个各方面都进行了很好平衡的设计。

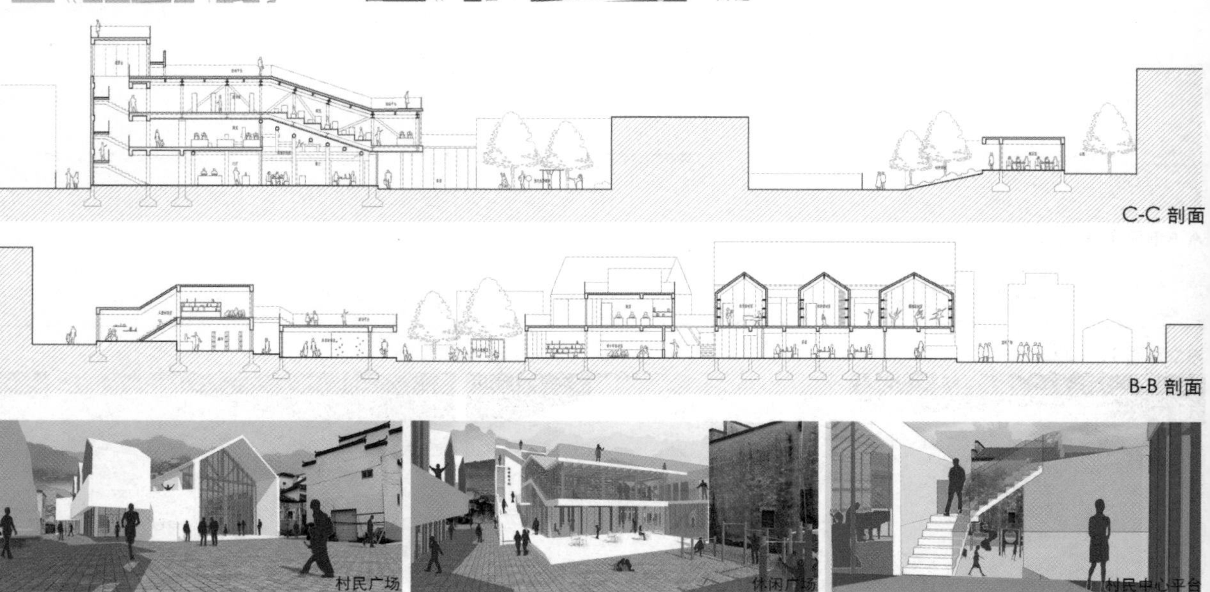

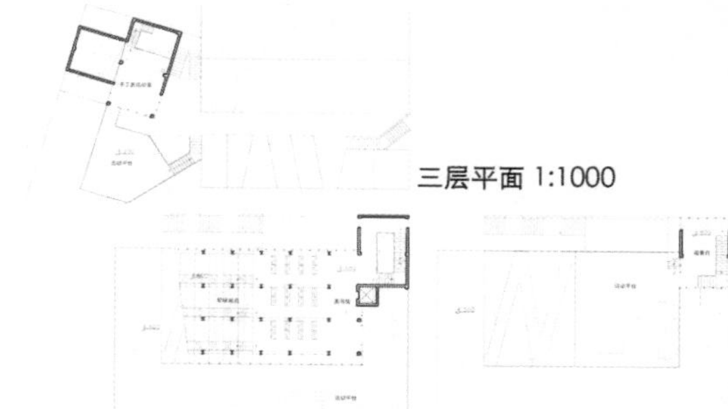
三层平面 1:1000

三层平面 1:1000
四层平面 1:1000

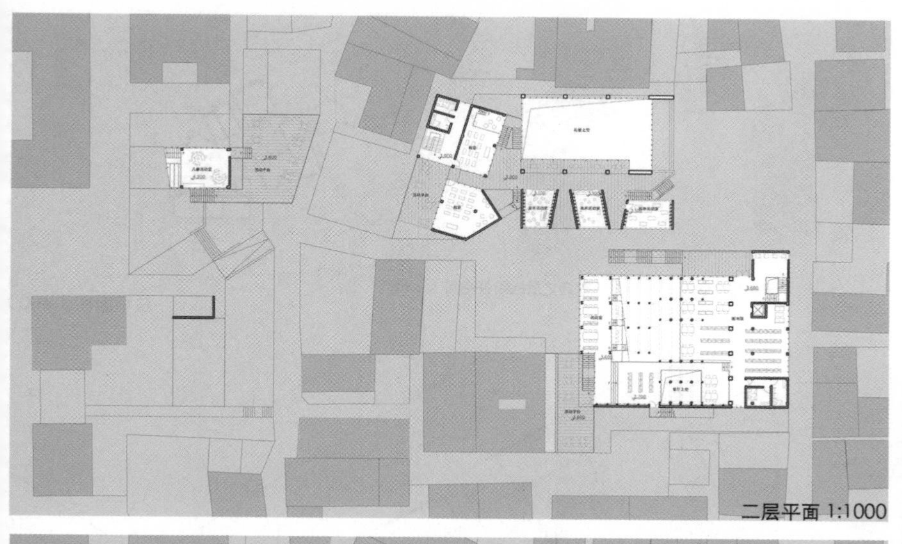
二层平面 1:1000

阶梯阅览室

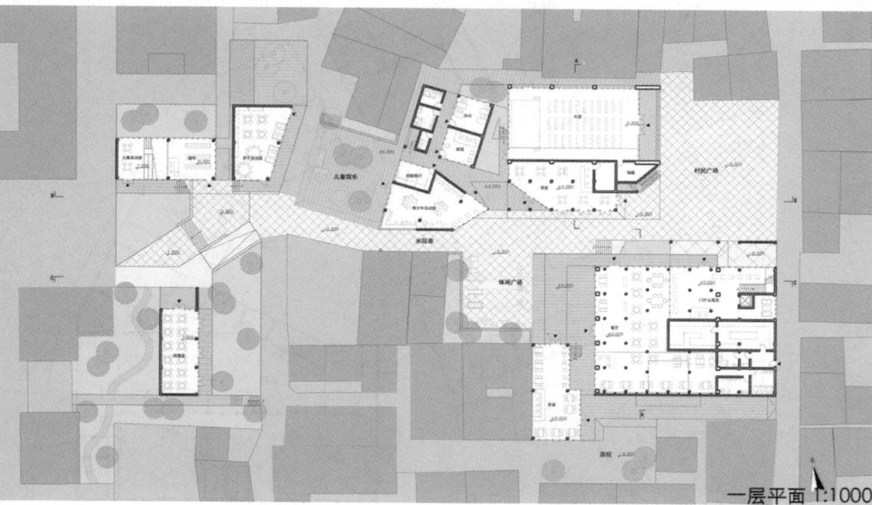
一层平面 1:1000

村民中心平台廊道

礼堂

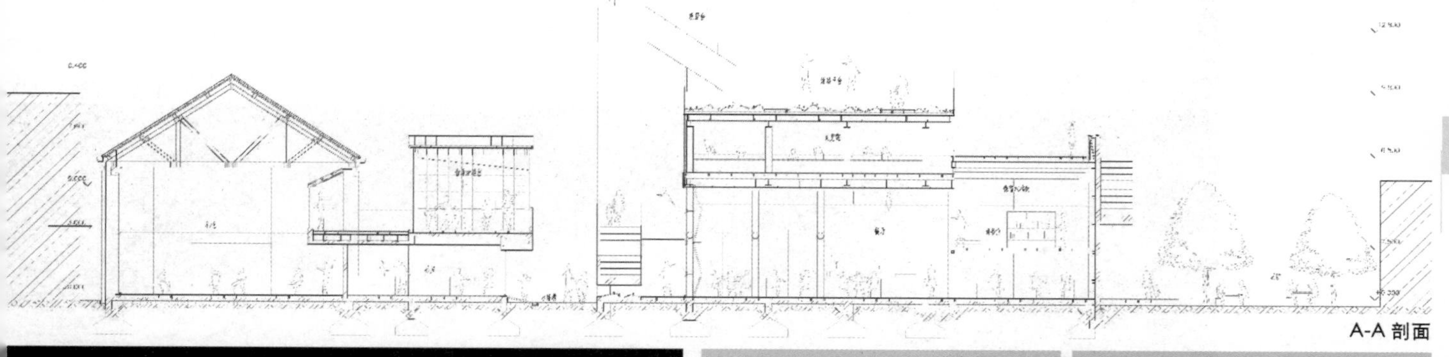
A-A 剖面

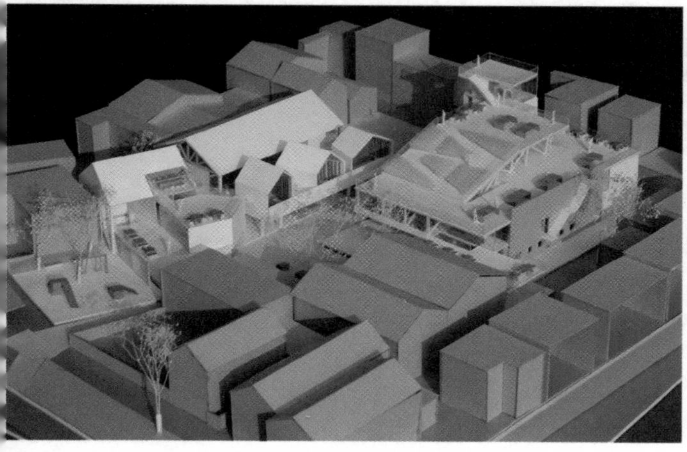

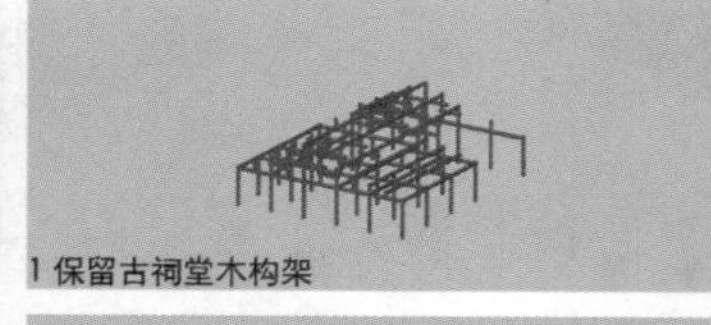
1 保留古祠堂木构架

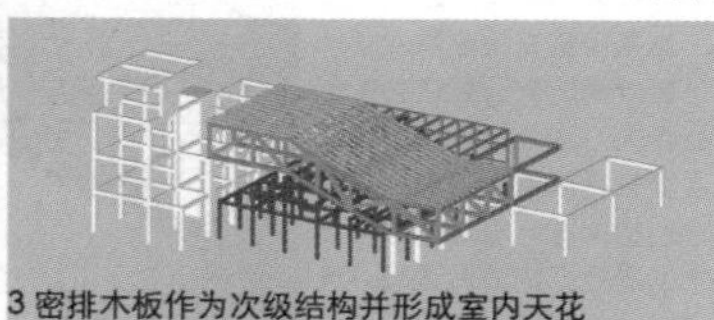
3 密排木板作为次级结构并形成室内天花

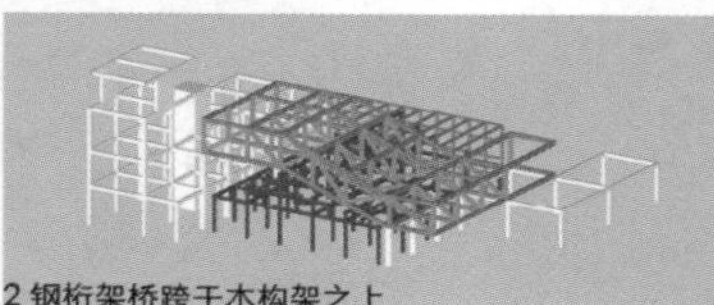
2 钢桁架桥跨于木构架之上

4 桁架结构空间作为功能空间，形成条状阶梯阅览

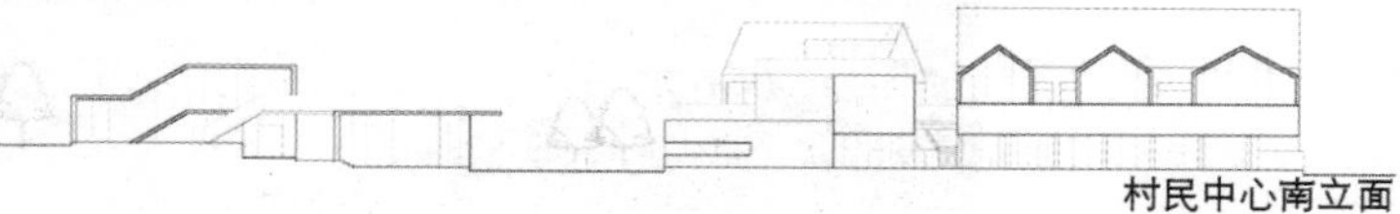
村民中心南立面

老村新路——村民及游客公共建筑设计

Old Village Meets New Path

同济大学

设计：姬远嵋

指导：王方戟/孙澄宇/李翔宁

宏村景区出入口

规划中的停车场

去往宏村的主要游客流线

新规划带来的穿越路径

原有路径空间

改造之后的路径空间

总平面图 1:4000

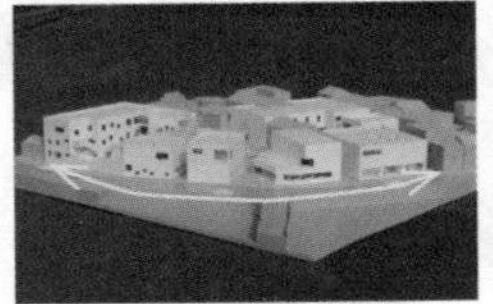

对外，维持原有的商业界面

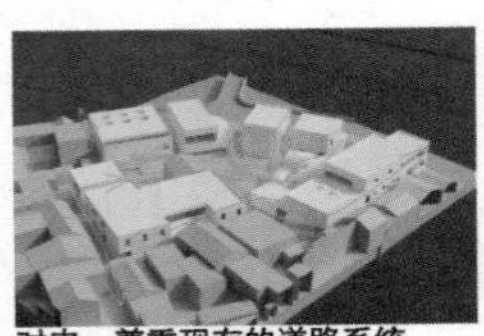

对内，尊重现存的道路系统

多条路径可供选择

从宏村出来的游客进入际村的几种可能

底层平面图 1:1000

评语：

际村及村内的古商道是历史遗存自然更新发展的结果。它们没有像宏村那样因为旅游功能的兴起而被凝固起来。如今，这条商道无论是商业功能还是区域间的交通要道功能都已经丧失。这个设计将商道北口区域进行改造，在保留其原有方向的同时，增加了它与宏村之间进行交往的新通路。这些通路上设置了公共的广场，通路边设置了村民活动中心及相应的庭院。通过吸收宏村旅游效应带来的影响，将村民公共活动及旅游商业活动引入，使该区域增加活力。这个设计与其说是完成了一群建筑，倒不如说塑造了一系列具有不同活动的公共空间。设计中建筑体量大小高低的推敲，使建筑能很好地融入周围的即有村屋环境之中，是设计中一个重要的部分。

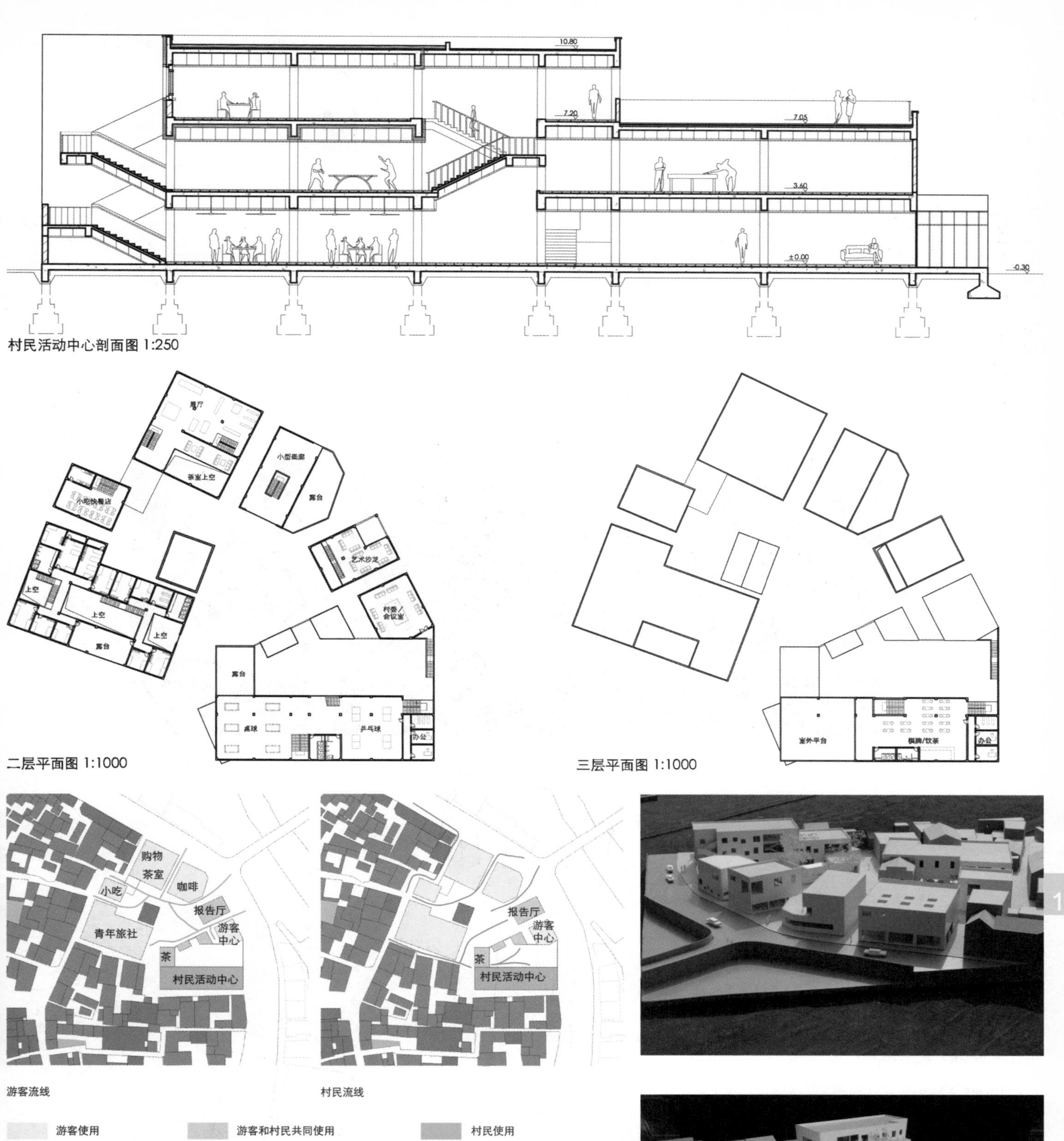

村民活动中心剖面图 1:250

二层平面图 1:1000

三层平面图 1:1000

游客流线

村民流线

游客使用　游客和村民共同使用　村民使用

间隙中的公共空间
Public Space in the gaps

同济大学
设计：吴旻琰
指导：王方戟

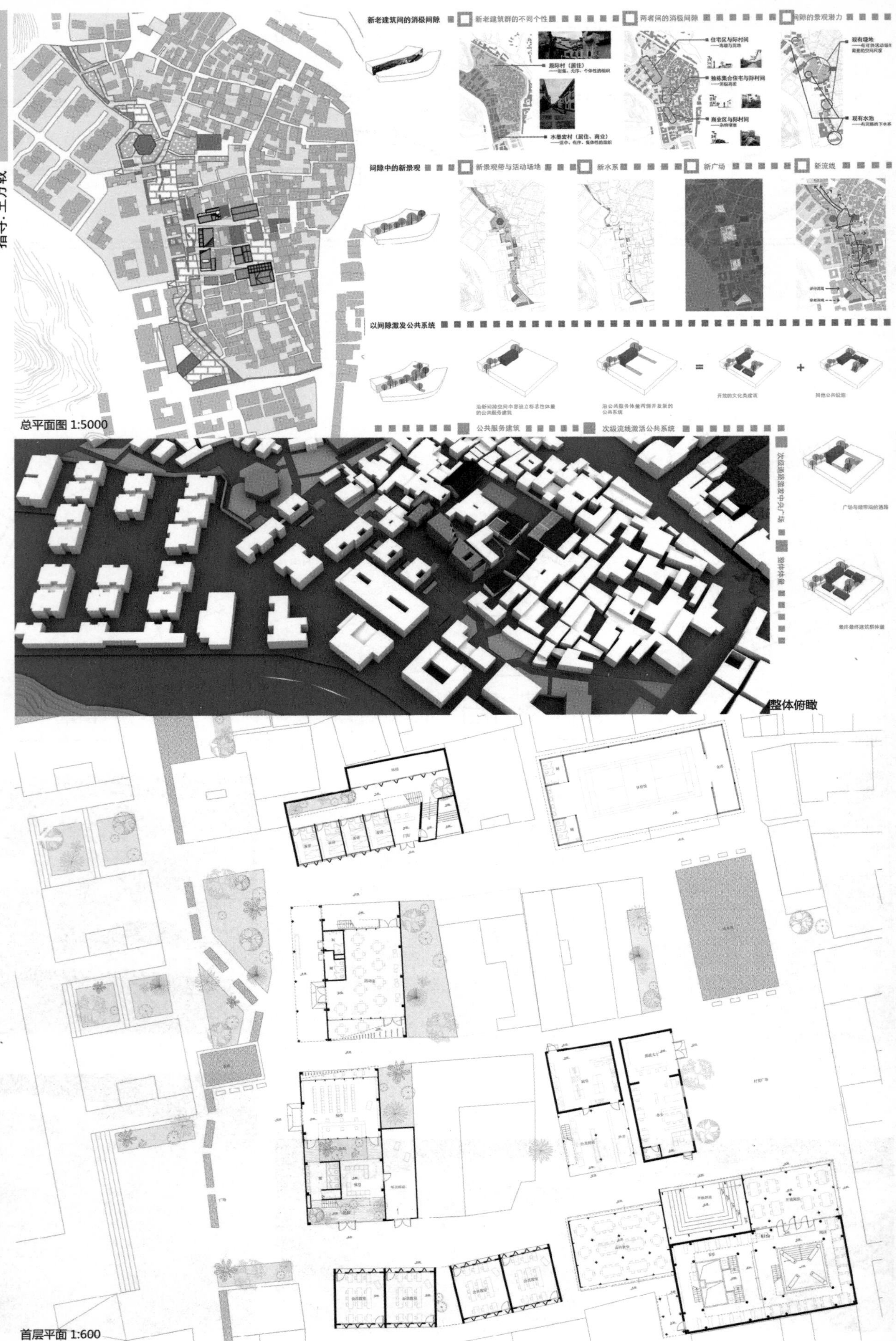

评语：

这个设计以化解体量的方式，将一组当代村民公共、活动设施分布到际村的传统中心，让这个历史上曾经非常热闹的场所恢复活力。这个中心还着重对老际村及它旁边新建的新际村之间的间隙空间进行了设计，使新旧际村的公共空间环境更加整体。具体处理的时候，这个设计将紧接着新际村的两座建筑设计成在体量及材质上与新建建筑相似的形象；在老际村中的几个体量则都与老民宅的体量及材料相似。改造后老祠堂也更容易容纳当代的社区活动。设计以非常灵活的方式分解了各项功能，让它们悄无声息地融合进环境之中。

村民活动四层 1:600
村民活动三层 1:600
村民活动二层 1:600
村民活动四层 1:600
村民活动三层 1:600
村民活动二层 1:600
图书馆地下层 1:600
体育馆东立面 1:400
图书馆二层 1:600
村民服务南立面 1:400
通路
图书馆与前广场
村宴广场前水池
体育馆屋架
公共服务楼
村民活动中心前广场
体育馆与老宅
图书馆前开放部分
村民活动中心入口
公共厨房
公共服务体量间的通路
剖面甲 - 甲 1:400
剖面丙 - 丙 1:400
剖面乙 - 乙 1:400

SOUTHEAST UNIVERSITY

东南大学

指导教师

张彤 Zhang Tong

仲德崑 Zhong Dekun

李飚 Li Biao

夏兵 Xia Bing

朱渊 Zhu Yuan

1
设计题目：复兴
黟县际村村落改造与建筑设计
陶崇亮
郭丰緒
何骁颖
2
设计题目：际村的基底
黟县际村村落改造与建筑设计
仲文洲
何了
梁源
3
设计题目：赋值际村
黟县际村村落改造与建筑设计
郭梓峰
施天越
季云竹
曹佳情
4
设计题目：缝合
黟县际村村落改造与建筑设计
邵星宇
王献娉
5
设计题目：经脉
黟县际村村落改造与建筑设计
郜大宁
孙慧中
姜淮

复兴 Revive

东南大学
设计：陶崇亮/郭丰绪/何骁颖
指导：张彤/仲德崑/李飚/夏兵/朱渊

系
设计：陶崇亮

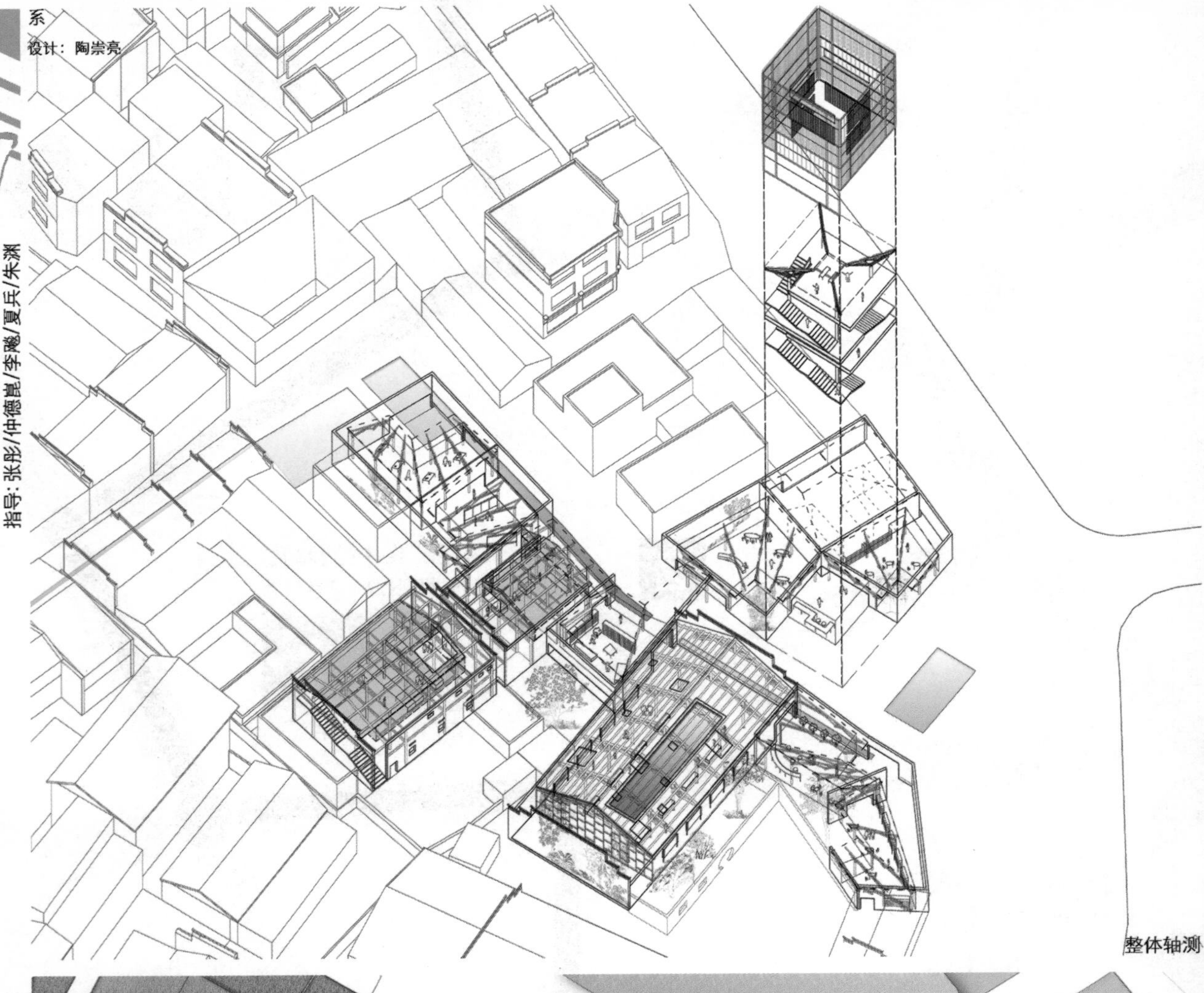

整体轴测

平面图

评语：

在建筑设计阶段，陶崇亮在际村老街北入口处设计了一组茶文化旅游中心建筑群体。他提出了老建筑改造策略和新建筑概念原型，在传统建筑体系上有所突破，创造出新老相融合的建筑环境。

郭丰绪在老街的南端设计了一组融合茶文化展示、茶产品经营和居民生活的建筑群体。她在传统建筑体系的基础上有所创新，用毛竹+钢节点为结构体系，形成了全新的建筑形象。

何骁颖在老街中部设计了一组生产制作和消费经营的茶文化体验中心建筑群体。他利用一条室内轴线把茶文化体验的流程串联起来，构筑了四个舞台、一个院子，引入水圳，形成了丰富的室内外空间。结构上利用保留的一组老建筑构架，向两个方向延展，建构上采用木+钢节点的手法，形成了优雅的建筑形体和内外空间。

构造大样

塔楼

改建

单元外部

单元内部

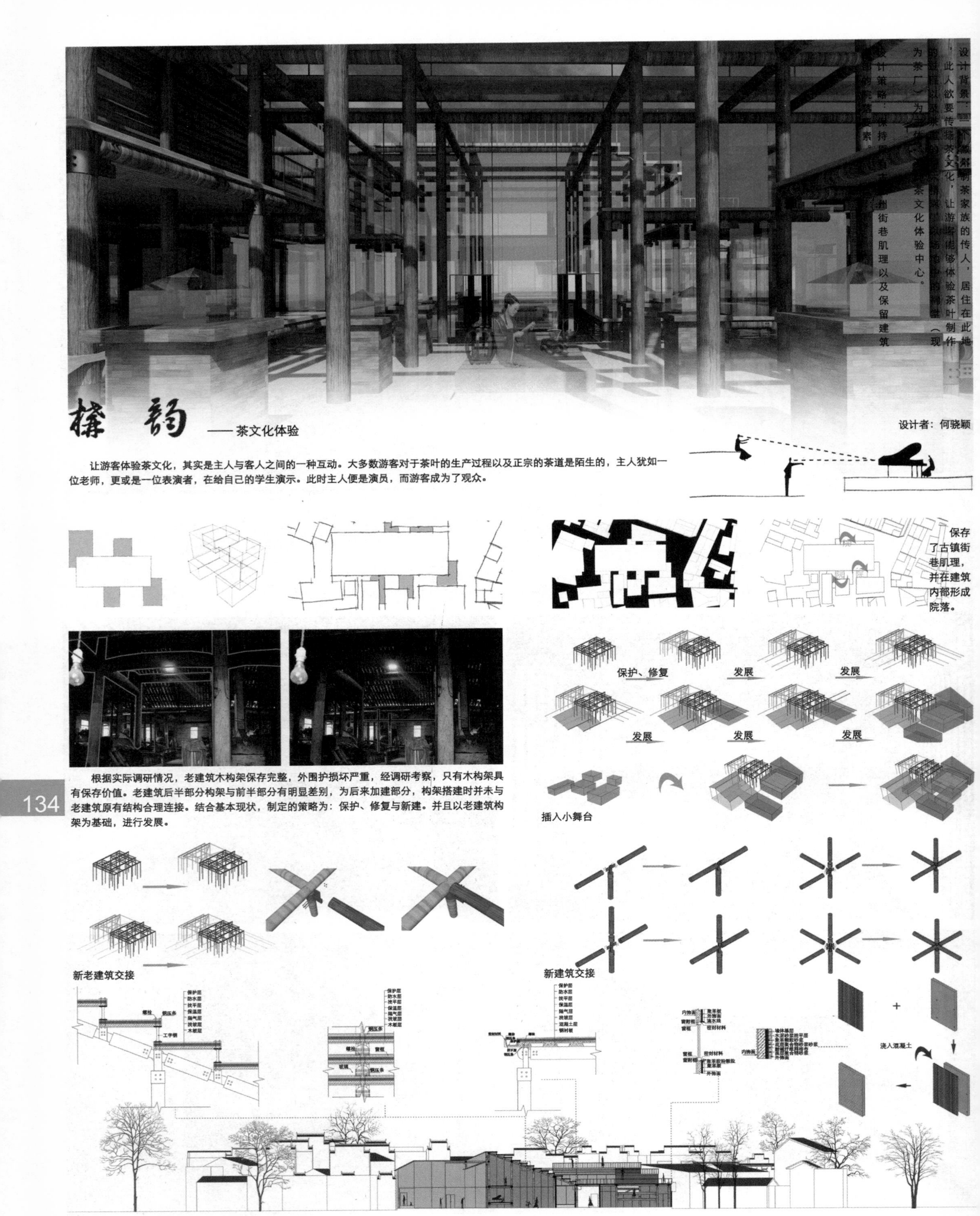

榛韵
——茶文化体验
设计者：何骁颖
让游客体验茶文化，其实是主人与客人之间的一种互动。大多数游客对于茶叶的生产过程以及正宗的茶道是陌生的，主人犹如一位老师，更或是一位表演者，在给自己的学生演示。此时主人便是演员，而游客成为了观众。
保存了古镇街巷肌理，并在建筑内部形成院落。
根据实际调研情况，老建筑木构架保存完整，外围护损坏严重，经调研考察，只有木构架具有保存价值。老建筑后半部分构架与前半部分有明显差别，为后来加建部分，构架搭建时并未与老建筑原有结构合理连接。结合基本现状，制定的策略为：保护、修复与新建。并且以老建筑构架为基础，进行发展。
保护、修复
发展
发展
发展
发展
发展
插入小舞台
新老建筑交接
新建筑交接
浇入混凝土
134

一条轴线、四个舞台、一个院子

一条轴线

以老建筑为基础，建筑中存在于一条明显的轴线。建筑功能基于茶道，轴线的空间性和茶道的功能性都具有典型的仪式性，利用这条轴线可以巧妙地表现茶道的仪式感。

现状
改造
现状
改造
竹律
设计: 郭丰绪
展览序厅
辅助入口
斗茶馆
室外茶座
茶社
居住
茶具展览
茶社
茶棚
茶社
展览序厅
茶食馆
居住
库房
茶文化图书馆
茶社
一层平面图
茶具展览
居住
茶具展览
茶具展览
茶食馆
展览序厅
茶食馆
居住
茶文化图书馆
茶事馆
二层平面图
平面图

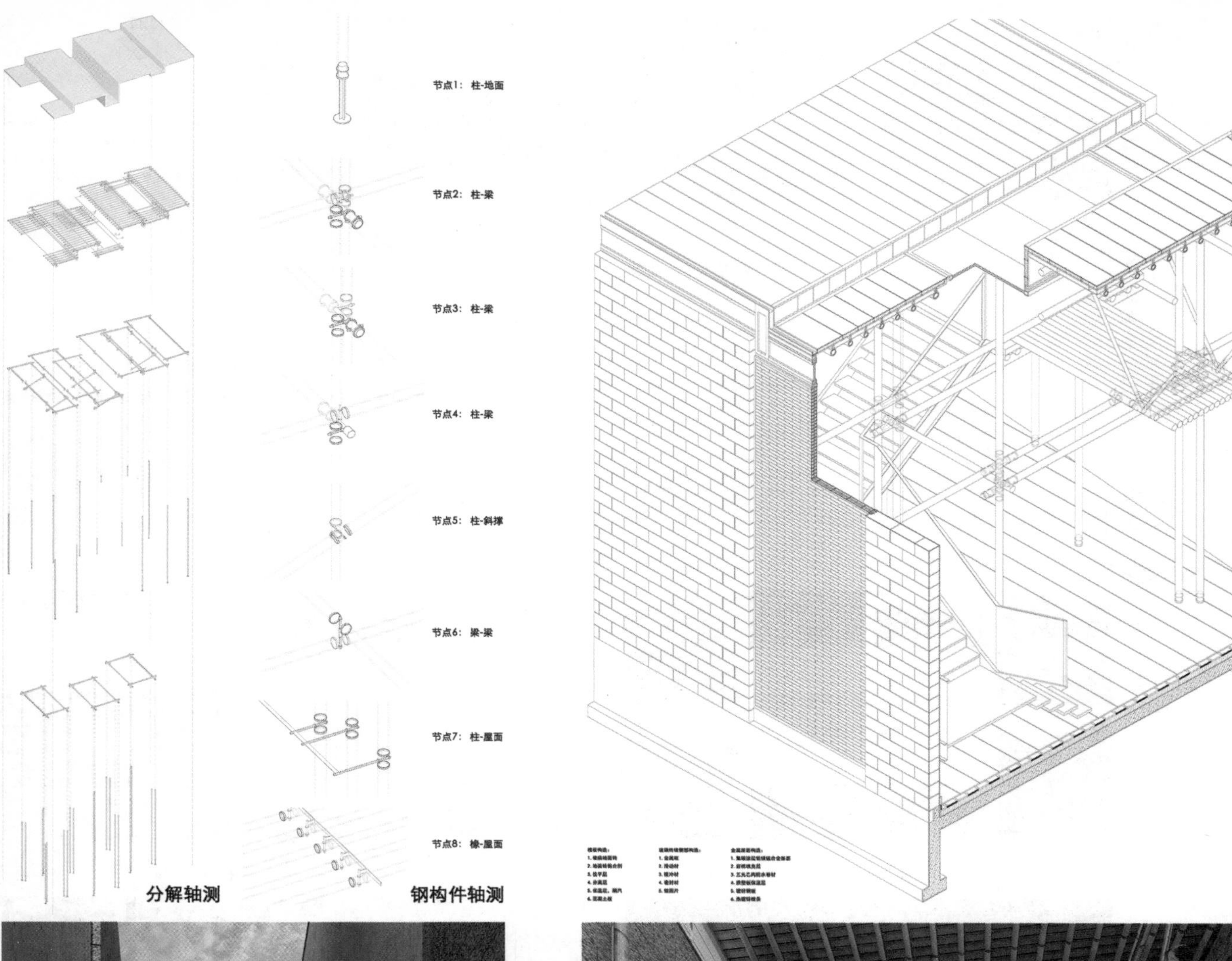

分解轴测　钢构件轴测　构造做法

室外透视

室内透视

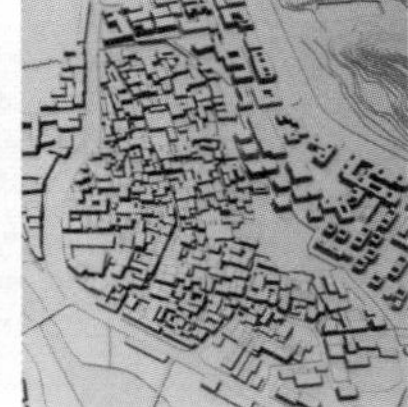

际村的基底

东南大学

设计：仲文洲/何了/梁源

指导：张彤/仲德崑/李飚/夏兵/朱渊

乡村的聚落地理学概念

一般意义上，聚落可以分为乡村和城市。他们的不同点是乡村是依村落使用者的自身要求自发建设、自下而上形成的，乡村，是在与自然地理的相互选择及社会经济的发展中自发集聚形成的自治性群体结构；而城市一般遵循一个自上而下的规划过程。

际村现实与历史

基础设施　功能类型

建筑年代　土地权属

际村又名谢村，通称“际村街”，是历史上丹阳古道的要塞，是羊栈岭到黟城的咽喉之地。

际村拥有比宏村还长远的历史，起源起于驿站，曾经凭借丹阳古道的地理优势发展为周边村落的经济中心。透过历史，际村从起源、发展、衰败都与在这里生活的人息息相关，可以说，历史上的际村是完全由村民自发建设而成的。

从历史中走来，际村却面临严峻的现实：贫穷，际村的贫穷，在于经济与文化的双重贫穷。

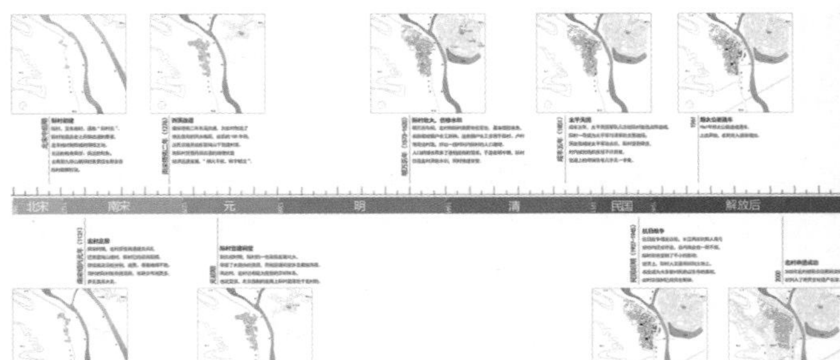

公共空间丧失　居住质量低下

生态环境恶化　基础设施不完善

际村的问题与机会

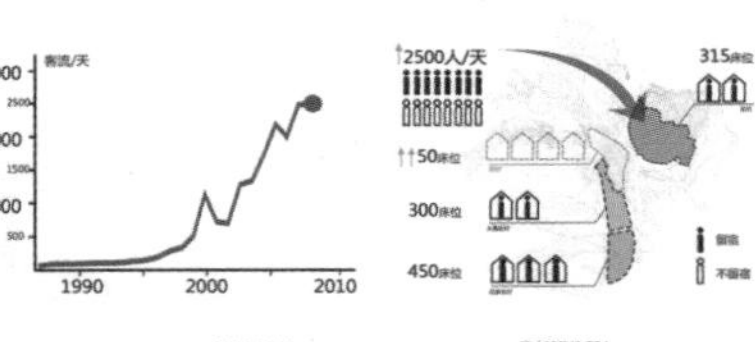

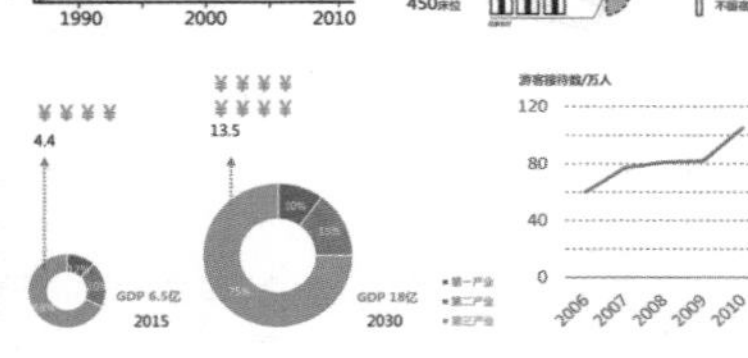

作为距离热门旅游点的宏村最近的村落，际村拥有非常重要的地理优势。统计表明，整个宏村镇今后的经济发展会越来越依靠旅游服务业，并且现在的接待能力远远不能满足旺季的需求。目前，际村因为自身环境原因，并无多少游客光顾。因此，随着本地人的逐渐回流，通会给际村的改造带来原动力。重拾徽州空间特点，发展以旅游接待为主导、其他产业为辅助的混合型产业，是未来发展的方向。

乡村营造策略

宗旨：突出引导、鼓励际村健康有序与可持续发展的乡村营建策略。激发、建议村民们自我更新、自我组织、自我营建。建设文化、经济与自然可持续发展的社区。

通过系统分类的方法，可以几乎涵盖村落内所有类型和情况的建筑。

将际村的主要建筑分为“住宅”“商业建筑”以及“公共建筑”，将每一个种类的建筑选取代表性单体进行针对性设计，形成示范效应，指导村民进行自建。

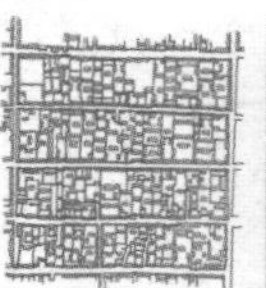

评语：

该毕业设计是组队工作“际村的基底——乡村自组织营造策略研究及其案例实践”。该组同学以聚落自组织性理论为认识基础，从“赤脚建筑师”的立场，对黟县际村做了全面深入地田野调查，根据调研分析提出的问题，通过研究与案例设计，得出乡村营造自下而上的自组织策略。三位同学分别深入研究了农村社会的家庭结构和生活方式、以家庭为规模单位的商住混合建筑的功能关系和流线组织以及公共空间的活力激发，选取具有类型特征的代表性案例，突出乡土文化特征在空间、建构与装饰各层面的呈现，以及性能提升的适宜性策略。研究和设计工作内容系统完整，内容充分，成果扎实，是一份优秀的毕业设计。

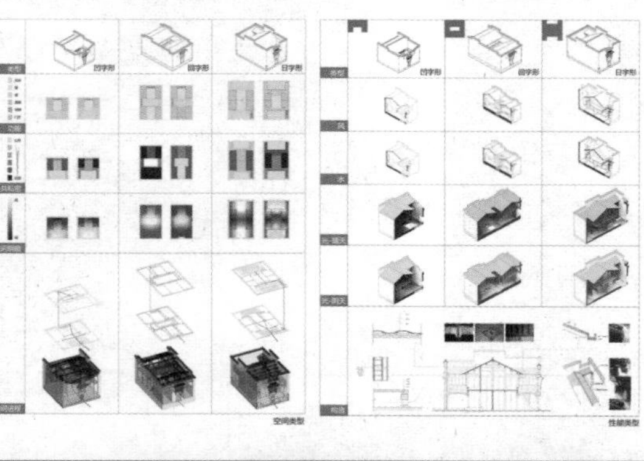

际村的资源

对单元类型的研究

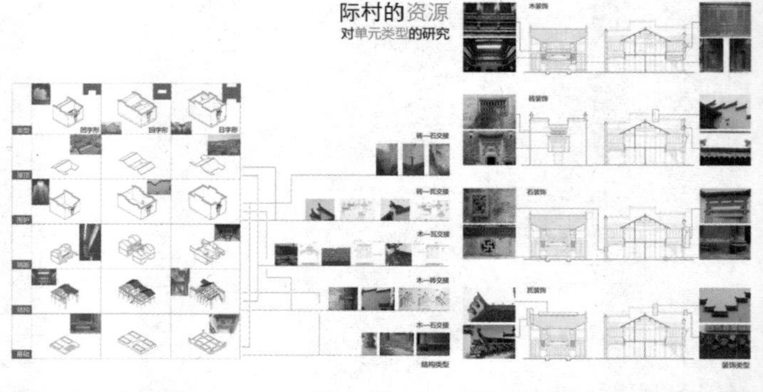

二老之家

住宅概况

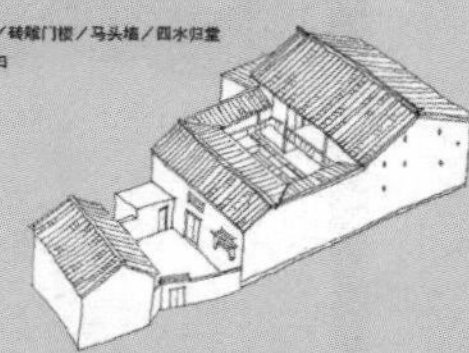

- 用地面积：172m²
- 建筑年代：清末
- 建筑结构：砖木结构
- 建筑特征：天井式住宅／砖雕门楼／马头墙／四水归堂
- 居住人口：一对老年夫妇

现存问题

- 建筑本体层面：

1.部分房间采光不足
2.没有卫生间
3.楼梯过陡
4.每年5～6月地面防潮严重

- 空间环境层面：

1.建筑由于后期的改建（在封闭的外墙上开门窗、堂屋新增隔断等），使得传统风貌受到一定影响。
2.入口庭院内加建了浴室，将原本可以通行的宅间小路堵了。

居民需求

- 二老之家是一座口字形平面的天井式样住宅，比例比较优美，而且有一些万字纹刮落和细致的木雕花窗，目前的使用现状只住了两个老人，他们未来也没有改造意愿，所以改造设计方案考虑的对象为喜欢徽州传统民居的艺术家，可能会买下这座房子作为家庭的居所和创作空间。
- 居民采访：

采访对象：老爷爷
问：现存居住条件有什么不满意的地方？
答：5～6月份地面返潮严重。
问：有什么改造的意向吗？
答：没想过，年纪大了。

改造策略

1.关于采光问题：在墙上开侧窗
2.关于厕所问题：在天井一侧新建有独立混凝土基础的卫生间，使之不会影响传统的木结构。
3.关于楼梯问题：在一楼一角新增一木质楼梯，替换原来的过于陡峭的楼梯。
4.关于地面防潮的问题：架空木地板／沿着建筑外墙加设湿度调节沟／充分发挥天井的作用
5.恢复传统的徽州民居入口的空间序列

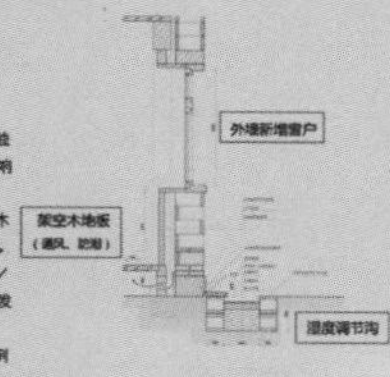

竹匠之家

住宅概况

- 用地面积：99m²（二层楼房）+50m²（附属用房）
- 建筑年代：1980s
- 建筑结构：砖混结构
- 建筑特征：坡屋顶／马头墙／二层有前廊
- 居住人口：老竹匠夫妇，儿子夫妇及孙女

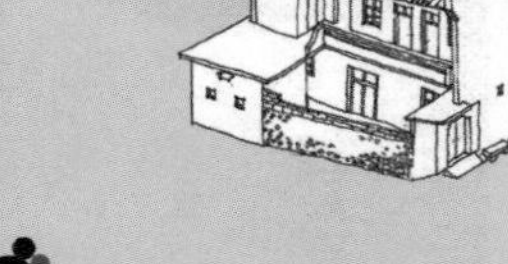

现存问题

- 建筑本体层面：

1.居住密度大，竹匠工作室的使用面积不足
2.居民近期增建的厕所位于卧室外，使用不方便
3.二层前廊兼晾台，通行不畅
4.二层露台没有栏杆，极不安全

- 空间环境层面：

1.入口庭院过于狭长且阴暗潮湿，缺乏生气
2.与周边建筑共同围合的局部放大的街巷空间的地面布满了居民自发挖设的排水沟，比较杂乱

竹匠工作室内景

居民需求

- 竹匠之家包含一家三代五口人共同居住。老竹匠在家做竹质工艺品（笔筒、水壶）然后送到宏村进行销售；儿子主营画框制作，闲暇时也会画画；他们的妻子（婆媳二人）均为农村典型的家庭主妇，平时种菜理田，旅游旺季时会去餐馆打工；老竹匠的孙女已经成年，在宏村当导游。
- 居民采访：

采访对象：老竹匠的媳妇
问：现存居住条件有什么不满意的地方？
答：一家三代人一起住，感觉很拥挤。而且卫生间是在房间外面的走廊上，比较不方便。
问：有什么改造的意向吗？
答：现在的柴房想拆了改建成楼房，然后一家三口搬过去住。
问：那对现在的居住环境有什么满意的地方？
答：门口的一小块空地，常常有村民过来吃饭、聊天，自家院子可以晒晒东西，都很好。

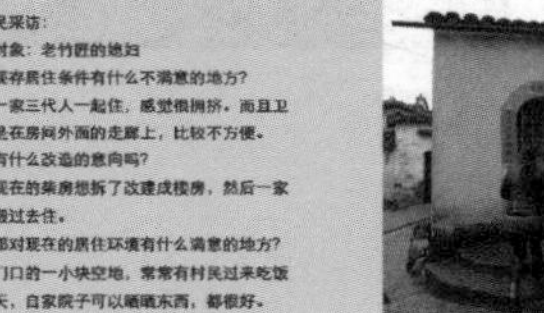

改造策略

- 改造方式：

这户人家现状居住密度比较大，五口人住在两层小楼里，未来计划把街对面的杂物房改造成年轻的一家三口的住宅，老房的二楼保持居住功能，一楼结合外部环境做竹匠的工作间兼售卖的场所。

竹匠之家之所以吸引我是因为它的位置正好是一个四周有建筑围合的放大的街巷节点，据主人介绍，大家都愿意到他们家楼下来吃饭聊天，沿着山墙可以看到有几条石凳，有一个的坐面甚至是荒地里挖来的一块墓碑充当的。所以在改造的时候，我希望能够保留这样的空间氛围，让际村亲密的邻里关系得以保存。

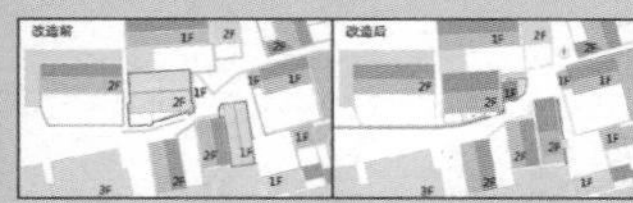
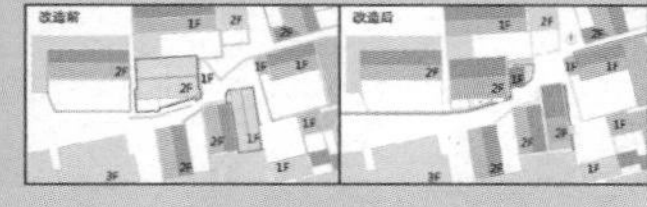

瓦工之家

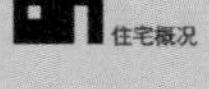

住宅概况

- 用地面积：221m²（附属用房）
- 建筑年代：1995建、2013年装修
- 建筑结构：砖混结构
- 建筑特征：平屋顶／外墙贴瓷砖／有院子
- 居住人口：瓦工夫妇，儿子夫妇（新婚，在外地工作，难得回家）

现存问题

- 建筑本体层面：

1.闲置空间多
2.庭院堆放杂物，较为拥堵

- 空间环境层面：

1.主要的问题房屋是平屋顶、白瓷砖贴面与村庄整体环境不协调。

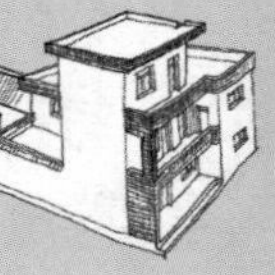

居民需求

- 主人翁大叔一家原本居于西递，有许多亲戚在际村。随着年数的增长，为了方便和亲人联系，遂决定迁居际村，于1995年盖了自己的家。后来儿子大学毕业后在外地工作，瓦工夫妇便有了将自家的宅子改造成特色民宿的想法。
- 居民采访：

采访对象：翁瓦工
问：现存居住条件有什么不满意的地方？
答：挺好的，但是平屋顶不如坡屋顶防潮隔热效果好。
问：有什么改造的意向吗？
答：后部的老厨房和猪圈以后想改造一下，具体没想好，可能会做特色民宿。
问：那对现在的居住环境有什么满意的地方？
答：户型、朝向、通风都不错，院子里还栽了一棵柚子树。

改造策略

- 改造目标：

基于现场访谈和调研，瓦工一家仍居住在临街的三层小楼里（白色瓷砖贴面），而将其后部建筑（闲置的老厨房和猪圈）与中部庭院改造成带有园林的仅有两间客房的民宿。

具体到建筑设计层面主要关注两个问题：一是建筑内部如何将徽派园林的特点体现出来，二是如何使沿街的立面更具有徽州特色，使之更具有吸引力。右下图是现状立面，主要的问题是平屋顶、白瓷砖贴面与村庄整体环境不协调。

改造后一层格局　　改造后二层格局

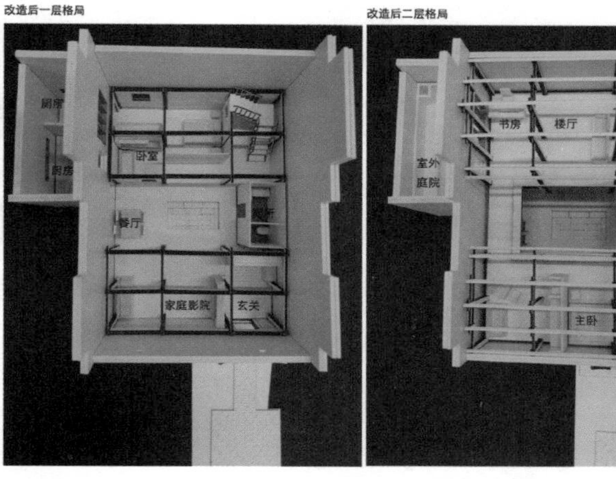

开凿水圳／挖土建塘／临水筑亭

首先从际村北水口将这块室外空地上居民自发挖的排水沟渠与旧有的水圳联系起来，并开挖一个小水塘。然后建一座临水小亭子供人们休憩使用，通过可拆卸的拼板门与竹匠之家联系，未来可将售卖活动延伸到亭下空间。

新陈代谢

"分拆"和"搬运"、"重新装配"历来是中国建筑施工的一个重要的技术内容。传统的建筑材料和构件可以重新组合、变废为宝。针对际村而言，鼓励营造新建筑及公共空间时，充分发挥旧材料的作用，例如本方案中将计划拆除的柴房的砖头用作新建的亭子的铺地材料。

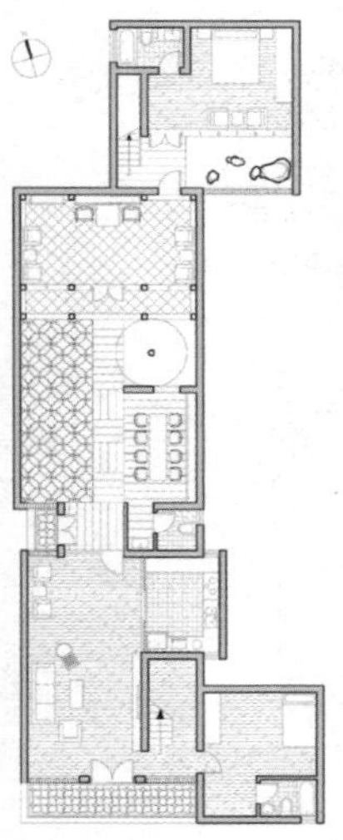
▲ 改造后一层平面图 1：150

沿街立面改造图 ▶

具体措施：通过改变门窗尺寸与位置，屋顶平改坡，多用传统建筑材料等手段以期获得徽州传统建筑立面上讲求的对称与均衡，虚实相生的韵味。

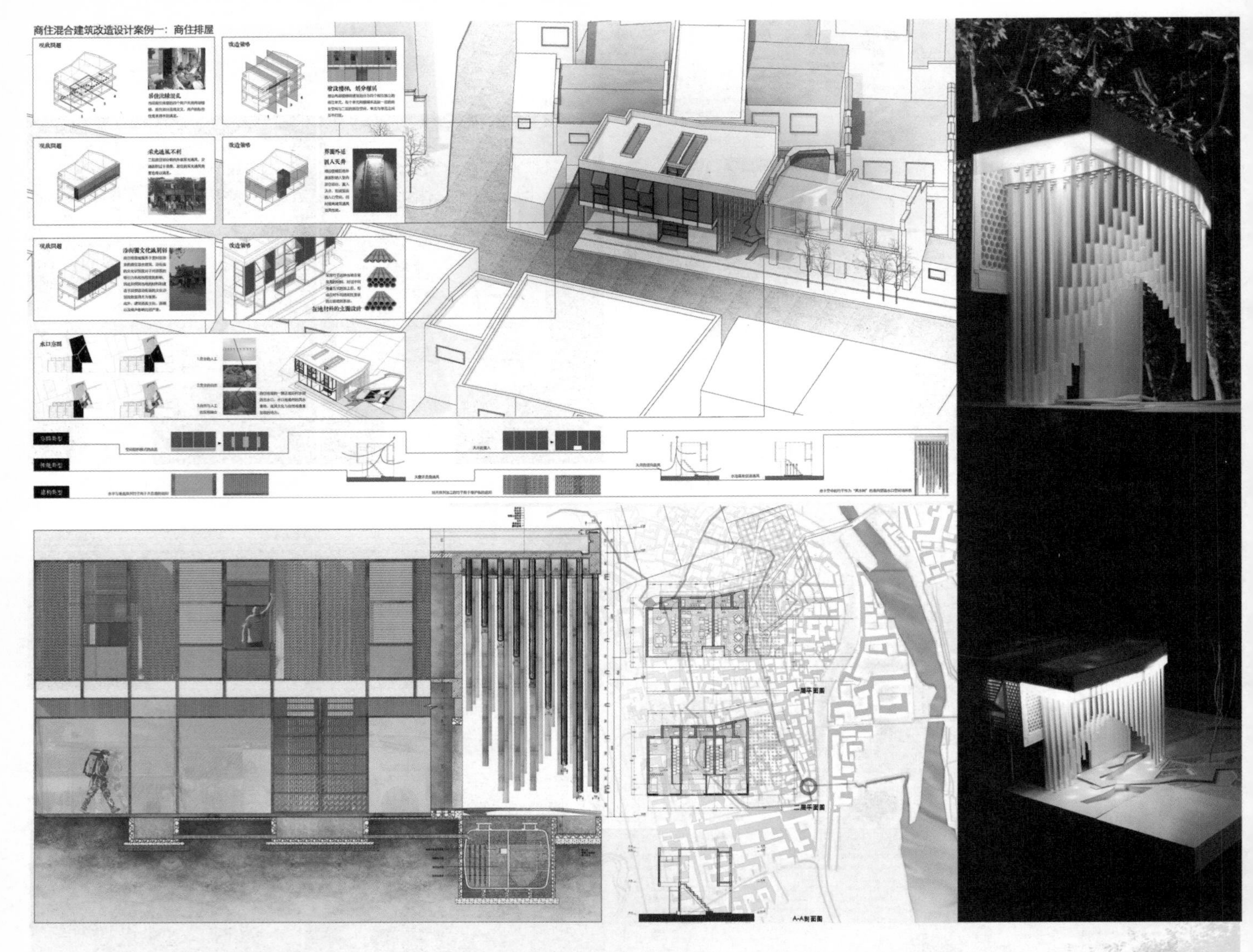
商住混合建筑改造设计案例一：商住排屋
现状问题
居住流线混乱
改造策略
现状问题
采光通风不利
改造策略
现状问题
改造策略
A-A剖面图

140

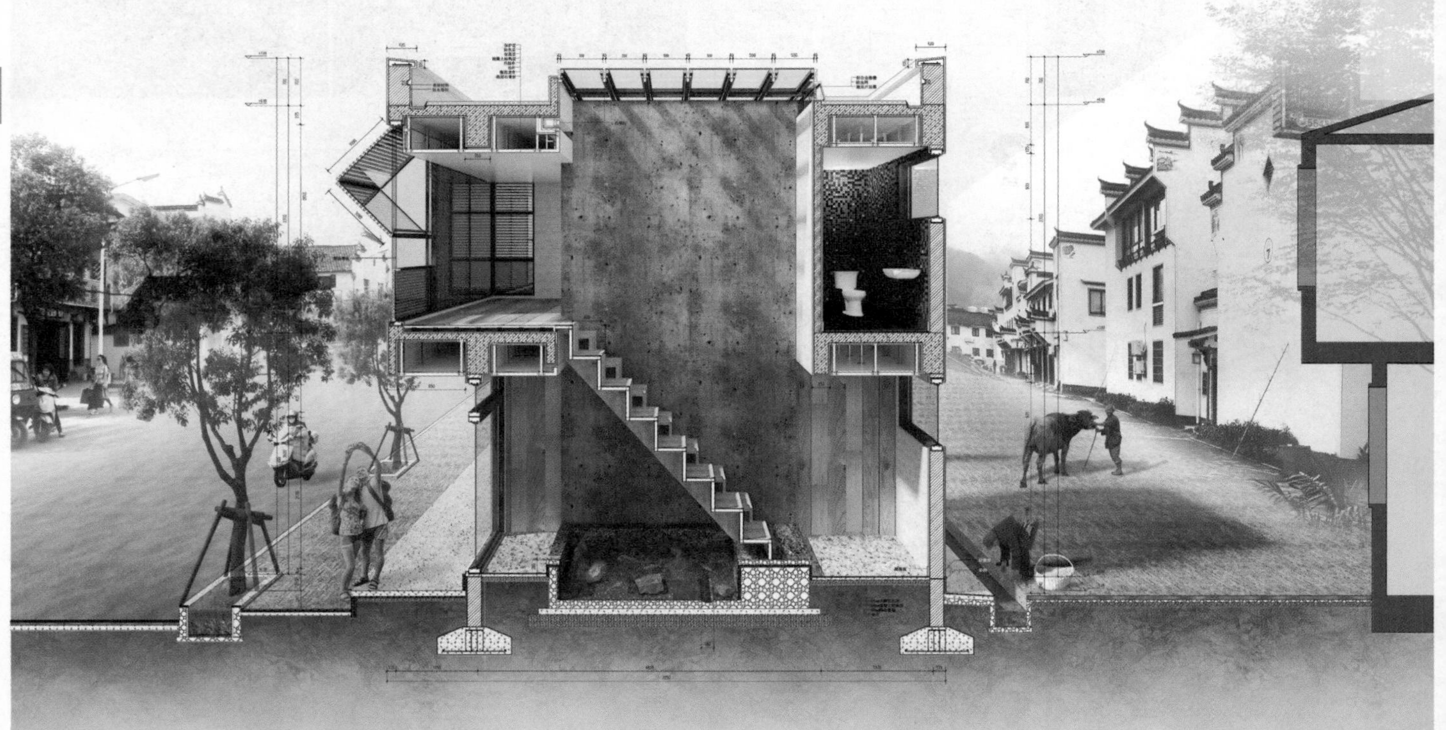

商住混合建筑改造设计案例二：徽菜酒家
现状问题
改造策略
功能拥挤
一层平面图
二层平面图
剖面图

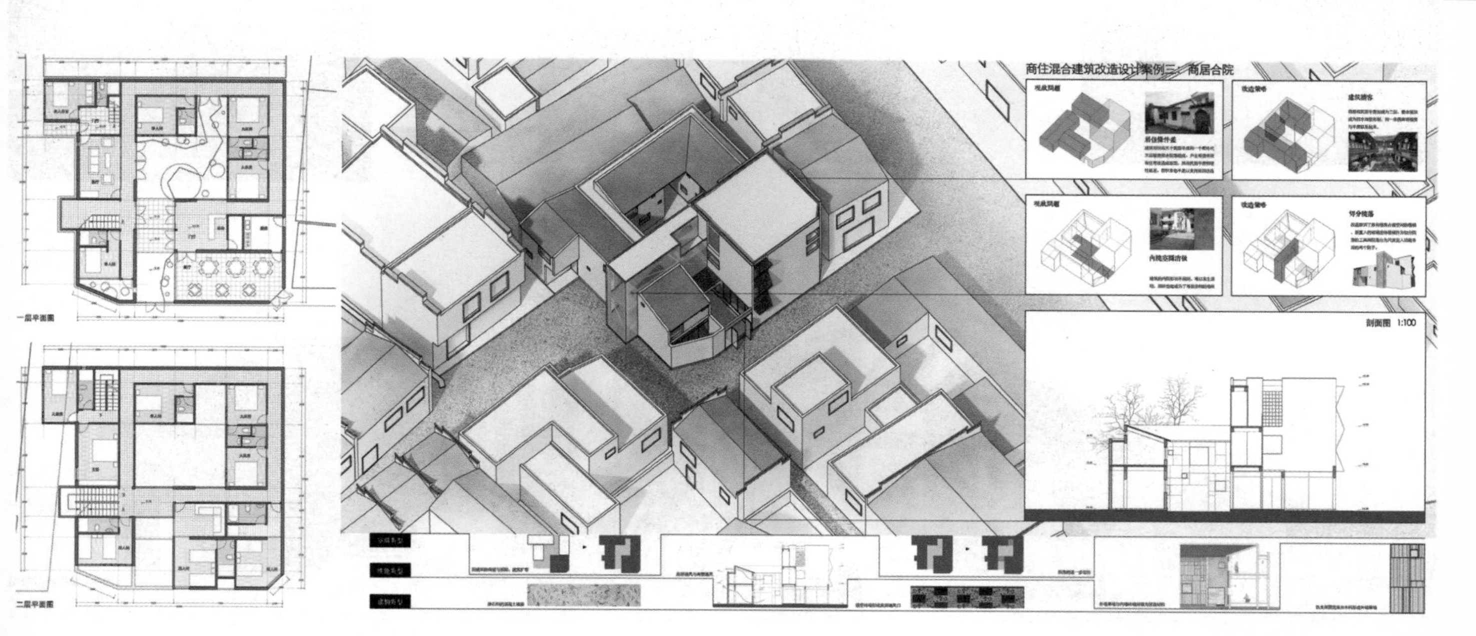

商住混合建筑改造设计案例三：商居合院
现状问题
改造策略
居住条件差
建筑腾挪
内院空间丧失
剖面图 1:100
一层平面图
二层平面图

奚家祠堂改造

设计说明

奚家祠堂是位于际村（距宏村仅一街之隔）唯一保留完好的祠堂建筑。该建筑经过两次（19世纪20年代和60年代）加建，分别在两个时期作为茶厂和仓库使用，现处于半废弃状态。

由于奚家祠堂是处于际村中心的公共建筑，因此我希望以此为据点，吸引从际村西侧水墨宏村商业区去往东侧宏村的游客经过此地，体验际村之美。

改造围绕如何将光线引入室内而创造独特的展览体验展开，运用当地材料,结合徽派元素，让游客在行进中体验竹雕艺术之精美与徽州建筑之魅力。

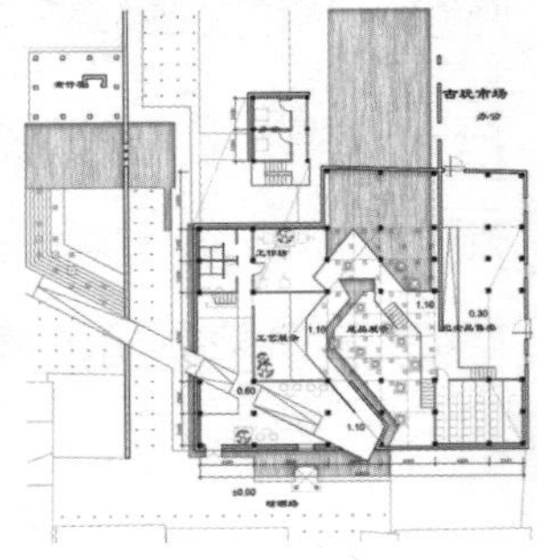

居住建筑

综述 村落中，占大多数的往往是住宅，因此居住质量的整体提升，对际村的未来发展十分重要。本导则的制定是从居住品质的要求、家庭组成的期待与指向、物理性能改进策略、住宅形象提升策略这五个层面，主要从建筑设计和村落景观的的角度提出适合与际村未来发展的参考性建议。

1.1 居住品质的要求

在际村，传统的天井式住宅普遍都年久失修，且很多都经过后代加改建（例如在封闭的外立面上开窗、为了增加室内使用面积将天井遮蔽起来等等）。使得传统建筑呈现出支离破碎的面貌。考虑到老建筑对整个村落环境的特殊贡献，鼓励不影响老建筑质量的新功能的引入（例如文创类产业），并且未来应该考虑成为开放的村庄公共空间的可能性。

闲置功能的利用：传统的天井式民居的现状二层常常闲置，仅仅堆放一些杂物，建议将二层空间利用起来，通过铺明瓦或开侧窗的方式改善采光条件。

基础设施的完善：应保障每一户居民的用水用电问题，并通过管线改造使得每一户居民都有条件使用清洁的卫生间，网络的入户和空调（建议使用分体式空调）。村庄设有固定的垃圾投放点及公共厕所。

1.2 家庭组成的期待与指向

际村目前的状态和许多其他的农村一样，也面临人口的老龄化。但是由于毗邻宏村，旅游服务业发展迅速。经过研究分析，未来将有人口回流的趋势，届时一所房子里可能会有三代人共同居住，所以新设计的住宅里会设置两个以上的卧室空间，并考虑不同年龄的人的需求。同时在家庭内部会注重塑造一个与传统民居堂屋类似的住宅的中心空间，建议与良好的景观朝向或者通高空间相结合。

1.3 物理性能改进策略

采光：徽州的天井式住宅在过去由于防卫的考虑，一层很少开窗，而为了适应现代生活方式的需要，可以在外墙上开窗，但窗户的尺寸不宜过大，以长宽均不超过1.5m为宜，鼓励使用木格栅或镂空瓦窗。建议保留或在新建筑上运用的建筑构造。

通风：天井狭而高的空间形态，加上对应的开敞堂屋，使热空气上升。

降温：传统建筑的地板下面会挖设一人多高的窨井，夏季时打开空洞便会有清凉的空气传出。

1.4 住宅形象提升策略

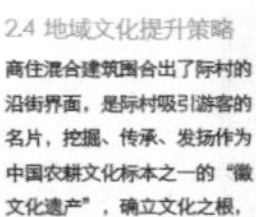

a. 新建建筑应该有坡屋顶和马头墙等徽州当地的元素，但是具体的做法上可以有所创新，比如利用钢材、竹材等，但是色彩上要与周边传统建筑保持协调，建议使用黑白灰的色调。

b. 外墙的装饰材料建议使用灰砖、天然石材、瓦、木、竹材等传统材料，不建议使用瓷砖。

c. 保留并维护现存的使用各种自然材料堆砌而成的院落围墙，近量是沿街立面完整且多样化。

d. 有条件的街巷节点处可以将水圳放大成小水塘，引入自然风。

商住混合建筑

综述 宏村带动起了宏村镇及其周边地区的旅游业，日益增加的旅游人口所带来的配套设施的需求刺激了际村的村民，相当数量的际村居民选择将自己的住房改造成旅馆、饭店、小卖店等各种形式的商住混合建筑来满足这些市场需求。所以未来，商住混合建筑必然会成为际村自组织更新的重点。本导则的制定是从业态模式定位策略、功能流线组织策略、物理性能改进策略、地域文化提升策略四个方面，从建筑改造设计的角度提出际村商住混合建筑改造的参考性建议。

2.1 业态模式定位策略

业态以及商住混合模式的选择是际村村民进行自宅商业改造所面临的第一个问题。它受到区位，规模，个人意愿等因素的影响。经过案例实践，我们建议如下：在区位上，沿街建筑多选择小卖、饭店、纪念品商店，靠里的建筑可以选择旅馆、台球室等业态；规模上，面积小的建筑一般可以考虑下商上住的模式，中等以上的建筑可以考虑前商后住或是左商右住的模式。

2.2 功能流线组织策略

确定了业态以及商住模式之后，如何协调好居住与商业的关系使两者互不打扰或者互相促进将成为未来际村村民不得不面对的一个问题。

a. 流线互不干扰

改造首先应当区分好生活流线、游客流线、货物流线，使其互不干扰。具体措施有：生活与商业体块互不交叉、分别设置入口、用甬道、门、墙、高差来进行划分。

b空间留有缓冲

尽管流线互不交叉，商业嘈杂的氛围仍然对居住产生影响，因此两者之间应有缓冲。例如将辅助空间置于两者之间、置入天井与院落等等。

2.3 物理性能改进策略

际村有不少传统的民居年久失修，后建的建筑也不具备优良的物理性能，因此在改造的过程中鼓励村民采用当地的传统的构造手法对建筑进行物理性能的优化。

通风系统

a. 利用天井优越的拔风性能，置入天井通风。

b. 借鉴传统民居地下通风的手段，垫高地面层，四周开启风口，地面通风防潮。

c. 建筑东南面开口大，西北面开口小，利于形成穿堂风。

遮阳系统

立面设计利用当地的木材、竹材、砖、瓦等材料加工成格栅、密肋、镂空砖墙形成自遮阳。

采光系统

徽州民居出于防卫的考虑维护墙厚重很少开大的洞口，以至于室内十分昏暗并不适于现代生活。建议村民在适当增加洞口数量和尺寸的情况下考虑开启天窗采光，在不破坏建筑风格的前提下争取室内的光通量。

水循环系统

屋面排水、立面排水构造、景观水池共同形成水系统，蒸腾效应促进室内降温。

2.4 地域文化提升策略

商住混合建筑围合出了际村的沿街界面，是际村吸引游客的名片，挖掘、传承、发扬作为中国农耕文化标本之一的“徽文化遗产”，确立文化之根，有益于旅游服务经济的发展。

a. 高墙窄巷马头墙是传统徽州建筑的特征，在改造上尊重当地尊重传统，但也鼓励适合当下的创新构造方式来演绎传统元素。

b. 材料上，应鼓励村民采用当地盛产的竹材、木材、砖、瓦等材料。

公共建筑

综述

际村曾经的公共活动中心——古道因环境恶化、杂物堆积等，失去了其公共功能。我们注意到，由于公共活动的丧失，际村内部有不少未被使用的公共建筑，它们曾经或许是祠堂、工厂、仓库或药铺等，由于曾经的功能未能跟上现代的生产生活而处于被废弃或半废弃状态。我们希望能够对部分的公共建筑进行示范性的改造，让其既能重拾文化识别性，又可适应当今的需求，从而进一步激活际村的公共空间。

3.1. 现有资源利用策略

我们计划在际村选择2个具有代表性的公共建筑是并进行改造设计，分别是位于位于际村主街上的奚家祠堂和靠近东侧国道的一处废弃的作坊。前者是际村最大的一处公共建筑，也是年代最悠久的建筑之一，经过多次加改建（分别是1920年年代改建为茶厂和1960年代改建为仓库，现处于半废弃状态），有强烈的历史痕迹，但是现保存状况较差。后者年代较近，曾经是一个作坊，为合院形式。

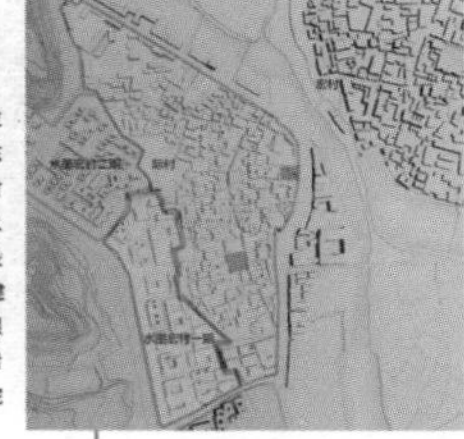

3.2. 场地改造策略

经过前期分析，环宏村的旅游服务业是际村未来的经济增长方向。因此，在际村中选择一些重要的公共建筑作为节点，打通、优化公共空间，吸引游客途径参观，为际村带来活力。

a. 水圳

水圳目前已经由生活设施逐渐转向景观设施，际村主路上南北向的水圳水量已经很小了。将水墨宏村西侧的水圳引到际村水圳，并在中间形成一些放大节点，通过水流引导游客的参观流线，并且为室内外空间创造出流动感。

b. 植被

际村极其缺乏绿化系统，我们可以通过在游客流线的周围种植植物（如利用奚家祠堂西侧原来的田野和空地营造出一片竹林）。将具有当地特色的植物重新引入际村。

3.3 建筑改造策略

a. 空间

对于老建筑的改造，我们的总体策略是尽量不对原有结构做大的动作，不仅出于成本考虑，更是因为我们认为这些建筑的最大吸引力正是它们原汁原味的风貌。凹凸的石壁和斑驳的墙体是历史的痕迹，我们应该最大程度地保留它们。如在奚家祠堂的改造中，我们几乎没有对其作任何结构上的改变，而内部的步道则小心避开原有的柱子

b. 材料

主要的建筑材料均是利用当地大量生产的材料。如奚家祠堂的采光筒大量利用当地的旧木和竹材，在水圳系统周围和建筑的展厅，均采用了兴安江下游的细鹅卵石，唤起人们儿时的回忆。而墙体系统则大量采用徽州地区生产的青石，表面的粗糙感拉近了人与建筑的距离。在废弃院落的案例中，新加的墙体系统则大量采用竹材，创造出半透明的感觉。

3.4 物理性能改进策略

a. 采光

公共建筑的体量一般较大，功能转换后多少面临采光问题。但因成本和建筑原有结构的限制，采光系统应尽量利用现有结构进行“置入”。如在奚家祠堂的方案中，利用原有结构置入采光筒，将天光精确地引向展品区，在石砌的侧墙上则用金属包边开许多窗洞。而在废弃院落的改造中，根据原有的柱网模数，在体量中开出窄高的小缝，内部用竹格栅、玻璃等半透明材料围合，形成一套内部的公共和采光系统

b. 通风

通风对徽州地区的建筑尤为重要。受到徽州建筑中高而窄的天井的启发，在建筑物中开出窄高的天井院，利用热压通风的原理，将空气通过天窗排出，而水池中水的蒸发更是加速了这一过程。

c. 热工性能

由于公共建筑体量通常较大，并且由于是老建筑，墙面、屋面的保温性能都难以达到要求，安装全覆盖的空调系统是不现实的。在奚家祠堂的改造中，办公区、竹匠工作室和报告厅等长时间使用的房间，均采用了双层墙体结构，在外墙保温的基础上，又增加了一层内部的保温砌体墙。而对于其它展览的部分，则采用被动式通风散热，大量节约了能源的消耗。

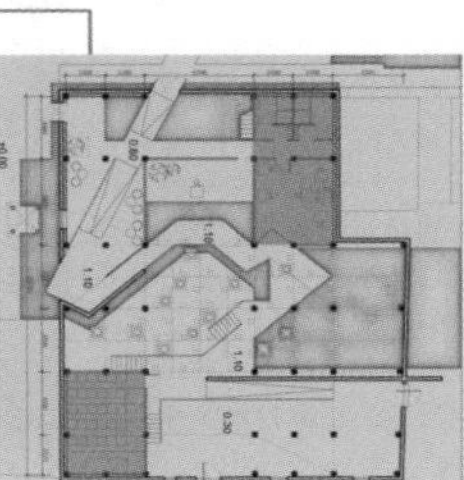

赋值际村
Assign @ Ji

东南大学
设计：郭梓峰/施天越/李云竹/曹佳倩
指导：李飚/仲德崑/张彤/夏兵/朱渊

评语：

设计以安徽黟县际村为研究对象，通过编写计算机程序，研究既定规则对传统徽州村落发展的影响。

在毕业设计过程中，该组同学开展生成建筑的相关研究与探索，在研究建筑问题的同时需要掌握计算机编程语言，具有一定难度和深度，毕业设计成果工作量符合要求。

此外，该毕业设计成果有一定的创新点，具体表现在：1. 村落形态生成实现方式具有先进性；2. 院落形态与结构生成有一定创新性；有较高的学术研究价值。

最后，毕设成果中依然存在一些不足，例如建筑的高度规律还没有进行细致的研究、建筑生成依然存在一些程序上的缺陷。同时，希望引入和现有村庄的对比，以便验证规则选取的正确性和结果的合理性。

house = 1
road = 0.1
river = 0.3
hill = 0.3
肌理
研究
肌理规则
相同规则
不同权重

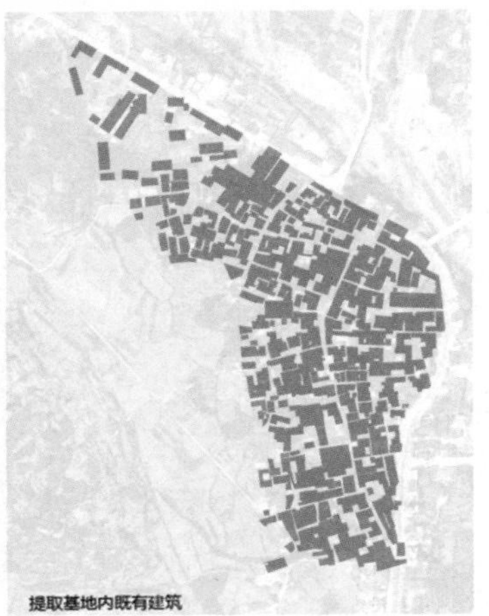

提取基地内既有建筑

依既有建筑与道路进行地块划分

基地无缝划分（PLOT），道路位于基地交界线。

基于PLOT（地块）的场地处理——将场地无缝化划分：

每个地块包含年代、层数、功能、完好程度等信息；
PLOT交接线为道路或者潜在的道路；
利用半边数据结构进行操作。

地块优化

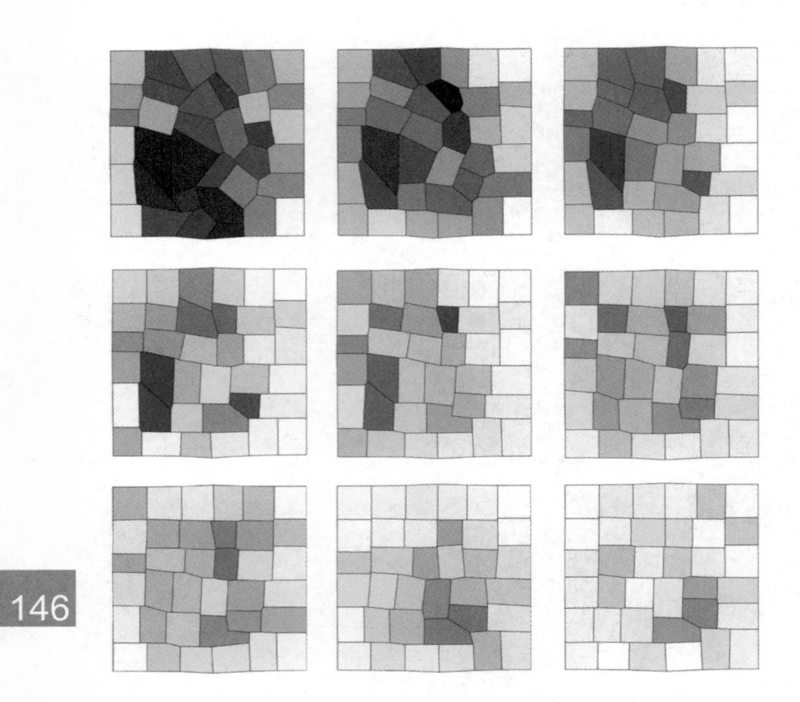

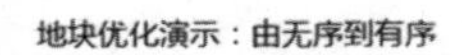

地块优化演示：由无序到有序

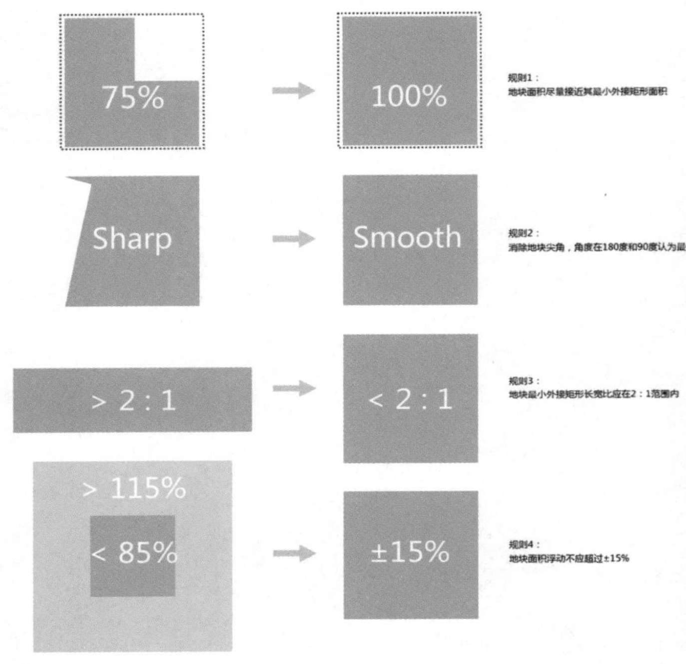

地块优化——个体利益最大化

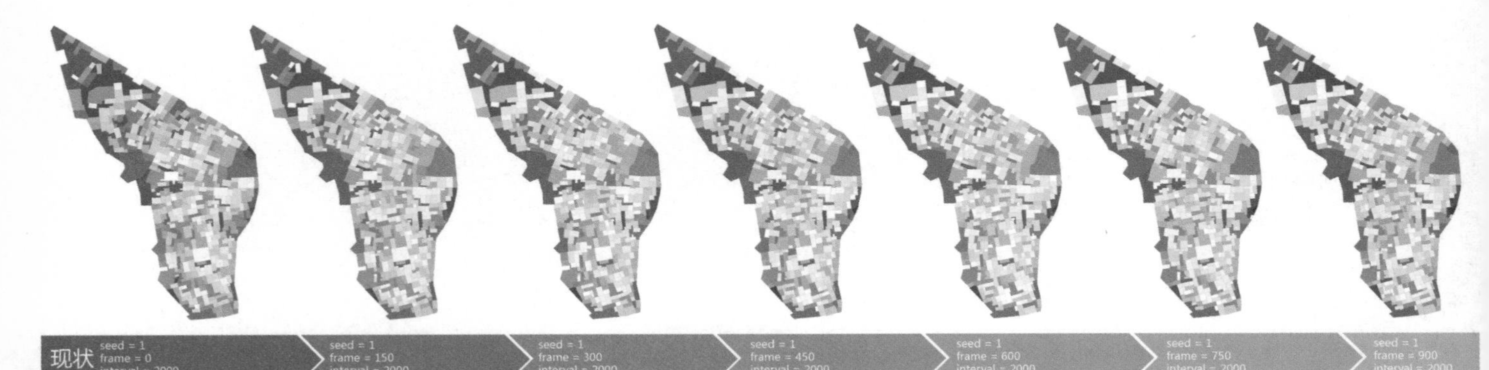

参数不变的情况下，模拟地块随时间推移的变化情况

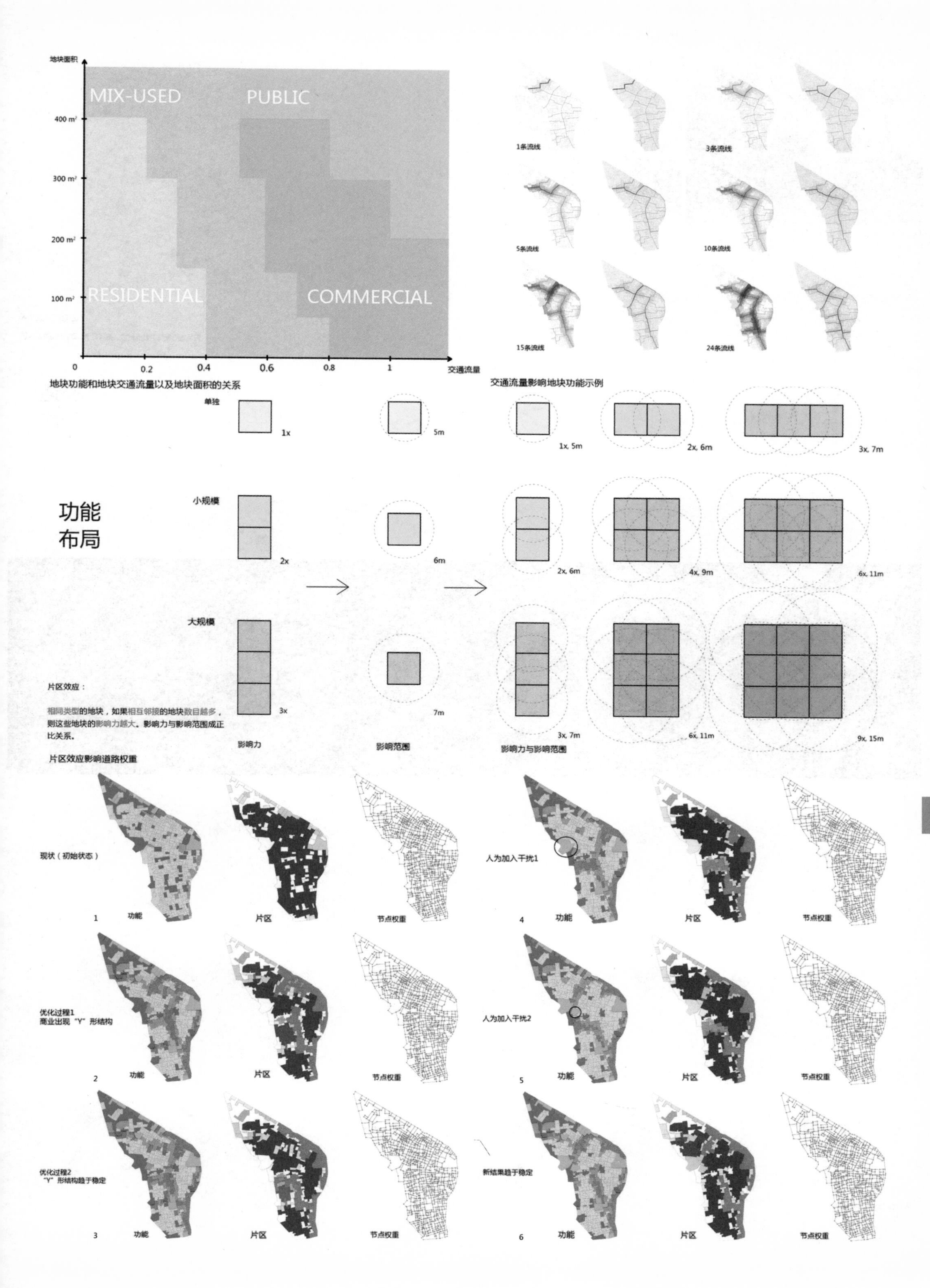
地块面积
MIX-USED
PUBLIC
400 m²
300 m²
200 m²
100 m²
RESIDENTIAL
COMMERCIAL
0
0.2
0.4
0.6
0.8
1
交通流量
地块功能和地块交通流量以及地块面积的关系
1条流线
3条流线
5条流线
10条流线
15条流线
24条流线
交通流量影响地块功能示例
单独
1x
5m
1x, 5m
2x, 6m
3x, 7m
功能
布局
小规模
2x
6m
2x, 6m
4x, 9m
6x, 11m
大规模
3x
7m
3x, 7m
6x, 11m
9x, 15m
片区效应：
相同类型的地块，如果相互邻接的地块数目越多，则这些地块的影响力越大。影响力与影响范围成正比关系。
影响力
影响范围
影响力与影响范围
片区效应影响道路权重
现状（初始状态）
1
功能
片区
节点权重
优化过程1
商业出现"Y"形结构
2
优化过程2
"Y"形结构趋于稳定
3
人为加入干扰1
4
人为加入干扰2
5
新结果趋于稳定
6

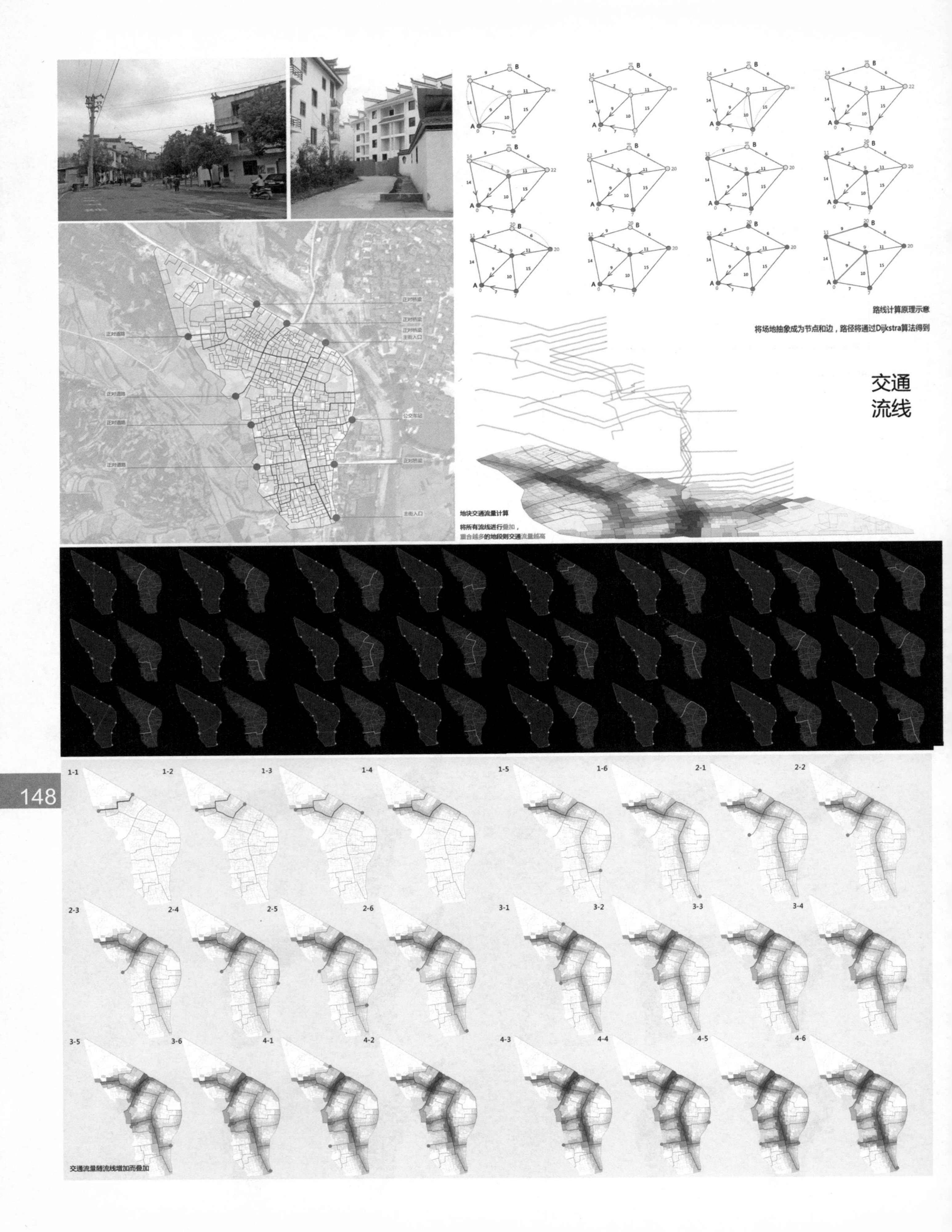
正对桥梁
正对桥梁
正对道路
正对桥梁
主街入口
正对道路
公交车站
正对道路
正对道路
正对桥梁
主街入口
路线计算原理示意
将场地抽象成为节点和边，路径将通过Dijkstra算法得到
交通
流线
地块交通流量计算
将所有流线进行叠加，
重合越多的地段则交通流量越高
1-1
1-2
1-3
1-4
1-5
1-6
2-1
2-2
2-3
2-4
2-5
2-6
3-1
3-2
3-3
3-4
3-5
3-6
4-1
4-2
4-3
4-4
4-5
4-6
交通流量随流线增加而叠加

切分复杂地形
按照评分取最优的切分方法

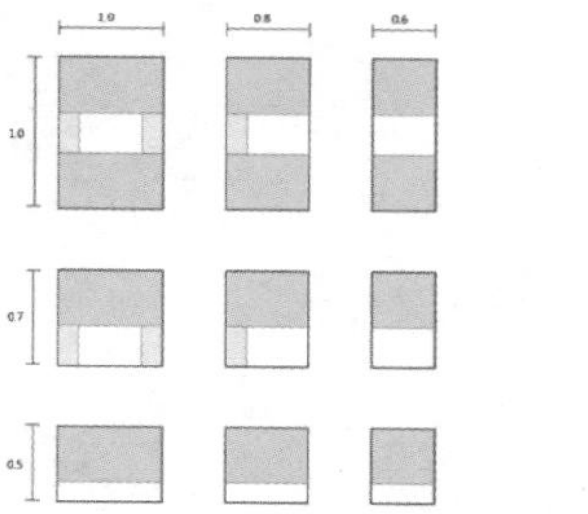

地块变化与平面布局

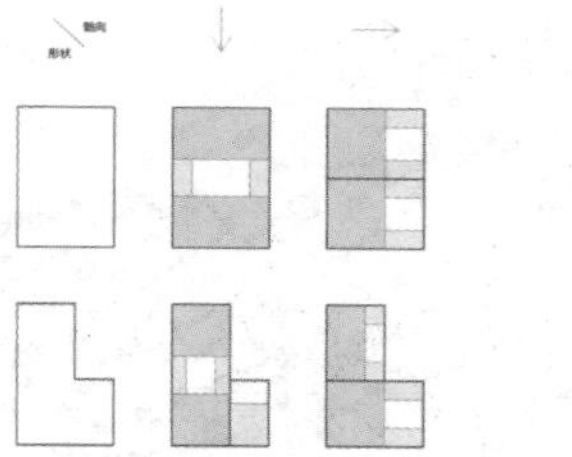

朝向变化与平面布局

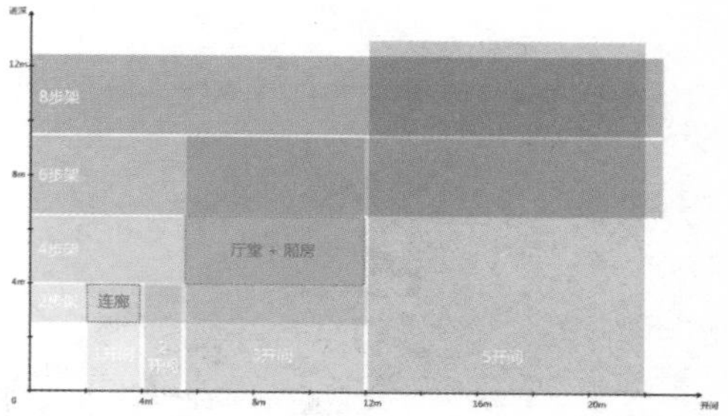

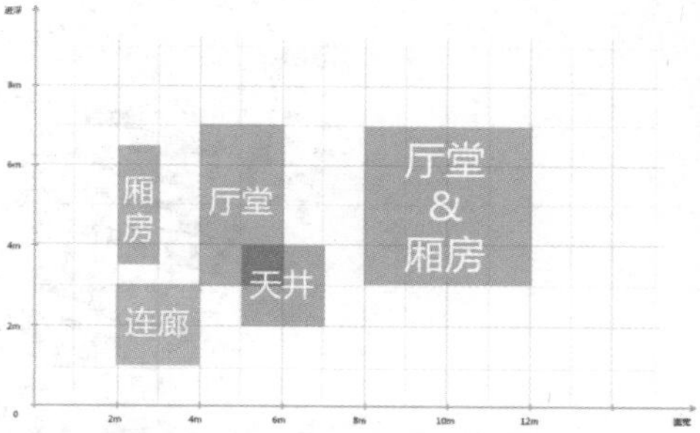

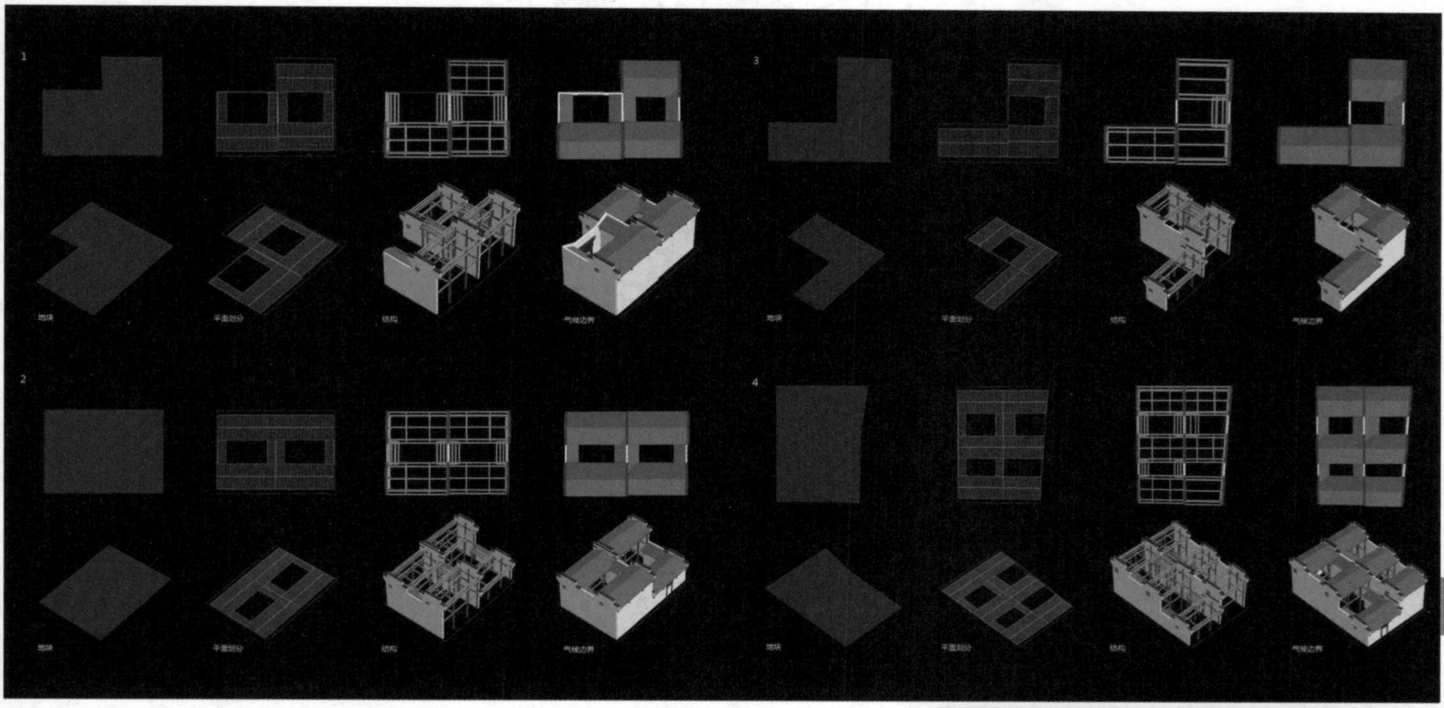

厅堂＋厢房

连廊

厢房

厅堂

天井

厅堂
&
厢房

地块

平面划分

结构

气候边界

建筑
生成

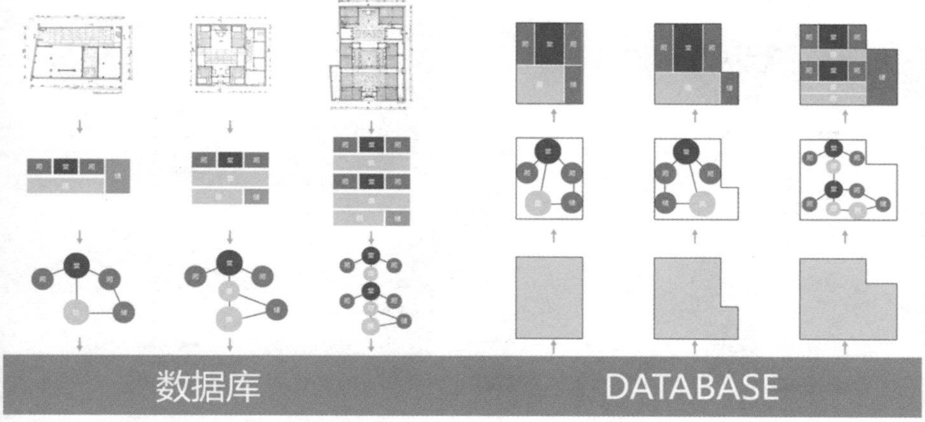

数据库

DATABASE

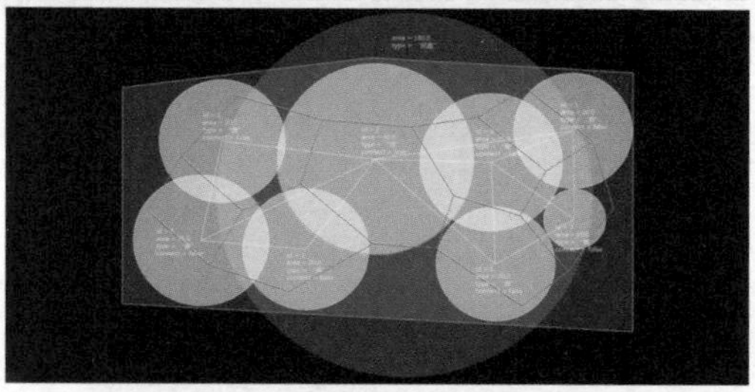

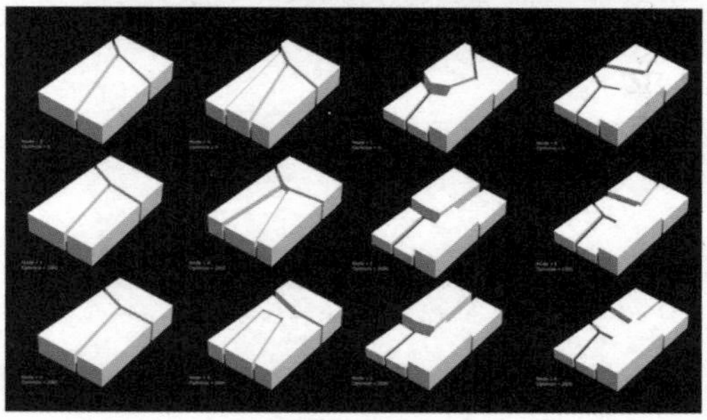

N

总平面

权重低
权重高
节点权重
评分高
评分低
地块评分
公共片区
平衡
私密片区
公共，私密性
三层
二层
一层
建筑层数
流量大
流量小
交通流量
到所有PLOT路网
公共建筑
商业建筑
商住混合
居住建筑
绿化
地块功能
保留建筑
更新建筑
建筑新旧

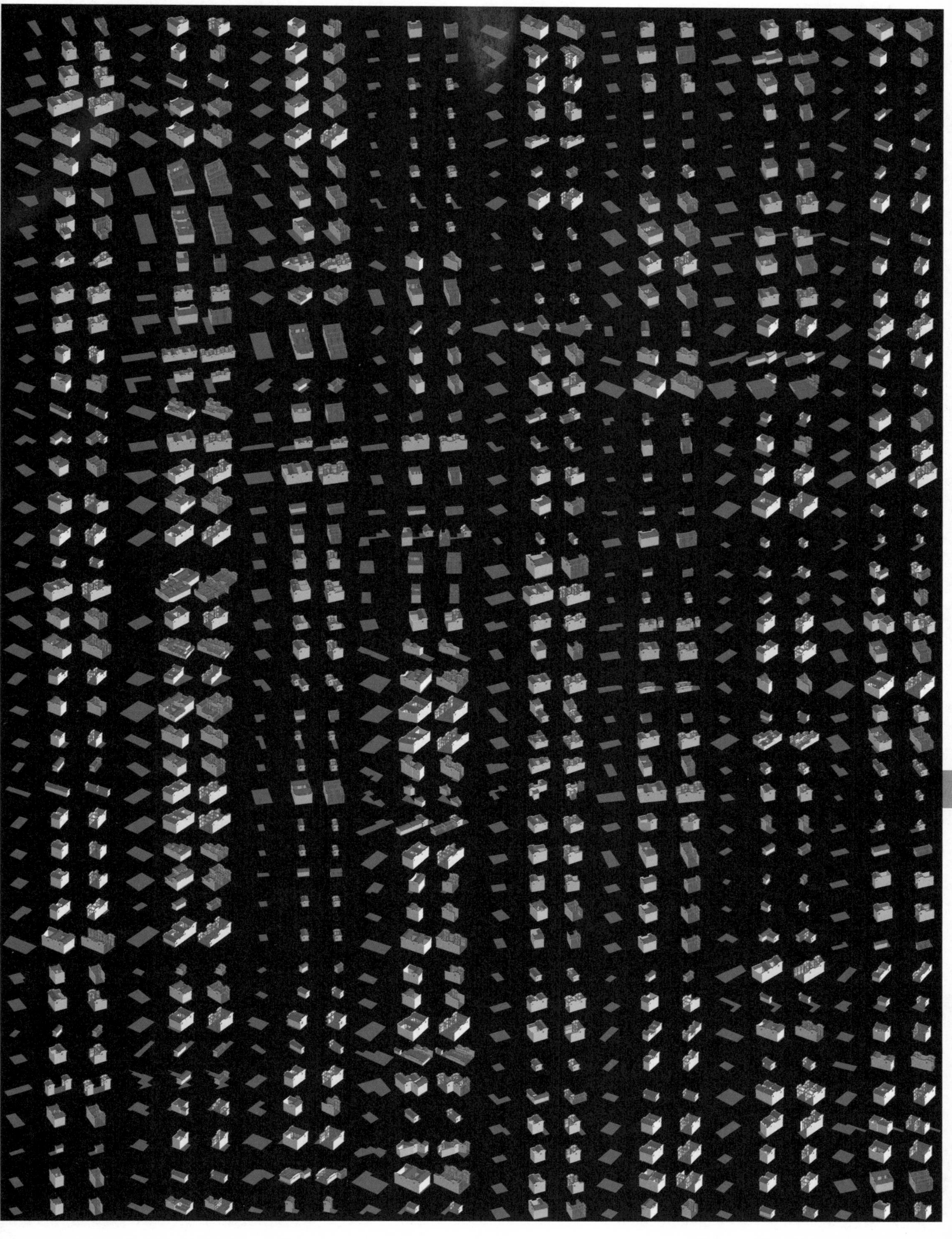

缝合 Stitching

东南大学
设计：邵星宇／王献娉
指导：夏兵/仲德崑/张彤/李飚/朱渊

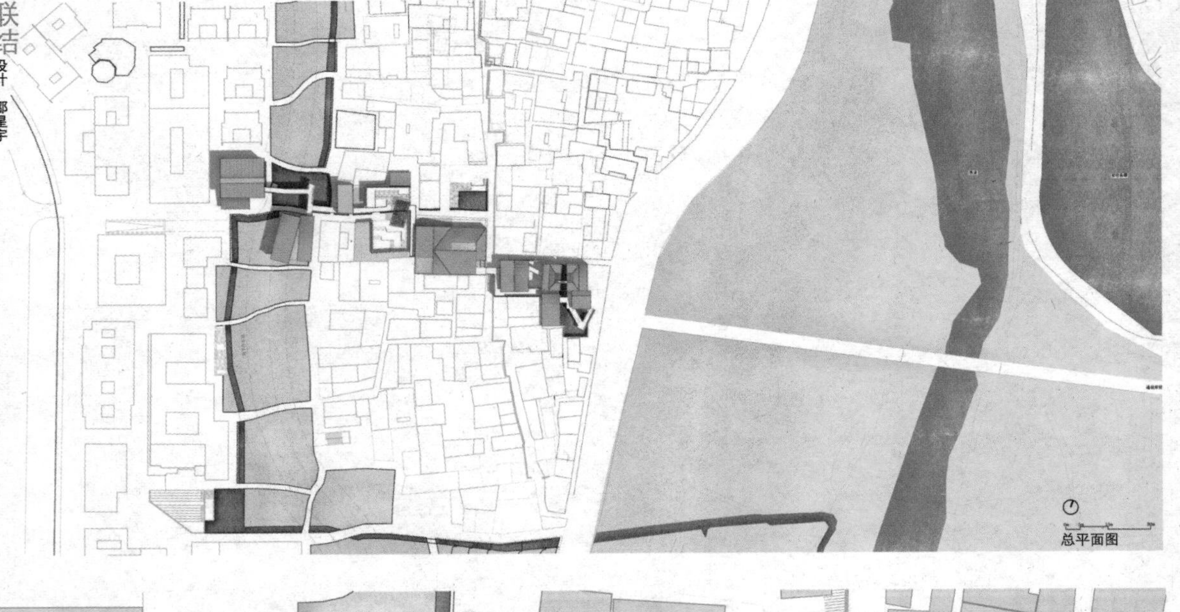

总平面图

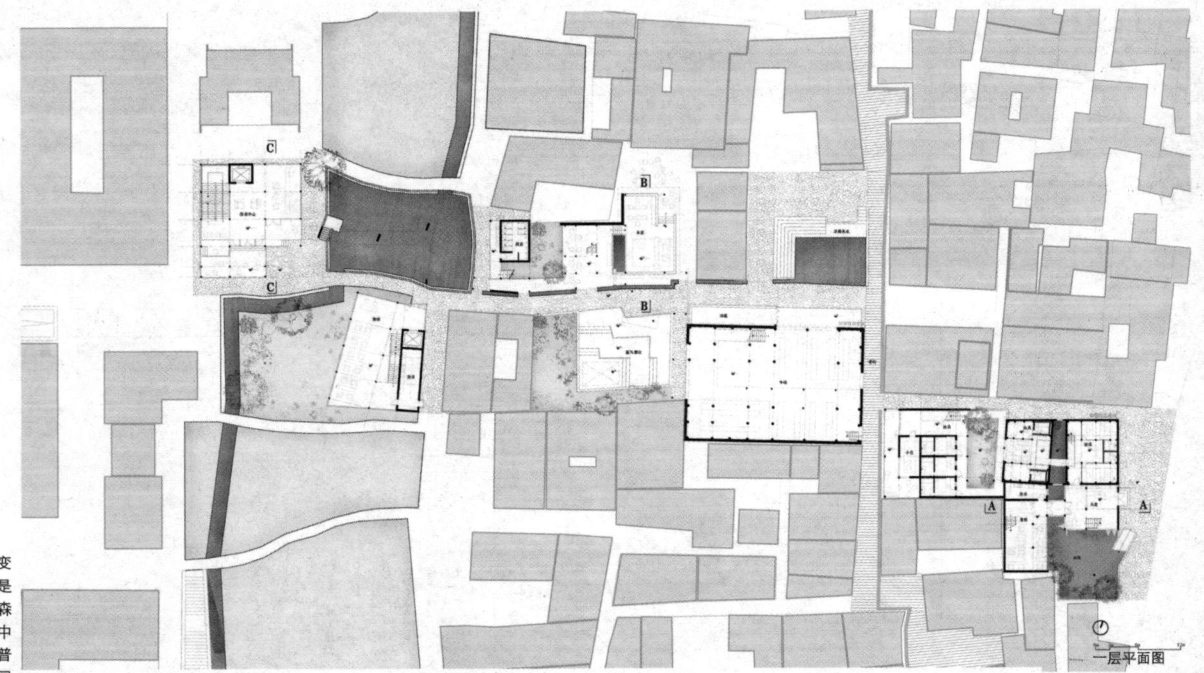
一层平面图

评语：

一边是在千百历史的变迁中盛衰轮回的际村，一边是逐利欲望下拔地而起的水泥森林——水墨宏村。皖南山区中发生的变化正在中国农村中普遍上演。生存还是死亡，中国农村的复兴之路是否无法摆脱生态的恶化与景观的颓败？

该小组敏锐地发现了问题，并利用际村与水墨宏村之间模棱两可的中间地带地面为农业景观，地下为现代基础设施的功能中枢，将割裂的脉络重新缝合，创造出具有独特见解的当代中国农村复兴策略。

舒展开宣纸的折页，一股清新的皖南乡村图景展现在眼前。阡陌纵横，鸡犬相闻，仿佛来到中国传统文人的理想天国。以舒缓的心境，设计若隐若现地穿插在际村村致密的肌理中，进退有度，毫不怠慢。菜场、茶馆、菜畦、洗池、学校……一个个精致开放的场所沿着青石板路依次呈现。这种渐进式的变革缠绕着熟悉的乡村味道，精致的构造为这种情调增加了小小的趣味。

游村图

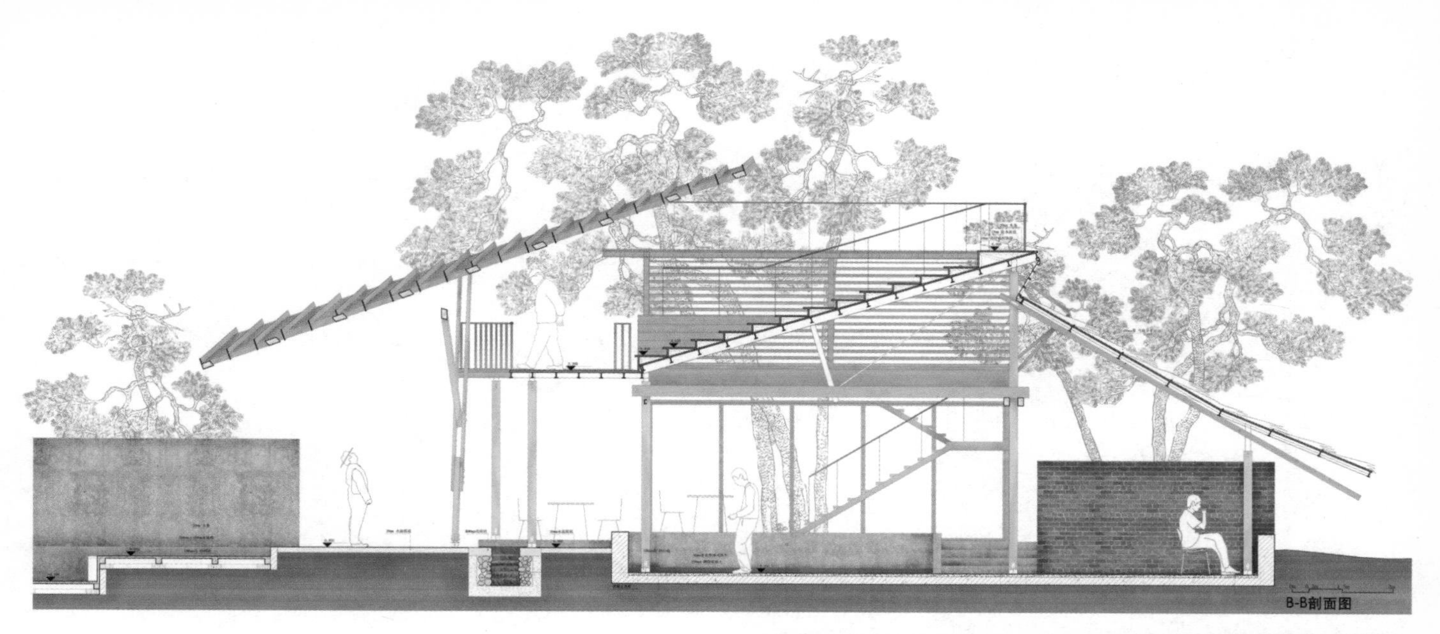
B-B剖面图

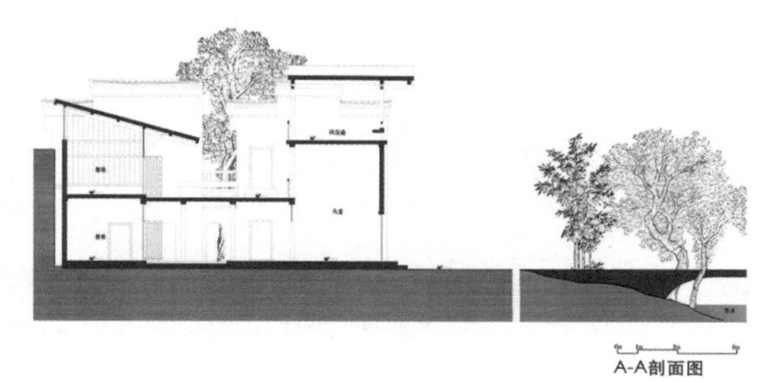
A-A剖面图

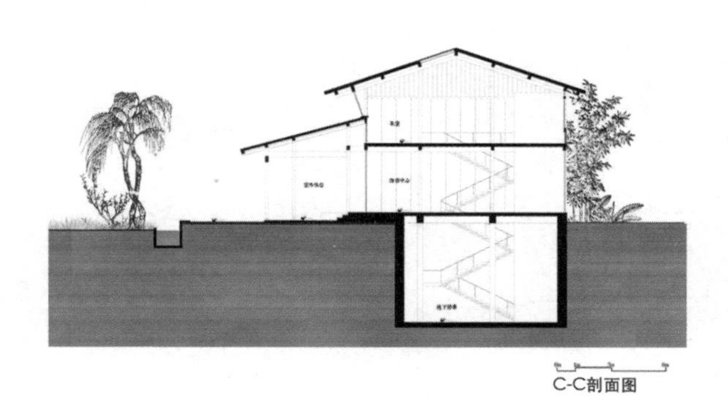
C-C剖面图

山木

设计：王献娉

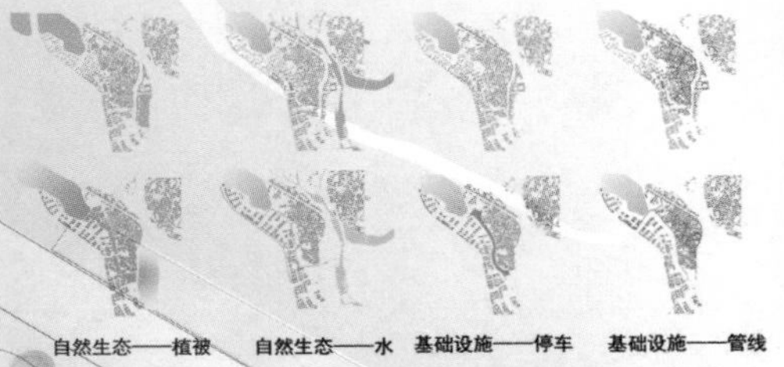

原状

规划

自然生态——植被　自然生态——水　基础设施——停车　基础设施——管线

0m 25m 50m 100m 总平面图

设计说明：

规划设计希望缝合破裂的村落现状，主要包括缝合南北向的自然生态，以及东西向新旧际村。同时考虑现代旅游业对际村的影响，以及际村基础设施的改造。

建筑单体设计选取场地位于中心景观带最北侧。规划布局上向西北侧道路打开开口，希望将人的活动引入中心景观带。建筑倚山而建，充分利用优越的室外环境。

整体功能设置为书画交流中心，旨在为当地以及外来文人墨客提供交流场所，并能够向当地游客、村民展示传统文化。建筑布局分散，功能依形体而设。

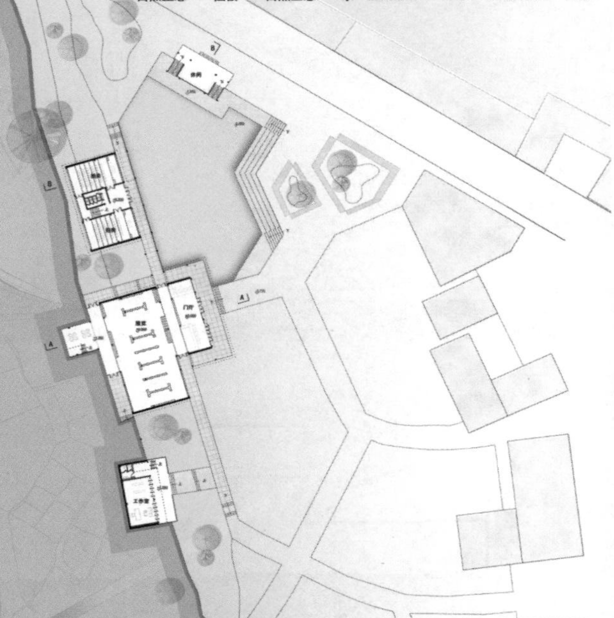

+1.500平面图

0m 5m 10m 20m

项目选择

开口

方案生成

材料选择

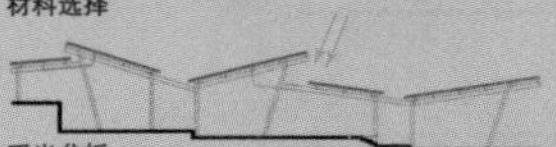

采光分析

通风分析

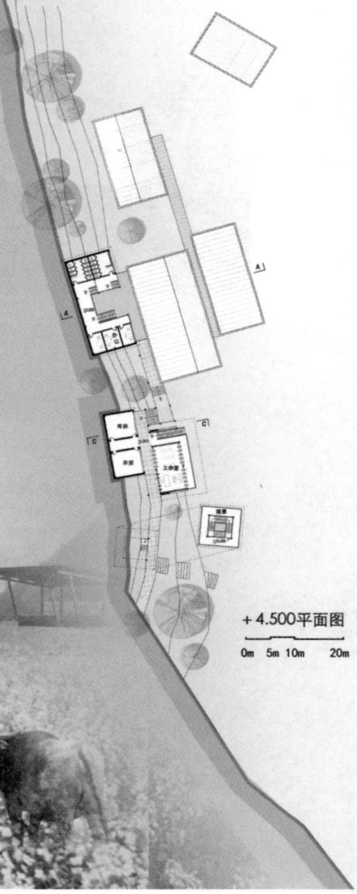

+4.500平面图

0m 5m 10m 20m

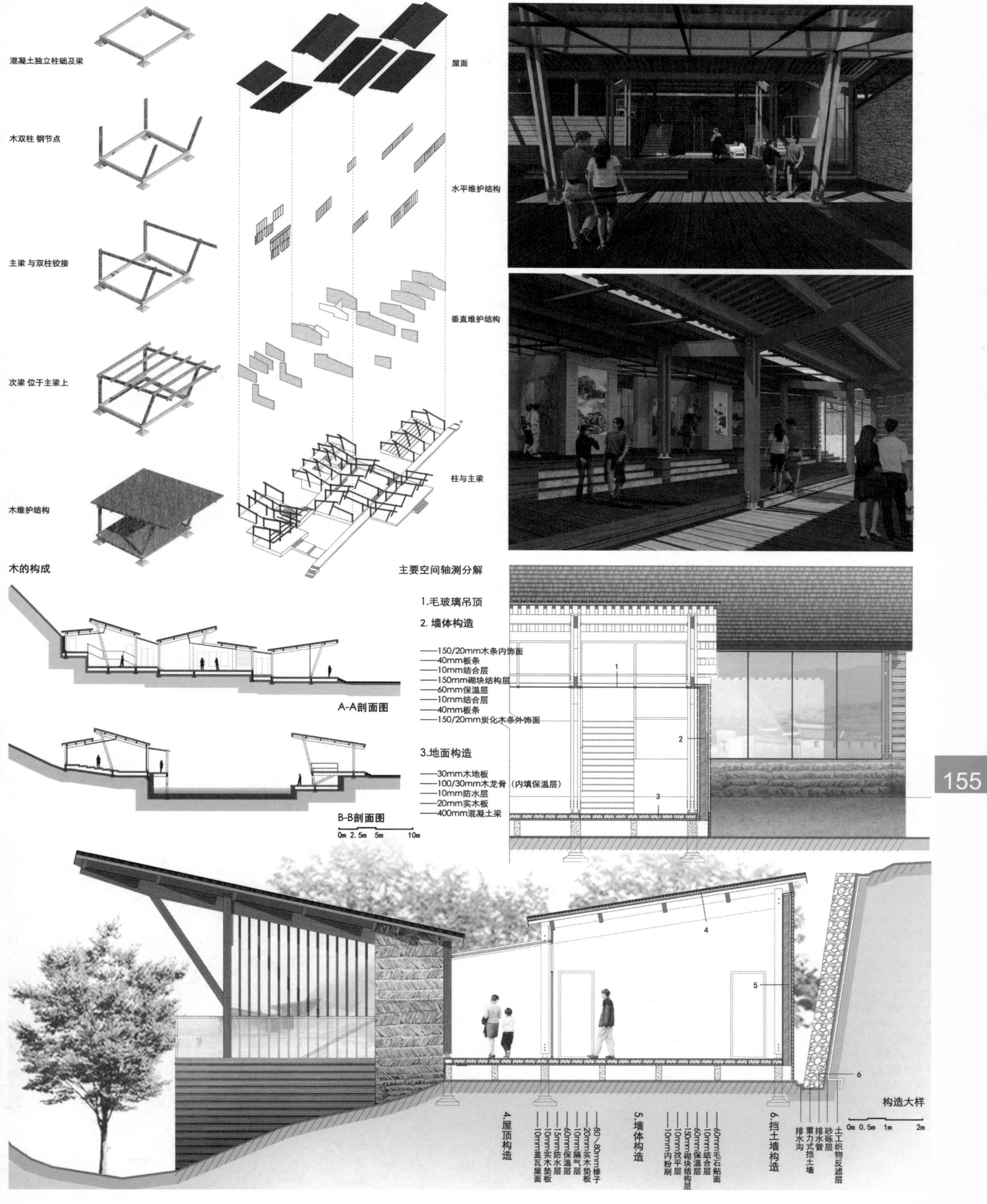

混凝土独立柱础及梁
木双柱 钢节点
主梁 与双柱铰接
次梁 位于主梁上
木维护结构
木的构成
屋面
水平维护结构
垂直维护结构
柱与主梁
主要空间轴测分解
A-A剖面图
B-B剖面图
0m 2.5m 5m 10m
1.毛玻璃吊顶
2. 墙体构造
—150/20mm木条内饰面
—40mm板条
—10mm结合层
—150mm砌块结构层
—60mm保温层
—10mm结合层
—40mm板条
—150/20mm炭化木条外饰面
3.地面构造
—30mm木地板
—100/30mm木龙骨（内填保温层）
—10mm防水层
—20mm实木板
—400mm混凝土梁
4.屋顶构造
—10mm盖瓦屋面
—10mm实木垫板
—15mm防水层
—60mm保温层
—10mm隔气层
—20mm实木垫板
—80／80mm椽子
5.墙体构造
—10mm内粉刷
—10mm找平层
—150mm砌块结构层
—60mm保温层
—10mm结合层
—60mm毛石贴面
6.挡土墙构造
排水沟
重力式挡土墙
排水管
砂砾层
土工织物反滤层
构造大样
0m 0.5m 1m 2m

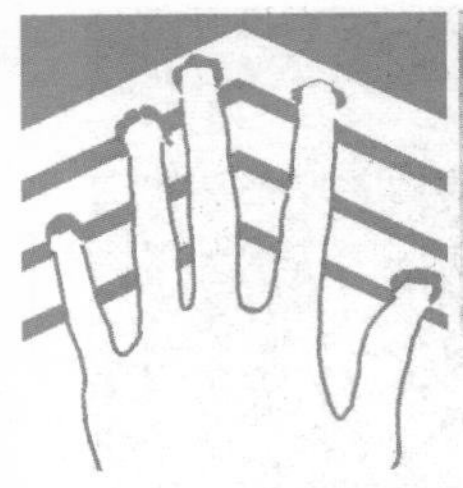

经脉
Context

东南大学
设计：部大宁/孙慧中/姜淮
指导:朱渊/仲德崑/张彤/李飚/夏兵

评语：

设计从黟县际村问题出发，以产业研究作为设计切入，进行村落的改造复兴研究。其中产业的特点分析，布点调研，环节链接，以及产业与村落基底的叠合，以“经脉”为主题进行产业建构，为际村的发展寻求突破。在规划的基础上，本组建筑设计选取产业路径下的不同节点，结合竹严业路径下的不同节点，结合竹产业的特点，形成人口展示，竹匠之家、山林野趣及交流中心等主题，并试图将与竹产业相关的空间、体验融入新旧建筑并置下的环境塑造中。方案若能强化与深化产业与环境、建造及构造关联将更为理想。

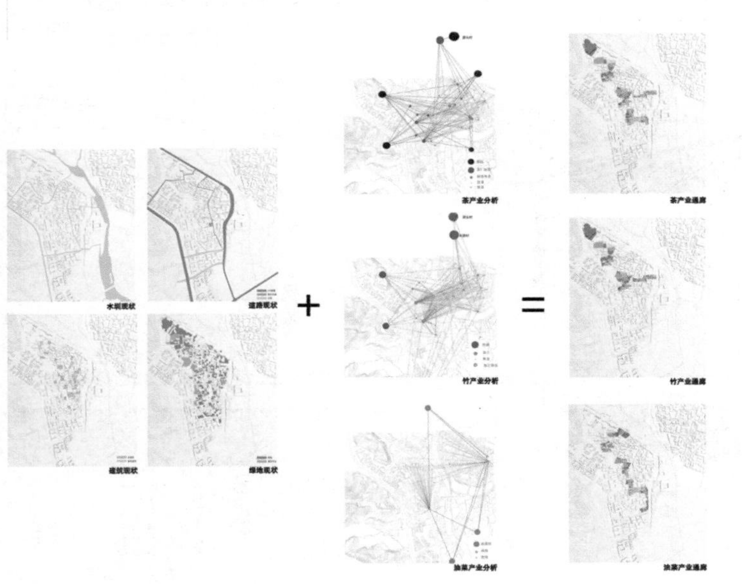

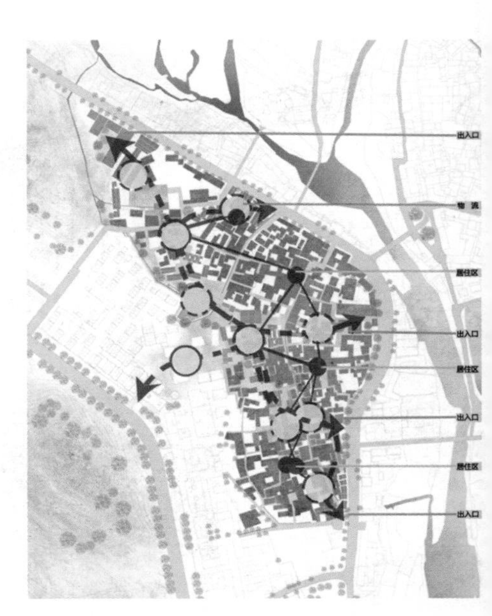

总平面图
预制装配：
• 2.1m标高层平面图
• 5.1m标高层平面图
• 10.5m标高层平面图

一层平面图

TIANJIN UNIVERSITY

天津大学

指导教师

许蓁
Xu Zhen

邹颖
Zou Ying

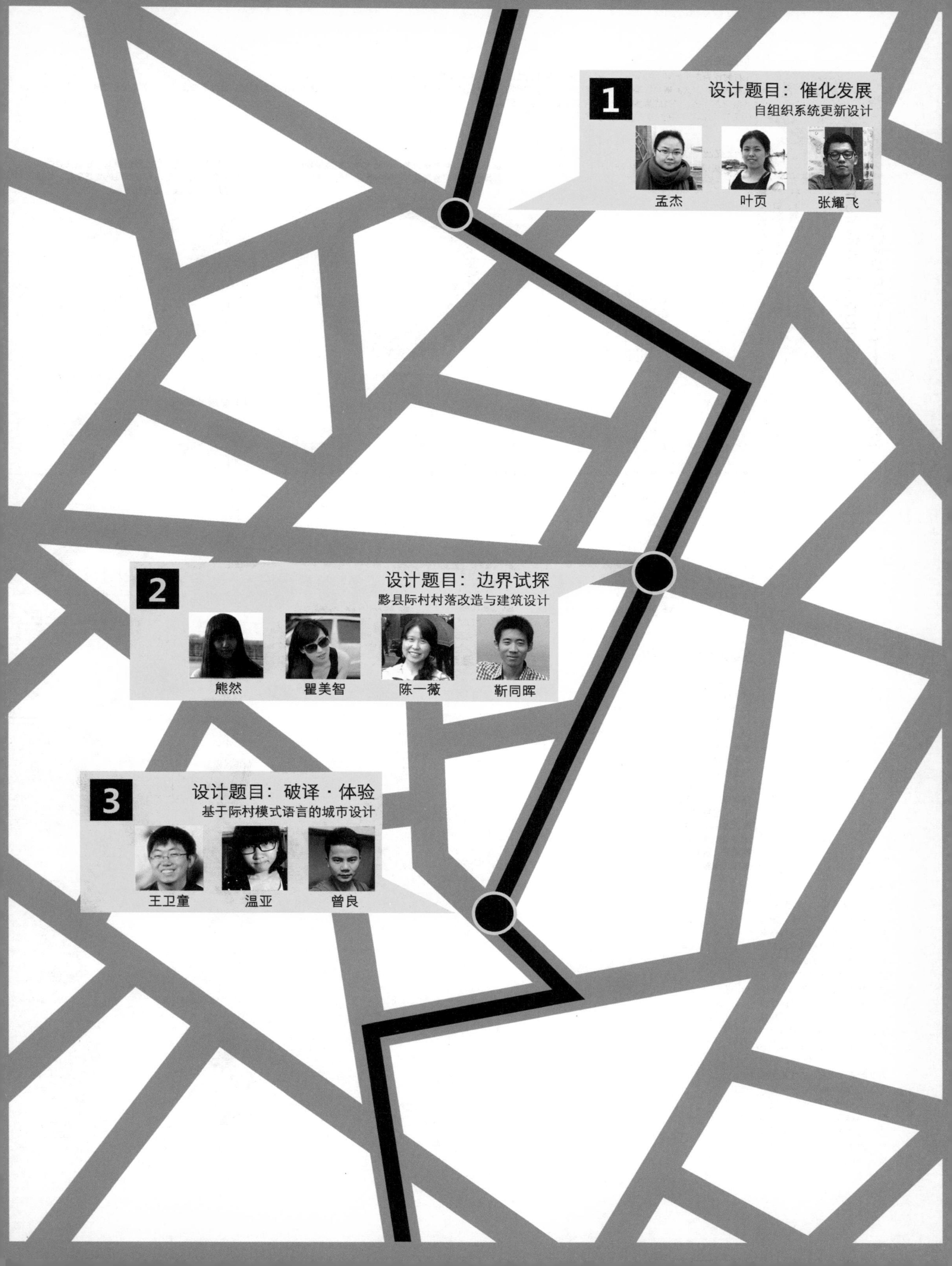
1
设计题目：催化发展
自组织系统更新设计
孟杰
叶页
张耀飞
2
设计题目：边界试探
黟县际村村落改造与建筑设计
熊然
瞿美智
陈一薇
靳同晖
3
设计题目：破译 · 体验
基于际村模式语言的城市设计
王卫童
温亚
曾良

催化发展——自组织系统更新设计 Catalyst-Cell System

天津大学

设计：孟杰/叶页/张耀飞

指导：邹颖/许蓁

问题关注

1.际村作为宏村发展“大前方”，随着宏村旅游业的发展，需要有接受更多游客的能力。

2.随着游客人数的增加，游客与当地居民抢占有限的用地资源，造成际村淡旺季活力差距明显，并且随着游客人数增加，村民不断离开，“活”文化变成“死”文化。

3.旅游业无序发展造成诸多弊端，影响居民正常生活，污染环境。

4.居民现有活动空间缺乏，生活环境继续改善。

方法提出

当地居民以旅游业发展为主，部分仍从事农业。

30% 外出打工

50% 旅游行业

20% 农业

由于当地以旅游业为主，因此当地活跃度呈现明显的周期性，不同游客活动时间种类差异性显著。

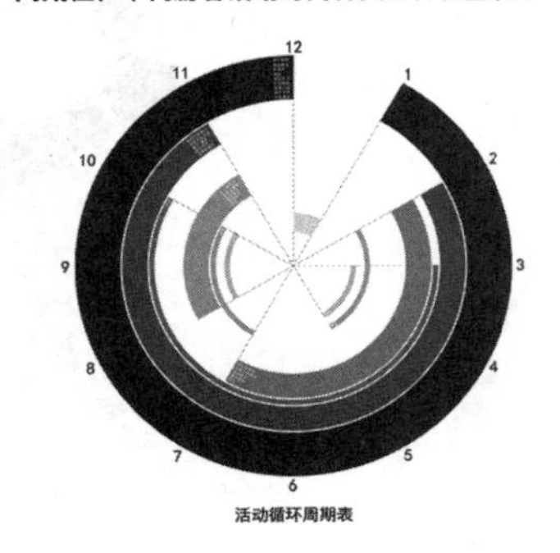

活动循环周期表

寻求村民与游客共同发展的模式，在提高接纳外来游客能力的同时，保证村民的生活空间，促进当地旅游业发展，提高就业率。

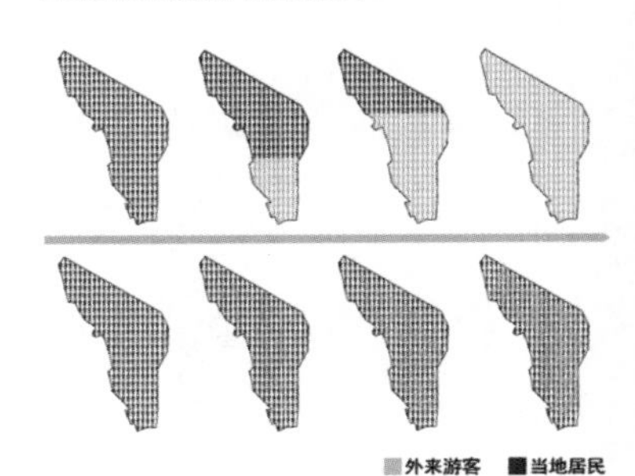

活动分类

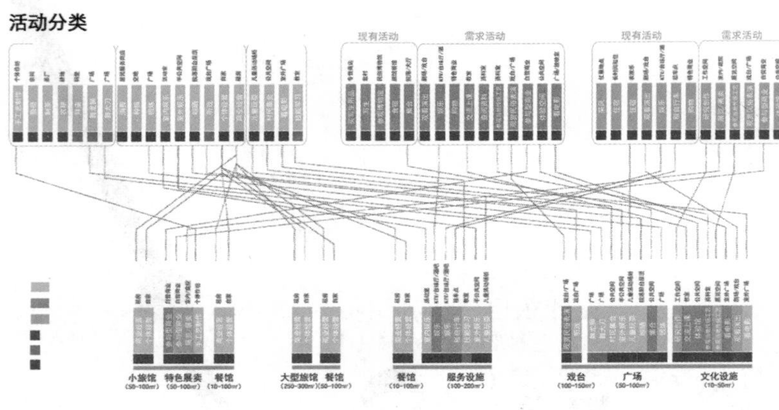

激活点模式研究

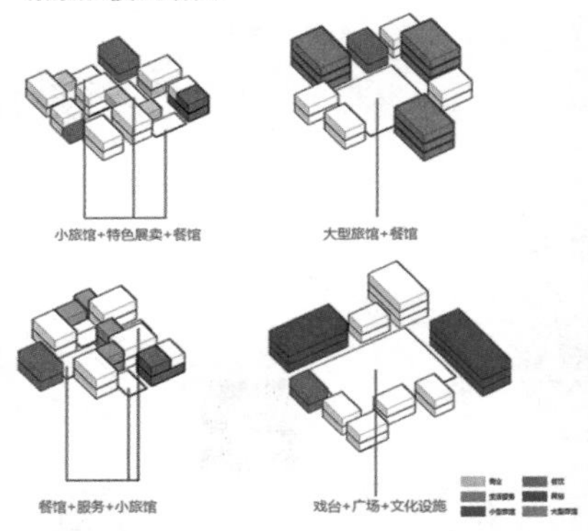

自组织系统

古村落的发展历程呈现自组织的特征，是“自下而上”并非“自上而下”，整体村落的特征取决于每户自己的发展。因此本方案规划设计尽量规避“自上而下”的指导式发展，选择以引导的方式，推荐发展模式，诱发村落自我更新。

激活点位置分析

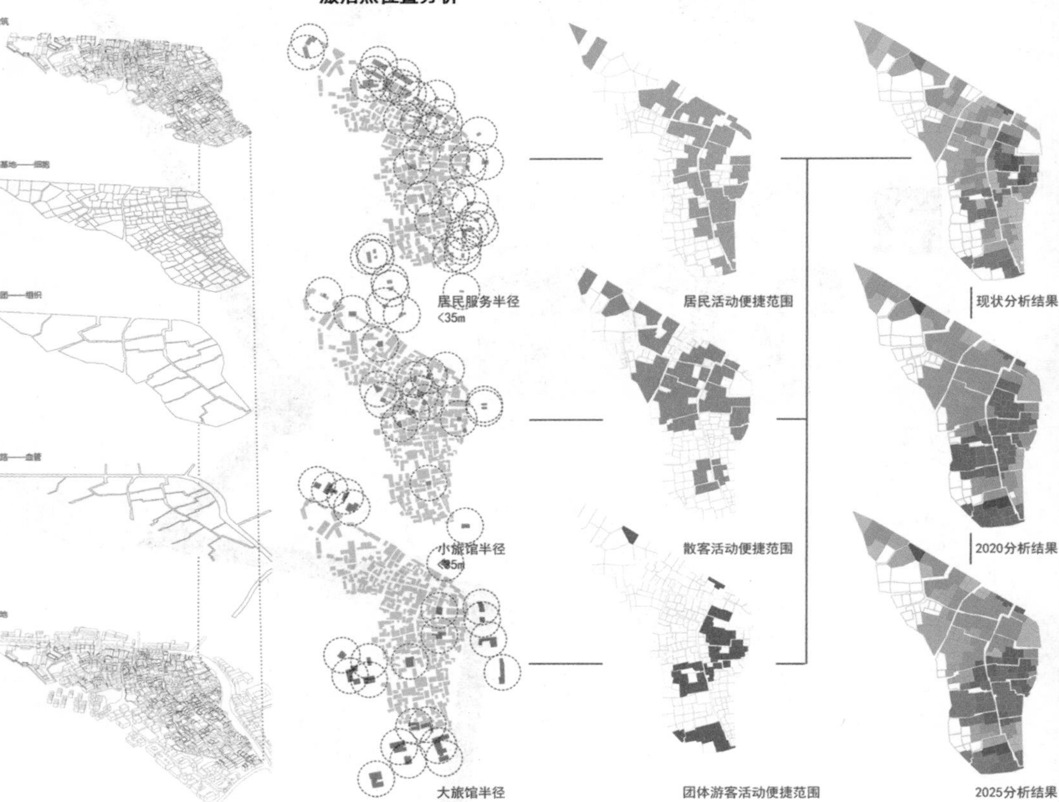

评语：

小组中的三个同学以“时间轴”为设计线索，通过对际村的调研，发现际村在旅游淡季和旺季其村落功能空间分布与形态具有很大的差异性，同时随着时间的推移，这种季节带来的差异性也逐年改变着村落中的空间与功能组织模式与形态。设计者以参数化设计方法以及空间句法方法，通过大量的数据操作，模拟并验证了较长的“时间轴”内村落功能变化对空间的作用和结果，并依此为依据展开单体设计。三位同学分别以“淡旺季”为线索设计了旅馆、商业、住宅等类型中空间演变模式，规划与单体成果相辅相成、深入连贯。

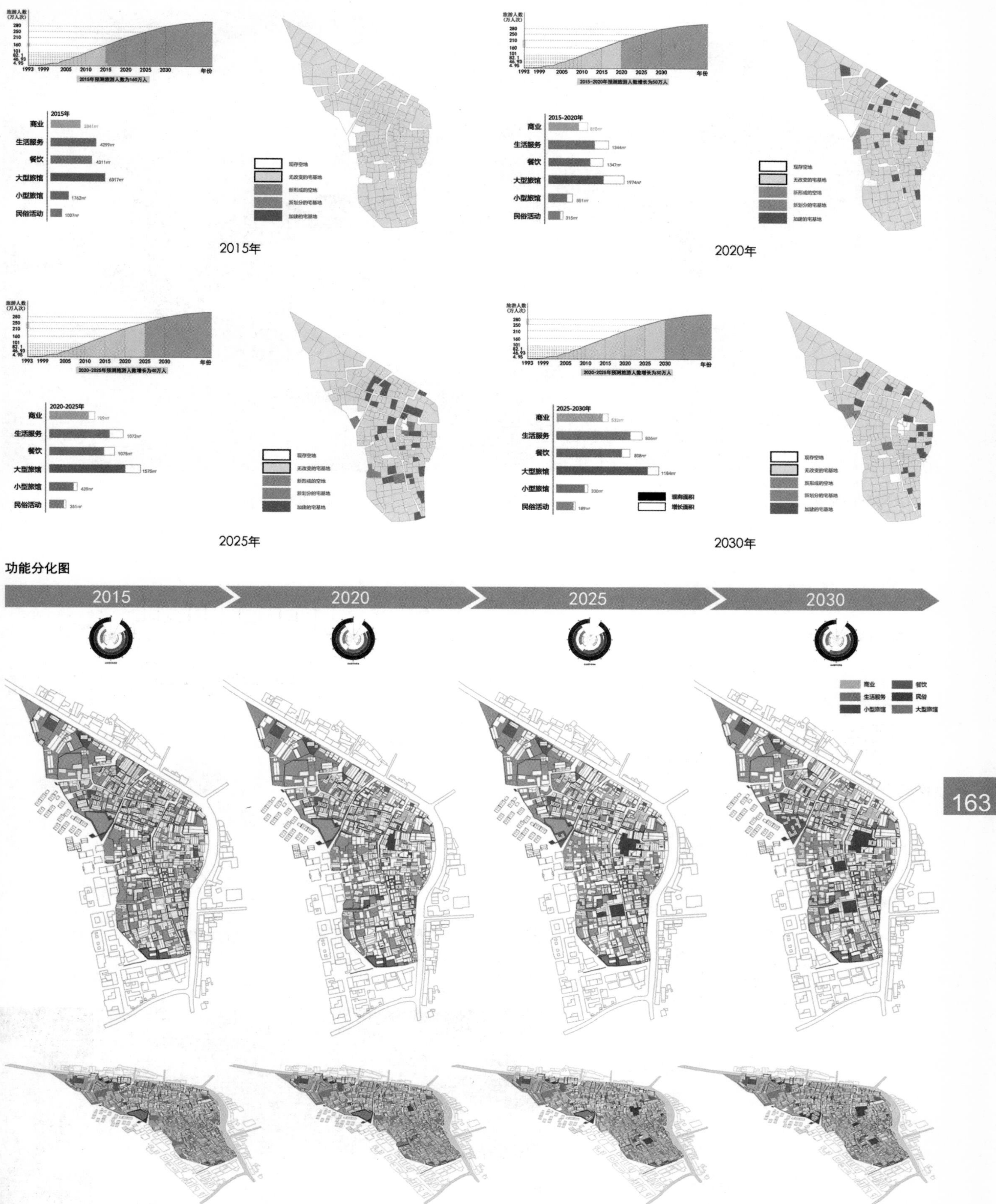

2015年
2020年
2025年
2030年
功能分化图
2015
2020
2025
2030
商业
生活服务
餐饮
大型旅馆
小型旅馆
民俗活动

际村家庭结构变化图

传统徽州建筑空间分析

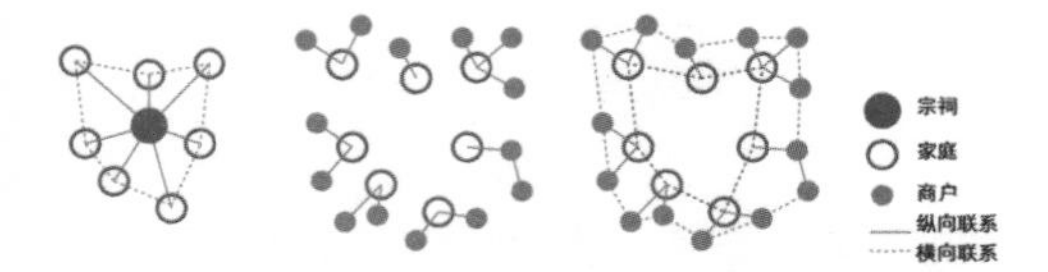

传统徽州建筑底层通透，作为水平交通，具有穿堂过室的特点。上部居住私密性强，相互不连通。

水平交通出入口众多，串联每个单体的天井，形成虚实开合的空间体验。

传统空间单元变异

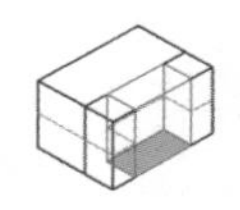
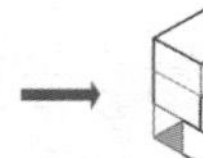
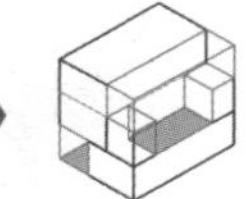

在传统三合院的基础之上，将体块错动，形成两个空间，一个的内向型庭院，一个外向型的商业灰空间。

单元拼接原型种类

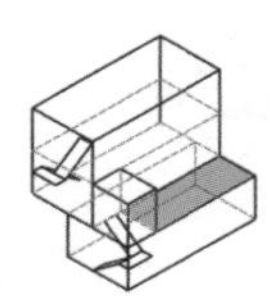
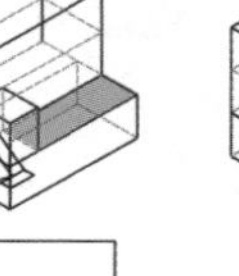
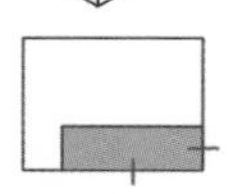
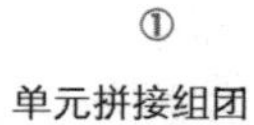

①　②　③　④

单元拼接组团

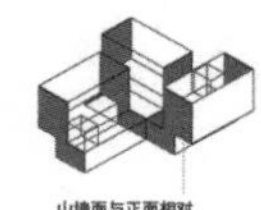

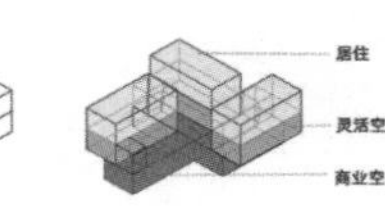

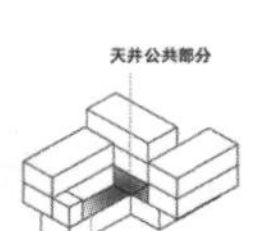

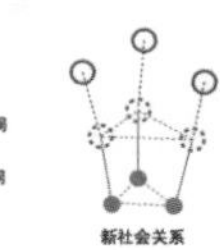

总平图

城市设计

旅游旺季时候，游客数量增多，中层变为底商的延伸，吸纳人流。

旅游淡季时候，外出打工的当地居民回家过年，家庭与邻里之间需要更多的活动空间。

组团组成综合体

2015　2020　2025　2030

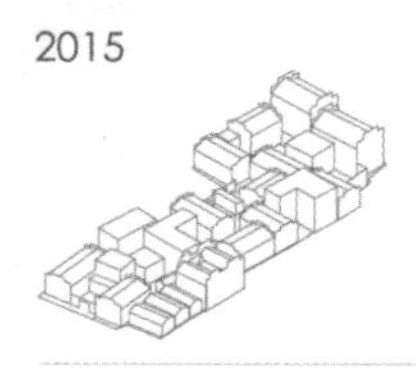
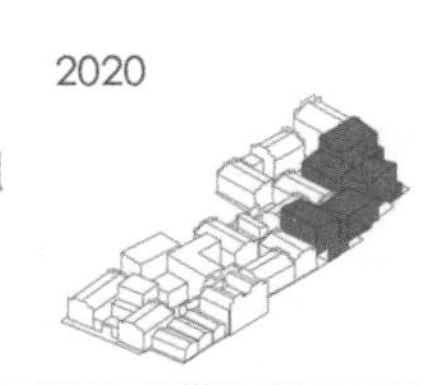
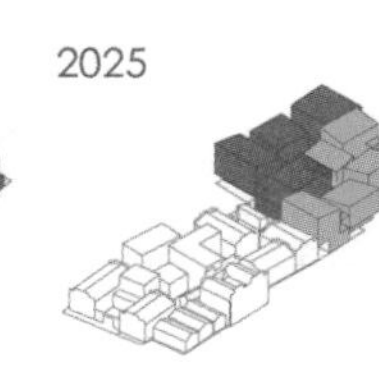
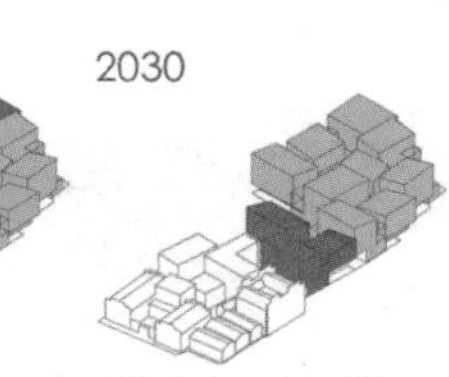

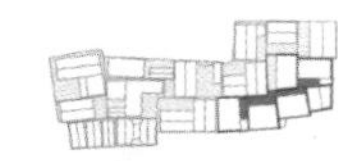

随着时间的发展，受到经济影响的周围住户可以选择以同种方式重建自家房屋。新的原型得以生长发展，组团组成复杂的综合体，机理得以延续。

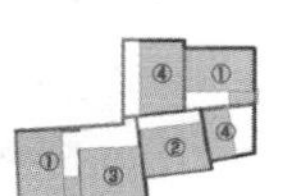
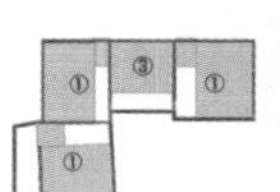
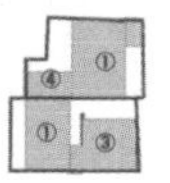

一层平面图 1:300

二层平面图 1:300

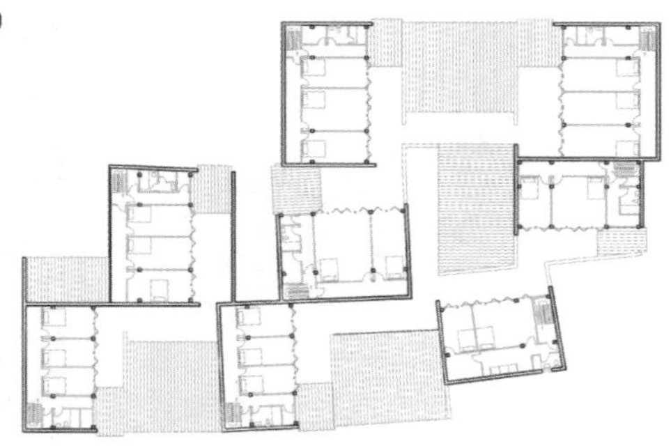

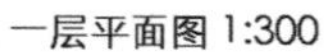

三层平面图 1:300

单元结构图

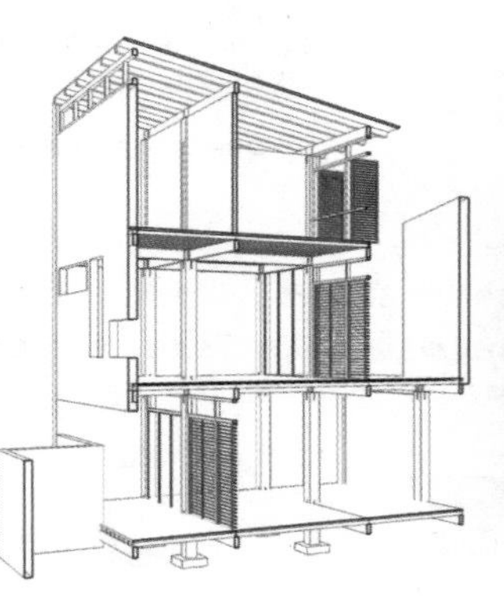

三层窗构造图 1:30

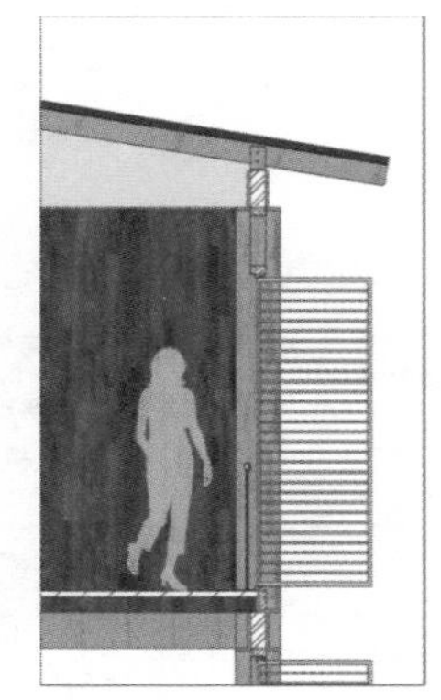

钢木柱梁节点

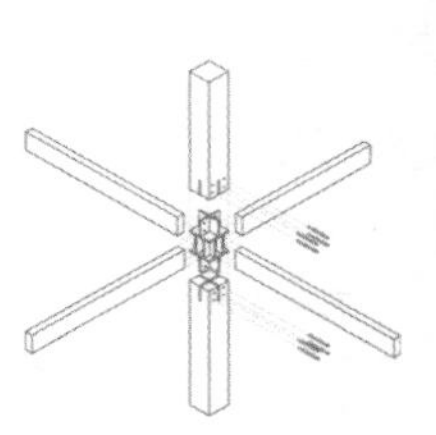

由于每家每户自己建造，所以每个单元有独立的柱网系统，根据宅基地的大小和方向进行调整。结构采用木结构钢梁钢柱。

A-A 剖面图 1:200

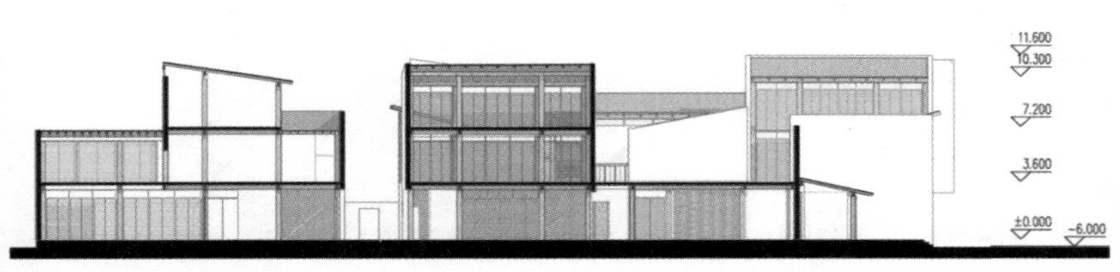

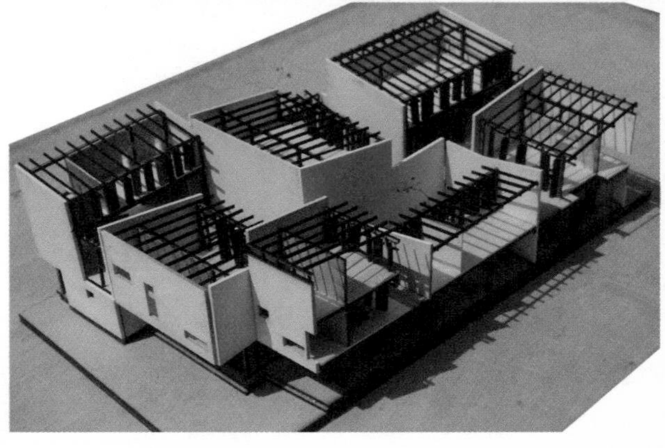

基地现状：

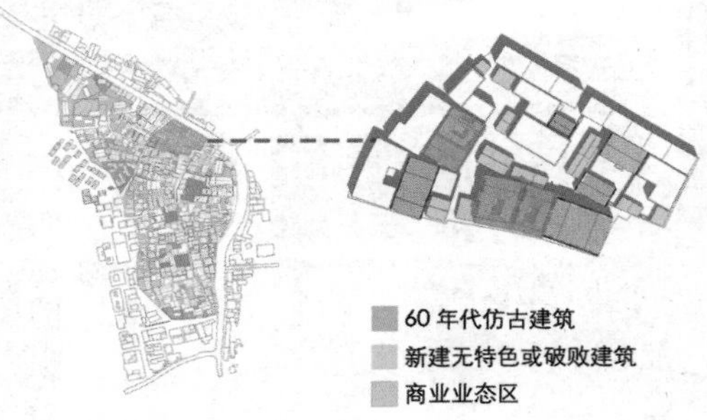

60 年代仿古建筑
新建无特色或破败建筑
商业业态区

原型提取：

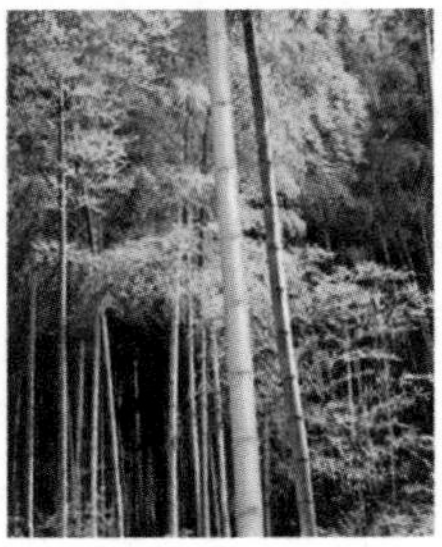

毛竹

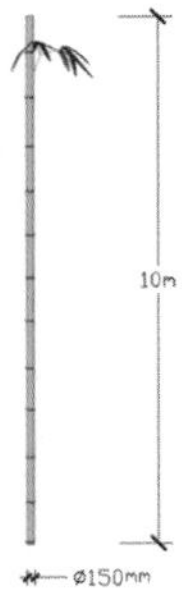

10m
ø150mm

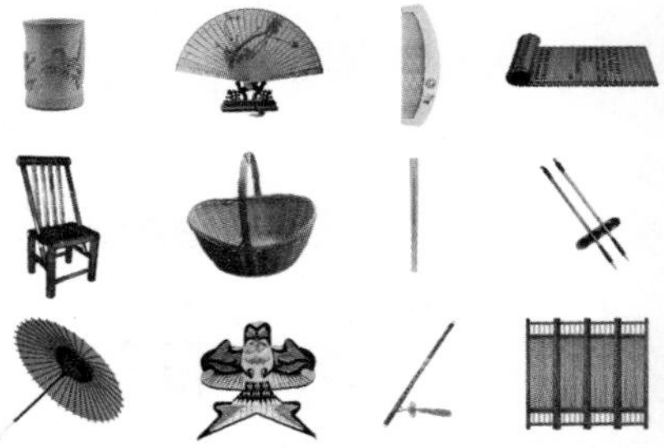

毛竹为当地很多商品的原材料

活动分类：

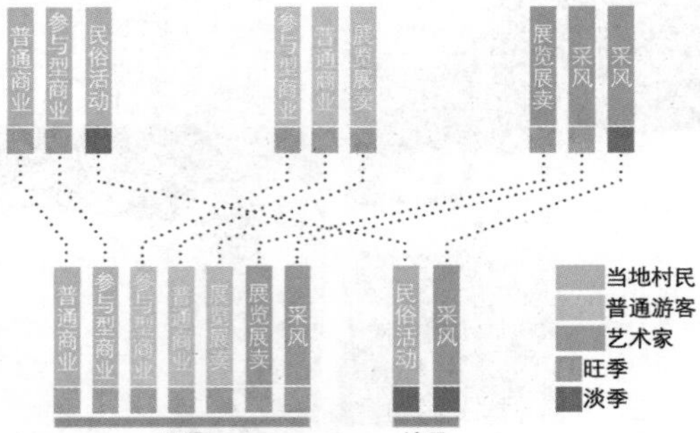

普通商业
参与型商业
民俗活动
参与型商业
普通商业
展览展卖
展览展卖
采风
采风
普通商业
参与型商业
参与型商业
普通商业
展览展卖
展览展卖
采风
民俗活动
采风
当地村民
普通游客
艺术家
旺季
淡季
旺季
淡季

毛竹特性

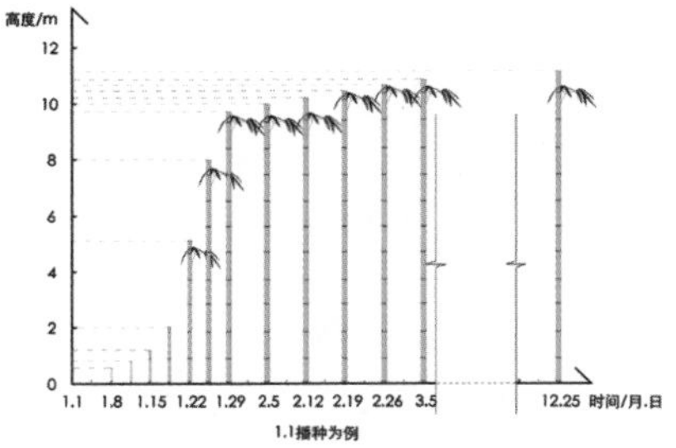

高度/m
12
10
8
6
4
2
0
1.1
1.8
1.15
1.22
1.29
2.5
2.12
2.19
2.26
3.5
12.25
时间/月.日
1.1播种为例

每年1～3月播种，高度和直径集中生长在15天左右，两个月即可成熟,之后只在顶部长高。

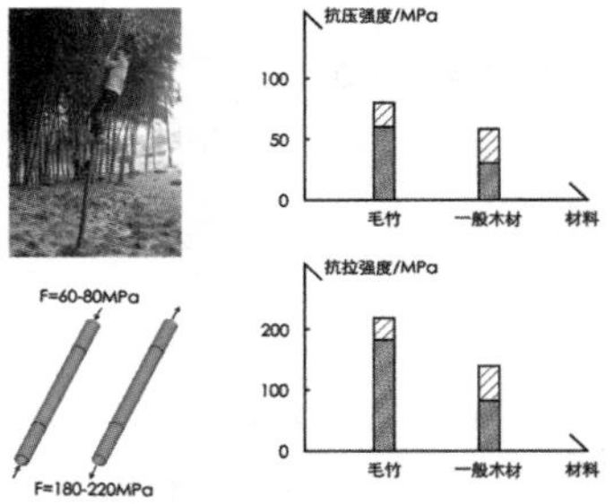

F=60-80MPa
F=180-220MPa
抗压强度/MPa
100
50
0
毛竹
一般木材
材料
抗拉强度/MPa
200
100
0
毛竹
一般木材
材料

竹材的收缩量很小，韧性大，顺纹抗拉强度和顺纹抗压强度非常高。

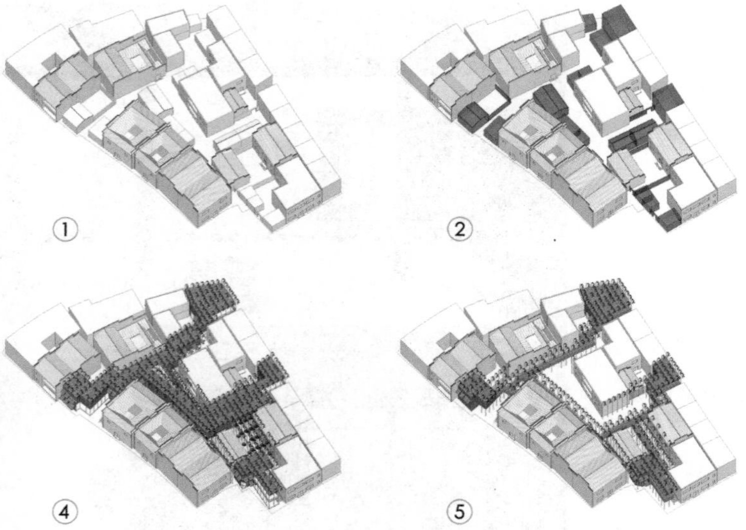

①
②
③
④
⑤
⑥

方案设想：

1.基地原状

2.第一年1月（淡季）：拆除部分破败且无特色的小房子，即图中绿色部分。

3.第一年2～3月（淡季）：在基地空出来的地方种上竹子，且经过这段时间竹子生长至成熟。

4.第一年4～11月（旺季）：以竹子为支撑和围护结构建造出附属于现存建筑的特色商业空间，并砍掉部分竹子留出空地作为院子或天井。

5. 第一年12月—第二年1月（淡季）：拆除部分不需使用的空间，留出空地作为民俗广场供村民使用。

6.第二年2—3月（淡季）：根据需要在空地上种竹子。

与之前的一年形成一个循环。

构造节点：

关键节点：用有生命的竹子作为承重结构的柱子，利用橡胶与竹子之间的摩擦来承受建筑荷载。

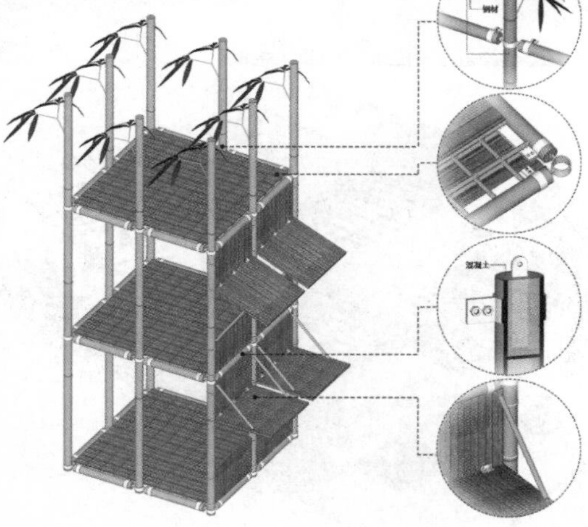

橡胶
螺栓
钢材
混凝土

方案生成：

商业设定：将与竹子有关的特色商业安排在现存建筑及周围，将普通商业安排在一些夹缝空间。

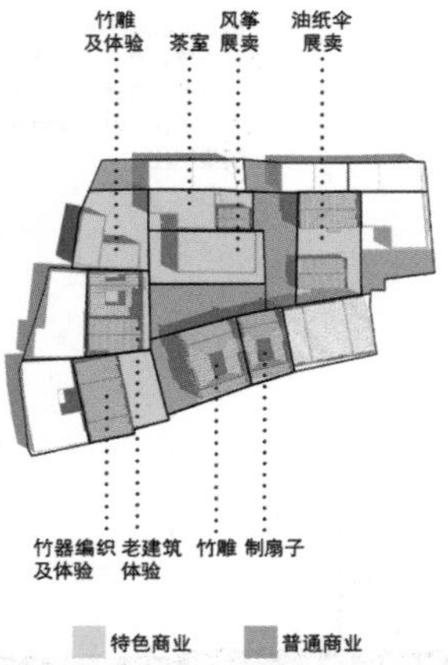

竹雕及体验
茶室
风筝展卖
油纸伞展卖
竹器编织及体验
老建筑体验
竹雕
制扇子
特色商业
普通商业

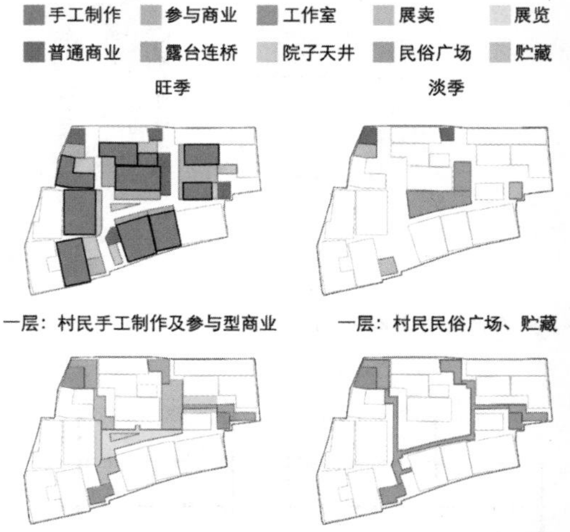

手工制作
参与商业
工作室
展卖
展览
普通商业
露台连桥
院子天井
民俗广场
贮藏
旺季
淡季

一层：村民手工制作及参与型商业　　一层：村民民俗广场、贮藏

二层：艺术家工作室及展览展卖　　二层：艺术家工作室及演奏区

旺季效果图

淡季效果图

旺季：一层主要为开敞的供当地村民手工艺制作、展卖以及游客参与手工艺制作的空间，二层为在此采风的艺术家的工作室及供他们展览展卖的空间，空间比一层封闭一些，通过通高、连廊及外部围护结构等与一层造成联系。

旺季一层平面图 1：400

< 旺季总图 1：2000

淡季一层平面图 1：400

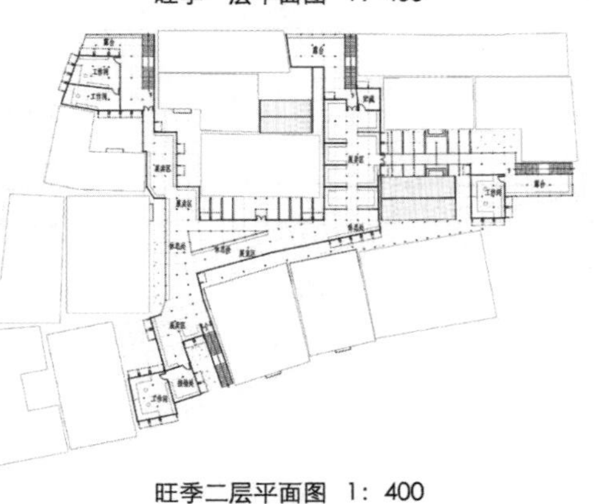

旺季二层平面图 1：400

淡季：将展卖空间拆掉变成民俗广场，被当地村民使用，二层以连廊联系其他空间。

淡季总图 1：2000 >

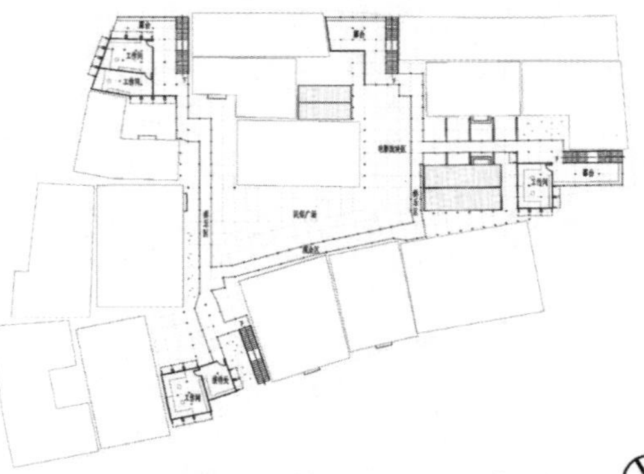

淡季二层平面图 1：400

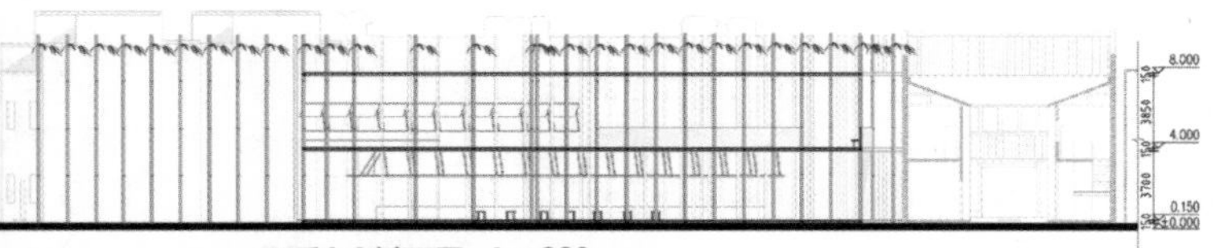

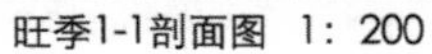

旺季1-1剖面图 1：200

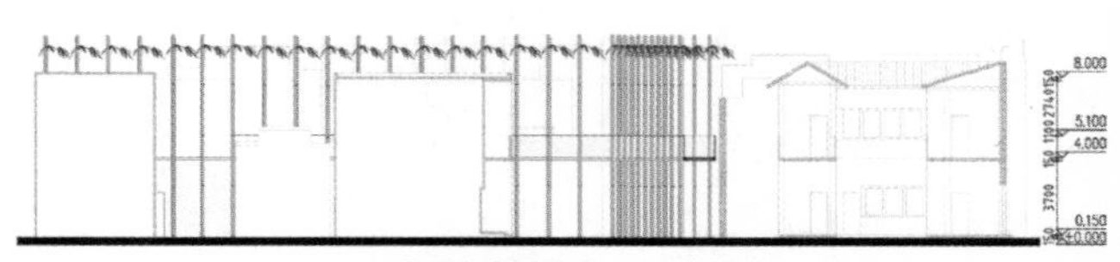

淡季2-2剖面图 1：200

设计概念

本部分单体设计为际村内客栈设计，延续之前际村城市更新设计思路，选择在前期规划的商业地块上拆除一处废弃仓库来建造一个“际村人家”客栈。客栈的设计充分尊重周围环境，采用传统徽派民居典型平面布置和天井空间，将体量打散以融入周围环境，四个坡屋顶屋面朝向内院，营造“四水归堂”的徽派民居空间感受，并改良当地传统建构方法，利用传统徽派建筑材料和新的建构技术和逻辑创造出“修新如旧”的空间体验。本次客栈单体的设计要点是建构逻辑和融合环境。

院内透视图

鸟瞰图

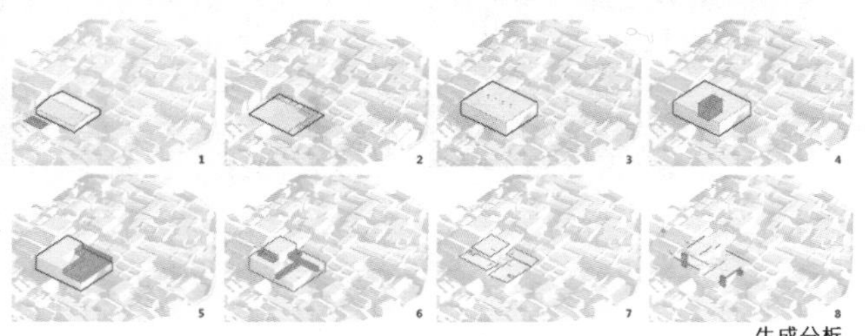

生成分析

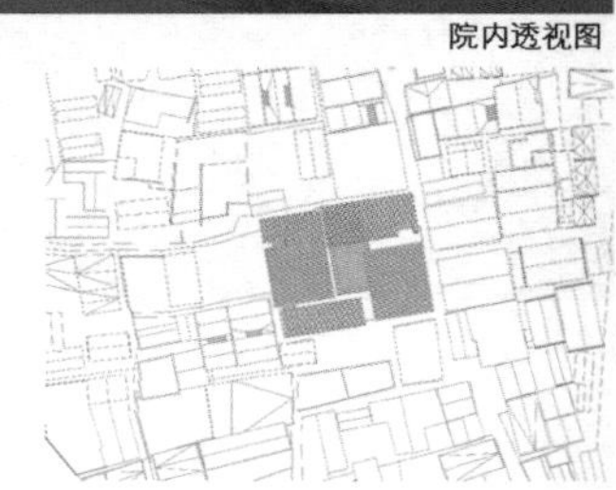

总平面图 1：1000

皖南传统民居建构分析

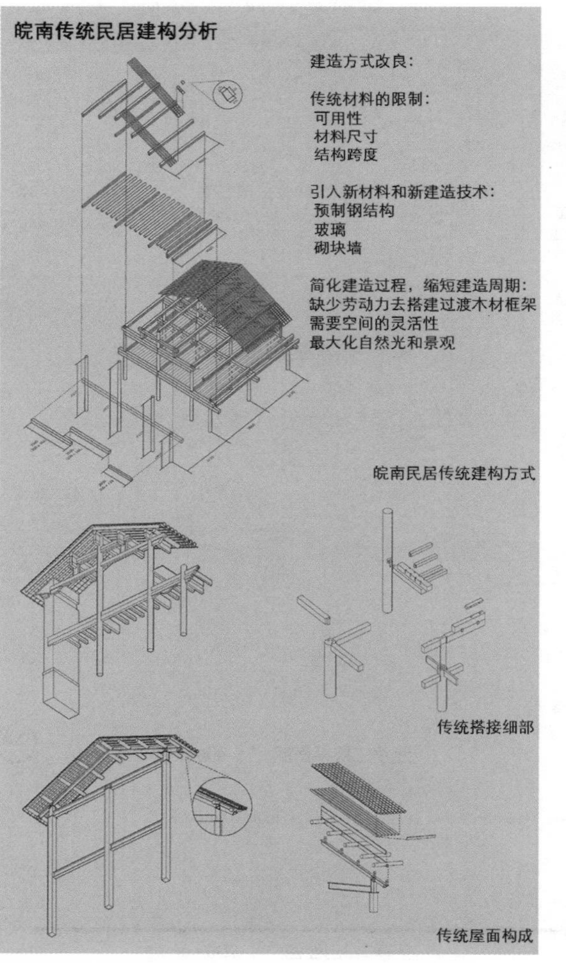

皖南民居传统建构方式

传统搭接细部

传统屋面构成

构造节点渲染

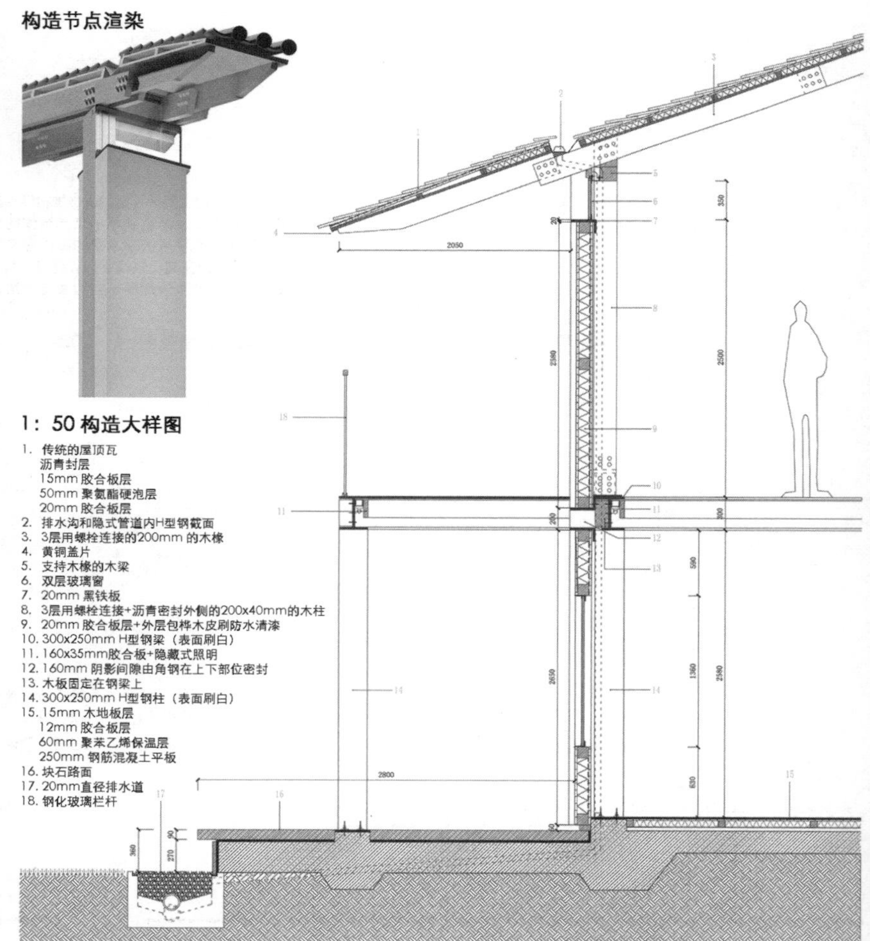

1：50 构造大样图

1. 传统的屋顶瓦
   沥青封层
   15mm 胶合板层
   50mm 聚氨酯硬泡层
   20mm 胶合板层
2. 排水沟和隐式管道内H型钢截面
3. 3层用螺栓连接的200mm 的木椽
4. 黄铜盖片
5. 支持木椽的木梁
6. 双层玻璃窗
7. 20mm 黑铁板
8. 3层用螺栓连接+沥青密封外侧的200x40mm的木柱
9. 20mm 胶合板层+外层包桦木皮刷防水清漆
10. 300x250mm H型钢梁（表面刷白）
11. 160x35mm胶合板+隐藏式照明
12. 160mm 阴影间隙由角钢在上下部位密封
13. 木板固定在钢梁上
14. 300x250mm H型钢柱（表面刷白）
15. 15mm 木地板层
    12mm 胶合板层
    60mm 聚苯乙烯保温层
    250mm 钢筋混凝土平板
16. 块石路面
17. 20mm直径排水道
18. 钢化玻璃栏杆

院内透视图

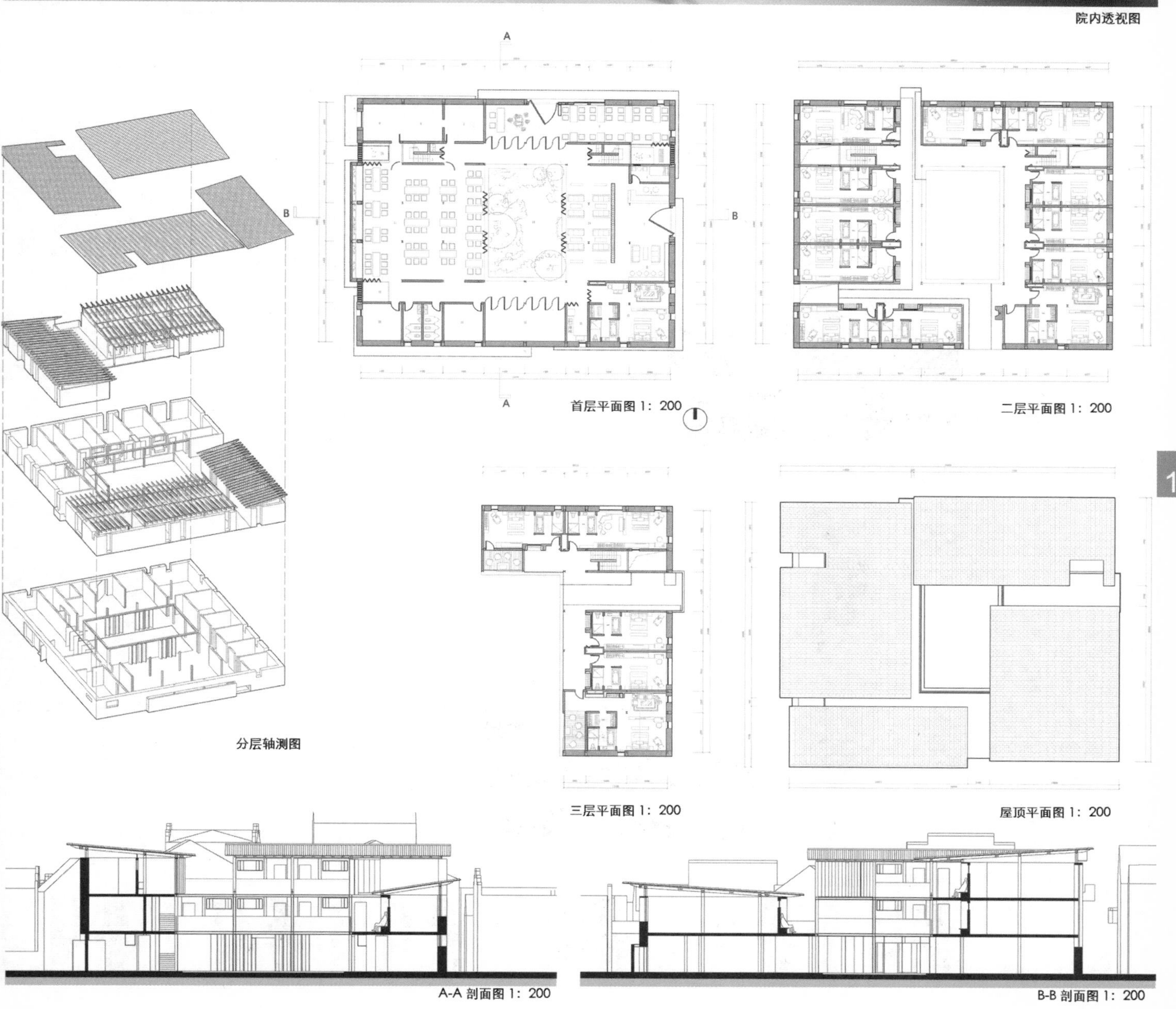

分层轴测图

首层平面图 1：200

二层平面图 1：200

三层平面图 1：200

屋顶平面图 1：200

A-A 剖面图 1：200

B-B 剖面图 1：200

边界试探 Boundary Penetration

天津大学
设计：熊然/瞿美智/陈一薇/靳同晖
指导：许蓁/邹颖

基地现状

历史沿革

村落发展轨迹

村内加建现状

徽州民居建造规则

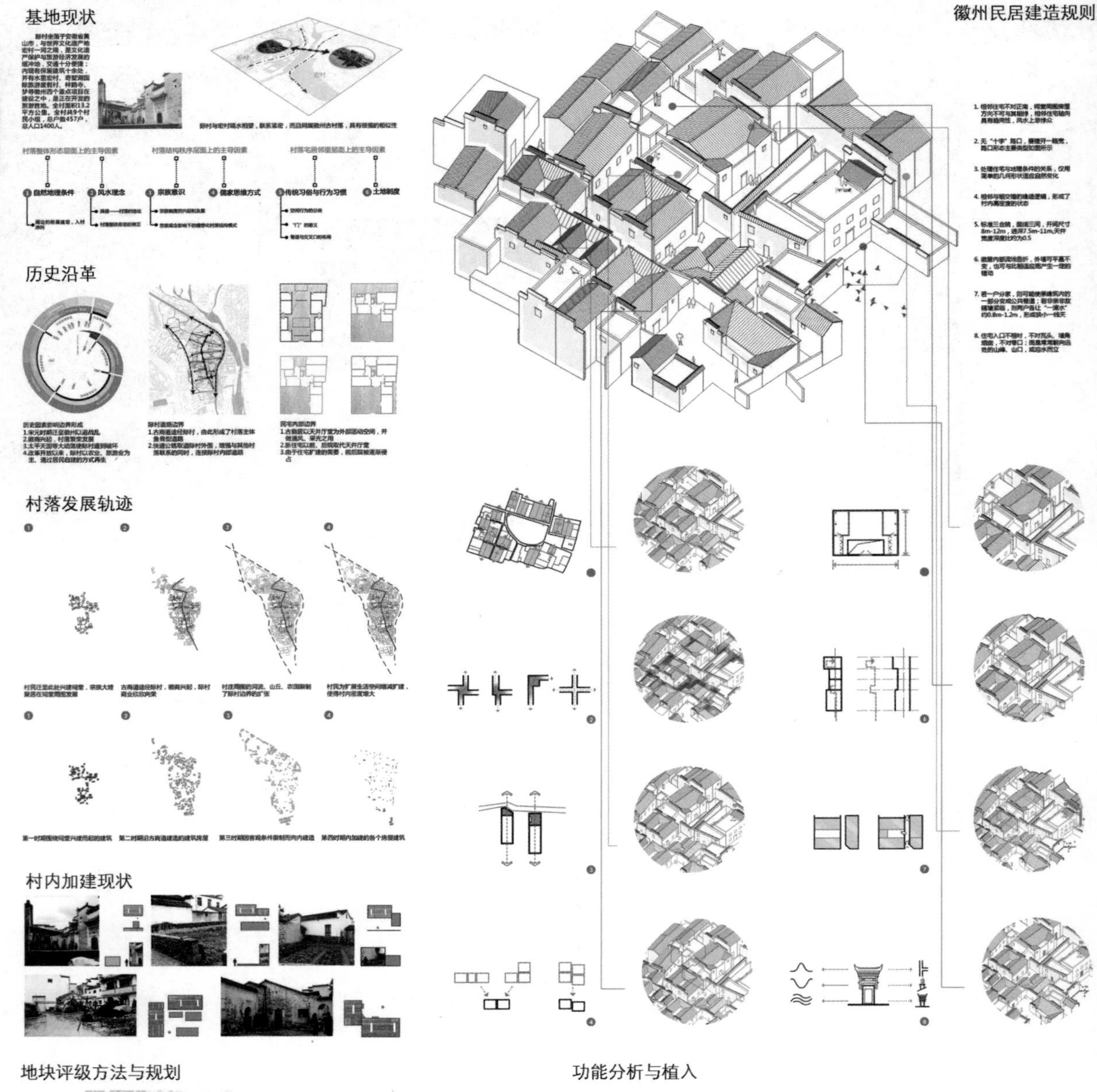

地块评级方法与规划

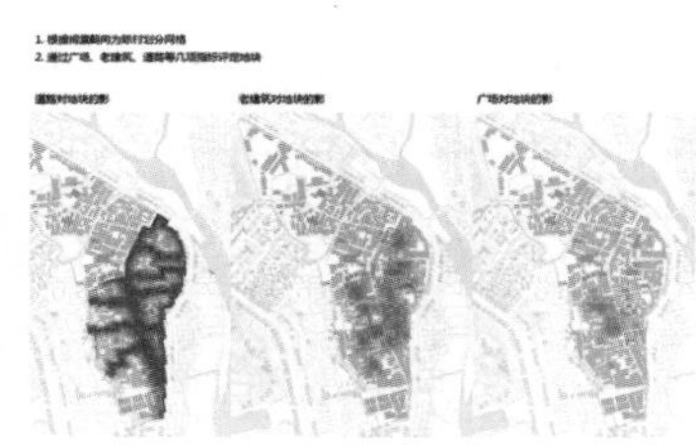

功能分析与植入

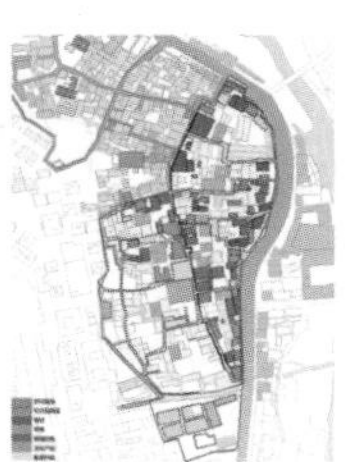

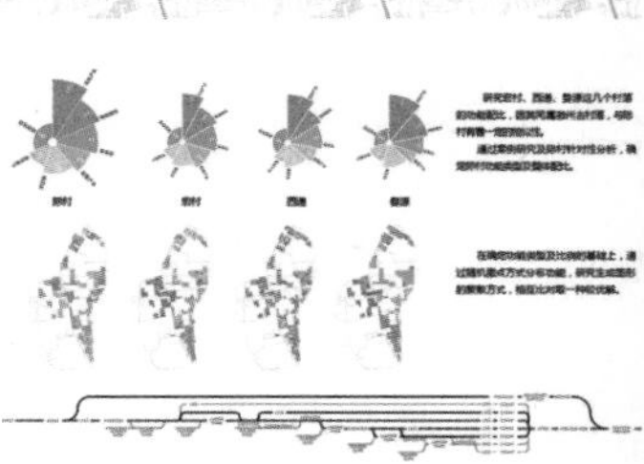

地块评级方法与规划

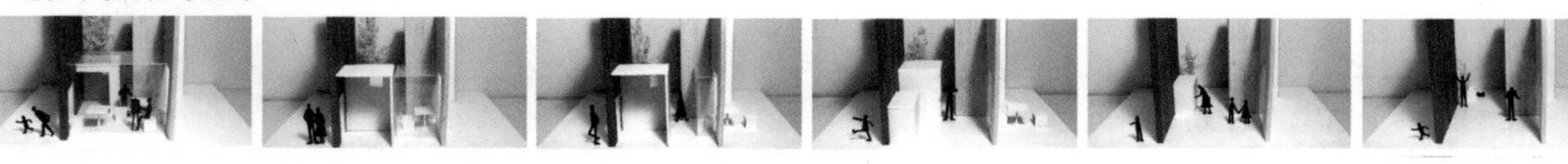

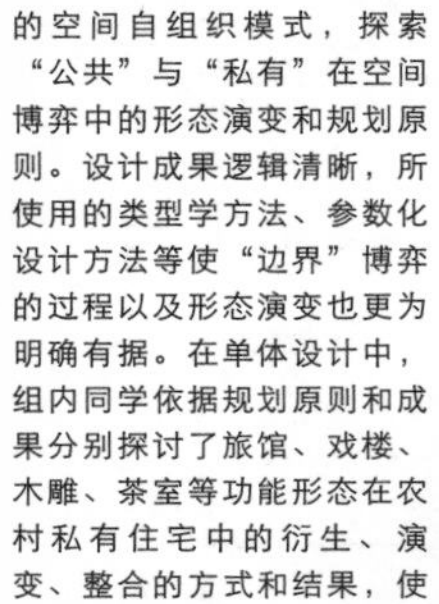

评语：

小组中的四个同学在设计初期进行了大量的资料整理和文献研究，总结出徽州村落空间组织原则，并以此为依据探讨际村公共空间与私有空间的空间“边界”，在规划中模拟乡村自下而上的空间自组织模式，探索“公共”与“私有”在空间博弈中的形态演变和规划原则。设计成果逻辑清晰，所使用的类型学方法、参数化设计方法等使“边界”博弈的过程以及形态演变也更为明确有据。在单体设计中，组内同学依据规划原则和成果分别探讨了旅馆、戏楼、木雕、茶室等功能形态在农村私有住宅中的衍生、演变、整合的方式和结果，使成果更为深入和具有连贯性。

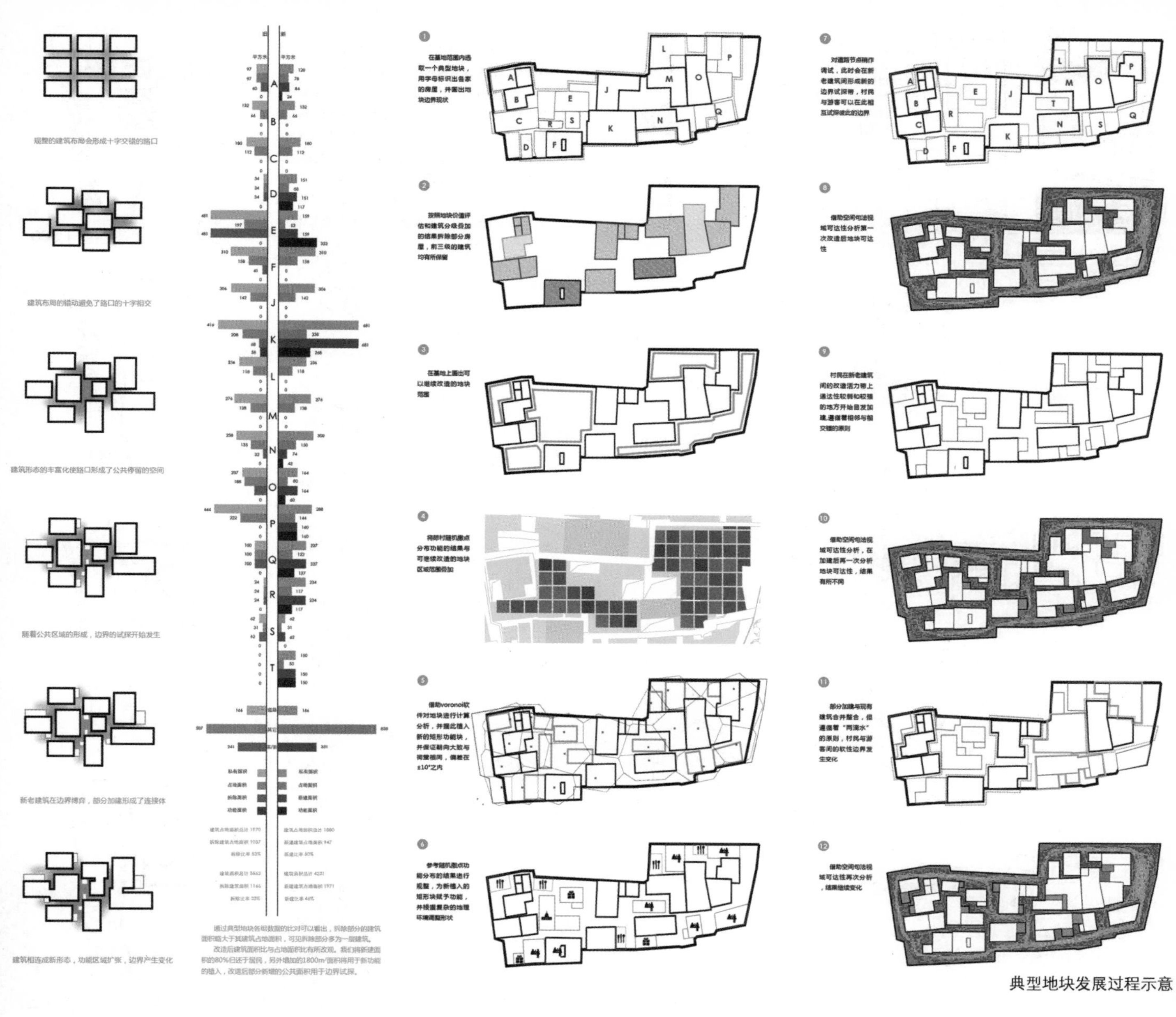
规整的建筑布局会形成十字交错的路口
建筑布局的错动避免了路口的十字相交
建筑形态的丰富化使路口形成了公共停留的空间
随着公共区域的形成，边界的试探开始发生
新老建筑在边界博弈，部分加建形成了连接体
建筑相连成新形态，功能区域扩张，边界产生变化
旧
新
平方米
平方米
道路
其它
私有面积
占地面积
拆除面积
功能面积
私有面积
占地面积
新建面积
功能面积
建筑占地面积总计 1970
拆除建筑占地面积 1037
拆除比率 53%
建筑面积总计 3563
拆除建筑面积 1166
拆除比率 33%
建筑占地面积总计 1880
新建建筑占地面积 947
新建比率 50%
建筑面积总计 4231
新建建筑占地面积 1971
新建比率 46%
通过典型地块各组数据的比对可以看出，拆除部分的建筑面积略大于其建筑占地面积，可见拆除部分多为一层建筑。
改造后建筑面积比与占地面积比有所改观。我们将新建面积的80%归还于居民，另外增加的1800m²面积将用于新功能的植入，改造后部分新增的公共面积用于边界试探。
1
在基地范围内选取一个典型地块，用字母标识出各家的房屋，并画出地块边界现状
2
按照地块价值评估和建筑分级叠加的结果拆除部分房屋，前三级的建筑均有所保留
3
在基地上圈出可以继续改造的地块范围
4
将即时随机撒点分布功能的结果与可继续改造的地块区域范围叠加
5
借助voronoi软件对地块进行计算分析，并据此植入新的矩形功能块，并保证朝向大致与周遭相同，偏差在±10°之内
6
参考随机撒点功能分布的结果进行规整，为新植入的矩形块赋予功能，并根据复杂的地理环境调整形状
7
对道路节点稍作调试，此时会在新老建筑间形成新的边界试探带，村民与游客可以在此相互试探彼此的边界
8
借助空间句法视域可达性分析第一次改造后地块可达性
9
村民在新老建筑间的改造活力带上通达性较弱和较强的地方开始自发加建，遵循着相邻与相交错的原则
10
借助空间句法视域可达性分析，在加建后再一次分析地块可达性，结果有所不同
11
部分加建与现有建筑合并整合，但遵循着“两滴水”的原则，村民与游客间的软性边界发生变化
12
借助空间句法视域可达性再次分析，结果继续变化

典型地块发展过程示意

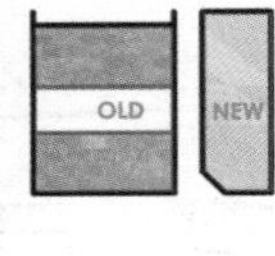

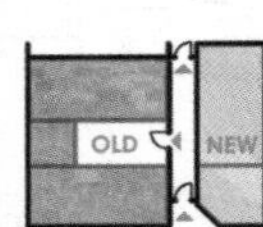

根据城市设计的边界研究，际村作为普通的徽州村落居民自行加建违章建筑的行为屡见不鲜，而这种看似无序的自发的建造行为却是具有村民的生活逻辑，这样的边界争夺战引发了我对此次设计的思考，而这种动态的变化过程也通过过程设计的方式表现出来。

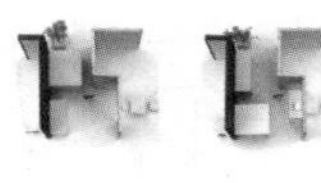

边界的变化通常经历三个过程，即沿界对峙，越界对峙和由对峙改为对话，际村高密度的建筑和本地居民同游客使用的矛盾使得通过空间置换解决际村现有问题。

当村民自发加建村落发展演变过程这种无序的状态，最终回归到完整的村落形态这种有序的组织。多组团建筑通过各种原因很有可能转化而边界形成博弈状态，所以通过研究发现当建筑功能发生转变后，建筑的边界很有可能发生改变。因此我通过三个阶段的设计通过对功能的置换为村民提供新的建筑使用状态，同时为我这些过程中将建筑边界的变化性体现出来，为村民提供一种建筑不断建造发展的可能性。

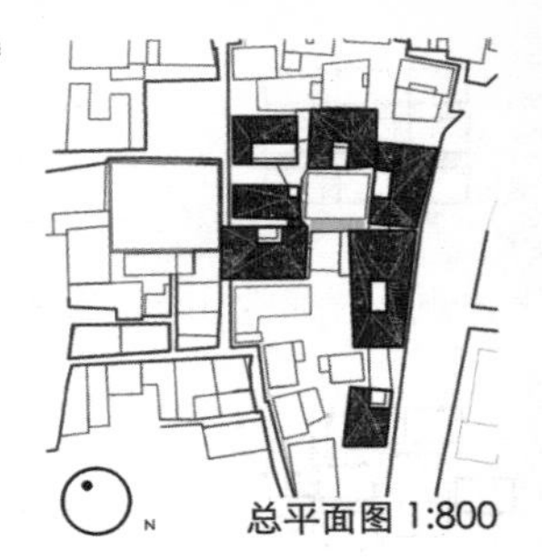

总平面图 1:800

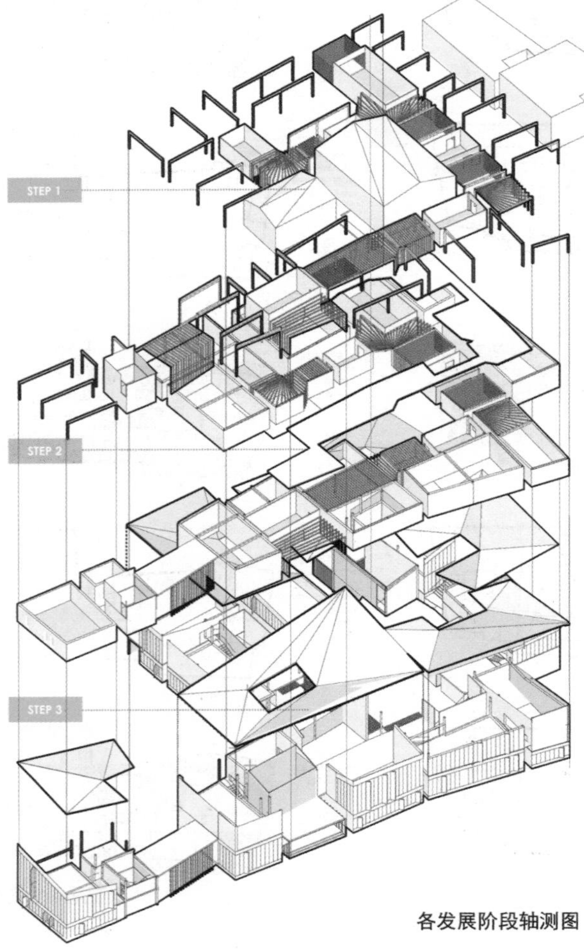

各发展阶段轴测图

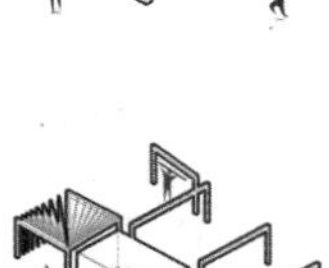

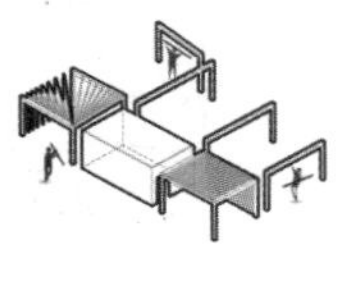

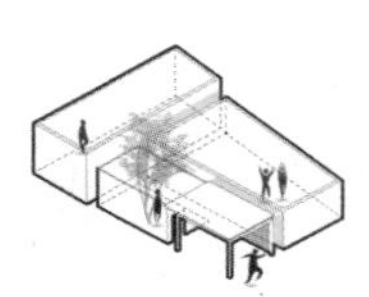

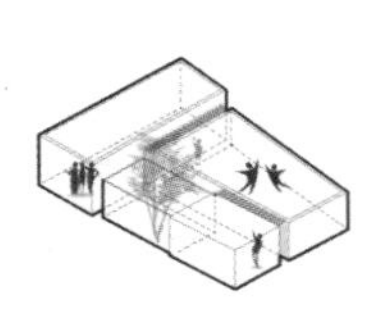

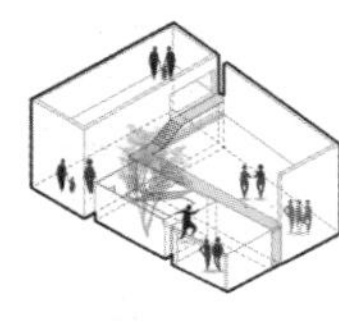

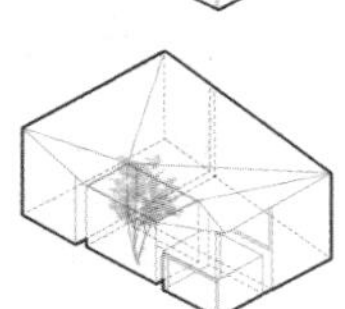

单体边界演化过程

1.场地中原有老建筑的位置

2.根据原建筑确定新建筑位置与天井位置

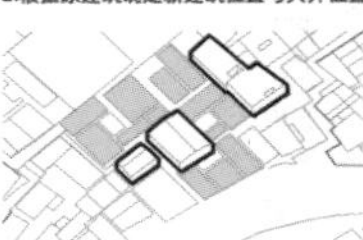

3.根据徽州建筑尺度在建筑单元各体块见中划分出 1m边界

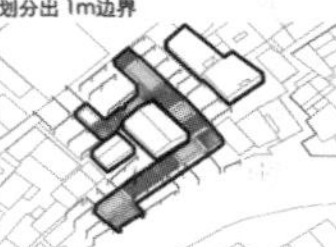

4.根据天井位置开始第一次功能置入，形成路径。

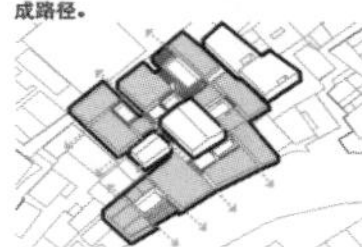

5.随着时间推移，单体形成，各个体块中加建侵占行为开始实行

6.边界推移融合成为一个新的个体

建筑形体生成过程

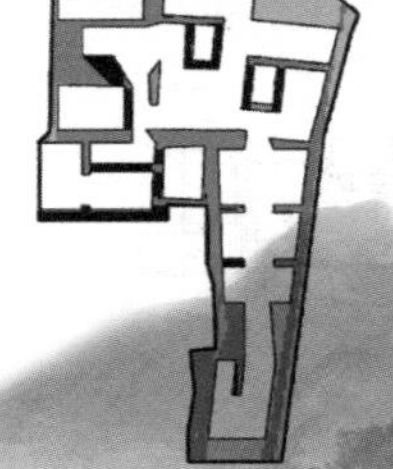

空间句法边界计算

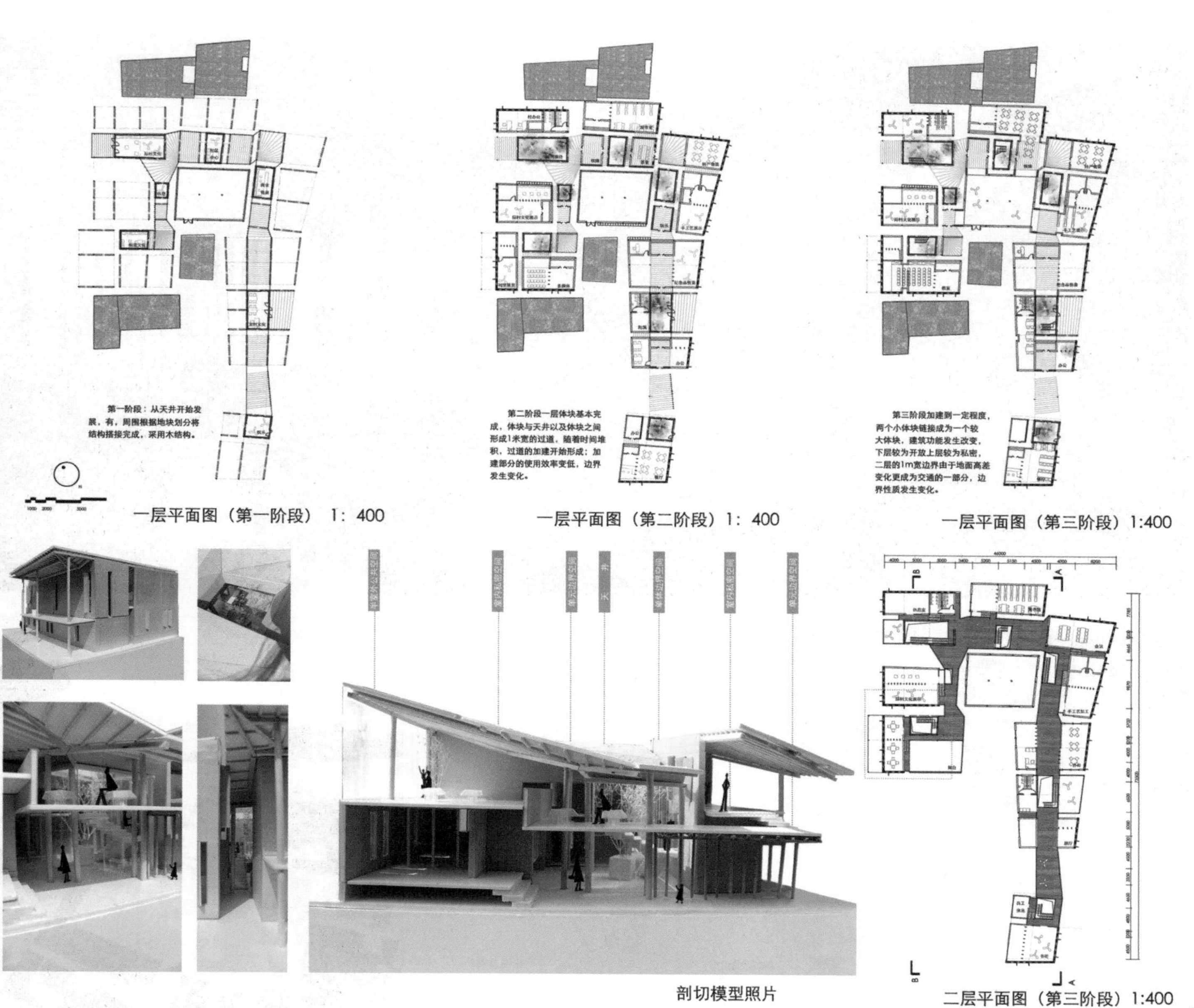

剖切模型照片

A-A剖面 1:400 | B-B剖面 1:400

设计说明

徽剧是古徽州地区孕育的一种独具特色的地方戏曲。本方案以徽剧作为切入点，设计概念从徽剧传承和保护的角度出发，以晋代陶渊明的《桃花源记》作为设计的主线，将徽剧的表演、展示、研究、体验和教学等功能融入建筑当中，结合概念注重人在建筑当中行进的空间体验的设计，同时与不同的功能相对应，给人带来视觉、听觉、嗅觉、触觉的多重感受，让人们从新的视角感受徽剧的魅力。

选地位置

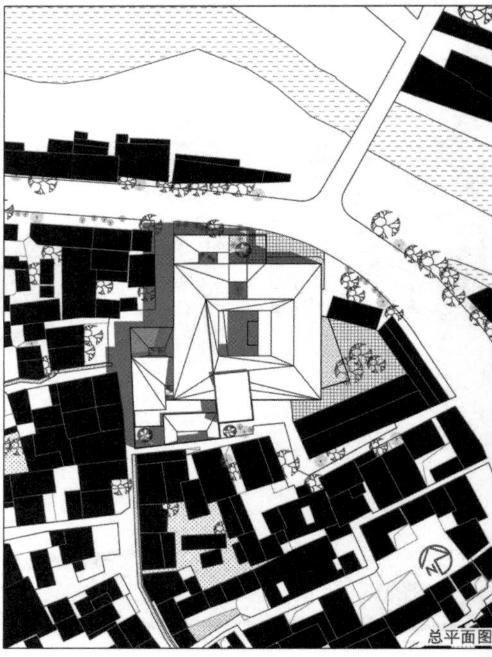

总平面图

建筑单体所在地块现状

确定保留建筑以及村内边界形态

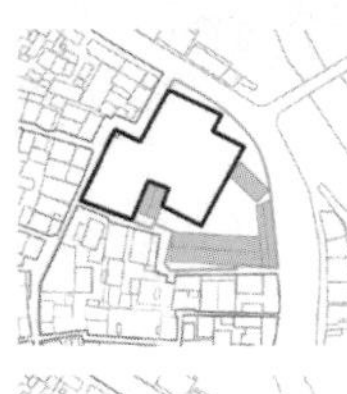

依据原有边界形态确定建筑边界

置入天井空间形成内向型空间

围绕天井组织流线

置入剧场形成完整空间体验

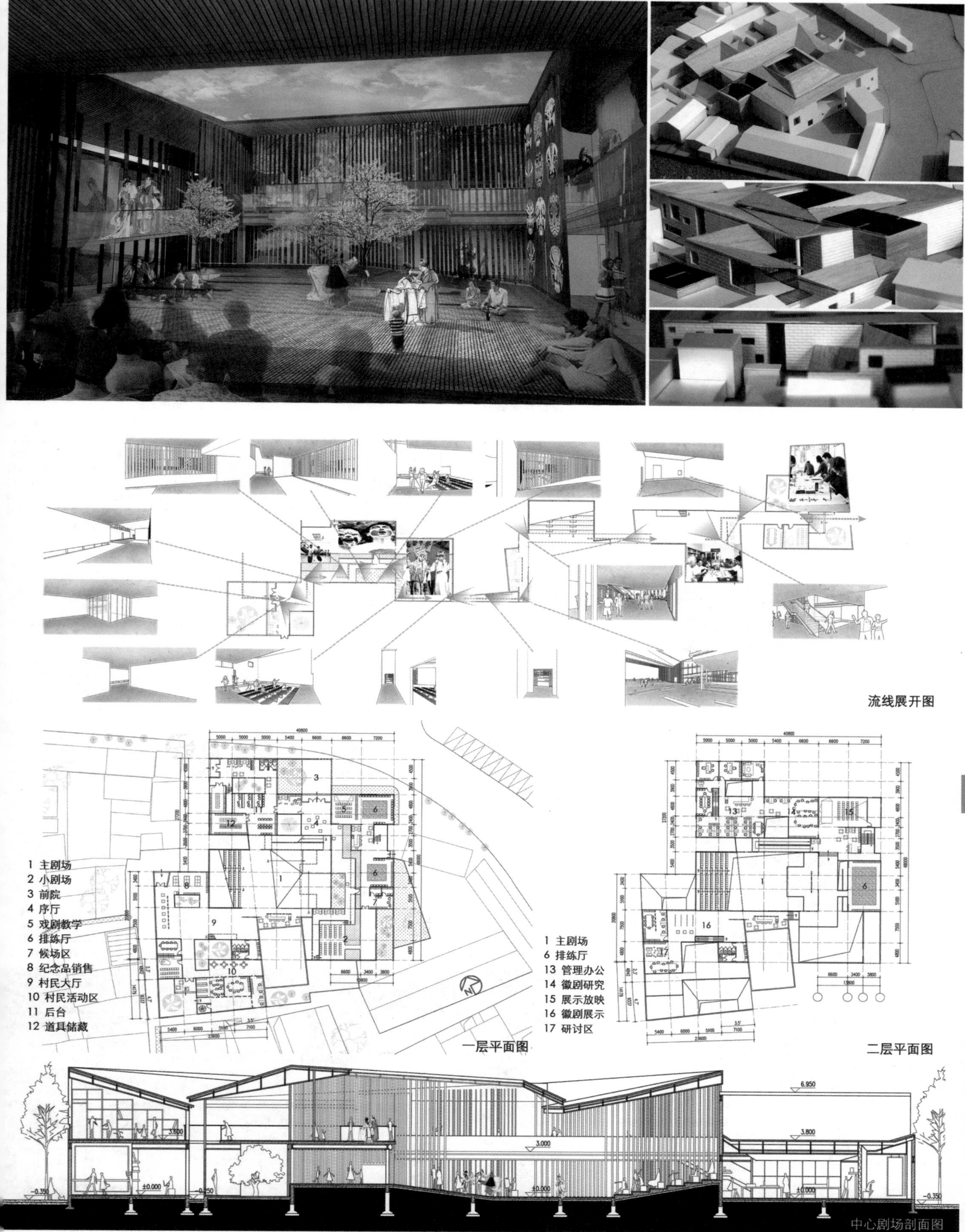
流线展开图
1 主剧场
2 小剧场
3 前院
4 序厅
5 戏剧教学
6 排练厅
7 候场区
8 纪念品销售
9 村民大厅
10 村民活动区
11 后台
12 道具储藏
一层平面图
1 主剧场
6 排练厅
13 管理办公
14 徽剧研究
15 展示放映
16 徽剧展示
17 研讨区
二层平面图
中心剧场剖面图

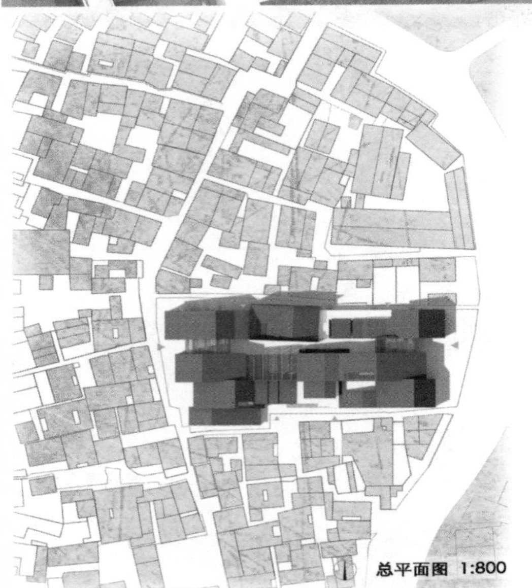

总平面图 1:800

设计背景概况

设计说明

在徽州文化中，徽州三雕，即木雕、石雕、砖雕占据重要地位。但是随着古村落的消逝，传统技艺也随之没落，徽州三雕逐渐无人问津。木雕在际村占有重要地位，村内现有一座徽州木雕展览馆，但参观的游客少之又少，完全达不到弘扬徽州木雕的宣传效果。

形体生成过程

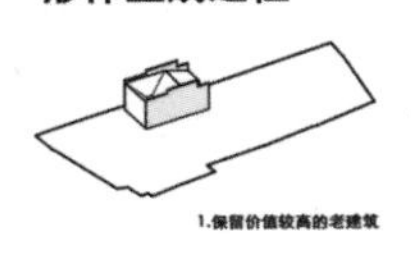

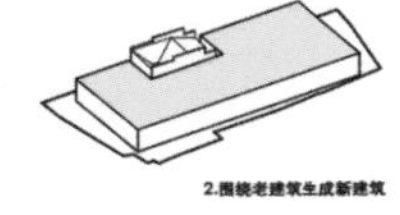

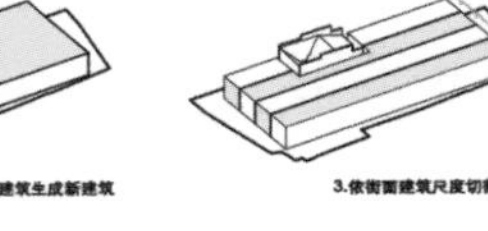

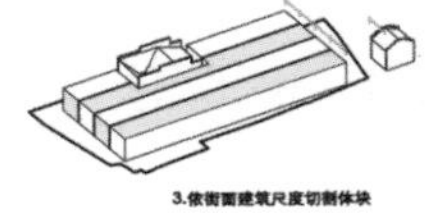

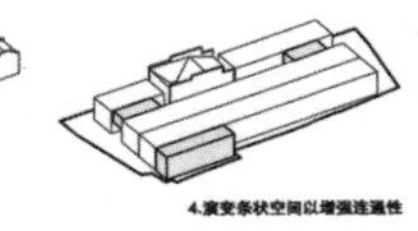

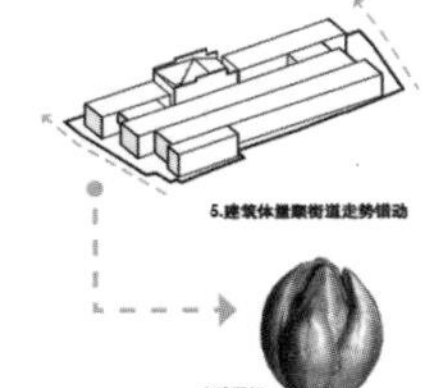

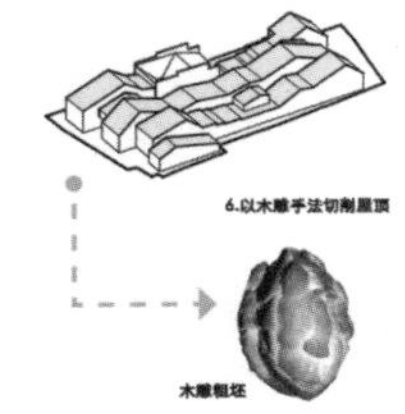

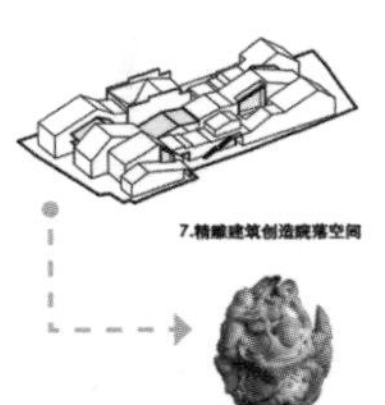

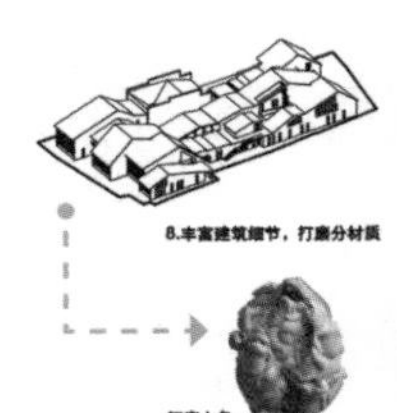

建筑平面逻辑

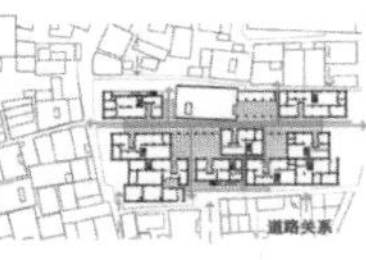

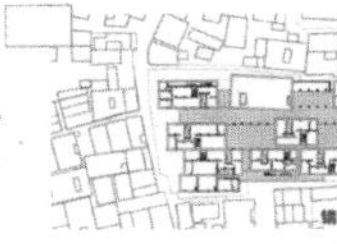

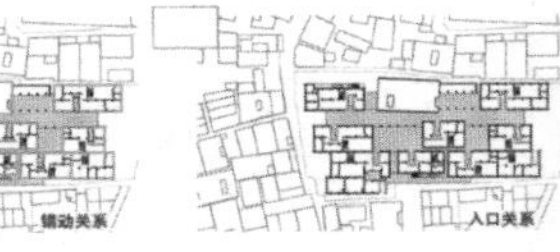

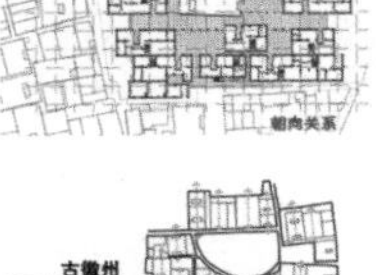

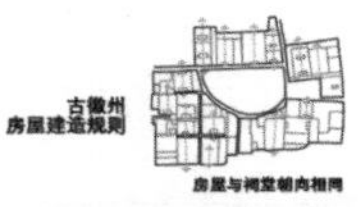

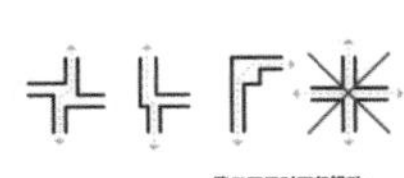

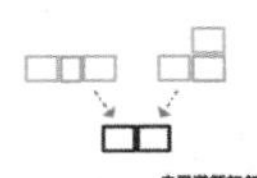

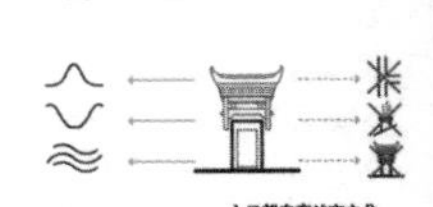

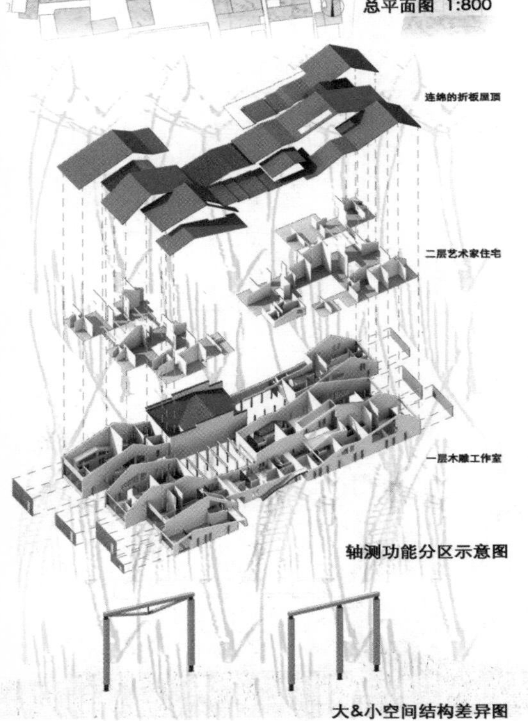

轴测功能分区示意图

大&小空间结构差异图

黟县木雕

87000
3000 3000 3000 3000 3000 3000 3000 3000 3000 3000 3000 3000 3000 3000 3000 3000 3000 3000 3000 3000 3000 3000 3000 3000 3000 3000 3000 3000 3000
9500
5800
34300
9500
9500
二层平面图 1:300
保留老建筑
一层平面图 1:300
木雕精雕
木雕粗坯
旧（繁复）
新（简洁）
黟太古道（老街）
宏村大道（公路）
木雕精雕
木雕粗坯
西立面图 1:300
东立面图 1:300
A-A剖面图 1:300

茶文化旅游体验中心

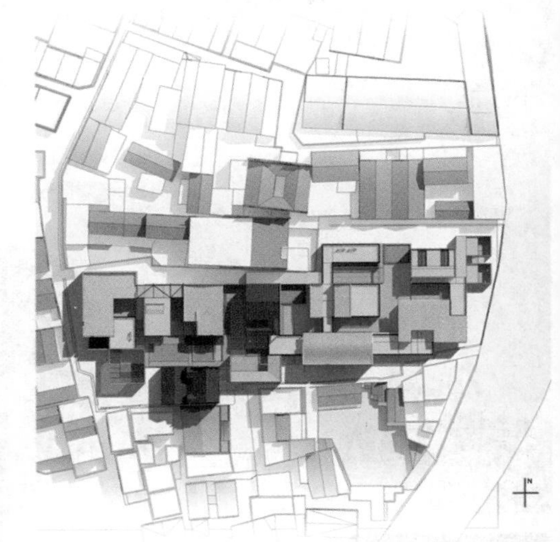

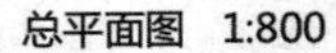

总平面图 1:800

精神空间与茶文化

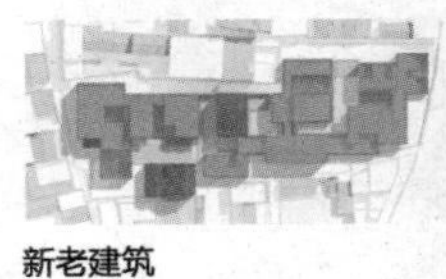

新老建筑

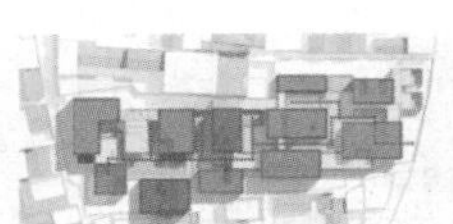

流线分析

周边道路

徽州民居建筑显然在某些方面表现出固定的模式，但是在总体室内环境上，不同空间比例和尺度的不同，视线的时空变化等方面的易变性，使得徽州民居的空间形态呈现出复杂多样的变化。

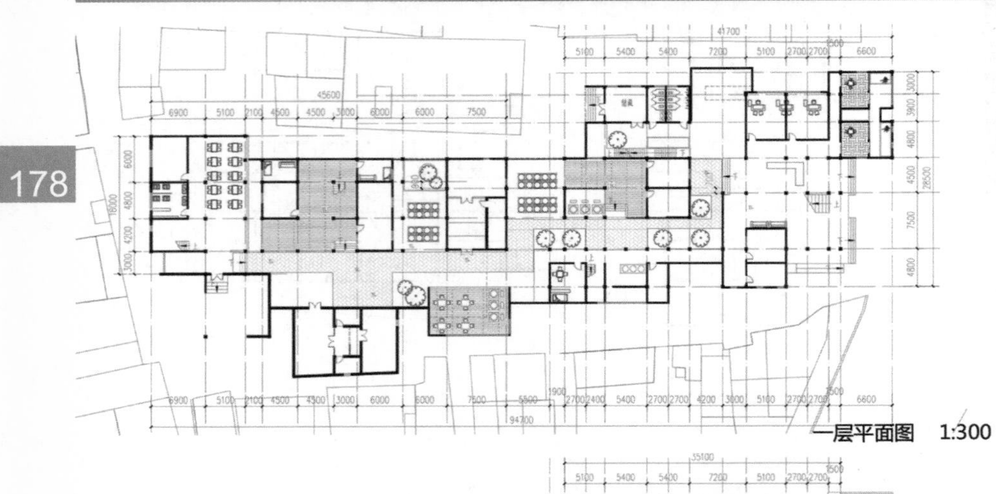

一层平面图 1:300

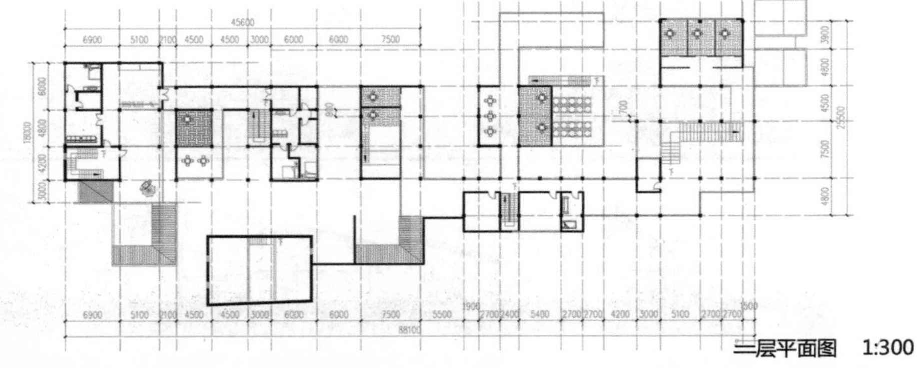

二层平面图 1:300

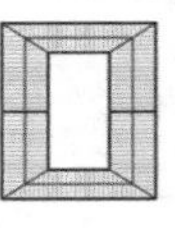

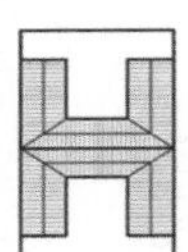

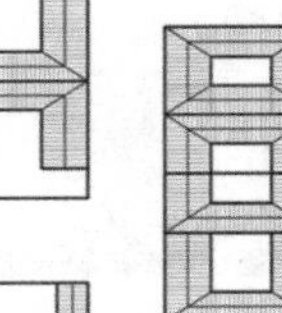

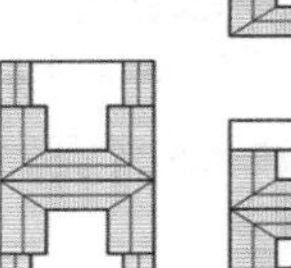

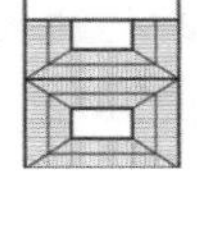

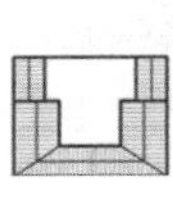

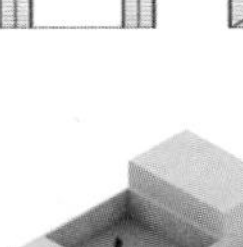

围合的庭院空间

宽阔的走道空间

围合的走道空间

天井空间

狭窄的街巷空间

狭窄的街巷空间

封闭的庭院空间

半围合的庭院空间

庭院空间序列

围合的内部走道

交错的走道空间

导向型走道

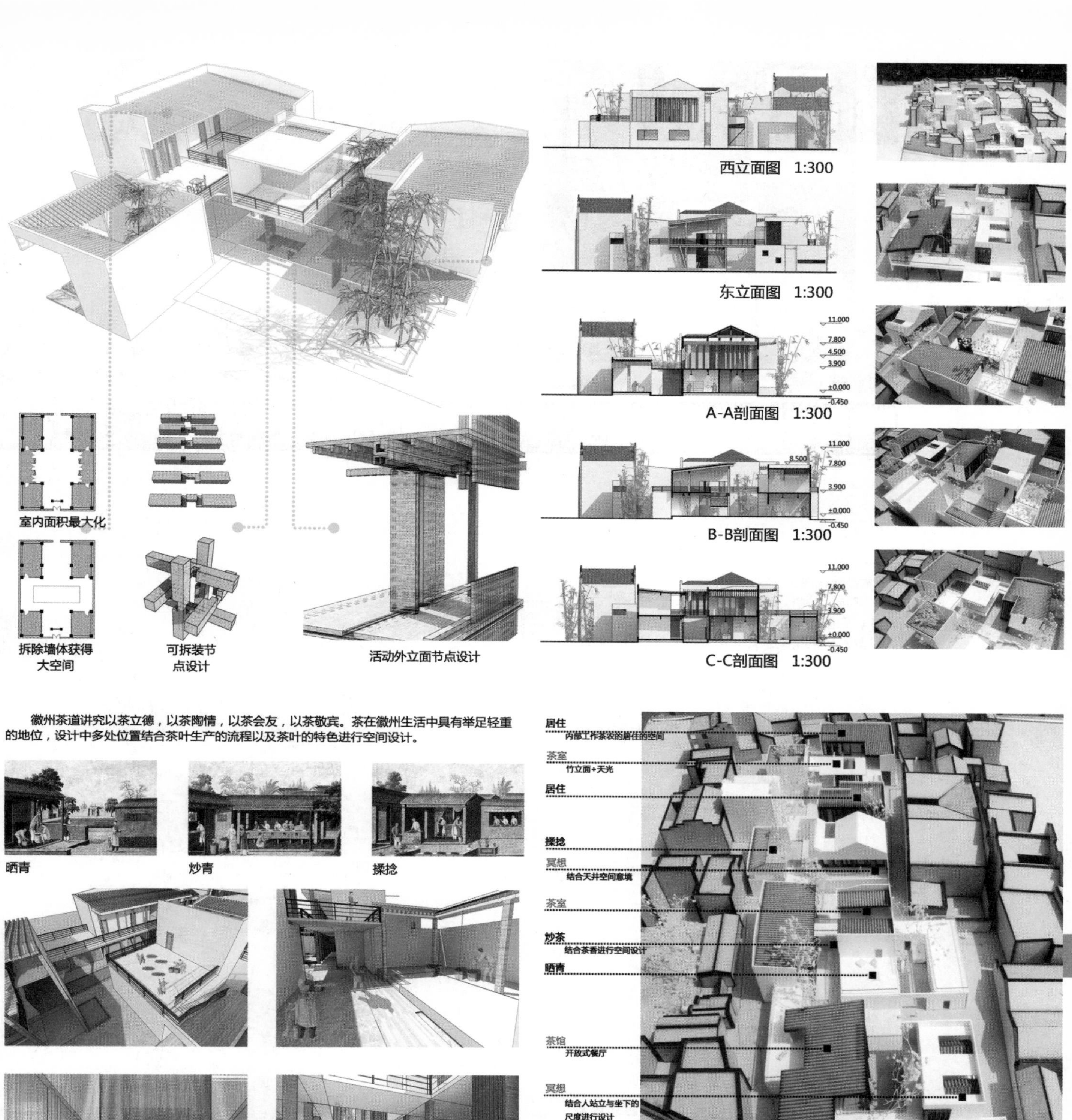

徽州茶道讲究以茶立德，以茶陶情，以茶会友，以茶敬宾。茶在徽州生活中具有举足轻重的地位，设计中多处位置结合茶叶生产的流程以及茶叶的特色进行空间设计。

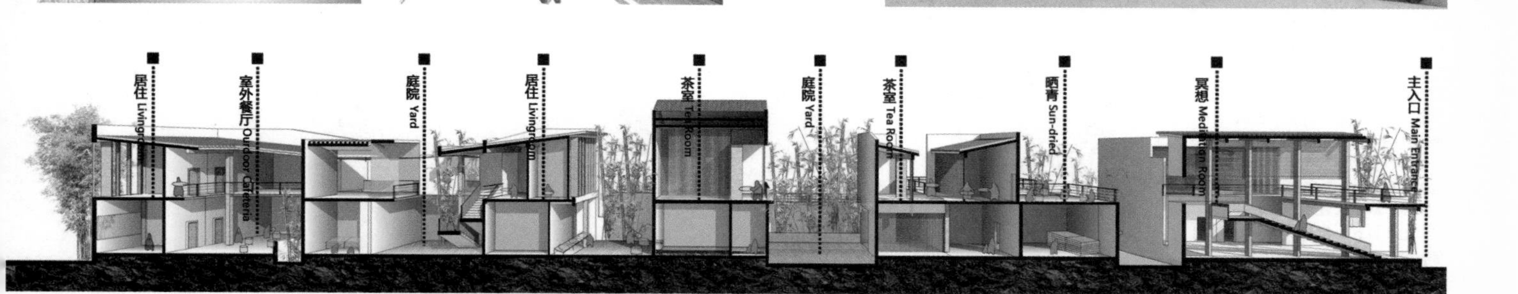

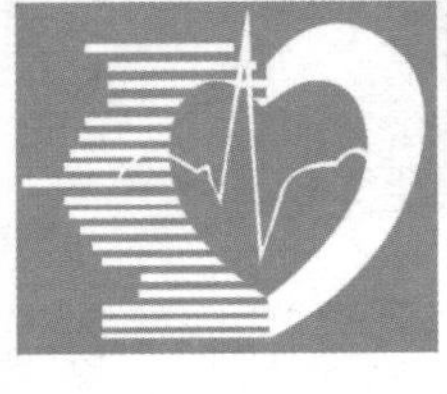

破译·体验 Translation·Experience

天津大学
设计:王卫童/温亚/曾良
指导:许蓁/邹颖

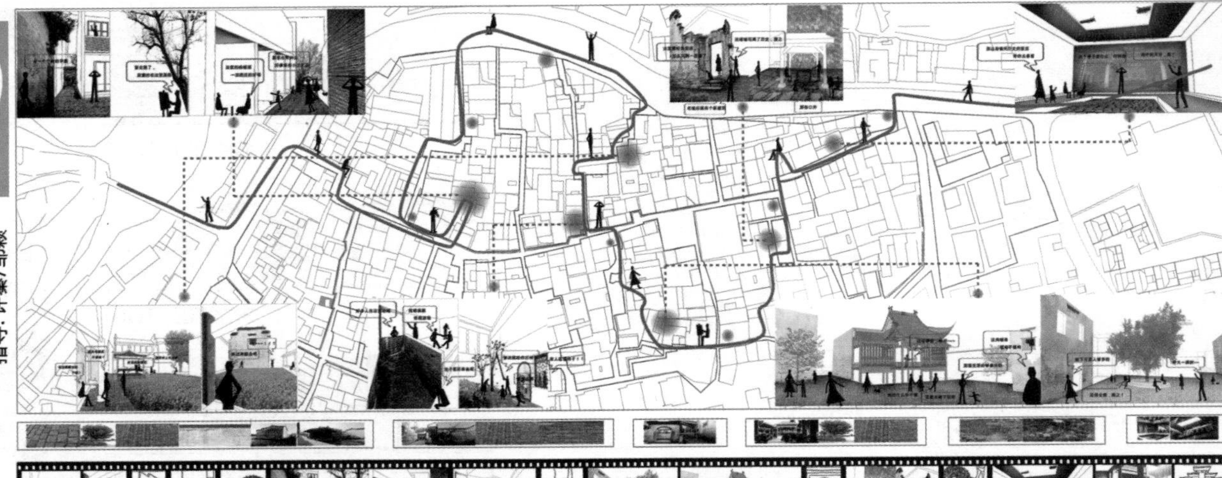

场景-时间-情绪示意图

设计说明:

本设计试图通过对代表徽州印象的照片进行搜集、筛选、分析、破译,整理处一套徽州模式语言库,它就像一本字典一样,包含徽州模式语言,以及其对应的情绪感知、场景要素以及对应的潜在行为。

SD分析法又叫做语义差别法。通过一些具体情感尺度的词语描述心理感受。

情绪-潜在行为对应图

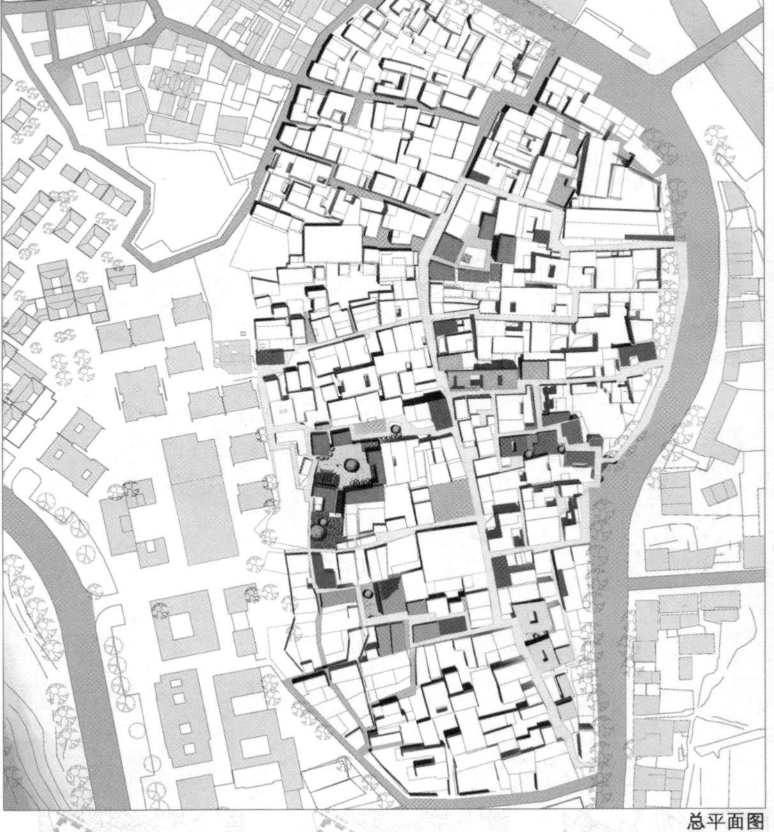

总平面图

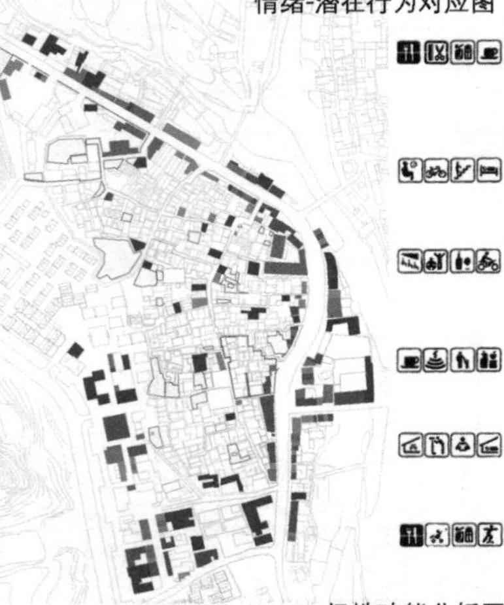

场地功能分析图

未来预测图

评语:

本组的与众不同在于大胆运用了纯粹主观和外界的信息评价系统。通过对网络图片和语言描述的客观性的探索,试图构筑出一幅陌生人眼中际村脉络。在大数据时代,这种努力无疑非常具有挑战性。设计研究没有从中观尺度的规划层面入手,而是从分析际村的语言片段出发,用问卷测试法将村落中反复出现的场所图景与陌生人的情绪对接,生成际村语言模式的信息线索。在单体设计中,这些语言模式被运用于创造适合的空间层次和意向,以建筑的方式再现徽州的烟雨、声音和墙的主题,集合了视觉、听觉和触觉等多种感官体验的设计,都是一种大胆且有趣的尝试。

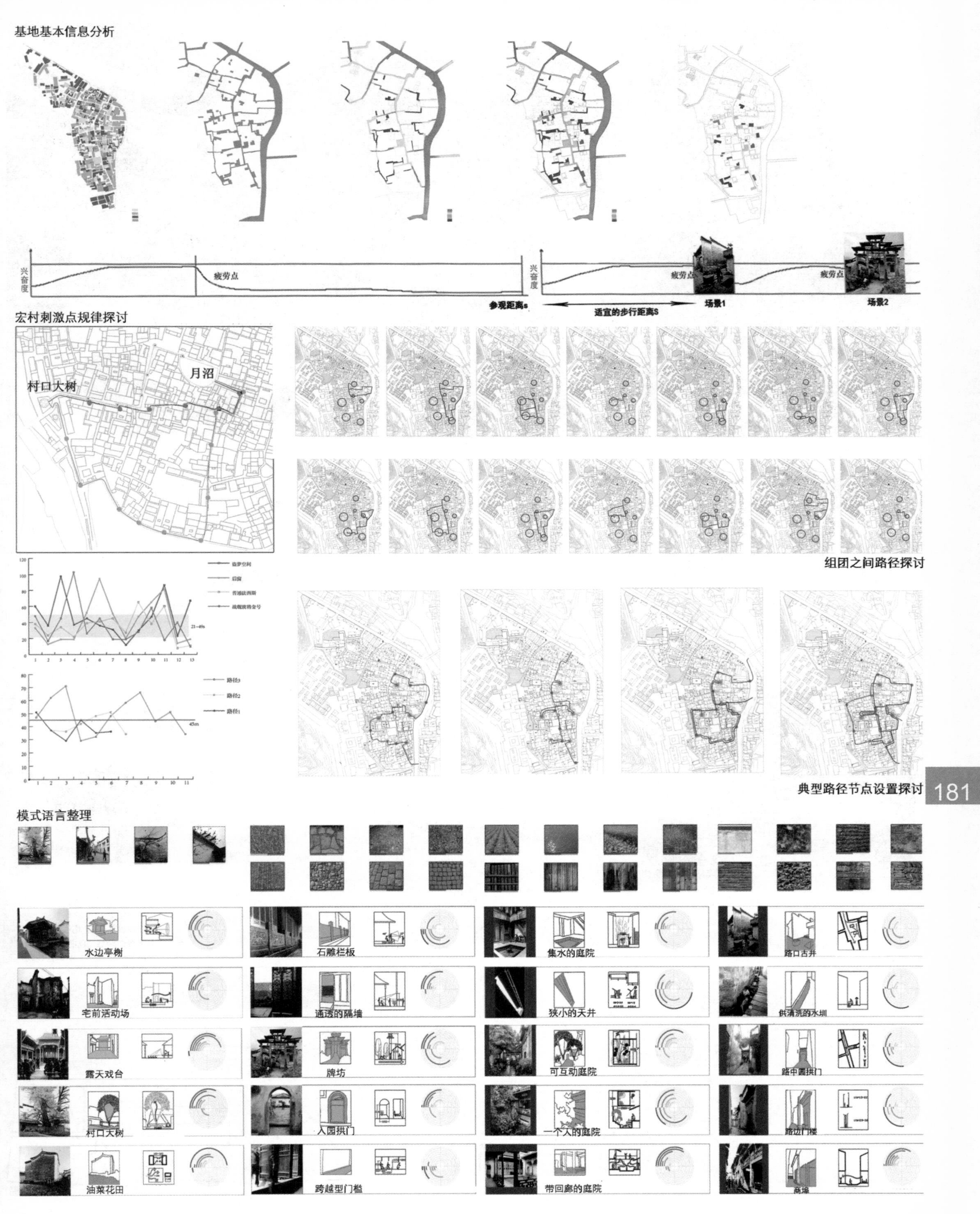
基地基本信息分析
兴奋度
疲劳点
参观距离s
兴奋度
疲劳点
疲劳点
适宜的步行距离S
场景1
场景2
宏村刺激点规律探讨
村口大树
月沼
组团之间路径探讨
21~49s
路径3
路径2
路径1
45m
典型路径节点设置探讨
模式语言整理
水边亭榭
石雕栏板
集水的庭院
路口古井
宅前活动场
通透的隔墙
狭小的天井
供清洗的水圳
露天戏台
牌坊
可互动庭院
路中圆拱门
村口大树
入园拱门
一个人的庭院
路边门楼
油菜花田
跨越型门槛
带回廊的庭院
商埠

形体来源　图底关系

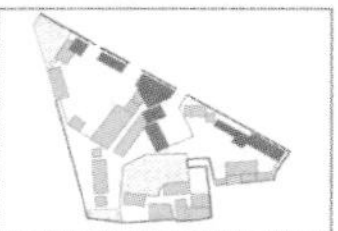
场地原貌

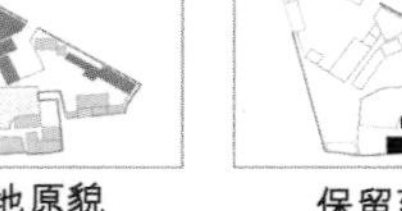

保留建筑

周边重要场所

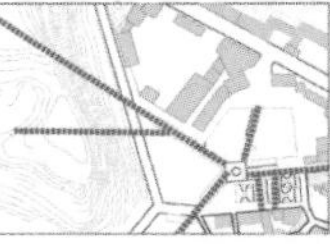
建筑轴线

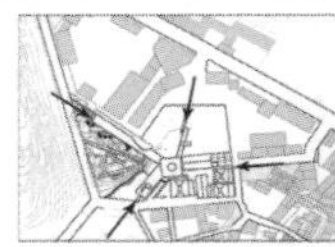
建筑穿越性

建筑分布概念

设计说明

本建筑是以听觉角度作为出发点的。

所谓"建构"，笔者认为是在用各种手段去创造或再现一种场所精神。而人的场所记忆并不只停留在眼睛所看到的。晨钟暮鼓，万壑松风，甚至搓麻将的声音都可以勾起一段往事。并且摆脱了视觉局限，听觉产生的回忆往往想象空间更大。

建筑选址在际村北部一块位置特殊的场地，这里西北有山，东北有田，西南是水圳的尽头，东南则连接老建筑。际村重要的场所尽皆囊括其中。建筑就利用其便并根据听的对象不同采取不一样的策略引导人们去"听"际村。它既像一个听觉神经元，又像张开的手掌深入这些场所，还像一个十字路口，指引人们到达这些场所。建筑将视觉局限住，让体验者通过聆听去体会际村的场所精神。

总平面图

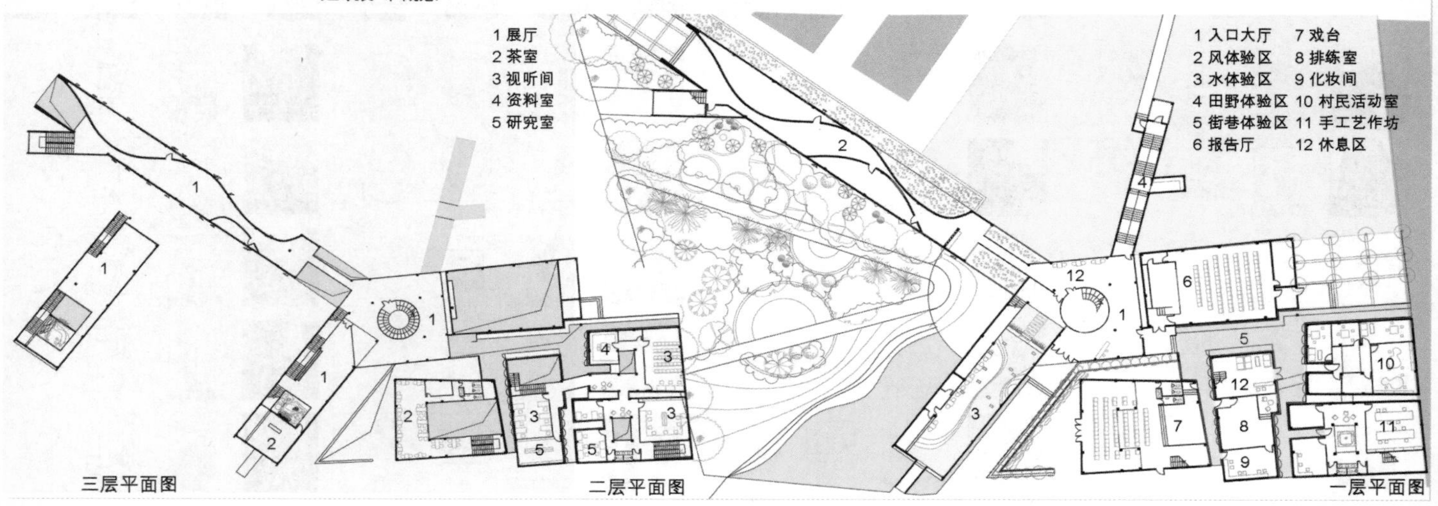

三层平面图　二层平面图　一层平面图

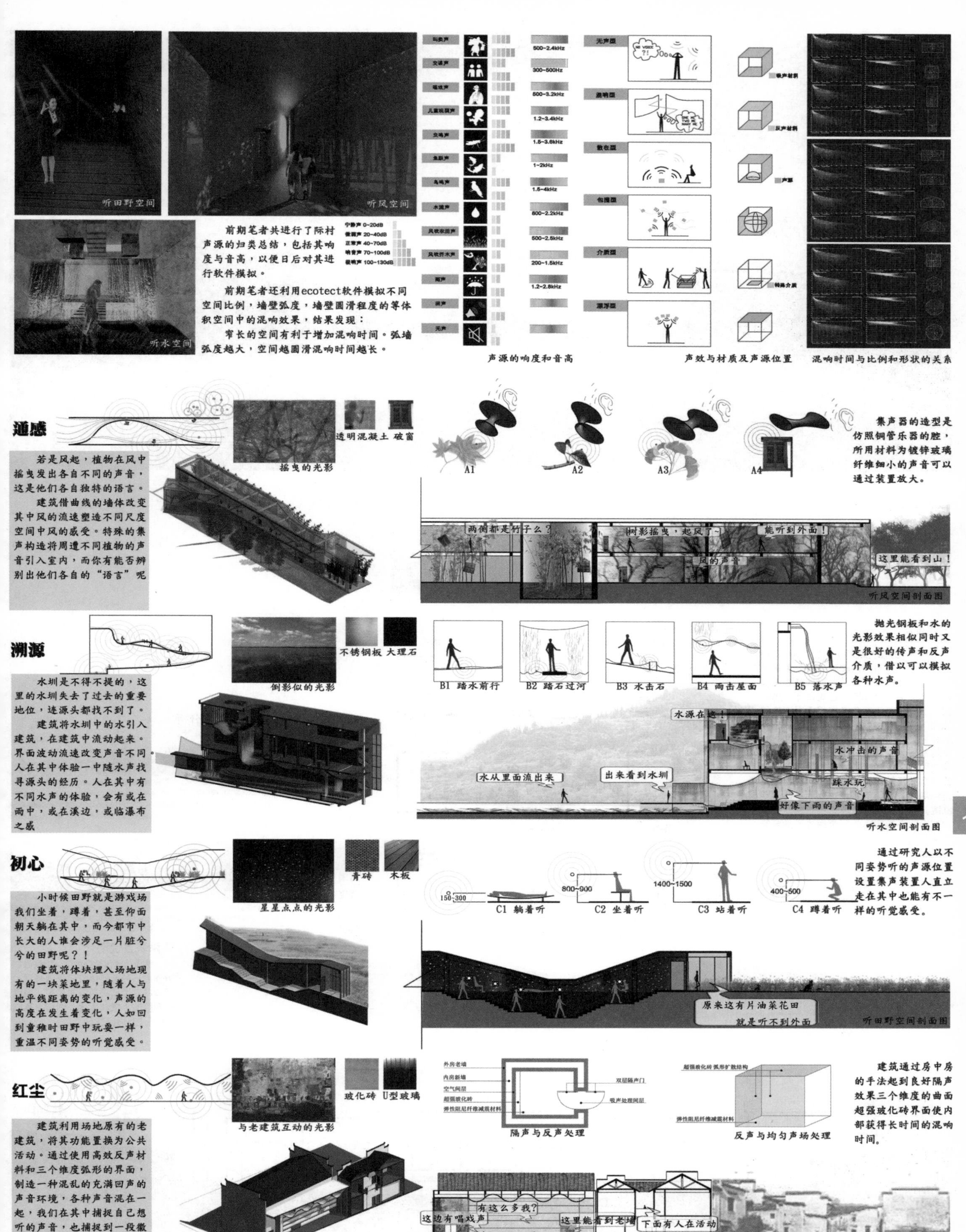

听田野空间
听风空间
听水空间
前期笔者共进行了际村声源的归类总结，包括其响度与音高，以便日后对其进行软件模拟。
前期笔者还利用ecotect软件模拟不同空间比例，墙壁弧度，墙壁圆滑程度的等体积空间中的混响效果，结果发现：
窄长的空间有利于增加混响时间。弧墙弧度越大，空间越圆滑混响时间越长。
声源的响度和音高
声效与材质及声源位置
混响时间与比例和形状的关系
通感
透明混凝土
破窗
摇曳的光影
若是风起，植物在风中摇曳发出各自不同的声音，这是他们各自独特的语言。
建筑借曲线的墙体改变其中风的流速塑造不同尺度空间中风的感受。特殊的集声构造将周遭不同植物的声音引入室内，而你有能否辨别出他们各自的“语言”呢
A1
A2
A3
A4
集声器的造型是仿照铜管乐器的腔，所用材料为镀锌玻璃纤维细小的声音可以通过装置放大。
两侧都是竹子么？
树影摇曳，起风了~
能听到外面！
风的声音
这里能看到山！
听风空间剖面图
溯源
不锈钢板
大理石
倒影似的光影
水圳是不得不提的，这里的水圳失去了过去的重要地位，连源头都找不到了。
建筑将水圳中的水引入建筑，在建筑中流动起来。界面波动流速改变声音不同人在其中体验一中随水声找寻源头的经历。人在其中有不同水声的体验，会有或在雨中，或在溪边，或临瀑布之感
B1 踏水前行
B2 踏石过河
B3 水击石
B4 雨击屋面
B5 落水声
抛光钢板和水的光影效果相似同时又是很好的传声和反声介质，借以可以模拟各种水声。
水源在这！
水冲击的声音
水从里面流出来
出来看到水圳
踩水玩
好像下雨的声音
听水空间剖面图
初心
青砖
木板
星星点点的光影
小时候田野就是游戏场我们坐着，蹲着，甚至仰面朝天躺在其中，而今都市中长大的人谁会涉足一片脏兮兮的田野呢？！
建筑将体块埋入场地现有的一块菜地里，随着人与地平线距离的变化，声源的高度在发生着变化，人如回到童稚时田野中玩耍一样，重温不同姿势的听觉感受。
150-300
C1 躺着听
800-900
C2 坐着听
1400-1500
C3 站着听
400-500
C4 蹲着听
通过研究人以不同姿势听的声源位置设置集声装置人直立走在其中也能有不一样的听觉感受。
原来这有片油菜花田
就是听不到外面
听田野空间剖面图
红尘
玻化砖
U型玻璃
与老建筑互动的光影
建筑利用场地原有的老建筑，将其功能置换为公共活动。通过使用高效反声材料和三个维度弧形的界面，制造一种混乱的充满回声的声音环境，各种声音混在一起，我们在其中捕捉自己想听的声音，也捕捉到一段徽州记忆。
隔声与反声处理
反声与均匀声场处理
建筑通过房中房的手法起到良好隔声效果三个维度的曲面超强玻化砖界面使内部获得长时间的混响时间。
这边有唱戏声
有这么多我？
这里能看到老墙
下面有人在活动
听街巷空间剖面图

雨的循环过程图

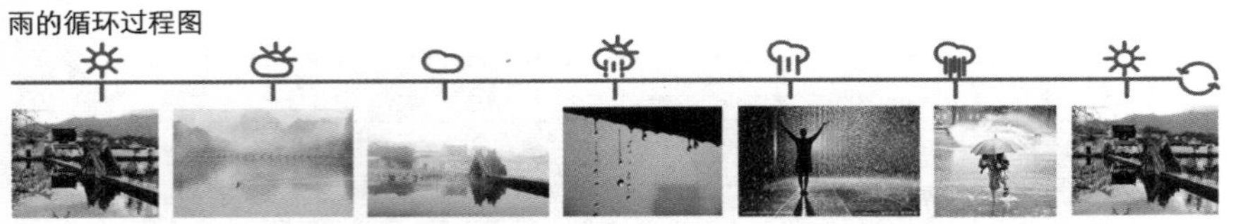

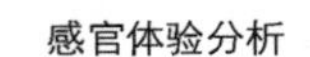

总平面图

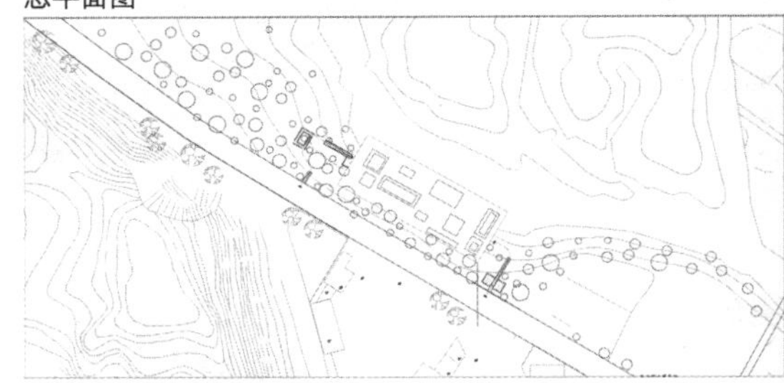

设计说明:

“雨”在徽州文化中一直是不可或缺的一部分，徽州烟雨朦胧的美景更是给人们独特的感官体验。本设计延续城市设计部分关于“体验式建筑设计”的研究，首先通过研究水在密闭情况下物理状态的变化，然后按照雨的不同状态分别分析了其对于参观者视觉、听觉、触觉的不同感官刺激。整个设计试图通过改变雨的强度和状态，从而影响参观者的感官和精神层面的感受。同时结合徽州当地的文化特色，设计了一系列景观庭院，让参观者在独特的诗意空间中被“催眠”于现实之外，模糊的视觉感受和强烈的水环境让人在精神空间中体悟与冥思。

感官体验分析

物理特性对感官体验的影响分析

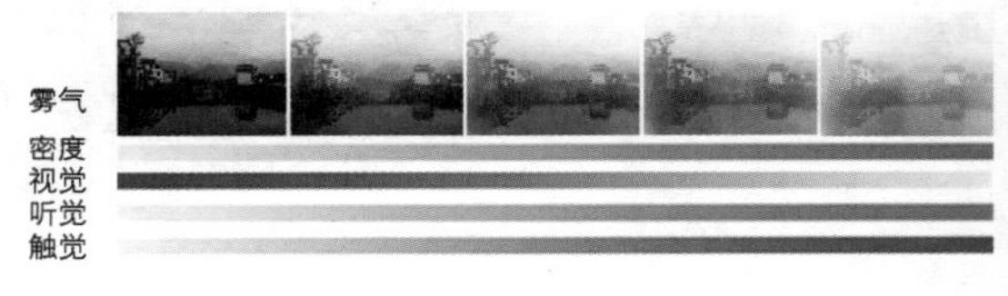

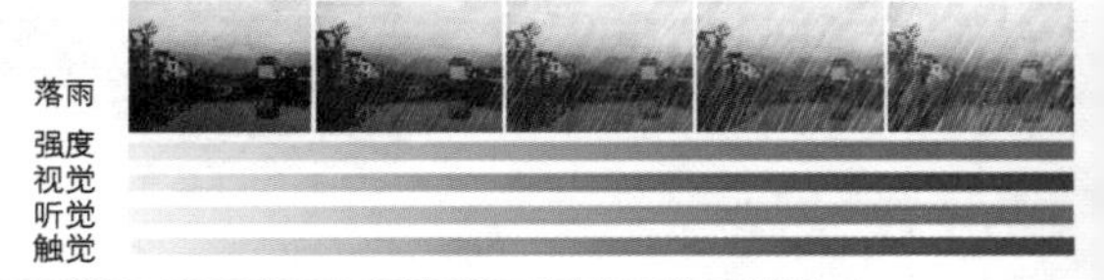

落雨装置分析

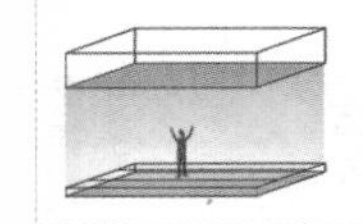

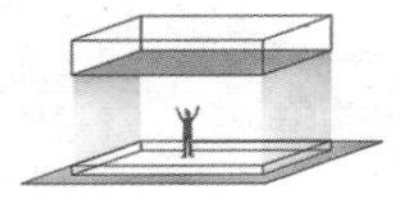

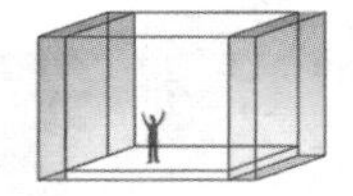

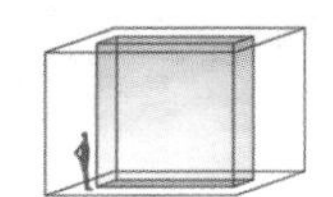

落雨装置说明:

落雨装置包括穿雨帘、观雨景、听雨声三种不同体验内容的装置。然后以以上三种装置为原型，通过改变雨的强度和密度，创造丰富的“雨”的体验空间。

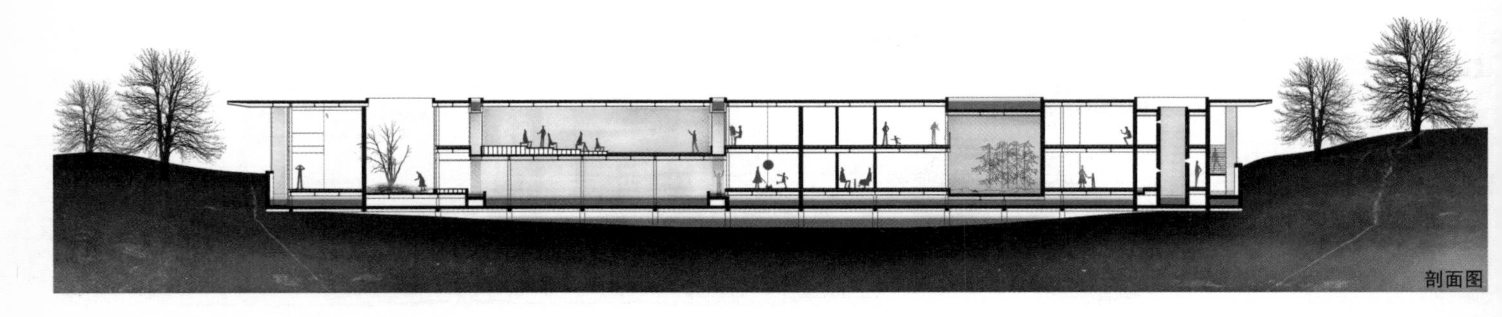

剖面图

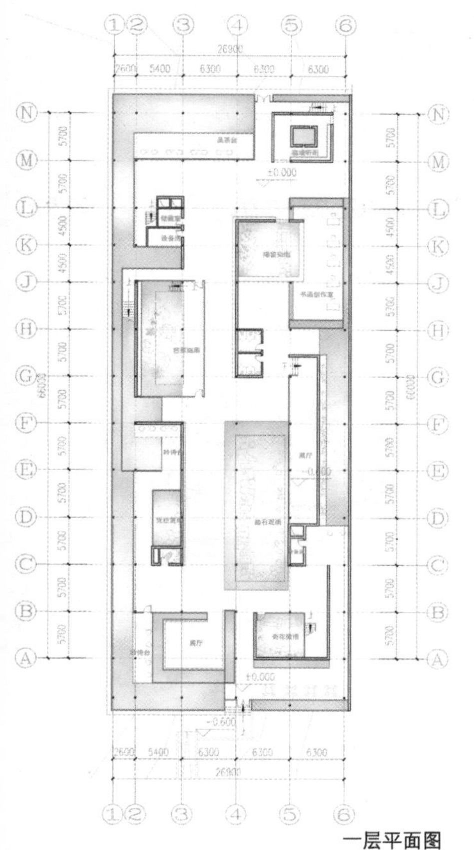

一层平面图

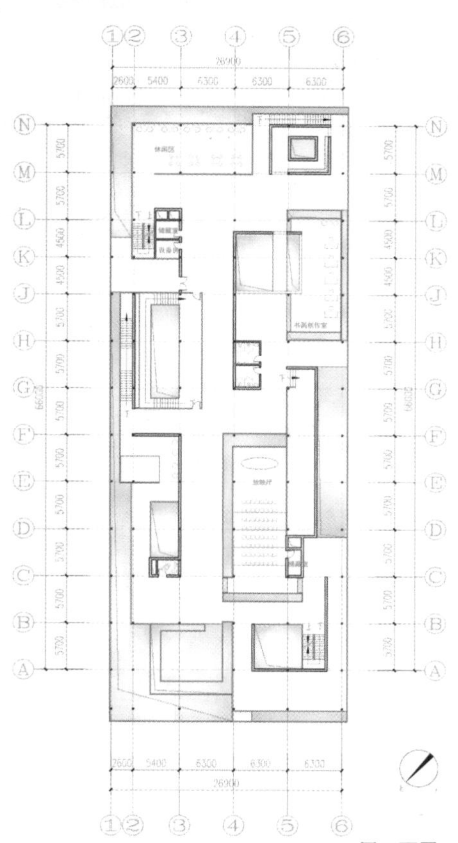

二层平面图

表皮设计分析：

建筑外皮采用两层玻璃板，玻璃板之间的地面设有水池，天花板铺设高吸水性材质，并设计成凹凸不平。

作用原理为：白天太阳南向照射蓄水池，水遇热蒸发，通过建筑的通风设计，水蒸气开始流动，被天花板吸收，当水蒸气积累到一定程度，天花板凸起的地方由于聚集的水滴较多开始形成落雨的效果。此装置即为建筑的表皮设计。

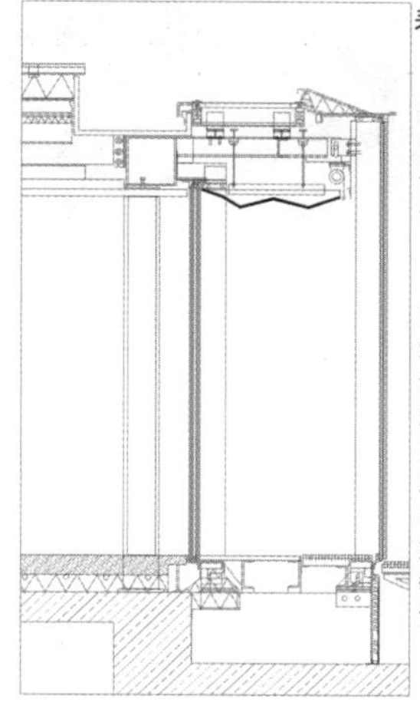

表皮构造详图

表皮作用原理示意

立面图

蓄水放水原理说明：

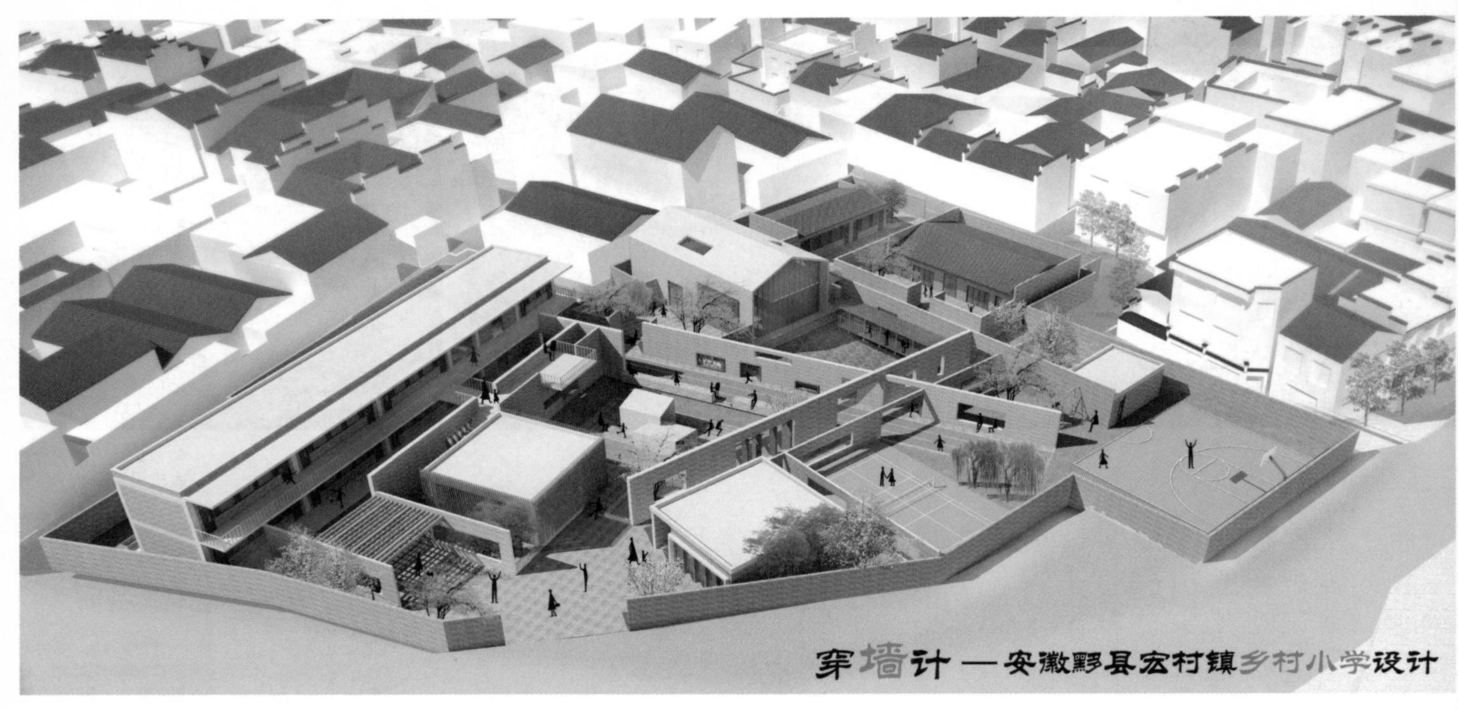
穿墙计——安徽黟县宏村镇乡村小学设计

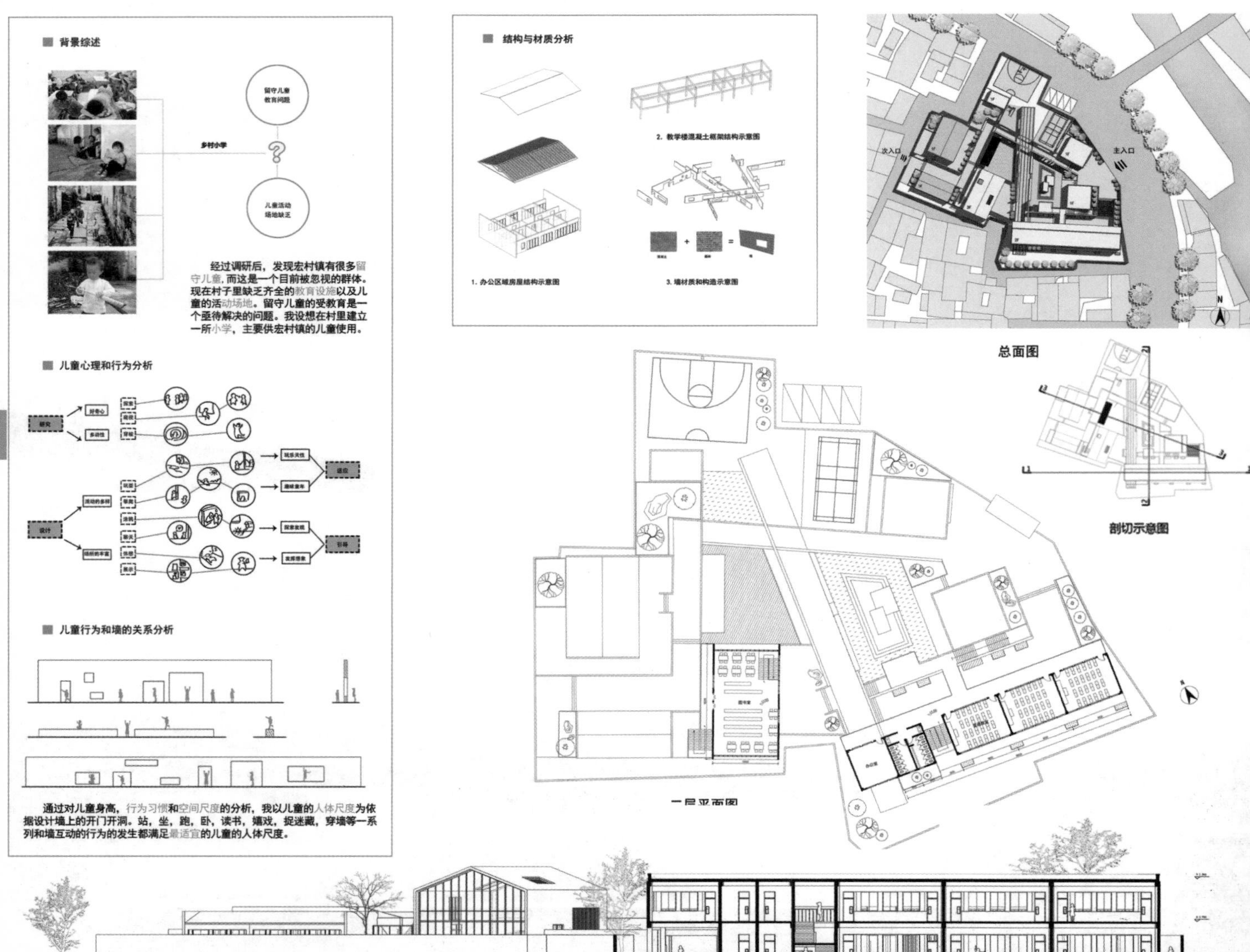
背景综述
留守儿童
教育问题
乡村小学
儿童活动
场地缺乏
经过调研后，发现宏村镇有很多留守儿童，而这是一个目前被忽视的群体。现在村子里缺乏齐全的教育设施以及儿童的活动场地。留守儿童的受教育是一个亟待解决的问题。我设想在村里建立一所小学，主要供宏村镇的儿童使用。
儿童心理和行为分析
儿童行为和墙的关系分析
通过对儿童身高，行为习惯和空间尺度的分析，我以儿童的人体尺度为依据设计墙上的开门开洞。站，坐，跑，卧，读书，嬉戏，捉迷藏，穿墙等一系列和墙互动的行为的发生都满足最适宜的儿童的人体尺度。
结构与材质分析
1. 办公区域房屋结构示意图
2. 教学楼混凝土框架结构示意图
3. 墙材质和构造示意图
次入口
主入口
总面图
剖切示意图
一层平面图

穿墙计 —安徽黟县宏村镇乡村小学设计

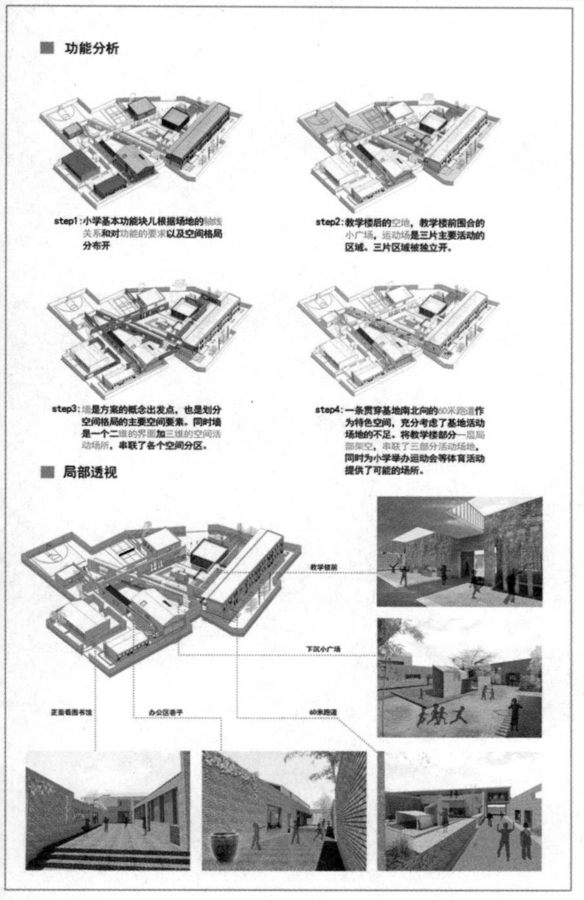

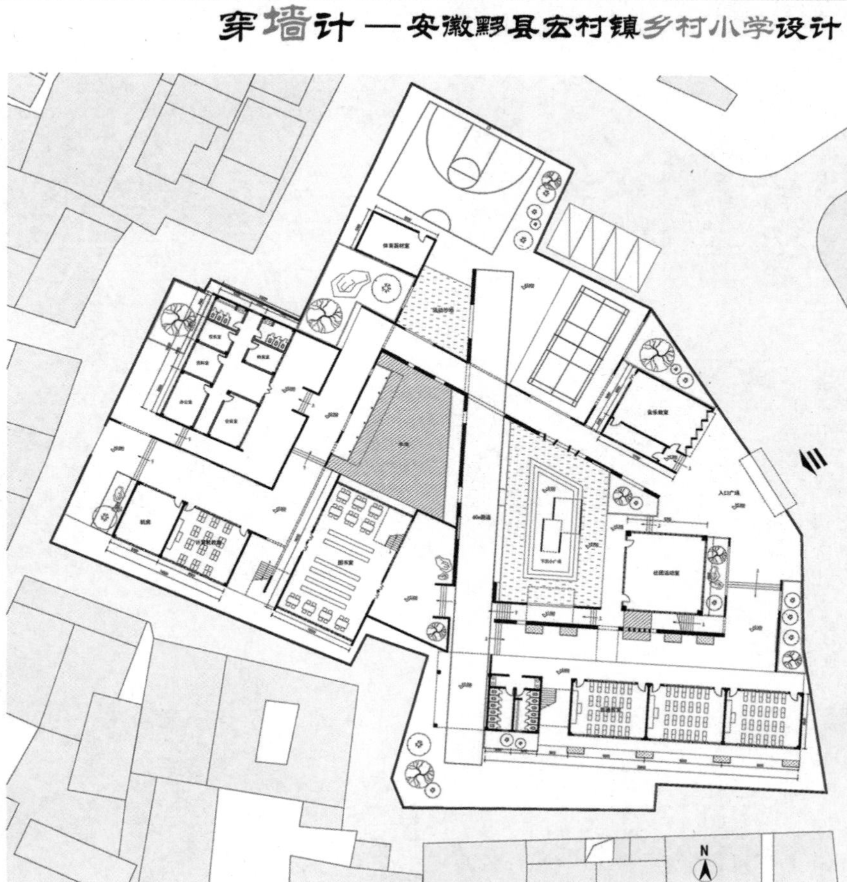

一层平面图

北立面图

模型照片

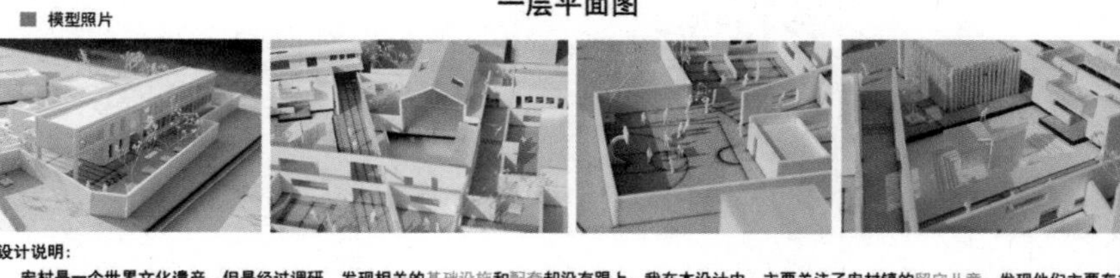

设计说明：

宏村是一个世界文化遗产，但是经过调研，发现相关的基础设施和配套却没有跟上。我在本设计中，主要关注了宏村镇的留守儿童，发现他们主要存在受教育难和活动场地缺失的突出问题。墙是徽州的一种代表元素。我以墙为概念开始设计，充分分析了小学儿童的行为和尺度的关系。墙是划分动静空间的要素，同时也是整个空间轴线的依托，更是串联各个建筑功能部分和活动场地部分的线索。墙上开的洞引发儿童的各种活动，儿童会不自觉地将墙作为一个活动的空间。最后，墙不再以界面存在。它不仅围合出巷子，院落，广场，最后自身本身也是一片活动空间。

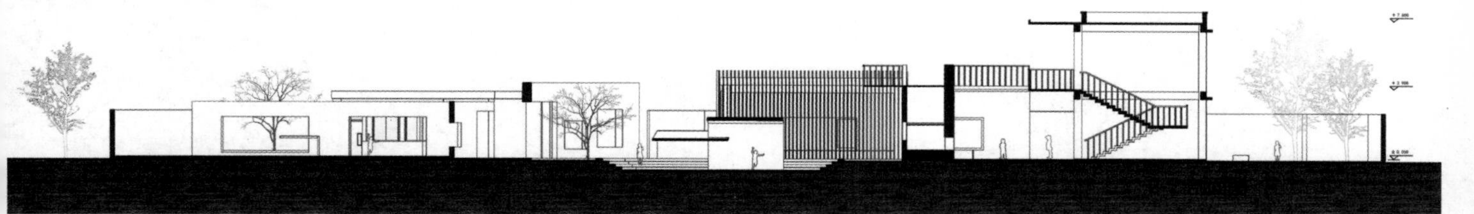

CHONGQING UNIVERSITY

重庆大学

指导教师

龙 灏

Long Hao

褚冬竹

Chu Dongzhu

1 设计题目：模糊·控制

黟县际村村落改造与建筑设计

张恂恂

赵紫晔

董菁

2 设计题目：红酒与臭鳜鱼

黟县际村村落改造与建筑设计

李一佳

简欢

蔡睿华

3 设计题目：旅游服务社区营造

黟县际村村落改造与建筑设计

寇宗捷

王惠

刘鑫年

4 设计题目：乡愁

黟县际村村落改造与建筑设计

李睿超

梁睿

刘宏博

模糊·控制 Fuzzy Control in the village

重庆大学
设计：张恂恂/赵紫晔/董青
指导：龙灏/褚冬竹

区位和山水关系

安徽省　黄山市　黟县

3 概念演绎

界面

现状　改造后

概念梳理

村落发展过程

基地选址　沿河生成　沿路生长　祠堂核心

聚落发展特点

概念要素提取

基地发展梳理

控制　模糊

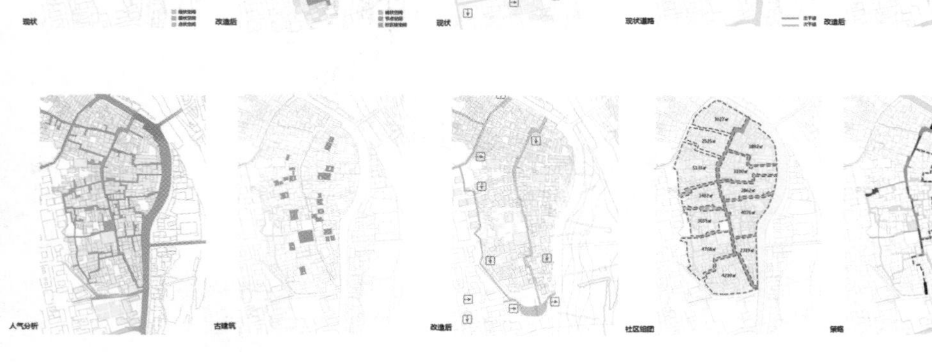

评语：

为应对传统文化保护与现代经济发展客观存在的矛盾与差异，该设计提出“模糊与控制”的聚落更新主题，旨在面对乡村营建中的特定内因提出一条从“管理”切入的发展思路。模糊与控制是一对可以共存的矛盾体：模糊是在宏观控制下给予其发展的自由度，控制则是根据聚落发展的影响因素的规律实现更有效的更新。随着城镇化影响以及旅游等外部因素的冲击，村落的发展更加依赖于自组织与他组织的相互博弈。

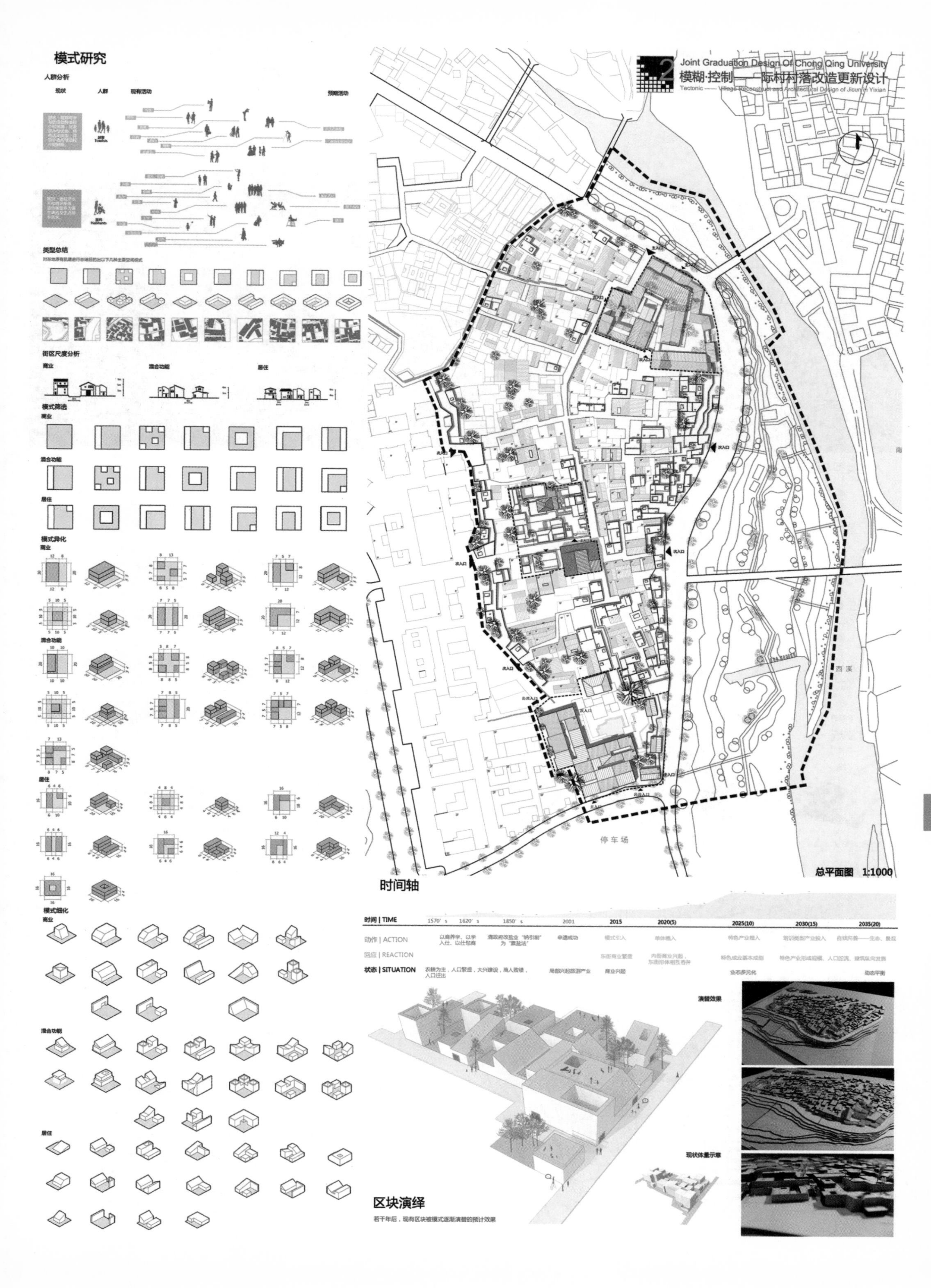
模式研究
人群分析
现状
人群
现有活动
预期活动
游客 Tourists
居民 Habitants
类型总结
街区尺度分析
商业
混合功能
居住
模式筛选
商业
混合功能
居住
模式异化
商业
混合功能
居住
模式细化
商业
混合功能
居住
Joint Graduation Design Of Chong Qing University
模糊·控制——际村村落改造更新设计
Tectonic —— Village Reconstruct and Architectural Design of Jicun in Yixian
次入口
主入口
停车场
西溪
总平面图 1:1000
时间轴
时间 | TIME
1570' s
1620' s
1850' s
2001
2015
2020(5)
2025(10)
2030(15)
2035(20)
动作 | ACTION
以商养学、以学入仕、以仕包商
清政府改盐业"纲引制"为"票盐法"
申遗成功
模式引入
单体植入
特色产业植入
培训类型产业投入
自我完善——生态、景观
回应 | REACTION
东街商业繁盛
内街商业兴起，东街形体相互吞并
特色成业基本成型
特色产业形成规模、人口回流、建筑纵向发展
状态 | SITUATION
农耕为主，人口繁盛，大兴建设，商人致绩，人口迁出
局部兴起旅游产业
商业兴起
业态多元化
动态平衡
演替效果
现状体量示意
区块演绎
若干年后，现有区块被模式逐渐演替的预计效果

模糊·控制——村口徽州手工艺传承所

Tectonic —— Village Reconstruct and Architectural Design of Jicun in Yixian

人的类型及活动分析

布局生成

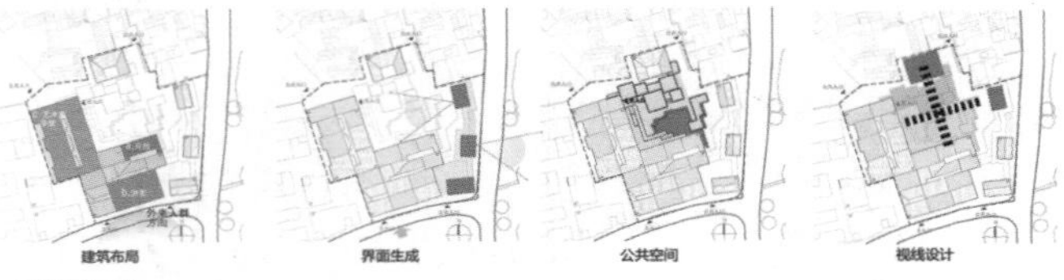

形体生成

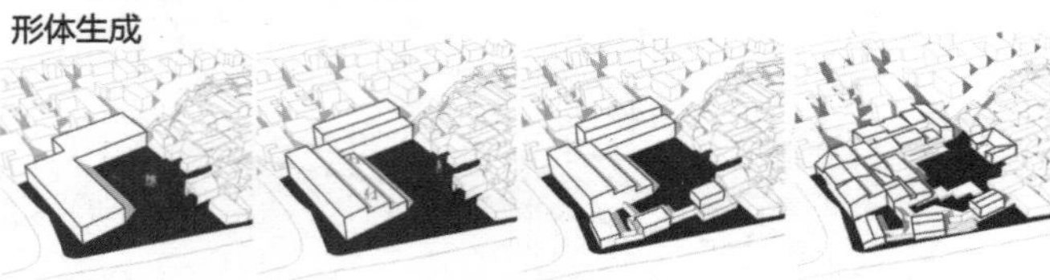

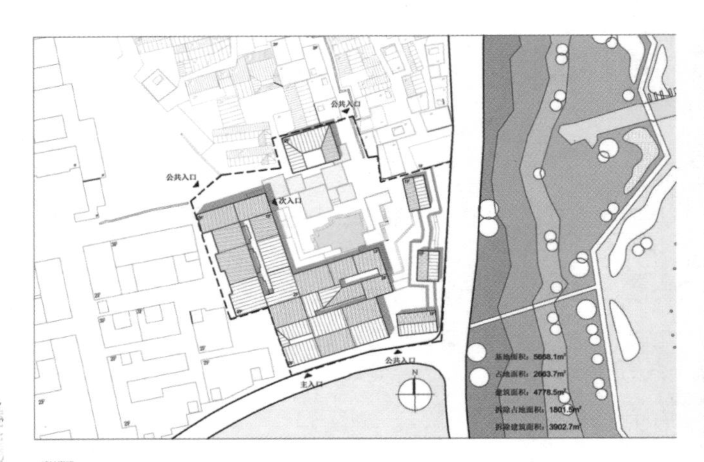

设计说明：

整个建筑设计位于际村的村口位置。南侧为停车场，北侧为际村村落，东侧为沿河景观带，西侧为商业区，四面环境各不相同。村口，对于徽州居民一直有着重要的意义。水口园林是徽州村落水口的特色，同时，徽州村落排布密集，水口一直是村民平时生活休闲娱乐的重要场所。根据大的规划，我们提出了一个“文化复兴”的理念。通过以点状建筑的接入，带来人们对于文化的重新认识和重视。此基地的建筑功能是——徽州雕刻艺术传习所&村民活动中心。

设计通过对于基地周边环境与流线的分析，叠加功能确定了建筑的主要入口。基地面对的主要是三类人群：村民，游客和艺术家。这三类人对于空间的要求各不相同，动静不同设计的概念从此着手，通过过上下的错动变化分隔除了活动空间。平面布局四面回应了周边的不同姿态。建筑的形式上在阶梯状错动的过程中，增加了空间上的活动层次，建筑的内部结合内部院落，回应建筑四水归堂的印象。

建筑的一个重要的功能就是传习所的教学空间，手工艺的传承是一种艺术的传承。再满足各种物理条件的前提下，应该注重氛围的营造。在设计中，将教学空间的自然要素引入到建筑空间中去，更好地营造一个学习的空间。

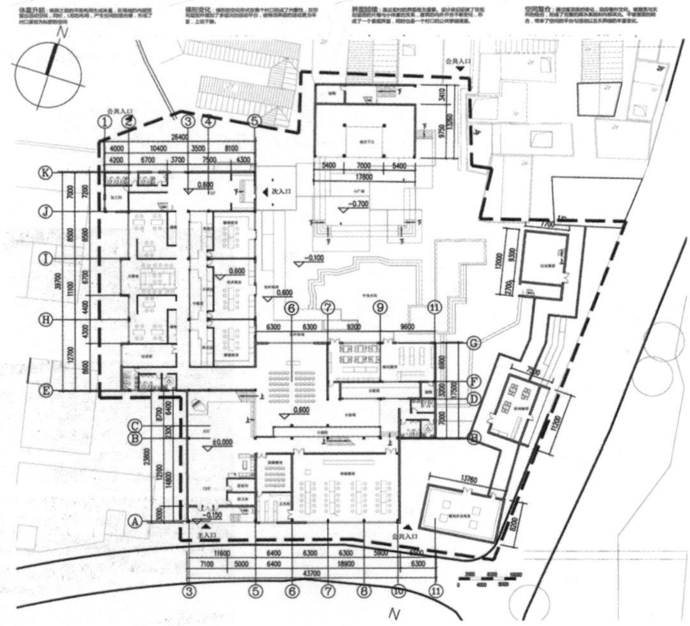

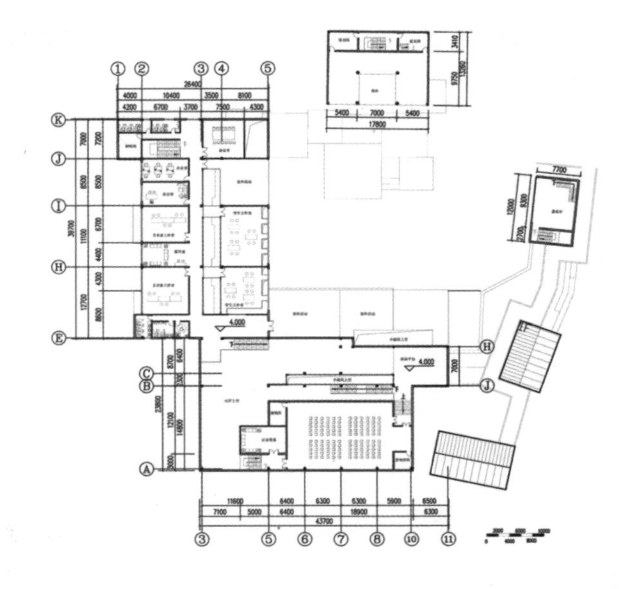

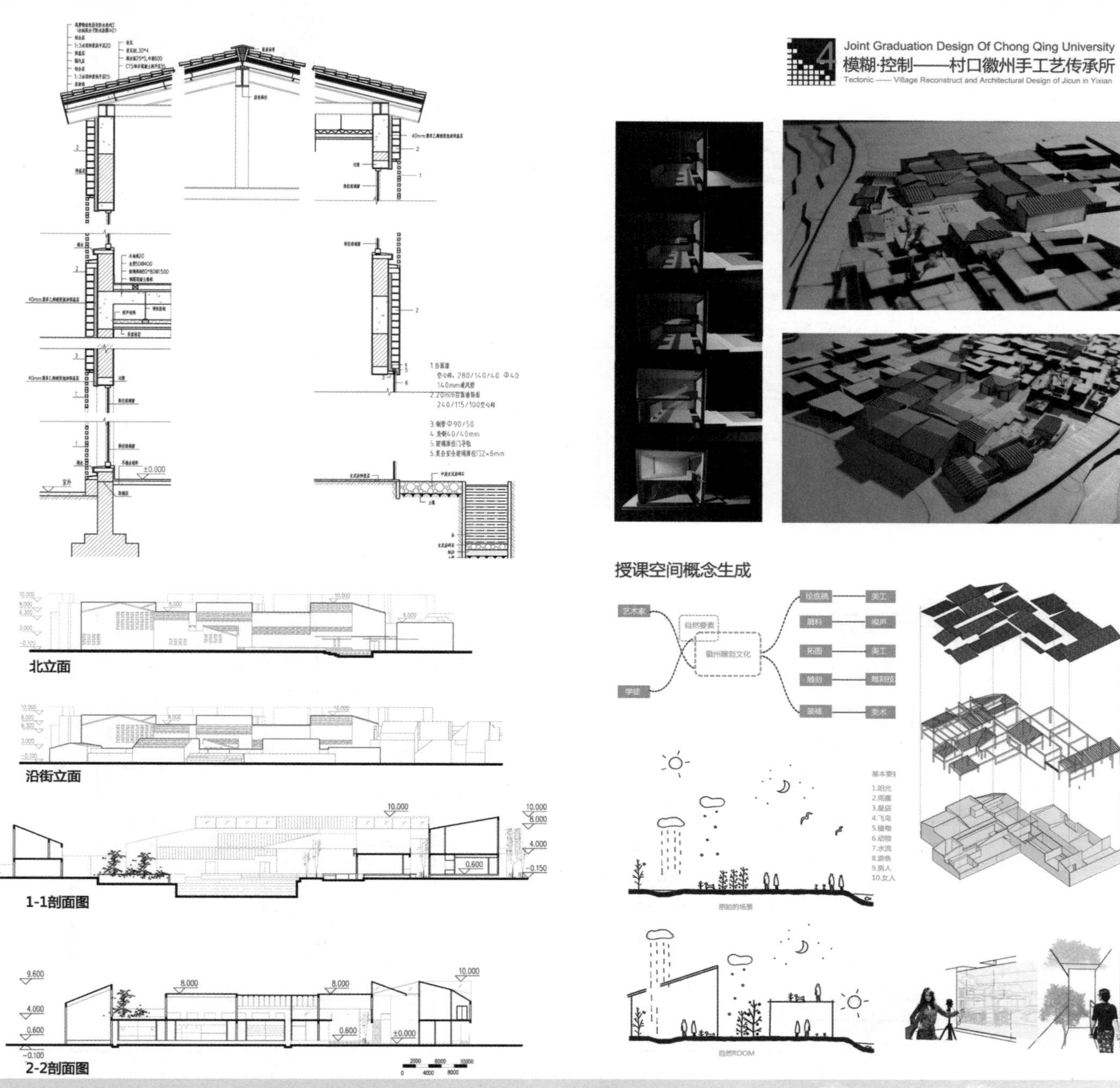
Joint Graduation Design Of Chong Qing University
模糊·控制——村口徽州手工艺传承所
Tectonic —— Village Reconstruct and Architectural Design of Jicun in Yixian
授课空间概念生成
艺术家
学徒
自然要素
徽州雕刻文化
北立面
沿街立面
1-1剖面图
2-2剖面图
自然ROOM

室内展厅
亲水平台
屋顶活动平台
小剧场
水岸边

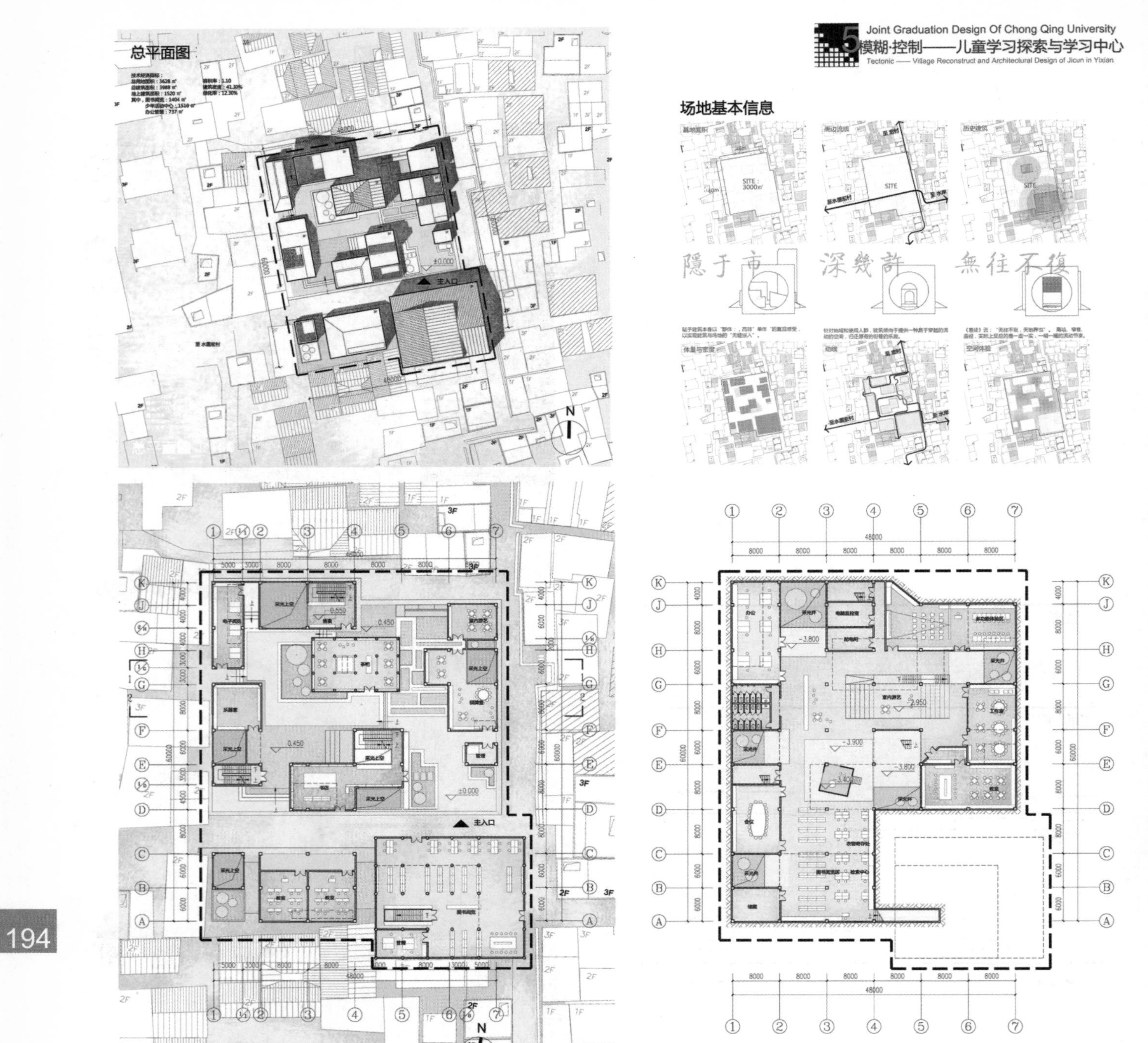
总平面图
场地基本信息
隐于市
深幾許
無往不復
首层平面图
负一层平面图
主入口

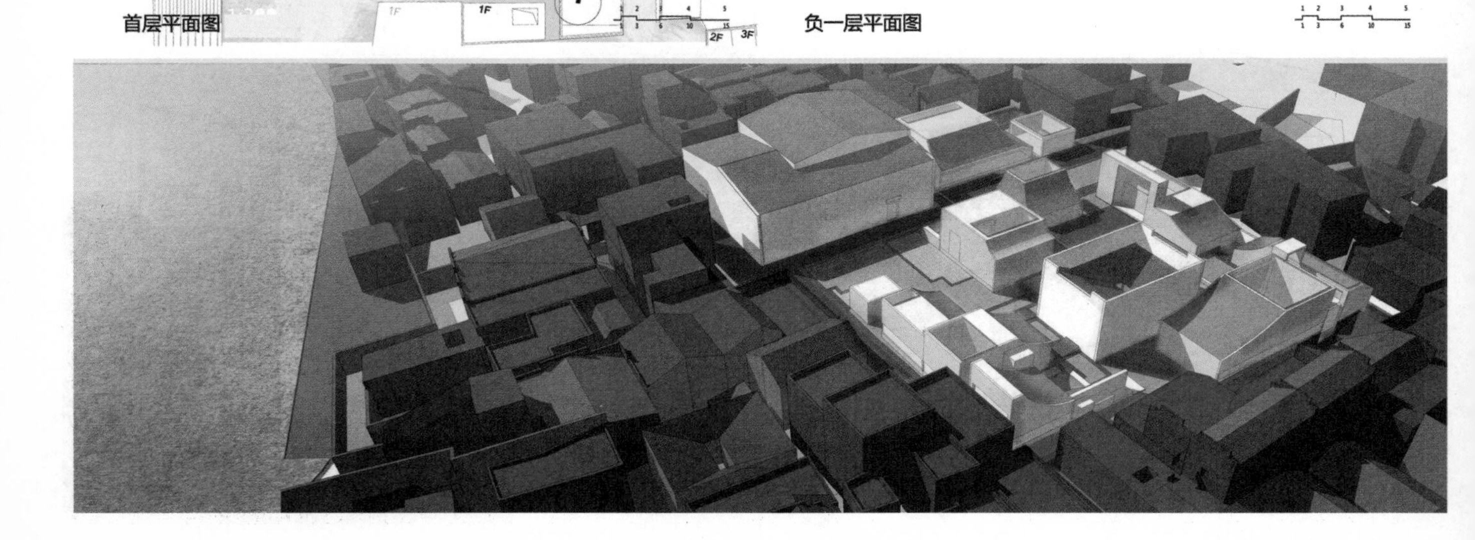

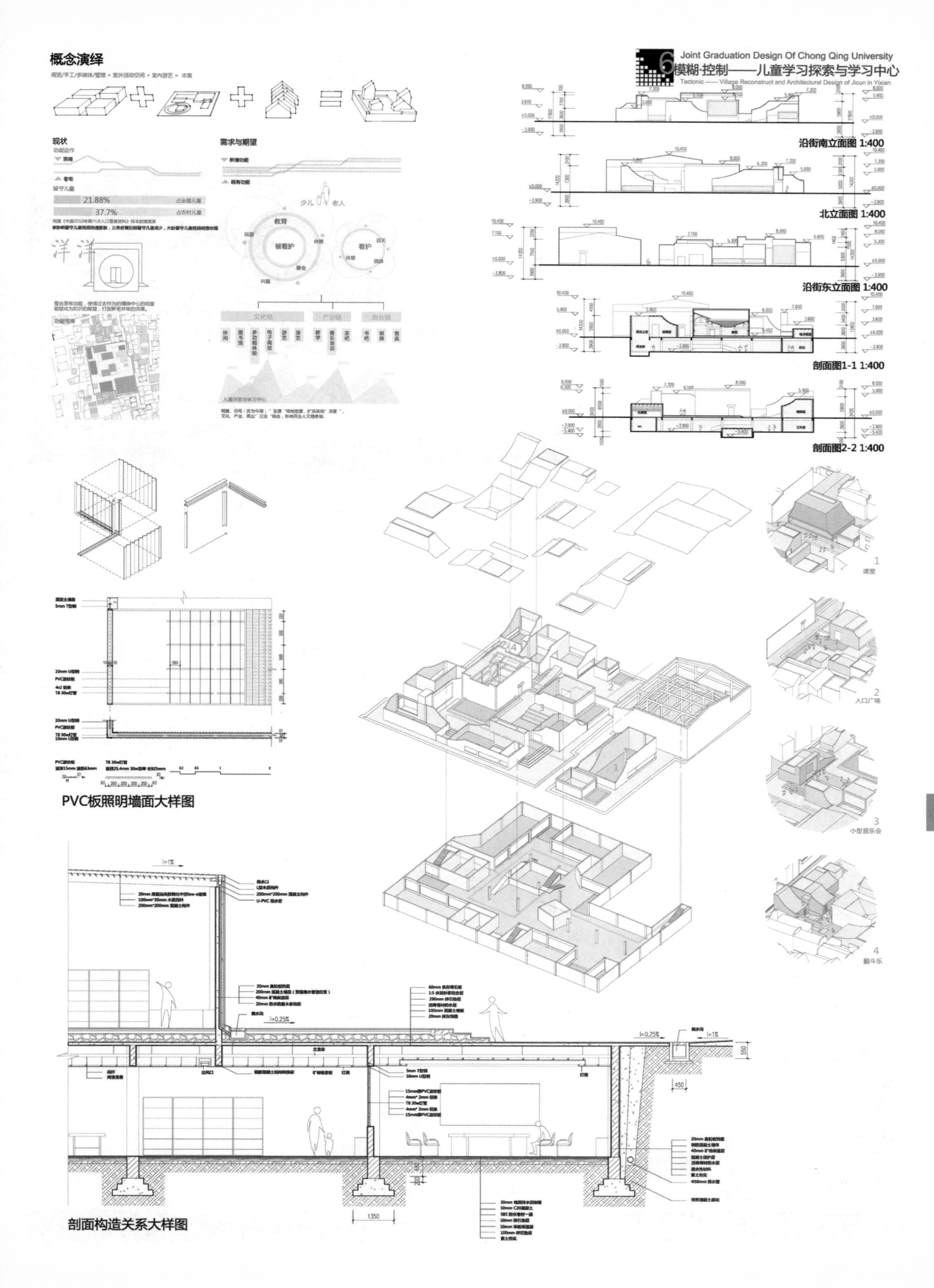

概念演绎
Joint Graduation Design Of Chong Qing University
6 模糊·控制——儿童学习探索与学习中心
Tectonic —— Village Reconstruct and Architectural Design of Jicun in Yixian
现状
需求与期望
21.88%
37.7%
少儿
老人
教育
被看护
看护
文化链
产业链
商业链
沿街南立面图 1:400
北立面图 1:400
沿街东立面图 1:400
剖面图1-1 1:400
剖面图2-2 1:400
1
课堂
2
入口广场
3
小型音乐会
4
翻斗乐
PVC板照明墙面大样图
剖面构造关系大样图

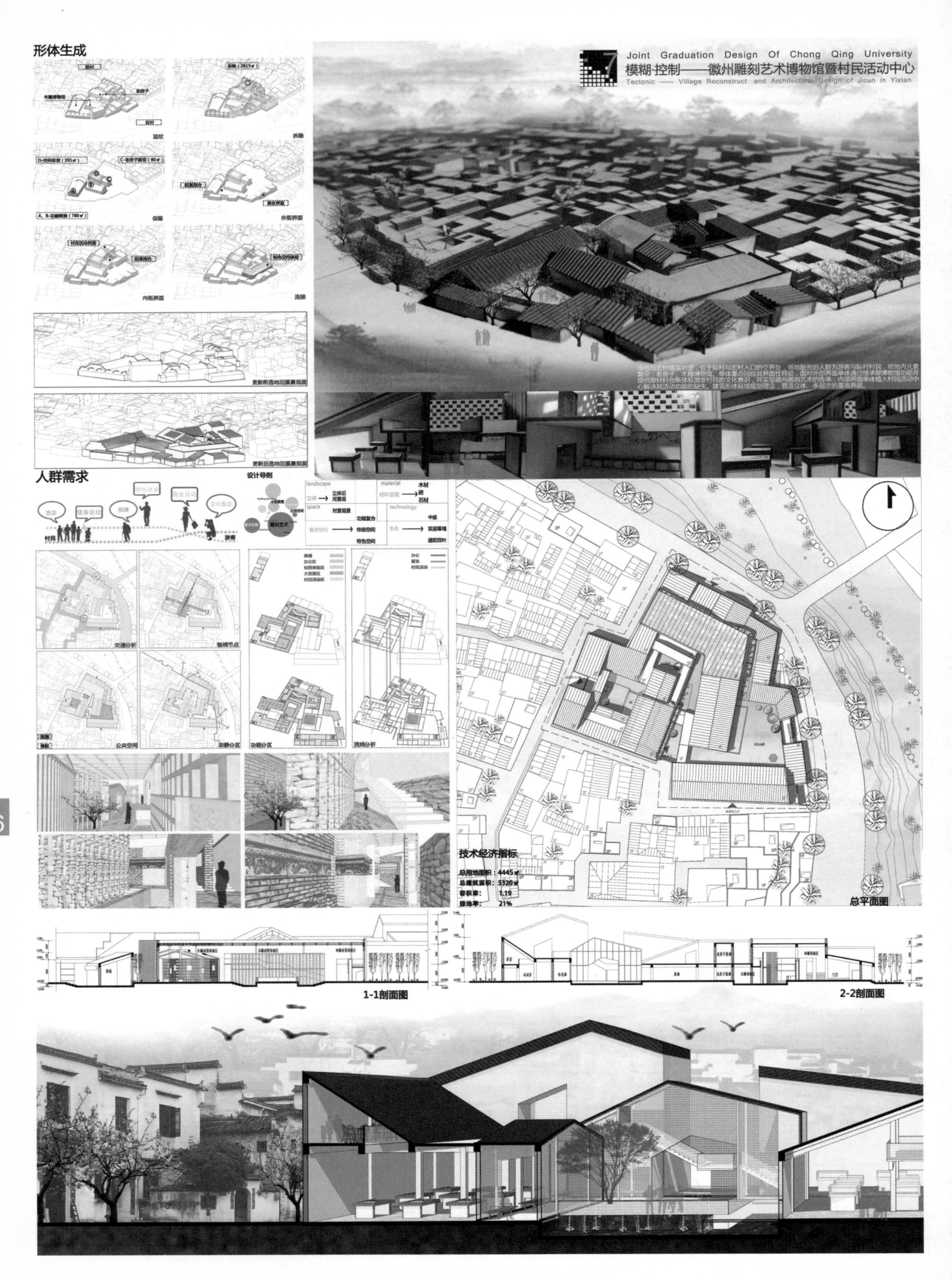
形体生成
现状
拆除
保留
外街界面
内街界面
连接
更新前透地沿溪景观面
更新后透地沿溪景观面
Joint Graduation Design Of Chong Qing University
模糊·控制——徽州雕刻艺术博物馆暨村民活动中心
Tectonic —— Village Reconstruct and Architectural Design of Jicun in Yixian
人群需求
设计导则
村民
游客
landscape
material
木材
砖
石材
space
technology
交通分析
轴线节点
公共空间
动静分区
功能分区
流线分析
技术经济指标
总用地面积：4445㎡
总建筑面积：5320㎡
容积率：1.19
绿地率：21%
总平面图
1-1剖面图
2-2剖面图

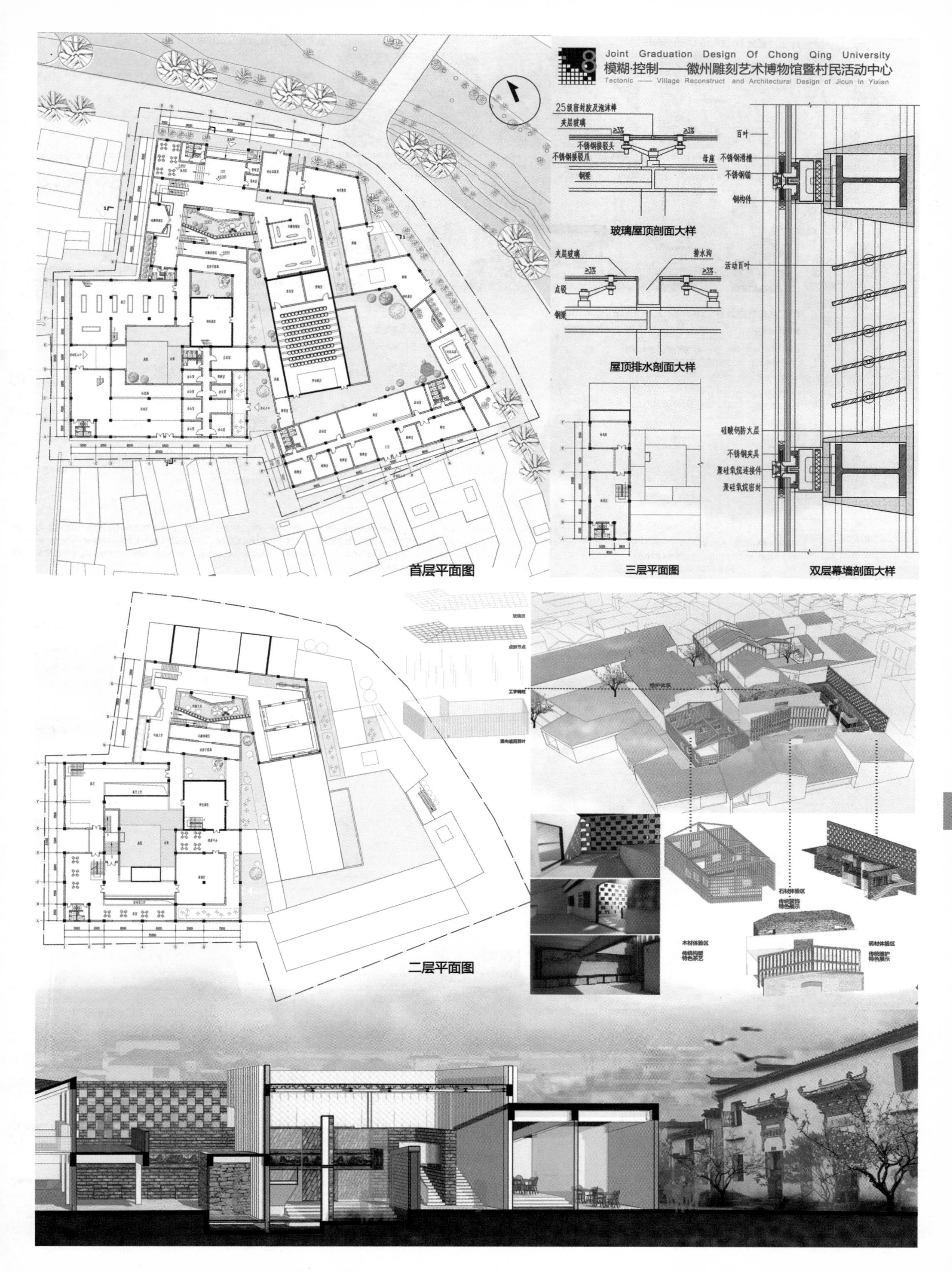
Joint Graduation Design Of Chong Qing University
模糊·控制——徽州雕刻艺术博物馆暨村民活动中心
Tectonic —— Village Reconstruct and Architectural Design of Jicun in Yixian
玻璃屋顶剖面大样
屋顶排水剖面大样
双层幕墙剖面大样
首层平面图
三层平面图
二层平面图
石材体验区
木材体验区
砖材体验区

红酒与臭鳜鱼 Wine with Chougui Dish

重庆大学
设计：李一佳/简欢/蔡睿华
指导老师：龙灏/褚冬竹

■ 宏村概况 Location Overview

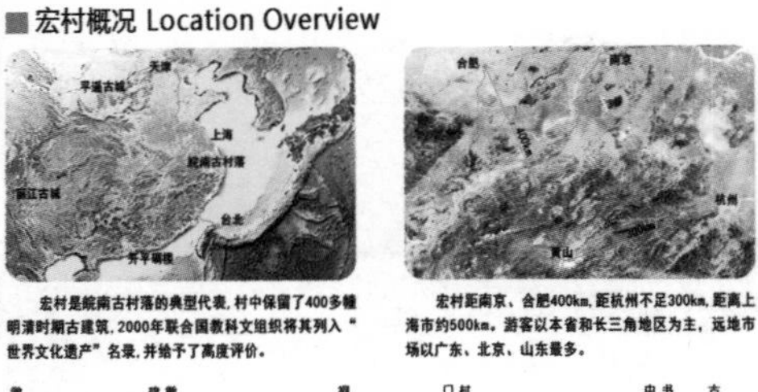

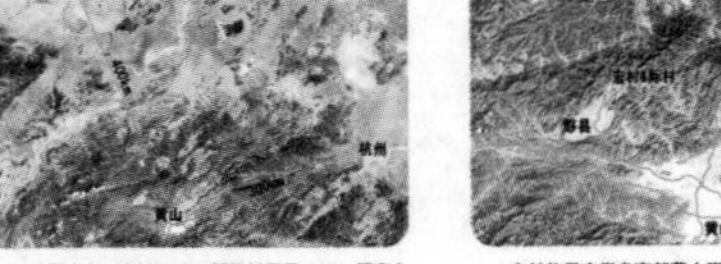

宏村是皖南古村落的典型代表，村中保留了400多幢明清时期古建筑，2000年联合国教科文组织将其列入"世界文化遗产"名录，并给予了高度评价。

宏村距离南京、合肥400km，距杭州不足300km，距离上海市约500km。游客以本省和长三角地区为主，远地市场以广东、北京、山东最多。

宏村位于安徽省南部黄山脚下黟县城北11km处，位于205国道一侧，交通便利，从区域旅游的角度看，宏村处于"两山一湖"旅游区之中。

■ 旅游结构 Travel Statistics

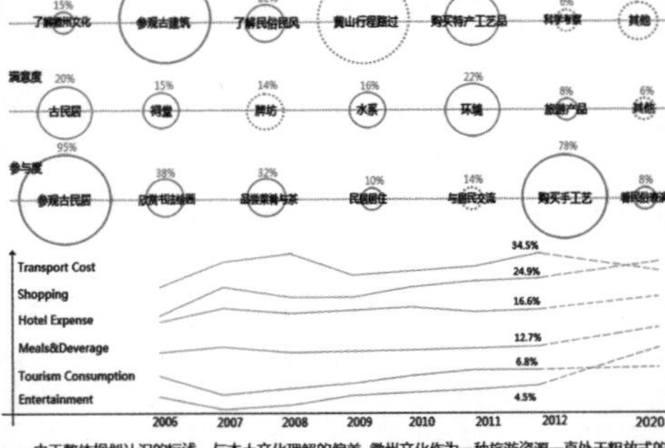

由于整体规划认识的短浅、与本土文化理解的偏差，徽州文化作为一种旅游资源一直处于粗放式的开发和经营状态，未能形成系统整体优势。主要问题体现在来访目的上未形成独立品牌，参与程度上缺乏体验性活动，古建筑与古村落有形无神，不过氛围上还基本保持着古朴与和谐。（数据来源：章尚正，董文飞，从游客体验看世界遗产地西递-宏村的旅游发展，华东经济管理，2006）

■ 文化体验型旅游 Cultural Experience Tourism

目标人群分类

旅游交通规划

不同类型的旅客对于旅游地的需求是不一样的：娱乐型游客的主要是希望摆脱日常工作中的巨大压力，体验型游客更需要满足其精神上的追求。应争对不同类型旅客的需求设定参观流线。

按照黟县宏村镇区2011~2030规划总图，际村处于旅游规划区域范围中，与宏村之间通路阻隔的改善为际村带来更多的发展机遇，大宏村旅游区的格局日渐成形。

分区规划原则

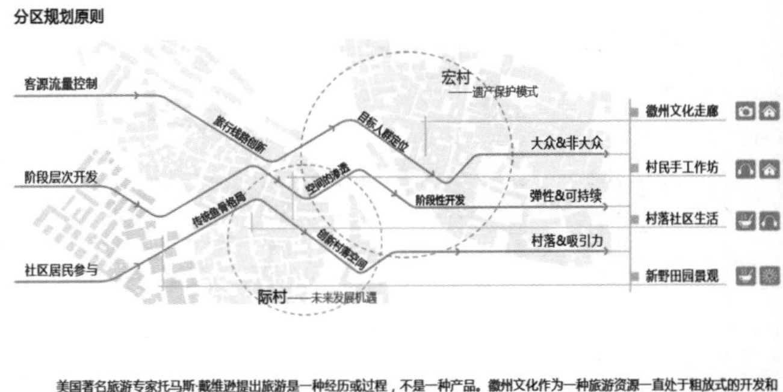

美国著名旅游专家托马斯·戴维逊提出旅游是一种经历或过程，不是一种产品。徽州文化作为一种旅游资源一直处于粗放式的开发和经营状态，未能形成系统整体优势。相较于这种低层次的观光型旅游，以文化为主要内涵的体验旅游是古镇旅游的最高阶段、最高层次。必须要有亲身的生活体验，能够参与融入进整个文化氛围中，才是从传统的观光旅游向现代休闲旅游转换的切入点，是提高景区旅游资源开发深度的良好契机。

■ 地块分析 Site Analysis

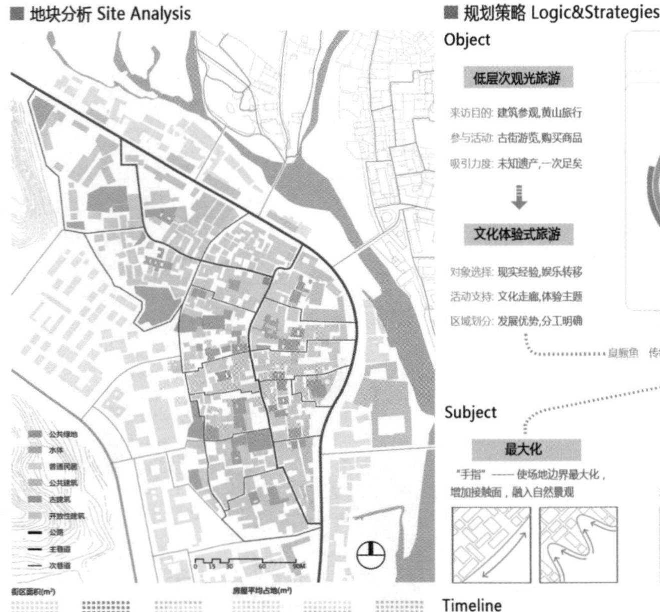

■ 规划策略 Logic&Strategies

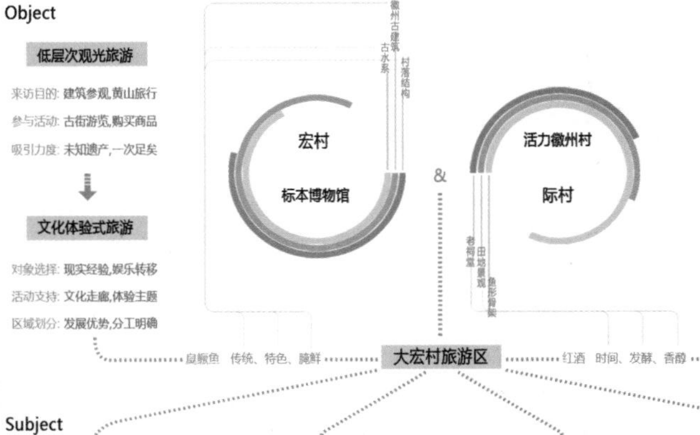

Timeline

评语：

该设计从"大宏村"的旅游规划概念入手，分析了当先宏村旅游区的问题所在，为宏村镇区未来的发展规划提出了可行的发展策略，针对宏村与"水墨宏村"（商业地产）的边界采取了不同的应对策略，并以"红酒与臭鳜鱼"作为颇为醒目的标题来表示这样的对比与反差。臭鲑鱼作为当地传统的特色菜肴，在遇上舶来品红酒之后会有怎样的变化和应对，是设计小组反复研究思索的内容，于是策划并深化了"匠人工作室"、"民俗分享馆"和"汽车旅馆"等有趣的功能节点。

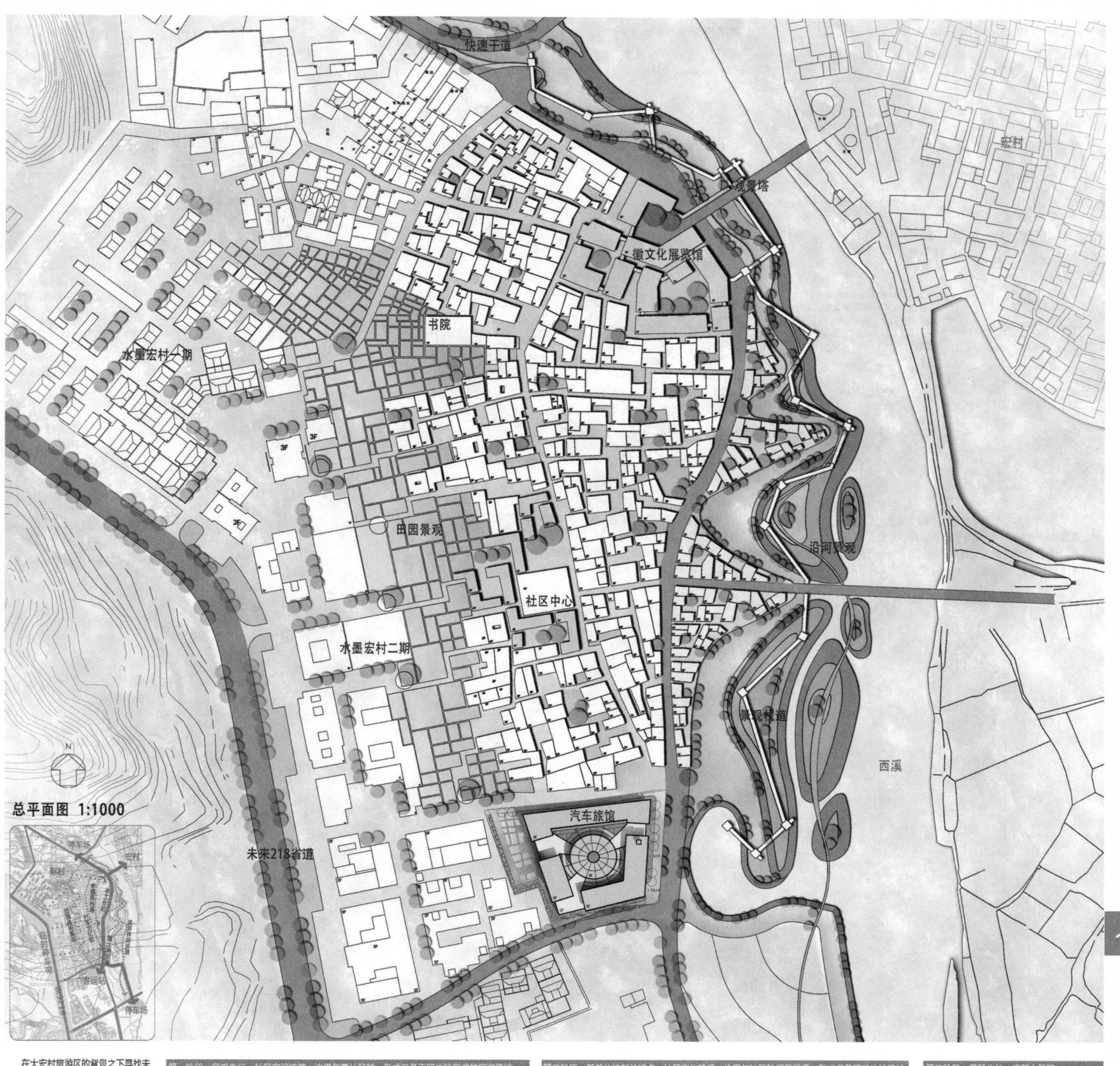

总平面图 1:1000

在大宏村旅游区的背景之下寻找未来际村发展的可能，从旅游中获得经济效益，从徽州文化的学习中培养村落感情，最终希望际村能成为一个独立完善的与宏村平等的景点。

具体内容体现在修缮际村村落结构，以原始鱼骨架为基础，规划新的街区结构，赋予祠堂书院新功能成为聚会场所。最终完善更个社区结构。

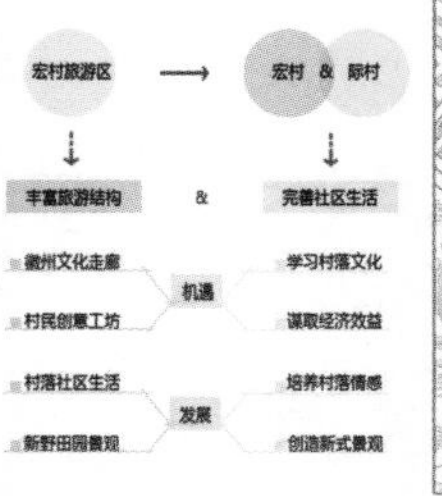

第一阶段：景观先行，社区空间梳理，边界包裹社区轴，形成三条不同体验形式的旅游路线

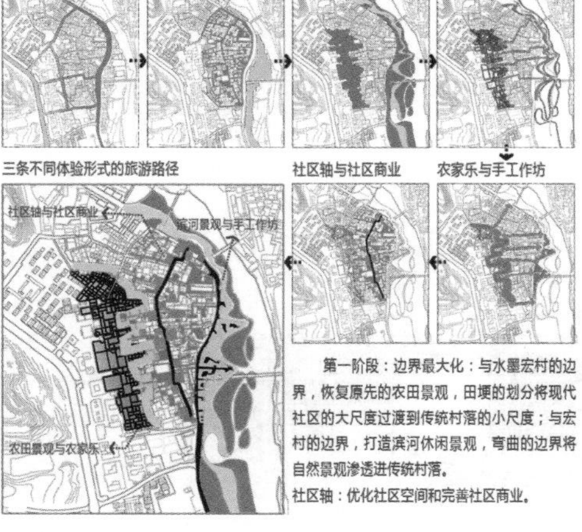

第一阶段：边界最大化：与水墨宏村的边界，恢复原先的农田景观，田埂的划分将现代社区的大尺度过渡到传统村落的小尺度；与宏村的边界，打造滨河休闲景观，弯曲的边界将自然景观渗透进传统村落。

社区轴：优化社区空间和完善社区商业。

第二阶段：新单体控制关键点，社区文化建设，边界与社区轴相互渗透，形成多条旅游体验路线

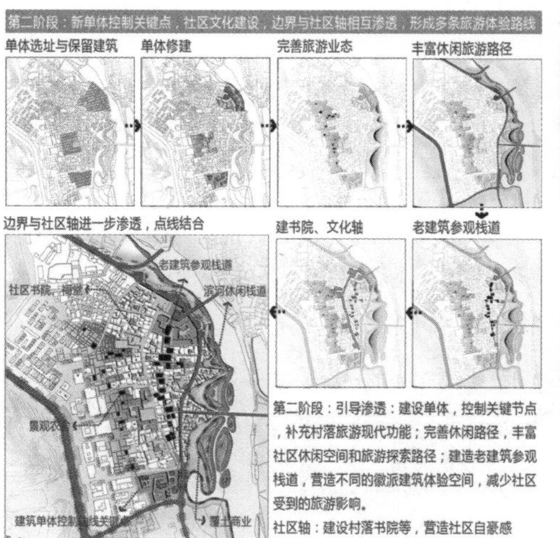

第二阶段：引导渗透：建设单体，控制关键节点，补充村落旅游现代功能；完善休闲路径，丰富社区休闲空间和旅游探索路径；建造老建筑参观栈道，营造不同的徽派建筑体验空间，减少社区受到的旅游影响。

社区轴：建设村落书院等，营造社区自豪感

第三阶段：蔓延生长，宏际大景区

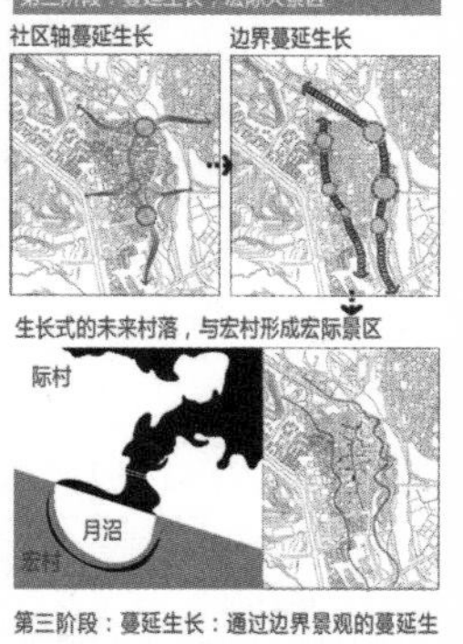

第三阶段：蔓延生长：通过边界景观的蔓延生长，将际村的特色扩大，并与宏村形成宏际景区。相比宏村博物馆式的保护，际村是通过层次性阶段性的规划，实现可持续性发展的未来村落。

社区轴：发展旅游经济同时保存社区的完整性

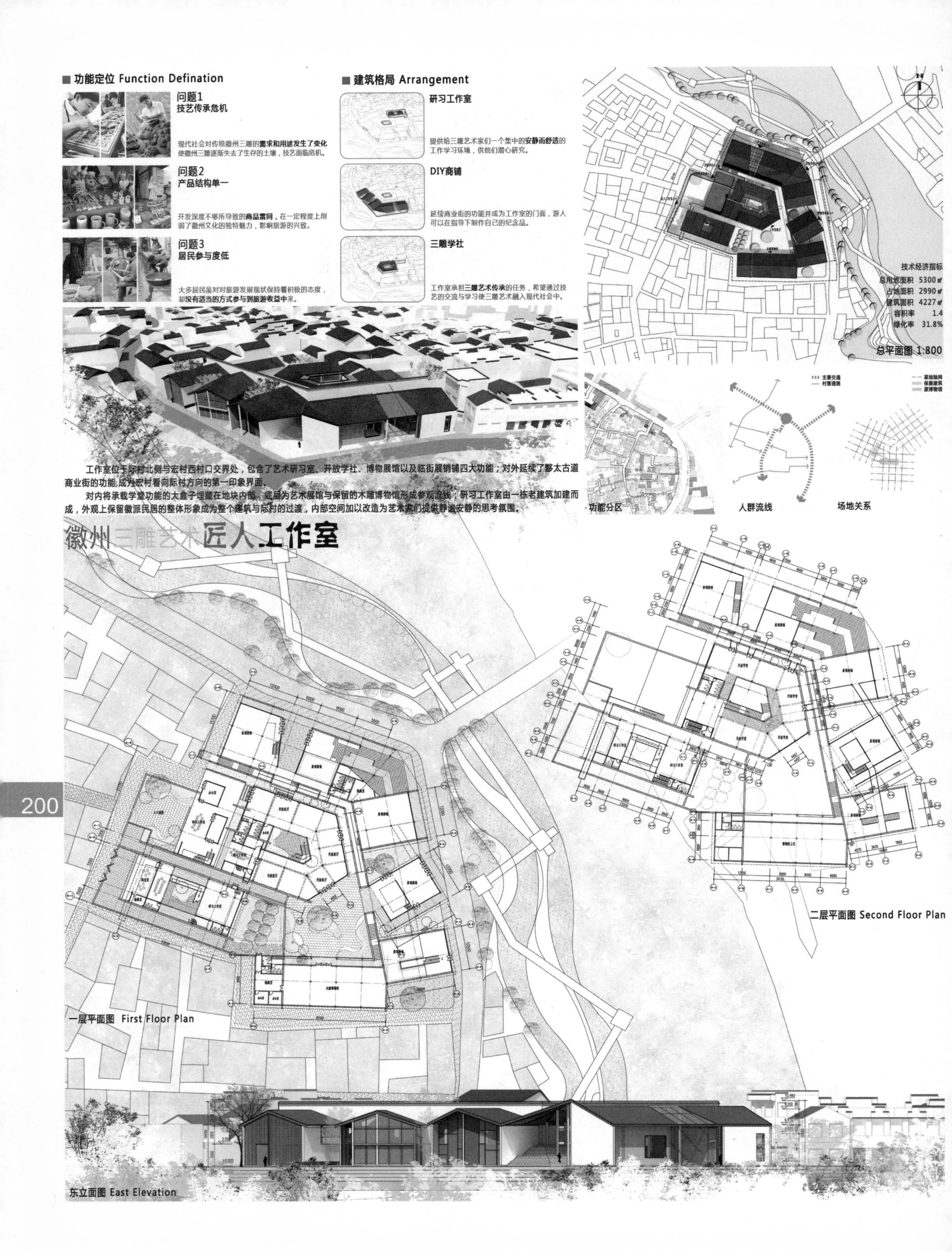

功能定位 Function Defination
问题1
技艺传承危机
现代社会对传统徽州三雕的需求和用途发生了变化使徽州三雕逐渐失去了生存的土壤，技艺面临危机。
问题2
产品结构单一
开发深度不够所导致的商品雷同，在一定程度上削弱了徽州文化的独特魅力，影响旅游的兴致。
问题3
居民参与度低
大多居民虽对对旅游发展现状保持着积极的态度，却没有适当的方式参与到旅游收益中来。
建筑格局 Arrangement
研习工作室
提供给三雕艺术家们一个集中的安静而舒适的工作学习环境，供他们潜心研究。
DIY商铺
延续商业街的功能并成为工作室的门面，游人可以在指导下制作自己的纪念品。
三雕学社
工作室承担三雕艺术传承的任务，希望通过技艺的交流与学习使三雕艺术融入现代社会中。
技术经济指标
总用地面积 5300㎡
占地面积 2990㎡
建筑面积 4227㎡
容积率 1.4
绿化率 31.8%
总平面图 1:800
基地轴网
保留建筑
原博物馆
工作室位于际村北侧与宏村西村口交界处，包含了艺术研习室、开放学社、博物展馆以及临街展销铺四大功能；对外延续了黟太古道商业街的功能,成为宏村看向际村方向的第一印象界面。
对内将承载学堂功能的大盒子埋藏在地块内部，底层为艺术展馆与保留的木雕博物馆形成参观流线；研习工作室由一栋老建筑加建而成，外观上保留徽派民居的整体形象成为整个建筑与际村的过渡，内部空间加以改造为艺术家们提供静谧安静的思考氛围。
功能分区
人群流线
场地关系
徽州三雕艺术匠人工作室
二层平面图 Second Floor Plan
一层平面图 First Floor Plan
东立面图 East Elevation

■ 分层轴线 Circulation

1-1剖面图 1-1 Section

徽州三雕艺术匠人工作室

结构大样

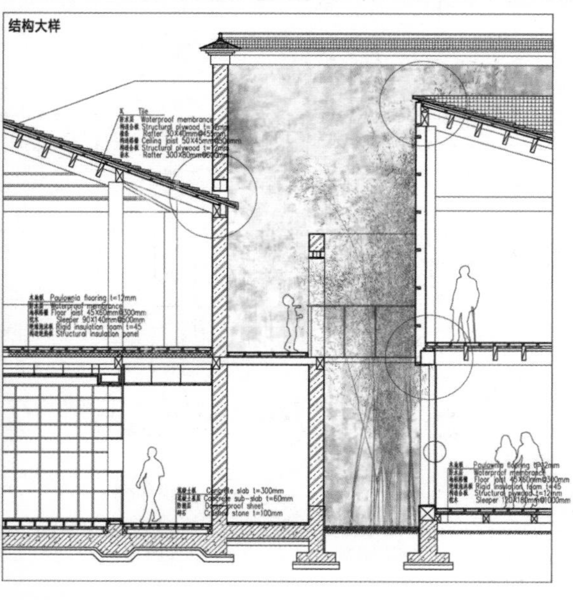

■ 节点大样 Detail

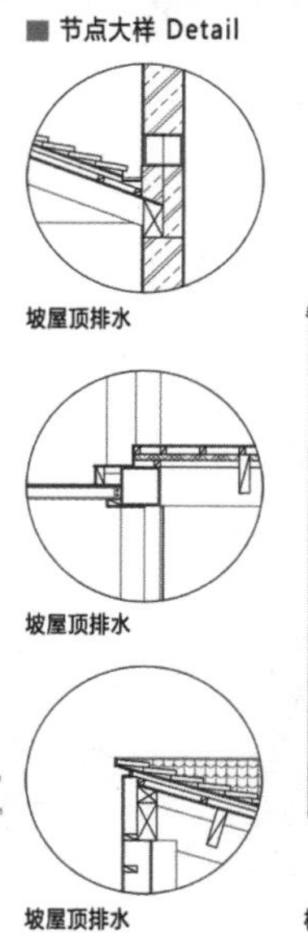

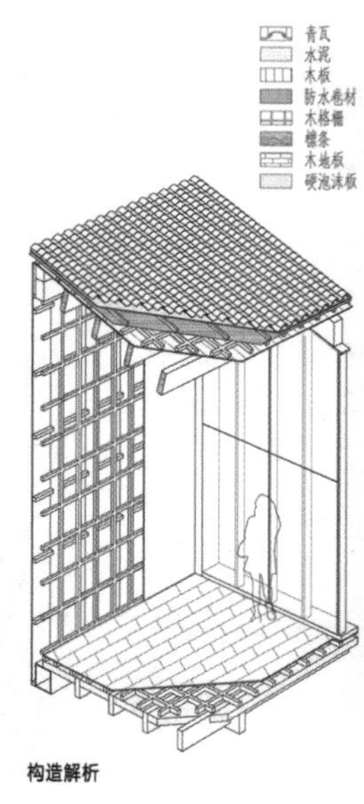

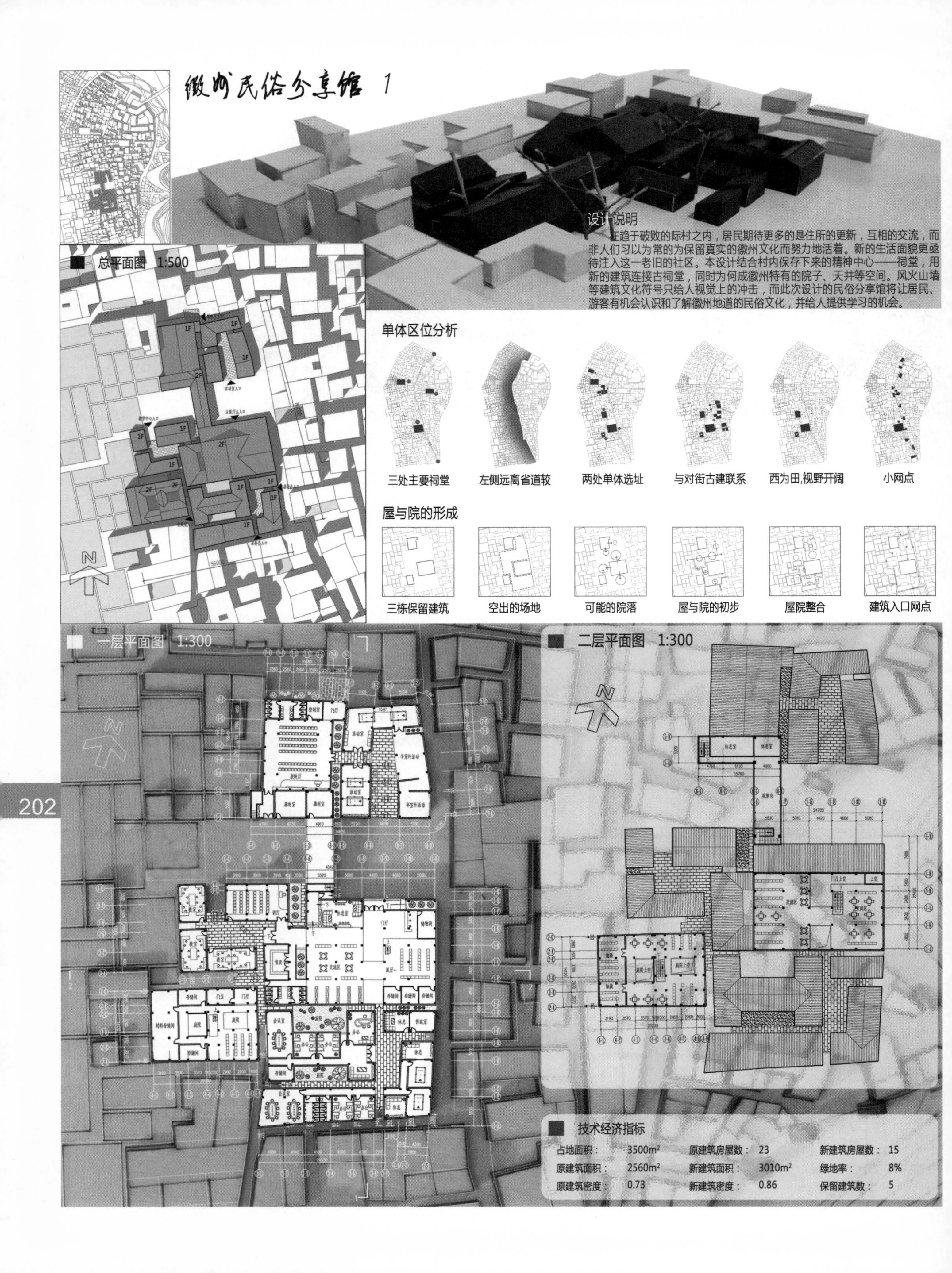

徽州民俗分享馆 1
设计说明
趋于破败的际村之内，居民期待更多的是住所的更新，互相的交流，而非人们习以为常的为保留真实的徽州文化而努力地活着。新的生活面貌更亟待注入这一老旧的社区。本设计结合村内保存下来的精神中心——祠堂，用新的建筑连接古祠堂，同时为何成徽州特有的院子、天井等空间。风火山墙等建筑文化符号只给人视觉上的冲击，而此次设计的民俗分享馆将让居民、游客有机会认识和了解徽州地道的民俗文化，并给人提供学习的机会。
总平面图 1:500
单体区位分析
三处主要祠堂
左侧远离省道较
两处单体选址
与对街古建联系
西为田,视野开阔
小网点
屋与院的形成
三栋保留建筑
空出的场地
可能的院落
屋与院的初步
屋院整合
建筑入口网点
一层平面图 1:300
二层平面图 1:300
202
技术经济指标
占地面积： 3500m²
原建筑房屋数： 23
新建筑房屋数： 15
原建筑面积： 2560m²
新建筑面积： 3010m²
绿地率： 8%
原建筑密度： 0.73
新建筑密度： 0.86
保留建筑数： 5

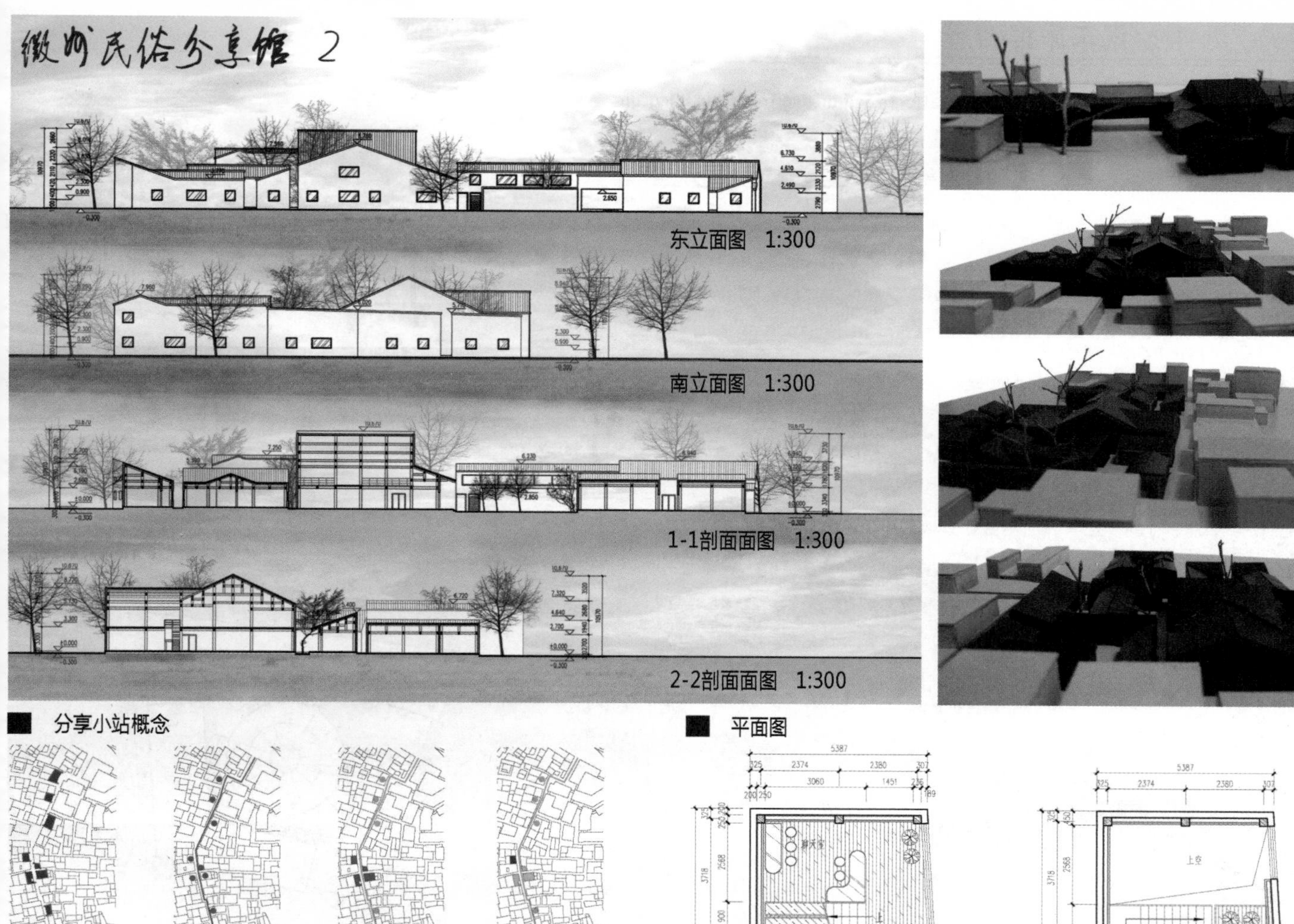

分享小站概念

图中所示的房子都只有唯一的一个开放面，而且是面向主街道，这样的开放性房屋因干扰大无法用来居住。但正是由于这样的干扰性使得这些房子能够积极地对外服务。居民可以再此做公共性的活动，分享生活中的趣事，亦或分享有关民俗文化的东西，向外人、游人展示文化的魅力。据此择一小站，研究其结构、构造。

平面图

一层平面 1:75

二层平面 1:75

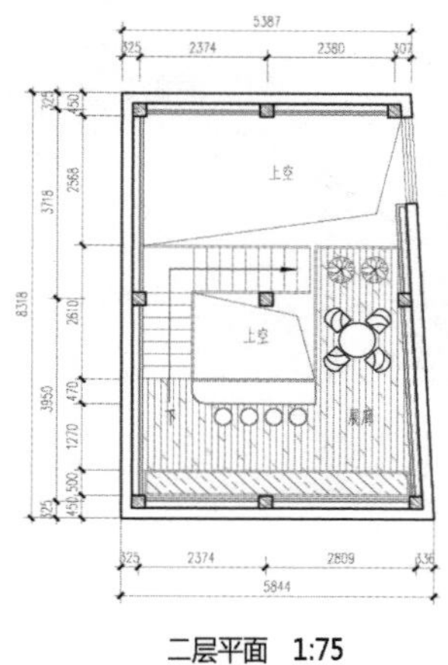

细部大样图

屋面、墙身、排水大样图 1:25

眠斗墙做法

眠墙　加斗墙　二斗　三斗　一眠三斗

单体剖面图 1:75

单坡穿斗屋构架

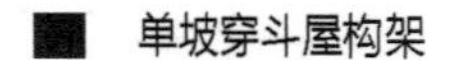

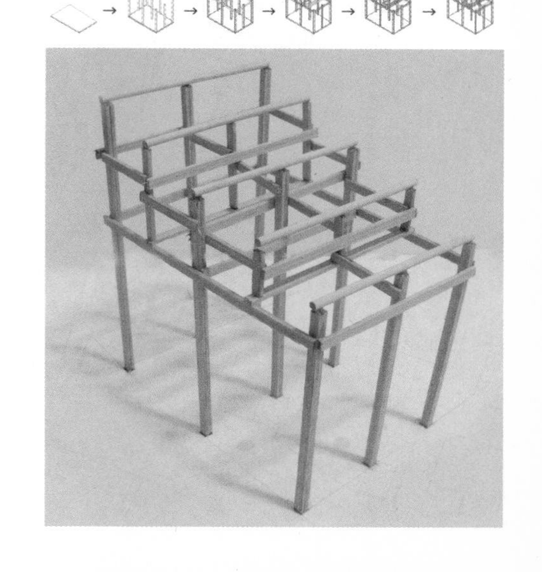

际村景区度假型汽车旅馆

RESORT MOTEL OF JICUN SCENIC AREA

宏村自驾车旅游者空间行为分析 The Spatial Behavior Of Self-driving Tourists In Hongcun

2012年，宏村游客中，自驾自助游比重达到50.6%，其中80%以上来自江苏、浙江、皖北、上海等周边城市和长三角市场。

黄山市入游流省域构成

黄山市自驾车客流空间使用曲线

宏村交通区位分析

黄山市自驾车旅游者景区间空间流向和流量

自驾车景区(点)间空间流动	黄山风景区(点)	宏村	西递	徽州古城
黄山风景区(点)	--	33.94	9.32	18.40
宏村	56.57	--	36.36	23.47
西递	42.86	94.74	--	25.71
徽州古城	46.15	34.33	13.43	--

黄山市自驾车旅游者景区间住宿选择结构

	汤口镇	屯溪区	歙县	宏村	黄山风景区(点)
黄山风景区	70.17	13.19	8.33	6.94	6.94
宏村	15.57	14.75	5.74	31.97	1.64
徽州古城	20.90	26.87	37.31	7.46	10.45
西递	15.79	18.42	5.26	26.32	5.26

设计说明 Design Description

汽车旅馆上个世纪已风靡美国及欧洲各国，深受自驾游者的喜爱。但是中国的汽车旅馆研究经营起步较晚，市场空间大，近几年有兴起之势，但是已建成的汽车旅馆性质模糊，类型单一，汽车文化不强。

该设计探讨景区汽车旅馆设计方法，着力解决汽车旅馆的开放性及标示性，并且解决汽车的通风与噪音问题。结合游客行为分析，增加家庭旅馆的数量和公共空间的比例，方便旅游，促进旅游。

技术经济指标 Technical & Economical Index

总用地面积：5100㎡　容积率：0.9　总停车位：92　室外停车位：22　负一层公共停车位：24　负一层专用停车位：26　二层专用停车位：22

占地面积：3115㎡　绿化率：27.8%　总用地面积：78　标准客房：18　扇形客房：11　大床房：12　标准套房：13　扇形套房：12

建筑面积：5780㎡　叠层套房：8　豪华套房：4

模型分层 Hierarchical Model

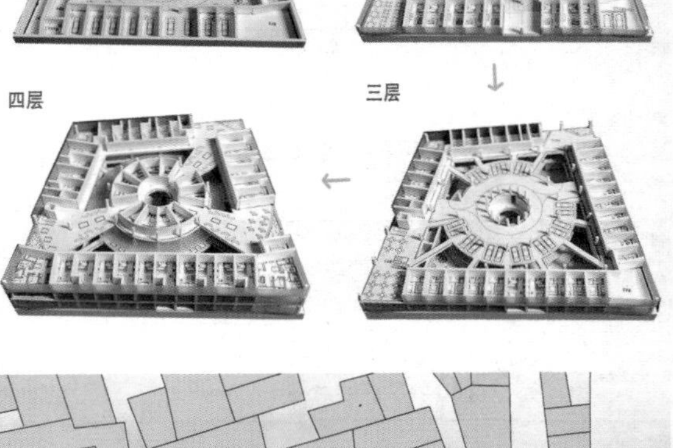

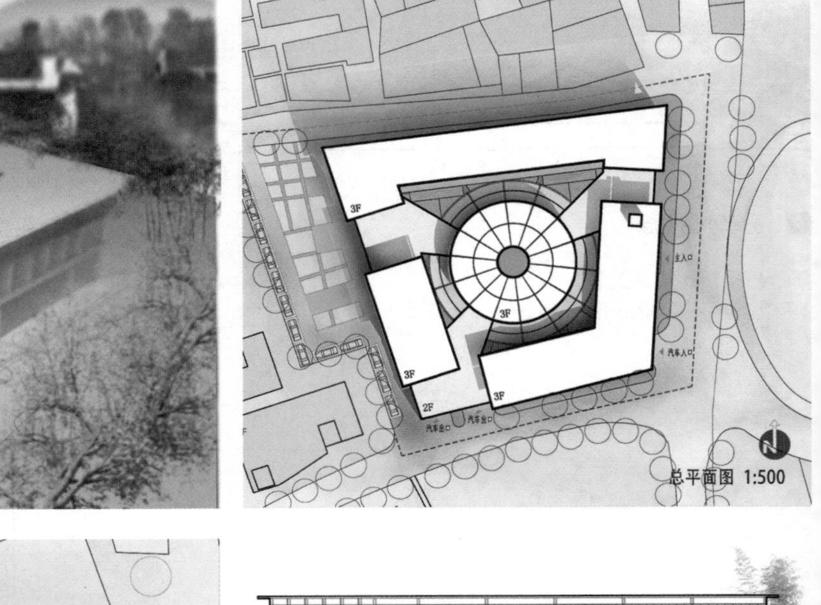

总平面图 1:500

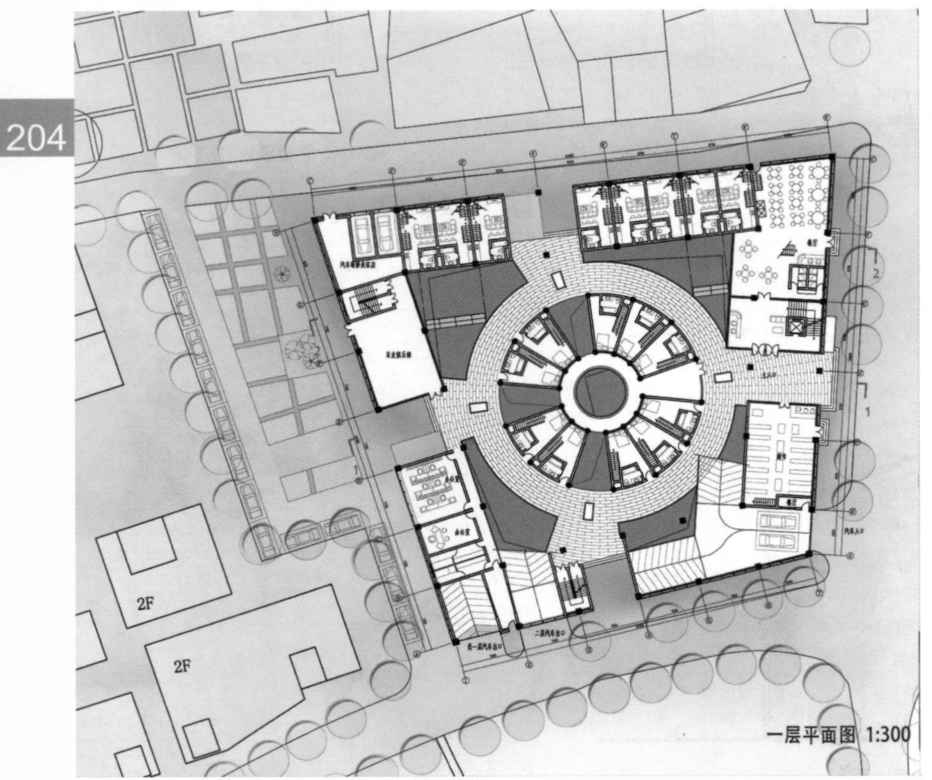

一层平面图 1:300

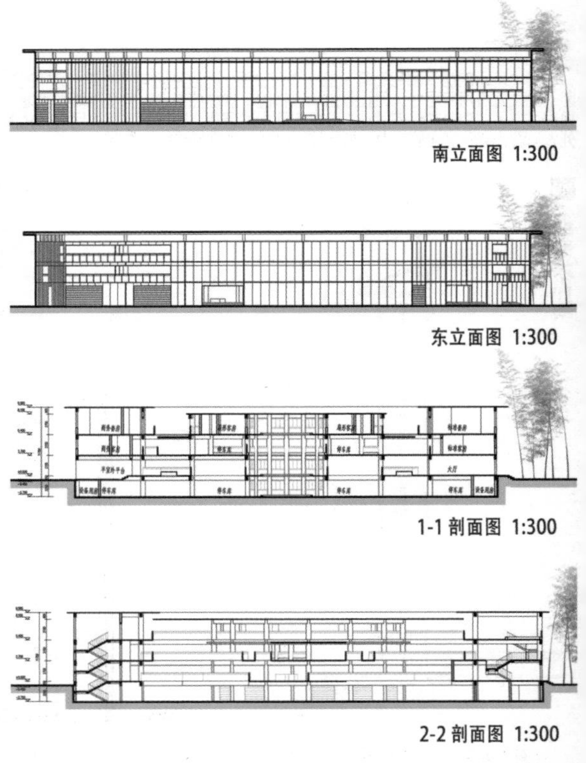

南立面图 1:300

东立面图 1:300

1-1 剖面图 1:300

2-2 剖面图 1:300

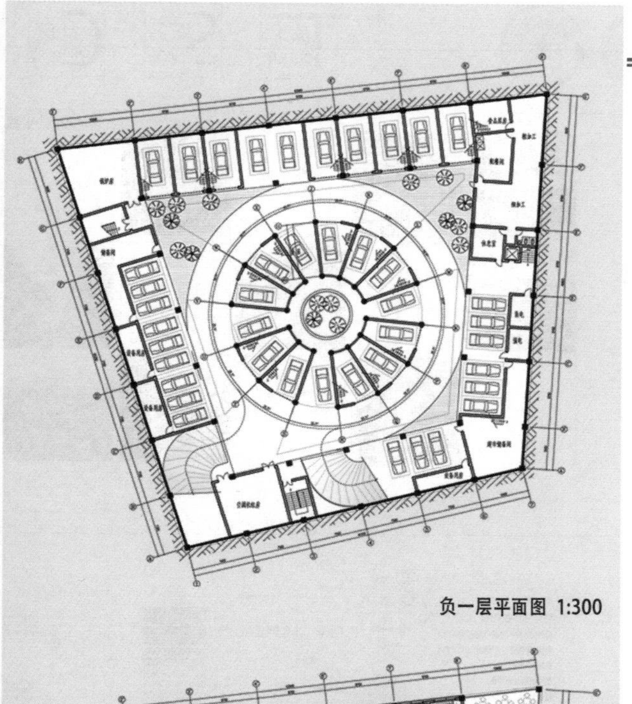

负一层平面图 1:300

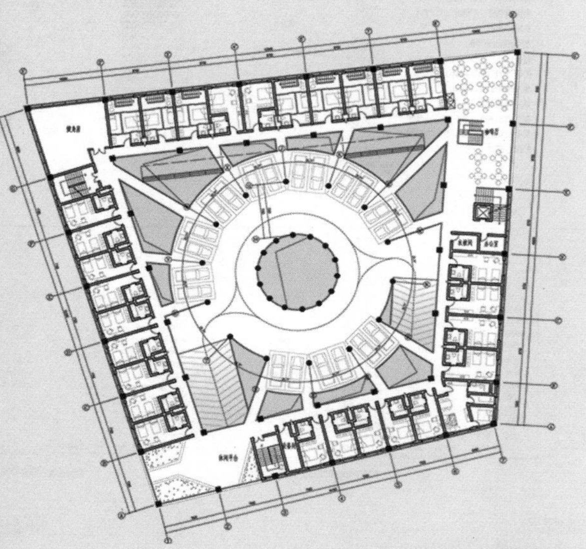

二层平面图 1:300

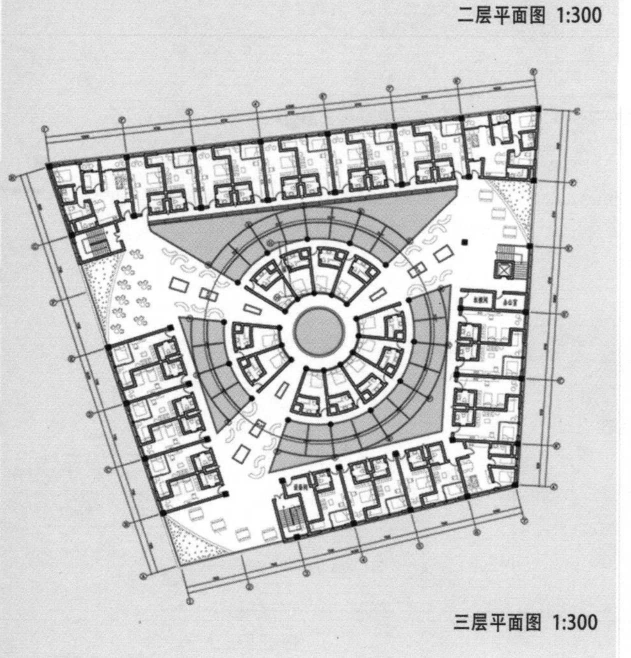

三层平面图 1:300

墙身大样 Walls detail

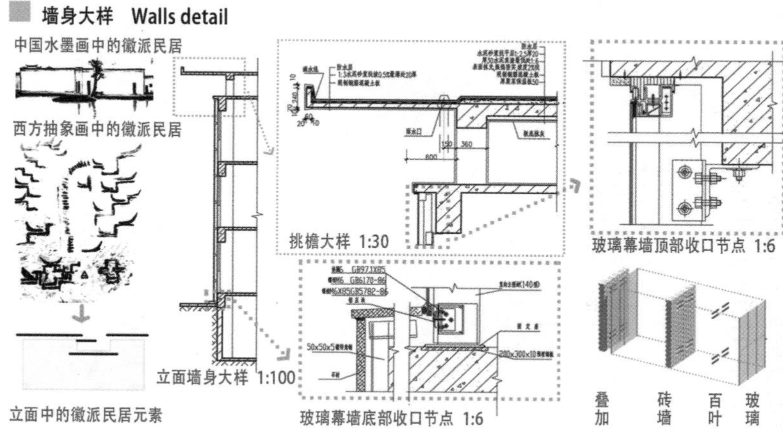

功能流线 Program & circulation

通风分析 Ventilation Analyse

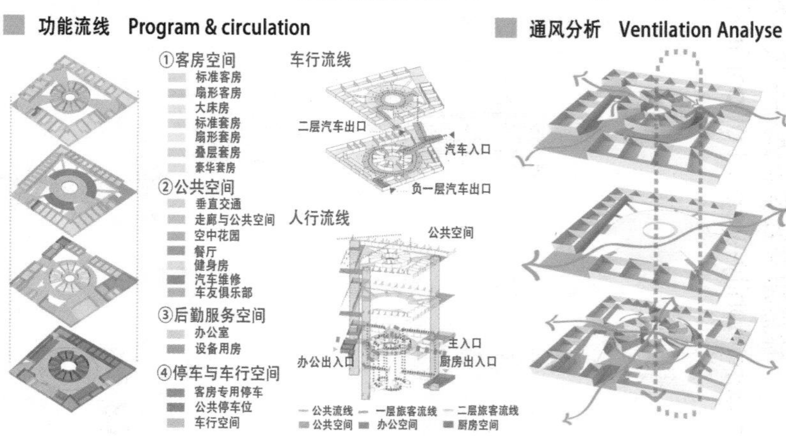

植被绿墙 Vegetation Green Wall

■工作原理 ■种植口简图 ■植被绿墙效果图

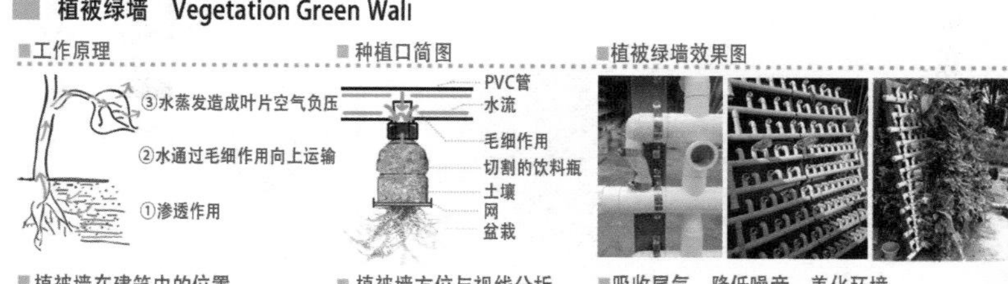

■植被墙在建筑中的位置 ■植被墙方位与视线分析 ■吸收尾气、降低噪音、美化环境

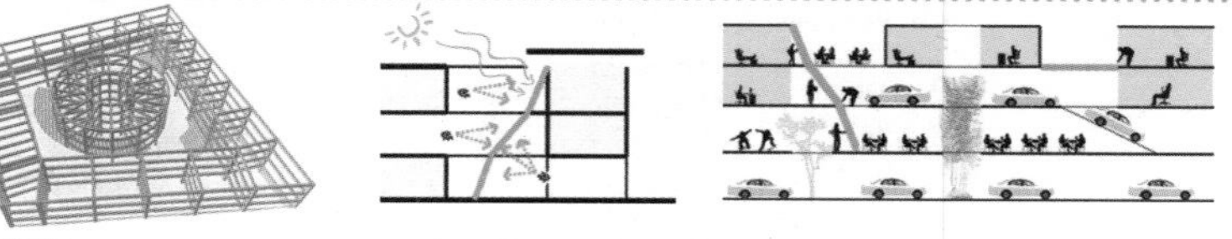

■旅客DIY ■绿墙PVC管安装立面 1:100 ■细部大样 1:15

旅客创造编织有着自己记忆的绿墙，为旅途带来不同的旅游记忆，同时让旅馆有一定的标示性。

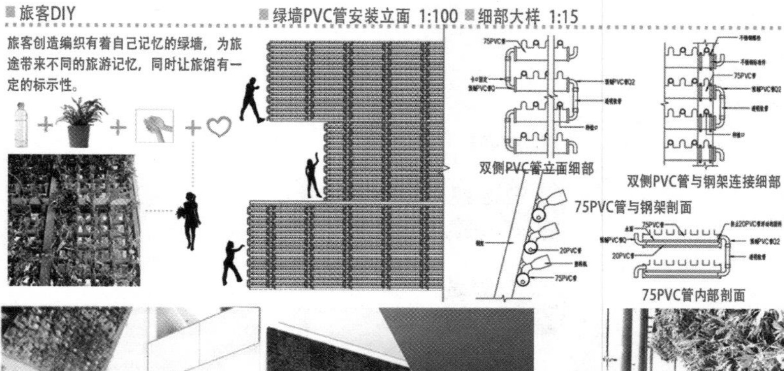

TSC

旅游服务社区营造——宏际村发展委员会工作报告

Tourism service community-- report of committee of Hongji village

重庆大学
设计：寇宗捷/王惠/刘鑫年
指导：龙灏/褚冬竹

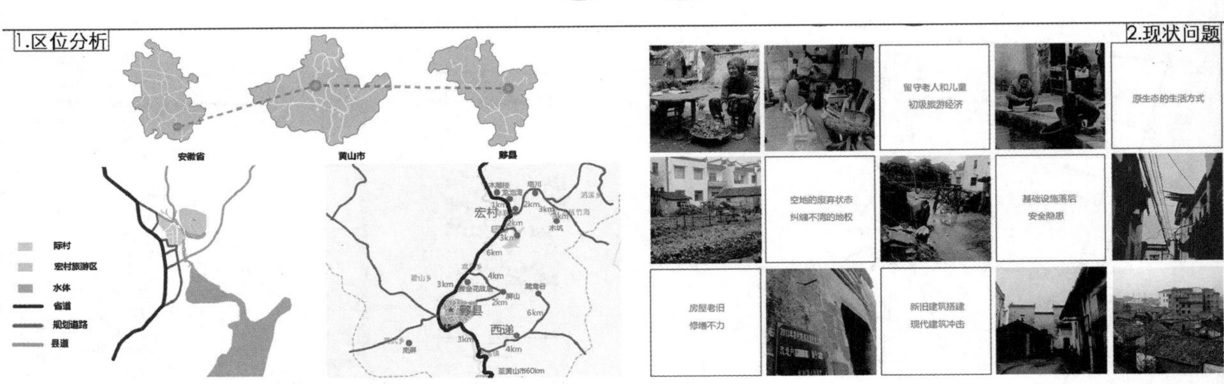

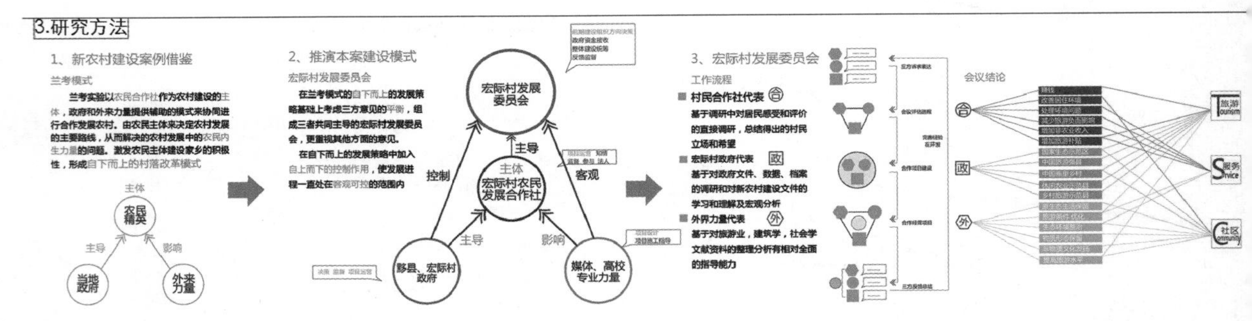

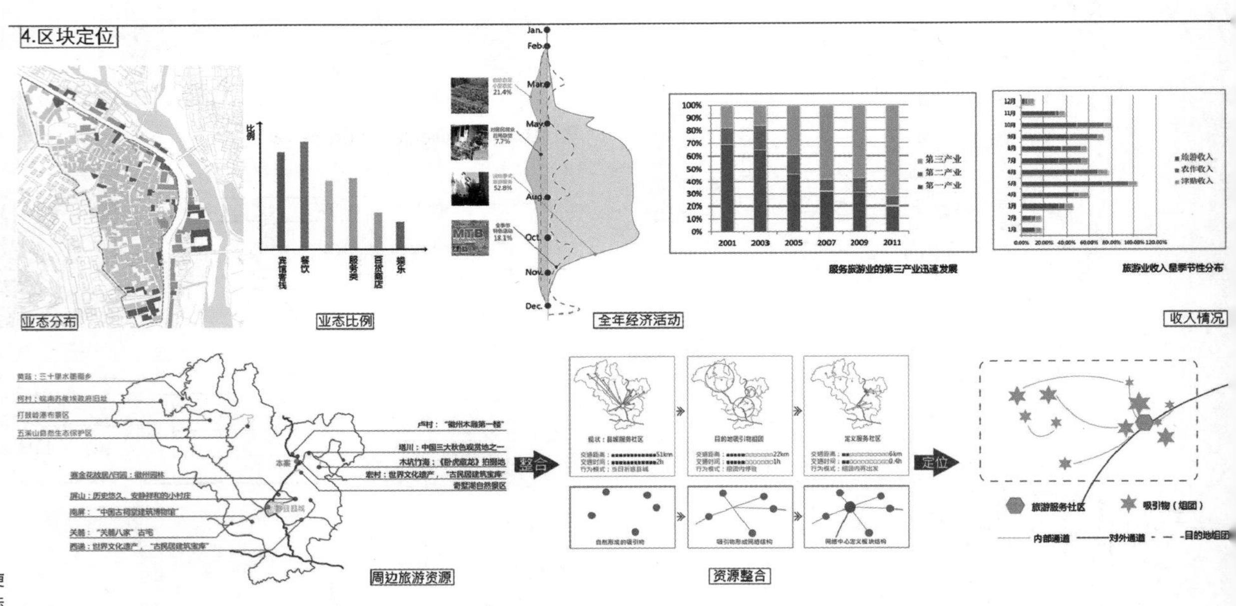

5.发展策略

宏际村大旅游社区

旅游景区

Back Face

宏际村大旅游社区　互利合作的两村共同发展

际村服务社区　兼顾内外的生力社区构架

purpose

旅游区【宏村】

旅游服务区【际村边界】

社区主体【际村】

生活服务【际村边界】

现代住区【水墨宏村】

基础设施 居民生活

服务设施 旅游活动

社区主体 际村

旅游服务社区的背 ⟸ ⟹ 旅游服务社区的脸

对内服务
主导：政府
运营：政府
设计：第三方
监督：合作社

基础设施补足
交通站
医疗室
社区教室

旅游服务社区主体
主导：合作社
运营：合作社
设计：第三方
合作社

对外服务
主导：政府
运营：合作社
设计：第三方
监督：合作社

区域交通点　交通网络　旅游服务整合

客货运输　信息交通

现有集中 高端加入

混合社区分部分块营造

+施工经验 +管理经验 → 内生力量形成 ← +设计经验 +管理经验

危房改造
评估
改拆建

市政设施完善

道路规划　水系疏通

边界处理　际村功能定位　区域更新理论提出

评语：

该设计组在设计早期便另辟蹊径，模拟成立了"宏际村发展委员会"，通过三人角色的差异性体验，这个本不存在委员会对设计对象展开了设身处地般的思考，以会议讨论的形式对整个际村的发展设定了既定的模式，并找到了旅游服务社区的概念，并制定了蚌珠区域更新理论，将对外展示与服务定义为旅游服务社区的脸，对内服务与相关基础设施发展定义为旅游服务社区的背，并将大量的民宅定义为旅游服务社区的主体部分——这也成为该小组设计过程中颇有价值的观点，也成为三个同学分别深化发展的方向，是一个头脑清醒、管理有序的一次设计体验。

整体规划设计

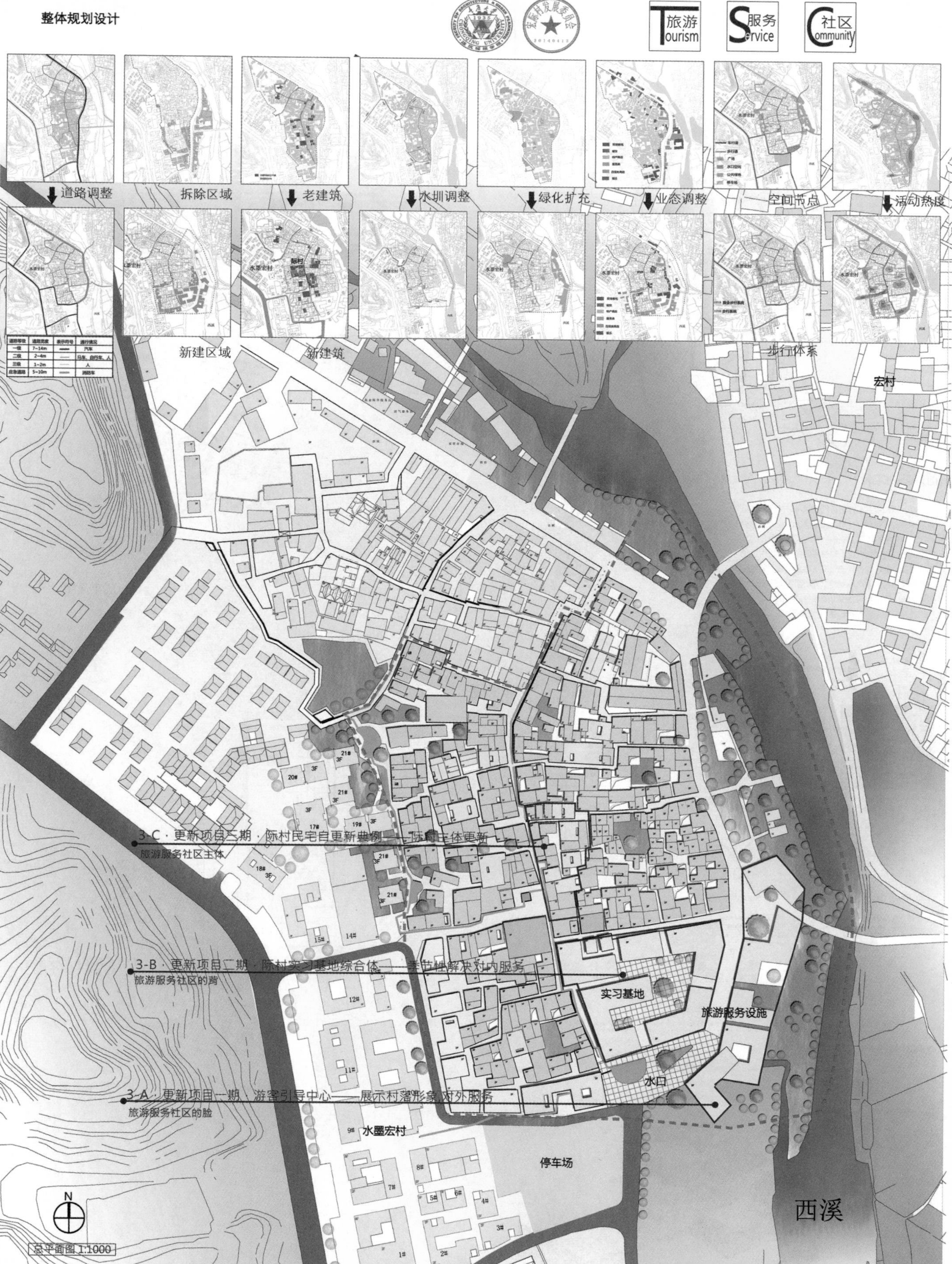
旅游 Tourism
服务 Service
社区 Community
道路调整
拆除区域
老建筑
水圳调整
绿化扩充
业态调整
空间节点
活动热度
新建区域
新建筑
步行体系
宏村
3-C · 更新项目三期 · 陈村民宅自更新典例——陈村主体更新
旅游服务社区主体
3-B · 更新项目二期 · 陈村实习基地综合体——季节性解决对内服务
旅游服务社区的背
实习基地
旅游服务设施
水口
3-A · 更新项目一期 · 游客引导中心——展示村落形象 对外服务
旅游服务社区的脸
水墨宏村
停车场
西溪
N
总平面图 1:1000

旅游 Tourism　服务 Service　社区 Community

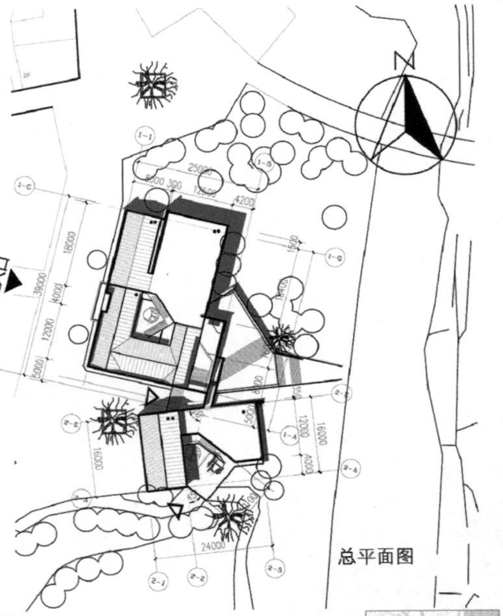
主入口
总平面图

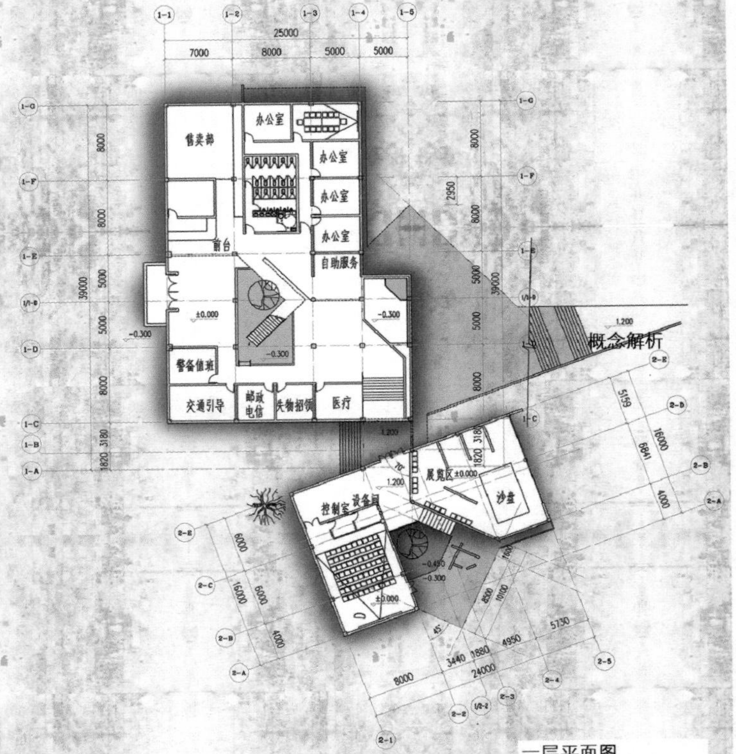
售卖部
办公室
前台
警备值班
交通引导
邮政电信
失物招领
医疗
自助服务
控制室
设备间
展览区
沙盘
概念解析
一层平面图

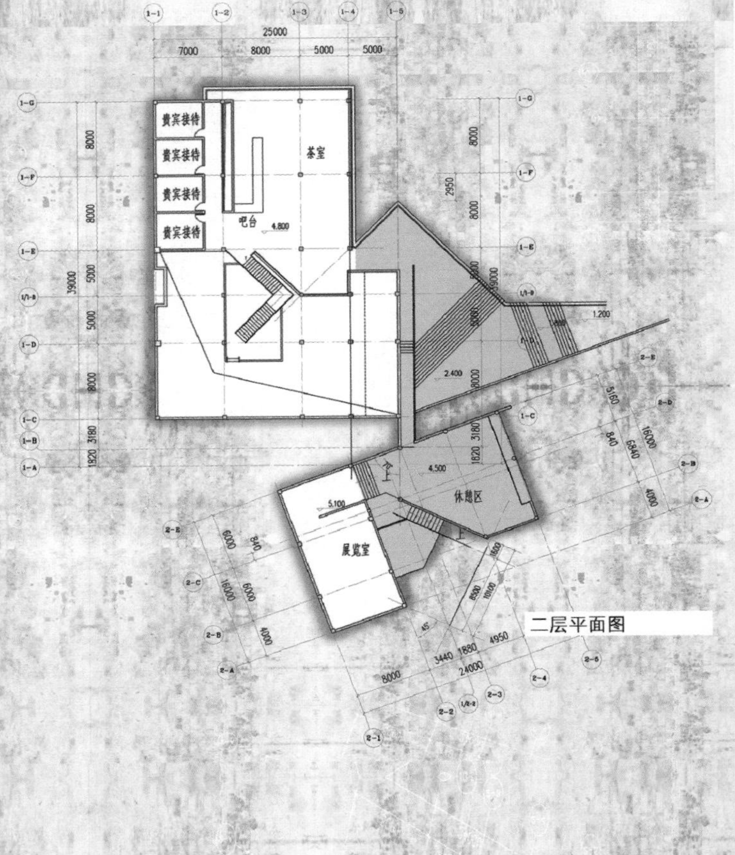
贵宾接待
茶室
吧台
休憩区
展览室
二层平面图

前期规划定位

规划设计中将宏村和际村看做一个互利合作的共同发展的整体村落。宏村发达的旅游业为际村提供了工作机会，发展副业的可能性。际村潜在的人口容纳，环境容纳机也给限制多多的宏村提供了更多的发展空间。而际村的经济不够发达的缺陷可以在与宏村的合作中有所改善，宏村面临的旅游热点的诸多难以保护的问题也可以部分分担给际村，使得宏村的古村落形象得以更好地保存下来。

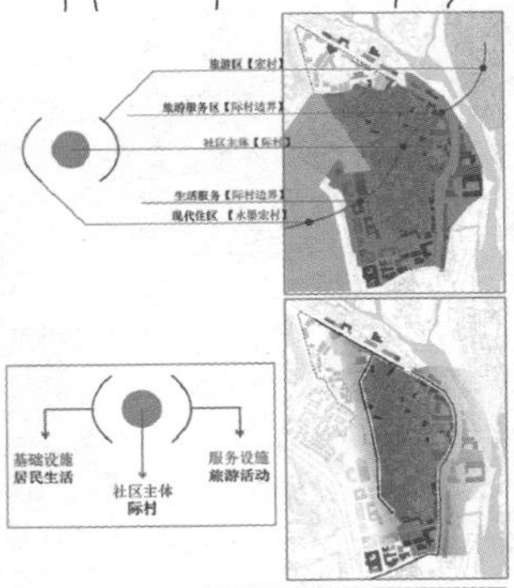
基础设施
居民生活
社区主体
际村
服务设施
旅游活动

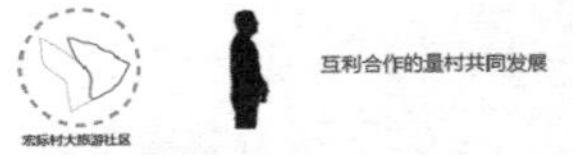
互利合作的量村共同发展
宏际村大旅游社区

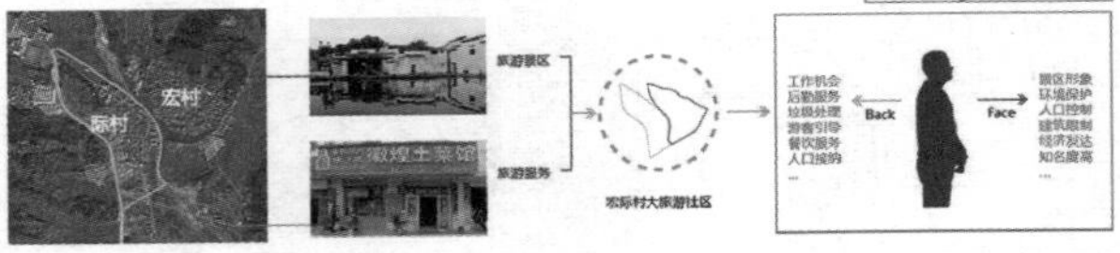
宏村
际村
宏际村大旅游社区
Back
Face

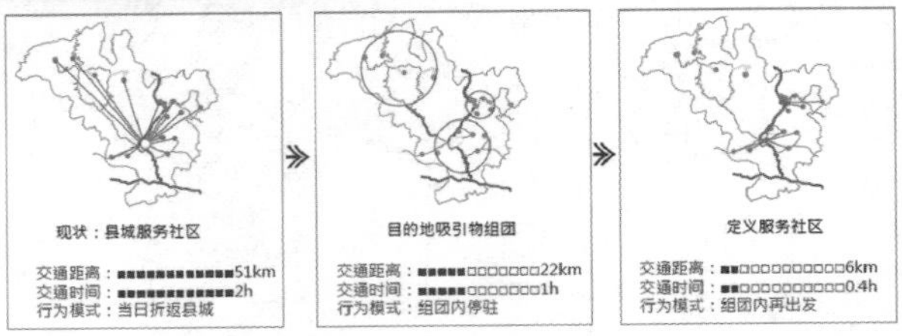
现状：县城服务社区
交通距离：51km
交通时间：2h
行为模式：当日折返县城
目的地吸引物组团
交通距离：22km
交通时间：1h
行为模式：组团内停驻
定义服务社区
交通距离：6km
交通时间：0.4h
行为模式：组团内再出发

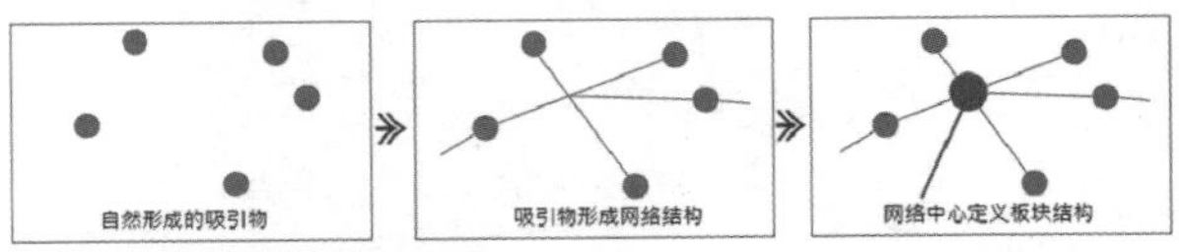
自然形成的吸引物
吸引物形成网络结构
网络中心定义板块结构

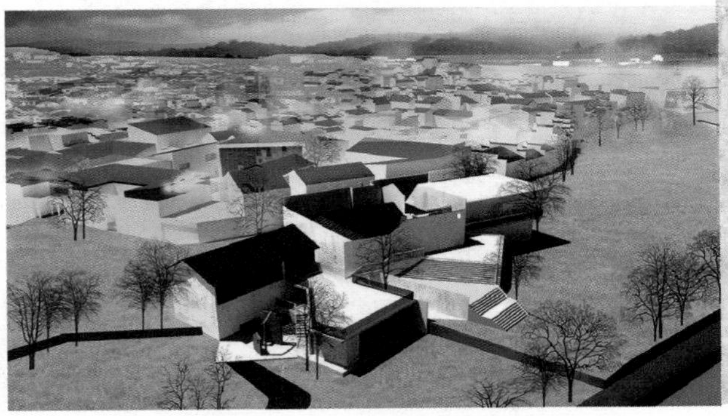

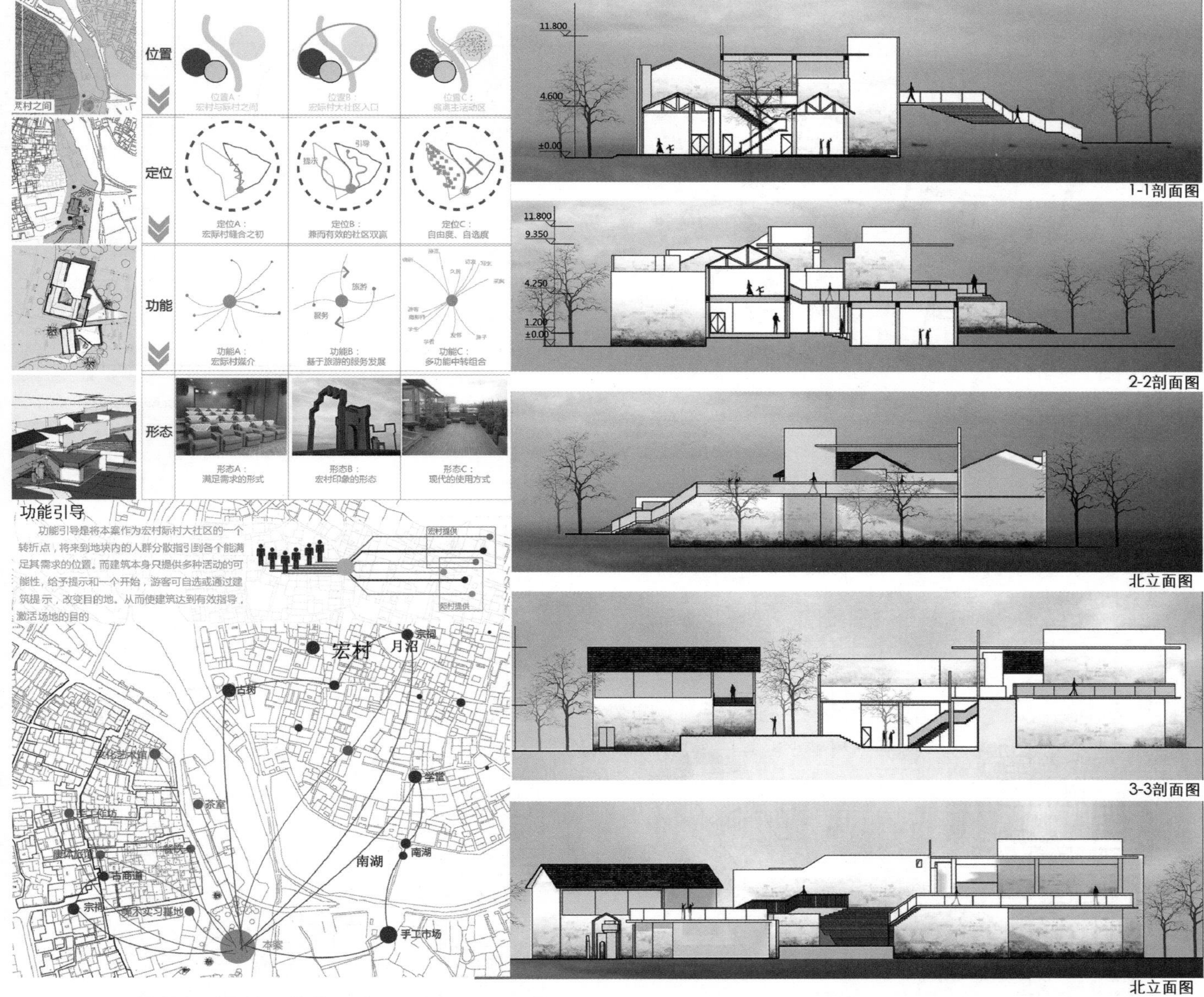

功能引导

功能引导是将本案作为宏村际村大社区的一个转折点，将来到地块内的人群分散指引到各个能满足其需求的位置。而建筑本身只提供多种活动的可能性，给予提示和一个开始，游客可自选或通过建筑提示，改变目的地。从而使建筑达到有效指导，激活场地的目的

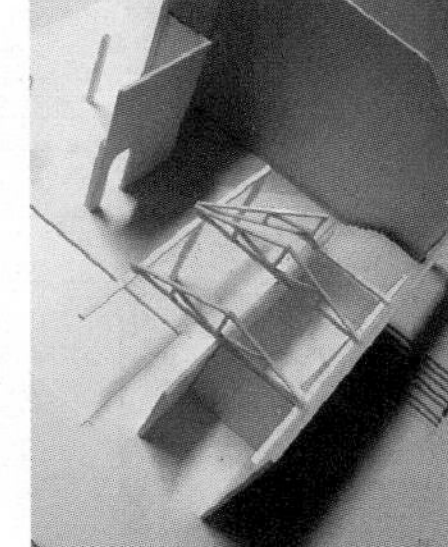

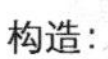

构造:

多使用现代建筑的构造方式，钢筋混凝土与轻质钢桁架作为建筑的主要结构方式，构造也多用耐潮结构。排水为有组织排水方式

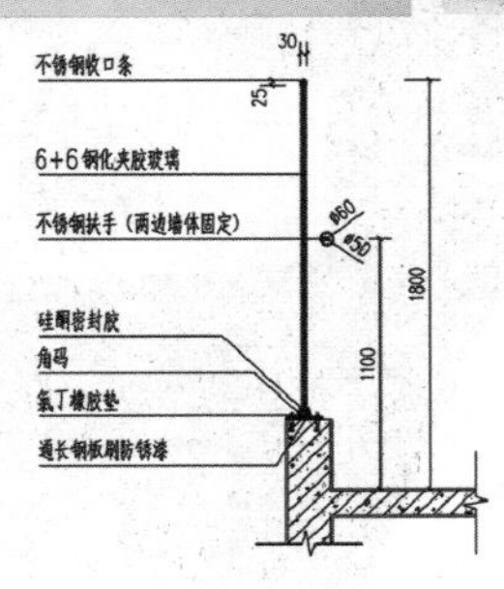

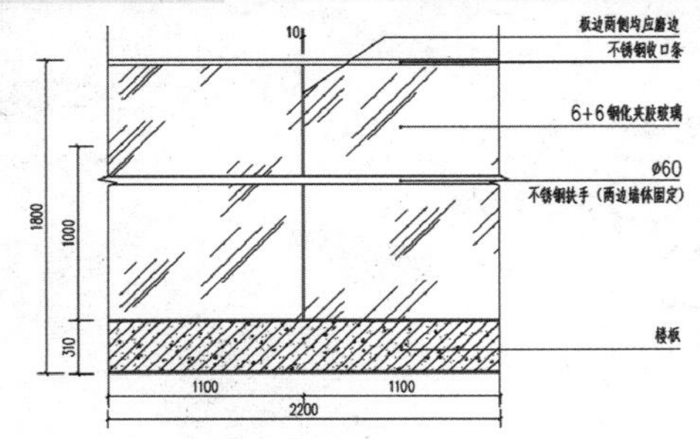

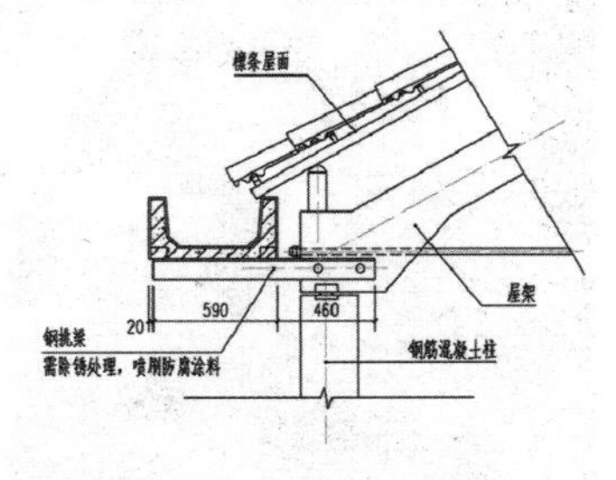

旅游
Tourism

服务
Service

社区
Community

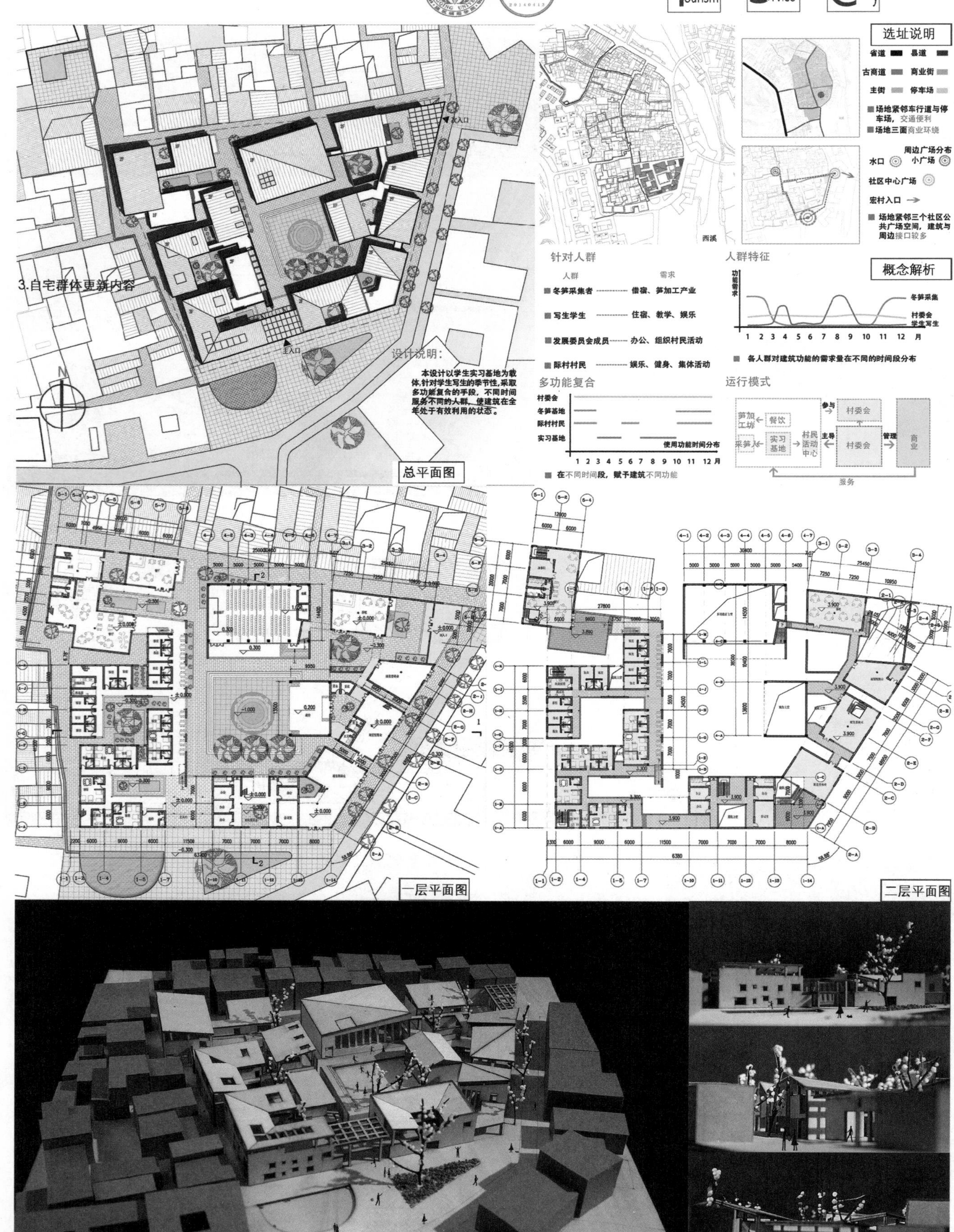
选址说明
省道
县道
古商道
商业街
主街
停车场
■ 场地紧邻车行道与停车场，交通便利
■ 场地三面商业环绕
周边广场分布
水口
小广场
社区中心广场
宏村入口
■ 场地紧邻三个社区公共广场空间，建筑与周边接口较多
西溪
3.自宅群体更新内容
次入口
主入口
设计说明：
本设计以学生实习基地为载体，针对学生写生的季节性，采取多功能复合的手段，不同时间服务不同的人群，使建筑在全年处于有效利用的状态。
总平面图
针对人群
人群
需求
■ 冬笋采集者 ------- 借宿、笋加工产业
■ 写生学生 ------- 住宿、教学、娱乐
■ 发展委员会成员 ------- 办公、组织村民活动
■ 际村村民 ------- 娱乐、健身、集体活动
人群特征
功能需求
冬笋采集
村委会
学生写生
1 2 3 4 5 6 7 8 9 10 11 12 月
■ 各人群对建筑功能的需求量在不同的时间段分布
概念解析
多功能复合
村委会
冬笋基地
际村村民
实习基地
使用功能时间分布
1 2 3 4 5 6 7 8 9 10 11 12 月
■ 在不同时间段，赋予建筑不同功能
运行模式
笋加工坊
餐饮
采笋人
实习基地
村民活动中心
参与
主导
村委会
管理
商业
服务
一层平面图
二层平面图

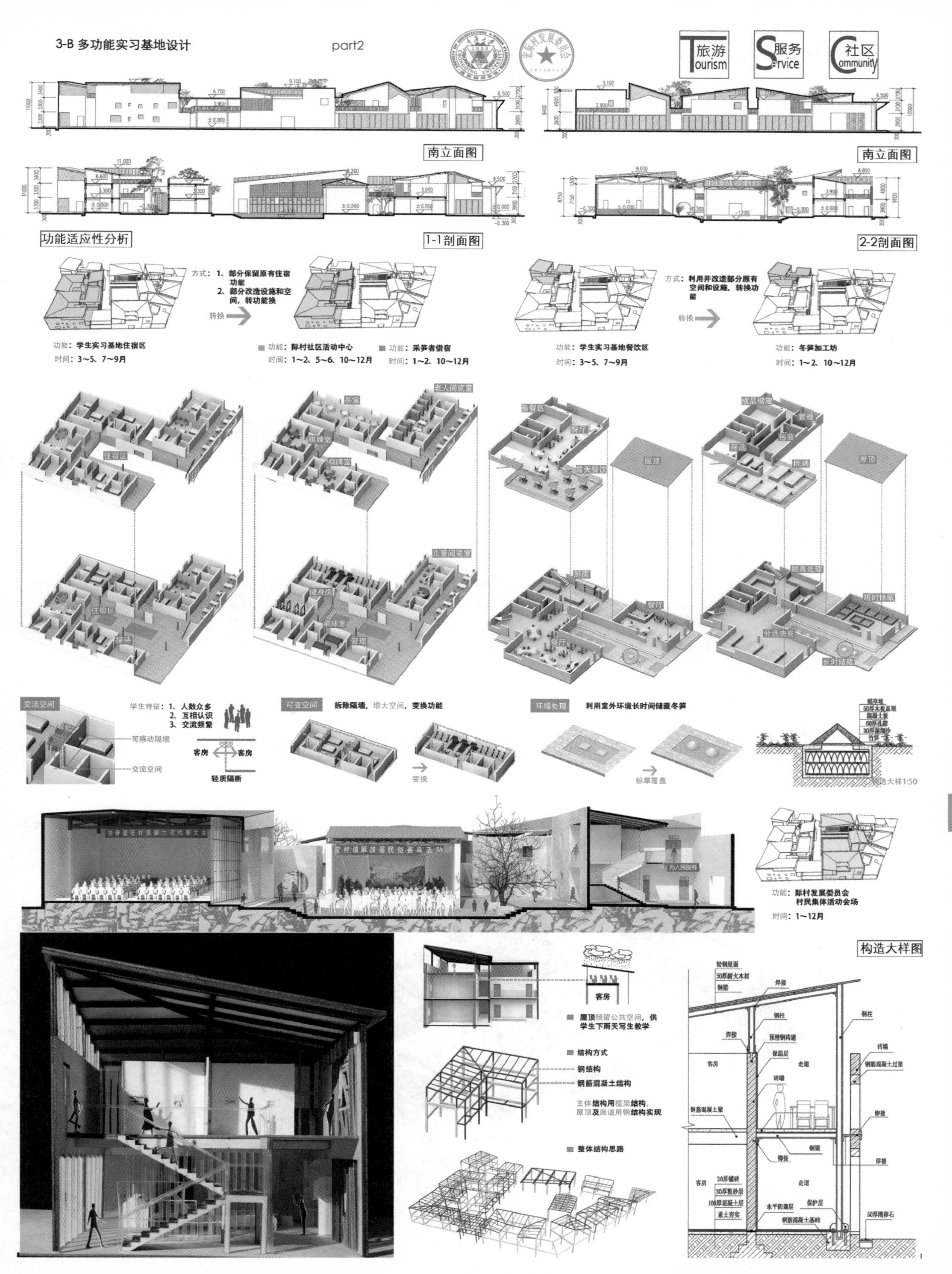
3-B 多功能实习基地设计
part2
旅游 Tourism
服务 Service
社区 Community
南立面图
南立面图
1-1剖面图
2-2剖面图
功能适应性分析
方式：1、部分保留原有住宿功能
2、部分改造设施和空间，转功能换
转换
功能：学生实习基地住宿区
时间：3～5、7～9月
功能：际村社区活动中心
时间：1～2、5～6、10～12月
功能：采笋者借宿
时间：1～2、10～12月
方式：利用并改造部分原有空间和设施，转换功能
转换
功能：学生实习基地餐饮区
时间：3～5、7～9月
功能：冬笋加工坊
时间：1～2、10～12月
住宿区
茶室
老人阅览室
棋牌室
棋牌室
备餐区
餐厅
露天餐饮
屋顶
成品储藏
管理
包装
筛选
晾晒
屋顶
住宿区
接待
儿童阅览室
健身房
桌球室
管理
厨房
餐厅
餐厅
除毒处理
短时储藏
分选去皮
长时储藏
交流空间
学生特征：1、人数众多
2、互相认识
3、交流频繁
可移动隔墙
交流空间
客房
客房
轻质隔断
可变空间
拆除隔墙，增大空间，变换功能
变换
环境处理
利用室外环境长时间储藏冬笋
稻草覆盖
为人民服务
功能：际村发展委员会
村民集体活动会场
时间：1～12月
构造大样图
客房
屋顶预留公共空间，供学生下雨天写生教学
结构方式
钢结构
钢筋混凝土结构
主体结构用框架结构，屋顶及廊道用钢结构实现
整体结构思路
轻钢屋面
50厚耐火木材
钢梁
焊接
钢柱
焊接
预埋钢构建
保温层
钢柱
砖墙
钢筋混凝土过梁
客房
走道
砖墙
钢筋混凝土梁
铆接
钢梁
铆接
焊接
客房
30厚铺砖
30厚瓶砂层
100厚混凝土层
素土夯实
走道
水平防潮层
保护层
钢筋混凝土基础
50厚鹅卵石

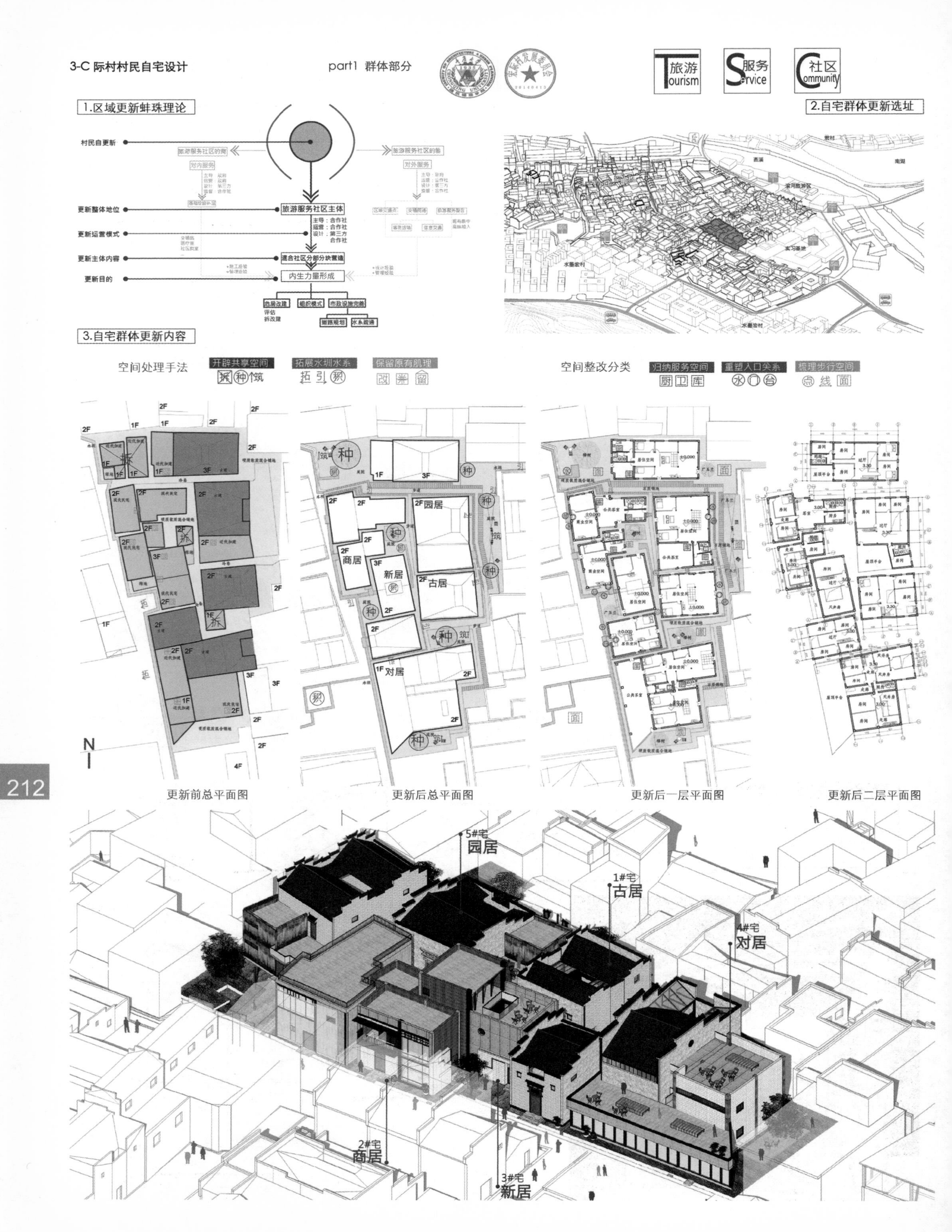
3-C 际村村民自宅设计
part1 群体部分
旅游 Tourism
服务 Service
社区 Community
1.区域更新蚌珠理论
村民自更新
更新整体地位
更新运营模式
更新主体内容
更新目的
旅游服务社区主体
主导：合作社
运营：合作社
设计：第三方
合作社
混合社区分部分块营造
内生力量形成
危房改建
组织模式
市政设施完善
评估
拆改建
道路规划
水系疏通
2.自宅群体更新选址
3.自宅群体更新内容
空间处理手法
开辟共享空间
拓展水圳水系
保留原有肌理
空间整改分类
归纳服务空间
厨 卫 库
重塑入口关系
梳理步行空间
更新前总平面图
更新后总平面图
更新后一层平面图
更新后二层平面图
5#宅
园居
1#宅
古居
4#宅
对居
2#宅
商居
3#宅
新居

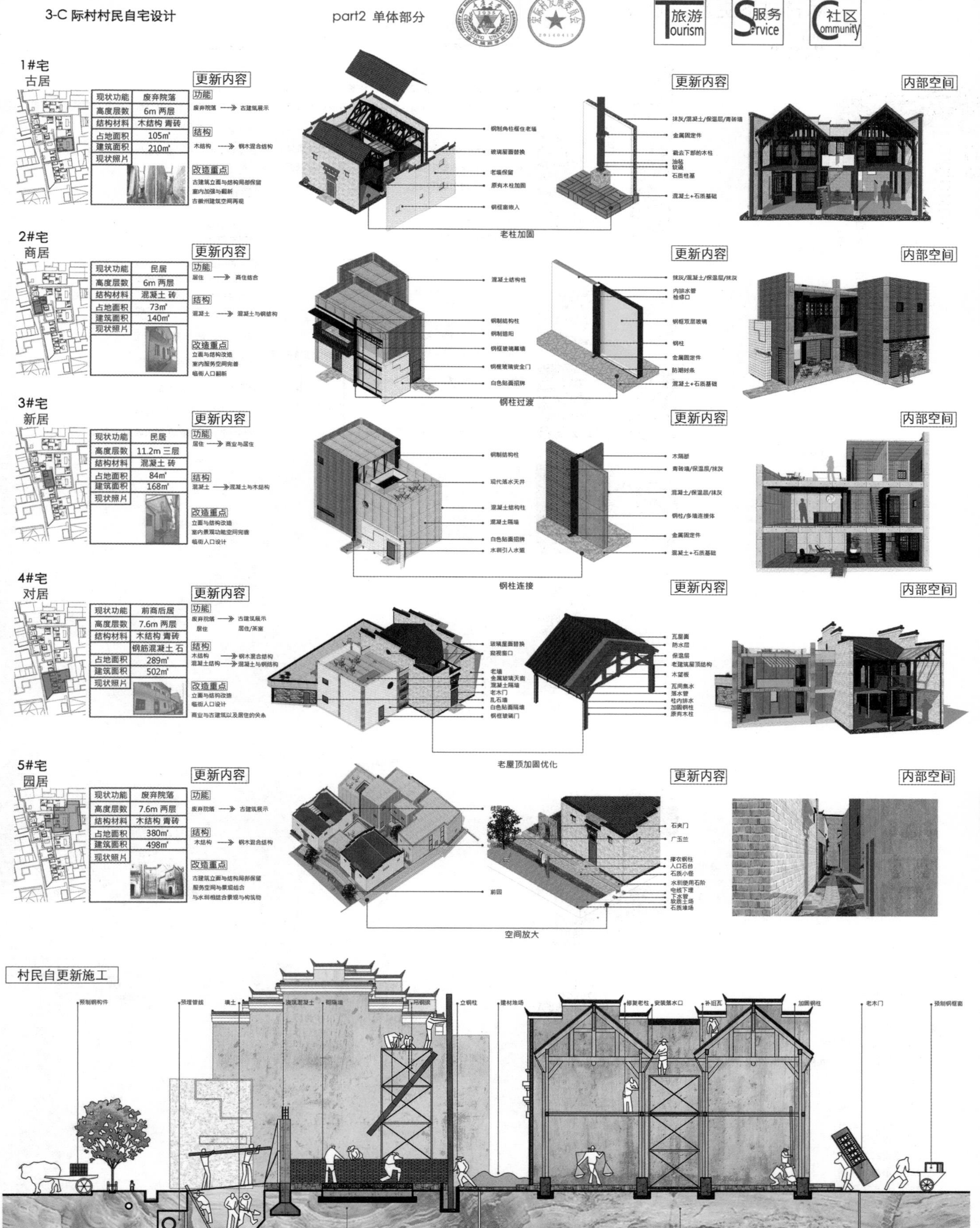

3-C 际村村民自宅设计
part2 单体部分
旅游 Tourism
服务 Service
社区 Community
1#宅
古居
现状功能 废弃院落
高度层数 6m 两层
结构材料 木结构 青砖
占地面积 105㎡
建筑面积 210㎡
现状照片
更新内容
功能
废弃院落 → 古建筑展示
结构
木结构 → 钢木混合结构
改造重点
古建筑立面与结构局部保留
室内加强与翻新
古徽州建筑空间再现
钢制角柱框住老墙
玻璃屋面替换
老墙保留
原有木柱加固
钢框窗嵌入
老柱加固
抹灰/混凝土/保温层/青砖墙
金属固定件
截去下部的木柱
油毡
软垫
石质柱基
混凝土+石质基础
内部空间
2#宅
商居
现状功能 民居
高度层数 6m 两层
结构材料 混凝土 砖
占地面积 73㎡
建筑面积 140㎡
现状照片
功能
居住 → 商住结合
结构
混凝土 → 混凝土与钢结构
改造重点
立面与结构改造
室内服务空间完善
临街入口翻新
混凝土结构柱
钢制结构柱
钢制遮阳
钢框玻璃幕墙
钢框玻璃安全门
白色贴面招牌
钢柱过渡
抹灰/混凝土/保温层/抹灰
内排水管
检修口
钢框双层玻璃
钢柱
金属固定件
防潮封条
混凝土+石质基础
3#宅
新居
现状功能 民居
高度层数 11.2m 三层
结构材料 混凝土 砖
占地面积 84㎡
建筑面积 168㎡
现状照片
功能
居住 → 商业与居住
结构
混凝土 → 混凝土与木结构
改造重点
立面与结构改造
室内景观功能空间完善
临街入口设计
钢制结构柱
现代落水天井
混凝土结构柱
混凝土隔墙
白色贴面招牌
水圳引入水道
钢柱连接
木隔断
青砖墙/保温层/抹灰
混凝土/保温层/抹灰
钢柱/多墙连接体
金属固定件
混凝土+石质基础
4#宅
对居
现状功能 前商后居
高度层数 7.6m 两层
结构材料 木结构 青砖 钢筋混凝土 石
占地面积 289㎡
建筑面积 502㎡
现状照片
功能
废弃院落 → 古建筑展示
居住 → 居住/茶室
结构
木结构 → 钢木混合结构
混凝土结构 → 混凝土与钢结构
改造重点
立面与结构改造
临街入口设计
商业与古建筑以及居住的关系
玻璃屋面替换
窥视窗口
老墙
金属玻璃天窗
混凝土隔墙
老木门
乱石墙
白色贴面隔墙
钢框玻璃门
老屋顶加固优化
瓦屋面
防水层
保温层
老建筑屋顶结构
木望板
瓦间集水
落水管
柱内排水
加固钢柱
原有木柱
5#宅
园居
现状功能 废弃院落
高度层数 7.6m 两层
结构材料 木结构 青砖
占地面积 380㎡
建筑面积 498㎡
现状照片
功能
废弃院落 → 古建筑展示
结构
木结构 → 钢木混合结构
改造重点
古建筑立面与结构局部保留
服务空间与景观结合
与水圳相结合景观与构筑物
前园
空间放大
石夹门
广玉兰
入口石台
石质小巷
石质堆场
村民自更新施工
预制钢构件
预埋管线
填土
浇筑混凝土
砌隔墙
预制钢
立钢柱
建材堆场
修复老柱
安装落水口
补旧瓦
加固钢柱
老木门
预制钢框窗
重建新居
改建古居

213

际村村落更新规划设计

Village Reconstruction Planning and Design

乡愁 Nostalgia

重庆大学

设计：李睿超/梁睿/刘宏博

指导：龙灏/褚冬竹

现状分析

东侧界面

绿化系统

水系统

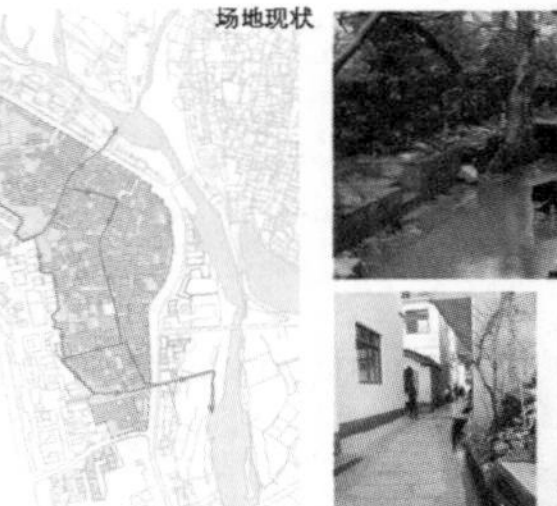

保护建筑

公共空间

西侧界面

景观乡村主义

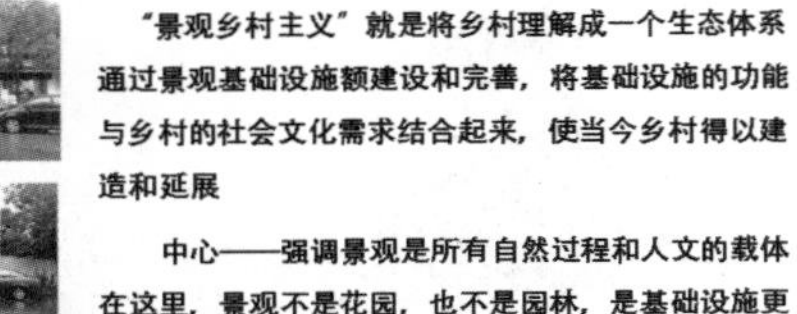

“景观乡村主义”就是将乡村理解成一个生态体系通过景观基础设施额建设和完善，将基础设施的功能与乡村的社会文化需求结合起来，使当今乡村得以建造和延展

中心——强调景观是所有自然过程和人文的载体在这里，景观不是花园，也不是园林，是基础设施更确切地说是动态基础设施，不是固态。

场地问题总结

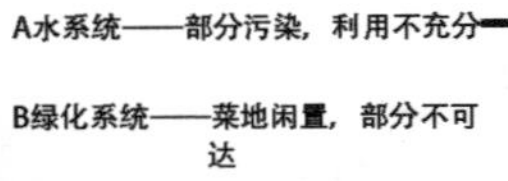

A水系统——部分污染，利用不充分

B绿化系统——菜地闲置，部分不可达

C道路系统——道路的隔绝作用鱼骨状的弊端

D公共空间——可达性较差，归属不明确

E西界面——高差，围墙

F东界面——入口标识性差

G保护性建筑组团——可达性差

外部空间问题 → “景观乡村主义”

概念来源

城市设计？

乡村设计

新城市主义和郝市主义理念下建立起来的城市，现代建筑设计主导的城市建设

景观都是主义——景观取代建筑成为社会的基本组成单元

“景观乡村主义”

解决策略

作为种植园灌溉水系，承接雨水花园雨水，桑基鱼塘，湿地系统生态沉降净水

作为统领外部空间的核心，构建雨水花园，食材花园，茶座花园，体验式花园

增加广场，创造停留性空间

景观带软化边界，化解高差

创造入口小广场，增强引导性

创造漫游路径和效率型路径

增加沿古道分布的基础设施 增强商业活力

评语：

对于绝大部分除原住民以外的人群而言，以宏村为代表的徽州村落其实就是典型的乡村文化景观。这样的景观包含了观赏、游憩、生活和劳作，这也是众人千里寻“乡愁”的目的地。设计者由“景观乡村主义”切入，针对际村与宏村的空间位置关系，将驻足游赏与生产劳作结合，建立了一套作为景观的乡村更新的发展逻辑，并据此提出一系列建筑学层面的解答策略。在具体的建筑单体策划与设计中，紧扣整体主题，探索了“景像馆”、“手工艺体验馆”等颇为有趣的内容。

改造分析

际村村落更新规划设计 Village Reconstruction Planning and Design

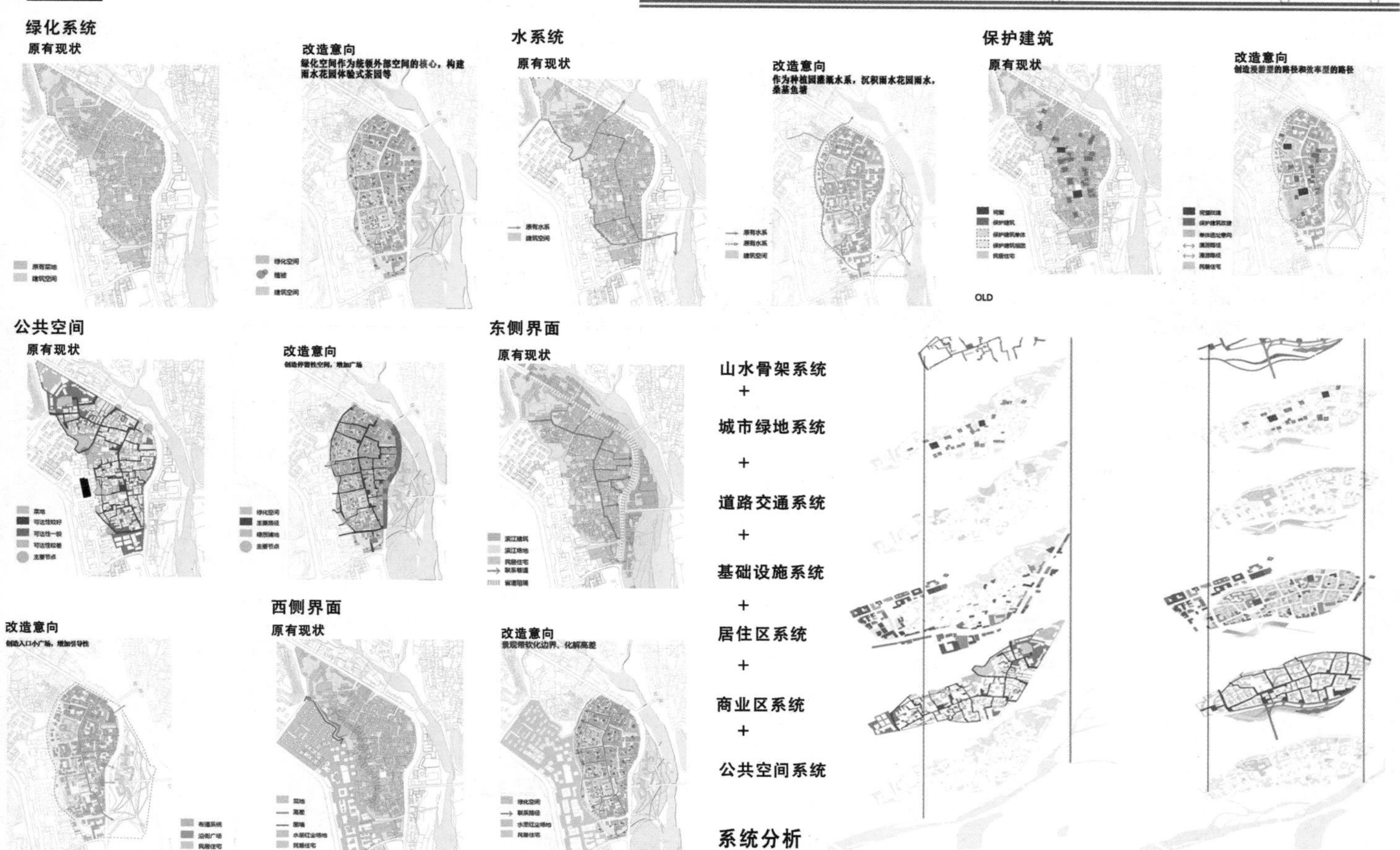

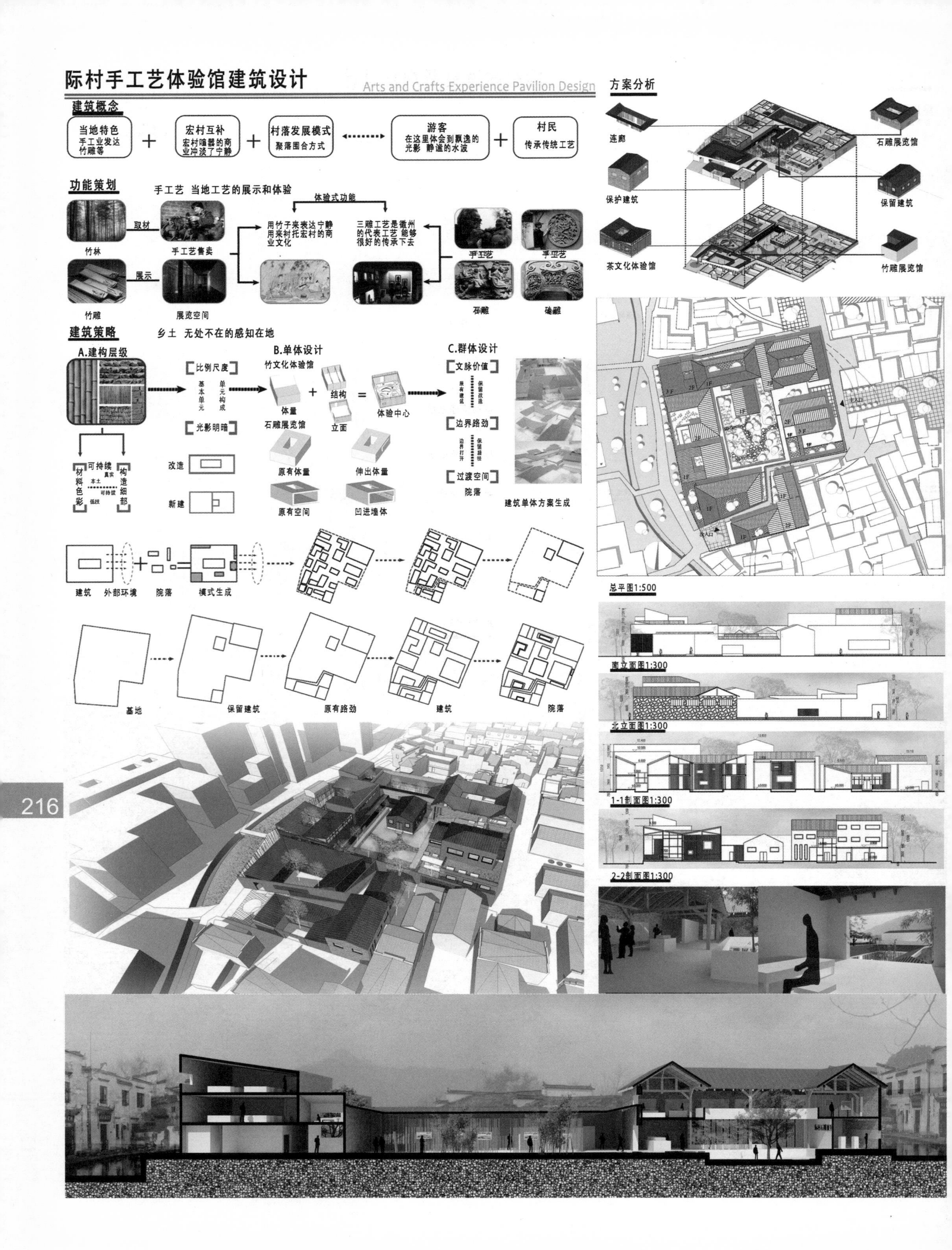

际村手工艺体验馆建筑设计
Arts and Crafts Experience Pavilion Design
建筑概念
当地特色
手工业发达
竹雕等
宏村互补
宏村喧嚣的商业冲淡了宁静
村落发展模式
聚落围合方式
游客
在这里体会到飘逸的光影 静谧的水波
村民
传承传统工艺
功能策划
手工艺 当地工艺的展示和体验
取材
竹林
手工艺售卖
展示
竹雕
展览空间
体验式功能
用竹子来表达宁静 用来衬托宏村的商业文化
三雕工艺是徽州的代表工艺 能够很好的传承下去
手工艺
石雕
砖雕
建筑策略
乡土 无处不在的感知在地
A.建构层级
可持续
材料色彩
构造细部
B.单体设计
比例尺度
基本单元
单元构成
光影明暗
改造
新建
竹文化体验馆
体量
结构
立面
体验中心
石雕展览馆
原有体量
伸出体量
原有空间
凹进墙体
C.群体设计
文脉价值
边界路劲
过渡空间
院落
建筑单体方案生成
建筑
外部环境
院落
模式生成
基地
保留建筑
原有路劲
建筑
院落
方案分析
连廊
保护建筑
茶文化体验馆
石雕展览馆
保留建筑
竹雕展览馆
总平图1:500
南立面图1:300
北立面图1:300
1-1剖面图1:300
2-2剖面图1:300
216

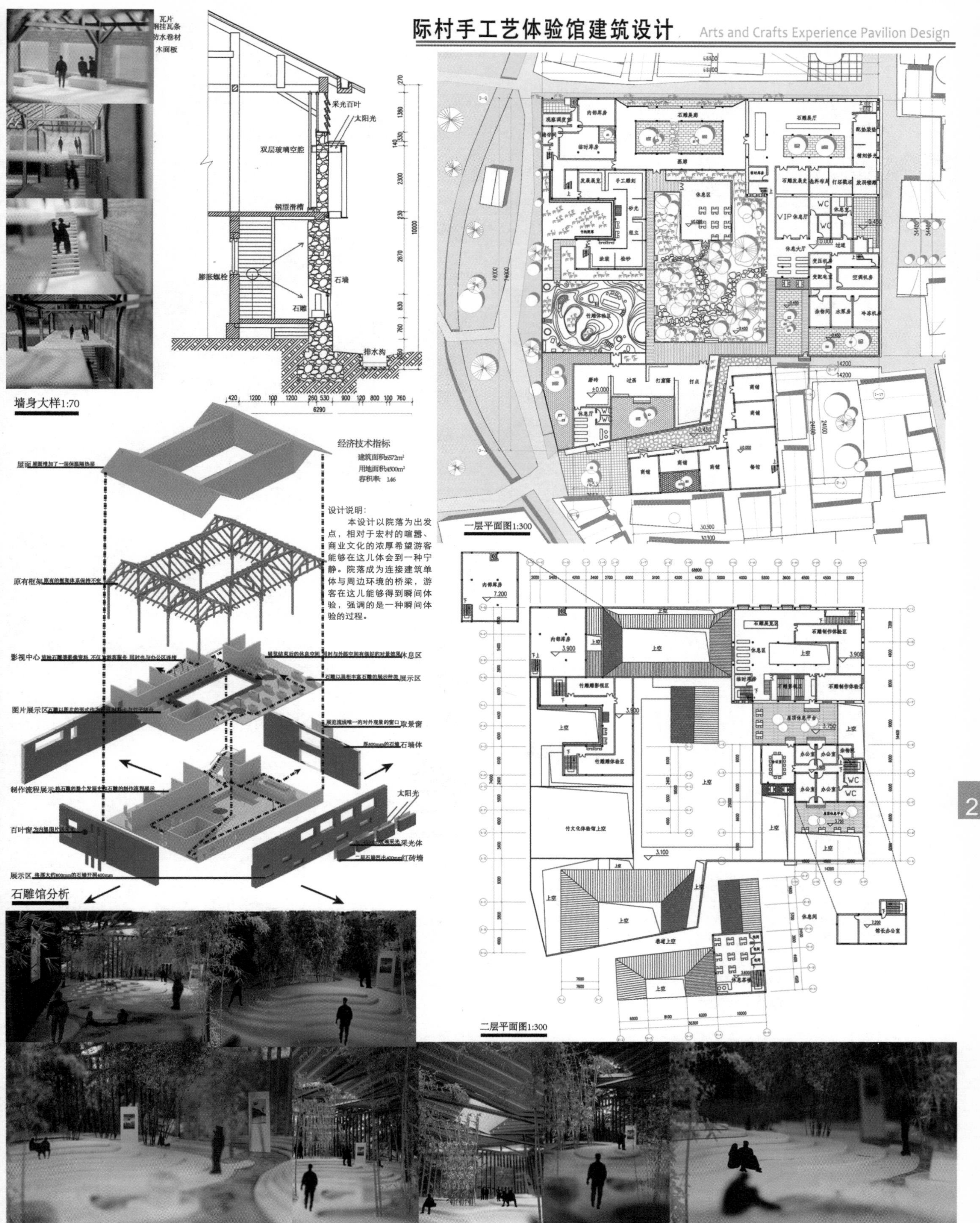
际村手工艺体验馆建筑设计
Arts and Crafts Experience Pavilion Design
墙身大样1:70
瓦片
采光百叶
太阳光
双层玻璃空腔
膨胀螺栓
石墙
石雕
排水沟
经济技术指标
设计说明：
本设计以院落为出发点，相对于宏村的喧嚣、商业文化的浓厚希望游客能够在这儿体会到一种宁静。院落成为连接建筑单体与周边环境的桥梁，游客在这儿能够得到瞬间体验，强调的是一种瞬间体验的过程。
屋面
原有框架
影视中心
休息区
展示区
图片展示区
取景窗
石墙体
制作流程展示
太阳光
百叶窗
采光体
红砖墙
展示区
石雕馆分析
一层平面图1:300
二层平面图1:300

从视觉到画意
——徽州景像馆 I

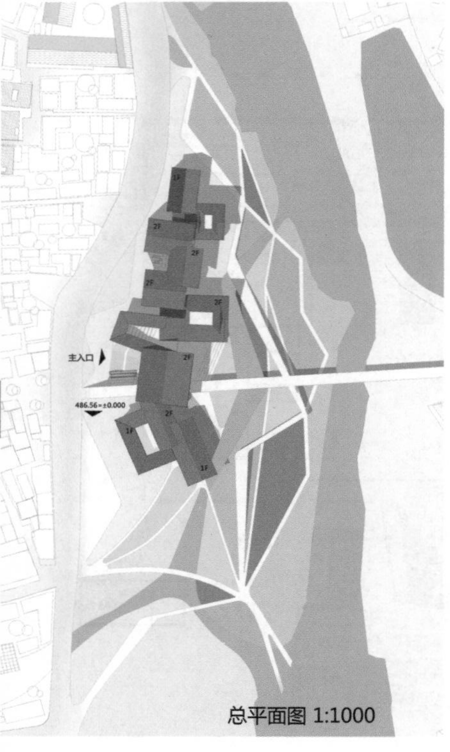

总平面图 1:1000

视觉印象　观想方式　心灵投影

人人都有一双眼睛。同样的生理结构，眼里的世界却各不相同。人们如何反应如何选择，开始是他们"能"看见什么来决定的，后来是他们"想"看见什么来决定的。视觉不只是光线在视网膜上的投影，更是外部世界在心灵上的投影。

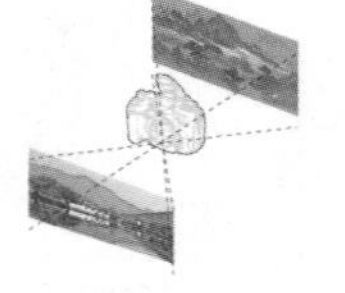

由此可见，"观"不是对物象世界的专注凝视，而是游移的玄想，如山水画的构图，不管是立轴还是长卷，都故意分散了关注的焦点、拉长了视觉体验的时间，时间一久则必会分神，在分神刹那，心灵的建构就填补了视觉成像的空白。"观"之"想"之，循环往复，人就被画意摄住了。

看与被看

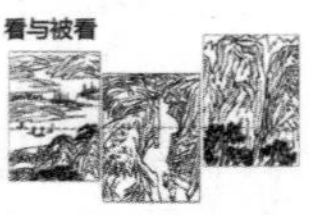

平远：自山前看山后，自近山望远山，属于平视。

深远：从山上看山下，从前山望后山，类似于西画构图中的"之"字形或"S"形构图，属于俯视。

高远：自山下看山上，类似于西画的金字塔式、纪念碑式构图，属于仰视。

北宋郭熙——三远法

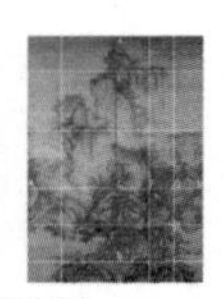

三段式构图：

第一是山林中的瀑布、涧泉。

第二是密林巨山中的白云。

第三就是远方主山旁边几座如笔状的削形山峰。

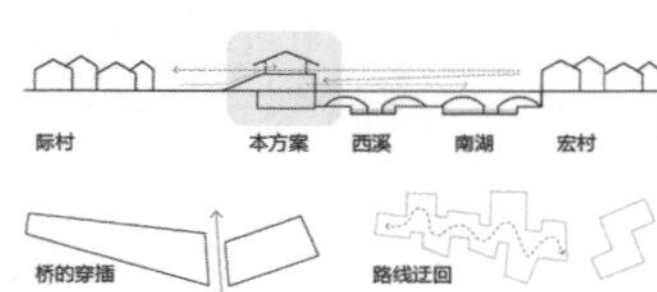

桥的穿插　路线迂回

光与黑暗——看景与看画

飞桥空间

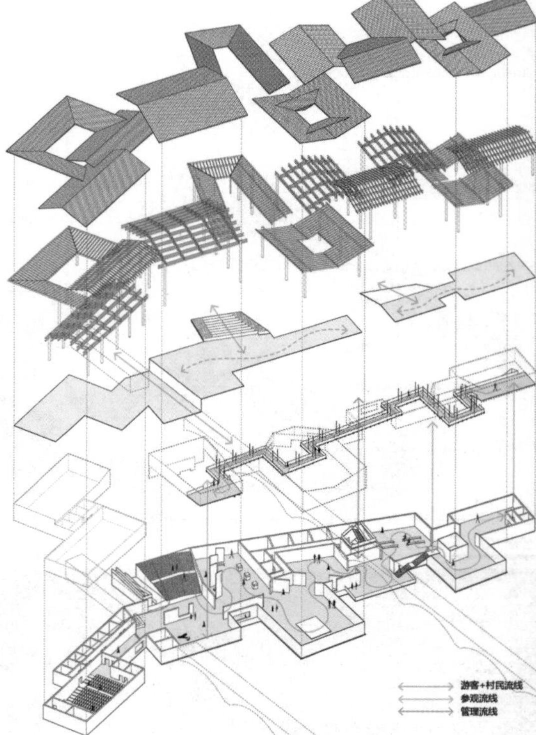

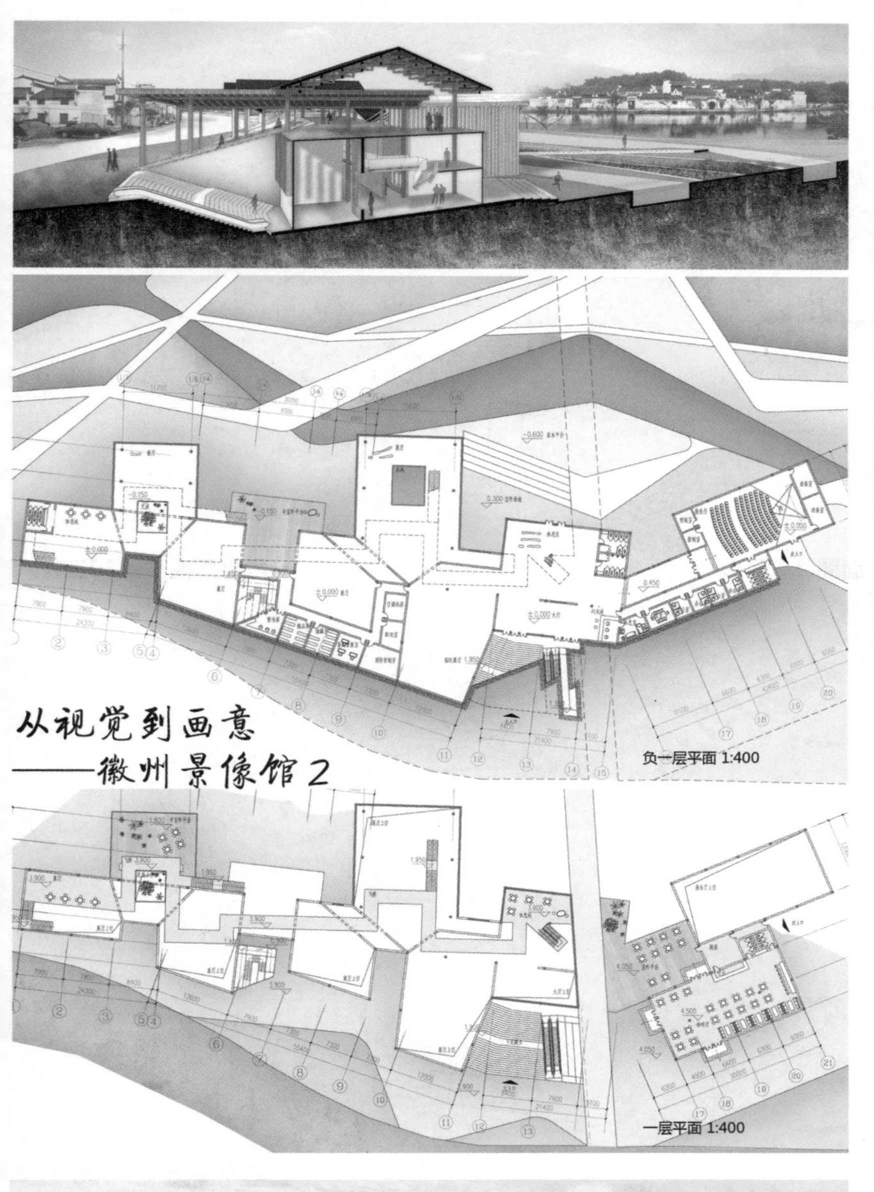

负一层平面 1:400

一层平面 1:400

从视觉到画意
——徽州景像馆2

东立面 1:400

西立面 1:400

A-A 剖面 1:400

B-B 剖面 1:400

构造大样

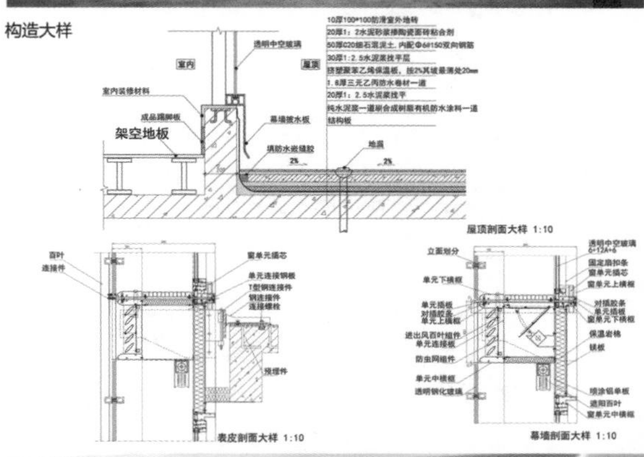

总平面图 1：500
一层平面图 1：300
展区主入口
展区次入口
场地选址：
场地紧临主街，靠近水流交汇处，位于上游位置利于生产，
周边有大片荒芜菜地，可作为景观种植场地。
设计思路：
方案希望通过新的空间组织，加入二层游廊使游客能更直观的感受和体验到茶叶加工的过程，增加了游客的参与性。
滨水景观面
溪水
祠堂主入口
内院景观面
① 建筑与建筑之间缺乏联系，二层与一层也没有视觉交流。
② 没有明确的主入口，临街山墙面居多，入口狭窄或者没有。
③ 缺乏次级院落，建筑组团围合关系不明确，公共空间较少。
④ 引入溪水贯穿内院，增加院落的景观效果，强化流线的引导性。
整体体量
建筑骨架
参观游廊
功能分布
二层平面图 1：300
改造策略：
① 参观游廊
② 入口放大
③ 院落重组
④ 水景引入
游园
茶叶加工体验馆设计
1

南立面图1：150

东立面图1：150

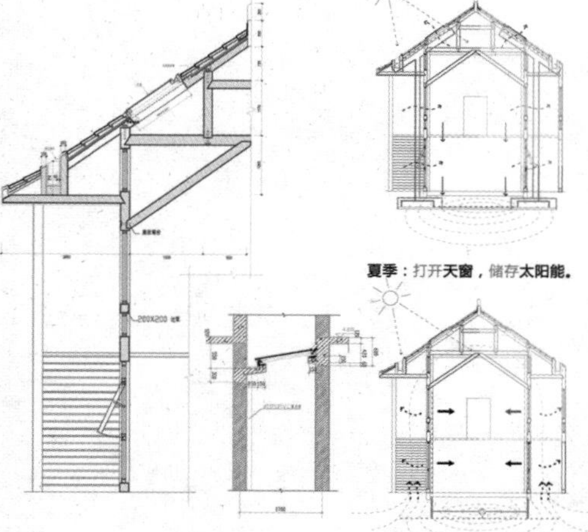

夏季：打开天窗，储存太阳能。

1-1剖面图 1：150

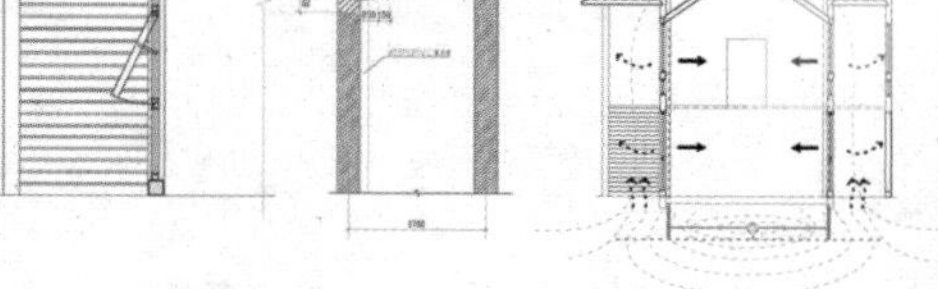

墙身大样图1：60

冬季：关闭天窗，释放太阳能。

2-2剖面图 1：150

游园

茶叶加工体验馆设计 2

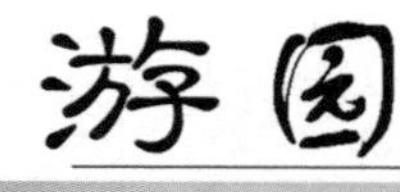

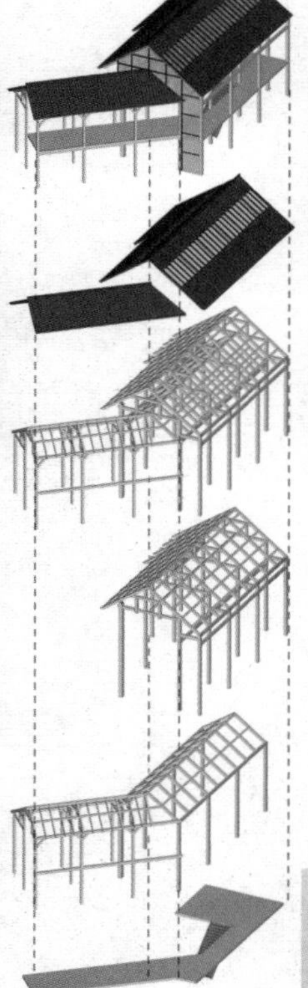

ZHEJIANG
UNIVERSITY

浙江大学

指导教师

罗卿平
Luo Qingping

张毓峰
Zhang Yufeng

贺勇
He Yong

1
设计题目：激活·延续
黟县际村村落改造与建筑设计
吴雪琪
徐丹华
杨建祥
2
设计题目：虫洞
黟县际村村落改造与建筑设计
王一楠
吴晶晶
3
设计题目：宏村建筑艺术大学
黟县际村村落改造与建筑设计
金楚豪
杨瑾婷
蒋婧龄
4
设计题目：重构·聚落化石
黟县际村村落改造与建筑设计
何晨迪
徐天钧
汪晨晖
5
设计题目：一个自组织聚落的设计
黟县际村村落改造与建筑设计
郑少骏
王运兹

激活 · 延续

To activate and continue

浙江大学

设计：吴雪琪/徐丹华/杨建祥

指导：罗卿平

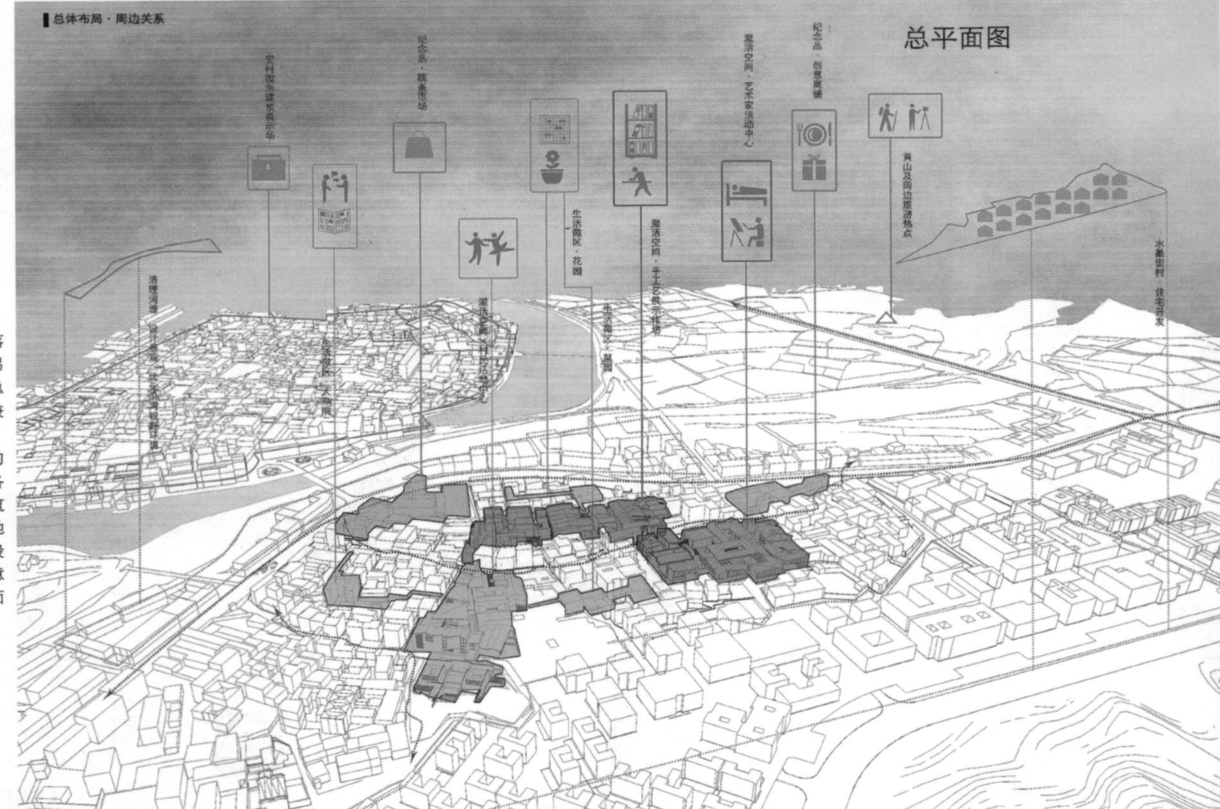

评语：

规划有意避开原有村落的主要街道和节点，串联起另一条新的路径和内容，强调总体完好的状态下新的介入，兼顾到保持与发展的两个方面。设想非常好，但其新旧路线的矛盾很难有很好的融合度。各组建筑总体把握良好，建筑空间、材料、尺度上具有在地性又有创新，在各自的功能设置也较为合理，有一定现实意义。不过还是有精细深度方面的欠缺。

设计说明：该活动中心设计旨在契合规划理念，承担起激活村子活力的重要空间节点的任务。围绕地块内古建筑祠堂展开空间布局，力求将空间形体体量感消减，空间布局按原制还原的同时通过平台、连廊、地下走道等要素将功能紧密串联，增加竖向设计的趣味性。同时结合地下空间结构伸出片墙将原先村子消极的空地重新组织起来，赋予活力，同时也将活力能量反馈给予单体建筑，相辅相成。

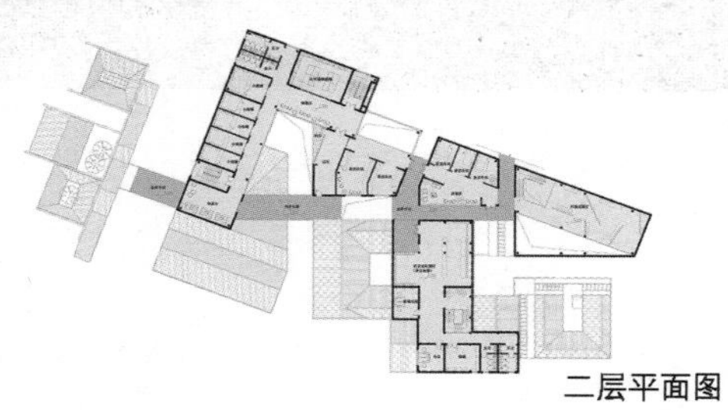

二层平面图

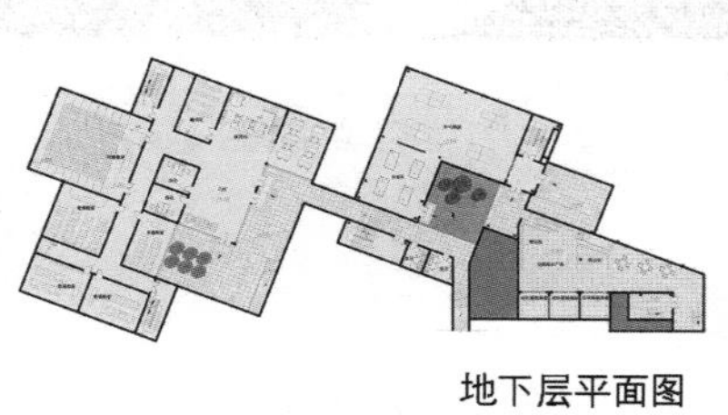

地下层平面图

C-C剖面图

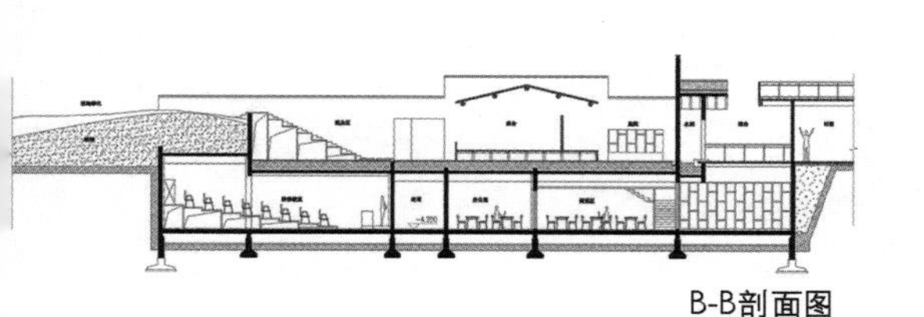

B-B剖面图

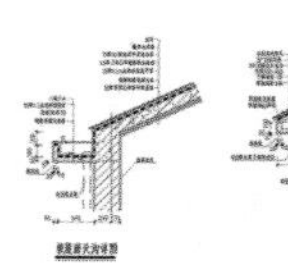

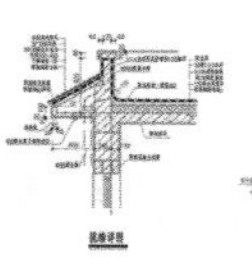

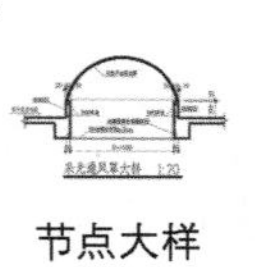

节点大样

D-D剖面图

A-A剖面图

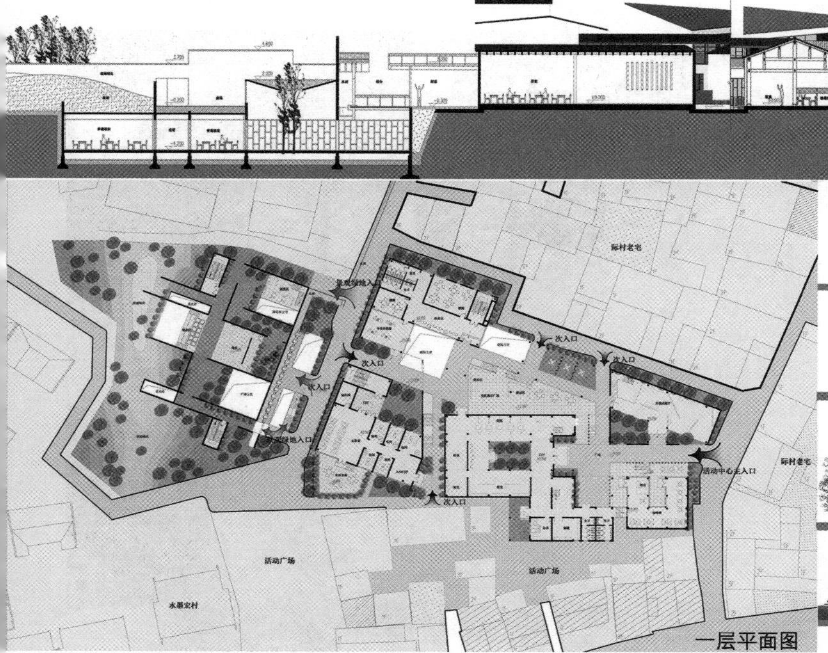

一层平面图

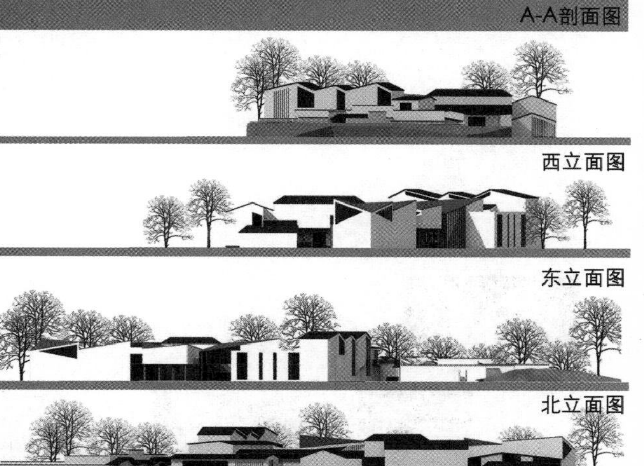

西立面图

东立面图

北立面图

南立面图

重组 黟县际村工艺展览馆设计

黟县际村村落改造与建筑设计单体部分 吴雪琪

"当一个建筑设计完全取自传统，仅仅复述其基地赋予的规定时，我感到缺乏一种对世事的真正关心，也缺乏那些从当代生活中散出的气息；如果一个建筑设计作品只表达当代趋势和世故洞见，而不去印发其场所环境中的感应，那么这件作品就并非扎根于它的基质，而我也察觉不到它所矗立的土地的特有引力。"
彼得·卒姆托

概念提出

顺应城市设计中提出的连续的空间流线，重新客观传统村落中封闭的独立的空间模式，通过打破·重组的方式将新旧元素结合。
从而联系手工艺作坊、游客观展、基础文化教育设施、新兴商业形态，使其超越展览馆成为村落的活力点。

建构逻辑

1选定保留的老建筑

2 根据期望营造的空间趋向 拆除基地上原有影响空间完整性的建筑

3 在老建筑之间嵌入透质空间 将几个孤立的单体释放成一个整体

4 在组团之间插入竹子墙 通过其透质的特性分割空间 联通视线

5 建立贯穿整个建筑群的通廊 作为游客观展的平台

组成分析

1 将手工艺作坊安置在老建筑内部 并根据功能要求改造老建筑

2 手工艺品展厅沿着前行流线穿插子缝隙之中 并与景观相结合

3 游客的观赏流线在二三层进行 与作坊和展厅结合 可以同时体验到手工艺制作和作品

4 半室外空间结合竹子墙设计 结合景观与休闲娱乐

5 面向村民的文化设施和基础设施——阅览室、培训教、辦公

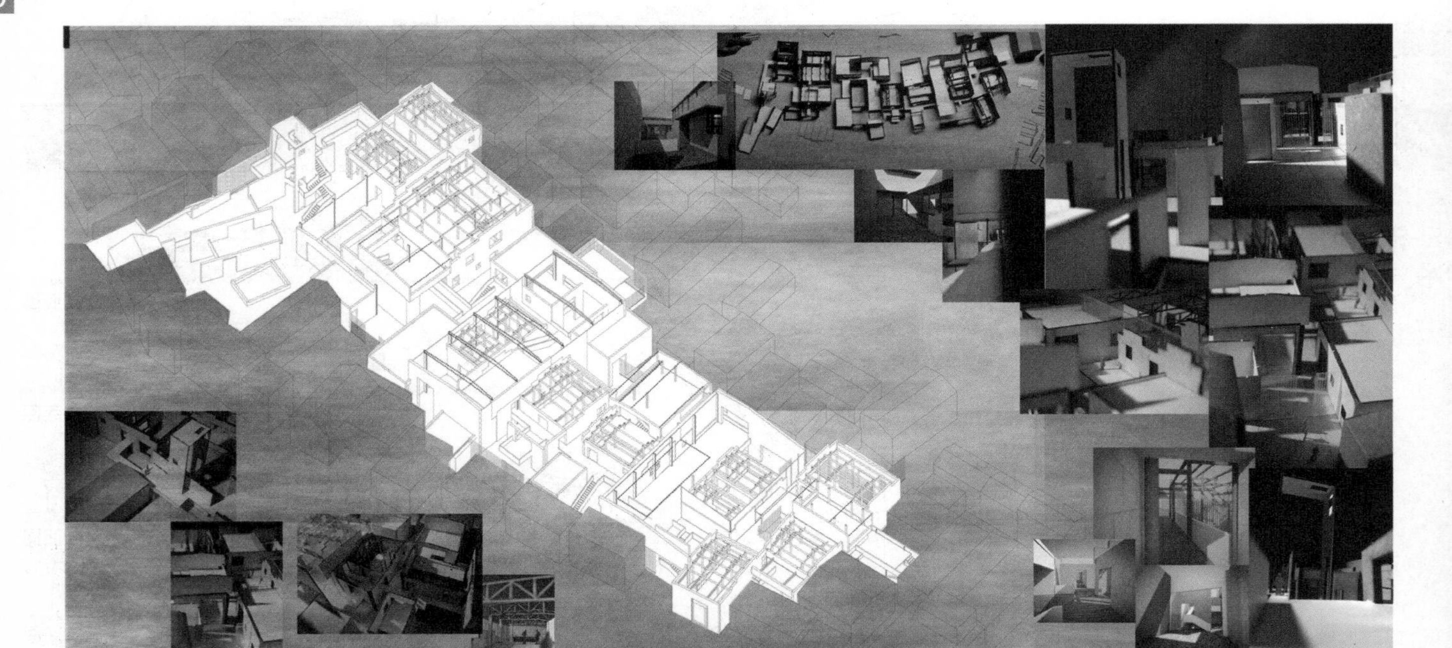

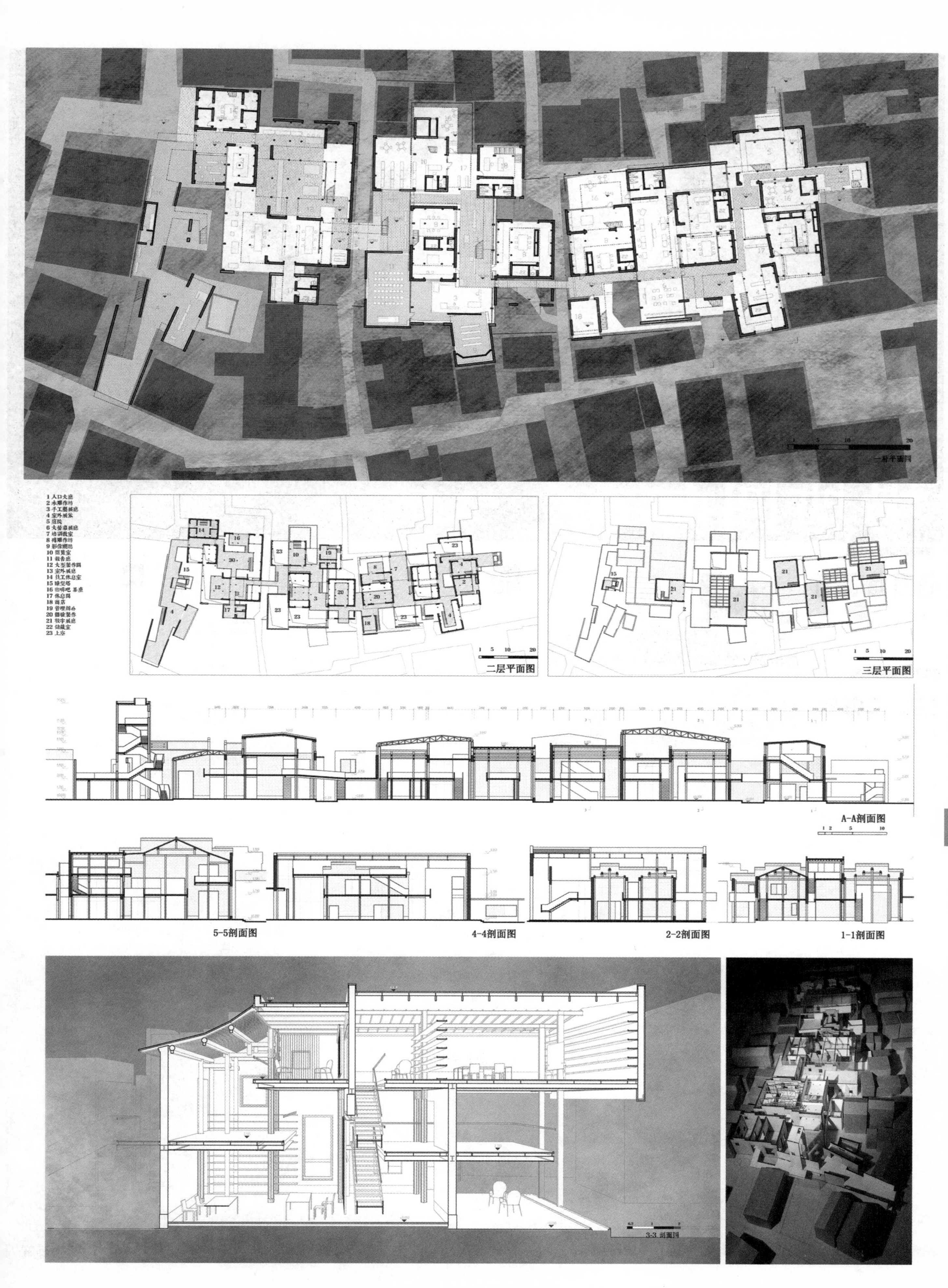
一层平面图
1 入口大廳
2 木雕作坊
3 手工藝展廳
4 室外展示
5 庭院
6 大螢幕展廳
7 培訓教室
8 磚雕作坊
9 影像觀廳
10 閱覽室
11 報告廳
12 大型製作間
13 室外展廳
14 員工休息室
15 瞭望塔
16 咖啡吧 茶座
17 休息間
18 商店
19 管理辦公
20 體驗製作
21 數字展廳
22 儲藏室
23 上空
二层平面图
三层平面图
A-A剖面图
5-5剖面图
4-4剖面图
2-2剖面图
1-1剖面图
3-3 剖面图

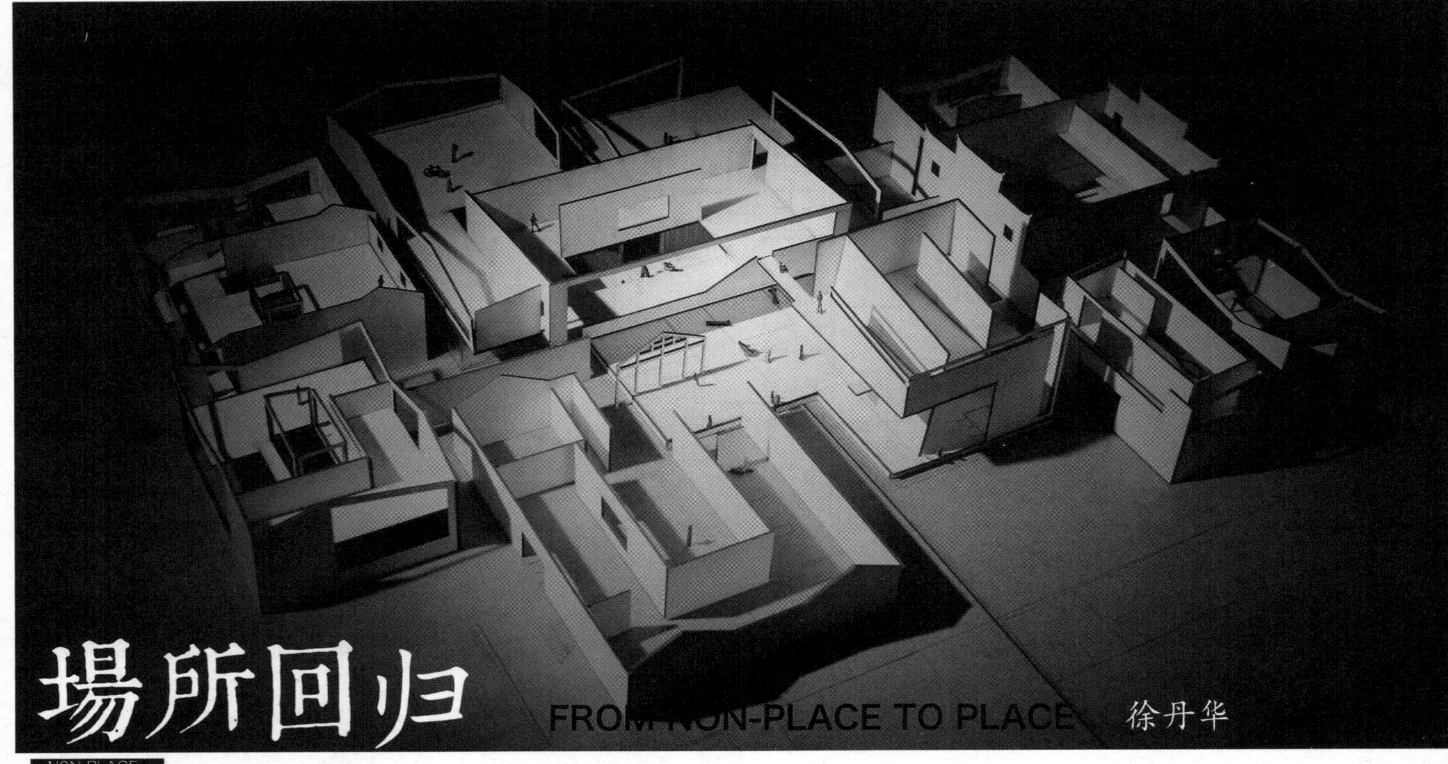

場所回归

FROM NON-PLACE TO PLACE

徐丹华

NON-PLACE

相似的 高效的

PLACE

特别的，别处没有的

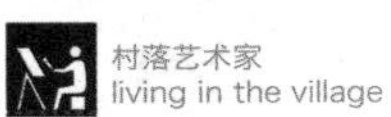

村落艺术家 living in the village	艺术家村落 artist-village
村落感	建筑尺度 间隙尺度 w/h
和村民交流	村民艺术教室
与村民共同居住	保留部分居民的居住区域，增强生活气息
展示际村	游客路径上展示际村生活 展区 - 际村影像 / 农具

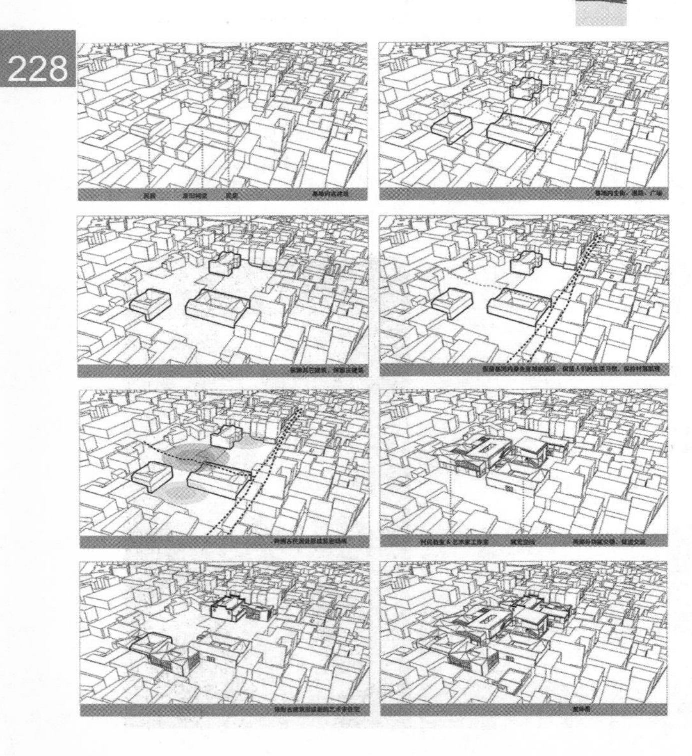

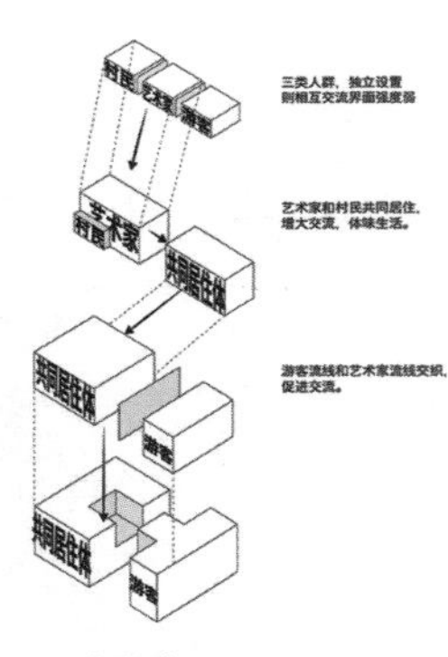

功能分区

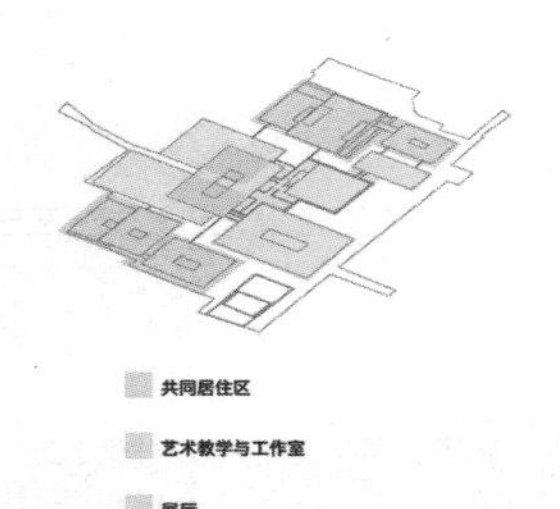

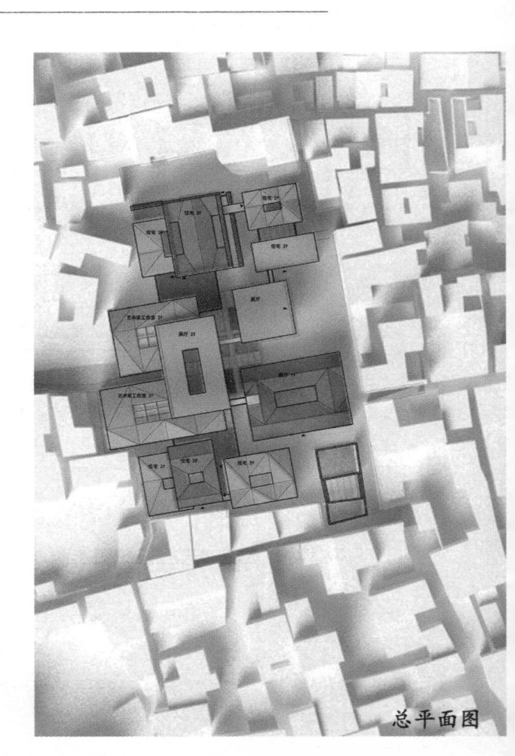

总平面图

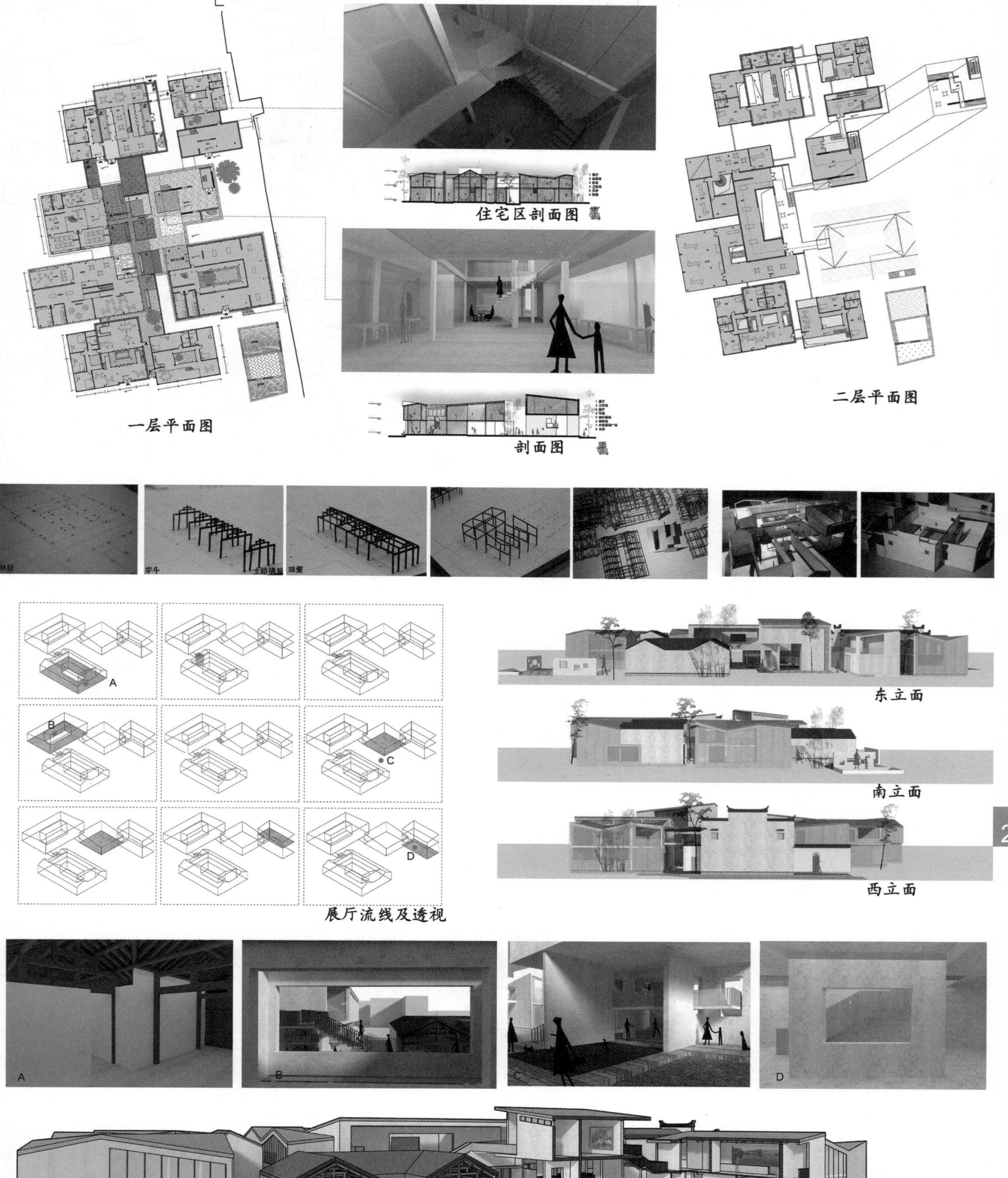

展览区剖透视

虫洞

Wormhole

浙江大学

设计：王一楠/吴晶晶

指导：罗卿平

虫洞 | 黟县际村村落改造与建筑设计

2014 8+1联合毕业设计
指导老师 罗卿平

王一楠

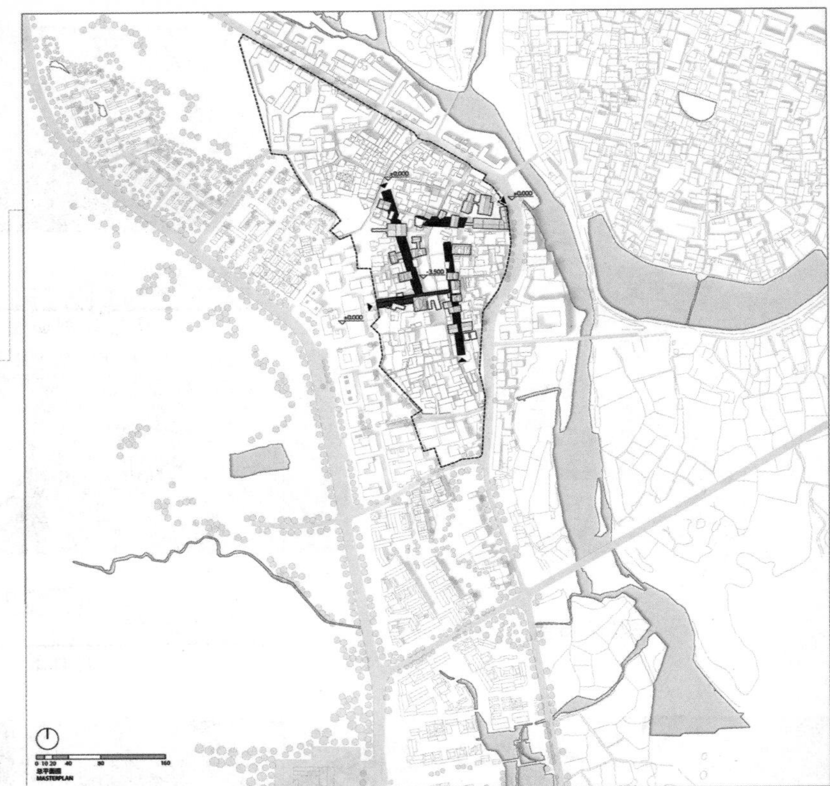

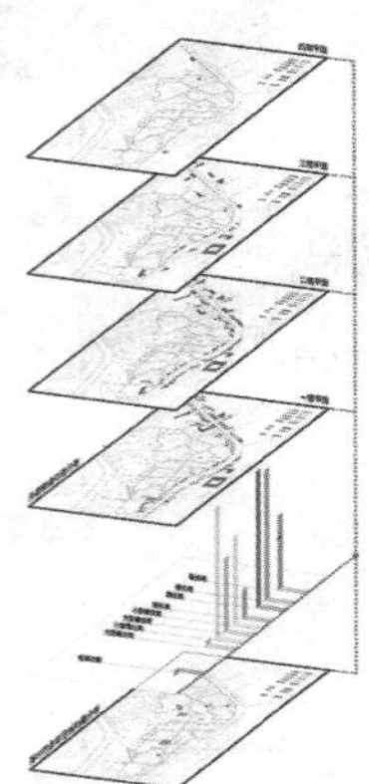

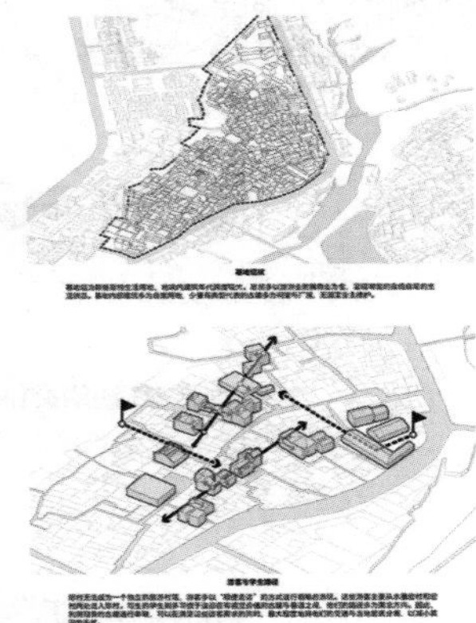

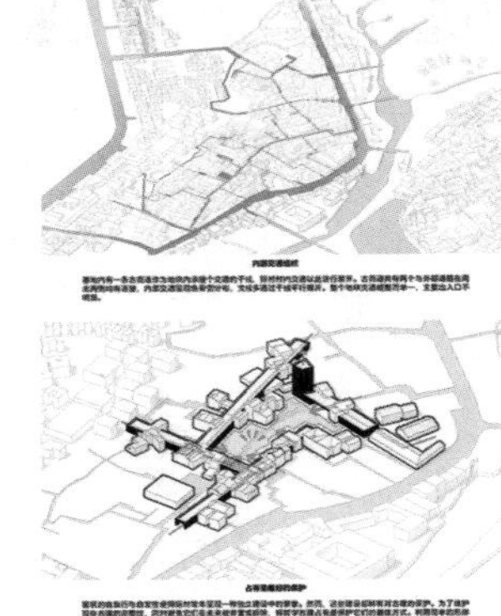

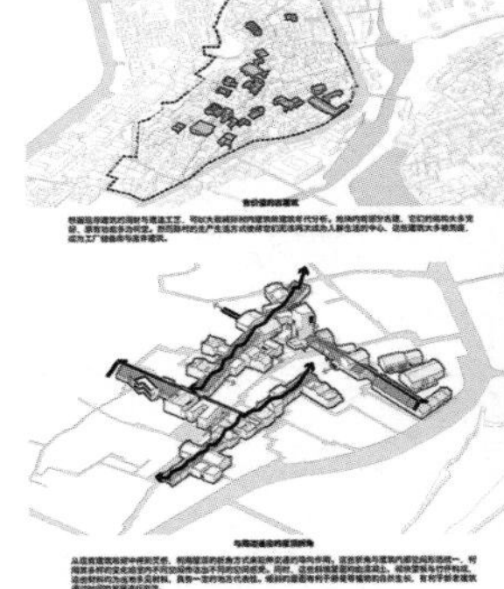

评语：

际村现在面临着一个尴尬的问题。在住居民大多数希望搬迁至印象宏村与水墨宏村，或重建旧舍，他们认为现在的居住环境过于破旧。另一方面，入驻游客认为现存古建具有保留价值。

因此在设计的过程中，我们着重考虑了际村现有的建筑形态与年代，希望从中找出一个保留与拆除的界限，以此来对地块内建筑做统一的规划与设计。由于地块内人群混合复杂，以及人群活动的随意性与自发性，我们无法保证这些建筑的完整性。最好的保护就是占有。我们利用新建建筑将这些古建连接，吞噬与结合，使得这些古建成为新设计中的一部分，以此来保护这些建筑的完整性。同时，古建内部的空间与新建建筑独立，可以保证其原有的完整性。

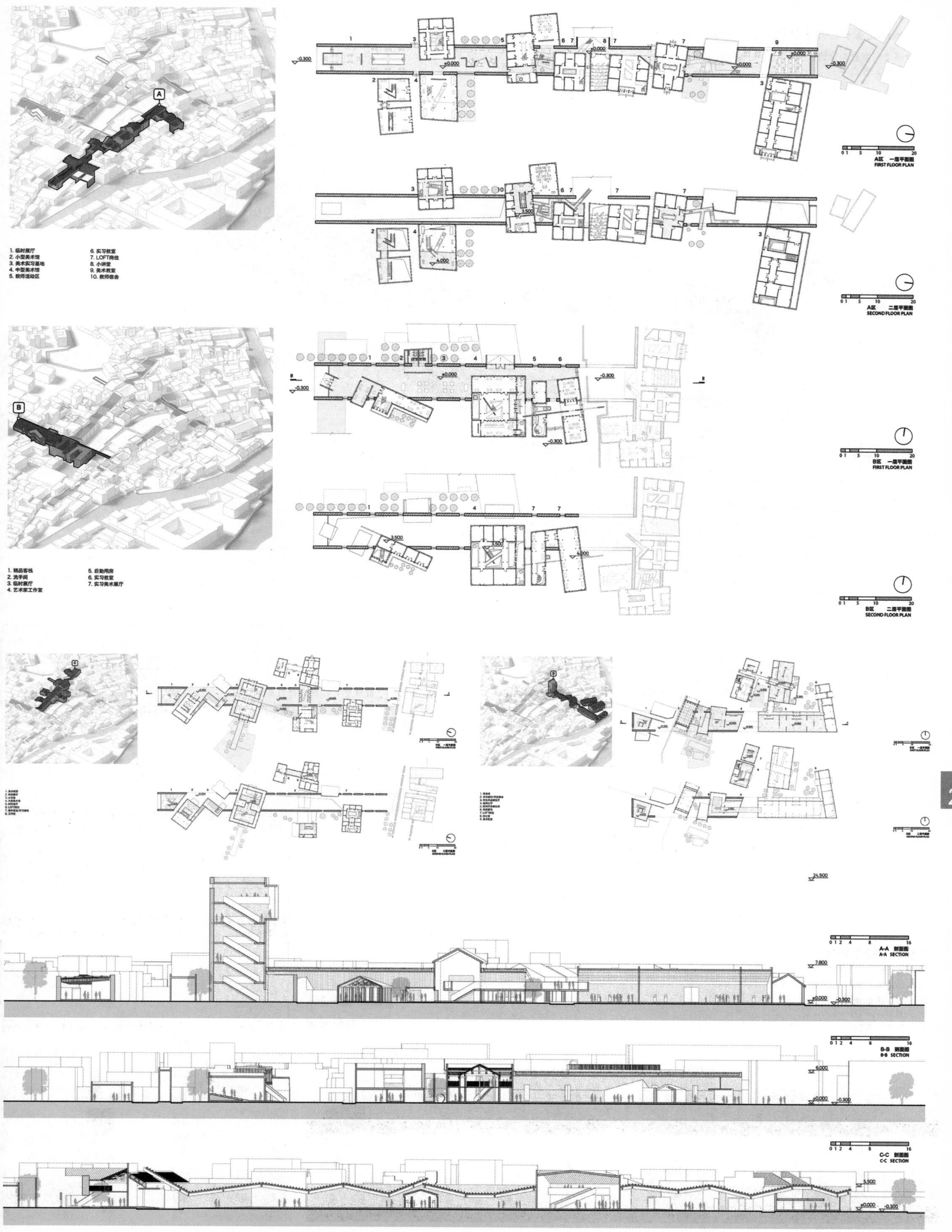
1. 临时展厅
2. 小型美术馆
3. 美术实习基地
4. 中型美术馆
5. 教师活动区
6. 实习教室
7. LOFT商住
8. 小讲堂
9. 美术教室
10. 教师宿舍
A区 一层平面图
FIRST FLOOR PLAN
A区 二层平面图
SECOND FLOOR PLAN
1. 精品客栈
2. 洗手间
3. 临时展厅
4. 艺术家工作室
5. 后勤用房
6. 实习教室
7. 实习美术展厅
B区 一层平面图
FIRST FLOOR PLAN
B区 二层平面图
SECOND FLOOR PLAN
A-A 剖面图
A-A SECTION
B-B 剖面图
B-B SECTION
C-C 剖面图
C-C SECTION

邂逅桃花源——游客休闲中心、社区活动中心综合体建筑设计

2014 8+1联合毕业设计

指导老师 罗卿平
设计者 吴晶晶

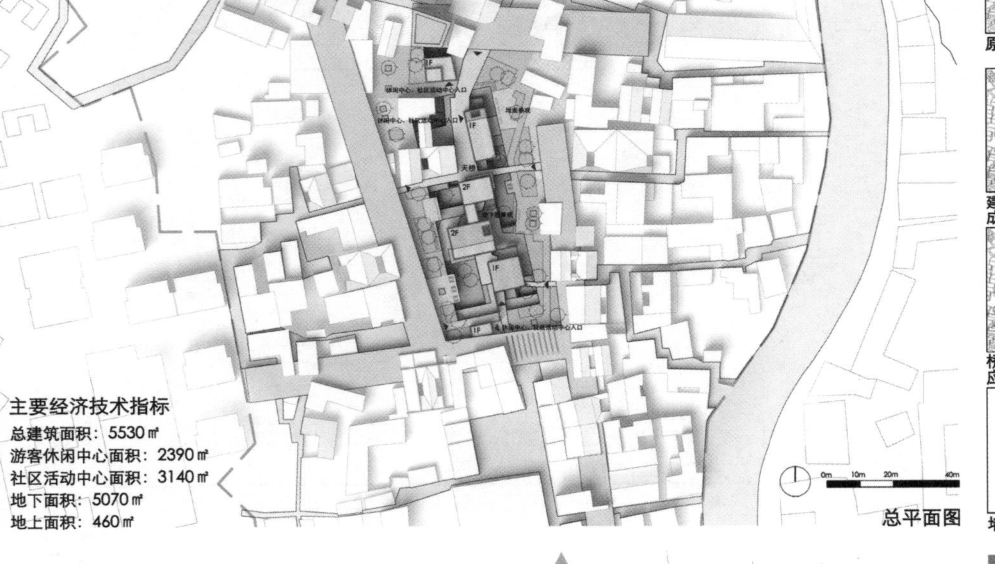

总平面图

主要经济技术指标

总建筑面积：5530㎡
游客休闲中心面积：2390㎡
社区活动中心面积：3140㎡
地下面积：5070㎡
地上面积：460㎡

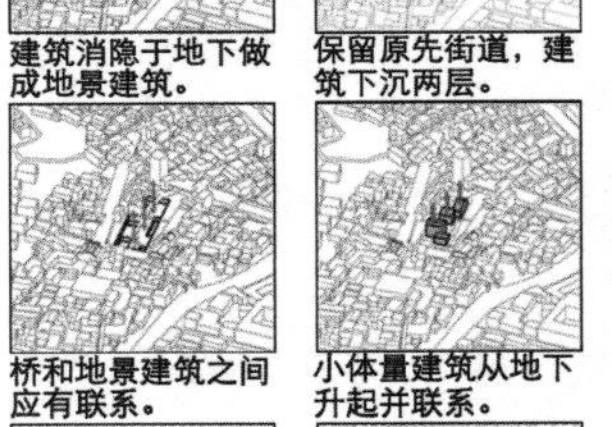

原际村建筑群。

向心性的空间的形成。

拆除无关建筑，创造宽敞大空间。

建筑消隐于地下做成地景建筑。

保留原先街道，建筑下沉两层。

地下庭院用于地下建筑采光与通风。

桥和地景建筑之间应有联系。

小体量建筑从地下升起并联系。

小体量建筑与条形建筑的对视关系。

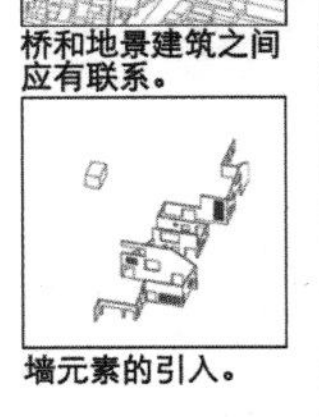

墙元素的引入。

墙和天桥连接起小建筑。

地上地下景观的创造。

△东立面

▽西立面

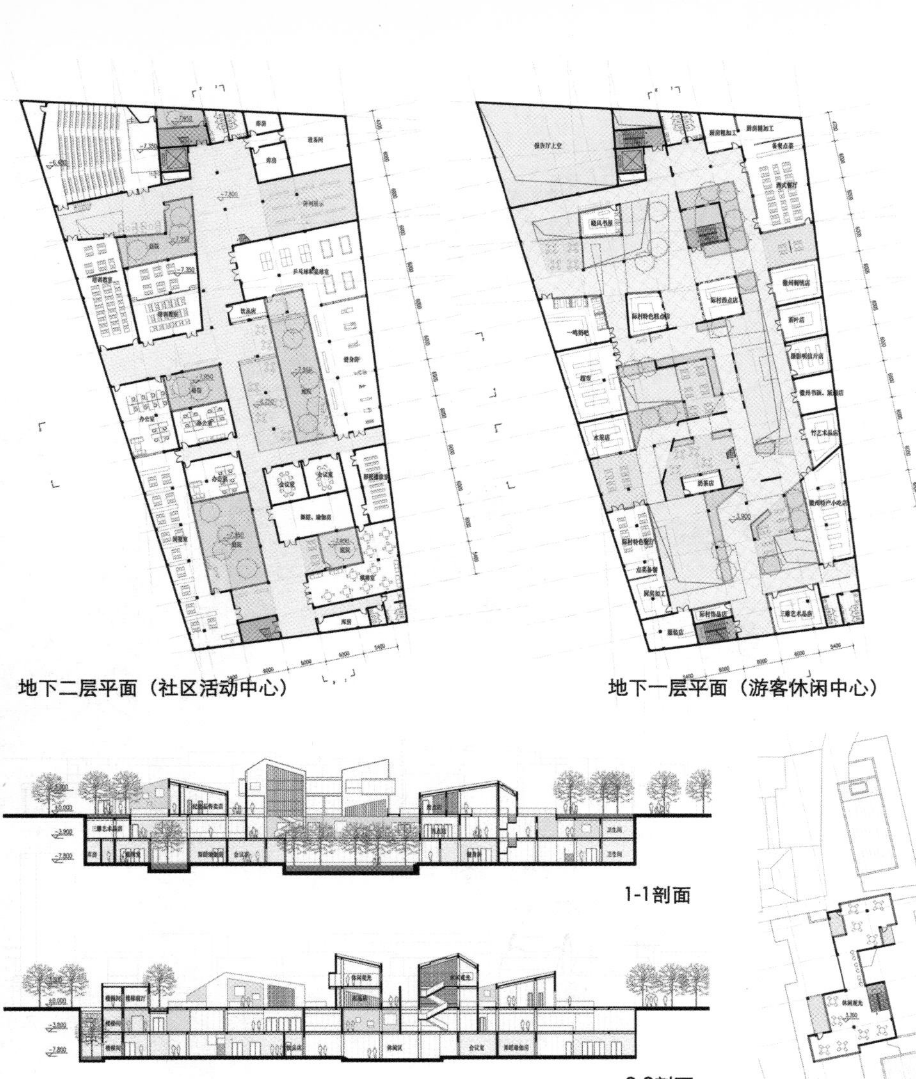

地下二层平面（社区活动中心）

地下一层平面（游客休闲中心）

一层平面（小型商业）

1-1剖面

2-2剖面

3-3剖面

4-4剖面

二层平面（休闲观光）

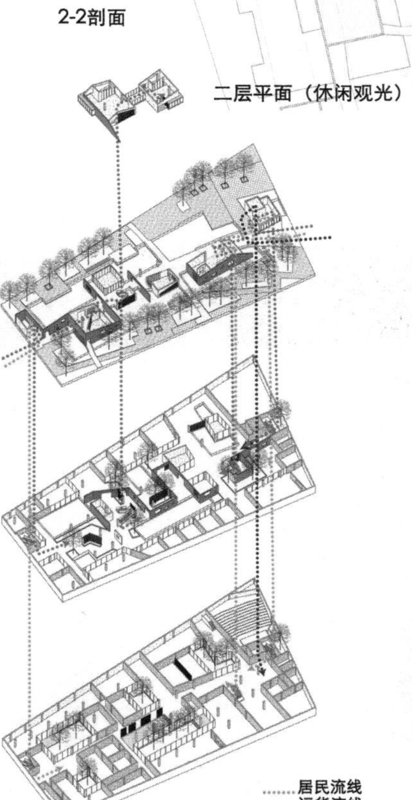

天窗大样

种植屋面大样

坡屋顶女儿墙外排水大样

宏村建筑艺术大学
Hong University Town

浙江大学
设计：金楚豪/杨瑾婷/蒋婧龄
指导：贺勇

b1 b11 b2 b3 c2 c3 c1 c5 c4 b4 b5 b6 b7 b8 b10 b9 a1 a5 a6 a7 a2 a3 a4

A区功能布置：

a1. 图书馆
a2. 教学楼
a3. 报告厅
a4. 教学楼
a5. 休闲吧
a6. 咖啡厅 | 茶室
a7. 瞭望台

B区功能布置：

b1. 博物馆
b2. 零售 | 临时展示
b3. 塔楼
b4. 戏台
b5. 后台 | 展示
b6. 围廊
b7. 商业 | 住宅
b8. 露台
b9. 过街楼
b10. 借景墙
b11. 庭院

C区功能布置：

c1. 祠堂
c2. 幼儿园
c3. 零售 | 健身
c4. 阅览 | 老年活动
c5. 村委会 | 餐饮

评语：

在标本般冻结式保护的宏村与完全重建的房地产项目“水墨宏村”之间，我们坚信际村的更新与发展有着其他多种的可能。在营造和谐宜人的建筑景观的同时，为际村的未来寻找一项可持续的经济产业同等重要。在此思路下，三位同学提出的“宏村建筑艺术大学”的概念正是对这一问题的回应。在大学概念的指引下，他们分别从“触媒广场”、“际村雅集”、“社区中心”入手，三个项目彼此呼应，相互支撑，共同构成了际村产业转型与空间更新的骨架系统。落到具体的形态，在承袭既有街巷与空间肌理的条件下，或传统，或现代，或折中，体现出了更加开放与包容的思想，也为际村的再生提供了新的思路。

——贺勇

现状路网

水系

绿地

村落

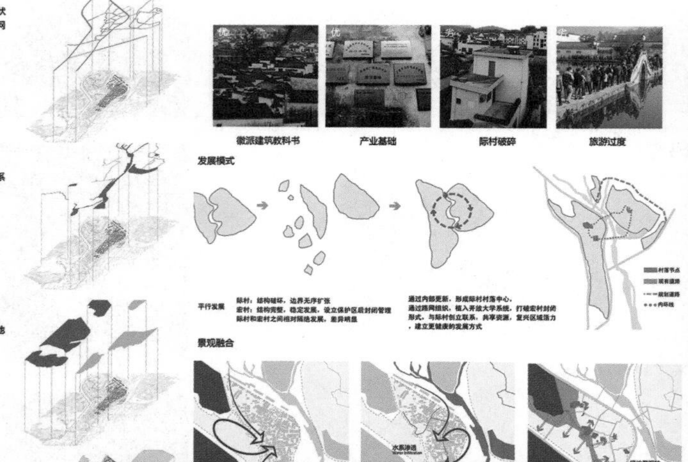

优

宏村作为徽派建筑、传统村落代表，是一本建筑艺术教科书
当地拥有写生、调研产业基础
际村拥有木雕艺术馆来保护历史
历史城镇旅游业繁荣，产生巨大社会经济

劣

宏村如同标本一样被供起来，功能闲置
缺少基础设施，管理不统一
际村宏村还是大量缺少分享资源的空间
旅游开发过度，淡旺季影响非常大，利益少数人享用

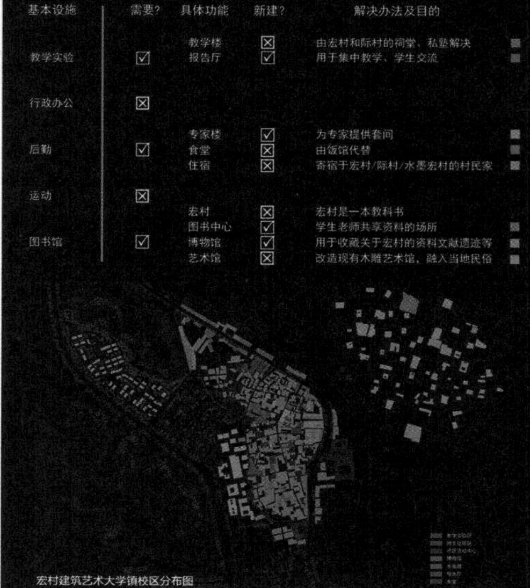

普通中国大学		宏村建筑艺术大学		
基本设施	需要？	具体功能	新建？	解决办法及目的
教学实验	☑	教学楼	☒	由宏村和际村的祠堂、私塾解决
		报告厅	☑	用于集中教学、学生交流
行政办公	☒			
后勤	☑	专家楼	☑	为专家提供套间
		食堂	☒	由饭馆代替
		住宿	☒	寄宿于宏村/际村/水墨宏村的村民家
运动	☒			
图书馆	☑	宏村	☒	宏村是一本教科书
		图书中心	☑	学生老师共享资料的场所
		博物馆	☑	用于收藏关于宏村的资料文献遗迹等
		艺术馆	☒	改造现有木雕艺术馆，融入当地民俗

宏村建筑艺术大学镇校区分布图

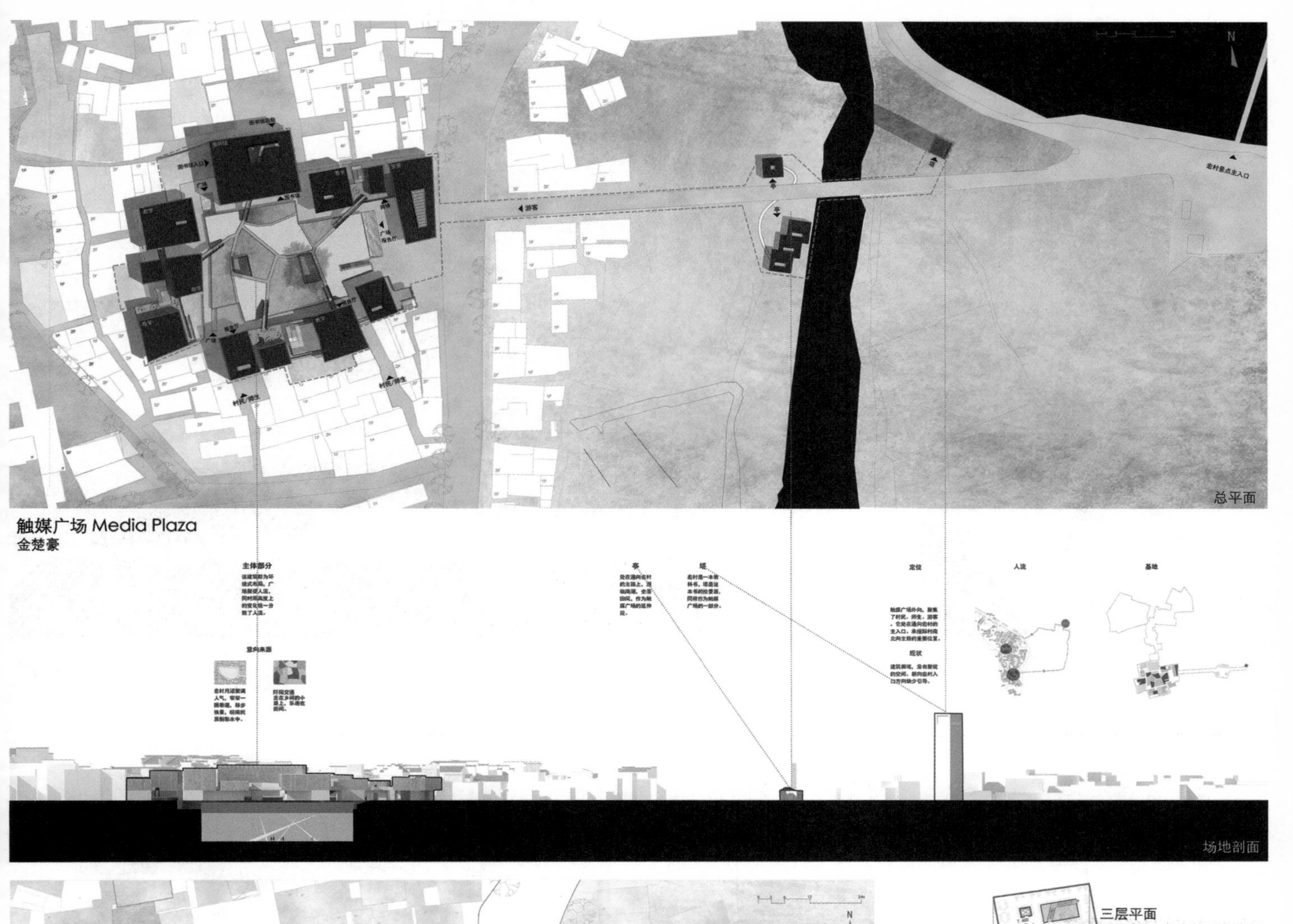

触媒广场 Media Plaza

金楚豪

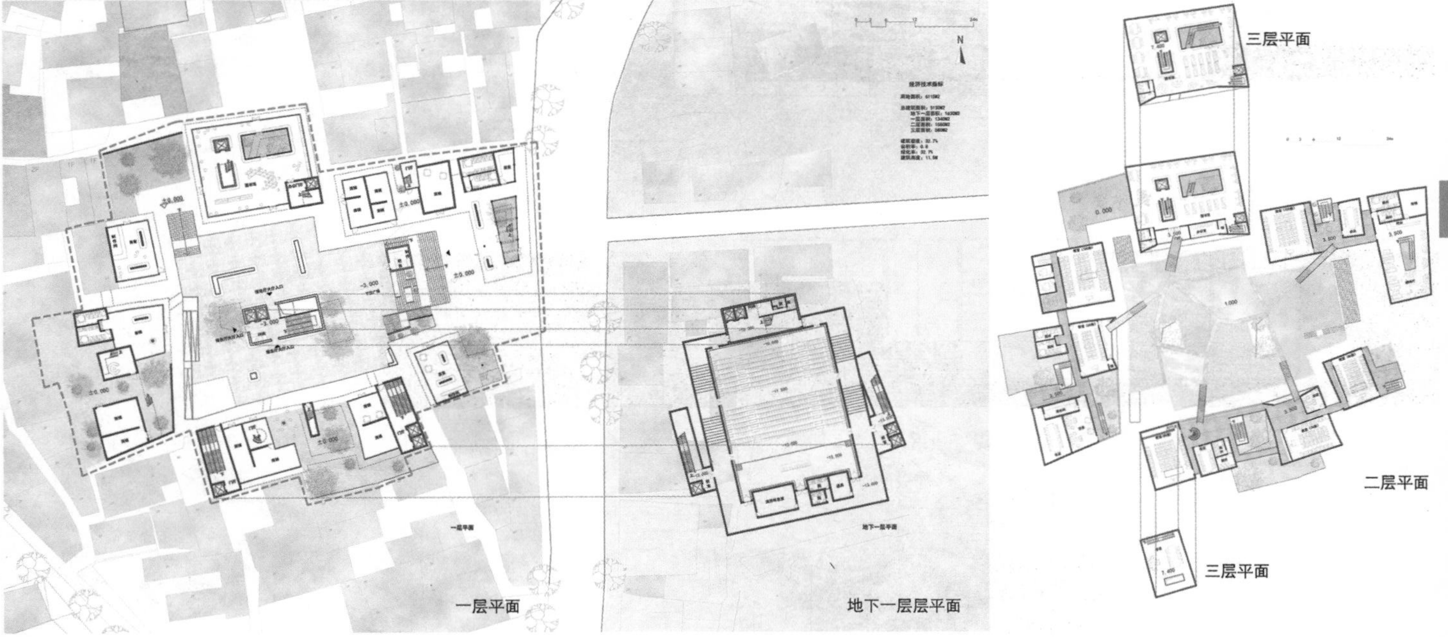

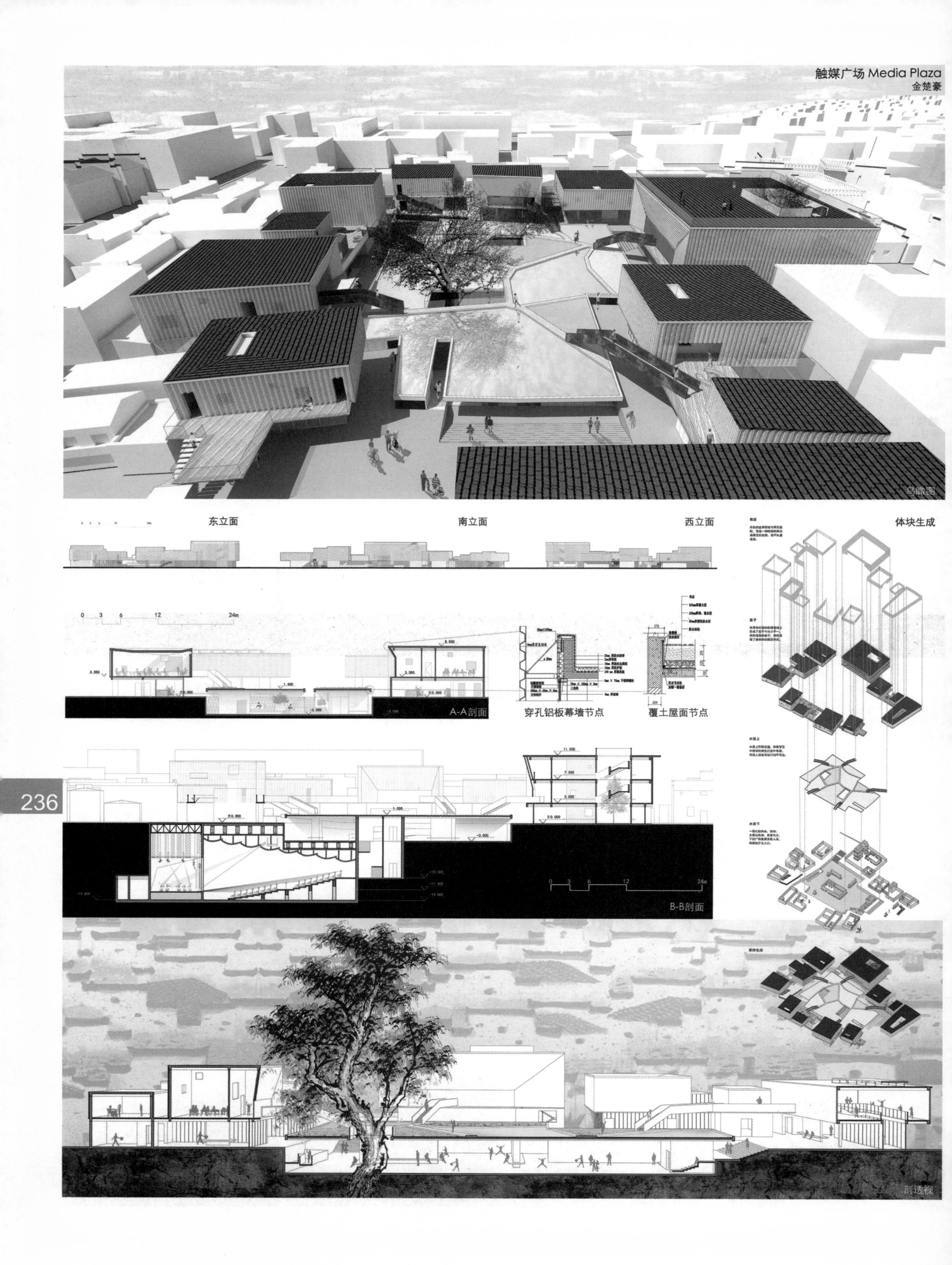
触媒广场 Media Plaza
金楚豪
鸟瞰图
东立面
南立面
西立面
体块生成
A-A剖面
穿孔铝板幕墙节点
覆土屋面节点
B-B剖面
剖透视

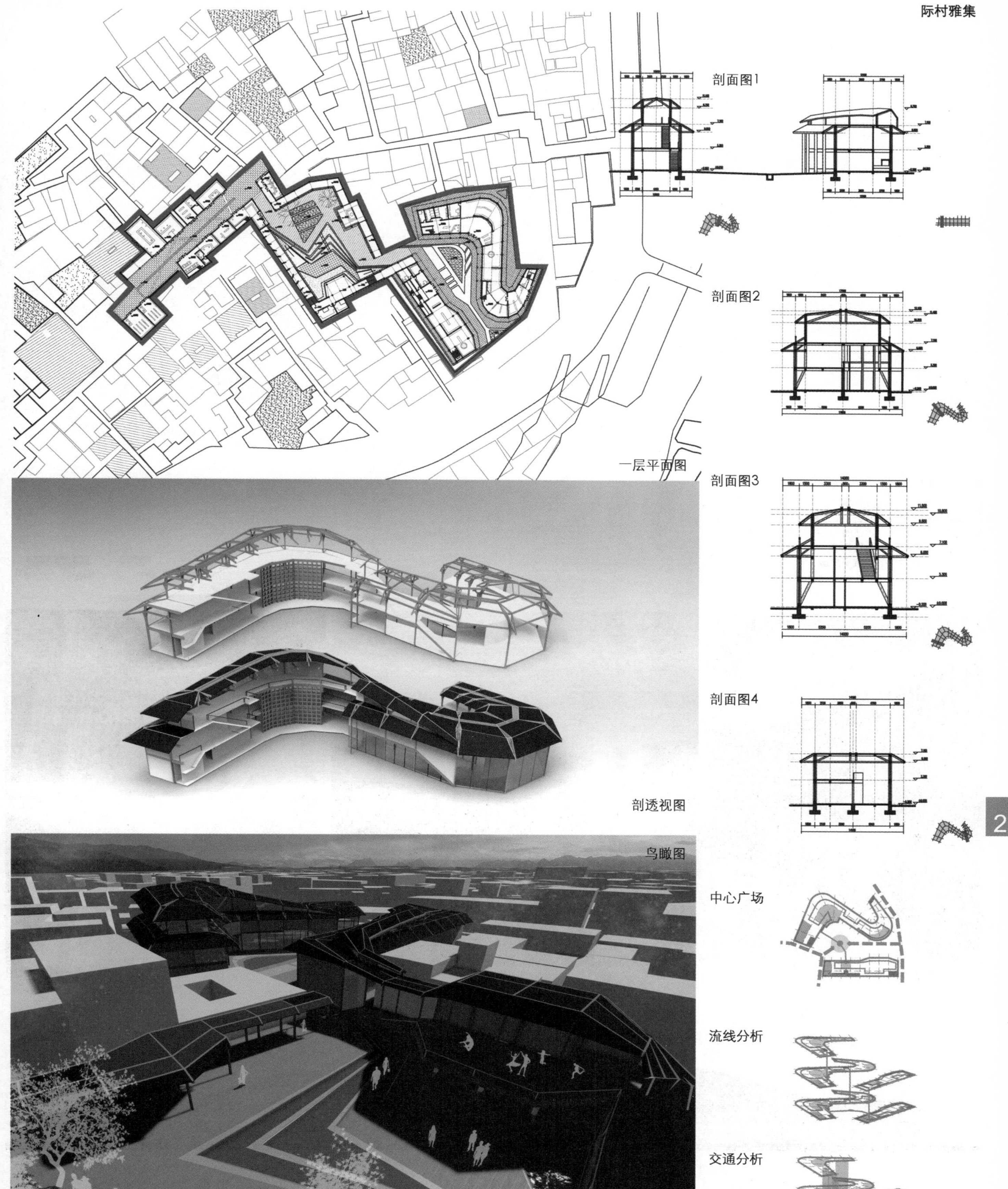

一层平面图

剖透视图

鸟瞰图

底层平面图

1. 入口广场
2. 博物馆门厅
3. 展厅
4. 零售/商业
5. 管理/办公
6. 文化亭
7. 戏台
8. 准备间
9. 餐饮商铺
10. 下沉小广场

博物馆室内效果图

商业街透视效果图

商业街透视效果图

博物馆立面

商业街立面 | 动态智能表皮系统

设计说明：

在新旧断裂带，在际村中心位置设置村民活动中心，激活断层空间，增强村落凝聚力。

通过一个木构架看台将户外场所、观演场所与半室外空间联系起来，并联系周边功能空间，使不同的人群能在这里交流相处。

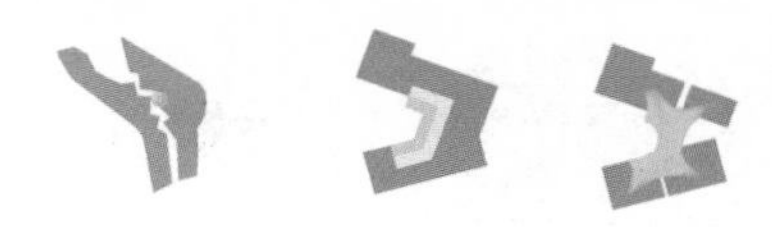

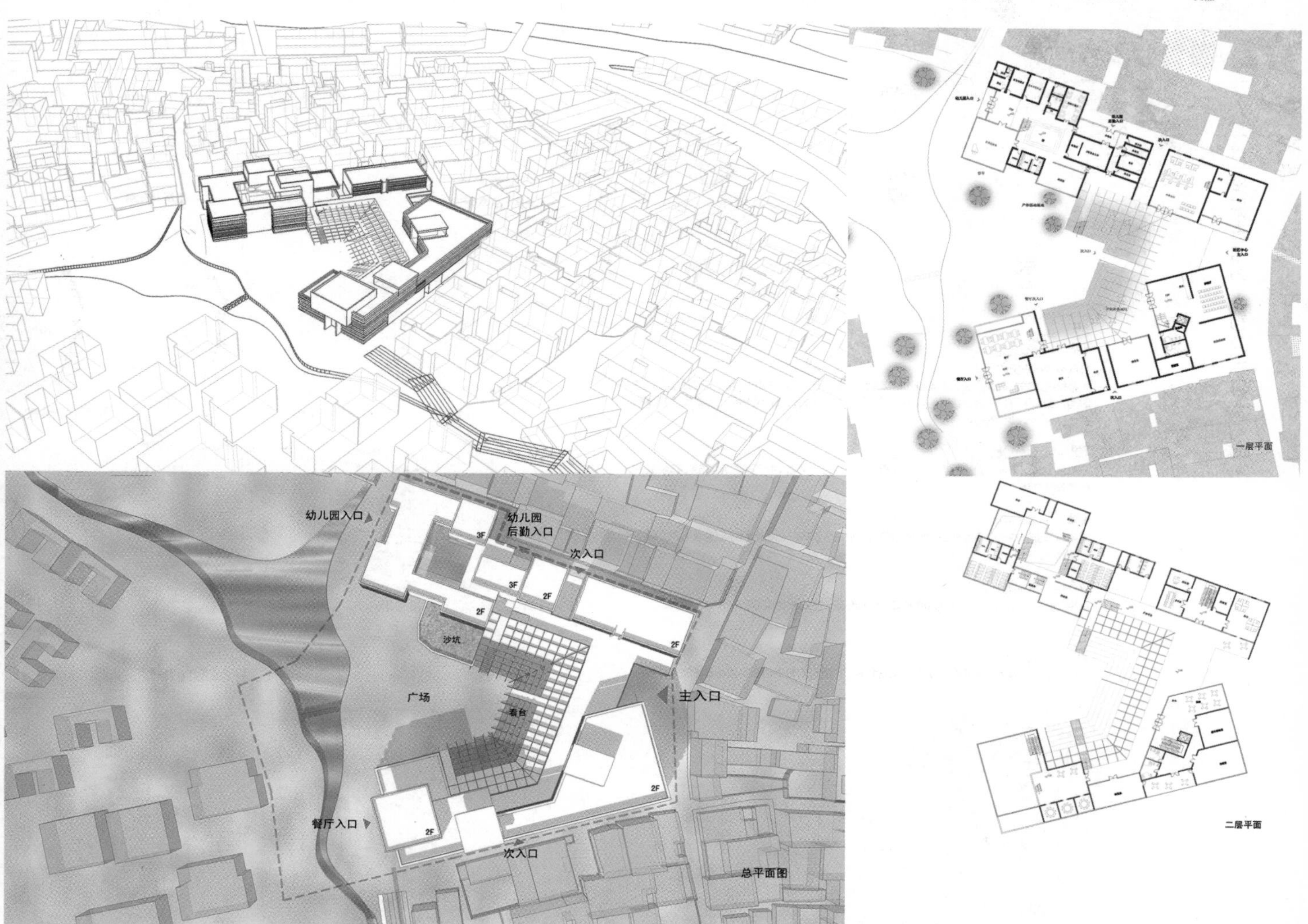

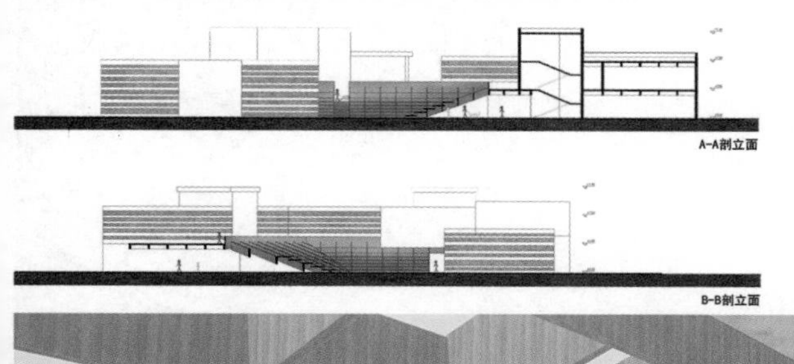

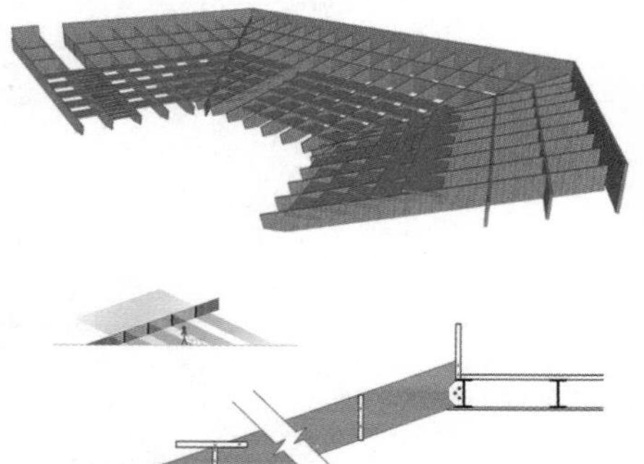

重构·聚落化石 Reconstruct · Settlement Fossil

浙江大学
设计：何晨迪/徐天钧/汪晨晖
指导：张毓峰

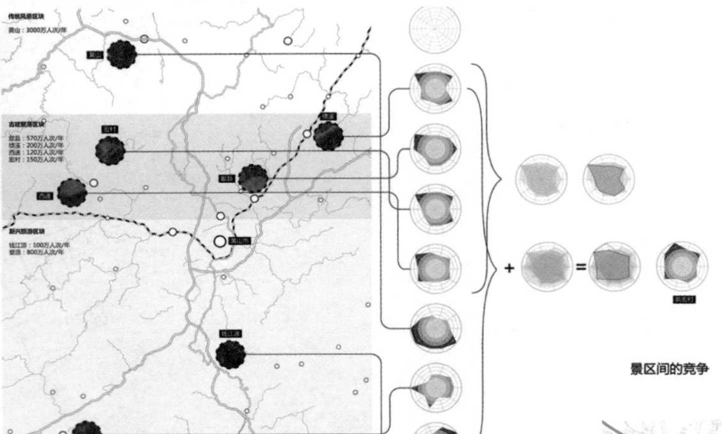

景区间的竞争

徽州·长三角

谙——格物致知

聚落其实在于空间。

如果空间是如此重要，那么，无限的自然空间一定比任何抽向的和结构的空间要重要的多；时间比空间更重要，要保持时间太困难了，我们的城市会失去它的特征，而变成"普遍的社会"。——Colin Rowe

理——审势相机

分析各个黄山市各个景点的优劣势，权衡得出将际村定义为文化研究性质功能，在聚落中研究聚落文化。

破——不破不立

采用科学统计方法以及部分主观判断对原有肌理进行梳理，击破际村陈旧落魄气质，凝固空间化石。

局——棋布星陈

采用三套轴网和1.3m×1.3m的模数如棋盘的网格一般控制梳理过后的际村建筑肌理。

结——累累如珠

在保留下的肌理上，如珠般串联置入国际聚落文化中心的各个功能，城市设计的各种要素。

道路分析

景观分析

改建前后官道界面对比

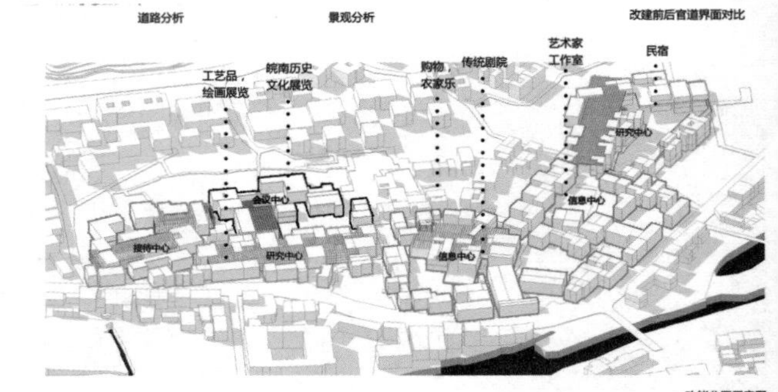

功能分区示意图

总平面图

评语：

【当我们在思考聚落时，我们在思考什么】

以建筑的形式逻辑向际村的聚落空间致敬。无论对于哪个专业领域，保护原有的文化、文脉都是一个不变的话题，因而采用何种措施就成了一个关键性的问题。

对于面对城市的发展，新型的功能不可避免地被安插进了古村落之中。该设计出发点意在满足新功能的顺利使用并保留原有聚落中的空间。

通过村落改造与建筑设计的新际村被注入文化意义的功能。同时原村落中的民宿，作坊，农家乐会被局部保留。做到在建筑形式，聚落空间，功能使用上和徽州古村落的风土民情形成无缝对接。实现历史的重现和展望。

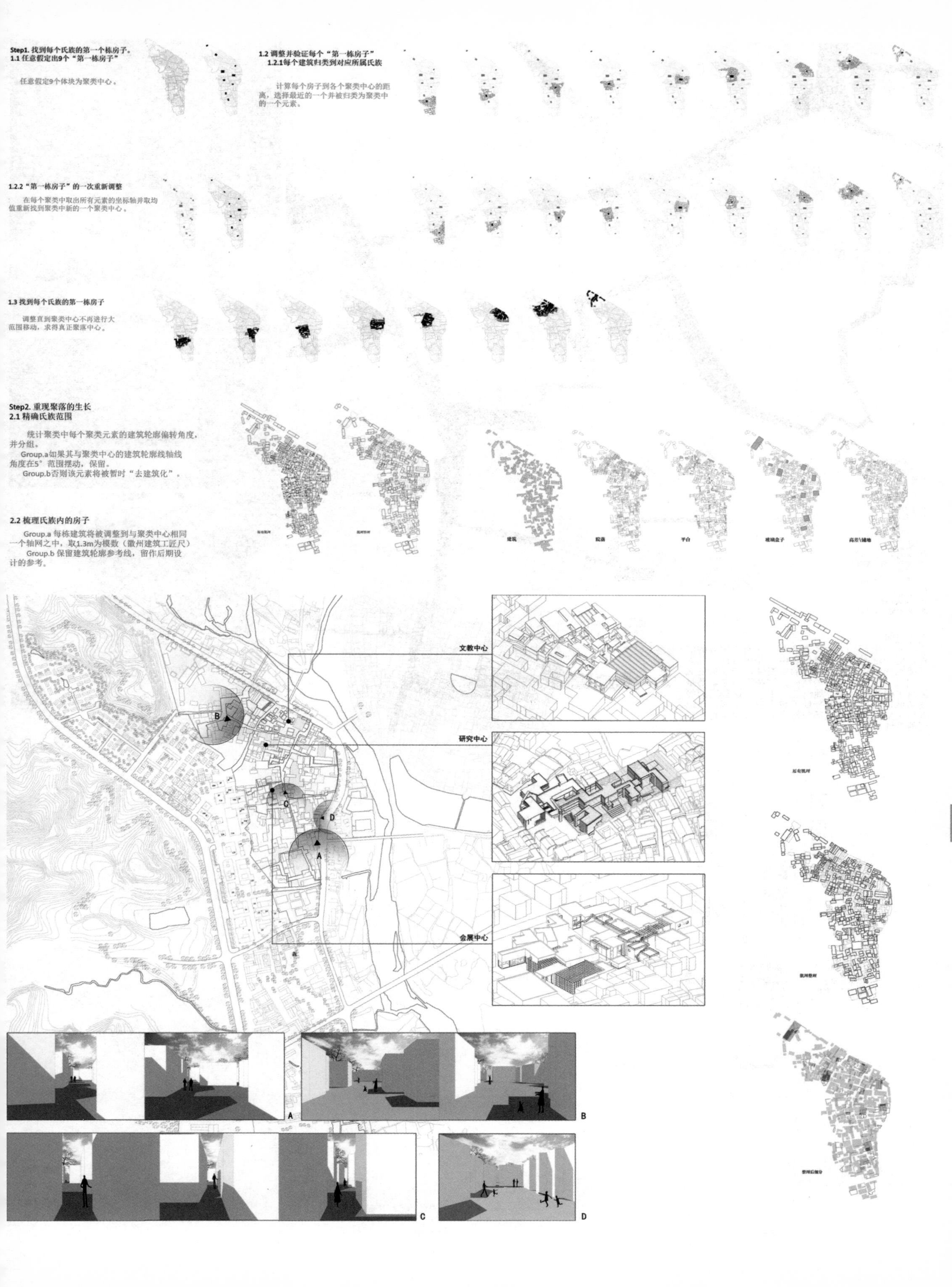
Step1. 找到每个氏族的第一个栋房子。
1.1 任意假定出9个"第一栋房子"
任意假定9个体块为聚类中心。
1.2 调整并验证每个"第一栋房子"
1.2.1每个建筑归类到对应所属氏族
计算每个房子到各个聚类中心的距离，选择最近的一个并被归类为聚类中的一个元素。
1.2.2"第一栋房子"的一次重新调整
在每个聚类中取出所有元素的坐标轴并取均值重新找到聚类中新的一个聚类中心。
1.3 找到每个氏族的第一栋房子
调整直到聚类中心不再进行大范围移动，求得真正聚落中心。
Step2. 重现聚落的生长
2.1 精确氏族范围
统计聚类中每个聚类元素的建筑轮廓偏转角度，并分组。
Group.a如果其与聚类中心的建筑轮廓线轴线角度在5°范围摆动，保留。
Group.b否则该元素将被暂时"去建筑化"。
2.2 梳理氏族内的房子
Group.a 每栋建筑将被调整到与聚类中心相同一个轴网之中，取1.3m为模数（徽州建筑工匠尺）
Group.b 保留建筑轮廓参考线，留作后期设计的参考。
建筑
院落
平台
玻璃盒子
高差\铺地
文教中心
研究中心
会展中心
A
B
C
D

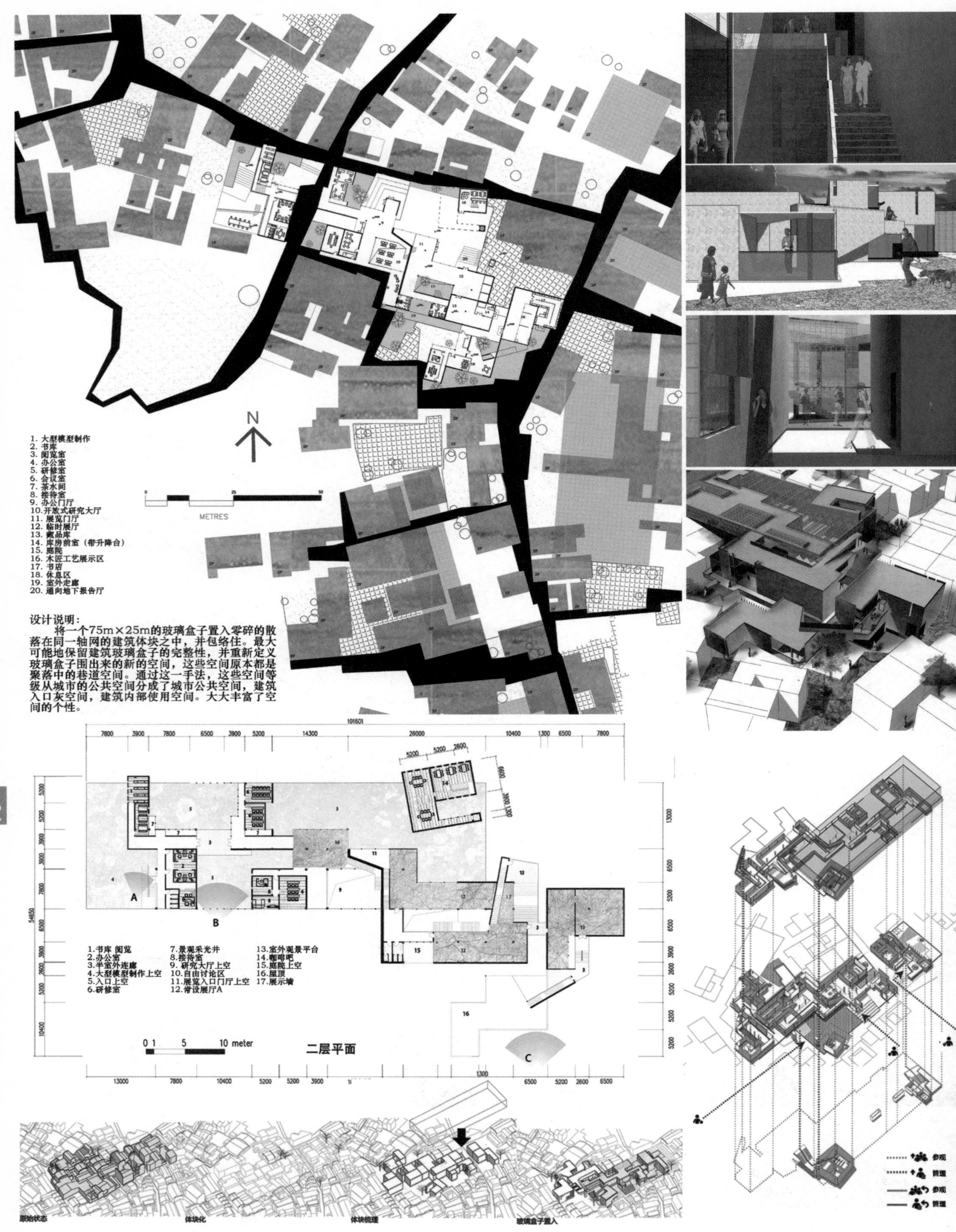

1. 大型模型制作
2. 书库
3. 阅览室
4. 办公室
5. 研修室
6. 会议室
7. 茶水间
8. 接待室
9. 办公门厅
10.开放式研究大厅
11. 展览门厅
12. 临时展厅
13. 臧品库
14. 库房前室（带升降台）
15. 庭院
16. 木匠工艺展示区
17. 书店
18. 休息区
19. 室外走廊
20. 通向地下报告厅
N
METRES
设计说明：
将一个75m×25m的玻璃盒子置入零碎的散落在同一轴网的建筑体块之中，并包络住。最大可能地保留建筑玻璃盒子的完整性，并重新定义玻璃盒子围出来的新的空间，这些空间原本都是聚落中的巷道空间。通过这一手法，这些空间等级从城市的公共空间分成了城市公共空间，建筑入口灰空间，建筑内部使用空间。大大丰富了空间的个性。
1.书库 阅览
2.办公室
3.半室外连廊
4.大型模型制作上空
5.入口上空
6.研修室
7.景观采光井
8.接待室
9. 研究大厅上空
10.自由讨论区
11.展览入口门厅上空
12.背设展厅A
13.室外观景平台
14.咖啡吧
15.庭院上空
16.屋顶
17.展示墙
0 1 5 10 meter
二层平面
原始状态
体块化
体块梳理
玻璃盒子置入
参观
管理
参观
管理

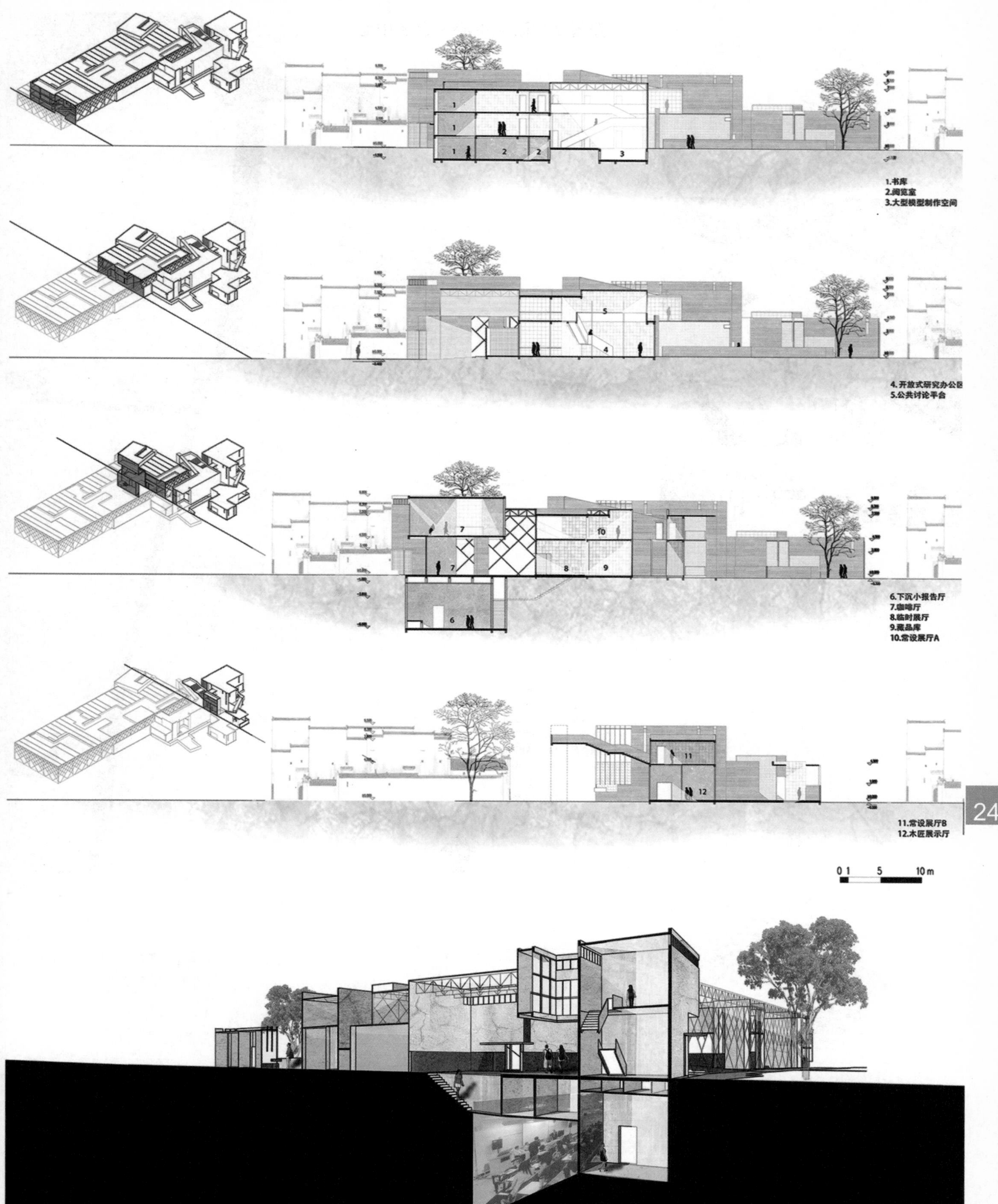

1.书库
2.阅览室
3.大型模型制作空间
4.开放式研究办公区
5.公共讨论平台
6.下沉小报告厅
7.咖啡厅
8.临时展厅
9.藏品库
10.常设展厅A
11.常设展厅B
12.木匠展示厅
0 1 5 10 m

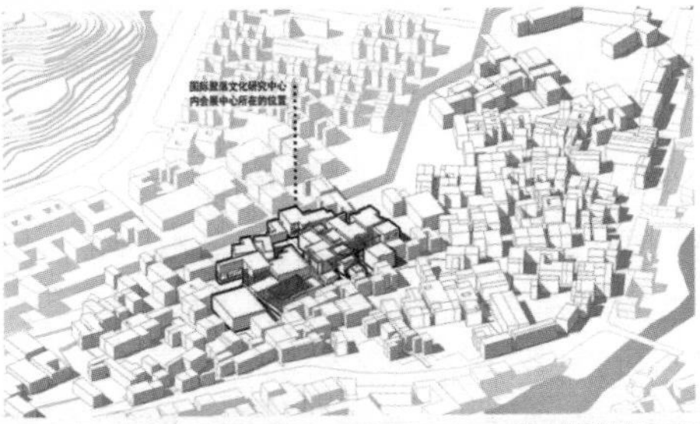

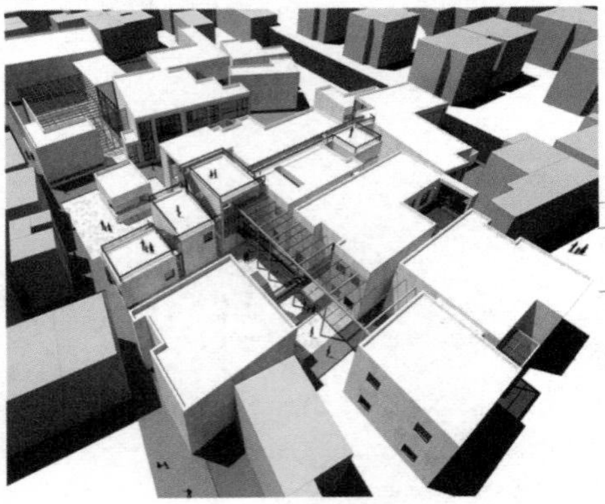

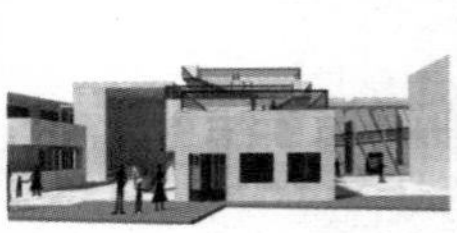

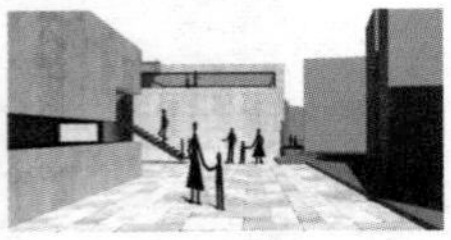

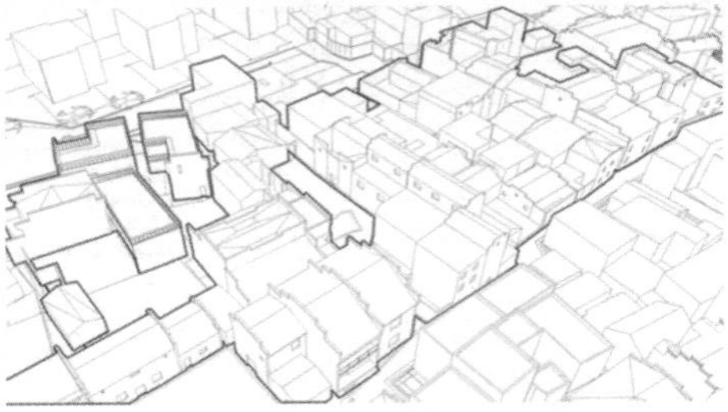

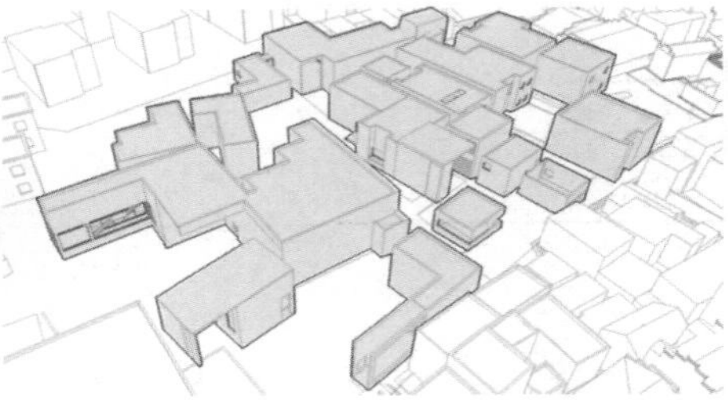

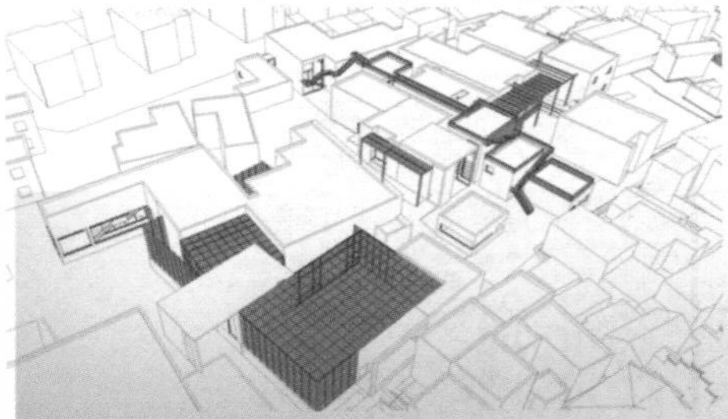

国际聚落文化研究中心
内会展中心所在的位置

国际聚落文化研究中心·会展中心

A
B
C
1 门厅
2 展览门厅
3 中型会议室
4 中型报告厅
5 大型报告厅
6 接待室
7 声控室
8 翻译室
9 服务室
10 庭院
11 安保
12 大堂
13 大堂吧
14 制作室
15 咨询
16 展厅
17 布草
18 客房

一层平面图 1：300

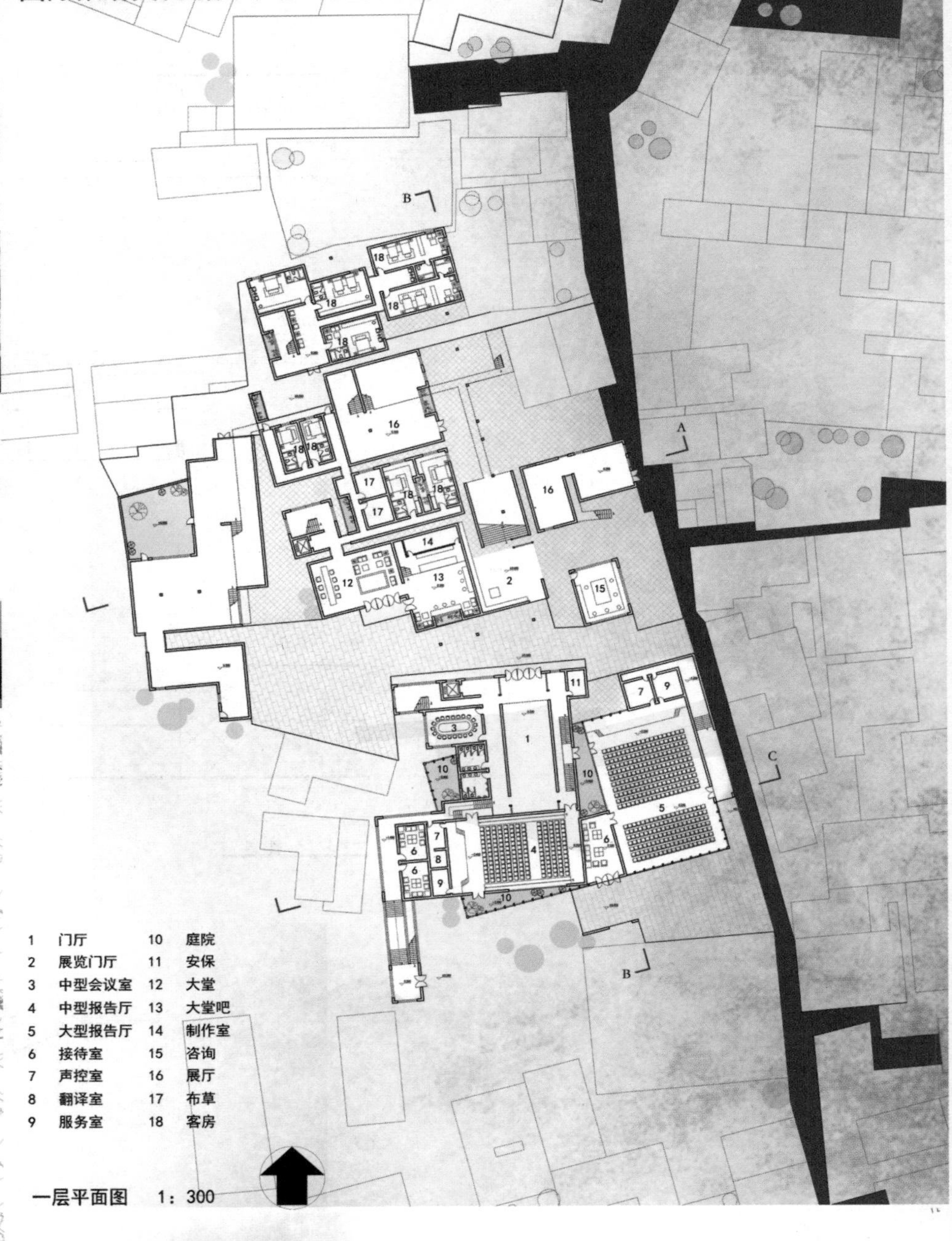

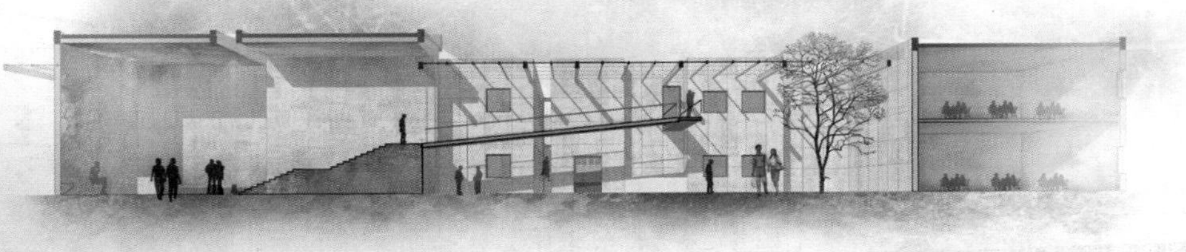

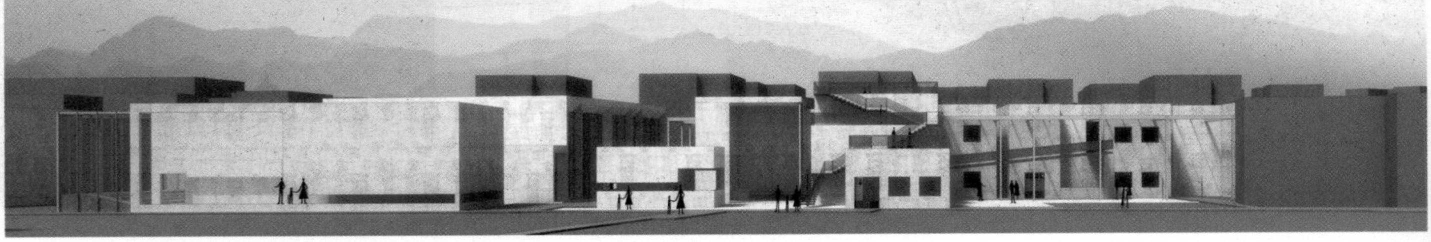

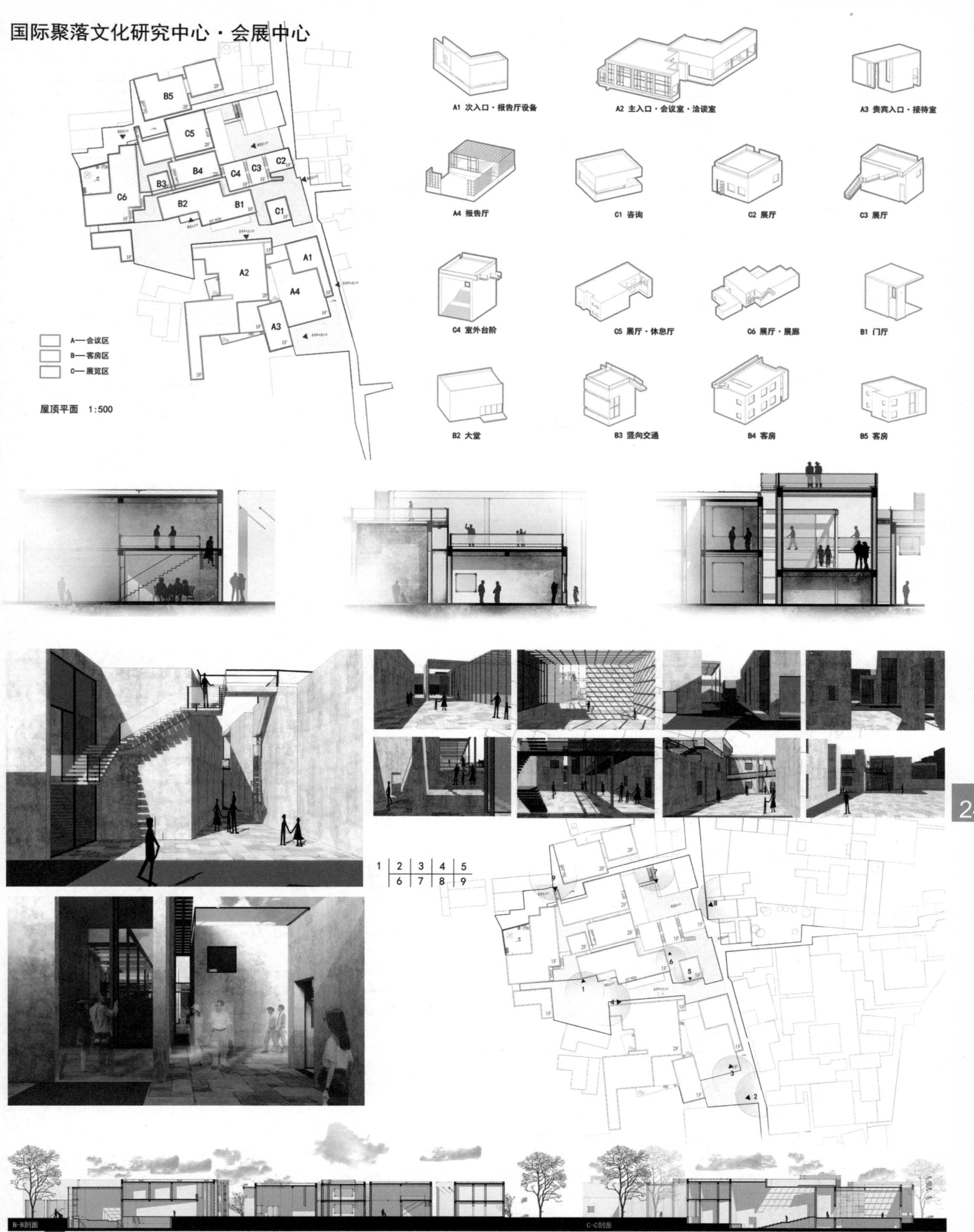

国际聚落文化研究中心·会展中心
A1 次入口·报告厅设备
A2 主入口·会议室·洽谈室
A3 贵宾入口·接待室
A4 报告厅
C1 咨询
C2 展厅
C3 展厅
C4 室外台阶
C5 展厅·休息厅
C6 展厅·展廊
B1 门厅
B2 大堂
B3 竖向交通
B4 客房
B5 客房
A—会议区
B—客房区
C—展览区
屋顶平面 1:500
B-B剖面
C-C剖面

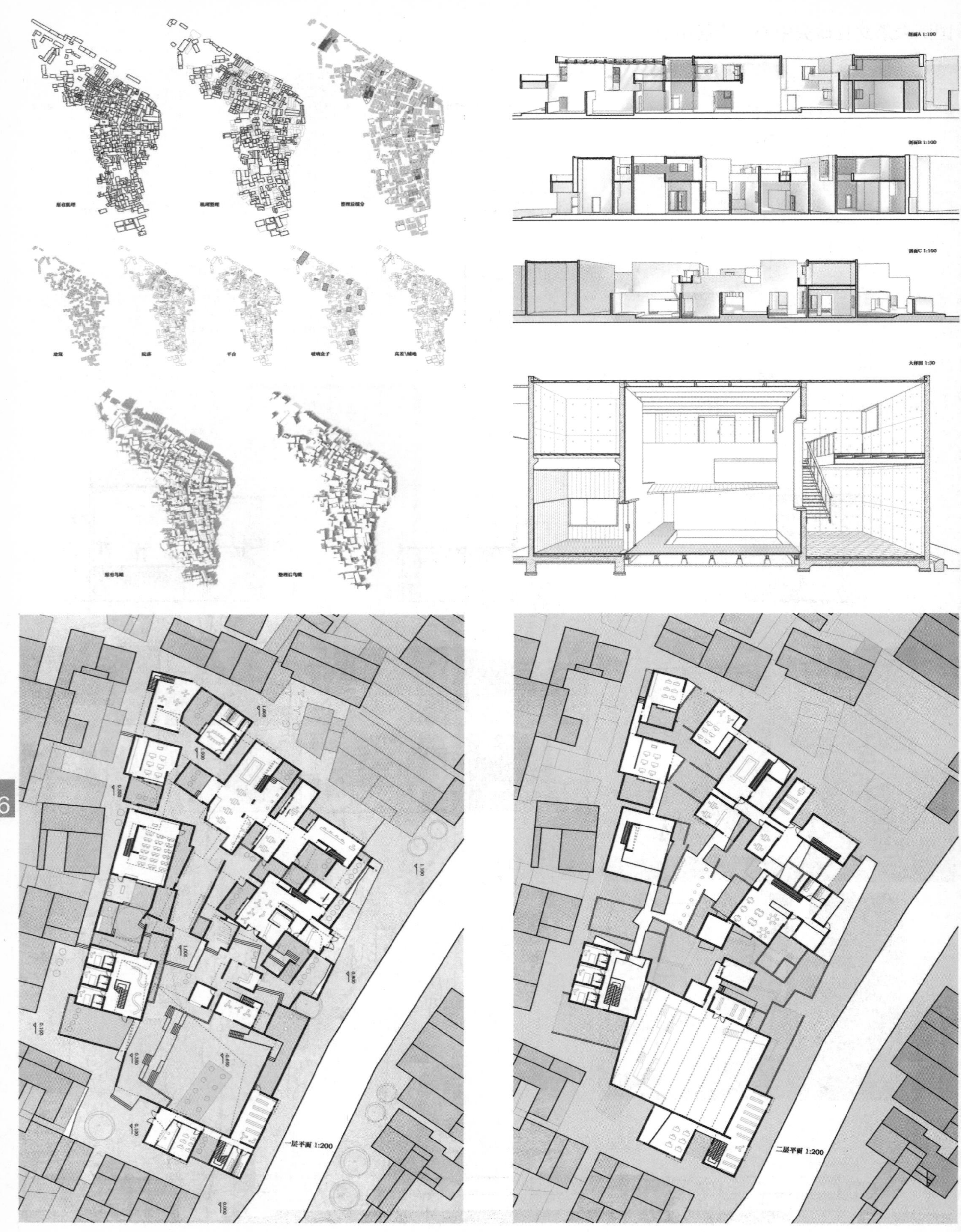
原有肌理
肌理整理
整理后细分
建筑
院落
平台
玻璃盒子
高差\铺地
原有鸟瞰
整理后鸟瞰
剖面A 1:100
剖面B 1:100
剖面C 1:100
大样图 1:30
一层平面 1:200
二层平面 1:200

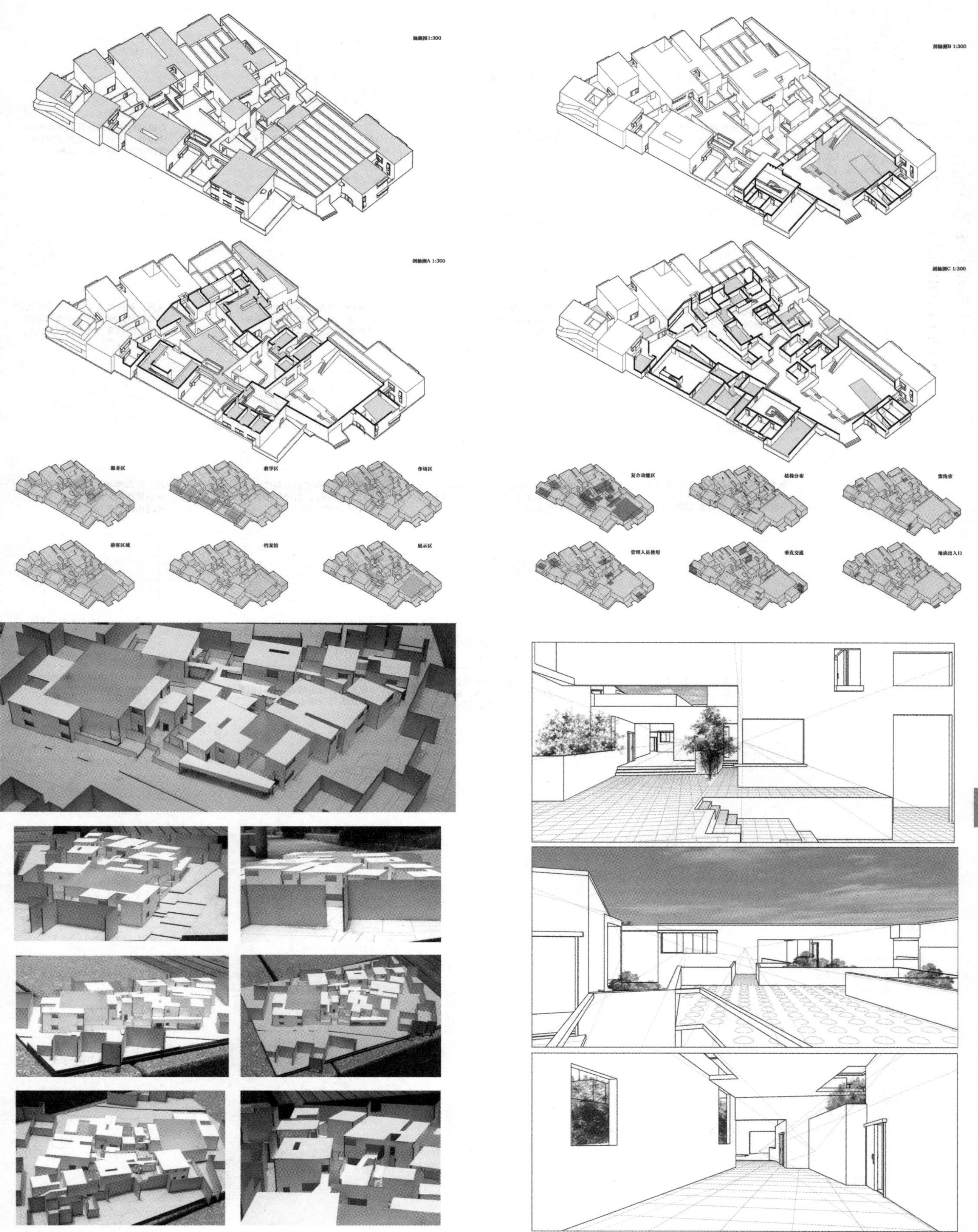

轴测图1:300
剖轴测B 1:300
剖轴测A 1:300
剖轴测C 1:300
服务区
教学区
作坊区
复合功能区
植株分布
盥洗室
游客区域
档案馆
展示区
管理人员使用
垂直交通
地块出入口

一个自组织聚落的设计
A Self-organizing Village

浙江大学
设计者：郑少骏/王运兹
指导：张毓峰

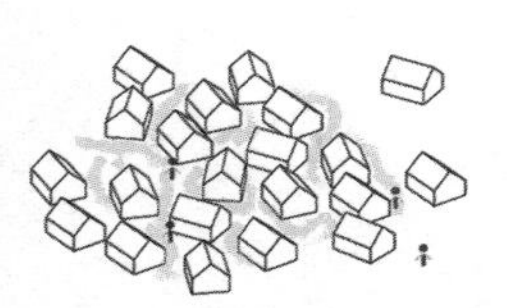

人们在原有村落的活动空间是小尺度的，没有供大量人群活动的大空间。

现代社交生活的发展鼓励人们寻找通用性好，开敞的大空间。

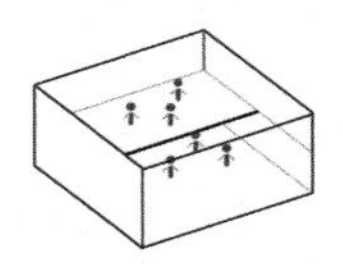

在小尺度的村子里拔除若干房子，形成大空间，在不破坏 原有肌理的状态下形成新的空间关系。

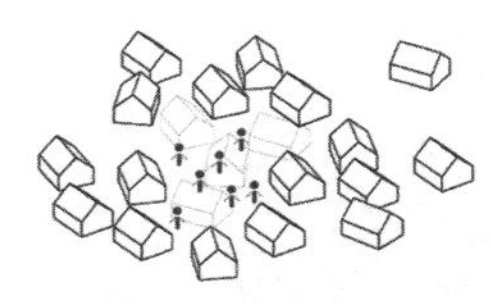

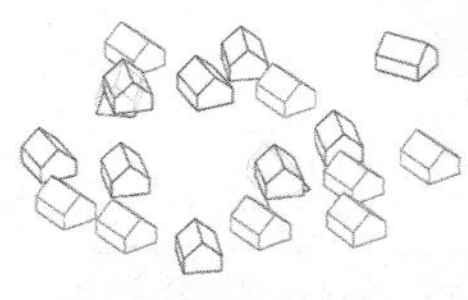

考虑到村子未来发展的余地和可操作性，我们将一些房子扭转特定的角度，便于大空间的置入。

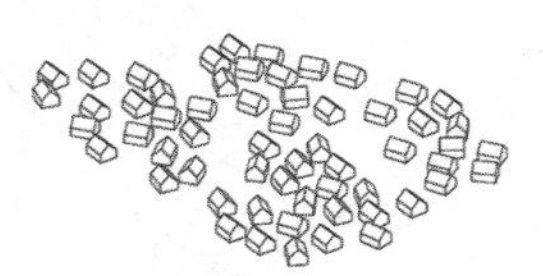

原生态聚落有着自己丰富的空间关系和结构组织形式，并根据某些规则进行自组织和演替的过程。

现代城市化进程开始侵入这种原生态的自组织系统。起初，它们只是少数的异质体。

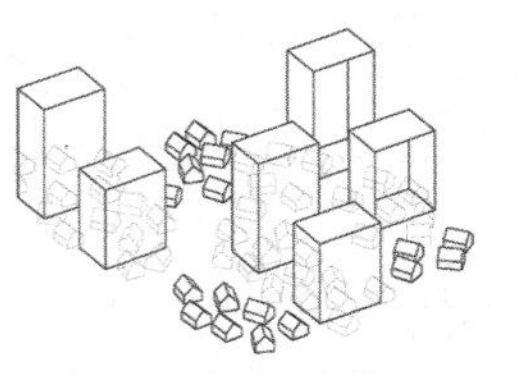

渐渐的，异质体越来越多，这些异质体之间也形成了新的秩序，开始动摇原来村落的秩序。

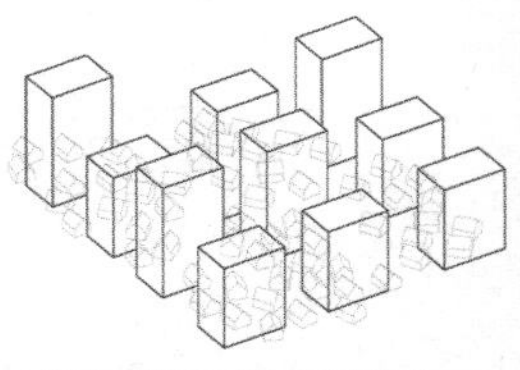

最后，异质体完全统治了这片土地上的秩序和法则，原有村落肌理被彻底破坏，成为一座现代化的所谓“城市”。

聚落形成的起点是以个人或家庭为单元，随机分配。这个阶段单元间联系少，没有聚落感。

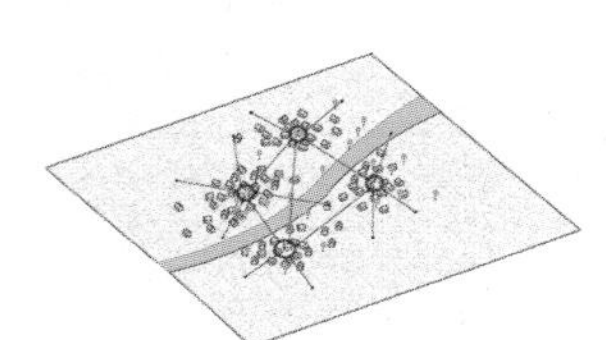

接下来1~5年是聚落的快速发展期，各种配套设施的完善使得聚落的结构真正成型，公共社区开始出现。

贸易发展使得聚落分裂成小规模的邻里和个体，回归到相对自由和个人化的状态。

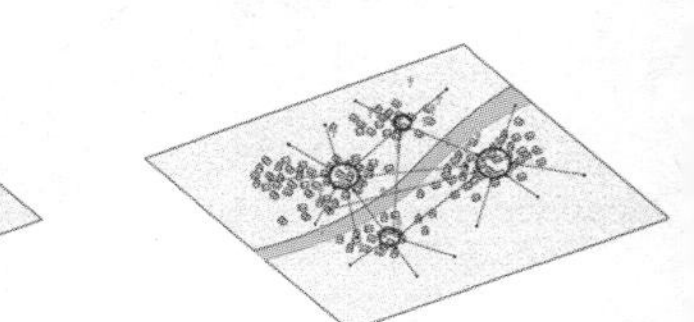

过了5~20年的时间，集体和半集体的聚落再一次面临人口高峰，各组团发展愈加迅速。

原有村落肌理虽然完好，但因其中异质体的混入 显得有些凌乱。

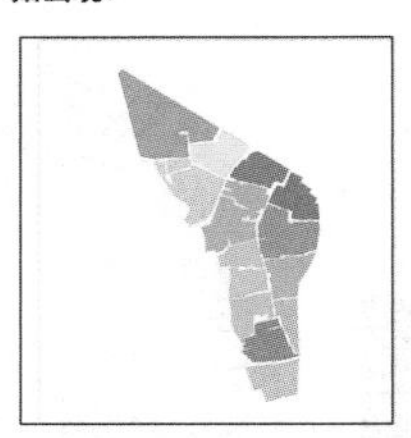

接下来1~5年是聚落的快速发展期，配套设施日趋完善，聚落结构逐渐成型，公共社区开始出现。

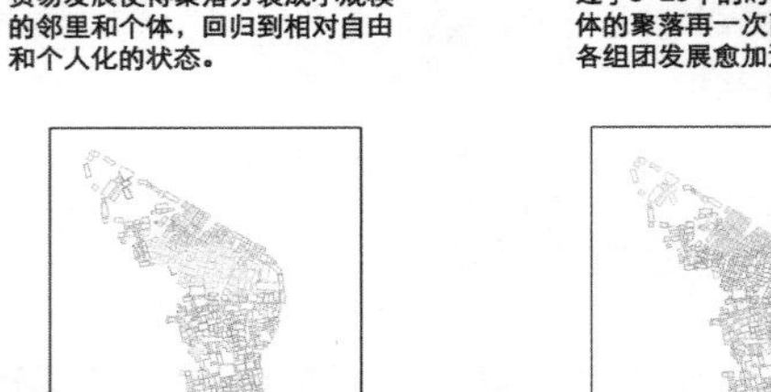

利用Rhino 和 Grasshopper对现有建筑的边线进行统计归类并筛选出异质项。

利用硬聚落算法求得最好的区间分段模式，将所有建筑边线归入9套轴网，再进行下一步操作。

评语：

本设计利用原有的聚落肌理，通过玻璃盒子将若干个体块组织起来，形成公共性的大空间；在“原有体块”的内部，以及体块之间的连接中，将徽州聚落空间的原型进行归纳和重构，并利用已有的建筑体块的关系将这些节点空间融入。最后利用明晰的路径将这些大与小、开放与私密、传统与现代的空间串联起来，形成独特而富有韵律的空间体验。

设计立足于际村原有肌理，将其作为集体记忆的物质载体，提出了相应的空间模式和功能配套。把巷道空间和广场空间内建筑化作为际村中聚落文化展示的一种解答。建筑布局赋形从场地肌理特性及其数理关系分析入手，构建了空间内在逻辑和秩序。人在空间中的体验成了自始至终的主题和标准。

原始肌理

拔除异质

形成景观

归入轴网

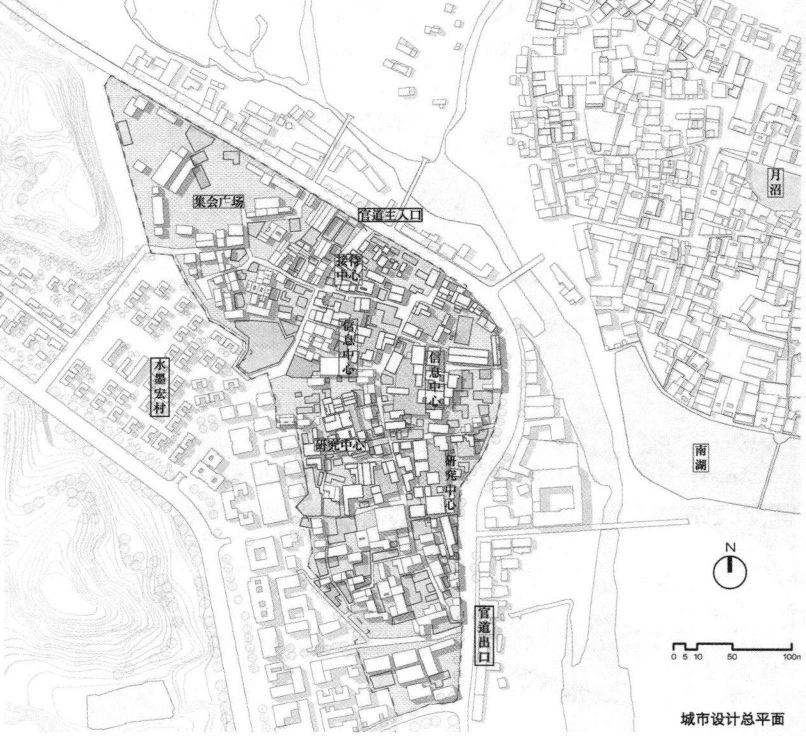

城市设计总平面

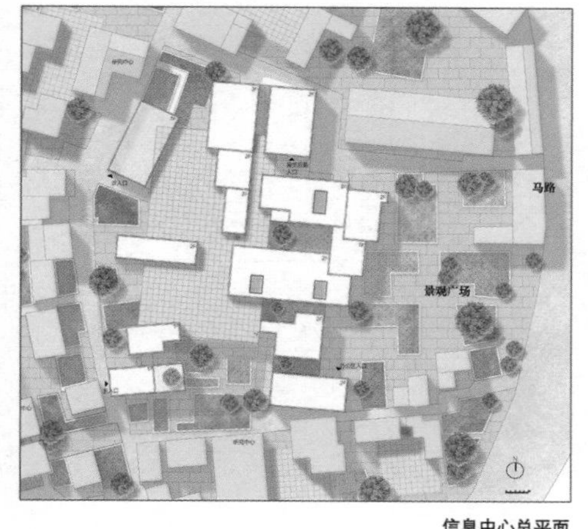

信息中心总平面

信息中心鸟瞰

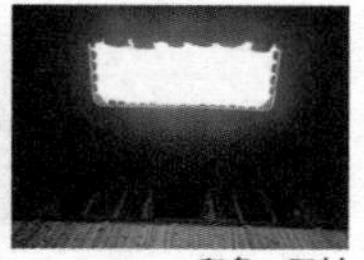

印象 · 际村

道路 · 边界 · 区域 · 节点 · 标志物

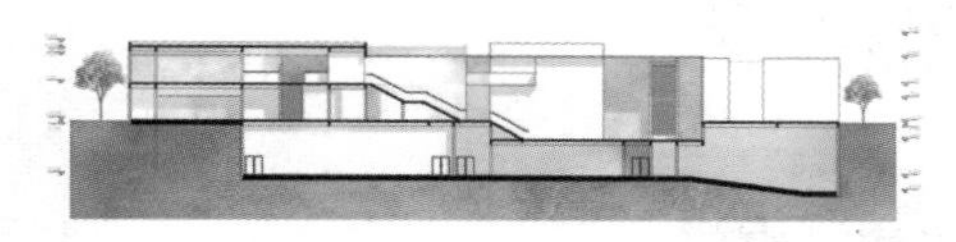

A-A 剖面

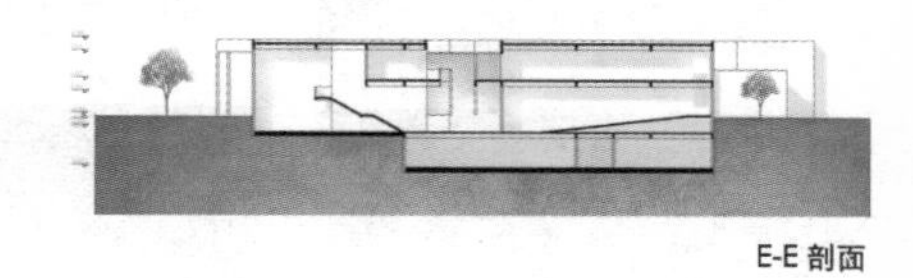

D-D剖面

B-B 剖面

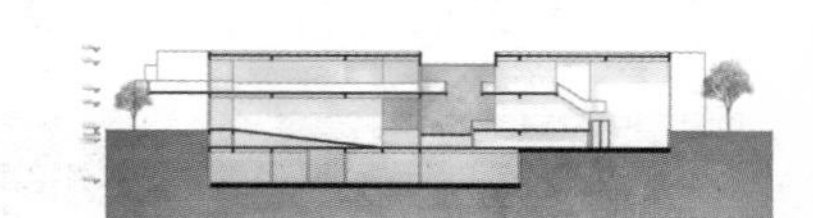

E-E 剖面

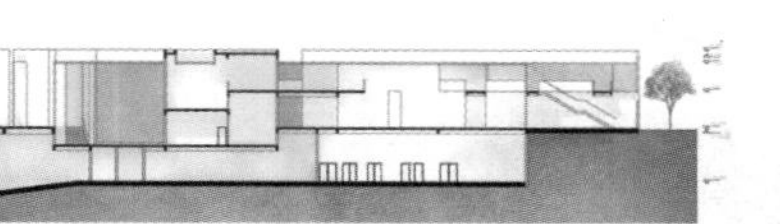

C-C 剖面

F-F 剖面

概念 · 设想

1.保留　将原有的徽州聚落空间的类型化原型进行一定的归纳和重复，融入到保留下肌理的建筑体块中。

2.更新　利用大的玻璃盒子组织若干体块，创造出大尺度的公共空间来满足需求。

3.交织　利用路径将寄托"徽州记忆"的传统空间和大尺度的公共空间串联起来，创造有韵律的空间体验，三维的聚落空间。

道路 · 节点

1. 一条明确的空间路径和若干段交错的路径。

2. 强烈的围合感和场所感。

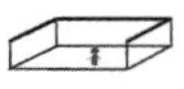

3. 同类型不同尺度的空间的复制叠加。

原型研究

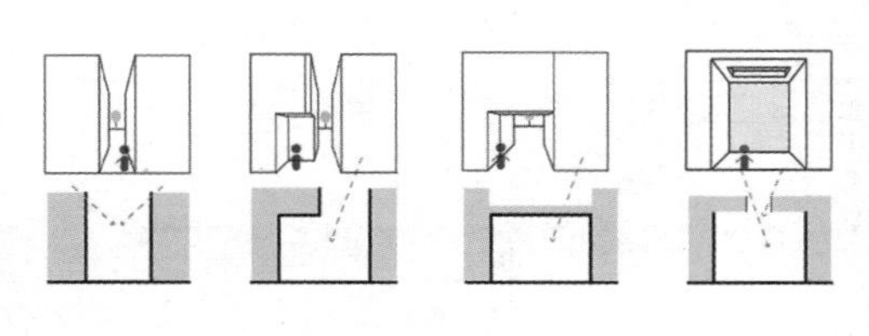

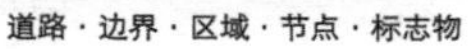

信息中心内部透视

地下一层平面

一层平面

二层平面

功能分区及流线分析

视轴分析

节点分析

节点大样

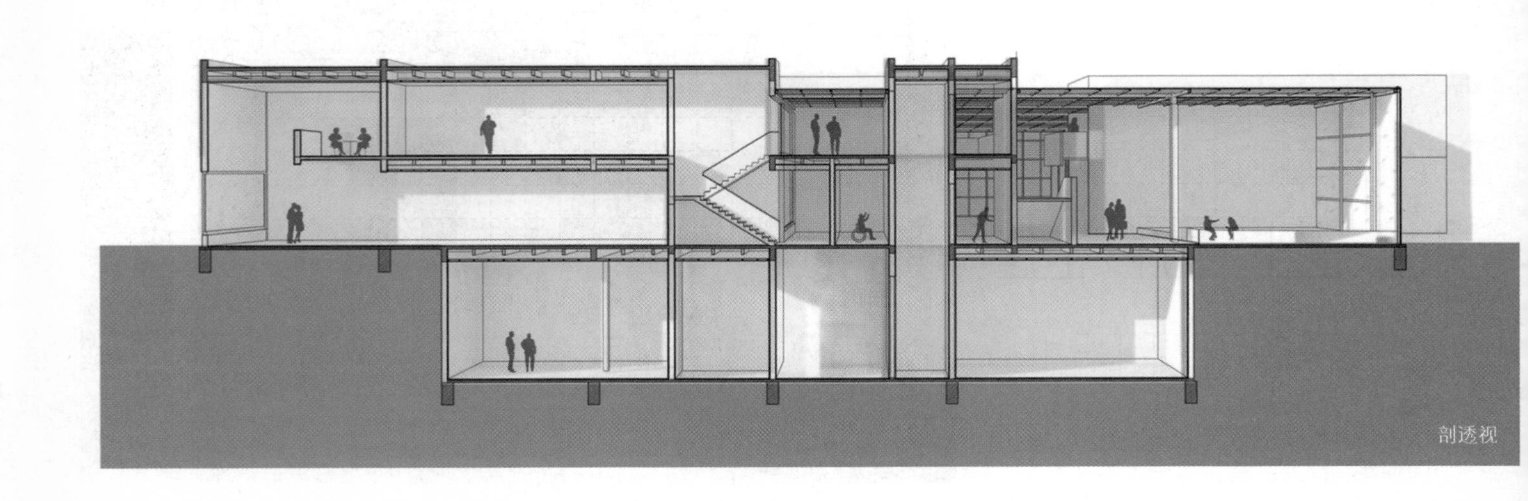

剖透视

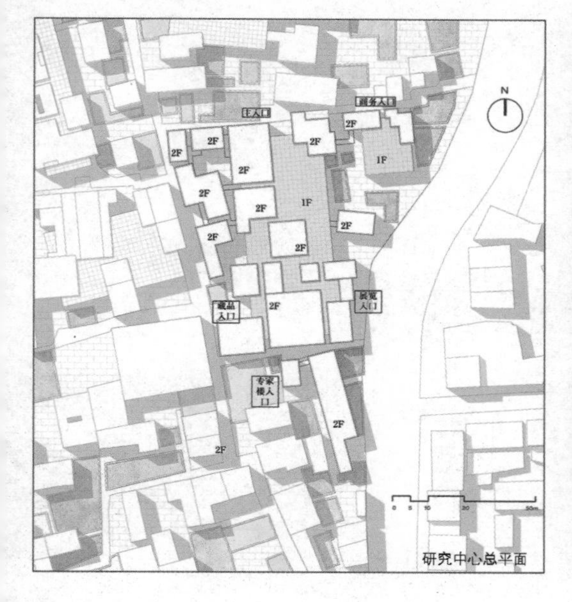

研究中心总平面

入口空间透视

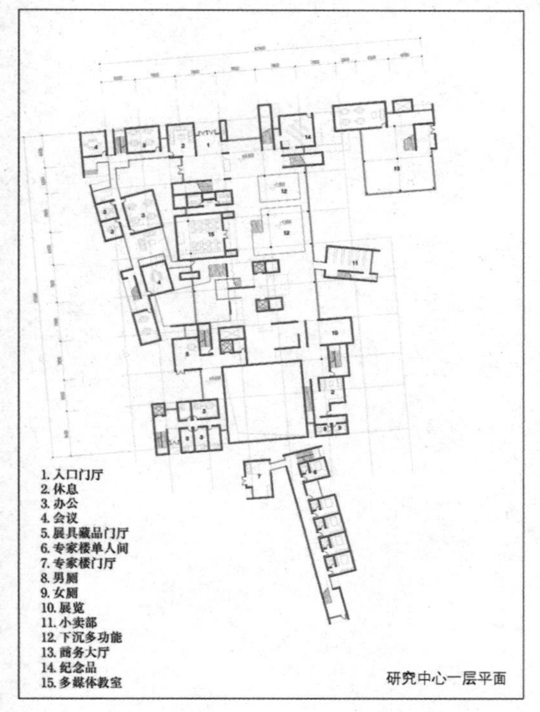

研究中心一层平面

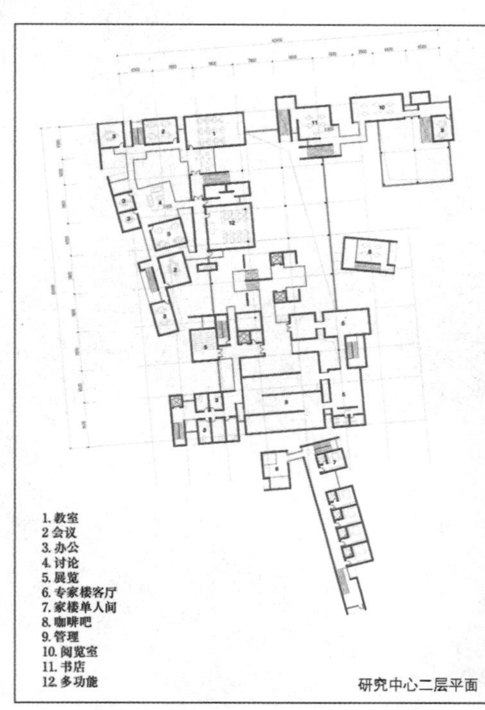

研究中心二层平面

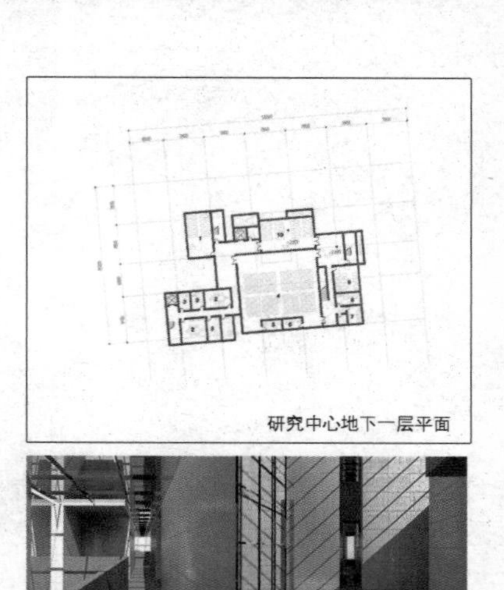

研究中心地下一层平面

A-A 剖面　B-B 剖面　C-C 剖面

BEIJING UNIVERSITY OF CIVIL ENGINEERING AND ARCHITECTURE

北京建筑大学

指 导 教 师

王 佐
Wang Zuo

俞天琦
Yu Tianqi

马 英
Ma Ying

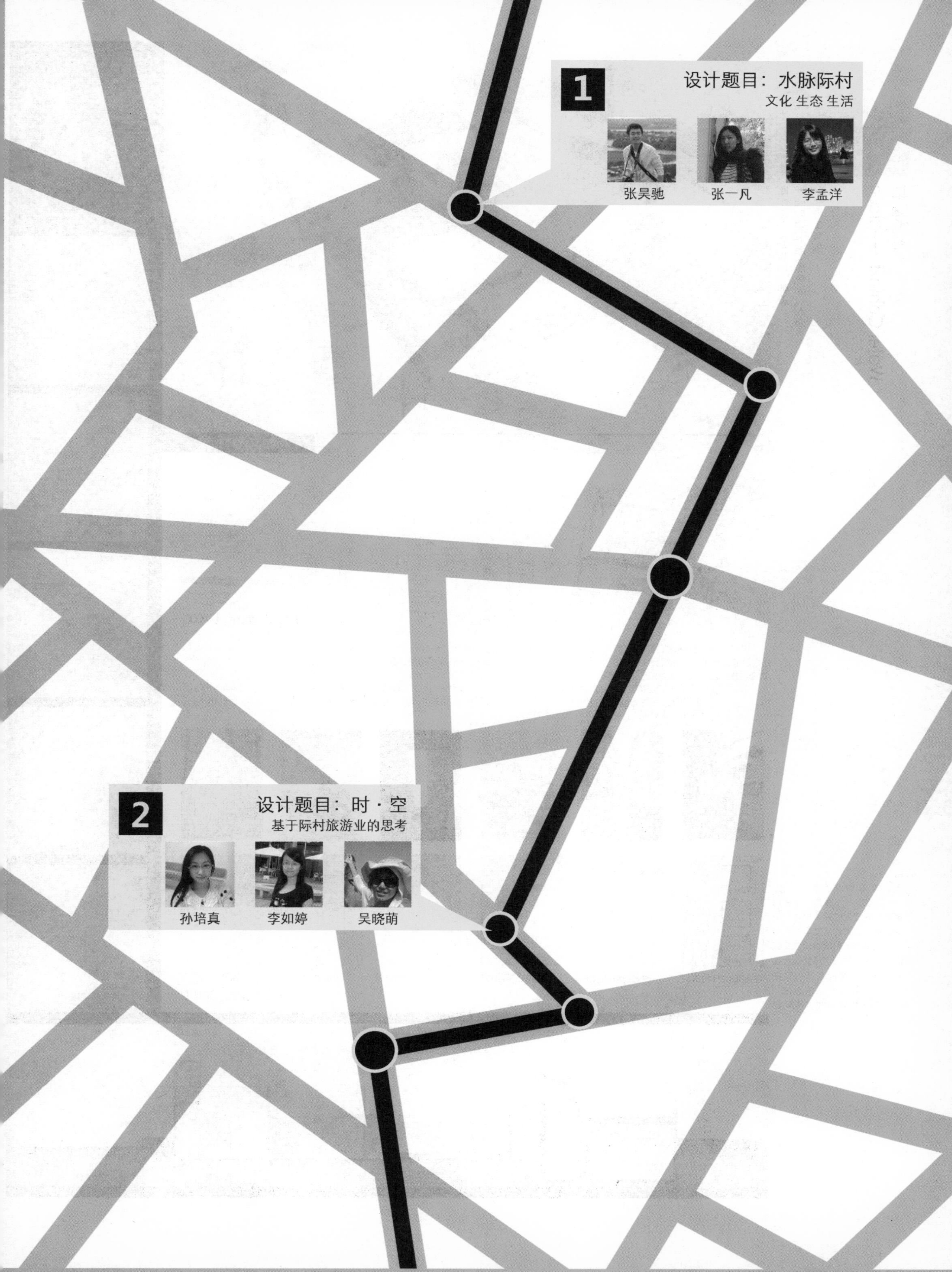
1
设计题目：水脉际村
文化 生态 生活
张昊驰
张一凡
李孟洋
2
设计题目：时 · 空
基于际村旅游业的思考
孙培真
李如婷
吴晓萌

水脉际村 Water Context——Jicun

北京建筑大学
设计：张昊驰/张一凡/李孟洋
指导：王佐/俞天琦/马英

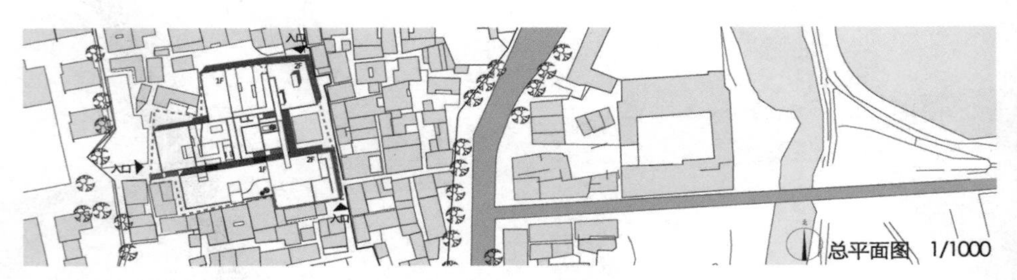

本设计是黟县际村的改造与建筑设计，项目名称是际村文化体验馆。际村只是一个众多徽州村落中的一个小村庄。它蕴含有徽州地区的文化特色。本设计主要选取了当地有特色的功能进行展示，设置了砖雕艺术展馆，木雕艺术展馆，磨石展馆，竹艺展馆，水文化展馆，酒文化展馆和茶艺文化展馆。总建筑面积3000多m²。

建筑设计中主要考虑到了当地居民的生活环境，让建筑以最适合场地的形式在这里展现。体验馆的目的在于宣传际村的文化生活特点。通过若干建筑现象学的方法，以及光的控制，把际村人民的生活环境融入游览者的体验中。用自上而下的方法展现出了际村的另一面。同时对于当地人来说，也形成一种“居”的概念。

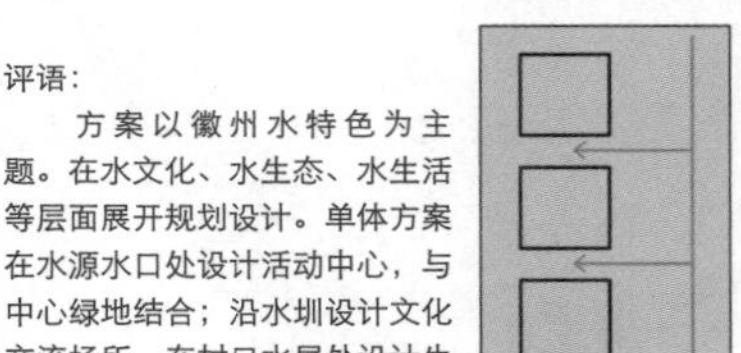
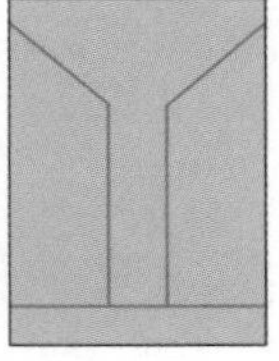
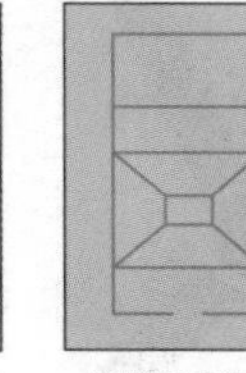
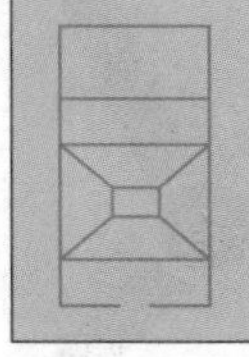
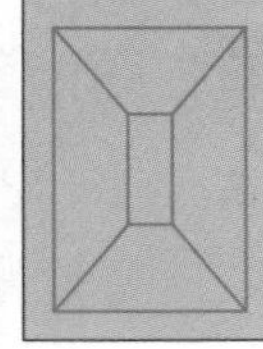
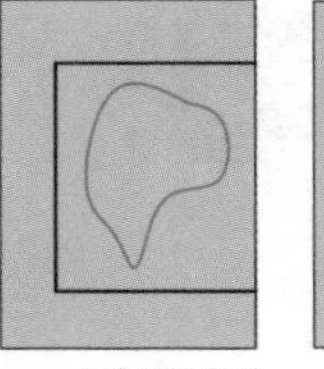
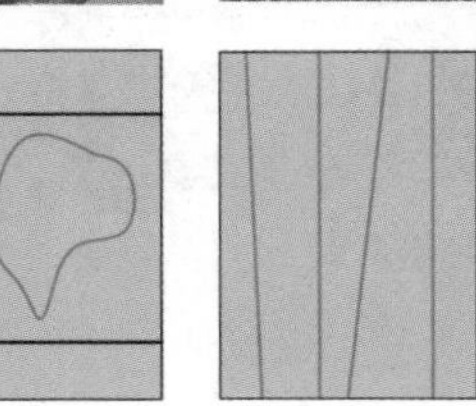
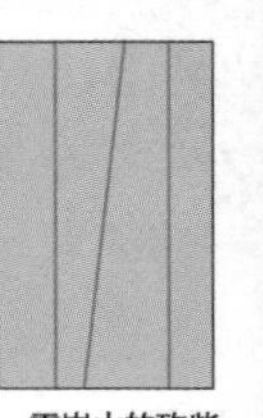

不显眼的际村入口　村内街道的尺度　院落的空间序列　采光天井　水边聚集生活　雷岗山的砍柴

际村人民生活状态提取

评语：

方案以徽州水特色为主题。在水文化、水生态、水生活等层面展开规划设计。单体方案在水源水口处设计活动中心，与中心绿地结合；沿水圳设计文化交流场所，在村口水尾处设计生态教育基地，面向未来；在中心祠堂附近设计文化体验馆，面对过去宣传际村和徽州地区的文化。

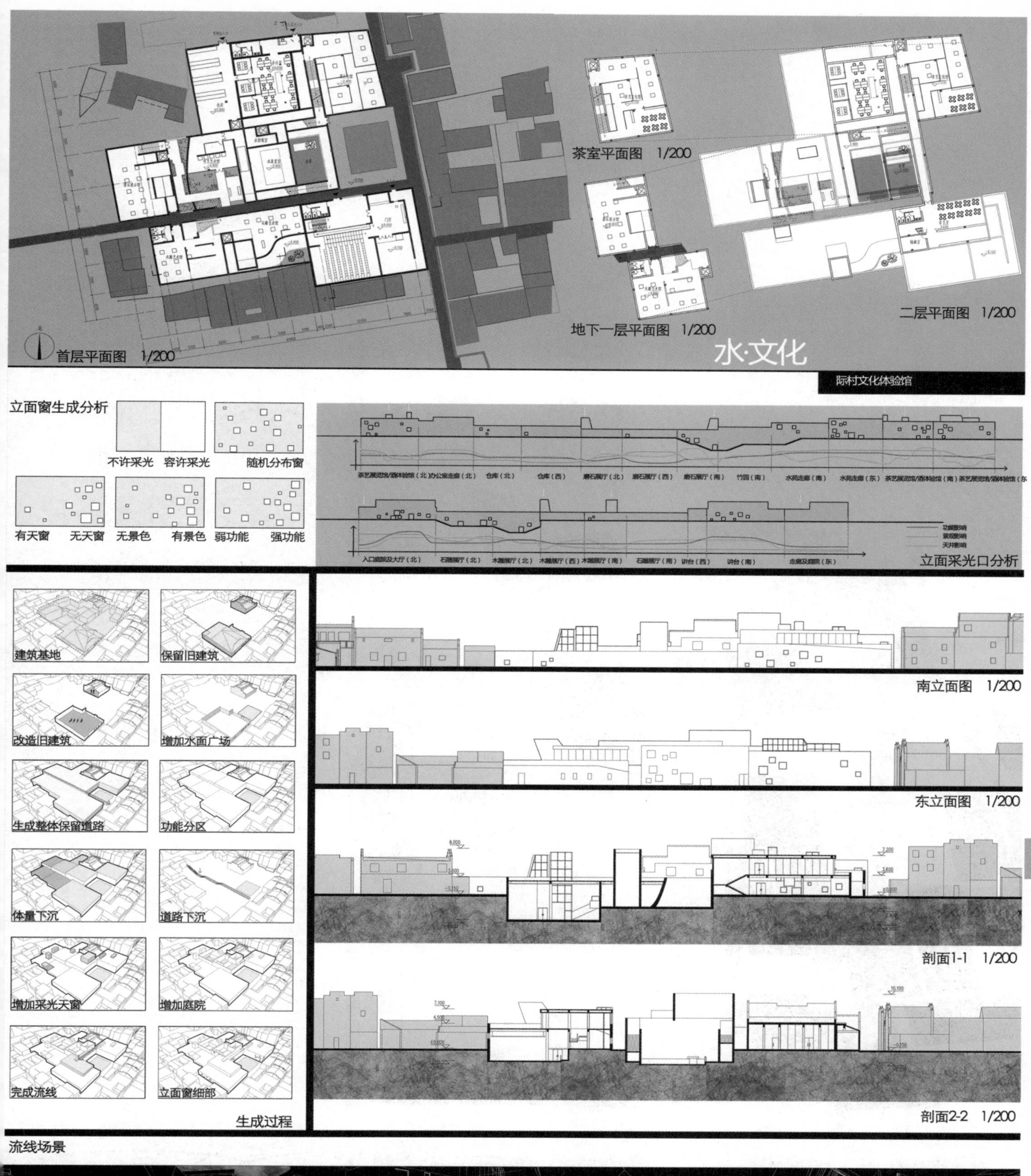
首层平面图 1/200
茶室平面图 1/200
地下一层平面图 1/200
二层平面图 1/200
水·文化
际村文化体验馆
立面窗生成分析
不许采光
容许采光
随机分布窗
有天窗
无天窗
无景色
有景色
弱功能
强功能
立面采光口分析
建筑基地
保留旧建筑
改造旧建筑
增加水面广场
生成整体保留道路
功能分区
体量下沉
道路下沉
增加采光天窗
增加庭院
完成流线
立面窗细部
生成过程
南立面图 1/200
东立面图 1/200
剖面1-1 1/200
剖面2-2 1/200

流线场景

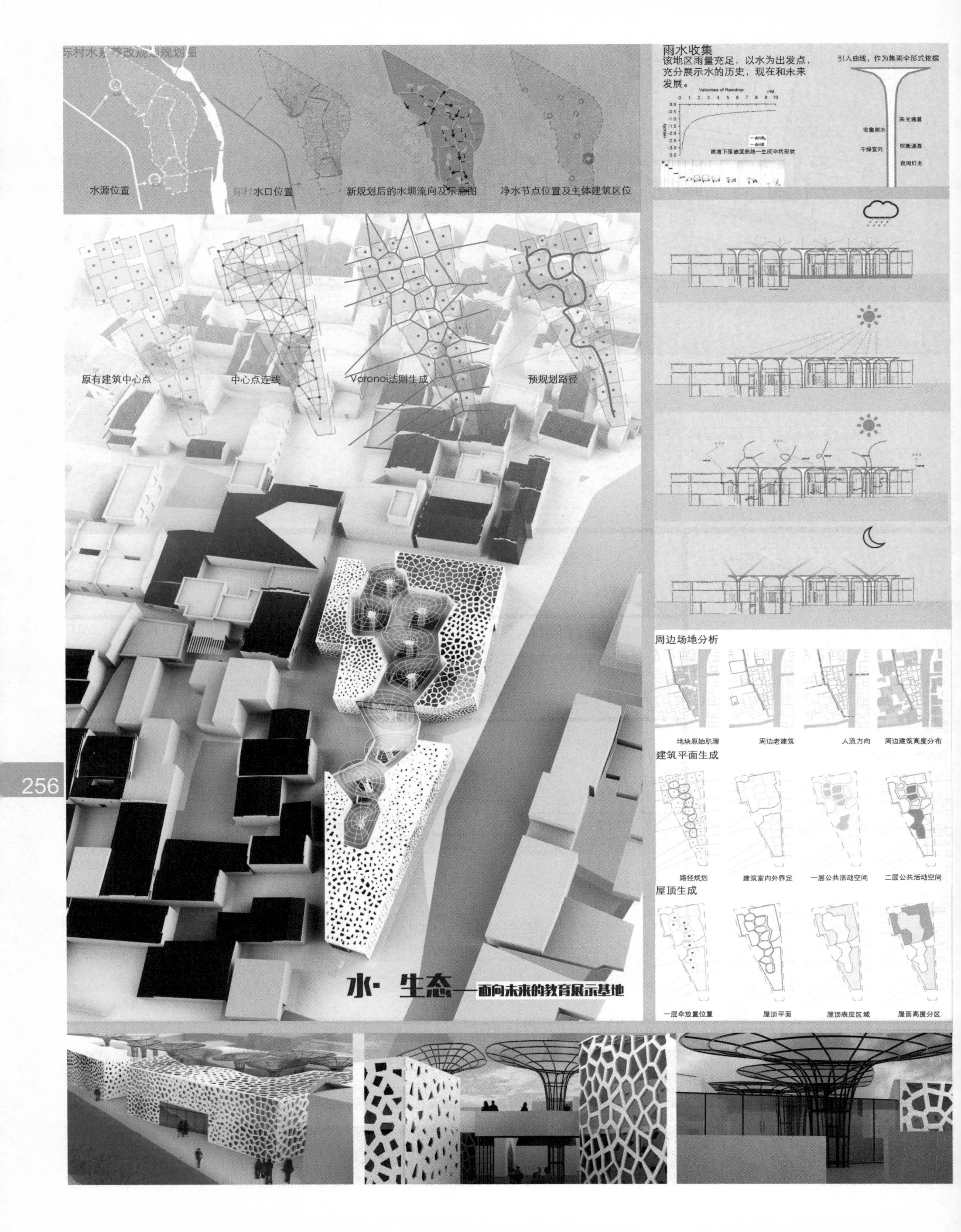

水源位置
新规划后的水圳流向及示意图
净水节点位置及主体建筑区位
雨水收集
该地区雨量充足，以水为出发点，充分展示水的历史，现在和未来发展。
引入曲线，作为集雨伞形式依据
Velocities of Raindrop
原有建筑中心点
中心点连线
Voronoi法则生成
预规划路径
周边场地分析
地块原始肌理
周边老建筑
人流方向
周边建筑高度分布
建筑平面生成
路径规划
建筑室内外界定
一层公共活动空间
二层公共活动空间
屋顶生成
一层伞放置位置
屋顶平面
屋顶表皮区域
屋面高度分区
水· 生态—面向未来的教育展示基地

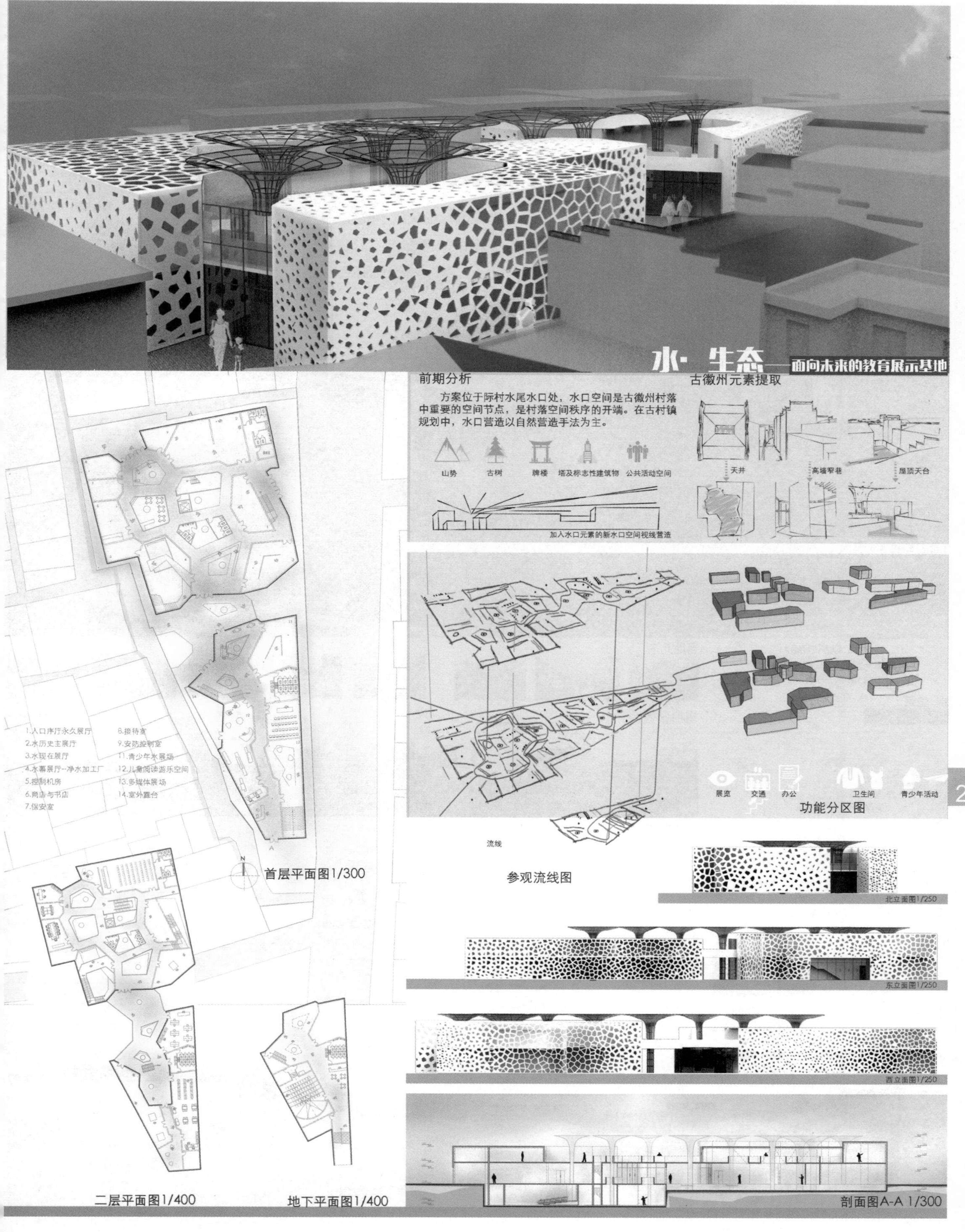
水·生态——面向未来的教育展示基地
前期分析
方案位于际村水尾水口处，水口空间是古徽州村落中重要的空间节点，是村落空间秩序的开端。在古村镇规划中，水口营造以自然营造手法为主。
山势
古树
牌楼
塔及标志性建筑物
公共活动空间
加入水口元素的新水口空间视线营造
古徽州元素提取
天井
高墙窄巷
屋顶天台
1.入口序厅永久展厅
2.水历史主展厅
3.水现在展厅
4.水幕展厅--净水加工厂
5.控制机房
6.商店与书店
7.保安室
8.接待室
9.安防控制室
11.青少年水展场
12.儿童阅读游乐空间
13.多媒体展场
14.室外露台
首层平面图1/300
展览
交通
办公
卫生间
青少年活动
功能分区图
流线
参观流线图
北立面图1/250
东立面图1/250
西立面图1/250
二层平面图1/400
地下平面图1/400
剖面图A-A 1/300

朱熹《观书有感》

半亩方塘一鉴开，天光云影共徘徊。
问渠哪得清如许，为有源头活水来。

水 生活

村民活动中心

该基地东临西溪，与宏村相对，西邻集居住商业娱乐为一体的"水墨宏村"项目，处在世界文化遗产与新兴商业居住区的夹缝之中。

用地分析

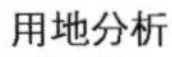

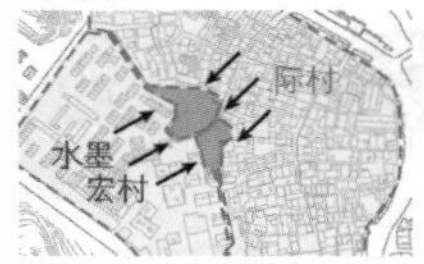

积极因素
新老交汇+可达性强+内向性

消极因素
边界模糊+环境杂乱

当地元素

用地现状

环境生成

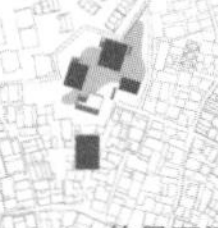

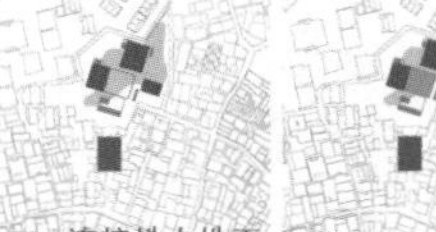

功能关系

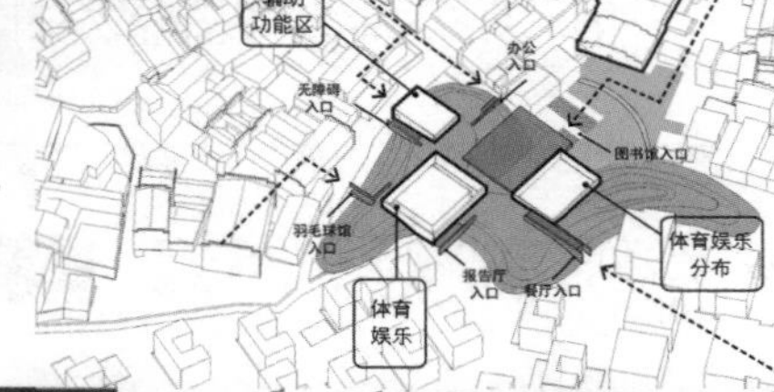

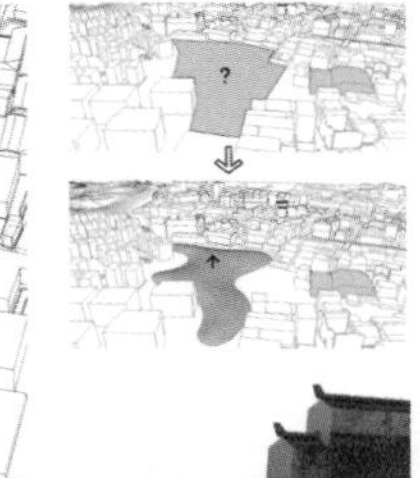

概念生成

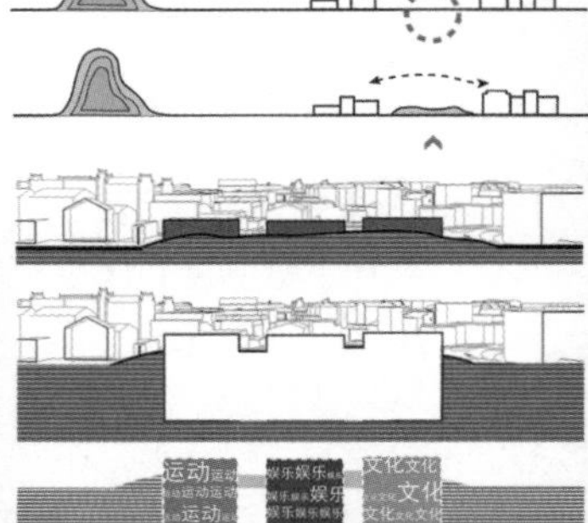

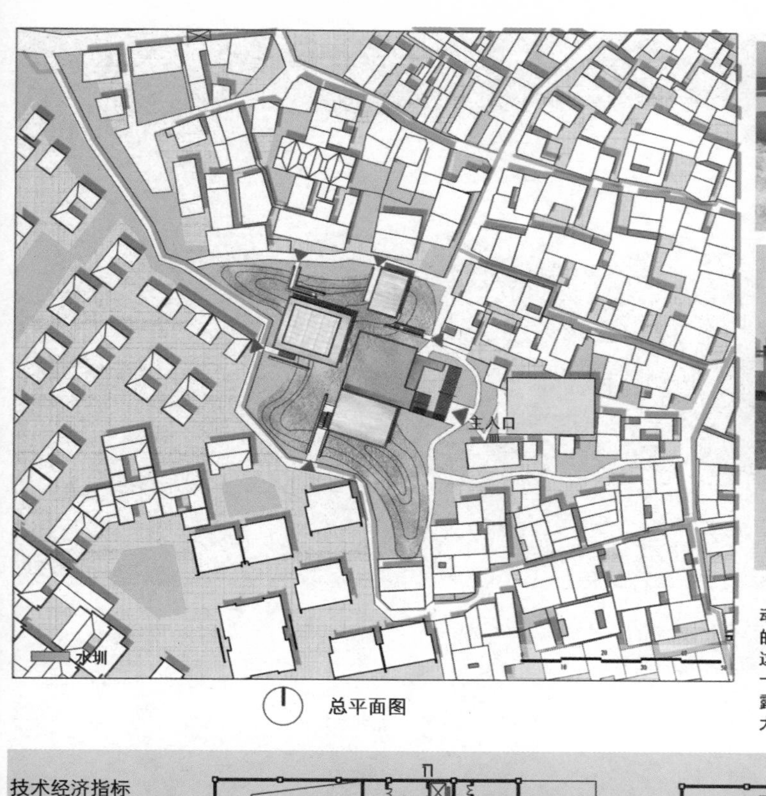

总平面图

通过调研我认为际村缺少公共活动的场地，同时水作为皖南最具特色的元素没有在际村中发挥优势。结合这两点我设计了村民活动中心。这是一个覆土建筑，消隐在环境中，地上露出采光井，采光通风的同时也形成大地景观，为际村注入新的活力。

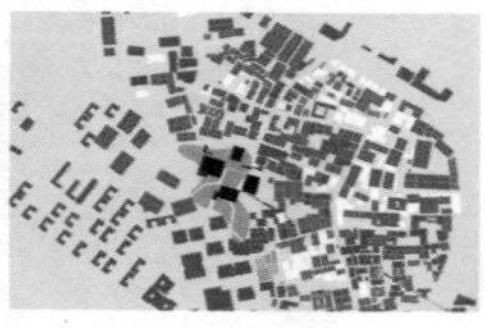

水 生活

村民活动中心

技术经济指标

总建筑面积：4437m²
建筑层数：3（地下）
建筑密度：50%
绿化率：40%

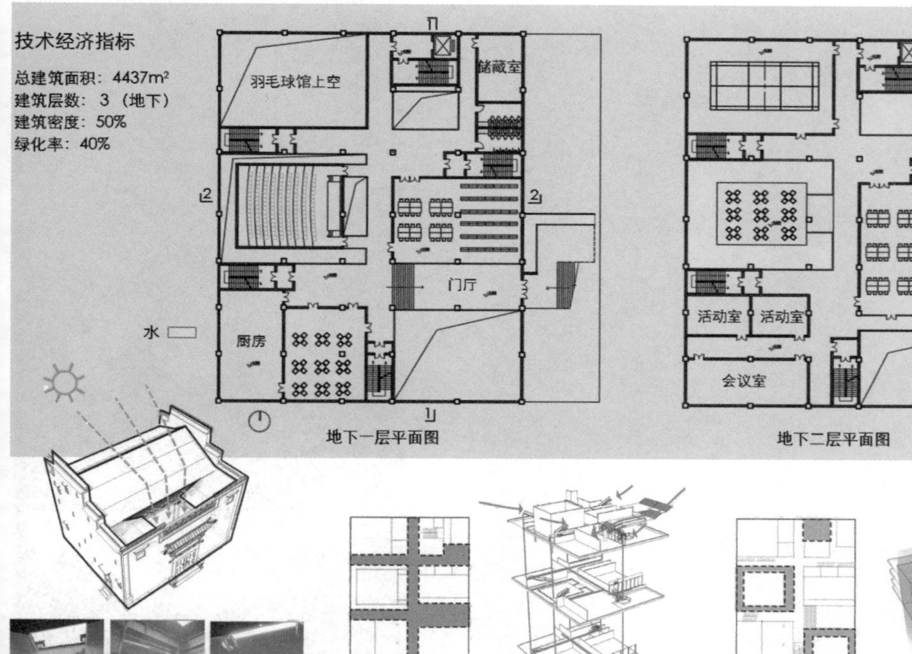

地下一层平面图

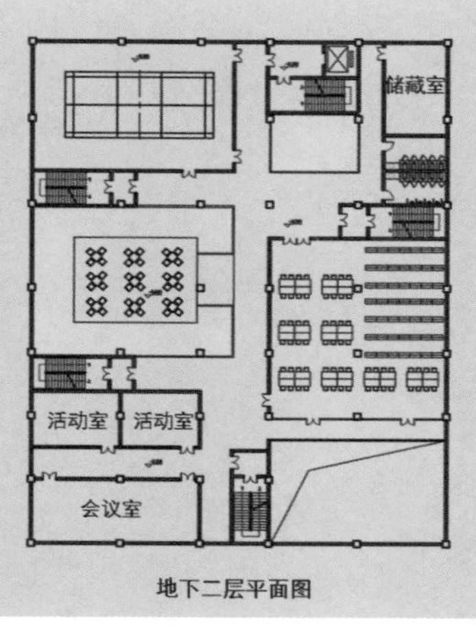

地下二层平面图

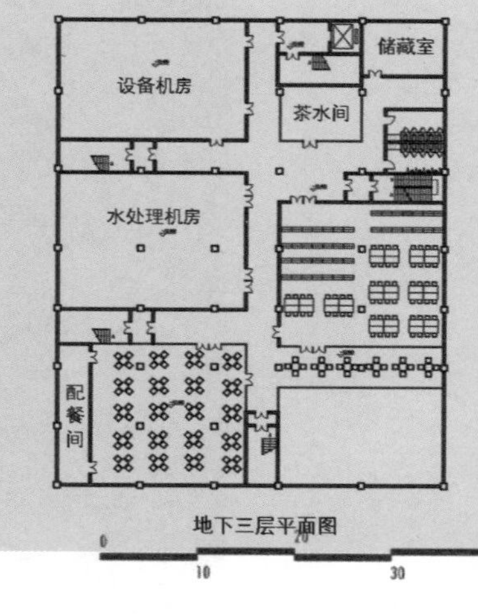

地下三层平面图

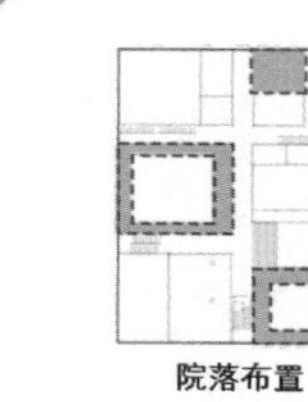

交通流线

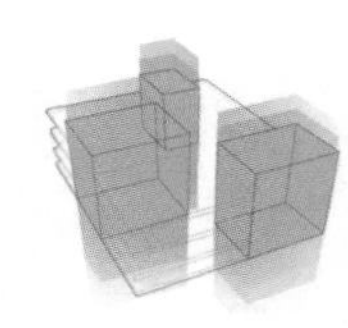

院落布置

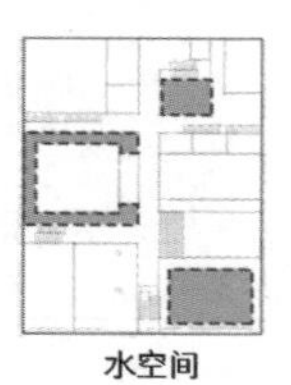

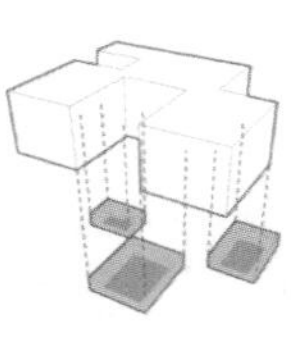

水空间

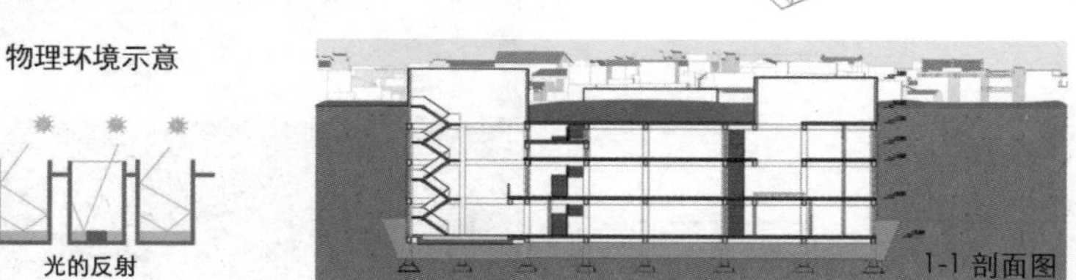

物理环境示意

光的反射

天井拔风

雨水收集池

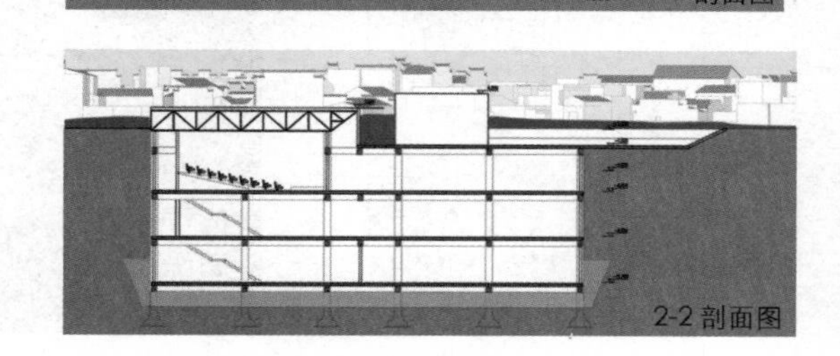

1-1 剖面图

2-2 剖面图

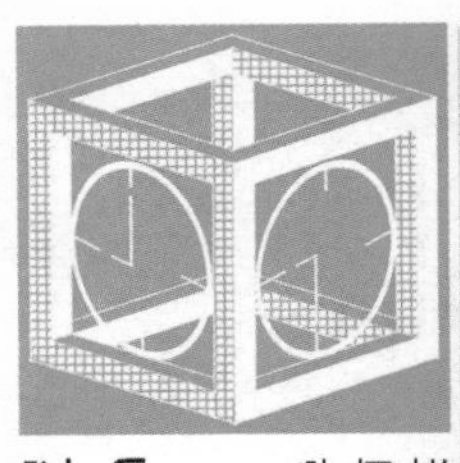

时·空

The 3rd And 4th Dimension

北京建筑大学
设计：孙培真/李如婷/吴晓萌
指导：王佐/俞天琦/马英

评语：

该组同学牢牢抓住一个切入点，从际村实际问题入手，即旅游带来的淡旺季反差巨大以及游客居民混合碰撞带来的矛盾问题，从规划到单体逐步分析解决，提出了置换、契合、共存三种手法。置换试图解决同一地点不同时间淡季房屋人员空置的问题，契合主要解决同一时间不同地点游客居民碰撞的问题，而共存辅助前两者，在同一时间同一地点提供空间让游客居民交融互动。三人各自以一种手法为主进行了设计探讨，最终试图提供一种让村落稳步发展的可能性。

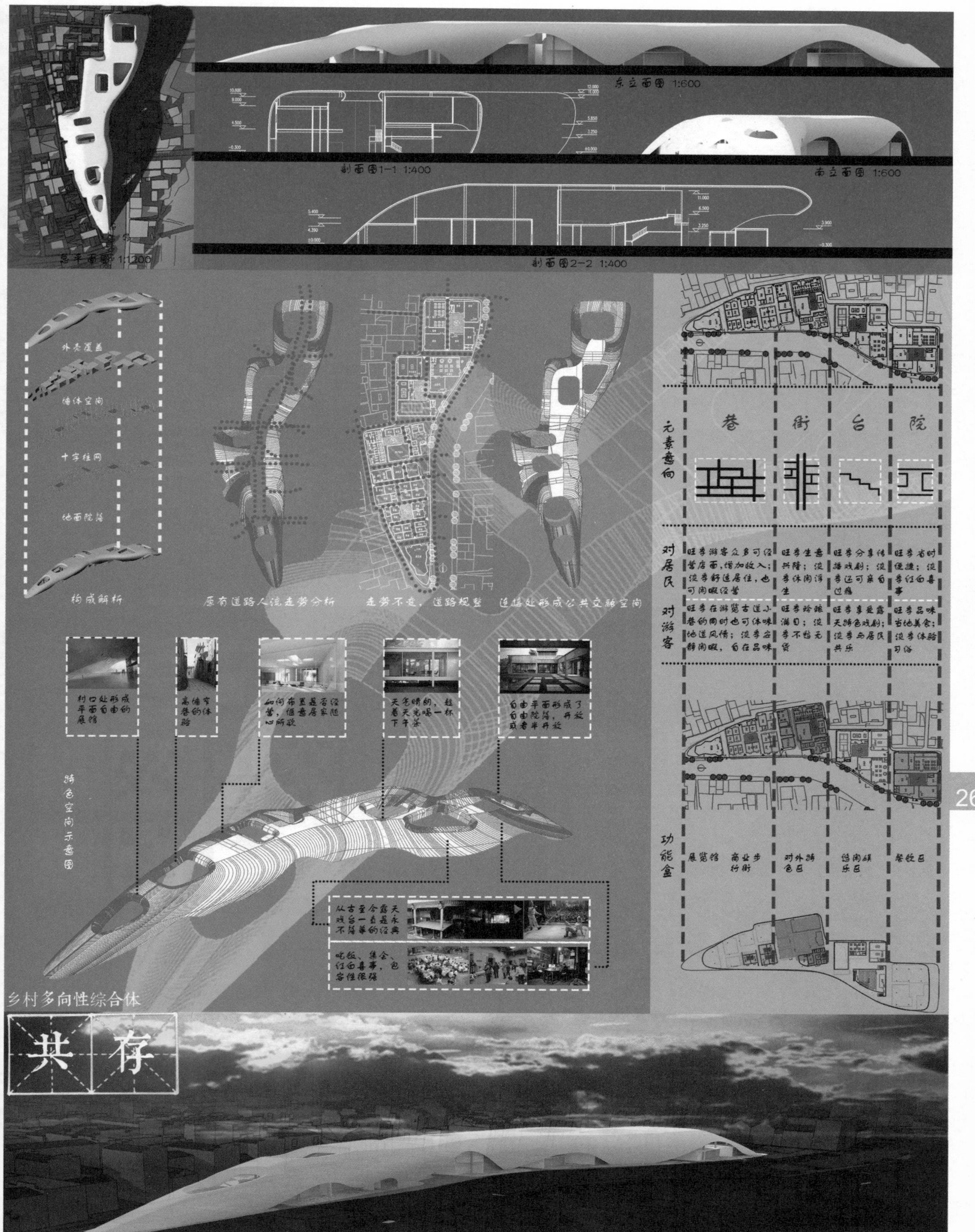
东立面图 1:600
剖面图1-1 1:400
南立面图 1:600
总平面图 1:1200
剖面图2-2 1:400
外壳覆盖
墙体空间
十字往网
地面院落
构成解析
原有道路人流走势分析
走势不变，道路规整
道路处形成公共交流空间
元素意向
巷
街
台
院
对居民
对游客
功能盒
展览馆
商业步行街
对外特色区
悠闲娱乐区
餐饮区
特色空间示意图
乡村多向性综合体
共存

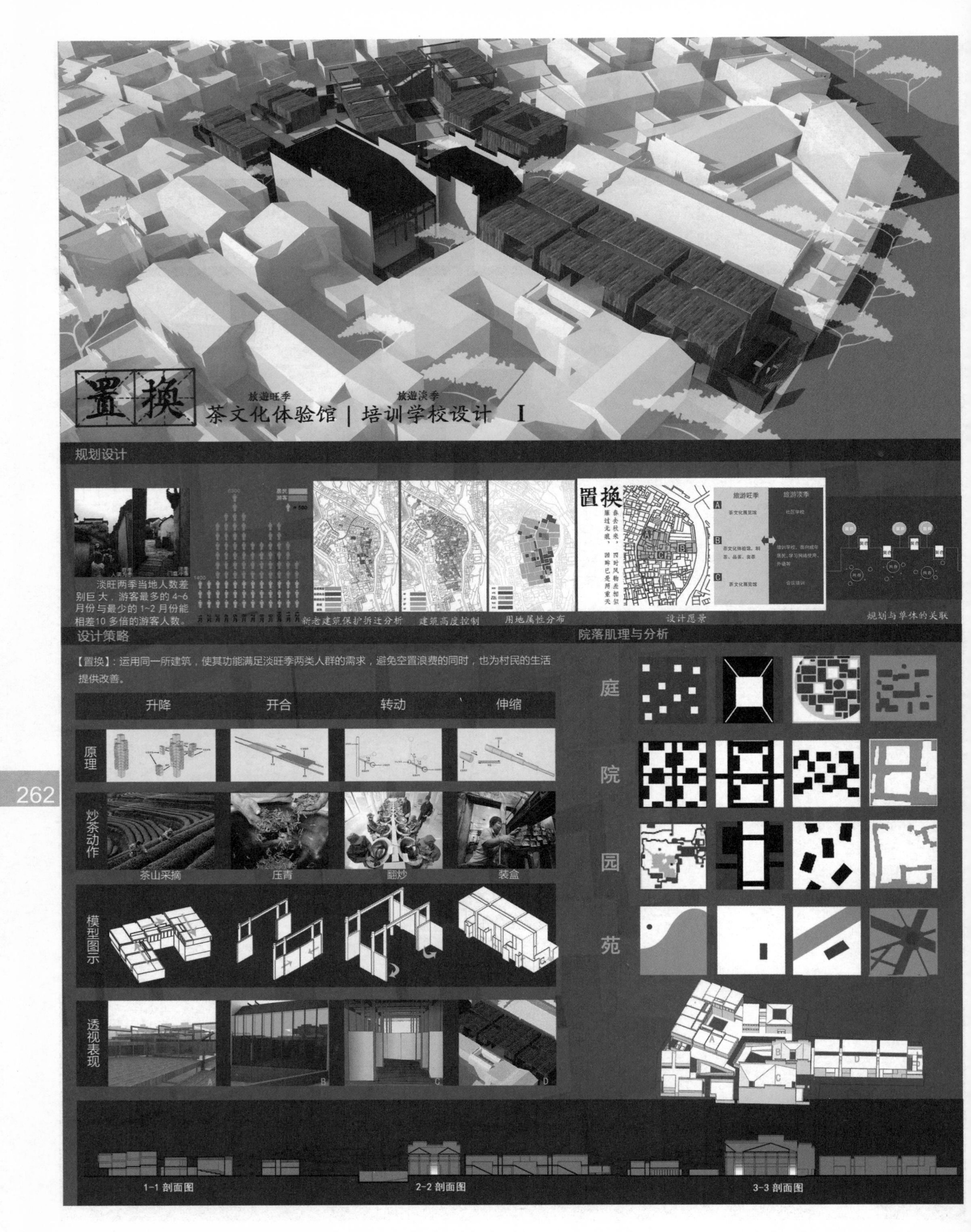
置换
旅遊旺季
旅遊淡季
茶文化体验馆 | 培训学校设计 I
规划设计
淡旺两季当地人数差别巨大，游客最多的4~6月份与最少的1~2月份能相差10多倍的游客人数。
新老建筑保护拆迁分析
建筑高度控制
用地属性分布
设计愿景
规划与单体的关联
设计策略
【置换】：运用同一所建筑，使其功能满足淡旺季两类人群的需求，避免空置浪费的同时，也为村民的生活提供改善。
升降
开合
转动
伸缩
原理
炒茶动作
茶山采摘
压青
翻炒
装盒
模型图示
透视表现
院落肌理与分析
庭
院
园
苑
1-1 剖面图
2-2 剖面图
3-3 剖面图

置换
旅游旺季
茶文化体验馆|培训学校设计 II
旅游淡季

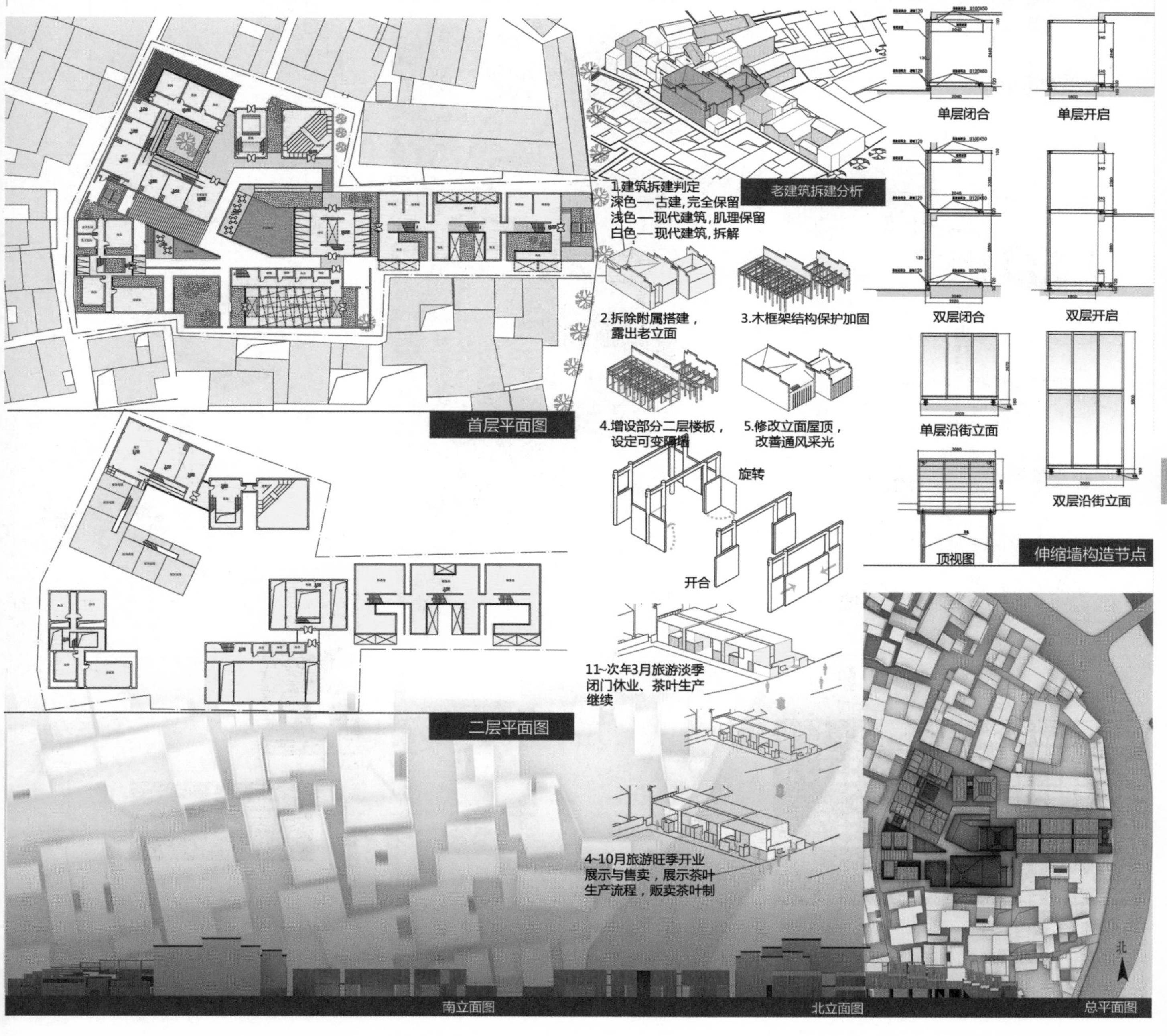
首层平面图
二层平面图
老建筑拆建分析
1.建筑拆建判定
深色—古建，完全保留
浅色—现代建筑，肌理保留
白色—现代建筑，拆解
2.拆除附属搭建，
露出老立面
3.木框架结构保护加固
4.增设部分二层楼板，
设定可变隔墙
5.修改立面屋顶，
改善通风采光
旋转
开合
11~次年3月旅游淡季
闭门休业、茶叶生产
继续
4~10月旅游旺季开业
展示与售卖，展示茶叶
生产流程，贩卖茶叶制
单层闭合
单层开启
双层闭合
双层开启
单层沿街立面
双层沿街立面
顶视图
伸缩墙构造节点
南立面图
北立面图
总平面图
北

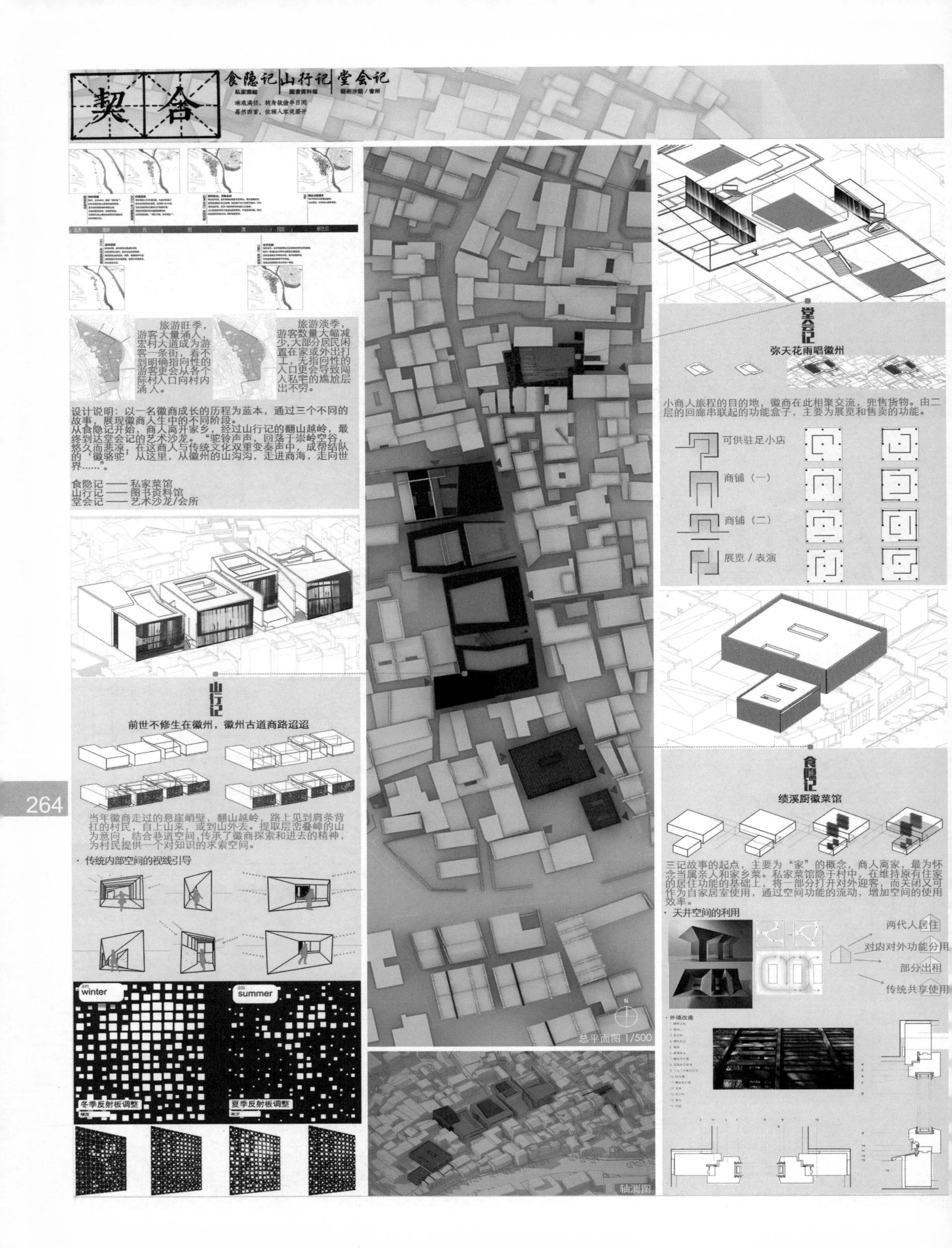

契
舍
食隐记
私家菜馆
山行记
图书资料馆
堂会记
艺术沙龙/会所
旅游旺季，游客大量涌入，宏村大道成为游客一条街，看不到明确指向性的游客更会从各个际村入口向村内涌入。
旅游淡季，游客数量大幅减少，大部分居民闲置在家或外出打工，无指向性的入口更会导致闯入私宅的尴尬层出不穷。
设计说明：以一名徽商成长的历程为蓝本，通过三个不同的故事，展现徽商人生中的不同阶段。
从食隐记开始，商人离开家乡，经过山行记的翻山越岭，最终到达堂会记的艺术沙龙。"驼铃声声，回荡于崇岭空谷，悠久而悲凉，在这商人与传统文化双重变奏声中，成帮结队的"徽骆驼"从这里，从徽州的山沟沟，走进商海，走向世界……"。
食隐记 —— 私家菜馆
山行记 —— 图书资料馆
堂会记 —— 艺术沙龙/会所
山行记
前世不修生在徽州，徽州古道商路迢迢
当年徽商走过的悬崖峭壁，翻山越岭，路上见到肩条背扛的村民，自上山来，或到山外去。提取层峦叠嶂的山为意向，结合巷道空间，传承了徽商探索和进去的精神，为村民提供一个对知识的求索空间。
· 传统内部空间的视线引导
winter
summer
冬季反射板调整
夏季反射板调整
总平面图 1/500
轴测图
堂会记
弥天花雨唱徽州
小商人旅程的目的地，徽商在此相聚交流，兜售货物。由二层的回廊串联起的功能盒子，主要为展览和售卖的功能。
可供驻足小店
商铺（一）
商铺（二）
展览 / 表演
食隐记
绩溪厨徽菜馆
三记故事的起点，主要为"家"的概念，商人离家，最为怀念当属亲人和家乡菜。私家菜馆隐于村中，在维持原有住家的居住功能的基础上，将一部分打开对外迎客，而关闭又可作为自家居室使用，通过空间功能的流动，增加空间的使用效率。
· 天井空间的利用
两代人居住
对内对外功能分用
部分出租
传统共享使用
· 外墙改造

剖面图1-1 1/250

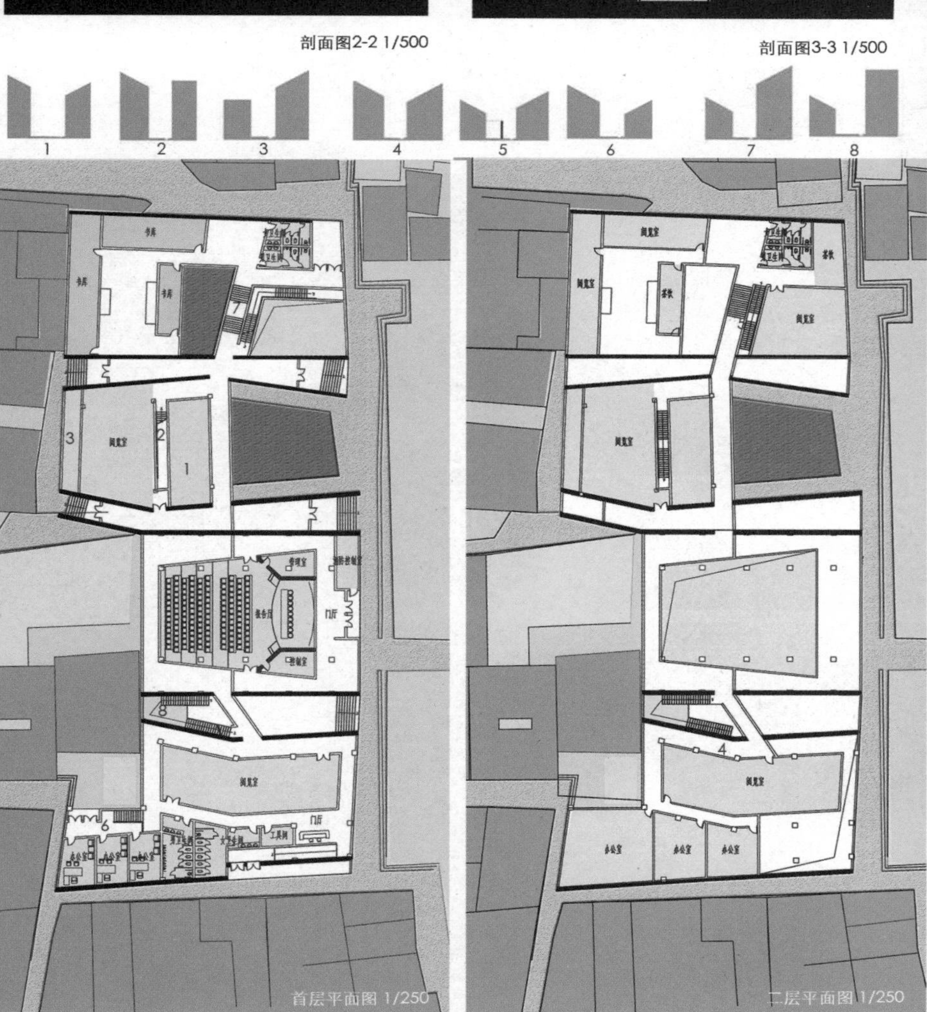
剖面图2-2 1/500
剖面图3-3 1/500
1
2
3
4
5
6
7
8
首层平面图 1/250
二层平面图 1/250

契合
食隐记 | 山行记 | 堂会记
私家菜館
圖書資料館
藝術沙龍／會所

CENTRAL ACADEMY OF FINE ARTS

中央美术学院

指导教师

程启明
Cheng Qiming

周宇舫
Zhou Yufang

刘彤昊
Liu Tonghao

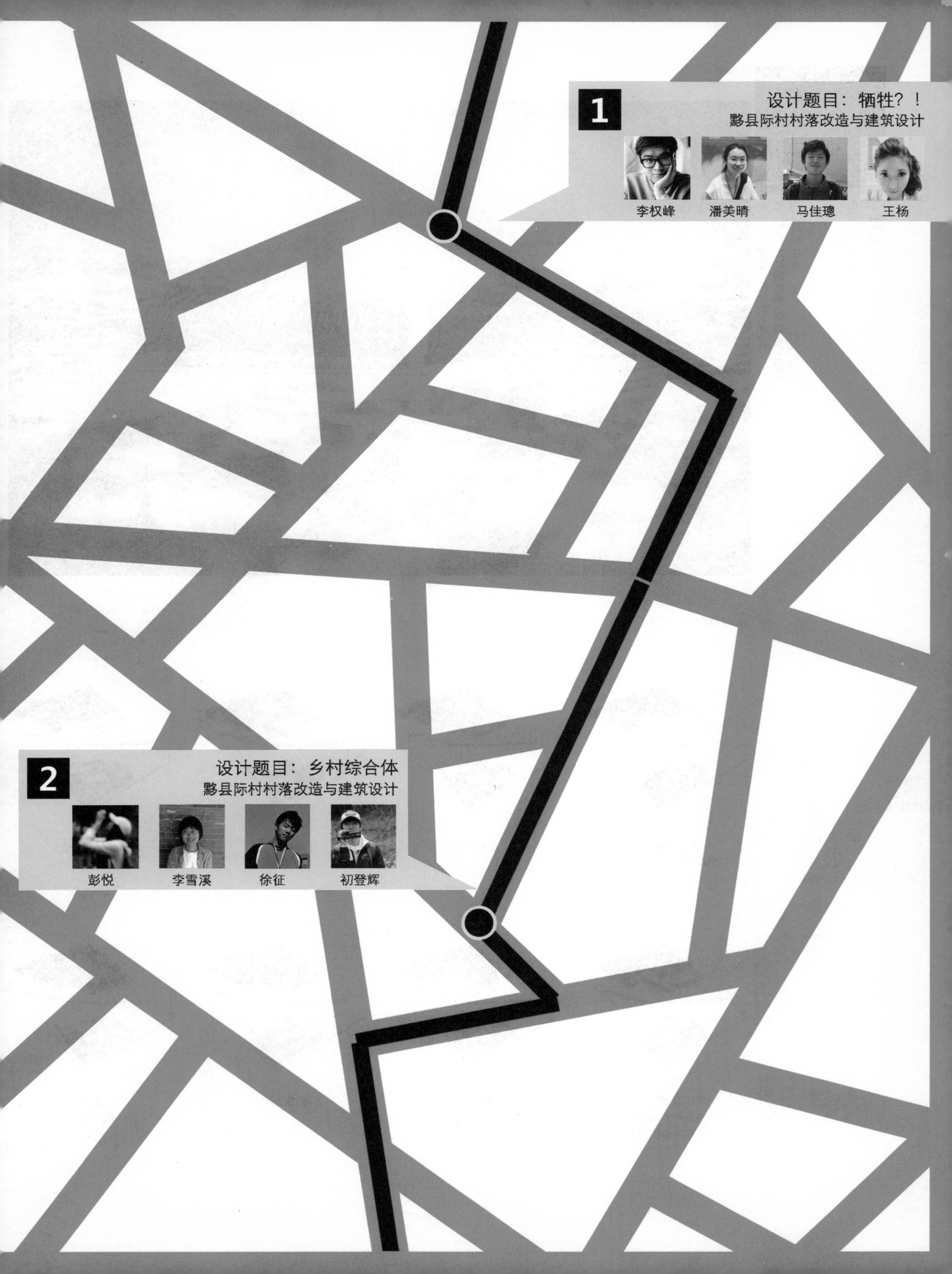
1
设计题目：牺牲？！
黟县际村村落改造与建筑设计
李权峰
潘美晴
马佳璁
王杨
2
设计题目：乡村综合体
黟县际村村落改造与建筑设计
彭悦
李雪溪
徐征
初登辉

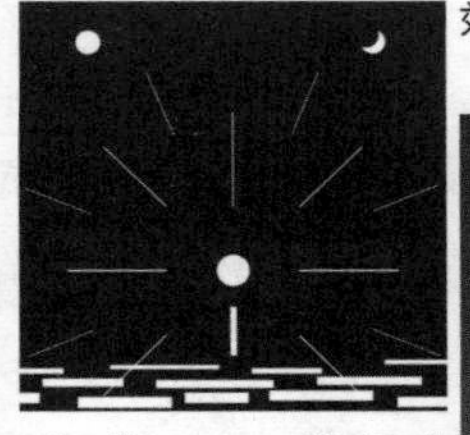

牺牲?! Sacrifice

中央美术学院
设计：李权峰/潘美晴/马佳璁/王杨
指导：程启明/周宇舫/刘彤昊

效果图

生成过程

容积率 3
3500m²×3=10500m²

生成体量

向后退红线

创造内广场

对建筑进行分区
A为对外开放区
B为内部使用区

建筑陌生化
无形—有形—变形

改变形态

天井
底层架空

评语：

际村是宏村的代价，这是一句耳熟能详的话。这次城市设计以牺牲为主题。首先，经过认真调研，在节点处建造新建筑来解决场地中存在的矛盾。

徽州文化艺术研究中心坐落于安徽省黟县际村，与世界文化遗产宏村隔河相望。作者从“设计从人出发的角度”，经过对场地的调研，发现了场地中“政府—游客—居民”之间的矛盾，希望通过该建筑设计解决场地中存在的社会问题。

最后，经过一段时间的调研的观察，记录新建筑对场地的影响，再分步改造或新建场地中的其他建筑。

同时，希望更新古镇肌理，保留历史的记忆，解决当前城镇化所面临的各种问题，为可持续发展提供机遇和可能。

场地中存在的矛盾

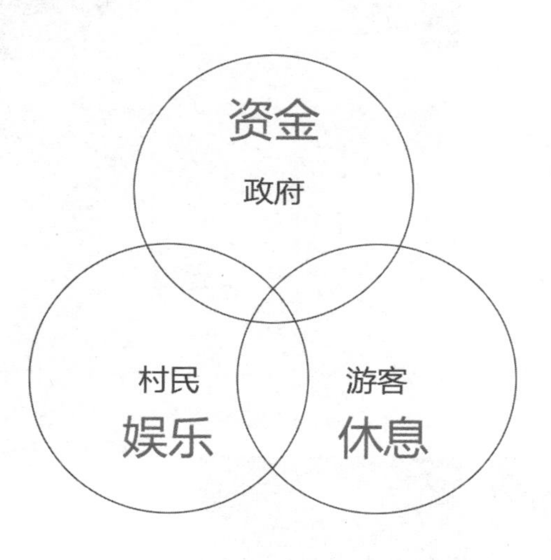

人群需求

展览售票为政府筹集资金

底层架空天井为游客休息

内广场为村民娱乐

爆炸图

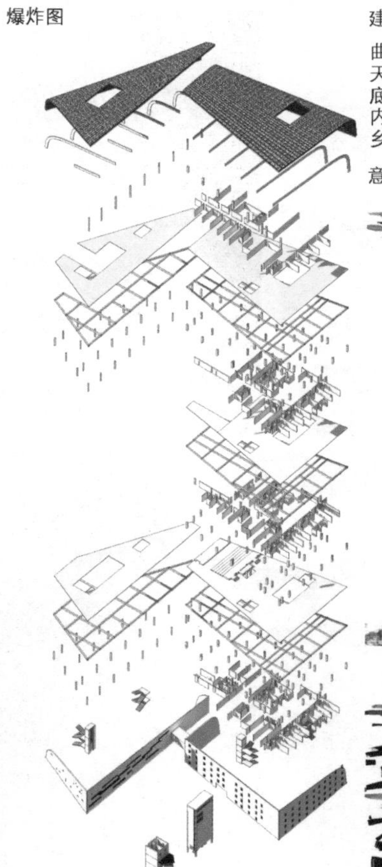

建筑特点

曲屋顶
天井
底层架空
内庭院
乡土材料

意向图

呜谢

这是一个礼物
不仅是给际村，还是给宏村的
也是献给整个徽州文化的
同时也对导师程启明教授的指导做出感谢
不知疲倦地为工作室学生梳理思路

熊嵩涛
朱芷仪
陈姿桦
刘诗婷
李睿
路一平
王新宇
谢林轩

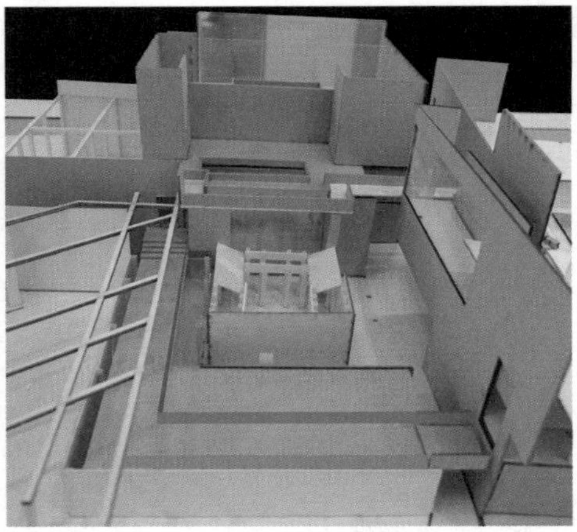

传统徽派建筑室内空间

入口大厅效果图

传统徽派建筑室内空间

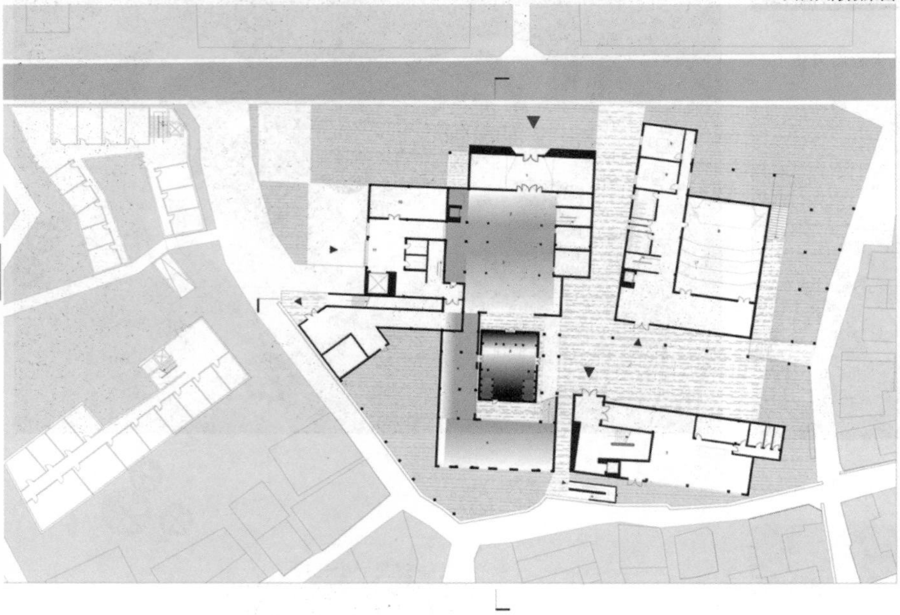

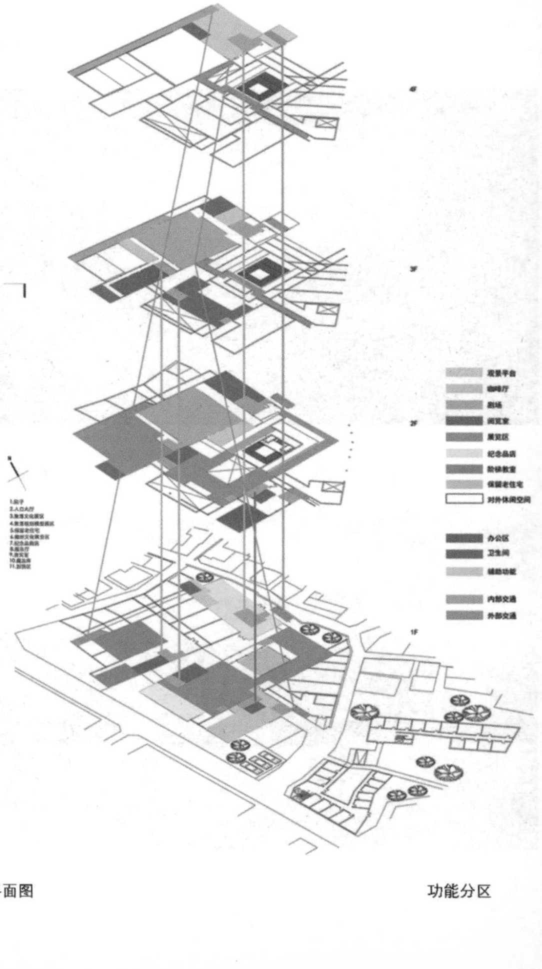

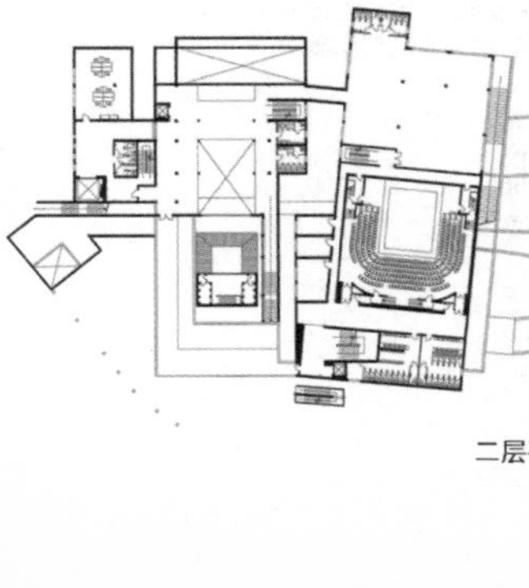

二层平面图

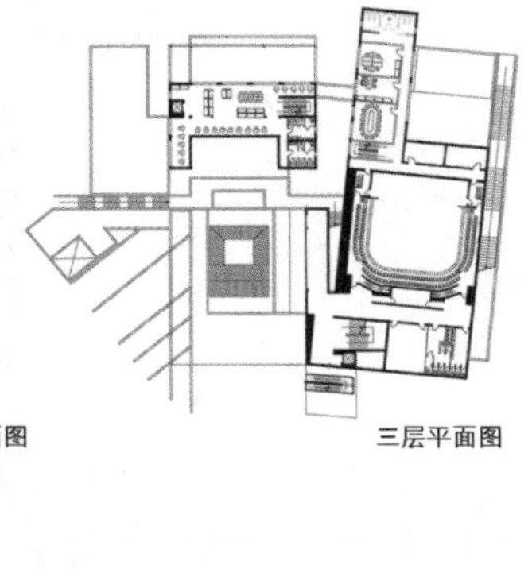

三层平面图

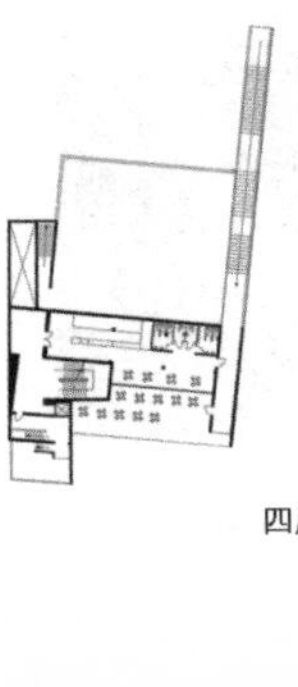

四层平面图

功能分区

效果图

历史与生活的存放之所
——安徽省际村聚落文化展示中心设计

方案位于紧邻中国物质文化遗产宏村的际村，特殊的地理位置造就了际村混杂的现状，同时也对方案设计产生了制约。际村的现有肌理、建筑形态甚至是墙面上的纹理都是长时间积累而成的，是各种因素交织而成的产物，而对于新建筑，我的选择是让其尽量融入村落的肌理中，那么就需要进行空间的解析——将村落中原本交织的因素进行疏导和筛选，选择重要的几条脉络与新建筑结合，使新建筑与村子血脉相通，而非孤立。

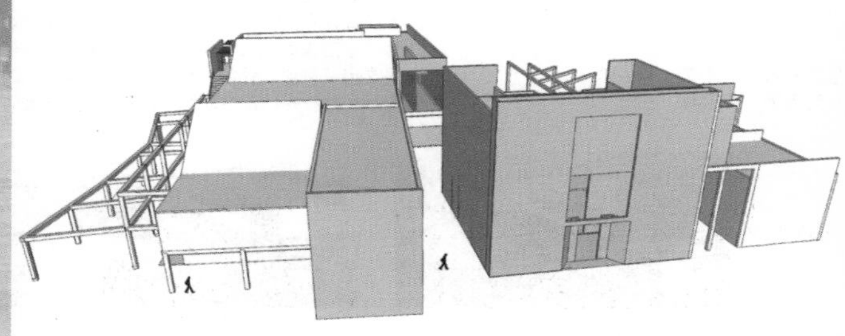

建筑的产生

保留的老住宅

传统型
H型

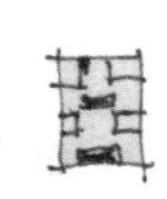
回型

对传统徽派建筑空间模式的研究

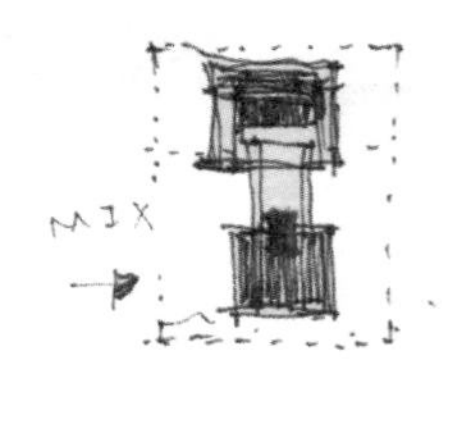

根据传统空间形式对老住宅的空间进行延伸

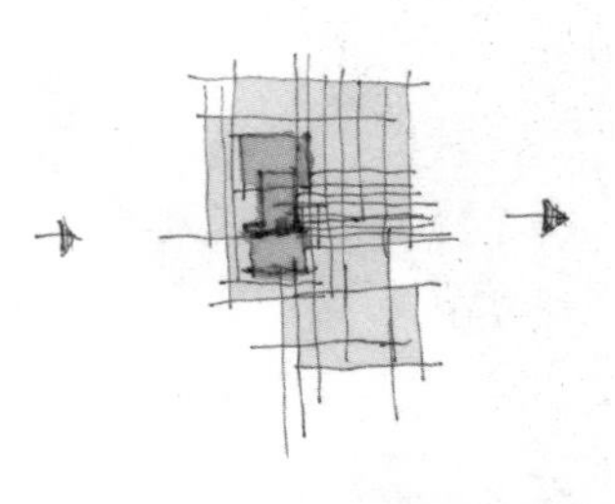
进一步生长并融入原有村落网格

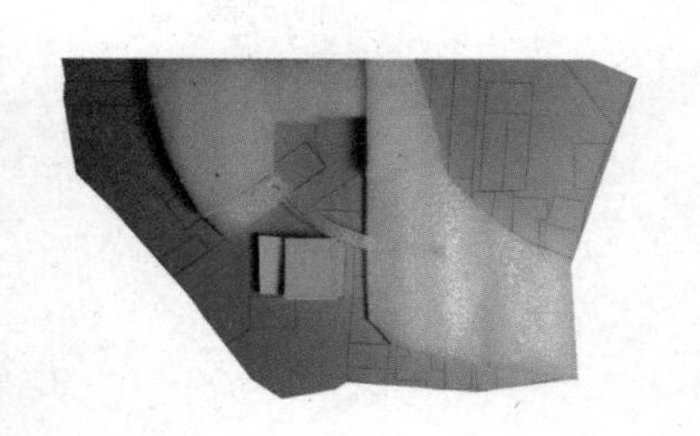

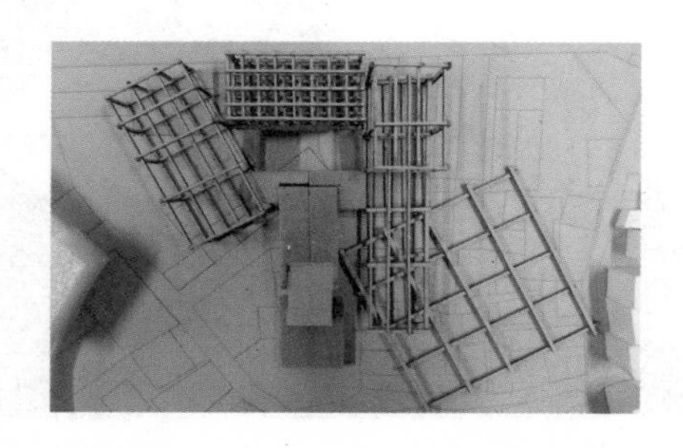

安徽黟县古聚落文化研究中心设计

设计说明：此次设计主要目标是完成一个集研究、展示、弘扬徽州传统文化于一体，同时满足村民活动与游客游览需要的综合文化类建筑的方案设计，总建筑面积约7000m²，建筑高3层，采用钢筋混凝土框架结构，主要建筑功能以展示、研讨、交流空间为主题，次要功能以满足村民学习、交流、休闲为目标，辅助功能为住宿及餐饮，同时设置游客广场供游客停留休息。设计在外部形象和整体感受上力图保持一定的地域性，在内部空间方面仍然满足现代使用和审美，并且做到几大使用功能的良好配合。

学生姓名：马佳璁
指导老师：程启明

形态生成

立面生成

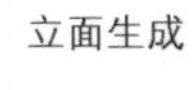

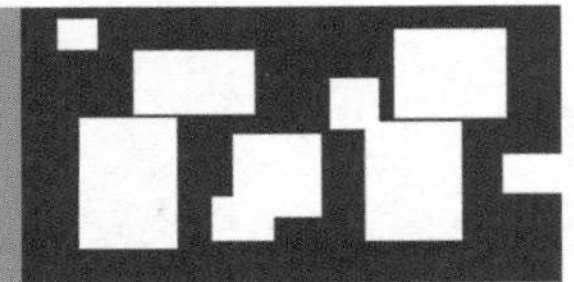

首层平面图

A-A剖面图

东立面图

8+1毕业联合设计

——际村村落规划改造及建筑单体设计

设计说明：

我的毕业设计作品和论文是借鉴城市设计机制理论，将实践中的城市设计工作过程三个阶段的分析研究运用到对具有历史意义和特殊功能定义的古代村落的现代改革开放，土地流转，打造宏村商业圈的大背景下的发展模式的畅想。同时结合了已知的城市综合体和城市设计原理的知识，来进行规划设计。

基于基地的特殊地理位置，夹杂在商业建筑与宏村历史文物去之间的特殊地理位置，是它的规划充满了可能性和限制性。我的设计思考是为际村提供商业价值与服务当地为前提，对历史与现代的关系提出一种对冲关系的可能性。既是处于对历史的时代观念下的设计品味。

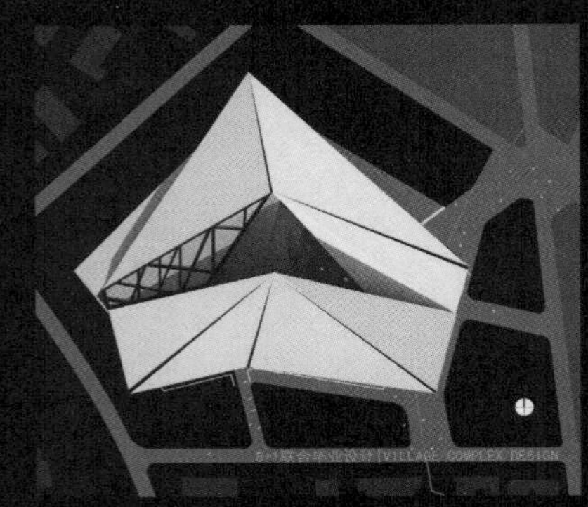

总平面图

一层平面图

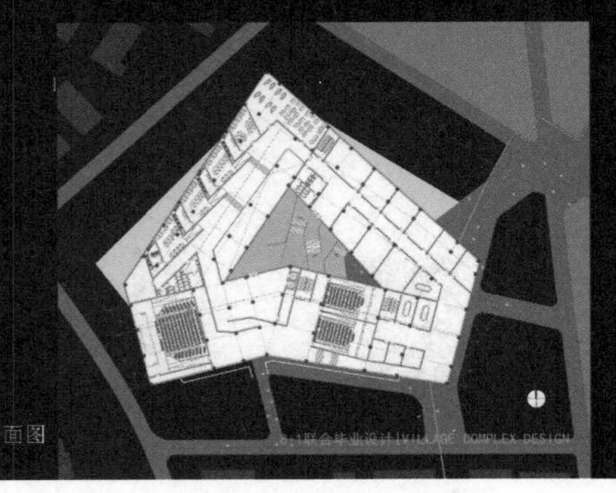

二层平面图

区域位置

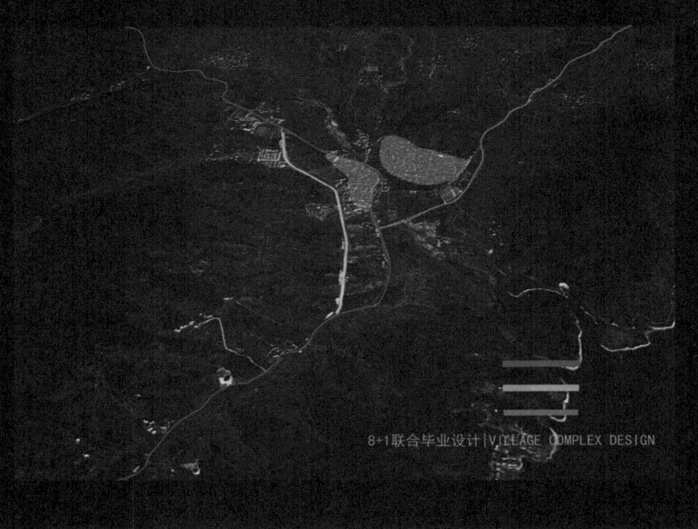

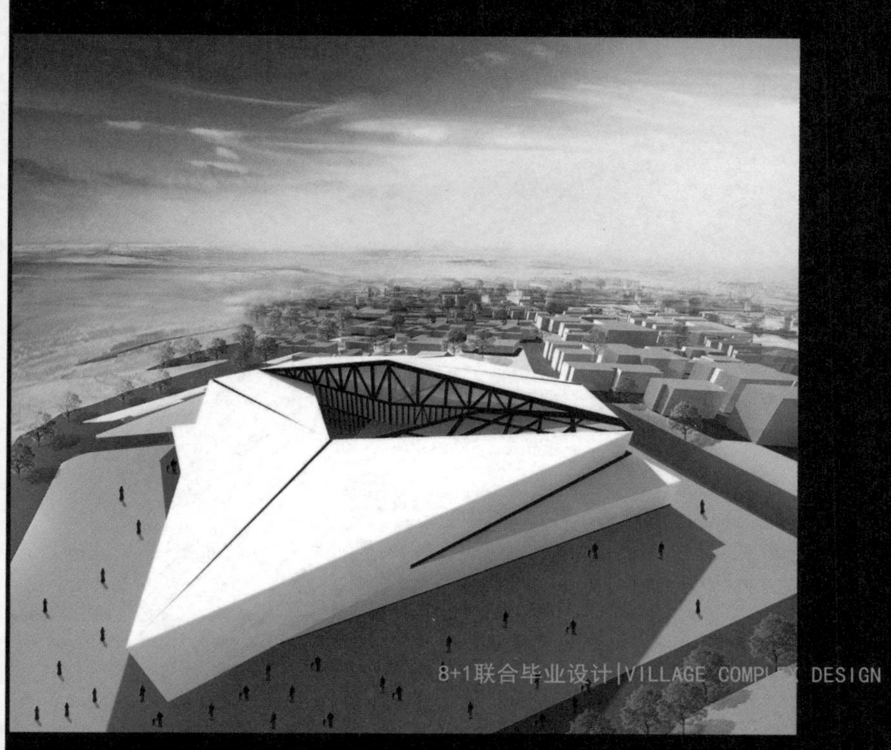

入口分析

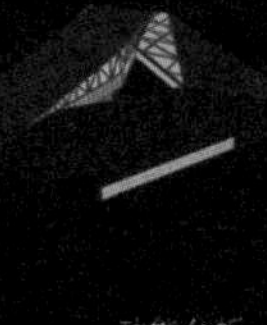

功能分析

西立面图

南立面图

北立面图

东立面图

导师：刘彤昊
彭悦/第十四工作室

乡村综合体 Village Complex

中央美术学院
设计：彭悦/李雪溪/徐征/初登辉
指导：刘彤昊/程启明

规划理念：

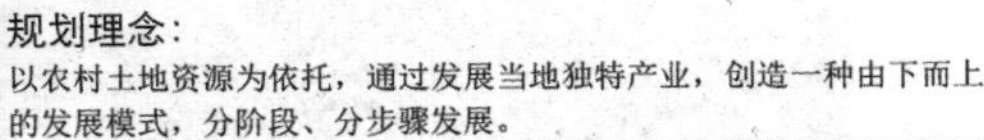

以农村土地资源为依托，通过发展当地独特产业，创造一种由下而上的发展模式，分阶段、分步骤发展。

基地现状

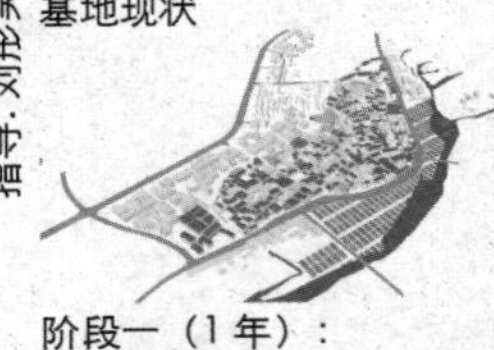

阶段一（1年）：
拆除道路东侧建筑，开阔视野，增加耕作面积，提升生产力。

阶段二（2年）：
商业沿村落中央主要道路扩张，居民向西侧转移。

阶段三（5年）：
建造旅客服务中心、吸引人的户外空间，与本地古建结合，营造大尺度游览体验空间。

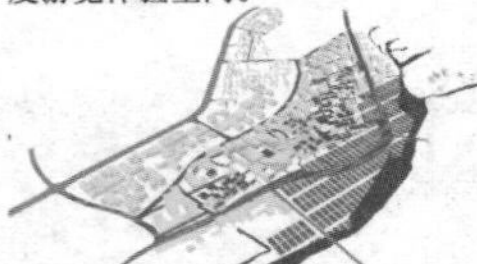

阶段四（10年）：
疏通路网，建造服务于当地居民的公共设施。

规划总平

交通流线

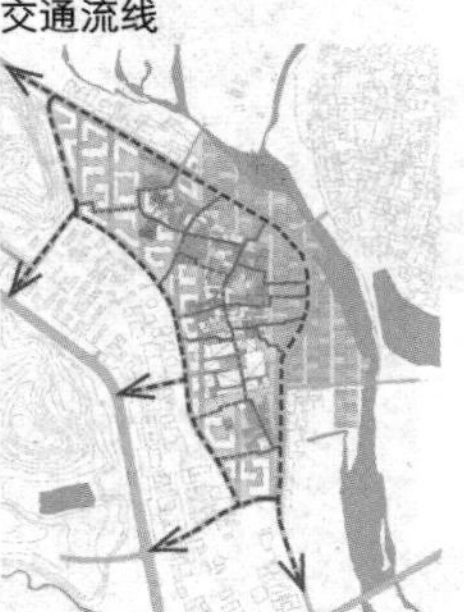

隐藏路网

耕地绿化

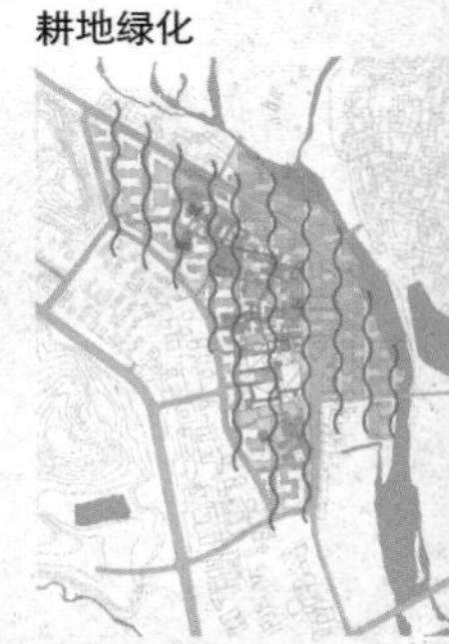

功能配置

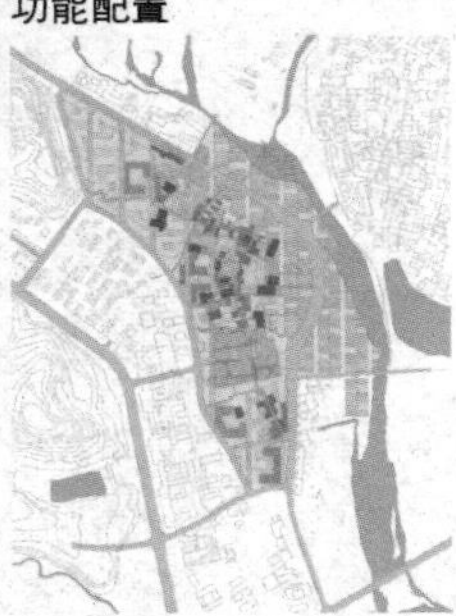

公共节点

核心建筑

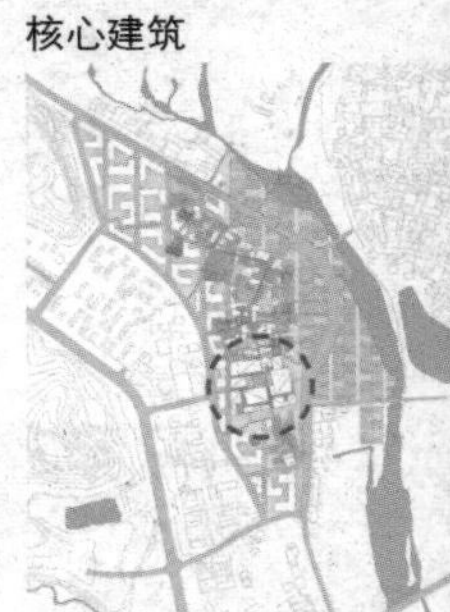

评语：

提出了乡村综合体的概念，更切实、适当地应对解决新型城镇化所面临的问题，为未来可持续发展提供新的机遇与可能。首先，际村应当承担作为世界文化遗产所不能再行之功能，这也是巨大的商机。其次，将毗邻面向宏村的混乱街区拆除搬迁，假之时日还回葱郁稻作，增加耕地，缓冲过度逼仄的田园景观。再则疏通路网，在最远离宏村的区块内建设返迁住宅。第四，保留具有历史价值的古代官道与民居，有机融入新建建筑，不同时间者在同一空间兼容并置，树立际村自己的价值坐标。第五，充分考虑现实的可操作性，面向未来本地人口因为机会增加而回流以及外来者的涌入，有机更新：令所投入的资金可以健康周转、稳定增值。

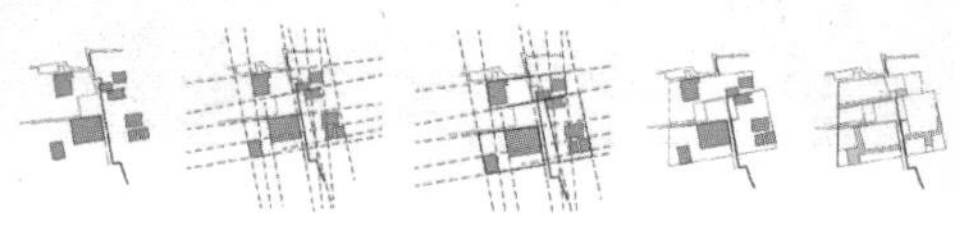

设计理念：

以古村落所承载和衍生的历史文化为核心，结合古建筑，营造综合性大尺度游览体验空间，具备展示、参与、体验、休闲等现代旅游功能。

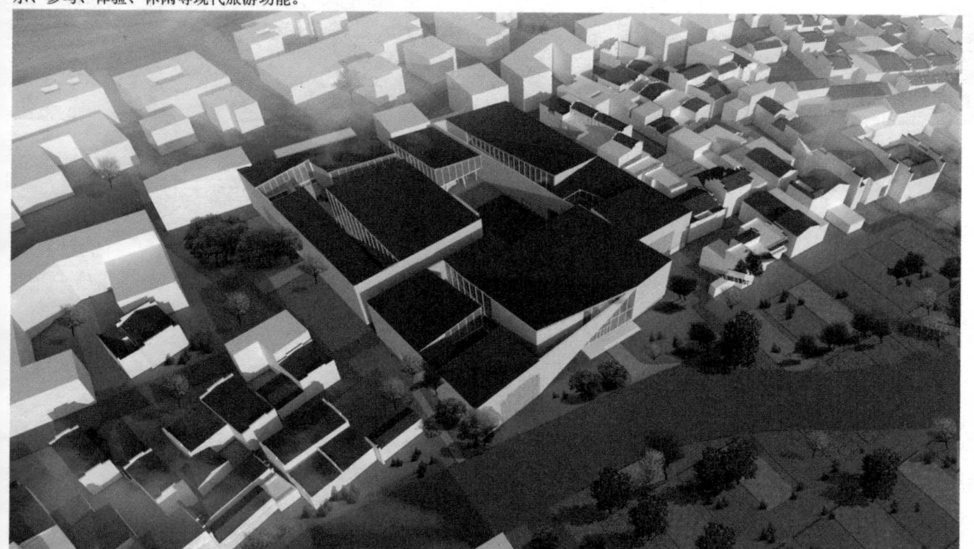

体量生成

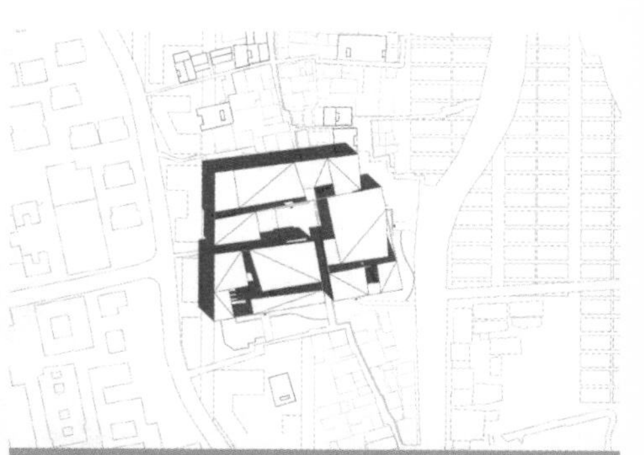

首层平面

二层平面

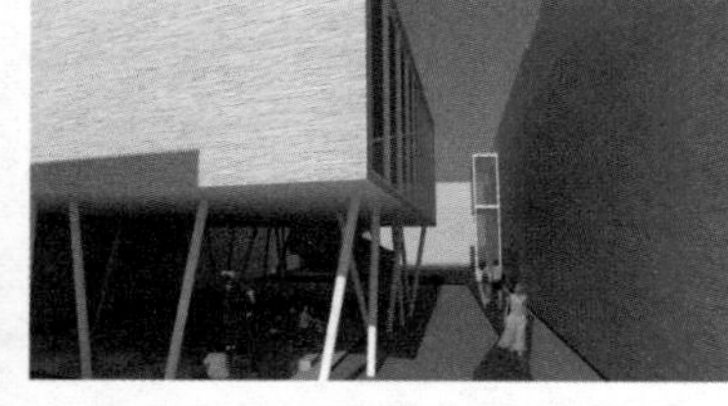

北立面

南立面

东立面

西立面

设计说明:

关于农村改造和乡土建筑的开发与保护，是一直以来在农村发展过程中所面临的问题，这次选址在际村，是希望为其以后选择一条不同于宏村的发展道路，针对于其特殊的区位，综合考虑其历史沿承以及未来的发展方向，我们从交通着手，做出一个乡村综合体的改造。

规划总图

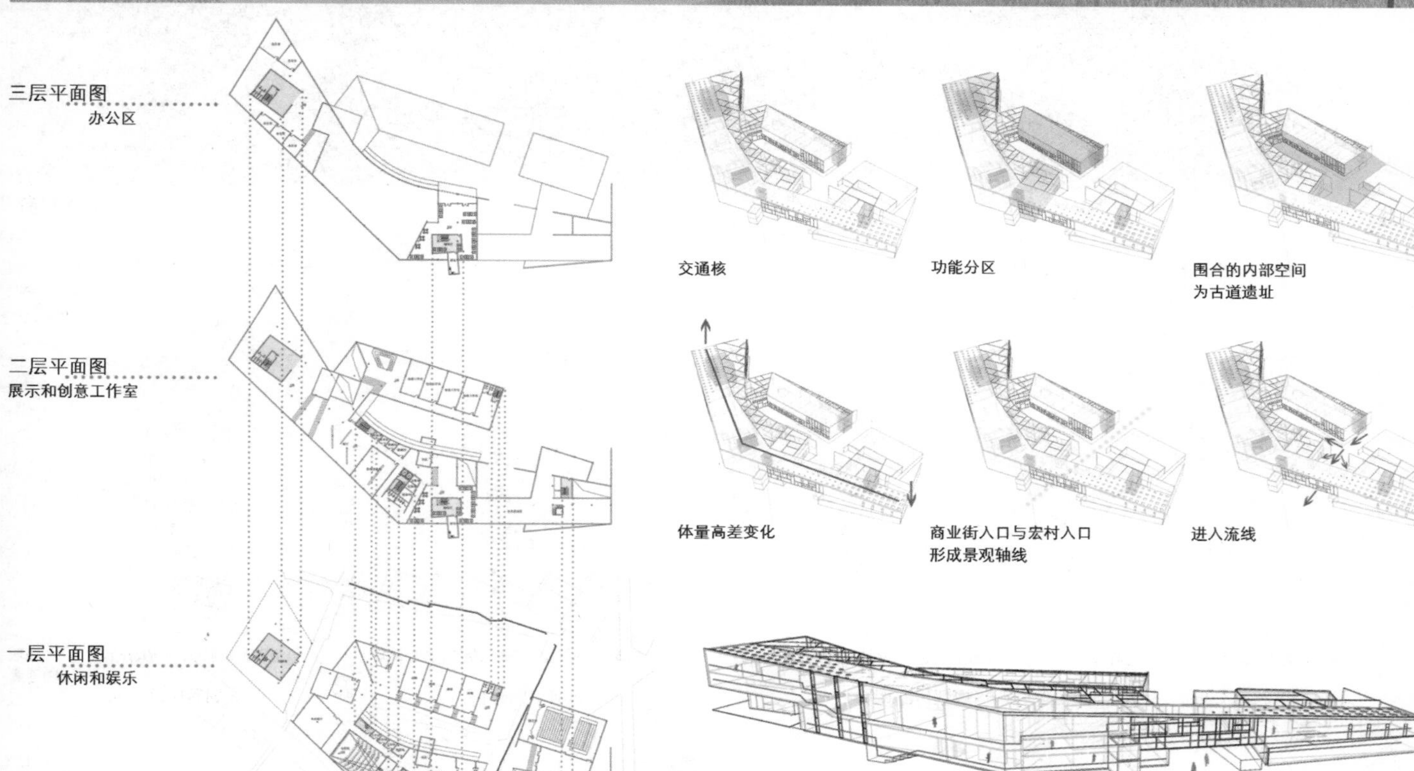
三层平面图
办公区
二层平面图
展示和创意工作室
一层平面图
休闲和娱乐
交通核
功能分区
围合的内部空间
为古道遗址
体量高差变化
商业街入口与宏村入口
形成景观轴线
进人流线
穿行流线

鸟瞰效果图

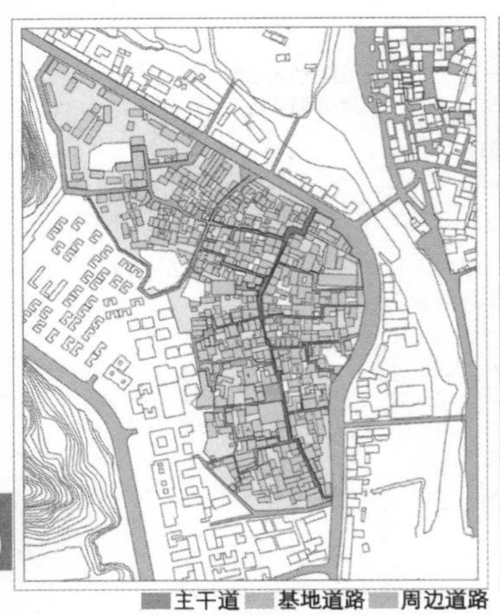

主干道 基地道路 周边道路

规划前路网分析

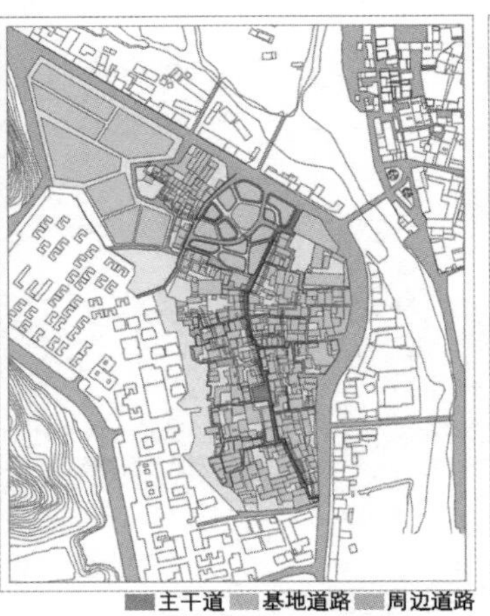

主干道 基地道路 周边道路

规划后路网分析

道路 面状空间 点状空间 绿地

规划前空间分析

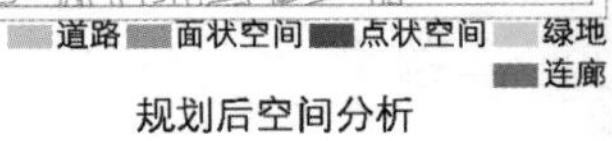

道路 面状空间 点状空间 绿地 连廊

规划后空间分析

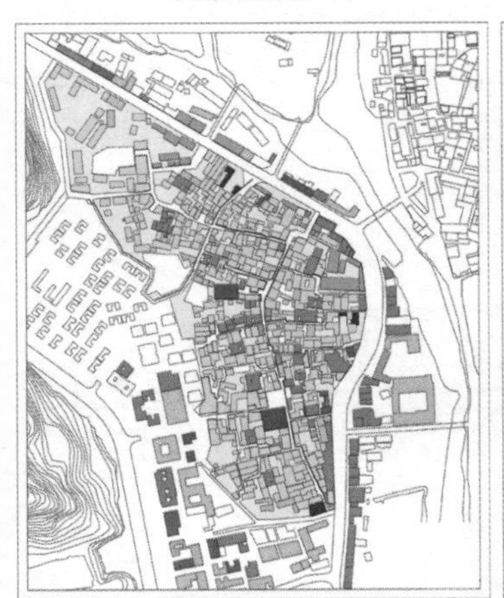

餐饮 百货商店 保护建筑 服务设施 基础设施点 特色商店 宾馆客栈

规划前业态分析

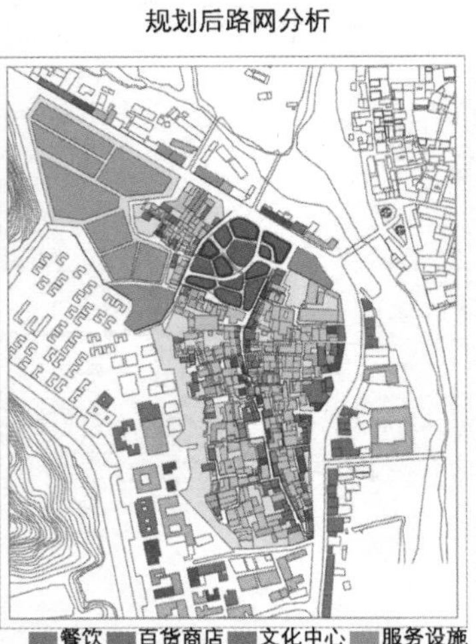

餐饮 百货商店 文化中心 服务设施 集合住宅 特色商店 宾馆客栈

规划后业态分析

规划前底图分析

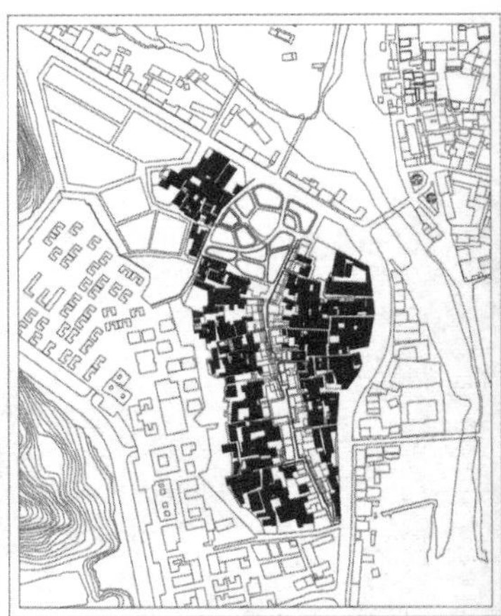

规划后底图分析

规划及基地分析

规划效果图

拆散·重组

徽州文化艺术中心设计
导师：程启明
徐征/中央美术学院建筑学院/第八工作室

我国有着众多历史悠久的古建散落在各地古村落，他们的历史文化资源非常丰富。相对于雕塑、油画一类的艺术品，建筑蕴含的文化内涵更加深刻，因为它不仅仅像普通艺术品蕴含精神寄托，也有无比珍贵的生活生产经验。经过岁月剥蚀和人为破坏，古村落建筑或多或少遭到破坏。房屋的拆旧建新使得乡村的古建筑逐渐减少，古老的记忆正在消失，中华文化的基础日益薄弱。

本设计以安徽际村入手，分析现存古村落保护开发手段的利与弊，并以辩证的角度看待现有的保护开发手段；并针对这些问题，通过在此次毕业设计中对际村的规划与建筑设计试图讨论通过数字化生成的手段解决古村落保护发展问题的可能性。

0 4 ~ 5m 7 ~ 8m 10 ~ m
10 以上m

0 4 ~ 5m 7 ~ 8m 10 ~ m
10 以上m

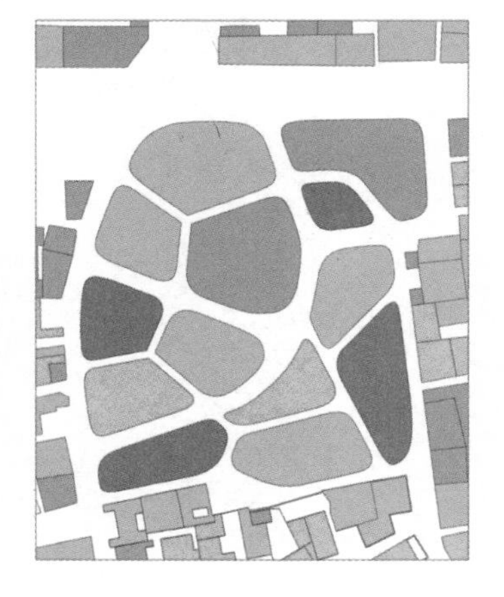

0 4 ~ 5m 7 ~ 8m 10 ~ m
10 以上m

模块高度生成过程

西立面

东立面

室内效果图

室内效果图

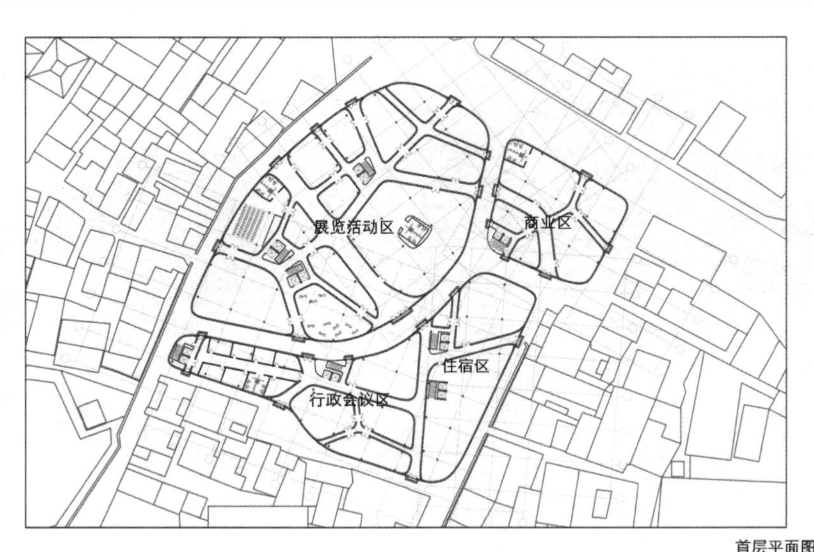

首层平面图

面图

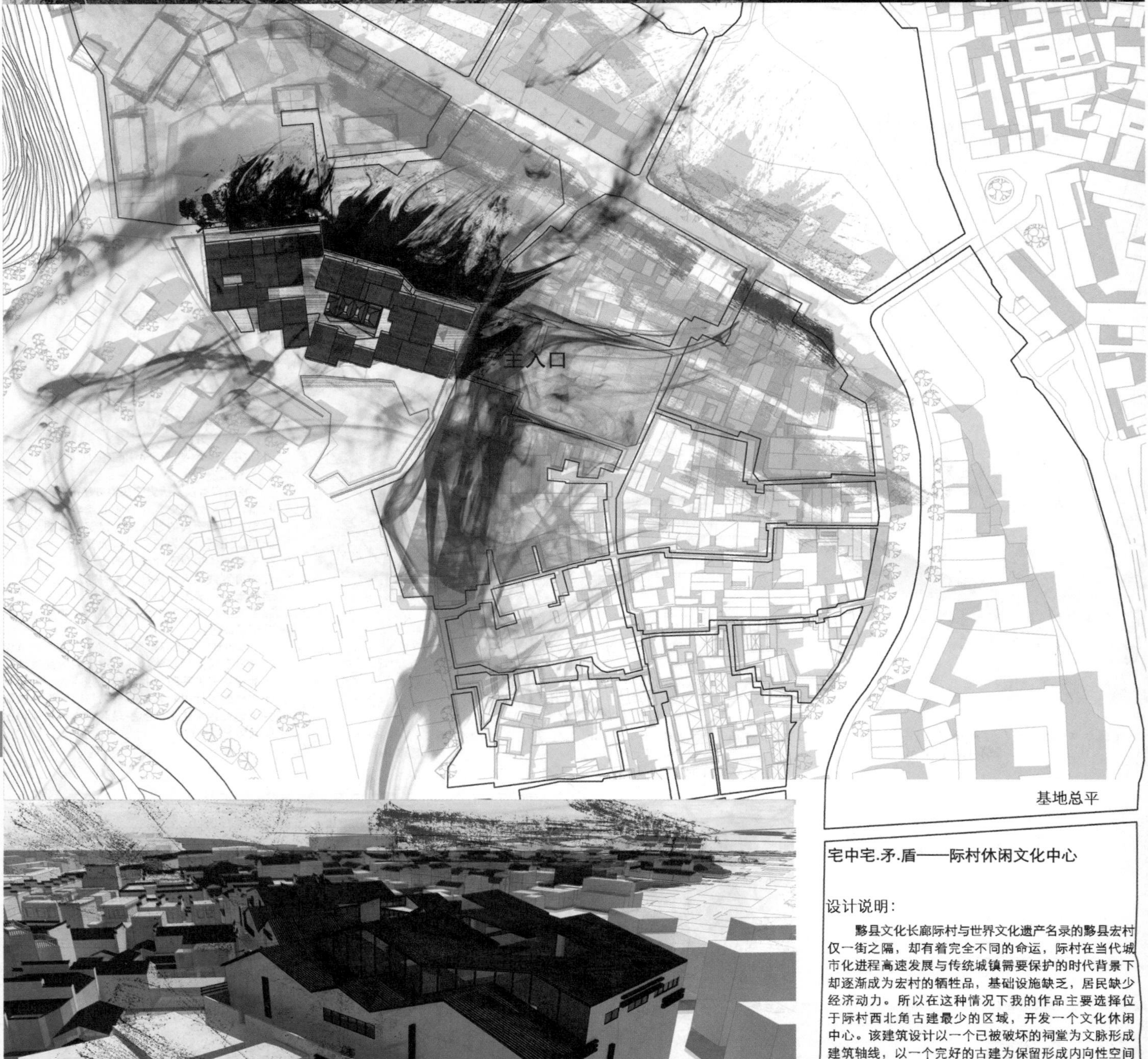

主入口

基地总平

宅中宅.矛.盾——际村休闲文化中心

设计说明：

黟县文化长廊际村与世界文化遗产名录的黟县宏村仅一街之隔，却有着完全不同的命运，际村在当代城市化进程高速发展与传统城镇需要保护的时代背景下却逐渐成为宏村的牺牲品，基础设施缺乏，居民缺少经济动力。所以在这种情况下我的作品主要选择位于际村西北角古建最少的区域，开发一个文化休闲中心。该建筑设计以一个已被破坏的祠堂为文脉形成建筑轴线，以一个完好的古建为保留形成内向性空间的建筑，建筑沿街立面保留原有安徽民居的街道尺度和立面样式，内部以古建筑为核心作为内院，内部建筑尺度相对安徽古建能较大满足一些当代展览和经济功能，内部形成错落平台可以以一个高视角去观赏徽派民居的瓦片。

效果图

初登辉/中央美术学院/建筑学院/建筑学

指导教师：程启明 教授

模型照片

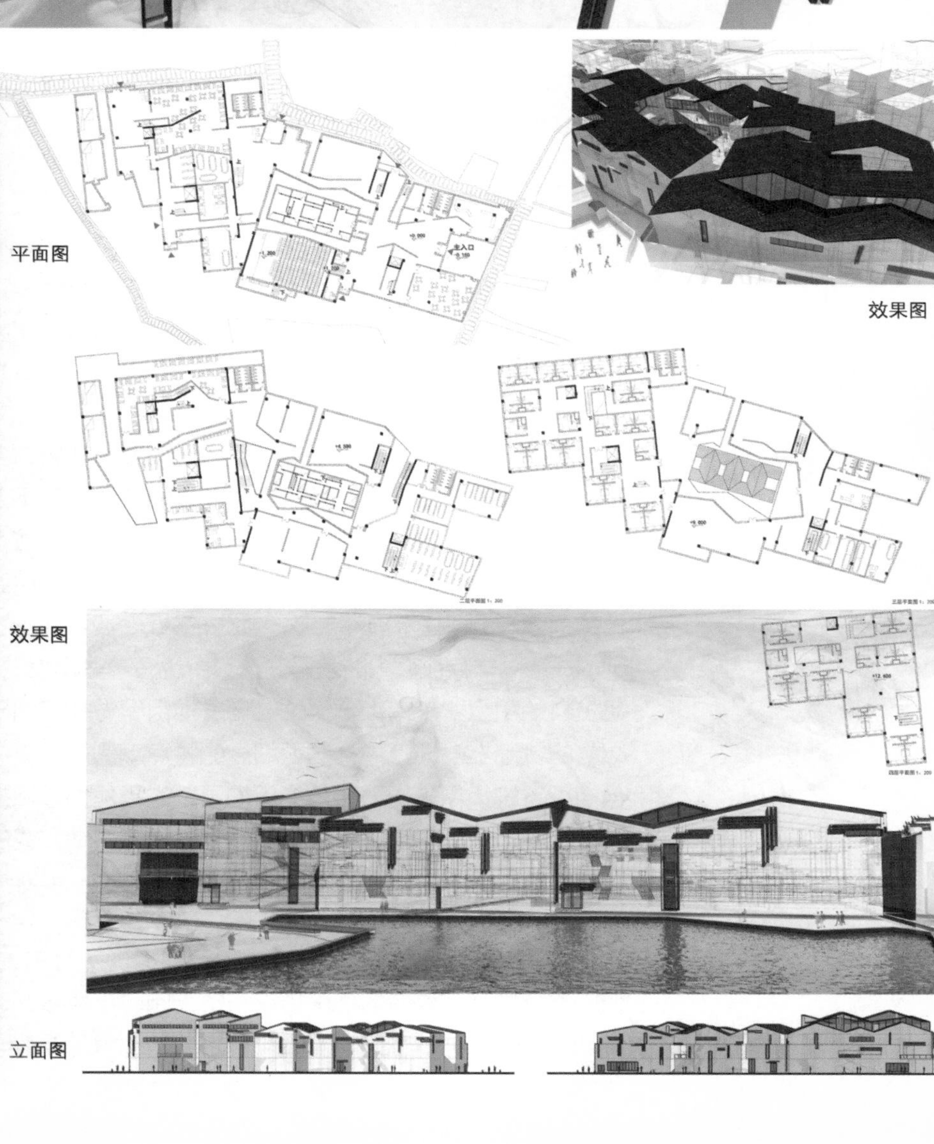

教学总结

初识村镇，“8+1”准备好了吗？

清华大学建筑学院
许懋彦

2014年度的联合毕业设计教学首次以“8+1”的形式呈现，迎来了新伙伴合肥工业大学建筑与艺术学院的加入。虽然是由清华和合工大共同主办，但大伙儿在探讨选题环节中还是急切地期盼有一道新鲜的“徽菜”出现。于是，“8+1”的师生们就被拉来学着料理“徽州际村村镇更新”这么一道看似特色明显，但工序复杂、火候难以捉摸的硬菜。

回顾八校联合毕业设计这项教学及交流活动，自2007年开始已举办了七届。前七届的选题基本是围绕以下三大特色主题展开的：1.大型工业遗产的改造设计（2007年北京789——清华、2008年上海世博园——同济）；2.生态策略下的城市设计（2009年天津达沃斯——天大、2012年杭州西溪湿地——浙大）；3.城市旧城区的改造设计（2010年南京老城南——东南、2011年重庆十八梯——重大、2013年北京老天桥——北建大和央美）。这些都是典型的都市话题，也是师生们比较容易纳入视线的毕业设计课题。

“8+1”教学，从开始就动意选择乡村集镇为毕业设计的探讨课题，这本身是一个很好的开端，参与的各校老师们也期许着在教学题材的选择上，在给予毕业设计学生的认知上能有所突破。这许多年来，单单从建筑教学的视野看，当过速发展的城市状态已然是这样了，乡村集镇是否是我们理解“人居环境”的更为有益的教材呢？用乡村策略去理解城市或建筑的原型，似乎是解开“人居融合”的一把很好钥匙。

然而，选择徽州际村，实际上是选择了一个非同一般的村镇选题。咫尺之遥的世遗名村——宏村那游人如织的红火，给际村带来的是负多正少。际村的人旁观、际村的街静守。也是由于宏村的火，城里的开发商们又在悄悄地进村，从另一侧侵蚀夹持着际村的土地。际村问题之复杂，真是一个非典型性村镇。

首次的“8+1”教学，显然在教学设题与现场与会时，对际村的特殊性，以及从村镇保护更新和活性化的角度，对选题在难度方面的讨论并不十分的清晰、也未有透彻的把控。一定程度上沿用着之前联合教学或毕业设计的一贯模式。一方面，面对乡村集镇这样一个具体的对象，对了解其现状形成的缘由、理解其原型组成的是极为不利的。另一方面，应该如何去调研，作为毕业设计的指导方法何在？显然，各校师生的认识程度会有较大的差异，或许准确、或许偏颇甚大。所呈现的成果同样存在较大的差异。这其中也有一些学校做得好一些，例如，合工大师生有多年相关调研资料的积累；东南大学学生能自发地组织做补充调研等。一些作品通过深入调研分析，会立足际村的实际，发现其中一些很细微的特点，例如，村中的水系生态、民房自建、邻里协同等多种自组织系统，用来作为各自的保护更新的营建构想和规划手段。当然，也有相当一部分的作品会看似在城市公园一隅，是以主题民俗博物馆、地方戏曲演艺空间、体验会所、特色旅游街等等主题故事编织而成的、形象夺人眼球的毕设成果，而与际村的实际需求及现状是格格不入的。

或许真的是我们初识乡镇，我们并未沉下心来去潜心拥抱那曾经美丽如今却日渐衰落，看似宁静但却枝节繁多的中国传统村镇。因此，村镇好像也未曾以其宽容之态来接纳我们。热热闹闹地往复于际村、合肥合工大和北京清华的一轮轮教学讨论、调研、评议和展示，自觉这是新一轮的“8+1”了，面对村镇了，师生们最需要做的还应该是认真自问，我们准备好了吗？

体验的意义

苏剑鸣
合肥工业大学建筑与艺术学院

首度应邀参加联合毕业设计，感到非常高兴，因为同众多建筑院校的师生学习与交流的很好的一次机会。另一方面，心中多少有些忐忑，首次参与且作为承办院校之一，选题是否能够符合各院校联合毕业设计中一贯的要求？120余名同学的调研、开题等活动如何有效地组织与开展？中期汇报、最终展览与答辩等活动能否顺利完成？

所幸的是，在参与各校师生的共同努力以及参与该项活动的各有关部门的大力支持下，终于顺利完成了各个环节的任务与目标。同学们不仅提交了丰富多彩的成果，而且深刻体验了各个院校不同的学习特点以及教学风格，这也是联合设计创办的初衷之所在。此外，不仅各校同学们在共同学习中成为了好友，教师们在教学过程中也结下了难忘的友情，很多赏心乐事将成为永久美好的记忆。

从各校同学们所提交的最终成果来看，既有功底扎实的设计，也有许多富于创造力和想象力的作品，包括一些作品中所体现出的新的研究方法与设计方法都给人留下了深刻的印象。不过，其中也还存在着一些美中不足之处。作为毕业设计，一方面是检验在同学们五年的建筑学专业教学中所学到的相关专业知识的综合运用能力，另一方面还应当体现对于建筑学领域中一些核心问题以及根本价值观的认知。许多著名建筑师在他们学生时代的毕业设计中，就已经初步展露了他们的创作才华，甚至在一定程度上反映了他们未来的发展方向。略感遗憾的是，与国外同学们的毕业设计相比，我们的学生尽管在探索建筑的空间、形式、表达等方面表现得很突出，但多以第三者的角度以及一种超然的设计者的态度来进行规划设计，总有一种"小孩说大人话"的感觉，而在深刻的体验基础之上对于自我的生活、情感等方面的真实感受的表达显得不足，因而作品缺少能够打动人的力量。设计来源于生活，并最终还要以具体的物质空间形态来还原到生活当中去，因此生活体验对于建筑创作来说具有非凡的意义。现在我们的孩子们所接受的各种信息当中，有相当一部分是从书本或网络等媒介中所获得的抽象感知，因此作品中反映出对于自然、社会、生活缺乏切身的体验也就不足为奇了。

希望我们的同学们能够有更多的机会到田野当中去，赤脚走在湿软的泥土中，体验泥土在脚趾缝中滑动的真实感觉；躺在清晨的草丛中，体验露水打湿发鬓的感觉；远眺夕阳下的天空，凝视绚烂的火烧云万千的变化……在体验中被感动，在作品中感动人。

2014年8+1联合毕业设计有感

同济大学建筑与城市规划学院
张建龙

八校联合毕业设计在经历一个循环后，2014年的联合毕业设计以新的“8+1”形式重新启程，无论对原有八校，还是对新加入的学校，从毕业设计的选题到现场联合调研，从教学交流到成果分享，所有参与本次联合毕业设计的师生都感触颇深，可以说，这是一个新的、值得继续进行联合毕业设计新模式。

本次联合毕业设计由清华大学建筑学院和合肥工业大学建筑与艺术学院联合承办，主题是“建构”，具体题目是安徽省古徽州地区黟县际村的村落改造与建筑设计。这是一个具有挑战性的题目，过去几年题目的基地都选择在各校所在的直辖市或省城，即使不是宏大叙事，也至少是在大都会环境中讨论历史延续与空间再生等问题，而这一次一下子实实在在地回到有鲜明社会与文化背景、有着明确使用者的环境中，呈现以个体为中心的“小时代”的特征。早在去年12月份各校教师在安徽现场踏勘并讨论确定题目的时候，针对两个供选题目，一个是在屯溪城区的、有着完整的地块控制指标和任务书要求的建筑设计题目，另一个就是在黟县际村的、没有任何地块控制指标、需要学生自定设计任务书的题目，各校老师表达了不同的意见。最终，经过各校教师的共同协商，最终选择了黟县际村题目，从本次联合毕业设计的教学全过程和成果来看，应该说还是基本达到了预期的目标。

首先，本次毕业设计题目的课题研究是毕业设计教学对学生设计研究能力培养的回归。虽然我们还不能完全像欧美建筑院校的学生毕业设计那样，学生完全通过自己的研究来确定毕业设计选题、研究和设计，但至少参加本次联合毕业设计的学生能在一定范围内，通过学生自己的调查、分析和研究来确定每个学生自己的设计题目和具体的设计任务书。从学生在开题阶段到际村集中、专题讲座、进行联合调研工作坊，在中期的联合汇报和技术专题讲座，以及到最后的联合终期汇报，毕业设计的设计研究始终表现为多元和开放的状态，这种状态有益于学生自我建构并审核其5年来的知识结构和研究能力，这和本次联合毕业设计的“建构”主题是一致的。

其二，对日常生活的回归，使用者更加明确。在整个毕业设计过程中，尽管师生们在黟县际村现场调研的时间并不是很长，但这种多年来由原来八校联合毕业设计一直坚持的联合调研程序还是提供给学生深入体验和学习的重要环节，包括当地的社会组织结构，包括日常生活形态，包括建筑的空间原型等等。今天，传统权力社会的组织结构正在消解，在这个结构中，单一核心的、有明确边界的社会组织结构正在被以个体为中心的、相互联结的、边界消失的均质结构所代替。也就是个体利益以及每个个体之间的竞争与平衡关系成为结构中的重要价值体现。本次联合毕业设计让学生从社会个体的立场出发，研究由社会个体组成的社会组织结构关系以及属于该社会组织结构集体的共同需求，摆脱了在通常毕业设计之前已经有明确和具体的设计任务书，过去那种“自上而下”的题目通常其使用者是笼统而概念化的，其呈现的是城市管理者或者是发展商的意志，而非真正使用者的意志。而本次题目则表现为“自下而上”的特点，是对日常生活的回归、对个体利益的尊重和个体意志的表达，这种基于单元个体的建筑空间思维模式亦是“建构”主题的社会与文化价值体现。

其三，对空间原型研究的回归。在日常教学中，经历过城市设计课题的学生熟稔“城市肌理”的操作，一张张“图底关系”的图解慢慢脱离了空间本体而流于二维图案，而本次联合毕设题目的确定能让学生真实进入承载真实日常生活形态的空间里，从室内空间到庭院空间、从街巷空间到村落广场空间，学生们从中发现其空间关系和自组织结构的机制。黟县际村的建筑与村落因多次改造而面目全非，建筑密度也随之提高，社会群落也日趋复杂，但村落的格局、公共开放空间和街巷空间的尺度还得以保留和延续，部分民居的室内外空间样式尚存，学生们深入理解传统的空间原型，以当下的生活形态和社会组织结构为目标，提出了具有社会与文化的根基的新空间样式。

对于本次联合毕业设计最后成果的展示，每个学校还是表现出各自鲜明的特点，有些注重空间概念的呈现，有些注重设计的技术深度，这本来就是参加联合毕业设计学校多元构成的目的之一。同时，来自于不同院校的教师们的工作方法亦体现了不同院校各自鲜明的教学理念和教学目标，这对于中国的建筑教育的多元发展是有利的和可持续的。由此，非常希望这种“8+1”联合毕业设计的新模式能在以后的联合毕业设计中继续进行下去。

乡村，我们还回得去吗？

东南大学建筑学院
张 彤

又是一年毕设做完了。响应联合毕设盟主的号召，写几句话，谈谈心得。

这是八校联合毕业设计的第八年，终于有了一些变化。首先是邀请了一所新的学校——合肥工业大学建筑与艺术学院来参加。选题时，合工大老师提供了两个选择，一个在城里，新安江畔的“摄影家村”；另一个去农村，黟县宏村一旁的际村，做什么，不知道。

讨论选题时，我是赞成去际村的，原因有两个。首先，一直以来联合毕设的题目都在城市，一色高歌猛进的城市化凯歌。学生们大概天然地认为这就是建筑学的使命，不再能够转顾其他。这是我们第一次有可能把视野转向农村。

在中国，从20世纪初开始，农村就一直是现代化的代价，百年来的现代史就是乡土中国的破坏史。在最近20年持续高速的城市化过程中，农村土地被吞噬，劳动力被掠夺，道统崩塌，环境恶化，文化凋敝，成为这个飞扬跋扈时代如此广阔的伤痕。

际村有着当下皖南农村典型的问题，然而身处宏村一河之隔，它又触碰了国际化旅游热点的脉搏，有了特殊的机会。这是一个极好的触媒，让我们的教学从空洞的形式转向对问题的思考，况且可能触及的问题会是如此宽阔和深刻。

其次，设计课的教学天然是有任务书的。老师水平越高，任务书嚼得越细，交到学生手里就没了对问题的寻找和思考，只剩下对空间区域的尺寸要求。去际村是茫然的，老师们还来不及嚼，甚至去不去还有争议。这是第一次，学生们要到一个陌生的环境里去找寻题目，不知道他们中有多少人明白，首先要找寻的是问题。

上面这两个第一次，对八年的联合毕设是如此，对国内的建筑教育又何尝不是？

对象是新的，题目是开放的，教学怎么做并没来得及讨论出个道道，各校就照旧撒着欢儿干开了。抱着看到多样纷呈的期待，两次集中交流和评图我都参加了，确实看到了不少新的技术方法和成果形式。评图过程中也出现过争论和交锋，有的还很激烈。然而，我却对整个教学过程和一百二十多份学生作业中隐约显现出的贫乏与单一感到忧虑。

这种单一，首先表现在立场。在学生们的言语和图纸中，绝大部分不假思索地站在“他者”的立场，表现出“区隔”的身份。在他们图纸中出现的人，大都不是际村的村民，而是游客；即便考虑了村民，也是从城里人充满优越感的视角中，流露出的自我满足和自我崇高。油菜花是审美中盛开的色彩，山水风物需要在想象的田园牧歌中对号入座，村庄和房屋充其量是文化恋物的对象，再不济的则是杂志里随见图像的翻版。当然，际村的发展离不开傍依宏村的旅游业，但是村民作为村庄的主体，在我们的教学中集体失语，值得反思。令人深思的是，这种立场并不是思考和选择的结果，而是集体无意识的身处。如果际村的课题还可归入乡村建设的范畴（而不是精英的自我陶醉），那么我们的专业教育是不是缺失了社会建设中的伦理与人文关怀，而且缺失了太久？

贫乏还表现在项目功能的设置，这当然与第一种单一有关。课题没有规定功能类型，只作了“国际聚落文化研究中心”的建议（建议本身反映了教师们的犹豫）。正确的理解应是在调研中发现问题，据此设定项目内容，以建筑学的专业视野和方法，尝试对应和解决问题。然而，至少在我参加的评图组里，有超过70%的项目，其功能内容只是展示或与展示有关。有的同组3位同学，在一个人口不过1500人的小村庄，居然要建设3座展览体验馆。这是多么单一的“参观者”立场！没有人设计农贸市场，没有人设计乡村公交站，没有人设计学校，没有人设计医院，没有人设计垃圾处理站……一个开放的课题，最终回到了封闭的结果。这么多没有背后，我们是否看到教育中的另一种缺失？我们教授的空间设计是一种抽象的空无，其中没有人，没有对生活的观察和理解，更难见对生活的创造性激发。

80年前，晏阳初和梁漱溟痛感中国社会的问题，根在农民和农村，赤脚下乡，以乡民的身份数年如一日践行乡村建设的理想。他们是学贯中西的鸿学大儒，思想和行动却从未隔离于乡民。对照他们和他们的时代，当下的乡村是否更为陌生和离弃？我们离乡村已经如此之远，我们还回得去吗？

建构随想

许蓁
天津大学建筑学院

每年的八校联合毕业设计都会有一个主题，今年的主题是“建构”。从结果看，大多做得有些跑题。我自己也设计过类似的题目，但成果多不理想。在我的意识中，建构应是比较简单纯粹的行为。然而，当代社会想要做到单纯确实不易。毕竟设计有很多标准，选择单纯也就选择了风险，所以不必苛求，我只是想借机反思一下而已。

建构观念的出现与包豪斯和现代主义建筑紧密关联。包豪斯是不讲历史的，他们相信“材料”和“现场”已经足够提供建造的理由以及相关的所有线索了——这就是建构的基本态度。对材料的使用是一种普遍、中性的思考方式，而现场则提供了设计的目的和某种特殊性的东西。至于历史、文化以及长期以来的美学传统，这些实不在考虑的范畴之内，相反是要着力屏蔽的，这就是建构的单纯之处。有的时候，限定自己才有可能走得更远。

建构明显受到科学主义和现象学思潮的影响，强调回归物质本身的逻辑与直观的理性。这种思维本身并无不可，然而问题出在试图以此解决所有的层面，引来很多的批评。总体说来，建构的态度就是直面问题、解决问题。建构虽然简单但并不粗糙，虽然直接但不失优雅——我们可以从古代中国的工匠和当代德国的技师那里看到这类传统的传承。相比之下，当前的设计潮流充满了各种复杂和隐晦，虽然点缀以各种理念，但设计本身却难言精巧二字。我在想，如果建构教育能够唤醒学生将设计以赤裸方式呈现出来的自信和勇气，无疑将是一剂解毒的良药。

然而，建构的话题本身也无法逃脱被复杂化的危险，变得不再单纯。这次与际村相关的设计题目为我们提供了讨论建构的机会，因为民居就是典型的建构行为，是不断试错后迭代优化的结果。试想古人没有空调、没有机械排风设施，也就几乎没有回旋的余地，建造的结果总能真实地呈现为事实以及使用者的体验。工匠知道怎样做可以省料，知道屋面坡度多少才不会漏雨。他们知道材料和构造的极限在哪里，并根据经验预估可能出现的问题。在能工巧匠们那里，一切似乎都有一种必然性，长一分，短一分，都有讲究。各地民居的做法是由师徒传授的方式固化下来，类似于地方性的标准。然而，建构又有可能导致很多变化，最大的变数无疑就隐藏在材料和现场中。

自从建筑师作为职业从工匠中分离出来，就与建构就隔了一层距离。建构的目的无非是要把建筑师重新带回去，任由它的指引，去发现简单的道理和美丽的风景，这种冲动或许在每个建筑师的心中都会有。所以在我看来，建构是建筑学的胚胎，更是建筑师的一段乡愁。

想起《回到拉萨》

重庆大学建筑城规学院
龙灏

东南大学张彤兄关于“乡村，我们还回得去吗？”的叩问，相信触动到了每一位参与八校联合毕业设计指导老师的神经。而我，脑子里回荡起的是几乎和我同龄的摇滚歌手郑钧在20世纪90年代推出的原创歌曲——《回到拉萨》。

想必众位同事都还记得，在本届八校联合毕业设计踏勘现场选题之初，我曾经在选题会后写给所有老师的讨论email中担心毕业设计选址际村可能出现一些问题：

其一，调研的可行性和有效性：学生调研时间有限，际村地块作为农村，显然不会有城市规划的技术控制指标，事实上就不太可能期望学生在一两天时间内通过调研在既无规划控制、又无环境控制（宏村毕竟还在河对岸、旁边就有开发项目）的际村地块得出较为合理的发展需求，其调研结论必然是主观的。夸张一点说，若学生通过调研说此地缺乏村民文娱活动场所因此我决定弄个体育馆或大剧院，当如何处之？

其二，限定性和开放性的合理平衡：联合毕业设计的选题应该在一定限制条件下具有开放性和尽可能多的发展可能性，际村地块本身几乎没有限制条件的情况将导致学生可以提出任何可能性，但同时都可能被老师以完全相反的理由否定。

其三，若本届联合设计最终选用际村地块，强烈建议应该将设计任务书的具体设计内容确定下来，不能是完全开放性的（即让学生通过调研确定各自的具体设计任务），比如规定做“村民活动中心”、“国际聚落文化研究中心”等等，再由学生调研选址及相关功能设置配比等内容。否则各校各生必定花样百出，无所谓对错也无所谓评价了，使毕业设计教学难以达到一个应该掌控的深度和水准。

回想起来，这些意见更多的是出于对（联合）毕业设计本身目的、手段和评价标准等操作性层面的思考，而非对农村问题或乡村建造有什么深层的认识。

就事论事，在今年的八校选题确定之后，张彤兄文章中指出的两个问题——学生们“绝大部分不假思索地站在‘他者’的立场”和具体建筑设计“项目功能设置单一”在重庆大学的联合毕业设计中基于前述认识不能说完全得到了杜绝，却也一定程度上由于教师团队的立场而得到了改善：有学生在现场调研和大量阅读探讨国内现有的主要乡村发展模式的文章书籍的基础上，以“角色扮演”的方式组成了由“村民、政府、设计师”三方组成的“宏际村发展委员会”多维度探讨了际村的发展规划方向与实施操作可能性问题；单体建筑上，虽然学生由于畏难情绪而放弃了指导老师提示过的乡镇卫生院等项目，但也有对村民自宅的改扩建指导设计方案、考虑淡旺季不同使用模式的学生美术实习基地、复合功能的汽车旅馆等等多种类型选择

（具体设计成果可参见本书中重庆大学学生作业）。

对“我们是否看到教育中的另一种缺失？我们教授的空间设计是一种抽象的空无，其中没有人，没有对生活的观察和理解，更难见对生活的创造性激发。”的疑问，我的理解是，各校在教学中一定或多或少地讲过“建筑与人”、“建筑与场地环境”的关系，相关知识或意识的教育不一定完全缺位，比如所有院校都会开设的住宅建筑设计课就一定会讲到“建筑、空间与人”的问题。但现在的困惑是：为什么当学生们面对际村、通过调研来确定课题并最终完成他们的设计时，我们较少看到学生“接地气”的思考？

较为简单的回答也许可以是这样：教学过程中强调设计对象的特点不够，是“个案”。然而，细细想来，答案恐怕就没这么简单了。

让我们先概略地回溯一下建筑与城市发展史。

刘易斯·芒福德在《城市发展史——起源、演变和前景》中写道：“出身和住处的基本联系，血统和土地的基本联系，这些就是村庄生活方式的主要基础。”简言之，村庄是人类聚居的最早形式，而城市是随着人类社会各方面的发展而逐渐形成的——“许多社会功能在此之前（指城市形成之前）是处于自发的分散、无组织状态中的，城市的兴起才逐渐将其聚拢到一个有限的地域环境之内。……原始城市的各种早已发展成熟的基本因素——圣祠、泉水、村落、集市、堡垒等——就在这种复合体环境中开始发展、壮大、增多，并且在结构上发生进一步分化，最后各自形成城市文化的各种组成成分的雏形。”[1]

因此，应该说建筑本不应有城市、乡村之分，都是为适应人类的生产、生活的需要而从“构木为巢”逐渐发展起来的“房子”。而“建筑学”专业及其教育不过是为了传承和扩散人类自身建设活动积累的知识而产生的“造房子”的学问而已。

撇开中外大多数建筑学专业教育的设计课程中事实上多采用本身只属于“城市”中独有的建筑类型这一现象造成的问题或潜意识，我认为，是“中国式”的城乡二分法强化了中国建筑教育中的这种割裂或意识。君不见，仅仅在数年前，“城乡规划学”还是“建筑学”的一个二级学科方向时，名字还叫作“城市规划”呢！我们的设计课题几乎从来都是在城市环境中，适应城市多元、细分的特定功能需求，而这些需要在建筑设计中满足的需求还不仅仅来源于功能本身、也可能来源于相关的城市管理要求，等等，使得“城市”的意识就像流淌在设计者血管、血液里的

---

1 [美]刘易斯·芒福德著，宋俊岭等译.城市发展史——起源、演变和前景[M].北京：中国建筑工业出版社，2005.2.第一版.

红细胞，虽然你从来感受不到它的存在，但它却会实实在在地影响到你的生命。设计意识乃至“立场”大约也是如此吧？

时至今日，回溯本次联合设计的选题以及后续对“是否能够回到乡村”的思考，不在于我们今后是否需要教育建筑专业的学生真的去回到乡村、做一个“乡村建筑师”（其实这是另一个话题——为什么要回到乡村？我们想要回到一个怎样的乡村？），而在于促使我们作为施教者思考，如何才能真真切切地通过教学让未来的建筑师们认识到并能转化为今后日常工作中的思考方式。

建筑是为人和人的活动服务的！离开了人和人的活动，建筑什么都不是！

就像郑钧曾经唱出的：

回到拉萨
回到了布达拉
在雅鲁藏布江把我的心洗清
在雪山之巅把我的魂唤醒……

我们为什么要走进乡村？

浙江大学建筑系
贺　勇

2014年的联合毕业设计结束了，面对同学们最后完成的丰富得几乎令人眼花缭乱的成果，突然有点恍惚。有点像一个人旅行，在经过了长途跋涉、到达某个地方之后，突然对最初出发的目的和意义产生了怀疑。确实，在这趟一百多号人完成了浩浩荡荡的乡村设计之旅后，我们有必要反问自己是否实现了最初的承诺，是否对当初提出的问题给出了回答，诸如任务书中所提的乡村“历史文脉”、“风貌特色”是否得到了延续？“土地价值”、“区域活力”是否得到了提升？是否真正做到了“针对该地段的特殊问题提出具有针对性的设计策略”？我在同学们的方案中试图寻找答案。然而在一番努力之后，我有些迷失，可是却一下子也不知道是哪里出了问题。是同学们的偏题或误答？还是任务本身的方向就值得怀疑？这些问题暂且抛下不表，或许，我们最应该追问的是“我们为什么要走进乡村”？“乡村”与“城市”的区别是什么？“研究乡村”对于我们建筑学师生们的意义在哪里？

毫无疑问，绝大多数同学毕业后工作地点以及设计对象是城市以及城市中的建筑，乡村之于这些年轻人的意义在哪里呢？在体验乡土文化的同时，我想乡村更应作为一种建筑生成的机制与方法，以此来反思我们在城市里早已固化甚至有点异化的工作方式与态度。

传统的乡村营建是一个自发、自主的过程，在漫长的时间作用下，逐渐演化成一个个极其复杂的聚落系统，在看似随意、无序的外表之下，内部却隐藏着高度的秩序与关联，特别是人与人之间通过血缘、地缘、族群等各种纽带被紧密地联系在一起，给空间赋予一副极具活力的生活场景。再看今日的城市，却似乎正好是另外一种景象：看起来井然有序的外表之下，却掩饰不住内在的松散与单调。

乡土建筑之中，材料原本无“传统”与“新统”之分。居民只不过以一种极其自然的方式，就地取材，简单加工，然后按照结构、功能的逻辑以及审美的偏好将其组合在一起。建造过程既是各级生产、制作、使用者等构成的一个完整的经济链条，也是一个统一的社会文化生态系统。当社会以及生活方式发生变化的时候，村民们会毫不犹豫地采用新的材料与建造方式。际村中的新、老建筑采用了两种完全不同的建造材料与建造模式，可谓一个“传统”、一个“现代”。彼此在材料、外观、建造模式上呈现出彻底地决裂，有文脉意识与社会责任感的建筑师看到此情此景很容易扼腕叹息，可是这些老百姓在建房的时候，却很少会考虑文化、传统这样一些宏大的问题，也没受到“既传统、又现代”如此要求的困惑，他们只是在自家有限的资金投入之下，考虑如何获得尽可能舒适而且多的建筑空间，并通过一些小的装饰构件来表达各自的审美趣味。诚然，相比材料统一、肌理丰富的宏村，有着大量贴着瓷砖或刷着涂料的方盒子的际村景观着实显得混杂、单调，看起来少了许多的趣味与内涵。但是就其生成的机制与过程，新老两村在本质上并无区别，那就是建筑作为对于生活方式的真实应对。这种具体应对手段的彻底改变，折射出的是生活方式的根本性变化。当然，我们有理由质疑村民们的功利性，但是我们无法否定他们的理性与真实，以及他们回到“建造”本身的理性务实态度。或许，这也是现代建筑出现的起点——如何基于工业化的生产以及大规模人口的需求来创造一个健康、适宜的空间。

相比深受政治、经济、意识形态等影响而“变异”的城市建筑，乡村的建筑通常更加真实，更与场地与生活方式相呼应，因而也更加接近建筑的本质。乡村建筑之美，在于真实地反映了居民的生产、生活与其所依存的土地之间的关系，因而显得质朴、自然。所以，在这样一种背景之下，乡村建筑，作为一种机制与方法，之于城市建设在方法上的意义不亚于其空间形态和风貌本身。事实上，在很多时候，乡村风貌已经成为一种固有的形式——木板、石头、夯土墙这些“乡土材料”在设计者的笔下频频出现，大大小小的广场或自由多变的窄街巷成为组织乡村公共生活的不二法宝，殊不知，如此的“乡土”早已经成为一种奢侈，如此的公共空间与当下的乡村公共生活未必存在必然的联系。

如果我们认同乡村建造可以作为一种方法，我们是否可以改变我们走马观花、主观想象与判断的调研、分析方式？是否可以反思我们过于强调自身逻辑、空间与形态表现力的城市建筑的工作方法？是否愿意抛弃那些刻意的概念、演绎、功能、形式？是否可以在“更新与保护”“继承与发展”等这些大的概念之下，具体入微地探讨建筑如何与经济、资源、土地制度、生活模式、文化观念、建造方式等之间彼此关联，从而带来更加真实、合理的建造？

基于这样一种观念与方法，或许我们的同学们可以在标本般冻结式保护的宏村与完全重建的房地产项目“水墨宏村”之间，为际村的更新与发展找到更多的可能与方式，也同时质疑、调整、修正我们以往的建筑观念与工作方法，我想这或许也是我们为什么要走进乡村的目的和意义吧。

那些场景

北京建筑大学建筑与城市规划学院
俞天琦

接到这个“感言”任务的时候离截稿日期已经非常近了，相距这次联合毕设业已过去了很长一段时间。提笔前有些犹豫，担心记忆模糊，落笔的时候却意外地发现，每个场景仍旧十分鲜活。

记得，
调研时，在阳光里追逐南湖岸边鸭子的欢快脚步，
答辩时，在自家图纸模型前合影的严肃表情；
记得，
坐在开敞的堂屋里，取暖的那个“澡盆”，
冒雨调研地段时，两人同撑的那把花伞；
记得，
际村客栈里那个容得下几百人的大食堂，
清华教室里那个摆了几十个快餐盒的长条案；
记得，
初次见面时，那场互不相干的讨论，
告别聚餐时，那种恋恋不舍地询问；
记得，
那个一针见血的张老师，
那个诙谐幽默的龙老师……
记得，
那个梳着大分头的王同学，
那个光脚穿皮鞋的李同学……

每个场景，像是定格了的画面，无声无息地珍藏在记忆的相册里，难以忘记。这些场景，沉淀得越久，就越显得珍贵；叠加得越多，就越显得清晰。在我看来，也许这些场景就是交流，它的意义远大于解决一个技术问题。建筑本身就源于生活，为生活服务，建筑师只有怀揣着对生活的感悟去设计，才能打动人心。也许，这些看似融合，实则碰撞，饱含了智慧的场景，才是真正的思想和方法的交流，才是“联合”的真正意义吧。

如果一定需要谈及本次课题，我想，这里面仍旧关联着生活的智慧。这次选题的视角从城市转向了乡村。传统古村落普遍面临着保护与发展的矛盾，在实践中，如何处理历史保护与更新发展的矛盾？如何处理新老建筑的关系？如何延续历史文脉又提升用地价值？其实都是如何处理“旧生活”与“新生活”的关系问题。旧生活是原住民的，新生活则是原住民与访客共同的。在对际村的调研当中，大家一直慨叹这些旧建筑里蕴藏的种种智慧，与村民们打交道的时候，刻

在他们脸上的沟沟壑壑，好像本身就是一部叫“生活智慧”的字典。这些智慧使旧的生活方式与容纳它们的建筑珠联璧合。想打破这种平衡，在时间和空间上都切入新的元素，需要新的智慧，甚至是更大的智慧。这些智慧要“源于生活，又高于生活”，村落才能真正地活下来，才不会成为空有其表。这，的确不易。

因此，这次题目设置的十分开放，更希望同学们能从社会的角度看待专业的问题。选择问题本身和解决问题的途径是自由的，呈现的结果当然是多样的。争论也一直都在。

于是那些记忆里的片段，那些片段里的智慧就更让人回味悠长，就显得更加珍贵。于是就有了欢快与严肃、“澡盆”与花伞、食堂与条案、讨论与询问……就有了那些老师，那些同学，和那些场景……

人在建筑之前

程启明
中央美术学院建筑学院

形式多了，本质的东西往往就容易被忽视，建筑也是这样。原本是“人在建筑之前”的，但当设计者只是看到建筑的时候，人在不经意之间就会被放到建筑的后面。这时，建筑由建筑而来，尽管之前的建筑里面也包含着人的存在，但相对于新建筑而言，这个人只是一个抽象的人。不言而喻，相对于抽象的人是不可能做出好的作品的，因为这样做违背了“量体裁衣”的道理。为了避免这种从建筑到建筑现象的发生，日本的《建筑计划学》可能是一个值得关注的学问。表面看，这门学问并不是十分的深奥，其核心只是调查分析。但认真尝试后，你可能就会发现，通过这一个调查分析过程，可以将人具象化。毫无疑问，相对于具象的人，设计才有可能做得真实，有了真实得存在，艺术实现才变得具有可能。基于这样的认识，对于这次八校联合毕业设计的选题持支持的态度。

围绕着传统民居利用设立课题，由于必然涉及满足来访者的趣味和原有住民将来的生活，所以很容易使得设计者对具象的人产生关注。从设计的角度来看，如果能够有意识地延续这种关注，并能够多层次、不断深入地对具象的人的需求进行剖析，必然会对设计奠定良好的基础。然而，将这一步做好的确是不太容易。一则，调查分析研究不深入不行。只有在以往经验的基础上挖掘出人的新的需求，所形成的设计成果才更具系统性。由于基地位于际村，大多数设计者可能会将注意力过多地集中在际村，表面看这种做法有其道理，但考虑到宏村的存在，其设计定位无疑就要发生变化。游客大多是慕宏村之名而来的，之后，才去了际村，所以才有了际村是宏村牺牲品之说。面对牺牲应采取什么态度？是继续牺牲？还是不再牺牲？不按照系统论方法来讨论显然是难以说清楚的。二则，不进入审美心理分析不行。在传统的美学解析过程中，人大多处于被动地位，审美客体容易被绝对化，之结果，有了“形似”的普遍存在。但当美学解析进入到审美心理分析阶段的时候，审美主体和审美客体的主被动地位随之会发生转变，这时的审美客体是可以解构的。之结果，原本的“面”，可以被解析成“点”和“线”，继之，就有了用“点”按照新的“线”构成新的“面”的可能。在这里，“线”是“点”构成“面”的结构，具有逻辑性，“点”是形成“神似”的根本，具有延续性。所谓的“情理之中，意料之外”之“神似”，不正是与“点”的传承，“线”的变化相对应的吗？事实上，八校联合毕业设计的大多数设计者的设计都有着摆脱“形似”的刻意，但如何对徽派建筑进行解构？如何从传统的徽派建筑中提取出“点”？如何定义新建筑的“线”并做到“神似”？没有足够的时间显然是很难做到的。

八校联合毕业设计已经走过八个年头，今年又有了8+1的改革，从整个过程来看，1的介入非常好。新介入学校的激情不仅可以避免重复循环的麻木，而且所提出的问题由于会强调地域性而会比较容易的将学生与具象的人紧密地联系在一起。其实，使学生认识到“设计要从认识人开始”十分的重要，因为只有这样才有可能摆脱形式主义的束缚，才有可能使得作品真正的与传统和发展联系在一起。比较而言，中国建筑师的生活圈还是比较小的，大多都是专业人员聚集在一起，如此日久天长，使得建筑落入所谓专业形式的怪圈并非不存在可能。相反，如果有了哲学家、艺术家、民俗学家的参与，可能会更有益于“人在建筑之前”的实现。